73

Mathematical Thinking
Problem-Solving and Proofs,
Second Edition

优美的数学思维

问题求解与证明

（原书第2版）

[美] 约翰·P. 丹吉洛　道格拉斯·B. 韦斯特　著
（John P. D'Angelo）　（Douglas B. West）

汪荣贵 孙毅 张桂芸 译

U0191532

机械工业出版社
CHINA MACHINE PRESS

图书在版编目（CIP）数据

优美的数学思维：问题求解与证明：原书第 2 版 /（美）约翰·P. 丹吉洛（John P. D'Angelo），（美）道格拉斯·B. 韦斯特（Douglas B. West）著；汪荣贵，孙毅，张桂芸译 . —北京：机械工业出版社，2020.8（2024.5 重印）
（华章数学译丛）
书名原文：Mathematical Thinking: Problem-Solving and Proofs，Second Edition

ISBN 978-7-111-66277-8

I. 优… II. ①约… ②道… ③汪… ④孙… ⑤张… III. 数学 – 研究 IV. ① 01

中国版本图书馆 CIP 数据核字（2020）第 143252 号

北京市版权局著作权合同登记 图字：01-2019-7988 号。

Authorized translation from the English language edition, entitled *Mathematical Thinking: Problem-Solving and Proofs*, 2E（Classic Version）, by John P. D'Angelo; Douglas B. West, published by Pearson Education, Inc., Copyright © 2018.

All rights reserved. No part of this book may be reproduced or transmitted in any form or by any means, electronic or mechanical, including photocopying, recording or by any information storage retrieval system, without permission from Pearson Education, Inc.

Chinese simplified language edition published by China Machine Press, Copyright © 2020.

本书中文简体字版由 Pearson Education（培生教育出版集团）授权机械工业出版社在中国大陆地区（不包括香港、澳门特别行政区及台湾地区）独家出版发行 . 未经出版者书面许可，不得以任何方式抄袭、复制或节录本书中的任何部分 .

本书封底贴有 Pearson Education（培生教育出版集团）激光防伪标签，无标签者不得销售 .

本书介绍代数学、数论、组合学和分析学的基本知识，使用涉及多个数学领域的大量素材介绍证明技术，并强调这些领域主题之间的相互作用 . 书中以生动有趣的实际问题求解为导向，从离散数学和连续数学两方面对相关的数学思维与证明方法做了比较系统的归纳总结，并给出细致的讨论 . 在离散数学中考虑离散概率和计数技术，在连续数学中发展了对实数的理解 .

本书适合数学及相关专业的学生作为数学思维课程教材，也可供广大数学爱好者和工程技术人员自学参考 .

出版发行：机械工业出版社（北京市西城区百万庄大街 22 号 邮政编码：100037）
责任编辑：柯敏贤　　　　　　　　　　　　　　责任校对：殷　虹
印　　刷：北京机工印刷厂有限公司　　　　　　版　　次：2024 年 5 月第 1 版第 6 次印刷
开　　本：186mm×240mm　1/16　　　　　　　印　　张：23
书　　号：ISBN 978-7-111-66277-8　　　　　　定　　价：139.00 元

客服电话：（010）88361066　68326294

版权所有·侵权必究
封底无防伪标均为盗版

译 者 序

无论是关于自然界和人类社会的科学探索，还是关于工程技术的研究开发，都离不开对相关问题进行数学方面的定量表示和分析，数学理论和数学思维的重要性是毋庸置疑的．然而，数学理论的学习和数学思维的培养并不是一件容易的事情．长期以来，国内关于数学的教学侧重于知识体系的讲授，注重其严密性和完备性，对数学思维的培养重视不够，缺乏专门介绍和讨论数学思维的课程与相关教材．本书很好地弥补了这方面的不足．它通过考察不同数学领域中的多种数学问题和论证关系，以生动有趣的实际问题求解为导向，对相关的数学思维与证明方法做了比较系统的归纳总结，并给出了细致的讨论，对国内数学思维的教学和研究具有很高的参考价值．本书的基本特点主要表现在如下三个方面：

第一，每章开始均提出了若干生动有趣的问题，然后围绕对这些问题的求解引入相关的数学问题、数学知识和证明技巧．例如，通过简单的古巴比伦问题引出实数系统的加法、乘法运算定义和运算律，非常生动且易于理解，能够有效地激发学生的学习兴趣，唤醒学生的数学潜能．

第二，涉及的数学内容非常广泛，不仅包含函数与集合、数学归纳法理论、组合计算与组合证明、整数理论、数理逻辑、图论等离散数学，而且包含微积分与实数理论等连续数学，覆盖了多个数学分支．通过对这些来自不同分支的知识内容进行巧妙安排和设计，使它们在逻辑上层层展开，环环相扣，形成一套相对完备的知识体系．

第三，在可读性方面做了很好的设计．从一开始就直接给出实数系统的假设，把自然数和有理数作为实数的特例进行介绍，而把由自然数逐步构造有理数和实数的讨论作为附录放在最后，由此巧妙地避开了从一开始就要对实数系统进行讨论的复杂局面，使读者无须具备极限和微积分的预备知识就可以进行阅读和学习．

本书内容丰富，文字表述通俗易懂、思路清晰，实例讲解详细，图例直观形象．每章均配有丰富习题，供读者练习．本书适合数学及相关专业的学生作为数学思维课程教材，也可供广大数学爱好者和工程技术人员自学参考．

本书由汪荣贵、孙毅、张桂芸翻译．感谢孙旭、尹凯健、王维、张珉、李婧宇、修辉、雷辉、张法正、付炳光、张前进、叶萌、朱正发、汤明空、韩梦雅、邓韬、王静、龚毓秀、李明熹、董博文、麻可可、李懂、刘兵、汪雄飞等研究生提供的帮助，感谢合肥工业大学、广东外语外贸大学、天津师范大学、机械工业出版社的大力支持．

由于时间仓促，译文难免存在不妥之处，敬请读者不吝指正！

译　者

2020 年元月

写 给 教 师

编写本书的想法源于对本科生数学课程设置的讨论. 我们提出了很多问题. 为什么学生会觉得写数学证明很难？离散数学有什么作用？如何设置课程才能更好地整合多种数学主题？最重要的一个问题或许是：为什么学生没有像我们期望的那样喜欢和理解数学？

高年级数学课程揭示出学生在知识储备方面存在严重缺口，这方面在初级实分析课程中体现得尤其明显. 学生在学习该课程时会面临两个障碍或困难：首先，分析的概念是微妙的，数学家花了几个世纪的时间才实现对极限的理解；其次，数学证明既需要认真对待理论阐述，也需要一种不同于计算的理念. 线性代数或抽象代数等基础课程也会面临类似的困难，并且可能更需要认真对待.

高年级课程由于专注于特定的领域，故不能充分解决好精细阐述的问题. 如果学生首先学习证明技术并且养成精细阐述的良好习惯，那么他们在遇到更高级的数学课程时就能更好地理解这些课程.

数学的乐趣源于引人入胜的问题. 对于诸如"写给学生"中列出的问题，学生具有天然的好奇心. 他们会关心对这些问题进行求解的技术，因此，我们使用这些问题驱动学生学习. 我们希望师生能够和我们一样喜欢这种方式.

一门介绍证明技术的课程通常不会局限于某一特定的数学领域，后续专业课程将会提供充分的机会专注于特定数学领域. 本书考察来自不同数学领域的多种问题和论证关系. 其中一位作者研究多元复分析，另一位作者研究离散数学. 我们通过探究离散数学与连续数学的交互建立一门关于问题求解与证明的数学课程.

在开始进行本书第 2 版修订的时候，我们都没有想到会有如此重大的修改. 对于这些改进，我们十分激动和兴奋. 我们的主要目标是通过修订使内容更容易被学生理解，数学表达更加清晰且富有条理，课程内容的布局被设计得更加合理，从而使本书更加容易使用. 这里对第 2 版进行简单介绍，后面将详细讨论.

- 增加了将近 300 道习题，其中很多习题比较容易，主要用于考查学生对基本概念的理解.
- 在第 1～5 章和第 13～14 章，分别增加了一个名为"解题方法"的小节，用于帮助学生开始练习.
- 对附录 B 的内容做了很大的扩充.
- 第 1～4 章是"过渡"课程的核心部分，较为基本的内容放在每一章的开始部分.
- 实数系统是本书内容阐述的起点. 附录 A 全面讨论了如何从 $\mathbb{N}$ 构造出 $\mathbb{R}$.
- 归纳法内容前置了，被安排在紧接于讨论背景知识的第 1 章和第 2 章的后面.
- 每章都有清晰的中心主题，且从一个话题到另一个话题的过渡和展开更加流畅.

- 术语使用加粗字体，其中大部分在定义中.
- 语言表达更加友好，版面设计更加合理，证明过程的表述更加详尽.

内容与组织

本书介绍代数学、数论、组合学和分析学的基本知识. 我们使用涉及多个数学领域的大量素材介绍证明技术，并强调这些领域主题之间的相互作用.

第一部分内容始于对二次方程求根公式的推导，并由此引出一套被广泛认可的实数公理系统假设. 我们使用细致而谨慎的语言讨论了不等式、集合、逻辑语句和函数. 第 1 章建立数学讨论的主题，即数、集合和函数. 我们在不等式和水平集这两个部分添加了一些生动有趣的材料. 函数的相关背景及术语表述放在第 1 章，较为抽象的有关单射和满射的讨论则放在第 4 章，使用自然数 q 基表示进行介绍，这样可以早一点介绍归纳法. 使用归纳法解决一些有趣的问题是第一部分中较为精彩的内容. 第一部分结束于选学内容施罗德－伯恩斯坦定理.

第二部分研究 $\mathbb{N}$、$\mathbb{Z}$ 和 $\mathbb{Q}$. 我们探讨基本计数问题、二项式系数、置换（作为函数）、质因数分解和欧几里得算法. 由等价关系引出关于模算术的讨论. 我们强调有理数的几何方面. 这部分的特色内容主要有费马小定理、中国余数定理、无理性评判准则以及对毕达哥拉斯三角的描述.

第三部分探讨更加巧妙的组合问题. 我们考察条件概率和离散随机变量、鸽笼原理、容斥原理、图论和递推关系，主要内容包括伯特兰选票问题（Catalan 数）、贝叶斯定理、辛普森悖论、欧拉函数、关于相异代表系统的霍尔定理、柏拉图立体、斐波那契数. 第 9 章着重讨论概率，有关生成函数的论述作为选学内容被移到第 12 章的末尾用于解决递推问题.

第四部分内容始于 $\mathbb{R}$ 的上确界性质以及与之相关的十进制展开和 $\mathbb{R}$ 的不可数性. 我们证明了波尔查诺－魏尔斯特拉斯定理，并使用该定理证明了柯西序列的收敛性. 我们给出了微积分的相关理论，包括序列、级数、连续性、微分、一致收敛和黎曼积分. 我们通过积分方式定义自然对数函数，使用无穷级数定义指数函数，并证明了这两种函数之间的互逆关系. 使用无穷级数定义正弦函数和余弦函数，使用极限运算中有关交换性的结论验证了这两个函数的一些性质（我们并没有依赖于几何直觉进行技术上的表述）. 此外，还包括凸函数和由范德华登给出的连续且处处不可微函数的例子，但省略了微积分课程中充分讨论的很多应用知识，例如泰勒多项式、解析几何、开普勒定律、极坐标，以及导数和积分的物理解释. 最后，我们给出了复数的性质并证明了代数学基本定理.

我们在附录 A 给出了算术运算的基本性质并使用柯西序列构造实数系统. 我们从 $\mathbb{N}$ 开始逐步构造出 $\mathbb{Z}$、$\mathbb{Q}$ 和 $\mathbb{R}$，通过这些基础性的知识确立了那些在正文中假定成立的实数系统基本性质. 之所以将这些内容放在附录 A，是因为大部分学生在熟悉证明阐述方法之前并不喜欢这些内容. 相反，将实数系统假设作为开端不仅会使数学理论的展开比较顺畅，而且能够很好地保持学生的学习兴趣.

第 1 章和第 2 章为后续数学知识的展开提供基本的表述语言. 使用形式化方法讨论数学语言会面临一些问题. 学生主要通过对例题的理解而不是对形式逻辑符号和术语的记忆来掌握数学证明技巧. 相比于对逻辑符号的形式化处理,我们更强调对词语或概念的理解. 在第 2 章讨论了逻辑的使用之后,逻辑的概念会在全书的不断使用过程中逐步被学生熟练掌握. 不必花过多的精力专门学习第 2 章的内容,学生在需要使用逻辑语句知识帮助解决问题时,可以回到这里进行查阅.

对第一部分内容进行了重新安排,使学生更容易理解且避免使用未在前期经过证明的结论. 相对于双射,归纳法对学生来说更加简单且抽象性较低,因此将归纳法提到最前面. 将有关函数的基础表达放在第 1 章,以便在第 2 章中将函数作为一个精确的概念来使用,在第 3 章中使用归纳法证明有关函数的一些命题,并且在第 4 章中更加专注地讨论单射和满射的性质.

对第二部分内容进行了重新组织,使得各章专注于更加清晰的主题,并且在各章的开始介绍一些比较基础的内容. 第 5 章并没有将基数和计数放在一起,而是将有关基数的内容移到第 4 章,以便更好地阐明双射的概念和性质. 有关二项式系数的讨论全部放在第 5 章,而在第 1 版中,其中一些内容被放在了第 9 章. 第 5 章还介绍了新的有关置换的内容,对函数的特性做了进一步的探讨. 考虑到学生在有关组合方面的证明会有困难,我们在"解题方法"一节中额外增加了一些例题.

我们重新组织了第 6 章内容,将整除性和因子分解作为本章的开头,可以直接跳过欧几里得算法和丢番图方程内容进行学习. 作为选学内容,我们还增加了有关一元多项式(环)的代数性质. 在第 7 章,我们将一般等价关系的讨论与同余的讨论分离开来. 我们重新组织了第 8 章内容,去掉了构造 $\mathbb{Q}$ 的内容,将有理数的几何特性作为本章的开头. 我们将有关概率的内容移到第 9 章,以便在第 9 章集中讨论概率这个主题,从而使条件概率和随机变量的讨论更加清晰易懂. 我们将第 9 章的生成函数作为选学内容移到第 12 章作为一个应用.

在第四部分,我们提供了更加详尽的证明表述,以及友好的语言和版式. 第 13 章对十进制展开的讨论更加自然、更加精确. 在第 14 章,有关柯西序列的内容现在被安排在序列极限内容之后.

教学法与特色

需要认真对待某些教学方面的问题. 为了激发学生的学习兴趣,要让学生在学习中有成就感. 实数公理系统内容的缓慢进展着实令人痛苦,会使学生感到沮丧. 在他们学习完代数计算技术的基础上展开教学是很重要的,这决定了本课程教学的起点.

第 1 章列出了实数公理及其基本代数结论,我们直接认可这些公理和结论的正确性并把它们作为基本依据用于计算和推理. 我们将实数系统构建和域公理系统正确性的验证内容放到附录 A 中,供后期学习参考. 在第 2 版中,我们使这种宝贵的教学处理方法更具连贯性. 第 3 章在 $\mathbb{R}$ 的框架下获得 N,将有关有理数系统的细节内容从第 8 章移到附录 A,

以简化对归纳法内容的处理，而且可以在给定时间内消除大多数关于"我们在干什么""我们不懂"之类的问题（和学生没有把握的问题）. 在开始学习第四部分内容之前，我们一直避免使用微积分.

习题是本书最重要的特点. 其中很多习题比较有趣，有些是常规练习，有些会有一点困难. 标有符号"（─）"的习题用于检查学生对基本概念的理解，解答这些习题既无须对知识内容有深刻理解，也无须较长的解答过程. 标有"（＋）"的习题会困难一些，标有"（!）"的习题特别有趣或富有启发性. 大多数习题强调思考和证明的书写，而不是计算. 通过问题求解来理解数学是本课程学习的驱动力.

我们重新组织了习题，增加了很多习题，特别是"（─）"类. 在第一和二部分，我们增加了 60％的习题，全书整体上增加了 40％的习题. 现在有超过 900 道习题. 我们将常规习题集中在"习题"小节的开始部分，用星号线将这些常规习题与其他习题区分开，以方便教师选择. 星号线后面的习题基本上按教材内容的先后次序进行排列，很多习题被设置成判断题，要求学生对真假进行判断，然后提供证明或反例.

习题的目的是鼓励学生学习，而不是让学生感到沮丧. 很多习题都带有提示，我们觉得这些提示内容对大多数学生会有所帮助. 附录 B 对很多习题提供了更多的基本提示. 如果学生完全被某个问题难住了，这些提示内容会提供一个能够进行清晰思考的起点. 我们对附录 B 的内容进行了扩充，对书中半数以上的习题都给出了提示.

我们还在第 1～5 章和第 13～14 章增加了一个名为"解题方法"的小节. 这些章是面向初学者的课程内容. 在"解题方法"小节中，我们总结了相应章节中的一些想法，并提供了一些建议用于帮助学生在开始解题时避免落入典型的思维陷阱. 这里的讨论是非正式的.

"写给学生"列举了很多引人入胜的问题，其中一些问题用于章的开头，作为激发学生学习兴趣的"问题"，其余问题则作为习题. 教材中将这类问题的解决办法标识为"措施". 标识为"例题"的部分通常比标识为"措施"或"应用"的部分更加容易. "例题"主要用于说明基本概念，而"措施"或"应用"则使用进一步的概念并涉及额外的推理.

学生可能不容易识别教材中的重点内容. 本书内容沿两条主线展开，即理论数学的发展及其应用. "定义""命题""引理""定理"和"推论"被设置为楷体格式. 学生可能会使用这些结论来解决问题，并愿意学习它们. 对于其他的部分，通常会提供例题或注释.

本书不预设学生具有微积分方面的知识，所以原则上可以作为大一新生或高中生的教材. 学生对本课程的学习确实需要一定的动力并投入精力，因为问题不再能够通过模仿记忆性的计算方式得到解决. 本书特别适合已学过标准微积分并想知道如何进行计算的学生，是数学和计算机科学专业理想的入门教材. 热爱思考且对数学充满好奇的非数学专业读者也能从本书中受益. 高中数学教师可能会重视书中问题求解和数学理论之间的交互.

第二作者为本书建立了一个网站，包括课程材料、勘误表及更新等. 网址如下：

http://www.math.uiuc.edu/～west/mt

欢迎将评论和更正发至邮箱 west@math.uiuc.edu.

课程设计

从 1991 年在伊利诺伊大学合作讲授的一个版本开始，我们通过贯穿很多课程形成了本书. 很多一学期课程的教学内容都可以使用本书的材料进行构建. 本书第 2 版的改进使得课程设计更加方便.

很多学校有一个一学期的"过渡"课程，向学生介绍证明的概念. 这类课程应该从第 1～4 章开始（略过施罗德 - 伯恩斯坦定理）. 根据各校课程设置和学生的具体情况，完善这类课程内容的一个好办法是再加上第 5～8 章或第 13～14 章（或两者兼而有之）. 第 2 版的改进使这些章节更加独立，并把较为基本的内容放在每一章的开始部分. 这样就很容易做到在每一章中只呈现基本的材料. 对于基础较好的学生，可以在一个学期内讲授第 1～10 章和第 13～15 章，略过选学内容.

对于强调证明的一学期离散数学课程，讲授内容可以涵盖第一至三部分，省略第 8 章的大部分内容以及第 6 和 7 章中有关代数方面的更多内容. 根据学生的知识储备情况，可以将第 1～2 章作为背景知识阅读，以便更快地开始实质性内容的讲授. 值得注意的是，第二部分的内容比第三部分的内容更为基本，第三部分的主题更加专门化.

一学期的初级实分析课程应包含第 3 和 4 章，也许会包含第 8 章的一些内容（很多这类课程讨论有理数），以及第 13～17 章. 学生应将第 1 和 2 章作为背景知识材料进行阅读. 第一作者曾两次按照这种思路成功地完成了初级实分析课程的讲授，在用几周时间学习了前面章节的内容之后，讲授完了第 13～17 章的全部内容.

本书的全部内容适用于深入细致的一学年课程，课程内容结束于代数学基本定理.

致谢

我们在本书第 1 版的准备或编写过程中获得了 Art Benjamin、Dick Bishop、Kaddour Boukaabar、Peter Braunfeld、Tom Brown、Steve Chiappari、Everett Dade、Harold Diamond、Paul Drelles、Sue Goodman、Dan Grayson、Harvey Greenwald、Deanna Haunsperger、Felix Lazebnik、N. Tenney Peck、Steve Post、Sara Robinson、Craig Tovey、Steve Ullom、Josh Yulish 和另外一些读者的很有帮助的评论. 伊利诺伊大学数学系给了我们机会来开设这门课程，由此激发了我们编写本书的想法；感谢我们的学生在本书最初版本上的努力. 我们的编辑 George Lobell 提供了使本书得以最终定稿所需的指导和督促.

关于第 2 版的筹备工作，Charles Epstein、Dan Grayson、Corlis Johnson、Ward Henson、Ranjani Krishnan、Maria Muyot、Jeff Rabin、Mike Saks、Hector Sussmann、Steve Ullom、C. Q. Zhang 发表了有益的评论. 很多使用本书的学生发现了印刷错误或不明确的段落，并提出了进一步改进的建议. 本书制作编辑 Betsy Williams 细心地纠正了很多小的差错和设计问题.

第 2 版使用 TeX 排版，插图使用自由软件基金会的产品 **gpic** 程序创建. 感谢 Maria Muyot 对索引的编制.

两位作者分别感谢他们的妻子 Annette 和 Ching，感谢她们的爱、鼓励和耐心. 第一作者也感谢他的孩子 John、Lucie 和 Paul 给予他的灵感.

John P. D'Angelo，jpda@math. uiuc. edu

Douglas B. West，west@math. uiuc. edu

伊利诺伊州厄巴纳市

写 给 学 生

　　对本书的学习需要认真细致的思考，我们希望这种思考是令人愉快的．我们列举了一些有趣的问题，并且给出了解决这些问题所需的本科数学基础知识．我们在下面一共列出了 37 个这样的问题，本书中解决了其中大部分问题，同时给出了足够学习高年级数学课程所需的数学理论．

　　在第 1～5 章和第 13～14 章中，我们设置了"解题方法"小节．这些小节提供了在解题时应该做什么的建议和不应该做什么的警告．"方法"是在课堂上实际使用本书的过程中逐步形成的，我们已从课堂上了解了学生在学习过程中所遇到的困难和反复出现的错误．在附录 B 中，我们还为很多习题给出了解题提示．这些提示的目的是让学生在完全不知道该如何解题的时候获得一个正确的入手方向．

　　许多习题标有符号"（—）""（!）"或"（＋）"．标有"（—）"的习题主要用于检查对知识内容的理解，不能完成这类习题的学生意味着基础知识缺乏．如果学生能够偶尔做出一道标有"（＋）"的习题，则表明该学生具有一定的能力．标有"（!）"的习题特别有建设性、重要或者有趣，这类习题的难度各不相同．有很多章节的课后习题包含了判断题，要求学生对真假进行判断，然后提供证明或反例．

　　这是一本强调写作和语言技巧的数学书．我们不要求你背公式，而是要求你学会清晰准确地表达自己的想法．你将学习如何解决数学难题，并书写来自初等代数、离散数学和微积分的定理证明．这会拓宽你的知识面，使你的思维更加清晰．

　　证明无非就是对某个结论为何正确的完整解释．我们将给出很多证明技巧．对于给定的问题，什么样的技巧对问题求解发挥作用也许并不是很明显，我们有时会对一个结论给出不同的证明．大多数学生在第一次被要求写证明时都会感到困难，他们不习惯谨慎而有逻辑地使用语言．不要灰心，经验的积累会增加理解能力并使得对证明的寻求更为容易．

　　怎样才能提高证明的书写水平呢？好的证明书写需要练习．写出一个证明可以揭示一些被隐藏的微妙之处或被忽视的案例，也可以使一些无关的想法得到显露．编写一个好的求解方案通常需要进行反复的修改．你必须说出你需要表达的含义和你所表达的含义．数学会鼓励你养成一种精确写作的习惯，因为可以对语句中是否包含错误的推理做出清晰的决策．你将学会有效地结合精心选择的符号与清晰的语句阐述，这将使你能够简明而准确地进行思想交流．

　　下面给出一些有趣的问题，本书中解决了其中大部分问题，剩下的问题则作为习题．

　　1. 对于给定几个硬币堆组成的硬币堆集合，从每个现有硬币堆中分别取出一枚硬币放在一起组成一个新的硬币堆，由此建立一个新的硬币堆集合．每进行一次这样的操作，则每个现有堆的硬币数量就会分别减少一个，例如 1, 1, 2, 5 变成了 1, 4, 4．具有什么数量规模的硬币堆集合（顺序不重要）会在此操作下保持不变？

2. 哪些自然数是连续的较小自然数的和？例如，$30 = 9 + 10 + 11$ 和 $31 = 15 + 16$，而 32 没有这样的表示.

3. 一个普通的 8×8 棋盘包含了尺寸从 1×1 到 8×8 的共 204 个方块. 一个 $n \times n$ 的棋盘会包含多少个大小不一的方块？边长为 n 的三角形网格会包含多少个大小不一的三角块？

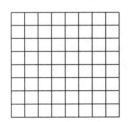 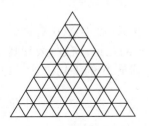

4. 在由五对已婚夫妇组成的聚会上，每个人都不会与其配偶握手. 在除了主人的剩下九个人当中，没有任何两个人的握手人数相同. 女主人会与多少人握手？

5. 我们可以通过天平判断任意两组砝码的总重量是否相等. 最少需要多少已知重量的砝码才能够称出从 1 到 121 的整数重量？如何称？（假定每个已知重量的砝码都可以放在天平的任意一端，或者不放在天平上.）

6. 对于给定正整数 k，如何获得 $1^k + 2^k + \cdots + n^k$ 的求和公式？

7. 是否可用如下图所示的小 L 形块非重叠地填充大的 L 形区域？可以对小 L 形块进行旋转和平移.

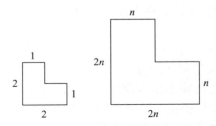

8. 假设每个纽约居民都有一个装有 100 枚硬币的罐子，是否可以断定没有任何两个罐子所装硬币的种类（1 美分、5 美分、10 美分、25 美分、50 美分）具有相同的数量分布？

9. 不使用因子分解方法，如何才能获得两个较大整数的最大公约数？

10. 质数为什么有无穷多个？连续的非质数正整数为什么可以进行任意长度的延伸？

11. 设飞镖板上有两个区域，一个区域价值 a 点，另一个价值 b 点，a 和 b 为正整数且没有大于 1 的公因数. 投掷飞镖不能获得的最大总点数是多少？

12. 某数学教授将一张 x 美元和 y 美分的支票兑换成现金，但出纳员却无意中支付了 y 美元和 x 美分. 教授花了 k 美分买了一份报纸，剩下的钱是支票原价的两倍. 如果 $k = 50$，那么支票的价值是多少？如果 $k = 75$，则这种情况不可能发生，为什么？

13. 每年都必须至少有一个 13 号是星期五吗？

14. 对于以 10 为基数表示的某个整数，如果将其中任意两个数字进行互换，则所得新整数与该整数的差一定可以被 9 整除，为什么？

15. 对于以 10 为基数表示的某个整数，如果将表示法中数字的次序进行颠倒而不改变该整数的值，则称该整数为**回文整数**. 为什么每个偶数位数的回文整数都能被 11 整除？

16. 不定方程 $42x + 63y = z$ 的所有整数解是多少？ $x^2 + y^2 = z^2$ 呢？

17. 对于给定的素数 L，如何确定某个正整数 K，使得有理数 K/L 可以表示为两个正整数的倒数之和？

18. 有理数比整数多吗？实数比有理数多吗？对于这些集合，"多"表示什么含义？

19. 对于下表所示的数据，在白天和晚上的比赛中，球员 A 的平均击球率高于球员 B 的，但在所有比赛中球员 A 的平均击球率却低于球员 B 的，为什么会这样？

球员	白天	晚上	总体
A	0.333	0.250	0.286
B	0.300	0.200	0.290

20. 假设 A 和 B 两人进行如下赌博：在每场游戏中，每个玩家显示 1 或 2 个手指，其中一人支付另一人 x 美元，其中 x 是显示的手指总数. 如果 x 是奇数，那么 A 支付给 B；如果 x 是偶数，那么 B 支付给 A. 该游戏对这两个人中的哪个更为有利？

21. 假设选举中的两个候选人 A 和 B 目前分别获得了 a 和 b 张选票. 假设以随机的次序进行计票，则候选人 A 最终不被击败的概率是多少？

22. 如何将数字 $0, \cdots, 100$ 按照某一特定顺序进行书写，使得没有 11 个位置为连续增加或连续减少的数字？（普通递增或递减集合不占用连续的位置或不作为连续的数字.）

23. 假设 $n \times n$ 网格中的每个结点都为黑色或白色，则 n 至少为多大才能保证四个顶点具有相同颜色的矩形存在？

24. 有多少小于 1 000 000 的正整数与 1 000 000 没有大于 1 的公因数？

25. 假设有一场由 n 个学生参加的考试，考完后试卷被随机返回给这些学生进行批改打分. 没有学生拿到自己试卷的概率是多少？当 n 趋向无穷大时这个概率是多少？

26. 假设有一场由 n 个女孩和 n 个男孩参加的舞会，每个女孩都喜欢其中的某些男孩. 在什么样的条件下才能使得每个女孩都和她喜欢的男孩配成舞伴？

27. 计算机绘图仪在纸上画一个图形. 对于下列图形，绘图仪至少要进行多少次起笔？

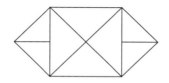

28. 对于圆周上的 n 个点，通过画出连接这 n 个点的所有弦可以生成多少个区域？假设任意三条弦都不会相交于一点.

29. 柏拉图立体的所有面为全等的正多边形，并且在每个顶点所关联面的数量均相等. 为什么只有正四面体、立方体、正八面体、正十二面体和正二十面体为柏拉图立体？

30. 假设路边有 n 个空的停车位可用于停靠兔子车和凯迪拉克这两种车型，其中兔子车车型占一个车位，凯迪拉克车型占两个车位. 有多少种停车方式可以占满这些停车位? 换句话说，有多少种元素为 1 或 2 的序列，满足序列的和为 n?

31. 反复按下计算器上的 "x^2" 按钮. 如果输入的初始值为小于 1 的正数，则生成一个趋向于 0 的序列；如果输入的初始值大于 1，则生成一个趋向于 ∞ 的序列. 对于其他二次函数呢?

32. 什么数具有一个以上的十进制表示形式?

33. 假设网球比赛中的每次得分都是独立的，如果发球者每得一分的概率是 p，则发球者最终获胜的概率是多少?

34. $\lim\limits_{n \to \infty}(1+x/n)^n$ 与复利之间有什么关系?

35. 一名棒球运动员以 p 的概率击出单垒打，否则就出局. 另一名棒球运动员击出全垒打的概率是 $p/4$，否则出局. 假设一个人向前跑两个垒. 比较一支由这样的全垒打运动员组成的球队和一支由单垒打运动员组成的球队，哪支球队会在单个回合中得分更高?

36. 令 $T_1, T_2, \cdots$ 表示某平面上的三角形序列. 如果该三角形序列收敛于某个区域 T，则是否可以得出 $\text{Area}(T) = \lim\limits_{n \to \infty}\text{Area}(T_n)$?

37. 两个珠宝窃贼偷走了一条圆形项链，项链上有 $2m$ 颗金色珠子和 $2n$ 颗银色珠子，这些珠子的排列次序未知. 是否总能找到一种方法将项链沿着一定的直径方向剪断，使得每个小偷都能得到每种颜色珠子的一半? 对于被加热过的导线圆，总能找到两端点处温度相等的直径. 这些问题之间有何关联?

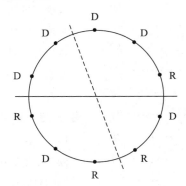

目　录

第一部分 *Part 1*

基本概念

第 1 章 　数、集合与函数

古巴比伦人曾经考虑在已知两个数的和与积的条件下，如何求得这两个数，他们使用文字而不是公式来求该问题的解．我们从二次求根公式的推导开始介绍，并使用该公式解决这个古老的问题．然后，我们讨论实数的性质以及集合与函数的基本概念，这些知识能够帮助我们更好地表达和解决数学问题．

求根公式

对于任意给定的两个数 s 和 p，古巴比伦人希望能够求得相应的两个数 x 和 y，满足 $x+y=s$ 且 $xy=p$．为此，解出 $y=s-x$ 并将其代入另一条件，得到 $x(s-x)=p$，去括号后可得

$$x^2 - sx + p = 0$$

古巴比伦问题的每个解 x 都必须满足上述二次方程．

对上述方程的求解相当于解一个一般的一元二次方程．若将方程左右两边同时乘以非零常数 a，则可得到 $ax^2-asx+ap=0$，此时并没有改变原方程的解．令 $b=-as$，$c=ap$，则有 $ax^2+bx+c=0$．

求根公式通常使用 a，b，c 表示一元二次方程的解 x．首先改写一元二次方程的表示形式，使得未知数 x 在方程中只出现一次：

$$0 = a\left(x^2 + \frac{b}{a}x\right) + c = a\left(x^2 + \frac{b}{a}x + \frac{b^2}{4a^2}\right) - \frac{b^2}{4a} + c$$
$$= a\left(x + \frac{b}{2a}\right)^2 + c - \frac{b^2}{4a}$$

故有

$$\left(x + \frac{b}{2a}\right)^2 = \frac{b^2 - 4ac}{4a^2}$$

求得关于 x 的二次求根公式：

$$x = \frac{-b \pm \sqrt{b^2 - 4ac}}{2a}$$

上述公式表示一般一元二次方程的所有解．当 $b^2-4ac>0$ 时，可以得到两个不相等的解；当 $b^2-4ac=0$ 时，得到两个相等的解；当 $b^2-4ac<0$ 时，方程没有实数解．将上述求根公式改写成符号 s 和 p 的表示形式，即有

$$\frac{s + \sqrt{s^2 - 4p}}{2}, \frac{s - \sqrt{s^2 - 4p}}{2} \tag{$*$}$$

则可用于解决古巴比伦问题. 当 $s^2-4p<0$ 时, 古巴比伦问题没有实数解.

当 $s^2-4p\geqslant 0$ 时, 由求根公式给出的 (∗) 作为二次方程 $x^2-sx+p=0$ 的解. 注意到 (∗) 中两数的和为 s, 积为 p, 由此可以验证它们的确是古巴比伦问题的解.

对于任意给定的实数 α 和 β, 可以将 $x-\alpha$ 和 $x-\beta$ 作为因子构造一个以 α 和 β 为零点的一元二次多项式. 由于 $(x-\alpha)(x-\beta)=x^2-(\alpha+\beta)x+\alpha\beta$, 故这两个零点的乘积为二次多项式的常数项, 它们的和为一次项系数的相反数.

在解决古巴比伦问题的过程中, 我们使用了数的哪些性质呢? 首先, 使用了加法和乘法的基本运算法则. 几个数相加的计算结果不依赖于它们的书写次序, 也不依赖于它们成对相加的次序. 乘法也具有同样的性质. 我们还使用了更为巧妙的分配律: $x(y+z)=xy+xz$.

我们也使用了减法和除法的一些性质. 每个数 u 都有一个加法的逆 $-u$, 减去数 u 的效果与加上数 $-u$ 的效果是一样的. 数 u 和数 $-u$ 的和为 0, 以及任何数加上 0 仍为这个数. 类似地, 每个非零数 u 都有一个乘法的逆 u^{-1}. 数 u 和数 u^{-1} 的乘积为 1, 以及任何数乘以 1 仍为这个数. 两个运算之间的一个重要区别是任何数不能除以 0. 逆的性质允许我们在等式两边消去相等项或非零公因子.

上述运算规则属于代数性质, 我们还使用了不等式和序的性质. 由于两个同号非零数的乘积为正, 故只有非负数有平方根. 此外, 如果 $u^2=v$, 则有 $(-u)^2=v$, 故需要在求根公式中平方根的前面写上 ± 符号, 并声明当 $b^2-4ac<0$ 时, 方程没有实数解.

古巴比伦人不会接受上述解决方案, 因为他们的数系并不包含负数! 在实数系统中, 只有当 $b^2-4ac\geqslant 0$ 时, 表达式 $(-b\pm\sqrt{b^2-4ac})/(2a)$ 才有意义, 故需要一种可以接受的方式表示 b^2-4ac 的平方根. 以十进制形式表示平方根通常需要无限不循环的十进制展开, 这种表示需要数系的完备性质, 并与无限过程和极限有关.

为了能够在本书中更好地发掘出数学思想, 我们引入实数系统及其给定的基本性质, 这使得我们能够专注于数学讨论的逻辑结构. 本章的最后部分列出了实数性质, 描述了有关这些性质的一些假设, 并讨论了问题求解的方法. 同时, 我们讨论了其他一些背景材料.

基本不等式

对不等式的处理需小心谨慎. 将等式两边同时乘以相同的数可以保持等式不变, 但这种做法对不等式可能会失效. 这是因为当且仅当 $c>0$ 时以下结论才成立: 若 $a<b$, 则 $ac<bc$.

在本节中我们将给出几个关于实数的不等式, 这些不等式依赖如下两个性质: 正实数有正的平方根以及任意实数的平方都是非负数. 我们首先证明正数平方或平方根的保序性.

1.1 命题　如果 $0<a<b$, 那么 $a^2<ab<b^2$ 且 $0<\sqrt{a}<\sqrt{b}$.

证明　由于将不等式两边同时乘以一个正数不改变不等号方向, 故将 $a<b$ 两边同时乘以 a, 可得 $a^2<ab$, 将 $a<b$ 两边同时乘以 b, 可得 $ab<b^2$.

同理必有 $\sqrt{a}<\sqrt{b}$. 否则, 对 $\sqrt{b}\leqslant\sqrt{a}$ 使用第一个结论, 则有 $b\leqslant a$, 与假设 $a<b$ 矛盾.

本书使用粗体表示有定义的术语.

1.2 定义   实数 x 的**绝对值**记为 $|x|$，定义为

$$|x| = \begin{cases} x & \text{若 } x \geqslant 0 \\ -x & \text{若 } x \leqslant 0 \end{cases}$$

可以将 $|x|$ 理解为 x 到 0 的距离，由此可得下一个论证（例题 1.50 给出另外一种证法）. 注意 $x \leqslant |x|$ 和 $|xy| = |x||y|$ 这两个式子恒成立.

1.3 命题（三角不等式）   若 x 和 y 为实数，则有 $|x+y| \leqslant |x| + |y|$.

证明   从不等式 $2xy \leqslant 2|x||y|$ 开始证明. 在该不等式两边同时加上 $x^2 + y^2$，并由 $z^2 = |z|^2$，可得

$$x^2 + 2xy + y^2 \leqslant x^2 + 2|x||y| + y^2 = |x|^2 + 2|x||y| + |y|^2$$

根据命题 1.1，对上述不等式两边取正的平方根，不等号方向不变，可得 $|x+y| \leqslant |x| + |y|$. 命题得证.   ■

我们需要从已知条件或事实中推导出某论断语句，以实现对该论断进行证明的效果. 在找到具体证明方法之前，我们可能并不知道会使用哪些已知的事实. 为获得一个证明，可能需要考察给出哪些已知条件或事实才能够保证结论为真. 在这种证明方法中，我们试图将期望被证明的结论"简化"为已知为真的某个论断语句. 证明的书面表述必须是关于从已知事实到证明结论的一个严谨且具有充分依据的解释过程.

下面这个命题的证明说明了这一点. 需证明的不等式一旦被证明，就会成为已知的不等式，但证明过程必须从已知不等式开始，并从已知不等式中推导出需证明的不等式. x 和 y 的**算术平均值**（或"平均值"）为 $(x+y)/2$，非负数 x 和 y 的**几何平均值**为 $\sqrt{xy}$. 术语 **AGM 不等式**意为算术平均-几何平均不等式（均值不等式），表示两个非负数的算术平均值不小于其几何平均值.

1.4 命题（AGM 不等式）   若 x, y 为实数，则有 $2xy \leqslant x^2 + y^2$ 且 $xy \leqslant ((x+y)/2)^2$. 若 x, y 均为非负数，则有 $\sqrt{xy} \leqslant (x+y)/2$. 仅当 $x=y$ 时，上述各式等号成立.

证明   由于 $0 \leqslant (x-y)^2 = x^2 - 2xy + y^2$，且注意到仅当 $x=y$ 时等号成立，将不等式两边同时加上 $2xy$，可得 $2xy \leqslant x^2 + y^2$. 再将两边同时加上 $2xy$，可得 $4xy \leqslant x^2 + 2xy + y^2 = (x+y)^2$，两边再同时除以 4，可得 $xy \leqslant ((x+y)/2)^2$.

若 $x \geqslant 0$ 且 $y \geqslant 0$，则 $xy \geqslant 0$，此时可取 $xy \leqslant ((x+y)/2)^2$ 的正的平方根. 由命题 1.1 可得 $\sqrt{xy} \leqslant (x+y)/2$.   ■

1.5 推论   若 $x, y > 0$，则有 $2xy/(x+y) \leqslant \sqrt{xy} \leqslant (x+y)/2$，当且仅当 $x=y$ 时，等号成立.

证明   由命题 1.4 可得 $\sqrt{xy} \leqslant (x+y)/2$，将该不等式两边同时乘以正数 $2\sqrt{xy}/(x+y)$ 即得所证不等式的前半部分.   ■

1.6 应用   表达式 $2xy/(x+y)$ 是 x 和 y 的**调和平均值**，通常出现在有关平均速率的研究当中. 当我们在时间 t 内以速率 r 移动一段距离 d 时，可以在适当度量单位下得到 $d = rt$.

当我们在时间 t_1 内以速率 r_1 移动一段距离 d 时，再在时间 t_2 内以速率 r_2 沿原路返回到原来位置，则有 $r_1 t_1 = d = r_2 t_2$. 那么此时全程的平均速率 r 为多少呢？根据计算公式 $2d = r(t_1 + t_2)$，有

$$r = \frac{2d}{t_1 + t_2} = \frac{2d}{\dfrac{d}{r_1} + \dfrac{d}{r_2}} = \frac{2r_1 r_2}{r_1 + r_2}$$

因此，全程的平均速率 r 是两个方向速率的调和平均值. 根据推论 1.5，当两个单程速率不相同时，全程平均速率低于两个单程速率的简单平均值.

例如，如果飞机飞行的单程速率为 380mph（1mph=1.609 344km/h），相同距离的返回速率是 420mph，那么全程平均速率为

$$\frac{2 \times 380 \times 420}{380 + 420} = \frac{800 \times 19 \times 21}{800} = (20 - 1) \times (20 + 1) = 399\text{mph}$$

这个速率小于 400mph，因为较慢速率花费了更多的时间. ∎

本书将用于直接说明数学概念的示例标注为**例题**，将包含额外推理的示例命名为**措施**或**应用**，将可以用在别处进行问题求解的结论标注为**定义**、**命题**、**引理**、**定理**或**推论**.

集合

我们从集合论的基本概念出发正式开始学习. **集合**是一种最初始的概念，这个概念是自然的，我们不能够再给出关于它的一个精确定义. 我们认为集合是若干可区分对象的聚集，这些对象是可以精确描述的，并且（原则上）提供了一种可用于判定给定对象是否属于该集合的方法.

1.7 定义　集合中的对象被称为该集合的**元素**或**成员**. 当 x 是集合 A 中的元素时，记为 $x \in A$，表示 x 属于 A；当 x 不在集合 A 中时，记为 $x \notin A$. 如果集合 A 中的每个元素都属于集合 B，则称 A 是 B 的**子集**，或者 B **包含** A，记为 $A \subseteq B$ 或 $B \supseteq A$.

当显式地列出一个集合的所有元素时，需要在元素列表的外围加上一个花括号，例如 "$A = \{-1, 1\}$" 表示集合 A 由元素 -1 和 1 组成. 集合中元素列举的不同顺序不会使集合发生变化. 可用 $x, y \in S$ 表示元素 x 和 y 都是集合 S 的元素.

1.8 例题　依惯例，使用特殊字符 $\mathbb{N}$、$\mathbb{Z}$、$\mathbb{Q}$、$\mathbb{R}$ 分别表示**自然数**、**整数**、**有理数**和**实数**集合，其中每个集合都包含在下一个集合中，即有 $\mathbb{N} \subseteq \mathbb{Z} \subseteq \mathbb{Q} \subseteq \mathbb{R}$

我们对上述集合非常熟悉，习惯上不将 0 作为自然数，故有 $\mathbb{N} = \{1, 2, 3, \cdots\}$. 整数集为 $\mathbb{Z} = \{\cdots, -2, -1, 0, 1, 2, \cdots\}$. 有理数集 $\mathbb{Q}$ 是由可写成分数 a/b 的实数组成的集合，其中 $a, b \in \mathbb{Z}$ 且 $b \neq 0$. ∎

1.9 定义　如果集合 A 和 B 包含相同的元素，则称这两个集合**相等**，记为 $A = B$. **空集**是唯一不含任何元素的集合，记为 $\varnothing$. 集合 A 的**真子集**是 A 的子集但不等于 A. 集合 A 的**幂集**是 A 的所有子集作为元素组成的集合.

注意：空集是任何集合的子集.

1.10 例题　令 S 表示集合 {Kansas, Kentucky}，T 表示美国所有以 "K" 开头的州

名的集合，则集合 S 与 T 相等. 集合 S 共有四个子集：$\varnothing$，｛Kansas｝，｛Kentucky｝ 和 ｛Kansas，Kentucky｝. 这四个集合是 S 的幂集的所有元素. ■

1.11 注（如何确定一个集合）   在例题 1.10 中，我们使用两种方式确定一个集合，一种方式是列出它的元素，另一种方式是将该集合确定为某个更大集合的某个子集. 为确定集合 A 中满足给定条件元素组成的集合 S，我们将集合 S 记为"$\{x\in A:条件(x)\}$"，读作"由 A 中满足'条件'的元素 x 组成的集合". 例如，表达式 $S=\{x\in\mathbb{R}:ax^2+bx+c=0\}$ 表示 S 是一个由满足方程 $ax^2+bx+c=0$ 的实数解组成的集合，其中 a、b、c 为已知常数. 在不言自明的情况下，可以省略表达式中对全集 A 的指定. ■

1.12 注   要确定一个数学问题的所有解，哪些是必须要做的事情呢？为了证明 T 是某数学问题解的集合，我们必须证明该数学问题的每个解都属于集合 T，并且还要证明集合 T 中的每个元素都是该数学问题的一个解.

令 S 表示该数学问题所有解组成的集合，目标是要证明 $S=T$，其中 T 是用元素列表方式或者简单描述方式表示的集合. 语句"$S=T$"表达了两条信息："$S\subseteq T$"和"$T\subseteq S$". 第一条信息表示集合 S 中的每个解都属于集合 T，第二条信息表示集合 T 中的每个元素都是该数学问题的一个解. ■

1.13 例题（集合的相等）

1）不等式 $x^2<x$. 令 $S=\{x\in\mathbb{R}:x^2<x\}$，$T=\{x\in\mathbb{R}:0<x<1\}$，求证 $S=T$. 为证明该结论，需要同时考察 $S\subseteq T$ 和 $T\subseteq S$. 对于 $x\in T$，由于 $x>0$，故可将已知不等式 $x<1$ 的两边同时乘以 x，可得 $x^2<x$，故有 $x\in S$；反之，对于 $x\in S$，由于 $x^2<x$，故有 $0>x^2-x=x(x-1)$，由此可知 x 和 $x-1$ 均为非零且异号，故有 $x\in T$.

2）二次方程 $ax^2+bx+c=0$. 令 S 为该一元二次方程的解集，且令

$$T=\left\{\frac{-b+\sqrt{b^2-4ac}}{2a},\frac{-b-\sqrt{b^2-4ac}}{2a}\right\}$$

当证明 $S=T$ 时，可以通过证明 $S\subseteq T$ 且 $T\subseteq S$ 来完成. 关于后一结论，需要将每个候选解代入原方程并检查该解是否有效. 我们在前面使用保持解集不变的方法实现了对这个方程的求解，这种基于推演的求解方式更为有效. 推演过程产生了一系列关于集合的等式，从 S 开始，到 T 结束. 注意，将 T 中的元素代入方程，可以检查我们在对方程进行处理的过程中是否犯了错误. ■

下面这个应用实例再次说明了如何通过证明两个集合之间的相互包含关系表示问题的解集. 我们将证明某个元素是一个解当且仅当它属于某个期望的集合.

1.14 应用（硬币问题）   对于给定的若干堆硬币，现分别从每堆硬币中各取出一枚硬币，形成一个新的硬币堆. 此时，每个原硬币堆的硬币数都减少了 1 个，且规模为 1 的原硬币堆都会消失. 例如，硬币数列表 1,1,2,5 变成了 1,4,4. 可将具有不同排列次序但数量分布相同的硬币数列表看成是一样的，故着重考察那些具有非递减排列次序的正整数列表. 设 S 为在此操作下数量分布保持不变的硬币数列表组成的集合.

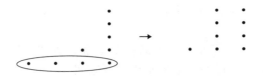

设 a 为某个具有 n 个硬币堆的硬币数列表，b 为由上述硬币操作产生的新列表. 若 $a \in$ S，则 a 和 b 是一样的，b 也有 n 堆. 因为每次硬币操作后都会引入一个新的硬币堆，故 a 中必须恰好有一个堆消失，即 a 中恰好有一个规模为 1 的硬币堆，故 b 中也恰好有一个规模为 1 的硬币堆，这使得 a 中恰好有一个规模为 2 的硬币堆.

对变量 i 从 1 到 $n-1$ 重复上述推理过程. 若 a 中有一个规模为 i 的硬币堆，则 b 中也恰好有一个规模为 i 的硬币堆，从而 a 中必有一个规模为 $i+1$ 的硬币堆. 这样对于从 1 到 n 的每个硬币数，我们都可以分别获得一个具有该规模的硬币堆.

令 T 是一个以硬币数列表为元素组成的集合，其中每个列表分别表示一个从 1 连续递增到某个自然数 n 的硬币堆序列. 我们在前面已经证明，每个在上述硬币操作下数量分布保持不变的硬币数列表都具有 T 中列表的形式，故有 $S \subseteq T$. 为完成对问题的求解，还需考察 T 中所有硬币数列表在硬币操作下保持不变.

考察集合 T 中任意一个硬币数列表 $1,2,\cdots,n$，该列表对应于规模分别为 $1,2,\cdots,n$ 的 n 个硬币堆. 对于硬币数 i 从 2 到 n 的每个硬币堆，其规模都会从 i 变到 $i-1$. 硬币数 i 为 1 的硬币堆会消失，同时由这 n 个硬币堆各出一个硬币构成一个规模为 n 的新硬币堆. 这使得原有硬币数列表 $1,2,\cdots,n$ 仍保持不变. 至此，我们证明了 $S \subseteq T$ 且 $T \subseteq S$，故有 $S=T$. 集合 T 表达了在硬币操作下数量分布保持不变的所有硬币数列表. ■

下面三个定义给出了本书后面将会用到的有关特殊集合的符号和术语.

1.15 定义（整数集）　　当 $a,b \in \mathbb{Z}$ 且 $a \leqslant b$ 时，$\{a, \cdots, b\}$ 表示集合 $\{i \in \mathbb{Z}: a \leqslant i \leqslant b\}$；当 $n \in \mathbb{N}$ 时，$[n]$ 表示 $\{1, \cdots, n\}$. **偶数集**为 $\{2k: k \in \mathbb{Z}\}$，**奇数集**为 $\{2k+1: k \in \mathbb{Z}\}$.

注意 0 是偶数. 每个整数都是偶数或者奇数，不会有任何一个整数同时为偶数和奇数. 整数的**奇偶性**表明该数是偶数还是奇数，只有在讨论整数的场合，我们才说 "偶数" 和 "奇数". 同样，当我们说一个数是正数而没有指定包含该数的数系时，我们意指该数是一个正实数，因此，"考虑到 $x > 0$" 意为 "x 是一个正实数".

1.16 定义（区间）　　当 $a,b \in \mathbb{R}$ 且 $a \leqslant b$ 时，**闭区间** $[a,b]$ 为集合 $\{x \in \mathbb{R}: a \leqslant x \leqslant b\}$，**开区间** (a,b) 为集合 $\{x \in \mathbb{R}: a < x < b\}$.

对于 $S \subseteq \mathbb{R}$，如果 S 中的某元素 x 不小于 S 中的任意元素，则称 x 为 S 的**最大值**. 一个集合最多只能有一个最大值. **最小值**的概念与之类似. 开区间 (a,b) 既没有最大值也没有最小值.

可用如下几种比较自然的方式从现有集合中产生新的集合.

1.17 定义（k 元组和笛卡儿积）　　关于集合 A 的**列表**是指由 A 中若干元素按指定顺序组成的一种可重复排列，k **元组**则是含有 k 个元素的列表，关于 A 的所有 k 元组组成的集合记为 A^k.

有序对是一个含有两个元素的列表，集合 S 与 T 的**笛卡儿积**为集合 $\{(x,y):x\in S,y\in T\}$，记为 $S\times T$.

注意 $A^2=A\times A$ 且 $A^k=\{(x_1,\cdots,x_k):x_i\in A\}$，通常将 "$x_i$" 读成 "$x$ 下标 i". 由于我们使用符号 "(a,b)" 表示有序对，故通常用 "开区间 (a,b)" 表示开区间，以免混淆.

当 $S=T=\mathbb{R}$ 时，可将笛卡儿积 $S\times T$ 或者 $\mathbb{R}^2$ 看成平面上所有点组成的集合，这些点由水平坐标和竖直坐标标明，称为该点的**笛卡儿坐标**. 笛卡儿积以勒内·笛卡儿（René Descartes，1596—1650）的名字命名. $\mathbb{R}$ 中两个区间的笛卡儿积是平面上的一个矩形.

1.18 定义（集合的运算）   令 A 和 B 为任意给定的两个集合. 它们的**并集**是由这两个集合中的所有元素组成的集合，记为 $A\cup B$；它们的**交集**是由同时属于这两个集合的所有元素组成的集合，记为 $A\cap B$；它们的**差集**是由属于 A 但不属于 B 的所有元素组成的集合，记为 $A-B$；如果两个集合的交集为空集 $\varnothing$，称这两个集合为**不相交**；如果集合 A 包含于某个讨论范围的全集 U，则 A 的**补集** A^c 为所有属于 U 但不属于 A 的元素组成的集合.

1.19 例题   令 E 和 O 分别表示所有偶数和所有奇数组成的集合，则有 $E\cap O=\varnothing$ 和 $E\cup O=\mathbb{Z}$. 在 $\mathbb{Z}$ 中，有 $E^c=O$. ∎

图赋予数学概念以生命，并能够阐明基本思想. 我们鼓励读者通过画图的方式实现对概念的清晰表达. 我们可以使用图表达定义 1.18 中的集合运算. 描述集合及其关系的图以 John Venn（1834—1923）的名字命名，尽管他不是第一个使用图的人.

1.20 注（Venn 图）   在 **Venn 图**中，外部方框表示当前讨论下的全集，方框内的每个区域对应一个集合，**非重叠**区域对应不相交的集合. 由两个集合 A 和 B 可以在 Venn 图中产生四个区域，分别代表 $A\cap B$、$(A\cup B)^c$、$A-B$ 和 $B-A$.

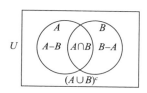

因为 $A-B$ 由属于 A 但不属于 B 的元素组成，故有 $A-B=A\cup B^c$. 同样，这个图表明 B^c 是两个不相交集合 $A-B$ 和 $(A\cup B)^c$ 的并集，$A-B$ 和 $B-A$ 不相交.

更为巧妙的是等式 $(A-B)\cup(B-A)=(A\cup B)-(A\cap B)$ 成立. 这个等式的严格证明表明，对于任意一个元素，该元素属于等式左边的集合，当且仅当它属于等式右边的集合. 习题 1.41 列出了其他有关集合的基本关系式. ∎

函数

"函数"是用于标识一种带输入和输出功能的数学机制的名称. 输入为来自某个集合的元素，输出则是另外一个（可能）不同集合中的元素. 确定一个函数的常用方法包括代数公式、与输入相关的输出列表、输入如何确定其输出的文字描述以及各种图像表示.

1.21 定义 从集合 A 到集合 B 的**函数** f 分别对每个 $a \in A$ 分配集合 B 中的一个元素 $f(a)$ 与之对应，并称 $f(a)$ 为 a 在 f 下的**象**. 对于从 A 到 B 的函数 f（记为 $f: A \to B$），集合 A 为**定义域**，集合 B 为**目标域**. 对于定义域为 A 的函数 f，其**象（值域）**为 $\{f(a): a \in A\}$.

1.22 注（示意图） 函数 $f: A \to B$ **定义**在集合 A 上，并将集合 A **映射**到集合 B 中. 为形象地表示函数 $f: A \to B$，将集合 A 和集合 B 分别表示成一个区域，针对每个 $x \in A$，我们画一个箭头指向 B 中的 $f(x)$.

函数的象包含在该函数的目标域中. 因此，可以在表示目标域的区域内部绘制一个用于表示函数的象的区域. ■

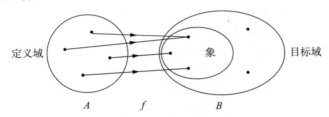

10

函数的表示有很多种方法. 对于每个 $a \in A$，我们必须确定 $f(a)$. 可以列出数对 $(a, f(a))$ 的取值列表，给出由 a 到 $f(a)$ 的计算公式，或者用文字描述由 a 获得 $f(a)$ 的规则. 注意，$f(a)$ 表示 f 的目标域中的一个元素，而不是表示函数 f，故在已知 x 时，x^2 表示一个数. 应将它与由 $f(x) = x^2$ 定义的函数 $f: \mathbb{R} \to \mathbb{R}$ 加以区分.

1.23 例题（函数的表示）

函数的公式表示 "平方"函数 $S: \mathbb{R} \to \mathbb{R}$ 定义为 $S(x) = x \cdot x = x^2$. "加法"和"乘法"函数是从 $\mathbb{R} \times \mathbb{R}$ 到 $\mathbb{R}$ 的函数，分别定义为 $A(x, y) = x + y$ 和 $M(x, y) = xy$.

函数的枚举表示 函数 $g: [7] \to \mathbb{N}$ 可以通过枚举如下对应关系进行定义：
$$g(1) = 6, g(2) = 6, g(3) = 7, g(4) = 9, g(5) = 8, g(6) = 6, g(7) = 8$$

函数的语言表示 函数 $h: [7] \to \mathbb{N}$ 定义为 $h(n))$ 是从星期日开始，一周中第 n 天的英文单词字母数. 函数 h 与上面定义的函数 g 相同.

1.24 注（"良好定义"的含义） 函数 $f: A \to B$ 可能会在 A 的不同子集上以不同的规则进行定义，"f 为良好定义的"意思是指函数值的取值规则必须阐明对于集合 A 中的每个元素，都有集合 B 中唯一确定的元素与之对应. 对于集合 A 中的某个元素，如果使用不同规则定义该元素的函数取值，则必须检查该元素在集合 B 中所对应元素的一致性（参见习题 1.45）.

例如，x 的绝对值（定义 1.2）是使用两条规则进行定义的，这两条规则都适用于 $x = 0$ 的情形. 由于 $0 = -0$，故这两条规则在 0 处是一致的. 由此可知，x 的绝对值为良好定义的. ■

1.25 定义 如果函数 f 的象是 $\mathbb{R}$ 的子集，则称该函数为**实值函数**或**实函数**，此时 $f(x)$ 是一个实数. 对于定义域 A 上的实函数 f 和 g，这两个函数的**和函数** $f + g$ 与**积函数** fg 分别由 $(f + g)(x) = f(x) + g(x)$ 与 $(fg)(x) = f(x)g(x)$ 进行定义，它们均是集合 A 上的实函数.

1.26 定义（实）   **多项式**是一个一元函数 $f:\mathbb{R}\to\mathbb{R}$，由 $f(x)=c_0+c_1x^1+\cdots+c_kx^k$ 进行定义，其中 k 为非负整数，$c_0,\cdots,c_k$ 均为实数，称为 f 的**系数**. f 的**次数**是满足 $c_d\neq0$ 条件下 d 的最大值，系数均为 0 的多项式没有次数，次数为 0、1、2、3 的多项式分别被称为**常数多项式、线性多项式、二次多项式、三次多项式**.

可以进一步学习包含更多个变量的多项式. 关于变量 $x_1,\cdots,x_n$ 的**单项式**是表达式 $cx_1^{a_1}\cdots x_n^{a_n}$，其中 c 为实数，每个 a_i 均为非负整数. n 个变量的多项式是含有 n 个变量单项式的有限和. 例如，由下式定义的函数 f 是一个 3 个变量的多项式，当 y 和 z 为常量时，该函数则退化成一个以 x 为变量的一元多项式：

$$f(x,y,z)=x^2+y^2+z^2+2xy+2xz+2yz$$

也可以使用几何思想来描述函数.

1.27 定义   函数 $f:A\to B$ 的**图像**是由有序对 $\{(x,f(x)):x\in A\}$ 组成的 $A\times B$ 的子集.

1.28 注（函数图像）   设 f 是定义在集合 $A\subseteq\mathbb{R}$ 上的一个实值函数，可以分别画出水平和竖直这两条实数轴构成的平面直角坐标系，并将 f 的定义域放在水平实数轴. 此时，f 的图像则是该坐标平面上的一些点组成的集合. 对于坐标平面上的任意一个点集 S，S 是某个函数的图像当且仅当对于任意实数 x，S 中最多只含有一个元素 (x,y). 也就是说，坐标平面上的每条竖直线最多只与 S 相交一次. ■

1.29 例题（函数的多种表示形式）   使用前述每种方法表示一个特殊函数 $f:[4]\to[4]$. 例如，f 可由公式 $f(n)=5-n$ 定义，列出 f 的对应关系 $f(1)=4,f(2)=3,f(3)=2$，$f(4)=1$. 文字描述：f 交换 1 和 4 以及交换 2 和 3. 函数 f 的图像是 $\{(1,4),(2,3),(3,2),(4,1)\}$. ■

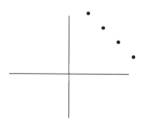

对于某些使用公式定义的函数，其象可能不是那么显而易见.

1.30 例题（函数 $f:\mathbb{R}\to\mathbb{R}$ 由 $f(x)=x/(1+x^2)$ 定义，其象为区间 $[-1/2,1/2]$）   为证明这个结论，首先需要证明：对于 $x\in\mathbb{R}$，$|f(x)|\leqslant1/2$. 这个论断等价于 $|x|\leqslant(1+x^2)/2$ 成立，其可由不等式 $(1-|x|)^2\geqslant0$ 证明.

至此，我们已经证明了该区间包含函数的象，还需证明该函数的象包含该区间. 对于 $y\in[-1/2,1/2]$，需要证明存在 $x\in\mathbb{R}$，满足 $f(x)=y$. 注意到 $f(0)=0$，对于 $y\neq0$ 并且 $y\in[-1/2,1/2]$，令 $y=x/(1+x^2)$，然后解出 x 关于 y 的表达式. 将二次方程的求根公式应用于 $yx^2-x+y=0$，可得 $x=(1\pm\sqrt{1-4y^2})/2y$. 由于 $|y|\leqslant1/2$，故有 $x\in\mathbb{R}$，$f(x)=y$. ■

1.31 定义   对于集合 $S\subseteq\mathbb{R}$，如果存在 $M\in\mathbb{R}$，满足对于所有的 $x\in S$，$|x|\leqslant M$ 成立，

则称集合 S 为**有界集合**，否则称 S 为**无界集合**. 象为有界集合的实值函数为**有界函数**，即存在 $M \in \mathbb{R}$，对于实值函数 f 定义域内的所有 x，$|f(x)| \leqslant M$ 成立.

1.32 定义　设 $f : \mathbb{R} \to \mathbb{R}$，$A$ 为一个实数集合，对于 x，$x' \in A$，如果当 $x < x'$ 时，$f(x) < f(x')$ 成立，则称 f 为（集合 A 上的）**递增函数**；如果当 $x < x'$ 时，$f(x) \leqslant f(x')$ 成立，则称 f 为（集合 A 上的）**不减函数**. 将 $<$ 改为 $>$ 或者将 $\leqslant$ 改为 $\geqslant$，则可得到相应的**递减函数**和**不增函数**定义. 如果一个函数是集合 A 上的不减函数或不增函数，则称该函数为集合 A 上的**单调函数**.

函数"递增"和"不减"的性质有时亦分别称为**严格递增**和**弱递增**. 类似地，如果一个函数是集合 A 上的递增函数或递减函数，则称该函数为集合 A 上的**严格单调函数**. 使用名词"单调"是为了避免重复，有很多结论同时适合于这两种情况. 如果函数在一个区间上递增，在另一个区间上递减，该函数就不是单调函数. 例题 1.30 中的函数是有界函数，但不是单调函数.

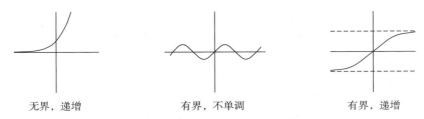

无界，递增　　　　　　有界，不单调　　　　　　有界，递增

1.33 注（几何解释）　从 $\mathbb{R}$ 到 $\mathbb{R}$ 的函数为单调递增函数，当且仅当对于每条与该函数图像相交的水平直线，位于相交点右边的函数图像处于该直线的上方，位于相交点左边的函数图像处于该直线的下方. 一个函数为有界函数，当且仅当该函数图像的每个点都位于一对水平直线之间.

定义 1.31～定义 1.32 中使用的"如果"与注 1.33 中使用的"当且仅当"具有相同的含义. 在给出某个新概念 X 的定义时，我们经常说"如果"具有某些性质，X 就会发生或成立，其实是认为新概念的成立和条件的具备是一种等价关系. 这是一个惯例. 从某种意义上讲，概念被定义后才会存在，所以这个概念的含义只能在一个方向上成立. 在本书中，"如果"的概念定义使用方式可以通过被定义概念的加粗字体进行识别.

1.34 定义　集合 S 上的**单位函数**为满足 $f(x) = x (x \in S)$ 的函数 $f : S \to S$. 函数 $f : S \to S$ 的**不动点**为满足 $f(x) = x$ 的元素 $x \in S$.

集合 S 中的每个元素都是该集合上单位函数的不动点. 在硬币问题（应用 1.14）中，我们考察了一个从自然数的不减列表集到其自身的函数，目标是找到该函数的所有不动点. 从 $\mathbb{R}$ 到 $\mathbb{R}$ 上的函数 f 存在不动点，当且仅当通过原点的直线 $\{(x, x)\}$ 与 f 的图像相交.

$\mathbb{N}$、$\mathbb{Z}$ 和 $\mathbb{R}$ 上的单位函数图像如下图所示. 从函数图像可以看出这些单位函数是不同的函数，这说明了函数不仅仅由计算公式确定. 如果两个函数具有相同的定义域，相同的目标域，并且在定义域中每个元素的函数值均一样，则称这两个函数**相等**.

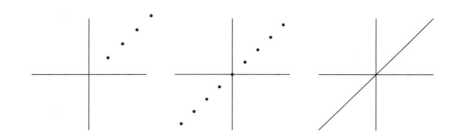

原象与水平集

可以使用函数语言表示方程的解集. 对于任意给定的函数 f 及其在目标域中的函数值 y，我们考察满足方程 $f(x)=y$ 的解集.

1.35 定义 对于任意函数 $f:A{\rightarrow}B$ 和 $y{\in}B$，y 在 f 下的**原象**为集合 $\{x{\in}A:f(x)=y\}$，记为 $I_f(y)$.

如果 $f(p)$ 表示点 p 处的温度，那么 $I_f(32)$ 就表示温度为 32 摄氏度的所有点的集合，此时亦称原象为等温线. 大多数天气图都会有关于等温线的图示.

y 在函数 $f:A{\rightarrow}B$ 下的原象为定义域 A 的子集. 一般来说，原象不一定能够形成一个从 B 到 A 的函数映射，因为它可以把 A 中的多个元素与 B 的一个元素进行关联.

实值函数经常作为一种度量值出现. 例如，可以用函数 h 表示美国某地的海拔. 地形图显示的是由水平曲线连接的有相同海拔的点（曲线可能由多个小的曲线段组成）. 关于函数 h 的水平曲线是该函数的一个原象 $I_h(c)$，其中数 c 表示给定的海拔.

1.36 定义 对于任意给定的函数 $h:\mathbb{R}\times\mathbb{R}{\rightarrow}\mathbb{R}$，函数 h（值为 c）的**水平集**为 $I_h(c)$.

1.37 例题 设 $A(x,y)=x+y$，对于每个实数 c，$I_A(c)$ 是 $\mathbb{R}^2$ 中的一条直线. 所有水平集构成一簇平行线，这些平行线的并集构成了二维实平面 $\mathbb{R}^2$.

设 $M(x,y)=xy$. 水平集 $I_M(0)$ 由两个坐标轴组成. 对于 $c{\neq}0$，水平集 $I_M(c)$ 为具有两个分支的双曲线.

设 $D(x,y)=x^2+y^2$，水平集 $I_D(c)$ 在 $c<0$ 时为空集，在 $c=0$ 时为一个点，在 $c>0$ 时为一个半径为 $\sqrt{c}$ 的圆.

下图给出了当 $c\in\{-2,-1,0,1,2\}$ 时的水平集.

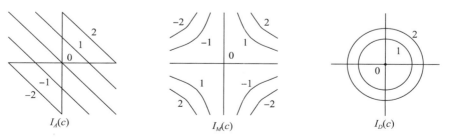

1.38 应用 给定两个实数，如果它们的和在 -8 与 8 之间，乘积在 -20 与 20 之间，

那么这两个数中的一个能够取到的最大值是多少?

我们使用水平集来解决这个问题. 已知 $|x+y|\leqslant 8$ 且 $|xy|\leqslant 20$, 对于该不等式组解集的图像, 其边界由水平集 $x+y=8$, $x+y=-8$, $xy=20$ 和 $xy=-20$ 界定, 中间值的水平集分别位于这些水平集之间.

通过水平集的绘制可以看出 (在已知的两个不等式的约束下), 当 $xy=-20$ 且 $x+y=8$ 时, x 具有最大的值. 使用类似于古巴比伦问题的解法求解这两个方程, 可解得 $x=10$, $y=-2$, 因此, 能够取到的最大值是 10. ■

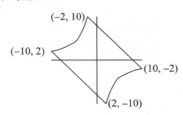

实数系统

实数不言自明地满足一种名为**公理**的少数几条性质, 实数的所有其他性质都可以从这些公理中推导出来. 本节将讨论这些性质和一些相关结果. 我们在此不是为了详细研究这些性质, 而是给出讨论的出发点, 并清晰地阐明会在什么样的假设前提下进行习题求解.

满足如下定义 1.39～定义 1.41 的数学结构是一个**完全有序域**. 我们在附录 A 中证明了所有这些结构在本质上是等价的. 此外, 我们建立了一个这样的结构, 并验证了该结构满足相应的公理. 我们从 $\mathbb{N}$ 的构造开始 (满足适当的公理), 依次构造 $\mathbb{Z}$、$\mathbb{Q}$ 以及最后的 $\mathbb{R}$, 每次都是根据前面已有的对象定义新的对象.

这些结构可能会有点形式化和枯燥. 因此, 我们在正文中避开这些内容, 而是从实数及其性质开始展开介绍并强调推理技巧. 我们假设实数系统 $\mathbb{R}$ 的存在性并且满足定义 1.39～定义 1.41 中的性质. 这意味着实数具备所有的其他性质, 如命题 1.43～命题 1.46 中的性质. 我们在这里非形式化地讨论 $\mathbb{N}$, 第 3 章会将 $\mathbb{N}$ 作为 $\mathbb{R}$ 的子集给出它的一个形式化定义. 无论我们从 $\mathbb{N}$ 开始并像附录 A 那样定义 $\mathbb{R}$, 还是像正文中那样以 $\mathbb{R}$ 开头, 结果都是一样的. 对于每一种情况, 实数系统都满足定义 1.39～定义 1.41.

1.39 定义 (域公理)　假设集合 S 具有 + 和 · 两种运算, 并包含 0 和 1 两个不同的元素, 如果所有的 x, y, $z \in S$ 均满足如下性质, 则称 S 是一个**域**:

A0: $x+y \in S$	M0: $x \cdot y \in S$	封闭性
A1: $(x+y)+z=x+(y+z)$	M1: $(x \cdot y) \cdot z=x \cdot (y \cdot z)$	结合律
A2: $x+y=y+x$	M2: $x \cdot y=y \cdot x$	交换律
A3: $x+0=x$	M3: $x \cdot 1=x$	同一律

A4：给定 x，存在某个 $w \in S$ 满足　M4：对于 $x \neq 0$，存在某个　　　　可逆性

　　$x + w = 0$　　　　　　　　　　　$w \in S$ 满足 $x \cdot w = 1$

　　　　　　　　　　　　　DL：$x \cdot (y + z) = x \cdot y + x \cdot z$　　　　分配律

运算＋和·分别称为**加法**和**乘法**，元素 0 和 1 分别称为**加法单位元**和**乘法单位元**.

　　根据上述公理可以得到（S 中任意元素）加法逆的唯一性以及（S 中任意非零元素）乘法逆的唯一性. x 的加法逆就是 x 的**负数**，记为 $-x$. 为定义 y 与 x 的**减法运算**，可令 $x - y = x + (-y)$. 非零元 x 的乘法逆就是 x 的**倒数**，记为 x^{-1}，元 0 没有倒数. 当 $y \neq 0$ 时，可以通过令 $x/y = x \cdot (y^{-1})$ 的方式定义**除法运算**. 通常将 $x \cdot y$ 写成 xy，将 $x \cdot x$ 写成 x^2. 我们可以使用括号来帮助明确运算次序.

　　1.40 定义（序公理）　对于域 F 的某个子集 $P \subseteq F$，如果对于 x，$y \in F$，P 满足如下性质，则称集合 P 为域 F 的一个**正集**：

　　P1：$x, y \in P$ 蕴含 $x + y \in P$　　　　　　　加法封闭性

　　P2：$x, y \in P$ 蕴含 $xy \in P$　　　　　　　　乘法封闭性

　　P3：$x \in F$ 蕴含恰好有一个 $x = 0, x \in P, -x \in P$　　三分性

　　有序域是一种包含正集 P 的域. 在有序域中，可以将 $x < y$ 定义为 $y - x \in P$. 可使用类似方式由正集 P 定义关系 $\leqslant$，$<$ 和 $\geqslant$.

　　注意 $P = \{x \in F : x > 0\}$. 三分性的另一种表述方式是：每个有序对 (x, y) 满足且仅满足 $x < y$，$x = y$，$x > y$ 三者中的一个.

　　如果 $S \subseteq F$，那么 $\beta \in F$ 是 S 的**上界**当且仅当对所有的 $x \in S$ 满足 $x \leqslant \beta$.

　　1.41 定义（完备性公理）　如果有序域 F 中每个有上界的非空子集都有最小上界，则称该有序域 F 具有**完备性**.

　　我们在第四部分内容之前都无须使用 $\mathbb{R}$ 的完备性公理，只需要知道该公理确保了正实数平方根的存在性. 定义 1.39～定义 1.40 中的公理揭示了算术运算的常见性质，我们将在下文列出一些这样的性质. 我们假定数的所有这些性质都成立. 注意到 $\mathbb{Q}$ 也是一个有序域，因此下面列出的性质也适用于 $\mathbb{Q}$ 中的算术. 整数集 $\mathbb{Z}$ 满足除乘法逆的存在性以外的所有域公理和序公理.

　　1.42 命题（$\mathbb{N}$、$\mathbb{Z}$、$\mathbb{Q}$ 中的算术）　集合 $\mathbb{N}$、$\mathbb{Z}$、$\mathbb{Q}$ 均在加法运算和乘法运算下保持封闭性，$\mathbb{Z}$ 和 $\mathbb{Q}$ 在减法运算下保持封闭性，除去 0 的 $\mathbb{Q}$ 在除法运算下保持封闭性.

　　下面四个命题给出了有序域 F 的性质. 对于任意给定的 x，y，z，u，$v \in F$，以下命题成立：

1.43 命题（域公理的基本结果）

a) $x+z=y+z$ 蕴含 $x=y$　　　　e) $(-x)(-y)=xy$

b) $x \cdot 0=0$　　　　　　　　　f) $xz=yz$ 且 $z \neq 0$ 蕴含 $x=y$

c) $(-x)y=-(xy)$　　　　　　　g) $xy=0$ 蕴含 $x=0$ 或 $y=0$

d) $-x=(-1)x$

1.44 命题（有序域的性质）

O1：$x \leqslant x$　　　　　　　　　　　自反性

O2：$x \leqslant y$ 且 $y \leqslant x$ 蕴含 $x=y$　　反对称性

O3：$x \leqslant y$ 且 $y \leqslant z$ 蕴含 $x \leqslant z$　　传递性

O4：$x \leqslant y$ 和 $y \leqslant x$ 至少有一个成立　全序性

1.45 命题（有序域的更多性质）

F1：$x \leqslant y$ 蕴含 $x+z \leqslant y+z$　　　加法保序性

F2：$x \leqslant y$ 且 $0 \leqslant z$ 蕴含 $xz \leqslant yz$　乘法保序性

F3：$x \leqslant y$ 且 $u \leqslant v$ 蕴含 $x+u \leqslant y+v$　不等式的加法

F4：$0 \leqslant x \leqslant y$ 且 $0 \leqslant u \leqslant v$ 蕴含 $xu < yv$　不等式的乘法

1.46 命题（有序域的另外一些性质）

a) $x \leqslant y$ 蕴含 $-y \leqslant -x$　　　　e) $0<1$

b) $x \leqslant y$ 且 $z \leqslant 0$ 蕴含 $yz \leqslant xz$　　f) $0<x$ 蕴含 $0<x^{-1}$

c) $0 \leqslant x$ 且 $0 \leqslant y$ 蕴含 $0 \leqslant xy$　　g) $0<x<y$ 蕴含 $0<y^{-1}<x^{-1}$

d) $0 \leqslant x^2$

命题 1.46 中的性质（a）和（b）表明不等式乘以负数需要改变不等号方向.

还有其他未列出的关于公理的等价公式. 因此，记住哪些是公理、哪些是关于公理的结果并不重要. 我们将以上所有公式列表作为讨论和学习的出发点.

解题方法

本章讨论了一些数学对象，我们将在第 2 章讨论有关数学表述的知识内容. 作为热身，我们在此先从数学语言与自然语言之间的转换开始练习. 本章大部分问题都要求对语言表达的含义有着精确的理解，但计算量较小，计算变成了只是数学工具的一部分. 我们将在后面的章节中给出更多的数学工具.

我们在此介绍几条简单技巧用于帮助学生解决不够熟悉的问题．尽管这些技巧看起来不言自明，但是它们的作用贯穿全书，应该牢牢记住．

1）充分理解问题，符合逻辑地解决问题．

2）等量代换能够简化表达式或引入有用的新表达式．

3）在只有少数几种可能的情况下，分情况讨论的方式可以帮助排除预期结论之外的所有可能性．

4）检查答案的合理性．

问题理解

习题 1.1～1.26 提供了将由自然语言表达的词语翻译成数学概念的练习，我们还必须理解所用数学概念的定义（参见习题 1.18 及其之后的有关习题）．

为了获得对一个问题的理解，有时可以从分析某种特殊情况入手．例如，可以针对 n 值较小的情况分析硬币问题，从中发现某种模式，然后将这种适用于特殊参数值的结论推广到一般情形，并针对一般情况证明所需的结果．

要明确区分什么是已知条件，什么是要证明的结论．要充分理解需要从已知信息中获得什么样的预期结果．要善于将复杂问题的求解分解成若干步对简单问题的求解．

等量代换

比如对于 1 美元（等于 100 美分）的零钱，可能有 4 个 25 美分，或者可能把 4 个 25 美分换成 1 美元．数学方程也可以使用这两种方式进行解读．等量代换是将数学表达式替换为与之等值且更加方便的表达式．等量代换有多种使用场合，在将一般公式应用于某种特殊情况时，在试图简化某个公式时，或者在试图消去某些变量时，都可以使用等量代换．

1.47 例题　由于对任意 x 和 y 都有 $x^2-y^2=(x+y)(x-y)$ 成立，故可用等式的一边替换等式的另一边．例如，对于 598 乘以 602，可以考虑如下计算方法：

$$(600-2)\times(600+2)=600^2-2^2=360\ 000-4=359\ 996$$

此处很方便地将 $(x+y)(x-y)$ 等量代换成了 x^2-y^2．另一方面，为求得一个方程的根，可能会将 x^2-y^2 等量代换成其因式形式 $(x+y)(x-y)$．

有时可用等量代换消除一些不相关的变量．在应用 1.6 中，我们得到 $r=2d/(t_1+t_2)$，但想用 r_1 和 r_2 表示 r．将 t_1，t_2 和想要的变量代入表达式，就可消除公式对变量 d 的依赖．

1.48 例题　在习题 1.31 中，关于(a)的提示建议使用由命题 1.4 得到的不等式 $2tu\leqslant t^2+u^2$．事实上，使用不同的变量替换 t 和 u，可以得到六个相应的不等式，并可由此得到不等式 $4xyzw\leqslant x^4+y^4+z^4+w^4$．

可继续使用等量代换方法从上述结果中进一步得到不等式 $3abc\leqslant a^3+b^3+c^3$．可通过对称性将上述含有四个变量的不等式简化为只含有三个变量，令 $w=(xyz)^{1/3}$ 是实现这个效果的一种很有用的方法．此后，用 a、b、c 替换合适的关于 x、y、z 的表达式即可得到所需的不等式．

最后一步的等量代换是很自然的事情，但是找到等量代换 $w=(xyz)^{1/3}$ 会有一定的困难．经验、聪明的猜测和反复试验都有助于发现那些可能有用的等量代换．

分情况讨论

答案的形式可能取决于变量的取值，习题 1.37 就属于这种情况．尽管如此，需要进行的推演可能只对受限的变量选择才会有效.

1.49 例题　寻求不等式 $a^2b>2a$ 的所有整数解. 也就是说，要找到对集合 $\{(a,b)\in\mathbb{Z}^2:$ $a^2b>2a\}$ 的一种显式描述. 可将该不等式转化为 $a(ab-2)>0$. 当且仅当不等式左边两个因子的符号相同时，不等式成立. 由此引出如下两种情况：

1) $a>0$ 且 $ab>2$；　　2) $a<0$ 且 $ab<2$

第一种情况包含第一象限中除 $(1,1)$、$(1,2)$ 和 $(2,1)$ 之外的所有整数对，第二种情况包含第二象限中的所有整数对以及第三象限中的 $(-1,1)$. 答案为这两种情况下解集的并集. ∎

1.50 例题　在研究绝对值函数时，可能需要分情况讨论. 对于实数 x,y，我们可以使用这种方式证明三角不等式 $|x+y|\leqslant|x|+|y|$（命题 1.3）.

19

当 x，y 均为非负数时，不等式两边都等于 $x+y$. 当 x,y 均为非正数时，不等式两边都等于 $-x-y$. 当 x,y 的符号相反时，不妨设 $x>0>y$，则有

$$|x+y|=\max\{x+y,-x-y\}<x-y=|x|+|y|$$

因此，不论哪种情况，不等式 $|x+y|\leqslant|x|+|y|$ 均成立. ∎

寻找避免分情况讨论的方法可以实现对问题或求解方法更加深入的理解. 对平方距离的研究，可以实现对很多与绝对值和距离相关的问题的最好理解.

集合的运用可以使得分情况讨论更加便利，词语"或"对应于集合的并集，词语"且"对应于集合的交集.

答案检查

通过对答案的检查能发现推理过程中产生的错误. 在寻求一般性答案时，应该在某些特殊情况下对所得答案进行检验. 对于描述面积或长度的公式（如习题 1.19），公式计算结果值必须为非负值. 我们建议检查答案的合理性，至于如何检查则需要具体问题具体分析.

习题

题目中出现类似于"确定""表明""得出"或"构造"这样的词语，则意味着该题需要证明，这些词语的含义与"证明"非常类似. 对本书中问题的求解应给出全面的解释，解释中肯定会包含语句，没有词语就无法对推理进行解释.

符号"（一）"标识比较简单的问题，符号"（＋）"标识比较困难的问题，标有符号"（!）"的问题则是特别有趣或富有启发性的题目.

1.1　（一）有很多桌子和椅子. 设 t 为桌子的数量，c 为椅子的数量. 写出一个不等式表示"椅子数量至少是桌子数量的四倍".

1.2　（一）填空. 方程 $x^2+bx+c=0$ 在_____时有唯一解，在_____时无解.

1.3　（一）已知 $x+y=100$，求出 xy 的最大值.

1.4　（一）解释为何在给定周长的所有矩形中，正方形的面积最大.

1.5　（一）对于如下摄氏（C）和华氏（F）温标.

C	0	5	10	15	20	25	30
F	32	41	50	59	68	77	86

试用华氏温标表示语句"温度在 10℃的基础上升高了 20℃".

1.6 （一）令 f 和 c 分别表示华氏和摄氏温标在给定时间点上的温度值. 这些值满足公式 $f=(9/5)c+32$，在什么温度值下会发生下列情况？

a）华氏温度和摄氏温度相等.

b）华氏温度是摄氏温度的相反数.

c）华氏温度是摄氏温度的两倍.

1.7 （一）对于 x，$y\in\mathbb{R}$，下列语句并不总为真. 给出一个使其为假的例子，并在 y 上添加一个假设，使其成为正确的语句.

   "如果 x 和 y 均为非零实数且 $x>y$，则有 $(-1/x)>(-1/y)$."

1.8 （!）在微积分课的上午单元中，有 9 名女生中的 2 名和 10 名男生中的 2 名获得了成绩 A，在该课程的下午单元中，有 9 名女生中的 6 名和 14 名男生中的 9 名获得了成绩 A. 请验证在每个单元都是有更多比例的女生比男生获得成绩 A，但是综合起来则是较少比例的女生比男生获得成绩 A. 请解释原因！ （相关练习见习题 9.19～习题 9.20，实例见例题 9.20.）

1.9 （一）如果一只股票在第一年下跌 20%，在第二年上涨 23%，是否还有净利润？如果该股票在第一年上升 20%，在第二年下降 18%，又怎么样呢？

1.10 （一）1995 年 7 月 4 日，《纽约时报》报道说，美国大学授予的博士学位数量比当前经济状况下所能接受的博士毕业生数量要多 25%，由此得出的主要结论是博士毕业生就业不足的概率为四分之一. 这里"就业不足"的含义是指博士毕业生没有工作或者从事不需要博士学位的工作. 博士毕业生就业不足的概率实际是多少？

1.11 （一）某商店在盛大开业时有 15% 的促销折扣. 店员认为，规则要求先应用折扣，然后再根据剩余金额计算税金. 顾客则认为，应该在加 5% 的销售税后，再将折扣应用到总额上，这样可以更省钱. 两者之间有差别吗？请解释一下.

1.12 （一）某商店提供一种"分期付款"消费选项且不用支付利息. 付款方式为分 13 个月付款，按月支付，其中第一个月的首付款为其余各月付款金额的一半，故在购买商品一年以后才完成全部款项的支付. 如果某顾客买了 1000 美元的立体声音响，则按这个分期付款方式每月需支付多少钱？

1.13 （一）设 A 为满足 $2k-1(k\in\mathbb{Z})$ 的整数集，B 为满足 $2k+1(k\in\mathbb{Z})$ 的整数集，证明 $A=B$.

1.14 （一）设 a、b、c、d 为实数且满足 $a<b<c<d$，将 $[a,b]\bigcup[c,d]$ 变成两个集合之差.

1.15 （一）集合 A 和集合 B 在什么条件下满足 $A-B=B-A$？

1.16 （一）从由 5 个硬币组成的一个硬币堆开始，确定重复使用例题 1.14 的操作时会有什么效果，如果初始硬币堆含有 6 个硬币，又会是怎样的效果？

1.17 （一）绝对值函数的定义域和象分别是什么？

1.18（一）确定哪些实数恰好比它们的倒数大 1.

＊　＊　＊　＊　＊　＊　＊　＊　＊　＊　＊

1.19　一个周长为 48ft（1ft＝0.304 8m）、面积为 108ft² 的矩形地毯的长和宽各是多少？对于给定的正数 p 和 a，在什么条件下存在周长为 p、面积为 a 的矩形地毯？

21

1.20　设 r 和 s 是方程 $ax^2+bx+c=0$ 的两个不同实数解，试根据 a，b，c 得出 $r+s$ 和 rs 的表达式.

1.21　设 a，b，c 是实数且 $a\neq0$，找出如下关于 $-b/2a$ 是方程 $ax^2+bx+c=0$ 解的"证明"中的错误：

设 x 和 y 为该方程的解. 从 $ax^2+bx+c=0$ 中减去 $ay^2+by+c=0$，可得 $a(x^2-y^2)+b(x-y)=0$，将其变换为 $a(x+y)(x-y)+b(x-y)=0$，则有 $a(x+y)+b=0$，由此可得 $x+y=-b/a$. 由于 x 和 y 是任意解，故可令 $y=x$，从而得出 $2x=-b/a$ 或 $x=-b/(2a)$.

1.22　现有两个相同的玻璃杯，玻璃杯 1 中含有 x 盎司（1 盎司＝28.349 5g）葡萄酒，玻璃杯 2 中含有 x 盎司水（$x\geq1$）. 从玻璃杯 1 中取出 1 盎司葡萄酒倒入玻璃杯 2 中，将葡萄酒和玻璃杯 2 中的水混合均匀. 最后从玻璃杯 2 中取出 1 盎司液体，倒入玻璃杯 1 中. 试证明：此时玻璃杯 1 中水的质量与玻璃杯 2 中葡萄酒的质量相同.

1.23　某个十二时制的数字时钟具有如下缺陷：小时的读数总是正确的，但分钟的读数总是等于小时的读数. 试在可能正确的读数中间确定最小的分钟数.

1.24　三个人登记入住某个酒店房间，前台服务员收取了他们一共 30 美元的房费. 经理回来后说这里收费太高，让服务员退回 5 美元. 服务员拿出五张 1 美元的钞票，将其中的 2 美元装进自己的口袋作为小费，只给每位客人退回 1 美元. 在最初的 30 美元付款中，每位客人实际只支付了 9 美元，而 2 美元被服务员拿走了，问"失踪"的 1 美元去哪里了？

1.25　人口普查员采访某所房子里的一位妇女. 他问："谁住在这里？". 她回答说："我和我丈夫还有我的三个女儿."　"你三个女儿的年龄各是多少？"　"她们年龄的乘积是 36，总和是这个房子的编号." 普查员看看房子的编号，想了想，然后说："你还没有给我足够的信息来计算出她们的年龄."　"哦，你说得对." 她回答，"那我再告诉你，我最大的女儿在楼上睡着了."　"好的！我已经算出来了，非常感谢你！" 请问三个女儿的年龄各是多少？（这个问题需要"合理"的数学解释.）

1.26（十）两个搬运工在路途中相遇并交谈.

A："我知道你有三个儿子，他们多大了？"

B："如果你把他们的年龄（以年为单位）相乘，结果就等于你的年龄."

A："但这还不足以让我算出答案！"

B："这三个数字的和等于那栋楼的窗户数量."

A："嗯（停顿了一会儿），还是算不出来！"

B："我第二个儿子的头发是红色的."

A："啊，现在我算出来了！"

请问他的三个儿子分别是多大？（提示：早期阶段的模糊性有助于确定全部对话的解决方案.）（G. P. Klimov）

1.27 确定 $|x/(x+1)| \leqslant 1$ 的实数解集.

1.28 （!）AGM 不等式的应用

a）用命题 1.4 证明表达式 $x(c-x)$ 在 $x=c/2$ 时达到最大值.

b）对于 $a>0$，使用上面结论找到 y 的值使得表达式 $y(c-ay)$ 的值最大.

1.29 设 x，y，z 为非负实数且满足 $y+z \geqslant 2$，证明：$(x+y+z)^2 \geqslant 4x+4yz$ ，并确定在什么条件下等号成立.

1.30 （!）设 x，y，u，v 是实数.

a）证明 $(xu+yv)^2 \leqslant (x^2+y^2)(u^2+v^2)$.

b）确定（a）中式子何时等号成立.

1.31 （+）AGM 不等式的扩展

a）证明对于实数 x，y，z，w，$4xyzw \leqslant x^4+y^4+z^4+w^4$ 成立.（提示：重复使用 $2tu \leqslant t^2+u^2$.）

b）证明对于非负数 a，b，c，$3abc \leqslant a^3+b^3+c^3$ 成立.（提示：在上面不等式中令 $w=(xyz)^{1/3}$.）

1.32 （!）仅用算术方法（不用求根公式和微积分）证明：
$$\{x \in \mathbb{R} : x^2-2x-3<0\} = \{x \in \mathbb{R} : -1<x<3\}$$

1.33 设 $S=\{(x,y) \in \mathbb{N}^2 : (2-x)(2+y) \geqslant 2(y-x)\}$，证明：
$$\text{当 } T=\{(1,1),(1,2),(1,3),(2,1),(3,1)\} \text{ 时，} S=T \text{ 成立}$$

1.34 令 $S=\{(x,y) \in \mathbb{R}^2 : (1-x)(1-y) \geqslant 1-x-y\}$，试给出集合 S 关于 x 和 y 的符号的一个简单描述.

1.35 （!）确定以有序非零实数对 (x,y) 为元素的集合，满足 $x/y+y/x \geqslant 2$.

1.36 令 $S=[3] \times [3]$（即集合 $\{1,2,3\}$ 与自身的笛卡儿积）. 设 T 为一个以有序对 $(x,y) \in \mathbb{Z} \times \mathbb{Z}$ 为元素的集合，且满足 $0 \leqslant 3x+y-4 \leqslant 8$. 试证明：$S \subseteq T$. 并考察等号能否成立.

1.37 确定一般一元二次不等式 $ax^2+bx+c \leqslant 0$ 的解集，并用线性不等式或区间表示解集.（使用求根公式，完整的求解需要考察多种情况.）

1.38 令 $S=\{x \in \mathbb{R} : x(x-1)(x-2)(x-3)<0\}$，$T$ 为区间 $(0,1)$，U 为区间 $(2,3)$，试得出关于 S，T，U 的简单集合等式.

1.39 （!）对于给定的 $n \in \mathbb{N}$，令 a_1，a_2，$\cdots$，a_n 为实数且满足 $a_1<a_2<\cdots<a_n$，试用区间符号表示 $\{x \in \mathbb{R} : (x-a_1)(x-a_2) \cdots (x-a_n)<0\}$.（为了方便，用 $(-\infty,a)$ 表示 $\{x \in \mathbb{R} : x<a\}$.）

1.40 令 A 和 B 为集合，试解释集合 $(A-B) \cup (B-A)$ 和 $(A \cup B)-(A \cap B)$ 为什么会相等. 若 A 是以元音开头的美国州名集合，B 是不超过六个字母的美国州名集合，则等式是否成立？

1.41 （一）令 A、B、C 表示集合，试解释下列集合之间的关系. 使用集合运算和包含的定义，以及 Venn 图进行讨论.

a) $A \subseteq A \cup B$ 且 $A \cap B \subseteq A$.　　　　d) $A \subseteq B$ 且 $B \subseteq C$ 蕴含 $A \subseteq C$.

b) $A - B \subseteq A$.　　　　e) $A \cap (B \cap C) = (A \cap B) \cap C$.

c) $A \cap B = B \cap A$ 且 $A \cup B = B \cup A$.　　　　f) $A \cup (B \cup C) = (A \cup B) \cup C$.

1.42　令 $A = \{$一月，二月，$\cdots$，十二月$\}$，对于给定的 $x \in A$，设 $f(x)$ 为 x 中的天数，f 是否定义了一个从 A 到 $\mathbb{N}$ 的函数?

1.43　(一) 令 $S = \{(x, y) \in \mathbb{R}^2 : 2x + 5y \leqslant 10\}$，试画出 S 的图像，并解释当约束条件变为 $2x + 5y < 10$ 时，S 的图像会发生怎样的变化.

1.44　(!) 令 $S = \{(x, y) \in \mathbb{R}^2 : x^2 + y^2 \leqslant 100\}$，$T = \{(x, y) \in \mathbb{R}^2 : x + y \leqslant 14\}$.

a) 画出集合 $S \cap T$ 的图像.　　　　b) 数出 $S \cap T$ 中坐标均为整数的点的个数.

23

1.45　(一) 试分别确定下列规则是否定义了一个从 $\mathbb{R}$ 到 $\mathbb{R}$ 的函数:

a) 若 $x < 4$，则 $f(x) = |x - 1|$；若 $x > 2$，则 $f(x) = |x| - 1$.

b) 若 $x < 2$，则 $f(x) = |x - 1|$；若 $x > -1$，则 $f(x) = |x| - 1$.

c) 若 $x \neq 0$，则 $f(x) = ((x + 3)^2 - 9)/x$；若 $x = 0$，则 $f(x) = 6$.

d) 若 $x > 0$，则 $f(x) = ((x + 3)^2 - 9)/x$；若 $x < 7$，则 $f(x) = x + 6$.

e) 若 $x \geqslant 2$，则 $f(x) = \sqrt{x^2}$；若 $0 \leqslant x \leqslant 4$，则 $f(x) = x$；若 $x < 0$，则 $f(x) = -x$.

1.46　确定按下列等式定义的函数 $f : \mathbb{R} \to \mathbb{R}$ 的象:

a) $f(x) = x^2/(1 + x^2)$.　　　　b) $f(x) = x/(1 + |x|)$.

1.47　令 $f : \mathbb{N} \times \mathbb{N} \to \mathbb{R}$ 由等式 $f(a, b) = (a + 1)(a + 2b)/2$ 定义.

a) 表明 f 的象在 $\mathbb{N}$ 中；

b) (+) 确定 f 的象中所有自然数. (提示：可通过尝试多个值来提出假设.)

1.48　对于由 $f(x) = 1 - x$ 定义的函数 $f[0,1] \to [0,1]$，试将该函数与例题 1.29 进行对比描述.

1.49　(!) 令 f 和 g 是 $\mathbb{R}$ 到 $\mathbb{R}$ 的函数，对于 f 与 g 的和、积 (见定义 1.25)，试判断下面语句的对错. 如果正确，给出证明；如果错误，给出反例.

a) 如果 f 和 g 有界，则 $f + g$ 有界.

b) 如果 f 和 g 有界，则 fg 有界.

c) 如果 $f + g$ 有界，则 f 和 g 有界.

d) 如果 fg 有界，则 f 和 g 有界.

e) 如果 $f + g$ 和 fg 都有界，则 f 和 g 有界.

1.50　(!) 令 S 为函数 f 的定义域，$f(S) = \{f(x) : x \in S\}$，$C$ 和 D 分别为 S 的子集.

a) 证明 $f(C \cup D) \subseteq f(C) \cup f(D)$.　b) 举例说明 (a) 中等式不成立.

1.51　当 $f : a \to b$ 且 $S \subseteq B$ 时，定义 $I_f(S) = \{x \in A : f(x) \in S\}$. 令 X 和 Y 为 B 的子集.

a) 确定 $I_f(X \cup Y)$ 和 $I_f(X) \cup I_f(Y)$ 是否相等.

b) 确定 $I_f(X \cap Y)$ 和 $I_f(X) \cap I_f(Y)$ 是否相等.

（提示：使用注 1.22 给出的示意图进行探索.）

1.52 令 M 和 N 均为非负实数，假设 $|x+y| \leqslant M$ 并且 $|xy| \leqslant N$，试确定关于 M 和 N 的函数 x 可能存在的最大值.

1.53 使用不等式而不是画图像的方式求解应用 1.38.

1.54 (!) 设 $S=\{(x,y) \in \mathbb{R}^2 : y \leqslant x$ 且 $x+3y \geqslant 8$ 且 $x \leqslant 8\}$.

    a) 试画出集合 S 的图像.

    b) 求 $x+y$ 在满足条件 $(x,y) \in S$ 下的最小值.（提示：在（a）中画出的图像上画出函数 $f(x,y)=x+y$ 的水平集.）

1.55 (+) 设 **F** 是由三个元素 0，1，x 组成的域，证明：$x+x=1$ 且 $x \cdot x=1$，并得出 **F** 的加法运算表和乘法运算表.

1.56 (+) 是否存在正好含有四个元素的域？是否存在正好含有六个元素的域？

第 2 章　语言与证明

对数学推理的理解需要熟悉诸如"每一个""一些""没有""并且""或者"等词语的确切含义，这些词语在分析数学问题时会经常用到．语言方面的相关知识主要包括词序、量词、逻辑语句和逻辑符号等内容．有了这些知识，我们就可以讨论一些基本的证明技巧．

关于方程的两个定理

我们从下面的两个问题开始讲解，这两个问题既说明了准确表达的必要性，也阐述了证明中的多种技巧．

2.1 定义　包含两个变量 x 和 y 的**线性方程**是具有如下形式的等式：$ax+by=r$，其中系数 a、b 和常数 r 都是实数．$\mathbb{R}^2$ 中的**直线**是满足线性方程的数对 (x,y) 的集合，线性方程的系数 a 和 b 不能同时为 0．

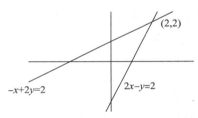

几何直觉告诉我们，含两个变量的一对线性方程会出现三种情况．如果每个方程都表示一条直线，那么这两条直线可能相交于一点，可能平行，也可能完全重合．相应地，该方程组分别有一个、零个、无穷多个公共解．由于我们只使用了实数运算来定义"直线"，所以无须依赖几何直觉也可以对此进行分析．

2.2 定理　设 $ax+by=r$ 和 $cx+dy=s$ 为两个包含变量 x 和 y 的线性方程，若 $ad-bc\neq 0$，则它们有唯一的公共解；若 $ad-bc=0$，则它们无公共解或者有无穷多个公共解，具体情况取决于 r 和 s 的取值．

证明　若 a、b、c、d 这四个系数都为零，则无公共解，除非 $r=s=0$，这种特殊情况下所有点 (x,y) 都是解．否则，至少有一个系数为非零实数，通过变换方程并且/或者变换变量 x 和 y 的角色，可以假设 $d\neq 0$，并从第二个方程中解出 y，得到 $y=(s-cx)/d$．将 y 的表达式代入第一个方程并化简，可得 $\left(a-\dfrac{bc}{d}\right)x+\dfrac{bs}{d}=r$，两边同时乘以 d 可得 $(ad-bc)x+bs=rd$．

当 $ad-bc\neq 0$ 时，将上式两边同时除以 $ad-bc$，可得 $x=\dfrac{rd-bs}{ad-bc}$，再将其代入 y 的表

达式，可得如下唯一解：

$$(x, y) = \left(\frac{rd - bs}{ad - bc}, \frac{as - rc}{ad - bc} \right)$$

当 $ad - bc = 0$ 时，关于 x 的方程变成了 $bs = rd$. 若 $bs \neq rd$，则两个线性方程无公共解；若 $bs = rd$，则对于任意 x 都可以求出公共解 $(x, y) = (x, (s - cx)/d)$，故这两个方程有无穷多个公共解.

当 $ad - bc \neq 0$ 时，这两个方程表示两条直线只有一个交点. 当 $ad - bc = 0$ 时，这两个方程表示两条直线没有交点（平行）或者有无穷多个交点（重合）. 如果某个方程的两个系数都是 0，那么它就不是一条直线，而且没有公共解，除非这个方程是 $0x + 0y = 0$，在这种情况下，另一个方程的全部解就是这两个线性方程的公共解.

在证明过程中，我们需要考虑多种情况以避免 0 作除数. 没有单一的求解公式适用于所有的线性方程对，因为当 $ad - bc = 0$ 时，解的形式发生了变化. 对解自身的表述需要谨慎地使用语言措辞.

下一个论证使用的基本方法为反证法. 我们假设要证明的结论是错误的，然后从这个假设出发导出矛盾. 这种方法特别适用于证明有关不存在含义的命题. 下面综合使用反证法、有理数性质以及有关奇偶数的基本常识进行论证.

2.3 定理 若 a、b、c 均为奇数，则方程 $ax^2 + bx + c = 0$ 无有理数解.

证明 假设存在有理数解 x，则可令其为 p/q，其中 p、q 均为整数. 不妨设这个表示 x 的分数 p/q 为最简形式，也就是说 p 和 q 没有大于 1 的公因子. 将方程 $ax^2 + bx + c = 0$ 两边同时乘以 q^2 可得 $ap^2 + bpq + cq^2 = 0$.

下面可通过推出表达式 $ap^2 + bpq + cq^2$ 不等于 0 来导出矛盾，只需要证明该表达式为奇数即可. 由于已将 x 表示为最简形式 p/q，故 p 和 q 不可能同时为偶数. 若 p 和 q 均为奇数，由于奇数的乘积亦为奇数，故 ap^2、bpq 与 cq^2 这三项均为奇数. 从而这三项的和亦为奇数，得到矛盾，由反证法可知结论成立. 另一种情况，若 p 是奇数，q 是偶数（反之亦然），则 ap^2、bpq 与 cq^2 这三项中有两项为偶数，一项为奇数，三项之和仍为奇数，同样得到矛盾，故命题得证.

量词与逻辑语句

对一个主题的理解和将该主题清晰地表达出来是相辅相成的. 下面讨论如何使用精心挑选的词语和符号来准确地表达数学思想. 随着在后面章节不断将数学符号语言用于求解问题，我们将逐步对这些数学符号语言变得非常熟悉.

对反证法的使用需要理解命题不成立的具体含义是什么. 对于"每个教室都有一把没有坏的椅子"这句话，如果不使用否定词，我们能写出一个意思相反的句子吗？一旦学会了如何使用自然语言表达逻辑操作，这就很容易了.

2.4 例题 简单句的否定"所有学生都是男生"这句话的否定是什么？有些人会错误地回答"所有学生都不是男生"，其实正确的否定句是"至少有一个学生不是男生". 类似地，语句"所有整数都是奇数"的否定句不是"所有整数都不是奇数"，而是"至少有一个整数是偶数".

　　自然语言允许有歧义，听者可以从语境中正确地理解所要表达的含义，但数学语言必须避免歧义.

　　2.5 例题（词序和语境）　对于语句"存在实数 y，使得等式 $x=y^3$ 对任意实数 x 都成立"，这似乎是说某个数 y 是所有数的立方根，显然是错的. 想要表达每个数都有立方根，通常应写成"对于任一实数 x，都有一个实数 y 使得 $x=y^3$".

　　在自然语言和数学语言中，词语顺序会对语句的含义产生很大影响，试比较"玛丽让简吃食物""吃吧，玛丽，简做的食物"和"吃食物，玛丽，简做的". 语句的含义也根据具体语境而定，比如"酒保发了两张牌"这句话可能有多种含义，取决于我们是在看网球比赛还是在空军基地的酒吧里放松，数学语言中也有类似的困境，像"square"和"cycle"这样的词就具有多个数学意义.

　　数学的基本问题是数学命题为真还是为假. 在讨论证明之前，我们首先需要明确什么样的词语表达形式才能够成为数学命题. 我们首先要求自然语言和数学符号都要有正确的语法，语法可以消除一些混乱或无效的表达，如"食物玛丽""1＋="等.

〔27〕

　　语句"1＋1＝3"和"1＋1＜3"均为数学命题，尽管第一个命题是错误的. 类似地，"(1＋1)$^{4\times3}$ 比 4 000 多 96"是一个数学命题. 我们只从语法上判断某个语句是否为命题，至于该命题的正确与否取决于具体的计算结果. 这个计算标准需要扩展使用更为复杂的运算，并需要使用集合和数定义的一些对象.

　　我们还会考察关于多个数或对象的一般性断言，例如"任何奇数的平方都比 8 的倍数大 1". 该命题等同于由多个语句构成的语句列表："$1^2=1+0\times8$"，"$3^2=1+1\times8$"，"$5^2=1+3\times8$"，……，可以通过引入**变量**来表达这类数学命题. 当变量 x 在集合 S 中取某个特定值时，$P(x)$ 就表示一个数学命题，故可认为下面两个语句是数学命题. 当集合 S 中包含多个元素时，这两个数学命题具有不同的含义.

　　"对于集合 S 中所有元素 x，断言 $P(x)$ 均为真."

　　"集合 S 中存在元素 x 使得断言 $P(x)$ 为真."

　　2.6 例题　语句"$x^2-1=0$"本身不是数学命题，但当 x 为某个指定值时，它就成了数学命题. 请思考：

　　"对于所有 $x\in\{1,-1\}$，$x^2-1=0$ 恒成立."

　　"对于所有 $x\in\{1,0\}$，$x^2-1=0$ 恒成立."

　　"存在 $x\in\{1,0\}$ 使得 $x^2-1=0$ 成立."

　　上面三个语句都是数学命题. 对于第一个命题，代入 x 的两个值并进行检验，可知每个值都能满足结论，故第一个命题为真. 同理可知第二个命题为假，第三个命题为真.

　　如果一个断言无法判断其真假，那么该断言就不能成为一个数学命题. 对于语句"这个命题为假"，将其记作 P. 如果 P 中词语"这个命题"指的是另一个命题 Q，则 P 具有真值. 如果"这个命题"指的是 P 本身，那么，如果 P 为真则该命题就必须为假，如果 P 为假则该命题为真！这就产生了矛盾，此时 P 没有真值，该语句不是数学命题.

　　2.7 定义　使用大写字母"P、Q、$R\cdots$"表示数学命题，命题的真假取值称为命题的真值，命题的否定就是对该命题的真值取反. 通常使用 ¬ 表示**否定**，所以"¬P"表示对命题 P 的否定. 若命题 P 为假，则命题 ¬P 为真.

命题"对于集合 S 中任意元素 x，$P(x)$ 均为真"中的变量 x 被**全称量化**，可将该命题表示为 $(\forall x \in S)P(x)$，其中 $\forall$ 为**全称量词**. 命题"集合 S 中存在某个元素 x，使得 $P(x)$ 为真"中的变量 x 被**存在量化**，可将该命题表示为 $(\exists x \in S)P(x)$，其中 $\exists$ 为**存在量词**. 集合 S 是变量 x 的**全集**. ■

2.8 注（表示量化的词语）   一般来说，词语"每一个"和"所有的"表示全称量词，词语"某些"和"存在"则表示存在量词. 也可以通过暗示全集中任意元素的方式表示全称量词，比如"设 x 为整数"，或者"考试不及格的学生将重修这门课程". 下面列出几种常见的量词表示方法.

全称量词（∀）	（提示词）	存在量词（∃）	（提示词）
对于所有的，对于任意的		对于某些	
如果	那么	存在	使得
当……时，对于，给定		至少一个	对于
每一个，任意一个	满足	一些	满足
一个，任意的	一定，是	有一个	使得
设	为		

提示词有时候会缺失."实数的平方是非负数"这句话表明，对于任意一个 $x \in \mathbb{R}$，都有 $x^2 \geqslant 0$，这不是关于某个实数的命题，故不能通过个别例子进行验证. ■

通过上面的例子可以发现，量词一般出现在它所量化的表达式之前，"I drink whenever I eat"与"Whenever I eat, I drink"只有在强调具体事情时才会有不同的意思. 与之类似，很容易理解语句"AGM 不等式描述的是对每一对正实数 a，b，$(a+b)/2 \geqslant \sqrt{ab}$ 恒成立"以及语句"在 0 到 2 之间存在某些 x，满足 $x^2 - 1 = 0$". 有时自然语言中的量词出现在语句最后是为了阅读起来更加流畅. 语句中只有一个量词不容易产生歧义，若含有多个量词，则量词的顺序至关重要.

2.9 注（量词的顺序）   可以按照惯例做法避免语句产生歧义. 对于命题"若 n 为偶数，则 n 可以表示为两奇数之和". 设 E 和 O 分别表示偶数集和奇数集，用 $P(n,x,y)$ 表示"$n = x + y$"，可将该命题表示为

$$(\forall n \in E)(\exists x, y \in O)P(n, x, y)$$

在上面的格式中，被量化的变量所确定的值对于其后面的表达式保持不变，但会受到它前面被量化变量的影响，当从左到右读到 $(\exists x, y \in O)P(n, x, y)$ 时，应将 n 看作是已经选定了的常量. 用自然语言描述表达式时通常也采用这种惯例：量词出现在句子开头，使得每个选定的变量在其后表达式中为常量. ■

2.10 例题（参数和隐式量词）   对于命题"设 a、b 为实数，求证二次方程 $ax^2 + bx = a$ 存在实数解"，可用量词将该命题表示为 $(\forall a, b \in \mathbb{R})(\exists x \in \mathbb{R})(ax^2 + bx = a)$. 在该问

题的求解过程中，通常将 a 和 b 看成是参数，虽然它们都是变量，但必须为这些变量的每种取值情况找到一个解，量词的范围则是在考察 x 时，将 a 和 b 视为常量.

可以根据 a 和 b 的取值情况找到一个合适的 x. 当 $a=0$ 时，$x=0$ 适用于 b 的所有取值情况；当 $a\neq0$ 时，可由求根公式得到 $x=(-b+\sqrt{b^2+4a^2})/2a$，该表达式的计算结果是实数（因为正实数存在平方根）且满足方程.

负的平方根也会产生一个解，但无须求出该解，因为题目已声明只需证明实数解的存在性.　　■

2.11 例题（量词的顺序）　比较下面两个命题：
$$(\forall x\in A)(\exists y\in B)P(x,y);\ (\exists y\in B)(\forall x\in A)P(x,y)$$
如果不讨论 A、B、P 的具体含义，那么第二个命题为真时总能推出第一个命题为真. 如果对于每个 x，都可以找到一个相应的 y 满足条件 $P(x,y)$，那么第一个命题为真. 要使第二个命题为真，必须存在某个 y，使得任意 x 都满足条件 $P(x,y)$.

可通过简单的例子说明两者的区别. 令 A 表示学生集合，B 表示家长集合，$P(x,y)$ 表示"y 是 x 的家长". 由此可得第一个命题为真，但第二个命题为假. 另一个例子出现在例题 2.5 中，其中 $A=B=\mathbb{R}$，$P(x,y)$ 为"$x=y^3$". 另外可考察注 2.9 中的命题.

有些情况下这两个命题均为真，例如令 $A=B=\mathbb{R}$，且令 $P(x,y)$ 为"$xy=0$".　　■

2.12 注（量词命题的否定）　将命题中的量词按常规顺序排列之后，很容易得到命题的否定. 若命题"对于所有的 x 使得 $P(x)$ 成立"为假，则一定存在某个 x 使得 $P(x)$ 不成立，反之亦然. 类似地，命题"存在某个 x 使得 $P(x)$ 成立"为假，则对于所有的 x，$P(x)$ 均不成立. 用符号表示为

$\neg[(\forall x)P(x)]$ 与 $(\exists x)(\neg P(x))$ 等价；

$\neg[(\exists x)P(x)]$ 与 $(\forall x)(\neg P(x))$ 等价.

注意在使用逻辑符号时，可以通过添加括号的方式实现分组效果.　　■

通过将否定穿过量词并改变量词类型的方式理解量词的否定，对于理解本书中的数学内容是至关重要的.

当用特定的全集否定量化命题时，不能改变隐含的全集. 另外，当否定 $(\forall x)P(x)$ 或 $(\exists x)P(x)$ 时，可能 $P(x)$ 本身也是一个量化命题.

30

2.13 例题（全集的否定）　"每个好人都做得很好"的否定是"有些好人做得不好"，这没有提到坏人；"教室中每个椅子都坏了"的否定是"教室中有些椅子坏了"，这没有提到教室外面的椅子.

类似地，命题 $(\forall n\in\mathbb{N})(\exists x\in A)(nx<1)$ 的否定是 $(\exists n\in\mathbb{N})(\forall x\in A)(nx\geqslant1)$，该否定句意味着集合 A 有一个下界，即整数 n 的倒数. 这里没有提到集合 $\mathbb{N}$ 外面的 n 或者集合 A 外面的 x.　　■

2.14 例题　将命题"每个教室都有一把没有坏的椅子是错误的"换个说法，量词使得取消"双重否定"是不恰当的，句子"每个教室都有一把坏了的椅子"的含义不同.

原句中有全称量词"每一个"和存在量词"有一个". 通过连续否定这些量词，首先

得到"有一间教室里没有一把没坏的椅子",然后将其转换为"有一间教室里所有的椅子都坏了".

我们也可以象征性地表达这种运算. 设 R 表示所有教室组成的集合,对于给定的某个教室 r,令 $C(r)$ 表示教室 r 里面所有椅子组成的集合,对于椅子 c,$B(c)$ 表示椅子 c 坏了. 由此可将上述语句(都具有相同的含义)表示为

$$\neg\big[(\forall r\in R)(\exists c\in C(r))(\neg B(c))\big]$$
$$(\exists r\in R)\big(\neg\big[(\exists c\in C(r))(\neg B(c))\big]\big)$$
$$(\exists r\in R)(\forall c\in C(r))B(c)$$

2.15 例题   定义 1.31 描述了有界函数,其否定为"如果对于每个实数 M,总存在某个实数 x 满足 $|f(x)|>M$,则称 f 是无界函数",用符号表示其中的条件为

有界:$(\exists M\in\mathbb{R})(\forall x\in\mathbb{R})(|f(x)|\leqslant M)$

无界:$(\forall M\in\mathbb{R})(\exists x\in\mathbb{R})(|f(x)|>M)$

因此,无界意味着 $(\forall n\in\mathbb{N})(\exists x_n\in\mathbb{R})(|f(x_n)|>n)$.

复合语句

逻辑语句的否定产生另外一个逻辑语句,也可以使用联结词"合取""析取""当且仅当"和"蕴含"来构造复合命题. 复合命题的真值由组成复合命题的每个简单命题的真值确定,具体确定方式取决于联结词的定义.

2.16 定义(逻辑联结词)   在下表中,我们根据最后一列的真值状态定义第一列的逻辑运算.

名称	符号	意义	真值状态
非	$\neg P$	非 P	为假
合取	$P\wedge Q$	P 且 Q	均为真
析取	$P\vee Q$	P 或 Q	至少一个为真
双条件	$P\Leftrightarrow Q$	P 当且仅当 Q	真值相同
单条件	$P\Rightarrow Q$	P 蕴含 Q	P 为真时,Q 也为真

2.17 注(析取)   数学中"或"的含义与其在自然语言中的用法有所不同. 例如"你到底要不要回家?",如果回答"是"就会引起困惑,尽管在逻辑上是正确的. 在自然语言中,词语"或"表示一个或者另一个,但不是两者都. 在数学中,这称之为**互斥或**,通常将这种"或"命名为析取.

析取在数学中比互斥或更为常见,因为且和或用法与量词一样. 如果合取联结词的所有子句都为真,则该复合命题为真,因此且是一个全称量词;如果析取联结词至少一个子句为真,则该复合命题为真,因此或是一个存在量词.

在单条件命题 $P\Rightarrow Q$ 中,我们称 P 为**假设**,Q 为**结论**,命题 $Q\Rightarrow P$ 为 $P\Rightarrow Q$ 的**逆**.

2.18 注(单条件)   单条件命题是定义 2.16 中唯一一种 P 和 Q 互换会产生含义变化

的复合命题，$P \Rightarrow Q$ 与 $Q \Rightarrow P$ 的真值之间一般没有特定的联系. 对于下面关于实数 x 的三个命题：P 为 "$x>0$"，Q 为 "$x^2>0$"，R 为 "$x+1>1$"，则有 $P \Rightarrow Q$ 为真，但 $Q \Rightarrow P$ 为假，$P \Rightarrow R$ 与 $R \Rightarrow P$ 均为真.

注意这里 x 是一个变量，因为语境很清晰，故可忽略命题中的 x. 事实上，这里 $P \Rightarrow Q$ 表达的确切含义是 $(\forall x \in \mathbb{R})(P(x) \Rightarrow Q(x))$.

当且仅当假设为真且结论为假时，单条件命题才为假. 如果假设为假，那么不管结论是什么，也不管结论是否正确，该单条件命题均为真. 例如 S 表示 "这本书在 1973 年就已经出版过了"，则不管 P 是什么，$S \Rightarrow P$ 均为真.

将单条件理解为 "如果……那么" 而不是 "蕴含" 可能会有所帮助. 下面列出了用自然语言表达 $P \Rightarrow Q$ 的几种方法.

32

若 P（为真），则 Q（也为真）.　　　P 为真仅当 Q 为真.

无论 P 是否为真，Q 都为真.　　　P 是 Q 的充分条件.

如果 P 为真，则 Q 为真.　　　　　Q 是 P 的必要条件.

若逻辑语句由简单命题通过联结词构成，通常将这些简单命题看作是取值范围为集合 {真，假} 的变量. 若给定这些变量的取值，则可根据定义 2.16 求出完整表达式的真值. 列出表达式在简单命题的每个真值情况下取值的表称为**真值表**.

2.19 例题　我们举一个真值表的例子再次强调单条件命题的含义. 对于由 $(P \Rightarrow Q) \Leftrightarrow ((\neg P) \vee Q)$ 确定的命题 R，不管 P 和 Q 具有什么含义，我们想判断命题 R 是否恒为真. 若 R 恒为真，则 R 称为**永真式**. 对于 P 和 Q 各自取值为真或假，下表列出了所有的取值情况.

P	Q	$P \Rightarrow Q$	$\neg P$	$(\neg P) \vee Q$	R
T	T	T	F	T	T
T	F	F	F	F	T
F	T	T	T	T	T
F	F	T	T	T	T

若两个逻辑表达式 X 和 Y 对于每个变量的所有真值赋值都有相同的真值，则称它们为**逻辑等价**. 可用逻辑等价的方式以更方便的形式重新表述命题.

2.20 注（基本逻辑等价式）　可用 P 替换 $\neg(\neg P)$，反之亦然. 同样地，$P \vee Q$ 等价于 $Q \vee P$，$P \wedge Q$ 等价于 $Q \wedge P$. 当 P 和 Q 均为命题时，由于下面左列与右列总是有相同的真值，故可用右列的表达式代替左列的表达式（反之亦然）. 可用真值表中的符号组合来验证这些等价式，使用联结词的自然语言含义更易理解.

a)　$\neg(P \wedge Q)$　　$(\neg P) \vee (\neg Q)$.

b)　$\neg(P \vee Q)$　　$(\neg P) \wedge (\neg Q)$.

c)　$\neg(P \Rightarrow Q)$　　$P \wedge (\neg Q)$.

d)　$P \Leftrightarrow Q$　　$(P \Rightarrow Q) \wedge (Q \Rightarrow P)$.

e)　　$P \lor Q$　　　　$(\neg P) \Rightarrow Q$.

f)　　$P \Rightarrow Q$　　　　$(\neg Q) \Rightarrow (\neg P)$.

等价式（a）和（b）分别表达对"和"与"或"的理解，它们分别作为全称量词和存在量词出现在复合命题中（见注 2.17）. 为了纪念逻辑学家奥古斯都·德·摩根（Augustus de Morgan，1806—1871），称两个等价式为**德·摩根律**.

等价式（c）和（d）分别表示单条件和双条件的含义. 当假设为真，结论为假时，单条件命题才为假. 当条件式及其逆均为真时，双条件命题才为真.

当且仅当 P、Q 均为假时，等价式（e）的两边才均为假. 当且仅当 P 为真，Q 为假时，等价式（f）两边才均为假. ■

2.21 注（逻辑联结词和集合中的归属）　设 $P(x)$ 和 $Q(x)$ 是关于全集 U 中元素 x 的命题，通常将 $(\forall x \in U)(P(x) \Rightarrow Q(x))$ 记为 $P(x) \Rightarrow Q(x)$，或简写为带有隐含全称量词的表达式 $P \Rightarrow Q$.

可将假设 $P(x)$ 看成是以另一种方式出现的全称量词，若 $A = \{x \in U : P(x)$ 为真$\}$，则可将命题 $P(x) \Rightarrow Q(x)$ 记为 $(\forall x \in A)Q(x)$.

还可以将 $P(x) \Rightarrow Q(x)$ 理解为集合之间的包含关系. 对于 $B = \{x \in U : Q(x)$ 为真$\}$，该单条件命题与命题 $A \subseteq B$ 含义相同. 逆命题 $Q(x) \Rightarrow P(x)$ 等价于命题 $B \subseteq A$，因此，双条件命题 $P \Leftrightarrow Q$ 等价于 $A = B$.

也可以使用逻辑联结词和归属语句来解释集合运算. 当 P 是 A 的归属语句且 Q 是 B 的归属语句时，命题 $A = B$ 与 $P \Leftrightarrow Q$ 含义相同. 下面列出了其他集合运算的对应关系. ■

$$
\begin{array}{ccccc}
x \in A^c & \Leftrightarrow & \text{非}(x \in A) & \Leftrightarrow & \neg(x \in A) \\
x \in A \cup B & \Leftrightarrow & (x \in A)\text{或}(x \in B) & \Leftrightarrow & (x \in A) \lor (x \in B) \\
x \in A \cap B & \Leftrightarrow & (x \in A)\text{且}(x \in B) & \Leftrightarrow & (x \in A) \land (x \in B) \\
A \subseteq B & \Leftrightarrow & (\forall x \in A)(x \in B) & \Leftrightarrow & (x \in A) \Rightarrow (x \in B)
\end{array}
$$

通过使用量词对并集和交集的解释，可以将并集和交集的定义扩展到两个以上的集合. 集合的**交集**由所有集合都包含的所有公共元素组成，集合的**并集**由至少有一个集合包含的所有元素组成.

2.22 注　在注 2.21 中，$P \Leftrightarrow Q$ 与 $A = B$ 之间的对应关系揭示了一个重要的现象. 表示"相同"的表达式可以分为两种情况. 当 x、y 是数字时，表达式 $x = y$ 暗含两个表达式"$x \leqslant y$"和"$y \leqslant x$". 当 A 和 B 是集合时，表达式 $A = B$ 暗含两个表达式"$A \subseteq B$"和"$B \supseteq A$". 同样地，对于逻辑语句 P 和 Q，命题 $P \Leftrightarrow Q$ 意味着 $P \Rightarrow Q$ 和 $Q \Rightarrow P$.

在一些场合，需要同时推出上述两个不等式来求证等式成立. 而在另外一些场合，也可以直接证明等式成立，可通过保留值、集合或者同义转换表达式等方式实现. ■

2.23 例题（集合的德·摩根律）　在集合语言中，德·摩根律（注 2.20a，b）变成了（1）$(A \cap B)^c = A^c \cup B^c$ 和（2）$(A \cup B)^c = A^c \cap B^c$. 可以通过将其转换为具有归属关系的逻辑等价式来验证（1），将（2）留作习题 2.50. 对于任意一个给定的元素 x，设 P 为 $x \in A$，Q 为 $x \in B$，则注 2.20～2.21 可表示为

$$x \in (A \bigcap B)^c \Leftrightarrow \neg(P \wedge Q) \Leftrightarrow (\neg P) \vee (\neg Q) \Leftrightarrow (x \notin A) \vee (x \notin B)$$

另外，也可以通过画出 Venn 图的方式清晰地理解推理过程. ■

虽然集合之间的关系对应于归属关系的逻辑语句，但这两个表达式是使用不同的语言表达同一个含义，在语言上不能混淆. 例如，$A \bigcap B$ 是集合，不是命题，它没有真值. 当 A 和 B 是集合时，语句 "$(A \bigcap B)^c \Leftrightarrow A^c \bigcup B^c$" 没有意义，但命题 "$(A \bigcap B)^c = A^c \bigcup B^c$" 为真.

基本证明技术

数学证明就是从假设中推导出结论，也就是说证明一个单条件命题. 虽然有些情况下可以用等式链证明等价命题，如例题 2.23，但通常使用证明单条件命题和逆命题的方式证明等价命题，如注 2.20d. 也可以通过证明单条件命题 "若 $x \in A$，则 $Q(x)$" 的方式来证明全称量词命题 "$(\forall x \in A)Q(x)$"，两者的含义相同.（例如，对于这两个语句：A 是偶数集和 $Q(x)$ 为 "x^2 是偶数".）

2.24 注（证明 $P \Rightarrow Q$ 的基本方法）　证明 $P \Rightarrow Q$ 的直接法是通过假设 P 为真，并运用数学推理方法来推导出 Q 为真. 当 P 为 "$x \in A$"，Q 为 "$Q(x)$" 时，直接法对于任意 $x \in A$，推出 $Q(x)$. 这不能与普通的 "列举说明" 相混淆，这样证明必须要针对 A 中的每个元素 x，因为 "$(x \in A) \Rightarrow Q(x)$" 是由全称量词界定的命题.

注 2.20f 提出了另一种证明方法. $P \Rightarrow Q$ 的**逆否命题**是 $(\neg Q) \Rightarrow (\neg P)$，单条件命题与其逆否命题是等价的，因此可以通过证明 $(\neg Q) \Rightarrow (\neg P)$ 的方式来证明 $P \Rightarrow Q$，这是**逆否证法**.

注 2.20c 还提出了一种证明方法. 将公式 $(P \Rightarrow Q) \Leftrightarrow \neg[P \wedge (\neg Q)]$ 两边同时取反，可据此通过推出 P 和 $\neg Q$ 不可能同时为真的结论来证明 $P \Rightarrow Q$，可以通过假设 P 和 $\neg Q$ 均为真，进而得出矛盾的方式来得出 $P \Rightarrow Q$，这就是**反证法**或者**间接证明法**. 下面给出关于这些方法的总结：

直接证明法：假设 P 成立，根据逻辑推理得出结论 Q 成立.

逆否证法：假设 $\neg Q$ 成立，根据推理得出结论 $\neg P$ 成立.

反证法：假设 P 和 $\neg Q$ 成立，根据推理得出矛盾，由此得出结论 Q 成立. ■

下面从使用直接证明法的简单例题开始讲解，包括用于证明定理 2.3 的命题.

2.25 例题（求证若整数 x 和 y 均为奇数，则 $x+y$ 为偶数）　设 x 和 y 均为奇数，则由奇数定义可知存在整数 k，l 使得 $x=2k+1$，$y=2l+1$. 根据加法性质和分配律，有 $x+y=2k+2l+2=2(k+l+1)$，这是某个整数的 2 倍，故 $x+y$ 为偶数.

该命题的逆命题为假. 当 x，y 为整数时，可能 $x+y$ 为偶数，但 x，y 并不均为奇数. 可与下面的例题做对比. ■

2.26 例题（一个整数是偶数当且仅当它可以表示为两个奇数的和）　首先必须明确要证明什么. 可将该命题表示为 $(\forall x \in \mathbb{Z})[(\exists k \in \mathbb{Z})(x=2k) \Leftrightarrow (\exists y,z \in O)(x=y+z)]$，其中 O

为奇数集合. 若 $x=2k$ 是偶数, 则将 x 表示为两个奇数的和 $x=(2k-1)+1$. 反过来, 设 y 和 z 均为奇数, 则由奇数定义可知, 存在整数 k, l 使得 $y=2k+1, z=2l+1$, 那么有 $y+z=2k+1+2l+1=2(k+l+1)$, 故 $y+z$ 为偶数. ■

2.27 例题（若 x 和 y 均为奇数, 则 xy 也为奇数）　若 x 和 y 为奇数, 则存在整数 k, l 使得 $x=2k+1, y=2l+1$, 那么有 $xy=4kl+2k+2l+1=2(2kl+k+l)+1$. 由于 xy 比某个整数的两倍大 1, 故为奇数. ■

例题 2.27 的一个特殊情况是 "x 为奇数 $\Rightarrow x^2$ 为奇数", 这里的结论是 "存在某个整数 m, 使得 $x^2=2m+1$". 可以通过下面的例子来证明含有存在量词的结论: 此时值 m（以关于 x 的表达式表示）存在可以使得该命题为真. 因此, 当结论被存在量词量化时, 使用直接证明法通常会比较有效.

2.28 例题（一个整数为偶数当且仅当该数的平方也为偶数）　若 n 为偶数, 则可以将其写成 $n=2k$, 其中 k 是整数, 故有 $n^2=4k^2=2(2k^2)$. 这里使用直接证明法证明了 "n 为偶数蕴含 n^2 为偶数". 反过来, 欲证 "n^2 为偶数蕴含 n 为偶数". 因为整数不是偶数就是奇数, 故可将该命题表达的含义理解为 "n 为奇数蕴含 n^2 为奇数" 的逆否命题, 这在前面已证. ■

2.29 注（逆命题与逆否命题）　求证双条件命题 $P \Leftrightarrow Q$ 成立需要证明下表每列中的一个命题. 每个命题都是该行中另一个命题的逆命题, 也是该列中另一个命题的逆否命题. 原命题与逆否命题是等价的, 所以证明同一列中的两个命题就相当于对同一个命题证明了两次.

$P \Rightarrow Q$	$Q \Rightarrow P$
$\neg Q \Rightarrow \neg P$	$\neg P \Rightarrow \neg Q$

例如, 对于命题 "两个非零实数的乘积是正数, 当且仅当它们具有相同的符号". 实数公理表明, 如果 x 和 y 具有相同的符号, 那么 xy 为正. 根据该公理, 我们会得出结论 "假设 xy 为负, 可由此得到 x 和 y 具有相反的符号". 然而这个结论没有任何额外的价值. 因为我们得到的是该公理的逆否命题, 而不是逆命题. 我们必须证明 "如果 xy 为正, 那么 x 和 y 具有相同的符号" 或者 "如果 x 和 y 具有相反的符号, 那么 xy 为负".

可以把上表中的第一行看作是直接证明法, 第二行看作是逆否证法. 为了包含反证法, 可以在表中加入下面这一行:

$\neg(P \wedge \neg Q)$	$\neg(Q \wedge \neg P)$

下面这个例题使用了逆否命题, 该实例表明必须小心避免不合理的假设.

2.30 例题　对于命题 "若 $f(x)=mx+b$ 且 $x \neq y$, 则 $f(x) \neq f(y)$", 直接证明法是根据 $x<y$ 和 $y<x$ 分别得到 $f(x)<f(y)$ 和 $f(x)>f(y)$, 这种分情况讨论的方式更坏, 因为 "不等于" 比 "等于" 更容易导致思维混乱.

可以使用逆否命题来改写原命题, 而不使用分情况讨论的方式. 当 $f(x)=f(y)$ 时,

可得 $mx+b=my+b$，故有 $mx=my$，若 $m\neq0$，则有 $x=y$.

若 $m=0$，则等式两边不能同时除以 m，故原命题为假. 证明的困难在于 m 是待证命题中的一个变量，若不对 m 进行量化处理，则无法确定该命题的真值，当且仅当 $m\neq0$ 时，该命题为真. ■

对于像"$(\forall x\in U)\,[P\,(x)\Rightarrow Q\,(x)]$"这样的全称命题，可以通过在 U 中找到一个元素 x 来证明该命题为假，比如 $P(x)$ 为真，$Q(x)$ 为假. 这样的元素 x 是一个**反例**. 在例题 2.30 中，$m=0$ 是一个反例，这个反例表明该命题对所有其他 m 值都成立.

我们继续用逆否命题举出证明的另一个例子.

2.31 例题（若 a 小于或等于每个大于 b 的实数，则 $a\leqslant b$）　　直接证明法行不通，但可以使用反证法解决问题. 若 $a>b$，则有 $a>\dfrac{a+b}{2}>b$，由此可知 a 小于或等于每个大于 b 的数不能成立，这样就通过反证法证明了该命题. ■

当命题 $P\Rightarrow Q$ 的假设条件被全称量化时，则该条件的否定必然被存在量化，这种情况下反证法会更为简单. 对于给定的 $\neg Q$，我们只需要构造出 P 成立的一个反例. 以例题 2.31 中的命题为例：假设 $a>b$，我们只需要构造一个反例来证明"a 小于每一个大于 b 的实数 x"成立即可.

反证法通过证明 P 和 $\neg Q$ 不能同时成立的方式获得 $P\Rightarrow Q$，由此证明命题 $P\Rightarrow Q$ 不为假.

2.32 例题（在 $y_1,\cdots,y_n$ 中，存在一些不小于平均值的数）　　设 $Y=y_1+\cdots+y_n$. 平均值 z 为 Y/n.

对该论断用反证法进行证明，应从"假设结论为假"开始，故对于列表中所有 y_i，$y_i<z$ 都成立. 若将这些不等式相加，则有 $Y<nz$. 但由 z 的定义可得 $Y=nz$，得出矛盾. 因此，每个元素都小于 z 的假设一定是错误的.

直接证明法则是先构造一个所需的数. 设 y^* 为集合中的最大数，我们证明该数与平均值一样大，因此对于所有的 i 都有 $y_i\leqslant y^*$，将不等式累加可得 $Y\leqslant ny^*$，然后左右两边同时除以 n 就推出了 $z\leqslant y^*$. ■

例题 2.32 并没有直接导出假设条件不成立，而是导出了其他矛盾，这也是反证法. 与逆否证法一样，在证明 $P\Rightarrow Q$ 时，首先假设 $\neg Q$，不需要预先思考是推出 $\neg P$，还是通过同时导出 P 和 $\neg Q$ 的方式产生矛盾.

2.33 例题（没有最大的实数）　　如果存在最大的实数 z，那么对于所有的 $x\in\mathbb{R}$，都有 $z\geqslant x$. 当 x 是实数 $z+1$ 时，可得 $z\geqslant z+1$，两边同时减去 z 可得 $0\geqslant1$，产生矛盾，故没有最大的实数. ■

当结论是描述不存在或不可能含义的命题时，反证法会很有效，因为否定结论就能得到一个可以使用的条件，例如对于定理 2.3 证明中的 p/q 或例题 2.33 中的 z. 从某种意义上说，反证法（"间接证明法"）比逆否证法更为有效，因为反证法从更多的已知条件（P 和 $\neg Q$）开始. 但从另一种意义上说，它还不是那么令人满意，因为需要从一个（我们希望）不可能为真的命题开始进行求证.

2.34 注（关于假命题的一些结论）   如前所述，只有假设条件为真，结论为假时，单条件命题才为假. 当假设条件不成立时，我们就可以直接得出单条件命题为真. 类似地，在空集上的全称命题都为真，例如当教室里没有狗的时候，命题"教室里的每条狗都有三个头"为真. 相反，在空集上的存在命题都为假，例如当教室里没有狗的时候，命题"教室里有些狗有四条腿"为假！

回到单条件命题，我们已经讨论过，当 P 为假时，$P \Rightarrow Q$ 为真，这就解释了为什么只含一个错误的推理不能被认为是"近似正确的"推理，我们可以从一个错误的命题中得出任何结论（见习题 2.44a）. 伯特兰·罗素（1872—1970）曾在一次公开演讲中阐述过这一点，并被要求从假设 1＝2 开始证明他是上帝. 他回答说："讨论集合｛伯特兰·罗素，上帝｝，如果1＝2，那么这个集合中的两个元素就是同一个元素，因此伯特兰·罗素＝上帝." ∎

你有时会对"定理""引理""推论"这些词的含义感到困惑. 这些词的用法是数学惯例的一部分，就像函数符号 $f:A \to B$ 和数字系统的名称 $\mathbb{N}$、$\mathbb{Z}$、$\mathbb{Q}$、$\mathbb{R}$ 一样.（顺便提一下，$\mathbb{Q}$ 表示"商（quotient）"，$\mathbb{Z}$ 表示"Zahlen"，德语中表示数字.）

在希腊语中，引理的含义是"前提"，定理的含义是"待证明的命题". 因此，定理是主要的结论，对它的证明可能会比较困难，引理是一个较小的命题，主要是为其他命题的证明提供帮助，引理通常需要提前证明. 命题是"提出的"要被证明的结果，一般来说，命题是一个不太重要的结果，或者对该命题证明比定理简单. 推论（corollary）这个单词来自拉丁语，是表示词语"礼物"的一个修饰语，推论很容易从定理或者命题得到，不需要做太多额外的工作.

定理、命题、推论和引理都可以用于证明其他结果，在本书中，这些内容体现了数学的发展，而例题、措施、应用和注是数学的特殊应用或评论. 两种概念交织在一起，可以通过名称区分. 第一种包含需要记住的数学结论，便于后面的应用；第二种则阐明了第一种，并提供了问题求解的更多例题.

解题方法

在本章我们讨论了数学符号语言和基本证明技巧. 我们回顾其中的一些要点，并讨论求解问题时会出现的一些额外因素.

证明方法

对待解决问题的准确理解是证明的第一步，定义可以为理解需要求证的结论提供思维路线图. 在有些情况下，待证命题源于某个已被证明的定理，此时只需验证该命题的假设条件是否成立即可.

大多数问题需要使用单条件命题进行证明，这表明在确定的条件下会有清晰的结果. 这类语句通常使用"如果"和"那么"，语句的含义则可以用全称量词或者许多其他方式进行表达（参见注 2.8、注 2.18 和习题 2.10）. 例题不能作为这类命题的证明，蕴含式的证明将作为后面的习题 2.34～2.42.

　　证明蕴含式的基本方法有直接证明法、反证法和逆否证法，后两种方法称为"间接"证明法．在使用直接证明法时，可以从两个方面入手：列出从"假设条件"开始的语句；列出所有能够得出的结论语句．当两个列表中都出现某些语句时，问题就解决了．

　　当直接证明法行不通时，可以考虑如果结论是错误的将会怎样．如果这样会推导出关于假设条件（或其他已知事实）的某些结果不成立，那么该问题就可以使用反证法解决．若能导出对假设条件的否定，则该问题可用逆否证法解决．

　　你可能会困惑在什么情况下使用间接证明法，结论的形式可以提供线索．当对结论的否定能够提供一些有用的线索时，间接证明法就非常适用．这种情况可能发生在看起来很明显的语句中，例如例题 2.31．间接证明法通常适用于含义不存在的命题，如定理 2.3、例题 2.33 和习题 2.40．对结论的否定提供了一个样例，一个具有特定性质的对象．（与此相反，我们经常通过构造某个特定的例子来证明某对象的存在，并证明该对象具有所需的性质，这就是直接证明法．）

注意假设条件和量词

　　当假设条件为真、结论为真时，蕴含式才为真．"两个偶数相加，结果为偶数"这句话为真，而且很容易证明，但是"两个整数相加，结果为偶数"这句话为假．第二句话明显缺少一个假设条件（整数为偶数），这是使结论为真所必需的．

　　在更加微妙的表述中，这样的原则也同样适用，要仔细区分假设条件和期望证明的结论．要记住，可将假设表示为全称量化的形式："对所有的 $x \in A$"与"如果 $x \in A$"的含义相同．在具体证明过程中，要检查哪里用到了假设条件．如果未使用假设条件，则说明要么假设条件不必要（而且证明得到了一个更有力的结论），要么就是在证明过程中犯了错误．

　　对一个命题的证明可能需要确定一个含有多个量化变量的语句是真还是假．必须能够正确识别其中的全称量词和存在量词，将它们按适当的顺序排列（见 2.9～2.11），并能正确地对量词命题（见 2.12～2.15）进行否定．

对情况的进一步讨论

　　全称量化命题必须对变量的所有取值情况进行证明，包括单形式的语句．比如对于"偶数的平方是偶数"，不能根据 $(-4)^2 = 16 = 2 \times 8$ 证明该命题成立，因为这里的"偶数"指的是每个偶数．该命题的意思是"如果 x 是偶数，那么 x^2 也是偶数"．同样地，"设 x 为正实数"和"对于 $x > 0$"都是全称量化命题，必须针对每个正实数 x 进行论证以实现对该命题的证明．

　　当变量在某些情况下有效，而不是在所有情况下都有效时，就需要分情况进行讨论．当 x 为整数时，考察对 $x(x+1)/2$ 也为整数的证明过程．当 x 为偶数时，令 $x = 2k$，由此可得 $2k(2k+1)/2 = k(2k+1)$，其中 k 为整数，故 $x(x+1)/2$ 为整数．对于奇数 x，则需要使用另一种方式进行论证．注意到 $\{x, x+1\}$ 中必定有一个是偶数因此可以被 2 整除，从而避免分情况讨论．通过使用未确定的参数并结合具体情况，可以得到一个简洁的结果，由此抓住了证明的本质．

　　当几种情况都能用同样的方法进行处理时，可以考虑使用对称性将其简化为一种情况，定理 2.2 的证明使用了这个技巧．在处理了所有四个系数（不同的变量）同时为零的

40

情况之后，可以假设某个系数为非零．我们会使用相同的变量，不论它是什么．通过把方程写成相反的顺序并且/或者改变变量的名称，可以使得系数 d 不为零．对称性可将问题简化到 d 不为零的情况．

同样地，当证明关于不同实数 x，y 的命题时，可能需要使用对称性假设 $x>y$，将变量 x 和 y 调换位置即可得到 $y>x$，这样可以使用对称性，避免两次证明．

另一方面，当在引入其他假设条件时，问题有时会变得更为简单．这将会产生两种情况：假设条件为真或者为假．考察习题 2.33．第一个孩子知道她的帽子是黑色还是红色，她考虑这两种情况来找出可以消除矛盾的方法．也许还需要引入进一步的假设，从而引出子情况．习题 2.32 与此类似，需要考虑多种假设条件：如果假定 A 说的是真话，就会立即产生矛盾，而谎言则会导出进一步的结论．

这种方法不严格地称为"消解过程"．如果某个假设推不出任何结果，那么就尝试另外一个假设！记住，最终必须要考虑到所有的可能性．例如，当变量 x 和 y 不可互换时，就不能使用对称性，将其简化为 $x\leq y$，而考虑 $x<y$、$x=y$ 和 $x>y$ 三种情况，则可能需要分别使用不同的方法进行论证．

最后，要注意不要忽略那些由于引入一些不需要的假设条件而产生的状况，特别要注意符号运算在哪些条件下是有效的．因为 0 不能做除数，所以等式 $y=mx$ 只有当 $m\neq 0$ 时才可以解出 x．对所有实数 y 和非零实数 m，有一个唯一的 x 使得 $y=mx$，$m=0$ 的情况必须要用其他方法进行处理．

开平方根也要注意，例如，习题 1.19 对于周长 p 和面积 a 在某些情况下会无解．因为代数求解涉及开平方根，只有非负数才会有平方根，这限制了 p 和 a 的取值范围．

方程和代数变形

对于方程 $x^2-10x+5=-20$，可将其转化为 $(x-5)^2=0$，故有 $x=5$．可将其解释为单条件命题"若 $x^2-10x+5=-20$ 成立，则有 $x=5$"．通过对解的检验可得到逆命题"若 $x=5$，则 $x^2-10x+5=-20$ 成立"．将这两步合起来，就得到命题"方程 $x^2-10x+5=-20$ 的解集为 $\{5\}$"．

再考察方程 $x^2=5x$．两边同时除以 x，得到 $x=5$．将 5 带入方程得到"若 $x=5$，则 $x^2=5x$ 成立"．命题"若 $x^2=5x$ 成立，则 $x=5$"为假，正确的命题应该是"若 $x^2=5x$ 成立，则 $x=0$ 或者 $x=5$"．出错的原因是除法只在 $x\neq 0$ 的前提下才有效，它丢失了另外一个解 $x=0$．

代数变形也有可能会引入无关的解．对于方程 $x=4$，如果将其写成 $x^2=4x$，则会得到 $x^2-4x=0$，解得 $x=4$ 和 $x=0$．在等式两边同时乘以 x 会引入无关的解 $x=0$，该解改变了原来的解集．把无效运算的结果代入原方程可能会产生错误，但也可能不会．

将关于 x 的方程两边同时乘以表达式 $f(x)$，会在方程的解集中引入 f 的所有零点并将这些零点看成是方程的解，其中有些零点与该方程毫无关系．当 $f(x)$ 有可能为零时，将方程两边同时除以 $f(x)$ 则是无效的，此时可能会丢失方程的解．对方程进行变形以寻找与之等价的表达方式时，必须确保方程的解集不变，或者单独分析解集可能发生变化的情况．

2.35 例题 下面 $2=1$ 的证明过程出错了，错在哪里？

设 x，y 为实数，令 $x=y$，则有 $x^2=xy$，将该等式两边同时减去 y^2 得到 $x^2-y^2=xy-y^2$，

由因式分解可得 $(x+y)(x-y)=y(x-y)$，即有 $x+y=y$，令 $x=y=1$，得到 $2=1$.　■

集合与归属关系

本章多个习题都涉及与并集、交集和差集等集合运算相关的恒等式，它们可以通过画出 Venn 图的方式进行理解. 有关集合的等式可以通过下面的方式进行证明：某元素属于该等式一个表达式所确定的集合当且仅当该元素属于该等式另外一个表达式所确定的集合.

42

有关集合和子集的推理与单条件命题的推理是相对应的，可将集合论命题 $S\subseteq T$ 表示为"若 $x\in S$，则 $x\in T$"，因此，逻辑语句 $P\Leftrightarrow Q$ 与集合论等式 $S=T$ 之间是等价的（见注 2.21～2.22）.

有关集合运算的恒等式（习题 2.50～2.53）和有关逻辑联结词与逻辑命题的等价式（习题 2.43～2.46）都是全称量化命题，通常使用变量表示集合或命题语句，故要求证明过程必须对变量的所有取值情况都有效.

在一些习题中，两个实数集合由一些数值约束指定，问题是要证明这两个实数集合相等. 一种方法是证明每个集合包含于另一个集合，另一个方法则是以不改变解集的方式对数值约束进行适当的变形处理. 这两种证明方法都应该使用适当的词语对论证过程进行解释.

数学交流

应该使用适当的语句对问题求解过程进行描述以便能够很好地解释求解过程的合理性. 问题探讨中用于表示概念的符号应该具有明确的定义，在同一个讨论场合相同的符号不能表达不同的含义.

令人信服的证明不能要求读者去猜测作者的意图. 一个好的证明可以从概述或证明方法的表述开始，这种方式在逆否证法和反证法中特别有用.

当作者没有对证明方法做出任何解释而只是列出一些公式时，读者只能猜测作者是使用了直接证明法，每一行都由前一行导出，当把待证命题简化为已知命题时，就会给人带来困惑. 为了证明 AGM 不等式对于所有非负实数 x，y 恒成立，可能就有学生写成

$$\sqrt{xy}\leqslant(x+y)/2$$
$$xy\leqslant(x+y)^2/4$$
$$4xy\leqslant x^2+2xy+y^2$$
$$0\leqslant x^2-2xy+y^2$$
$$0\leqslant(x-y)^2\quad\text{恒成立}$$

该学生由待证命题推导出一个正确的命题，但这并不能得到待证命题成立的结论. 在非负实数对集合中，这些不等式的变形并没有改变解集，因此得到的结果是可逆的. 如果没有使用语言进行适当解释，上述证明过程就是错误的. 应注意，"证明"从不使用假设 x，$y\geqslant 0$ 且当 $x=y=-1$ 时不等式不成立.

43

必须始终把命题与其逆命题区别开来. 从待证命题 P 中推导出一个真命题 Q 并不能证明 P 为真！设命题 P 为"$x+1=x+2$". 当把 P 的左右两边同时乘以 0，可得真命题"$0=0$"，称这个命题为 Q. 虽然命题 Q 对所有的 x 都成立而且已经证明了 $P\Rightarrow Q$，但是命题 P 对任何 x 都不成立.

习题

2.1 找出例题 2.35 中的错误.

2.2 证明下面的命题为假："若 a 和 b 为整数，则存在整数 m，n 使得 $a=m+n$ 并且 $b=m-n$". 该命题加上什么假设条件即可为真？

2.3 对于命题"若 a 为实数，则 $ax=0 \Rightarrow x=0$". 将该命题改写为量化命题，设 $P(a,x)$ 表示断言"$ax=0$"，$Q(x)$ 表示断言"$x=0$". 表明该命题为假，并在量词中做一个小小的变化使该命题为真.

2.4 设 A 和 B 为实数集，f 为从 $\mathbb{R}$ 到 $\mathbb{R}$ 的函数，P 为正实数集. 不使用否定词，将下面每个命题改写为其否命题.

a) 对于所有的 $x \in A$，都存在 $b \in B$ 满足 $b > x$.

b) 存在某个 $x \in A$，使得对于所有的 $b \in B$ 都满足 $b > x$.

c) 对于所有的 x，$y \in \mathbb{R}$，$f(x)=f(y) \Rightarrow x=y$.

d) 对于所有的 $b \in \mathbb{R}$，都存在 $x \in \mathbb{R}$ 满足 $f(x)=b$.

e) 对于所有的 x，$y \in \mathbb{R}$ 和所有的 $\varepsilon \in P$，都存在 $\delta \in P$ 满足 $|x-y| < \delta \Rightarrow |f(x)-f(y)| < \varepsilon$.

f) 对于所有的 $\varepsilon \in P$，都存在 $\delta \in P$，使得所有的 x，$y \in \mathbb{R}$ 满足 $|x-y| < \delta \Rightarrow |f(x)-f(y)| < \varepsilon$.

2.5 （一）证明下列命题：

a) 对于所有的实数 y，b，m，且 $m \neq 0$，都存在唯一的实数 x 使得 $y=mx+b$.

b) 对于所有的实数 y，m，都存在 b，$x \in \mathbb{R}$ 使得 $y=mx+b$.

2.6 （一）语言的使用

a) 某餐馆的菜单上出现了这样一句话："请注意，现在可能没有其他选项."请指出这句话的另外一种意思，并重写这句话，将原来的意思表达清楚.

b) 说出一个句子，在不同语调、发音或语境中具有不同的含义.

2.7 （一）说明刑事审判中"不在场证明"的概念是否符合对单条件命题的讨论.

2.8 从数学以外的角度给出命题 A、B、C 的例子，满足同时使用命题 A 和 B 能推导出 C，但 A 和 B 都不能单独推出 C.

2.9 （一）命题"这所学校没有学得慢的学生"的否定是⊖

a) 所有学得慢的学生都在这所学校里.

b) 所有学得慢的学生都不在这所学校里.

c) 一些学得慢的学生在这所学校里.

d) 一些学得慢的学生不在这所学校里.

e) 这所学校没有学得慢的学生.

⊖ 引自 1955 年高中数学测验（C. T. Salkind，高中数学试卷集 1950—1960，1961 年，第 37 页）.

2.10 用"如果-那么"的形式或全称量化命题将下列语句表示为单条件命题，并写出否定句（不要使用"……的相反意思"这样的语句）.

　a) 任何奇数都是素数.

　b) 三角形的内角之和为 180 度.

　c) 通过考试需要答对所有问题.

　d) 排在第一个以便得到好座位.

　e) 储物柜必须在最后一天上课前交上来.

　f) 欲速则不达.

　g) 你那样做我就会生气.

　h) 除非我是认真的，否则我不会那么说.

2.11 (!) 假设我分别有 1 美分、10 美分和 25 美分的硬币，我说："如果你说真话，我就给你其中一枚硬币；如果你说假话，我什么也不会给你."你该怎么说才能得到最好的硬币？

$$* \quad * \quad * \quad * \quad * \quad * \quad * \quad * \quad * \quad * \quad *$$

2.12 电话费 y（以美分为单位）由 $y = mx + b$ 决定，其中 x 是每月通话次数，b 是每月固定月租. 假设一个月打 8 次电话的费用是 5.48 美元，打 12 次电话的费用是 5.72 美元. 请问一个月打 20 次电话时费用是多少？

2.13 一年后，我妻子的年龄将是我家房子年龄的三分之一，9 年后，我的年龄将是我家房子年龄的一半，我比我妻子大十岁，我家房子、我的妻子和我现在分别是多大年龄？列出方程回答该问题.

2.14 圆是有序对 $(x, y) \in \mathbb{R}^2$ 的集合，并且 x 和 y 满足方程 $x^2 + y^2 + ax + by = c$，其中 $c > -(a^2 + b^2)/4$，圆由参数 a、b、c 确定.

　a) 使用上述定义，分别给出满足下列条件两个圆的例子.

　　1) 两圆相离（不相交）.

　　2) 两圆正好相交于一个公共点.

　　3) 两圆相交且有两个公共点.

　b) 说明参数 c 为什么必须要满足 $c > -(a^2 + b^2)/4$.

2.15 回顾一下二次求根公式. 可通过求解含有两个未知数的线性方程组，得到一个二次求根公式. 对于二次方程 $ax^2 + bx + c = 0$，其中 $a \neq 0$，当且仅当 $ax^2 + bx + c = a(x - r)(x - s)$ 时（见习题 1.20），该方程才有两个实数解 r, s. 计算表明，当且仅当 $b^2 - 4ac \geq 0$ 时，上述关于 a, b, c 的方程才可以表示为关于 r, s 的因式.

　a) 通过联立 x 的相应幂的系数，可得方程 $r + s = -b/a$ 和 $rs = c/a$，使用此式证明 $(r - s)^2 = (b^2 - 4ac)/a^2$.

45

　b) 从（a）中可得 $r + s = -b/a$ 和 $r - s = \sqrt{b^2 - 4ac}/a$，根据 a, b, c 求解 r, s 的值.

　c) 如果（b）中第二个等式为 $r - s = -\sqrt{b^2 - 4ac}/a$ 将会怎样？

2.16 （！）设 f 为从 $\mathbb{R}$ 到 $\mathbb{R}$ 的函数.

    a) 证明 f 可以唯一地表示为两个函数 g 和 h 的和，且对所有 $x \in \mathbb{R}$ 都有 $g(-x) = g(x)$ 和 $h(-x) = -h(x)$. （提示：根据已知的 $f(x)$ 和 $f(-x)$ 找到关于未知函数 $g(x)$ 和 $h(x)$ 的线性方程组.）

    b) 当 f 为多项式时，用 f 的系数表示 g 和 h.

2.17 给定 $f: \mathbb{R} \to \mathbb{R}$，设对于所有 x 均有 $g(x) = \dfrac{x}{2} + \dfrac{x}{f(x)-1}$，其中 $f(x) \neq 1$，假设对所有 $x \neq 0$ 都有 $g(x) = g(-x)$，证明：$f(x)f(-x) = 1$.

2.18 （！）对于任意给定的某个多项式 p，令 A 为偶数次幂的系数和，B 为奇数次幂的系数和，求证 $A^2 - B^2 = p(1)p(-1)$.

2.19 亚伯拉罕·林肯说过："你可以欺骗所有人于一时，也可以欺骗部分人于一世，但你不可能欺骗所有人于一世."请用逻辑符号表述这句话，并否定这个符号命题，然后用自然语言陈述该否定句，哪种陈述句看起来是正确的？

2.20 使用量词解释在井字棋中先手拥有"获胜策略". （不用考虑这句话是否正确.）

2.21 考察命题"对于每个整数 $n > 0$，都存在某个实数 $x > 0$ 满足 $x < 1/n$". 在不使用否定词的情况下，写出一个完整命题表达该命题的否定. 这两个命题哪个为真？

2.22 设 f 为从 $\mathbb{R}$ 到 $\mathbb{R}$ 的函数. 不使用否定词表述" f 不是递增函数".

2.23 考察函数 $f: \mathbb{R} \to \mathbb{R}$，设 S 是由 $g \in S$ 定义的函数集合，如果存在正常数 $c, a \in \mathbb{R}$ 使得对于所有 $x > a$ 都满足 $|g(x)| \leqslant c|f(x)|$. 不使用否定词表述" $g \notin S$ "的含义. （注意：集合 S（写成 $O(f)$）用来比较函数"增长的阶".）

2.24 用更简单的语言描述以下两个命题的含义及其否定. 其中哪个命题可以推导出另一个，为什么？

    a) 存在某个数 M，使得对于集合 S 中的每个 x 都满足 $|x| \leqslant M$.

    b) 对于集合 S 中的每个 x，都存在某个数 M 满足 $|x| \leqslant M$.

2.25 对于 $a \in \mathbb{R}$，$f: \mathbb{R} \to \mathbb{R}$，证明下列 （a） 和 （b） 具有不同的含义.

    a) $(\forall \varepsilon > 0)(\exists \delta > 0)[(|x-a| < \delta) \Rightarrow (|f(x) - f(a)| < \varepsilon)]$.

    b) $(\exists \delta > 0)(\forall \varepsilon > 0)[(|x-a| < \delta) \Rightarrow (|f(x) - f(a)| < \varepsilon)]$.

2.26 对于 $f: \mathbb{R} \to \mathbb{R}$，下列哪个命题可以推导出另一个命题？是否存在函数使得这两个命题都为真？

    a) 对任意的 $\varepsilon > 0$，任意的实数 a，都存在某个 $\delta > 0$，当 $|x-a| < \delta$ 时，满足 $|f(x) - f(a)| < \varepsilon$.

    b) 对于任意的 $\varepsilon > 0$，都存在某个 $\delta > 0$，当 a 为实数且 $|x-a| < \delta$ 时，满足 $|f(x) - f(a)| < \varepsilon$.

2.27 （＋）对于 $c \in \mathbb{R}$，$f: \mathbb{R} \to \mathbb{R}$，表示下列每个命题.

    a) 对于所有的 $x \in \mathbb{R}$，所有的 $\delta > 0$，都存在 $\varepsilon > 0$ 满足 $|x| < \delta \Rightarrow |f(x) - c| < \varepsilon$.

    b) 对于所有的 $x \in \mathbb{R}$，都存在某个 $\delta > 0$，使得所有的 $\varepsilon > 0$ 都满足 $|x| < \delta \Rightarrow |f(x) - c| < \varepsilon$.

2.28 (！) 考察方程 $x^4 y + ay + x = 0$.

    a) 证明下列命题不成立：“对于所有的 $a, x \in \mathbb{R}$，都存在唯一的 y 满足 $x^4 y + ay + x = 0$. ”

    b) 求出实数 a 的集合，使下列命题成立：“对于所有的 $x \in \mathbb{R}$，都存在唯一的 y 满足 $x^4 y + ay + x = 0$. ”

2.29 (！) 极值问题

    a) 设 f 为集合 S 上的实值函数，为推导出 f 的象的最小值为 β，需要证明两个命题，请使用量词符号表述这两个命题.

    b) 设 T 为正实数的有序数对集合. 函数 $f : T \to \mathbb{R}$ 定义为 $f(x, y) = \max \left\{ x, y, \frac{1}{x} + \frac{1}{y} \right\}$. 求出 f 的象的最小值.（提示：使得函数值最小的数对必须满足什么条件？）

2.30 考察这样的令牌，它的一面写着字母，另一面写着整数，都是未知的组合形式. 令牌摆放在桌上，有的是字母面朝上，有的是数字面朝上. 说出哪些令牌必须翻转，才能确定下面命题是否成立.

    a) 当字母面为元音时，数字面为奇数.

    b) 当且仅当数字面为奇数时，字母面为元音.

2.31 下列哪些话是可信的？（提示：参考注 2.34.）

    a)“我的所有 5 条腿的狗都会飞.”

    b)“我没有不会飞的 5 条腿的狗.”

    c)“我有一些 5 条腿的狗不会飞.”

    d)“我有一条不会飞的 5 条腿的狗.”

2.32 某组织对新成员有一条规定：每个人都必须说真话或谎话，他们都互相了解对方. 如果我在街上遇到他们中的三个人，他们做出如下陈述，我应该相信哪几个人说的话（如果有的话）？

    A 说：“我们三个都是骗子.”

    B 说：“我们中只有两个人是骗子.”

    C 说：“另外两个是骗子.”

2.33 三个小孩排成一列. 老师从两顶红帽子和三顶黑帽子当中选择帽子给每个小孩戴上. 第三个小孩可以看到前面两个小孩头上的帽子，中间的小孩只可以看到前面一个小孩头上的帽子，而第一个小孩什么也看不到. 这三个小孩都在仔细推理自己头上的帽子颜色，一旦他们能确定，就大胆地说出来. 30 秒后，第一个小孩正确地说出了她头上帽子的颜色. 那么请问是什么颜色呢？为什么？

2.34 (！) 对于下列关于自然数的每个命题，判断它们是真还是假，并且只用自然数的性质进行证明.

    a) 如果 $n \in \mathbb{N}$ 并且 $n^2 + (n+1)^2 = (n+2)^2$，那么 $n = 3$.

    b) 对于所有的 $n \in \mathbb{N}$，$(n-1)^3 + n^3 = (n+1)^3$ 为假.

2.35 证明如果 x 和 y 是不同的实数,那么 $(x+1)^2 = (y+1)^2$ 当且仅当 $x+y = -2$. 如果允许 $x = y$,那么结论将会怎样?

2.36 设 x 为实数,证明如果 $|x-1| < 1$,那么 $|x^2 - 4x + 3| < 3$.

2.37 给定某个实数 x,令 A 为命题 "$\frac{1}{2} < x < \frac{5}{2}$", B 为命题 "$x \in \mathbb{Z}$", C 为命题 "$x^2 = 1$", D 为命题 "$x = 2$". 下列哪个命题对所有的 $x \in \mathbb{R}$ 均成立?

a) $A \Rightarrow C$.

b) $B \Rightarrow C$.

c) $(A \wedge B) \Rightarrow C$.

d) $(A \wedge B) \Rightarrow (C \vee D)$.

e) $C \Rightarrow (A \wedge B)$.

f) $D \Rightarrow [A \wedge B \wedge (\neg C)]$.

g) $(A \vee C) \Rightarrow B$.

2.38 设 x, y 为整数,确定下列每个命题的真值.

a) 当且仅当 x 和 y 都是奇数时,xy 也是奇数.

b) 当且仅当 x 和 y 都是偶数时,xy 也是偶数.

2.39 (!) 某粒子在第 0 天从点 $(0,0) \in \mathbb{R}^2$ 开始运动,它每一天都会向水平或垂直方向移动一个单位. 对于 $a,b \in \mathbb{Z}$ 和 $k \in \mathbb{N}$,证明当且仅当 (1) $|a| + |b| \leqslant k$, (2) $a+b$ 奇偶性与 k 相同时,该粒子在第 k 天就有可能到达点 (a,b).

2.40 (!) 棋盘问题.(提示:用反证法.)

a) 如下面左图所示,从一个 8×8 的棋盘上删除两个对角正方形,证明剩余的方块不能被多米诺骨牌完全覆盖(每个多米诺骨牌只能覆盖一个黑色格子和一个白色格子).

b) 如下面右图所示,从两个对角各删除两个正方形,证明剩余的方块不能完全被 "T 形" 以及它的旋转图案覆盖.

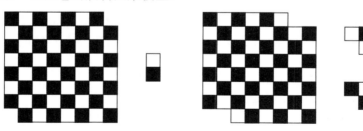

2.41 店员把 n 顶帽子退还给 n 个检查过帽子的人,但不一定要按正确的顺序退还. k 满足什么条件时有可能恰好 k 个人戴错帽子?并证明结论为双条件命题.

2.42 壁橱里有 n 双不同的鞋. 确定最小的 t 值,使每个从壁橱中选择的 t 只鞋至少有一双匹配的鞋. 对于 $n > 1$,保证能拿到两双匹配鞋的最小 t 值是多少?

2.43 使用注 2.20 中叙述的逻辑等价式,写出一系列逻辑等价式来证明 $P \Rightarrow Q$ 逻辑等价于 $Q \Rightarrow P$.

2.44 设 P 和 Q 为命题,证明下列命题成立.

a) $(Q \wedge \neg Q) \Rightarrow P$.

b) $P \wedge Q \Rightarrow P$.

c) $P \Rightarrow P \vee Q$.

2.45 证明由 $P{\Rightarrow}Q$ 和 $Q{\Rightarrow}R$ 可以推出 $P{\Rightarrow}R$，并且证明由 $P{\Leftrightarrow}Q$ 和 $Q{\Leftrightarrow}R$ 可以推出 $P{\Leftrightarrow}R$.
（注意：这个结论可以为使用等价链证明等价式提供合法性.）

48

2.46 证明逻辑表达式 S 等价于 $\neg S{\Rightarrow}(R \wedge \neg R)$，并说明这种等价性与反证法之间的关系.

2.47 设 $P(x)$ 为断言 "x 是奇数"，$Q(x)$ 为断言 "x^2-1 可以被 8 整除"，判断下列命题是否成立.
a) $(\forall x \in \mathbb{Z})\big[P(x){\Rightarrow}Q(x)\big]$.
b) $(\forall x \in \mathbb{Z})\big[Q(x){\Rightarrow}P(x)\big]$.

2.48 设 $P(x)$ 为断言 "x 是奇数"，$Q(x)$ 为断言 "x 是整数的两倍"，判断下列命题是否成立.
a) $(\forall x \in \mathbb{Z})(P(x){\Rightarrow}Q(x))$.
b) $(\forall x \in \mathbb{Z})(P(x)){\Rightarrow}(\forall x \in \mathbb{Z})(Q(x))$.

2.49 设 $S=\{x \in \mathbb{R}:x^2>x+6\}$，$T=\{x \in \mathbb{R}:x>3\}$，判断下列命题是否成立，并用自然语言表示这些命题.
a) $T \subseteq S$；b) $S \subseteq T$.

2.50 证明下列有关集合补集的恒等式.
a) $(A \bigcup B)^c = A^c \bigcap B^c$.（德·摩根第二定律）
b) $A \bigcap \big[(A \bigcap B)^c\big] = A-B$.
c) $A \bigcap \big[(A \bigcap B^c)^c\big] = A \bigcap B$.
d) $(A \bigcup B) \bigcap A^c = B-A$.

2.51 集合运算的分配律. 使用归属关系证明下面的命题，其中 A,B,C 为任意集合. 使用 Venn 图说明结果并指导证明.
a) $A \bigcup (B \bigcap C) = (A \bigcup B) \bigcap (A \bigcup C)$.
b) $A \bigcap (B \bigcup C) = (A \bigcap B) \bigcup (A \bigcap C)$.

2.52 设 A,B,C 为集合，证明 $A \bigcap (B-C) = (A \bigcap B)-(A \bigcap C)$.

2.53 (!) 设 A,B,C 为集合，证明 $(A \bigcup B)-C$ 一定是 $[A-(B \bigcup C)] \bigcup [B-(A \bigcap C)]$ 的子集，但不相等.

2.54 (+) 对于平面上如下图所示的三个圆，每个有界区域都包含一个令牌，令牌的一面是白色，另一面是黑色. 在每步操作中，可以（a）翻转一个圆内的所有四个令牌，或者（b）翻转一个圆内显示为白色的令牌，使得该圆内的所有四个令牌都显示为黑色. 从所有令牌都显示为黑色的初始状态开始翻转，我们能否到达除中心区域的令牌外所有令牌都显示为黑色的目标状态？（提示：考虑奇偶性条件并从目标状态向后推理.）

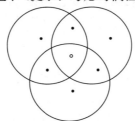

49

第3章 归 纳 法

许多数学问题只涉及整数,计算机根据整数算术运算执行操作. 自然数使我们能够一步一步地解决问题,在给出自然数的定义,即自然数集是实数集的子集后,我们将讨论数学归纳法原理,并使用这种基本的证明技巧解决以下问题.

3.1 问题(棋盘问题) 计算所有 1×1 到 8×8 的方块个数,一个 8×8 的棋盘中共有 204 个方块. 试问对于一个 $n \times n$ 的棋盘,怎样才能推导出一个公式来计算其中所有尺寸的方块个数? ■

3.2 问题(握手问题) 某场派对上有 n 对夫妻,假设任何人都不与自己的配偶握手,且除了男主人之外的其他 $2n-1$ 个人相互握手. 试问女主人共握手多少次? ■

3.3 问题(连续整数之和问题) 试问哪些自然数等于小于该自然数的连续自然数之和? 例如 $30 = 9 + 10 + 11$,$31 = 15 + 16$,而 32 则无法这样表示. ■

3.4 问题(硬币移除问题) 设有 n 枚硬币排成一排,逐个将正面朝上的硬币移除,且每移除一枚硬币,同时翻转与之相邻的(至多)两枚硬币,试问怎样排列才能移除所有硬币? 例如"反正反正反"不可以,"反正正正反"则可以. 我们用"·"来代替被移除的硬币,则"反正正正反"的移除序列为"反正正正反""正·反正反""··反正反""··正·正""····正""·····". ■

归纳法原理

在第 1 章中,我们以一种不严格的方式将自然数集 $\mathbb{N}$ 描述为集合 $\{1, 2, 3, \cdots\}$. 为证明关于 $\mathbb{N}$ 的命题(论断),我们需要一个更加精确的关于自然数集 $\mathbb{N}$ 的定义,这并不难.

为了得到 $\mathbb{R}$ 的子集 $\mathbb{N}$,我们从数字 1 开始,它被定义为 $\mathbb{R}$ 上乘法运算的单位元,将 2 定义为 $1+1$,接着将 3 定义为 $2+1$. 与其他一些做法不同,我们将 0 排除在自然数之外. 这样做并不会改变可以证明的内容,但可能需要修改命题或证明的表述.

我们希望 $\mathbb{N}$ 是通过从 1 开始并连续加 1 的方式获得的 $\mathbb{R}$ 的子集,这就引出了关于 $\mathbb{N}$ 的正式定义. 通常很少直接使用这个定义,而是使用更容易理解的归纳法原理.

3.5 定义 **自然数**集合 $\mathbb{N}$ 是具有以下两种性质的所有集合 S($S \in \mathbb{R}$)的交集:

a) $1 \in S$.

b) 若 $x \in S$,则 $x + 1 \in S$.

根据定义,一族集合的交集由那些属于该族所有集合的元素组成. 由于存在满足性质(a)和(b)的集合(即 $\mathbb{R}$ 本身),所以该族至少有一个成员集合. 注意到满足性质(a)和(b)的集合的交集也满足性质(a)和(b),故 $\mathbb{N}$ 满足定义 3.5 中的性质(a)和(b).

由此可知 ℕ 包含于满足性质 （a） 和 （b） 的每个实数集.

可由定义 3.5 引出归纳法原理，它主要用于证明某个自然数集合 S 为整个自然数集 ℕ 的方法. 该原理可以保证 S 满足定义 3.5 中的性质 （a） 和 （b），这是归纳法原理的基础.

3.6 定理 （归纳法原理）　　对于每个自然数 n，令 $P(n)$ 为某数学论断，如果下面的性质 （a） 和 （b） 成立，则对于任意 $n \in \mathbb{N}$，论断 $P(n)$ 为真：

　　a）$P(1)$ 为真.

　　b）对于任意 $k \in \mathbb{N}$，若 $P(k)$ 为真，则 $P(k+1)$ 为真.

证明　设 $S = \{n \in \mathbb{N}: P(n)$ 为真$\}$. 根据定义，$S \subseteq \mathbb{N}$. 另一方面，这里的 （a） 和 （b） 表明 S 满足定义 3.5 中的性质 （a） 和 （b）. 由于 ℕ 是符合性质 （a） 和 （b） 的最小集合，因此有 $\mathbb{N} \subseteq S$. 综上可得 $S = \mathbb{N}$，且对任意的 $n \in \mathbb{N}$，$P(n)$ 为真. ∎

归纳法保证了自然数算术运算所有基本性质的合法性. 由于加法和乘法在 ℝ 上定义，而 ℕ 是 ℝ 的子集，因此两个自然数的和与积均为实数. 实际上，正如我们所期望的那样，它们也是自然数. 对于任意给定的某个自然数 n，令 $S_n = \{m \in \mathbb{N}: n+m \in \mathbb{N}\}$. 习题 3.25 通过归纳法证明了对任意自然数 n，有 $S_n = \mathbb{N}$. 可类似证明乘法运算的积为自然数.

51

我们还注意到自然数也是正数，ℝ 的序公理表明了 1 是正数，且正数之和仍为正数，从而由归纳法可知所有自然数都是正数. （可通过已知的自然数集合 ℕ 精确地定义整数集合 ℤ，如果实数 x 满足 $x = 0$ 或者 $x \in \mathbb{N}$ 或者 $-x \in \mathbb{N}$，则 x 为整数. 附录 A 中证明了 ℝ 上算术运算与 ℤ 上算术运算的一致性.）

归纳法包含两个基本步骤. 对定理 3.6 中性质 （a） 的证明是**基础步骤**，对性质 （b） 的证明是**归纳步骤**. 对于给定论断 $P(1), P(2), P(3), \cdots, P(n)$，由于归纳法要求证明对任意自然数 k 成立：$P(k)$ 成立，则 $P(k+1)$ 成立，故在能够找到 $P(k)$ 与 $P(k+1)$ 之间的简单联系时，通常使用归纳法进行证明. 归纳法的第一个应用是求和公式.

3.7 命题　对任意的 $n \in \mathbb{N}$，公式 $1 + 2 + \cdots + n = n(n+1)/2$ 成立.

证明　对于 $n \in \mathbb{N}$，令 s_n 为整数 1 到 n 的和，设 $P(n)$ 为命题 "$s_n = n(n+1)/2$".

基础步骤：由 $s_1 = \dfrac{1 \times 2}{2}$ 可知 $P(1)$ 为真.

归纳步骤：s_{k+1} 由 s_k 加上 $k+1$ 得到，假设 $P(k)$ 为真则 s_k 为已知，则有

$$s_{k+1} = s_k + (k+1) = \frac{k(k+1)}{2} + (k+1) = \frac{(k+1)(k+2)}{2}.$$

因此，由 $P(k)$ 可证明 $P(k+1)$.

根据归纳法原理，该公式对任意的 $n \in \mathbb{N}$ 成立. ∎

命题 3.7 中数字 $s_1, s_2, s_3, \cdots$ 构成了一个由 ℕ 为索引的列表. 对于这样的列表，包括命题证明列表，都可以被视为定义在 ℕ 上的函数. 可以引入术语来描述这类函数.

3.8 定义　数列是一个定义域为 ℕ 的函数.

可以将数列看成是将函数值进行有序排列而成的无限列表，当 $f: \mathbb{N} \to S$ 时，则认为 $f(1)$，$f(2)$，$f(3)$，$\cdots$ 是由集合 S 中元素组成的一个数列，或者说是 S 中的一个数列. 当 $S = \mathbb{R}$ 时，这个数列就是实数列. 通常将数列写成 $a_1, a_2, a_3, \cdots$，其中 $a_n = f(n)$，通常将 a_n 称为数

列的**第 n 项**. 一般使用尖括号来引用整个列表,故 $\langle a \rangle$ 表示通项为 a_n 的数列.

通常将数列写作 $\{a_n\}$,但这并不准确. 在这种表示形式中,n 并没有得到量化限定. 同样地,将其解释为 $\{a_n : n \in \mathbb{N}\}$ 只是命名了集合中的值,也不准确. 例如,若对任意 n,有 $a_n = (-1)^n$,则有 $\{a_n : n \in \mathbb{N}\} = \{1, -1\}$;若对任意 n,有 $b_n = (-1)^{n+1}$,则有 $\{a_n\} = \{b_n\}$,然而 $\langle a \rangle$ 和 $\langle b \rangle$ 却是不同的数列. 因此,应将数列写作 $\langle a \rangle$ 或者 $a_1, a_2, \cdots$.

命题 3.7 使用归纳法证明了一个数列的通项公式,即 $s_n = n(n+1)/2$. 数列 $\langle s \rangle$ 是通过求和定义的,下面给出求和的简明符号.

3.9 注(和与积的符号)   用大写希腊字符 $\sum$ 来表示求和. 当 a, b 为整数时,$\sum_{i=a}^{b} f(i)$ 的值为所有 $f(i)$ 的和,其中 i 满足 $a \leqslant i \leqslant b$. 这里 i 为**和的索引**,$f(i)$ 为**加数**. 在命题 3.7 中,加数是 i,用求和符号表示则有 $\sum_{i=1}^{n} i = n(n+1)/2$,其中 $n \in \mathbb{N}$.

可用 $\sum_{j \in S} f(j)$ 表示实值函数 f 在其定义域中某个子集 S 上的和. 若未具体指定子集,例如 $\sum_j x_j$,则表示在整个定义域上对函数值求和. 当求和符号(加数)只有下标可以变化时,则可省略求和符号的下标,例如 $\sum x_i$.

类似地,可用大写希腊字符 $\prod$ 表示求积运算. 一个典型例子是 $\prod_{i=1}^{n} i = 1 \times 2 \times 3 \times \cdots \times n$,通常将其写成 $n!$. ■

归纳法对命题 3.7 的证明特别有效,因为 $n = k+1$ 的和式是对 $n = k$ 的和式新增一个加项得到. 一旦引入归纳步骤的假设,我们就可以通过代数运算(变换)得到所需的公式.

3.10 注(交错参数)   卡尔·弗里德里希·高斯(1777-1855)还在读小学时就直接证明了等式 $\sum_{i=1}^{n} i = \dfrac{n(n+1)}{2}$. 考察如下列出两行和式:

$$1 + 2 + 3 + \cdots + n$$
$$n + n-1 + n-2 + \cdots + 1$$

对于所有的 i,第 i 列的和均为 $i + (n+1-i) = n+1$,共有 n 列,故有 $2\sum_{i=1}^{n} i = n(n+1)$.

上述等式还有一种"几何"解释. 假设在某个网格中有 $n(n+1)$ 个点,共有 n 列,每列有 $n+1$ 个点. 按列计数共有 $n(n+1)$ 个点. 此外,还可以将这些点分成两个不相交的子集,每个子集 n 列,每列点数从 1 到 n 递增. 我们将在第 5 章具体介绍这种技巧——"组合分析法". ■

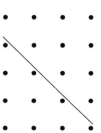

3.11 注（索引符号的改名） 求和索引只有在求和时才有意义，$\sum_{i=1}^{n} f(i)$ 的值并不依赖于 i，应注意 $\sum_{i=1}^{n} f(i) = \sum_{j=1}^{n} f(j)$，且两者的展开式均为 $f(1) + f(2) + \cdots + f(n)$，式中并无索引符号出现，结果则一定是一个关于 n 的函数.

这就可以在需要的时候方便地改变求和索引符号，甚至可以倒序. 下面我们复现高斯的证明，可以两次替换第二个求和副本的索引，先用 j 替换 i，再用 $n+1-i$ 替换 j，具体计算过程如下：

$$2\sum_{i=1}^{n} i = \sum_{i=1}^{n} i + \sum_{j=1}^{n} j = \sum_{i=1}^{n} i + \sum_{i=1}^{n} (n+1-i) = \sum_{i=1}^{n} (n+1) = n(n+1) \qquad \blacksquare$$

由于将 n 个等于 k 的项相加等价于 $n \cdot k$，故有 $\sum_{i=1}^{n} (n+1) = n(n+1)$. 关于这个等式的严谨证明需使用归纳法（习题 3.14）. 尽管注 3.10 间接使用了归纳法，但这也说明了可能存在归纳法证明的替代方法.

本书对一些"显而易见"的论断给出了详细证明. 研究一个看似显而易见的命题证明能够使我们更好地去应用它，也可以帮助我们理解并掌握证明技巧，以后就可以使用同样的方法证明不那么显然的命题. 下一个证明中，我们要证明一个模型，该模型使用归纳法将关于两个对象的论断推广到类似的关于 n 个对象的论断.

理解一个证明也可以揭示论证的局限性和将证明进行推广的困难性. 如果将下一个命题中"显而易见"的论断（a）和（b）扩展到无穷级数，则需要使用完备性公理进行证明. 相比之下，n 个数之和独立于求和顺序的"明显"论断（习题 3.42）在无穷级数中就不成立了！（见习题 14.53~14.54.）

3.12 命题 设 $\langle a \rangle$ 和 $\langle b \rangle$ 为实数列，且 $n \in \mathbb{N}$，则有

a）若 $c \in \mathbb{R}$，则 $\sum_{i=1}^{n} ca_i = c\sum_{i=1}^{n} a_i$.

b）若对任意 $i \in \mathbb{N}$ 有 $a_i \leqslant b_i$，则有 $\sum_{i=1}^{n} a_i \leqslant \sum_{i=1}^{n} b_i$.

c）若对任意 $i \in \mathbb{N}$ 有 $0 \leqslant a_i \leqslant b_i$，则有 $\prod_{i=1}^{n} a_i \leqslant \prod_{i=1}^{n} b_i$.

证明 将（c）的证明留作习题 3.18. 对 $n \in \mathbb{N}$，设 $P(n)$ 和 $Q(n)$ 分别表示（a）和（b）中的结论，下面通过归纳法证明这两个结论.

a）由分配律（定义 1.39），可将某个实数的乘数分配给组成该数的两个加数，即有
$$x(y+z) = xy + xz$$
对于所有的 $n \in \mathbb{N}$，可用归纳法证明 $P(n)$.

基础步骤：论断 $P(1)$ 为 "$ca_1 = ca_1$"，显然 $P(1)$ 为真.

归纳步骤：假设 $P(k)$ 为真，由分配律可得

$$\sum_{i=1}^{k+1} ca_i = ca_{k+1} + \sum_{i=1}^{k} ca_i = ca_{k+1} + c\sum_{i=1}^{k} a_i = c\left(a_{k+1} + \sum_{i=1}^{k} a_i\right) = c\sum_{i=1}^{k+1} a_i$$

上式表明，可由 $P(k)$ 证明 $P(k+1)$.

根据归纳法原理，对任意的 n，$P(n)$ 为真.

b）注意到在第 1 章中，由 $a < b$ 且 $c < d$ 可得 $a + c < b + d$，由此可得一种使用归纳法证明对任意 $n \in \mathbb{N}$，$Q(n)$ 成立的方法.

基础步骤：$Q(1)$ 为"$a_1 \leqslant b_1$"，假设成立.

归纳步骤：假设 $Q(k)$ 为真，则有 $\sum_{i=1}^{k} a_i \leqslant \sum_{i=1}^{k} b_i$，可以用该不等式以及不等式求和进行计算，即有

$$\sum_{i=1}^{k+1} a_i = \left(\sum_{i=1}^{k} a_i\right) + a_{k+1} \leqslant \left(\sum_{i=1}^{k} b_i\right) + b_{k+1} = \sum_{i=1}^{k+1} b_i$$

上式表明，可由 $Q(k)$ 证明 $Q(k+1)$.

根据归纳法原理，对任意的 n，$Q(n)$ 为真.　■

使用命题 3.12a，可以将因式分解 $x^2 - y^2 = (x+y)(x-y)$ 推广到 n 次幂.

3.13 引理　设 $x, y \in \mathbb{R}$ 且 $n \in \mathbb{N}$，则有
$$x^n - y^n = (x-y)(x^{n-1} + x^{n-2}y + \cdots + xy^{n-2} + y^{n-1})$$

证明　可用分配律（命题 3.12a）将上式右边展开，然后在第一行写出 x 乘得的项，在第二行写出 $-y$ 乘得的项，最后将正负项消去就得到了 $x^n - y^n$，从而完成证明.　■

$$x^n + x^{n-1}y + \cdots + x^2 y^{n-2} + xy^{n-1}$$
$$-x^{n-1}y - \cdots - x^2 y^{n-2} - xy^{n-1} - y^n$$

习题 3.20 要求使用求和符号进行证明. 注意，因子 $-y$ 产生的被移项与 x 产生的项结合，这就相当于将 $\sum_{j=1}^{n} f(j)$ 改写为 $\sum_{j=0}^{n-1} f(j+1)$. 加数没有任何改变，这是求和时替换索引的一个特例，通常称这种做法为**索引移项**.

习题 3.35 要求通过归纳法证明下面一个论断.

3.14 推论（几何和）　若 $q \in \mathbb{R}$，$q \neq 1$，且 n 为非负整数，则有 $\sum_{i=0}^{n-1} q^i = \dfrac{q^n - 1}{q - 1}$.

证明　对于引理 3.13 中的公式，令 $x = q$，$y = 1$，则有
$$q^n - 1 = (q-1)(q^{n-1} + q^{n-2} + \cdots + 1)$$

由于 $q \neq 1$，故可将两边同时除以 $q - 1$ 得到所需的表达式.　■

3.15 例题　淘汰赛 NCAA 篮球锦标赛有 64 支球队参加，一共要打多少场比赛才能产生冠军？第一轮共有 32 场比赛，接着 32 支获胜队在第二轮中打了 16 场比赛，再接下来的几轮分别是 8，4，2，1 场. 通过对几何和可得比赛的总场次为

$$1 + 2 + 3 + 4 + 8 + 16 + 32 = \sum_{i=0}^{5} 2^i = 2^6 - 1 = 63$$

也可以通过观察得出这样的结果，即除了冠军之外，每支球队都必须输掉一场比赛，故一定有 63 场比赛. 等式两边给出了不同的计算方法.　■

在使用归纳法证明一个包含参数 $n \in \mathbb{N}$ 的命题时，通常称这个证明是"通过对 n 的归纳法"进行证明，并将 n 称为**归纳参数**. 在归纳步骤中要证明单条件语句"$P(k)$ 为真意味着 $P(k+1)$ 为真"，这个条件（$P(k)$ 为真）就是**归纳假设**. 在证明归纳步骤的某一步通常会说"由归纳假设，得……"，因此如果没有用到归纳假设，就没有用归纳法进行证明.

下个例子将放宽归纳证明的固定形式以表明这种证明技巧的灵活性.

3.16 命题 若 $n \in \mathbb{N}$ 且 $q \geqslant 2$,则 $n < q^n$.

证明 对 n 使用归纳法.

基础步骤:根据对 q 的假设,有 $1 < q$,故 $n = 1$ 时命题成立.

归纳步骤:假设 $n = k$ 时命题成立,即有 $k < q^k$. 将归纳假设应用于严格不等式的计算,则有

$$k + 1 \leqslant k + k = 2k \leqslant qk < q \cdot q^k = q^{k+1}$$

因此 $n = k + 1$ 时,命题仍然成立,归纳步骤证明完成. ■

不难看出,归纳步骤的含义是所需证明论断的一个实例成立表明下一个实例也成立. 对每个自然数都有这样的证明:从基开始,对于已知的 $P(n)$,每个自然数 n 都会导出另外一个计算值. 一般地,对任意自然数 k ,若能够证明由 $P(k)$ 可算得 $P(k+1)$,则可立即完成对整个命题的证明.

为形象地表示归纳的具体过程,可以考虑一组直立摆放的多米诺骨牌,每个自然数对应其中一个骨牌. 任何一张多米诺骨牌倒下,都会击倒下一个,这就是"归纳步骤". 归纳法原理就是,若第一张多米诺骨牌倒下("基础步骤"),则所有多米诺骨牌都将倒下. 需要注意的是,对第一张多米诺骨牌的证明不能省略.

3.17 例题 ($n = n + 1$ (!?)) 归纳步骤 $P(k) \Rightarrow P(k+1)$ 是一个单条件命题. 只有当假设为真,结论为假时,单条件命题才不成立. 根据假设条件 $k = k + 1$,有 $k + 1 = k + 2$,这个归纳步骤的证明并没有问题,但仍然没有证明对任意 $n \in \mathbb{N}$,有 $n = n + 1$,因为基础步骤不成立,即 $1 \neq 2$,故不能省略对基础步骤的证明. ■

下面再演示一个类似的错误,以表明归纳步骤的证明必须对归纳参数的每个取值都有效.

56

3.18 例题 所有人性别相同(!?).

试图对 n 归纳证明任意人群集合中所有人都具有相同的性别.

显然,若集合中只有 1 人,则该集合中所有人性别都相同, $n = 1$ 时命题成立.

假设 $n = k$ 时命题成立,设 $S = \{a_1, \cdots, a_{k+1}\}$ 为 $k + 1$ 个人组成的集合. 删去 a_1 产生一个 k 人集合 T ,删去 a_2 产生一个 k 人集合 T' . 由归纳假设知,集合 T 中所有人性别相同,集合 T' 中所有人性别相同,于是集合 S 中所有人性别都相同.

上面证明过程的错误是,从 $n = 1$ 到 $n = 2$,对归纳步骤的证明是无效的. 此时,集合 T 与 T' 没有共同元素,故不能用归纳假设来推断 a_1 和 a_2 性别相同. ■

在下一个结论中,论断含有一个自然数参数,参数为 1 时论断显然为真. 此外,关于 $n = k + 1$ 的论断涉及 $n = k$ 时论断中的量,这些性质表明可以尝试使用归纳法作为一种证明技巧.

3.19 命题 若 $x_1, \cdots, x_n$ 为区间 $[0,1]$ 中的实数,则有

$$\prod_{i=1}^{n} (1 - x_i) \geqslant 1 - \sum_{i=1}^{n} x_i$$

证明 对 n 使用归纳法.

基础步骤：$n=1$ 时，不等式为 $1-x_1 \geqslant 1-x_1$，显然成立.

归纳步骤：设 $n=k$ 时，命题成立. 给定实数 $x_1, \cdots, x_{k+1}$，对其前 k 项使用归纳假设，则有

$$\prod_{i=1}^{k}(1-x_i) \geqslant 1-\sum_{i=1}^{k}x_i$$

因为 $x_{k+1} \leqslant 1$，故上式两边乘以 $1-x_{k+1}$，不等号方向不变，则有

$$\prod_{i=1}^{k+1}(1-x_i) = (1-x_{k+1})\prod_{i=1}^{k}(1-x_i) \geqslant (1-x_{k+1})\left(1-\sum_{i=1}^{k}x_i\right)$$

$$= 1-x_{k+1}-\sum_{i=1}^{k}x_i+\left(x_{k+1}\sum_{i=1}^{k}x_i\right) \geqslant 1-\sum_{i=1}^{k+1}x_i$$

对于第二步的乘积展开式，由于对任意 i 都有 $x_i \geqslant 0$，故 $x_{k+1}\sum_{i=1}^{k}x_i$ 非负，去掉它不会增加和式的值，余下的项即为目标式右边部分，故有 $\prod_{i=1}^{k+1}(1-x_i) \geqslant 1-\sum_{i=1}^{k+1}x_i$. 证毕. ■

3.20 推论　若 $0 \leqslant a \leqslant 1$ 且 $n \in \mathbb{N}$，则有 $(1-a^n) \geqslant 1-na$.

证明　令命题 3.19 中的 $x_1 = \cdots = x_n = a$ 即可证明. ■

57

应用

归纳法的应用贯穿于整个数学体系. 可以用该方法解决棋盘问题和握手问题，可以确定多项式何时相等以及解决将区域分隔成块等问题.

对棋盘问题的求解需要将前 n 个自然数相加. 由于自然数之和必然为整数，故可以得出一个推论：对于任意 $n \in \mathbb{N}$，$n(n+1)(2n+1)/6$ 是一个整数.

3.21 命题　对于任意 $n \in \mathbb{N}$，$\sum_{i=1}^{n}i^2 = n(n+1)(2n+1)/6$.

证明　对 n 使用归纳法.

基础步骤：当 $n=1$ 时和为 1，且右边为 $(1 \times 2 \times 3)/6 = 1$，等式成立.

归纳步骤：假设 $n=k$ 时公式成立，由归纳假设可得

$$\sum_{i=1}^{k}i^2 = k(k+1)(2k+1)/6$$

于是有

$$\sum_{i=1}^{k+1}i^2 = \frac{k(k+1)(2k+1)}{6}+(k+1)^2 = (k+1)\left[\frac{2k^2+k}{6}+(k+1)\right]$$

$$= (k+1)\frac{2k^2+7k+6}{6} = \frac{(k+1)(k+2)(2k+3)}{6}$$

最后一个表达式即为 $n=k+1$ 时的公式，归纳步骤证毕. 由归纳法原理知，对任意的 n 该公式成立. ■

由于在 $n=k+1$ 时，上述公式含有因子 $k+1$，故在计算时可将 $k+1$ 提出来而不将其乘进每一项，牢记目标通常可以节省计算时间.

3.22 措施（棋盘问题）　在 $n \times n$ 的棋盘中，有 1 个 $n \times n$ 的方块，n^2 个 1×1 的方块.

一般地，对 $1 \leqslant k \leqslant n$，共有 $k \cdot k = k^2$ 个边长为 $n-k+1$ 的方块．因此，由命题 3.21 可知方块总个数为 $\sum_{k=1}^{n} k^2 = n(n+1)(2n+1)/6$．当 $n=8$ 时，其值为 $8 \times 9 \times 17/6 = 204$．　∎

用归纳法证明求和公式，需要事先知道求和公式．如果能够从最初的几个值中猜想出公式，那么就很容易使用归纳法进行证明，但是归纳法不能帮助构造求和公式（参见习题 3.28～3.29）．我们将在第 9 章中介绍不需要事先知道公式的求和方法．

你可能会怀疑是否将归纳法证明技巧用到了正在试图证明的结论．要证明的是命题"对任意的 $n \in \mathbf{N}$，$P(n)$ 为真"，在归纳步骤中证明的则是命题"对任意的 $n \in \mathbf{N}$，$P(n)$ 为真，则有 $P(n+1)$ 为真"．这两个命题表示不同的含义，第二个是对每个 n 的条件命题．在前几个归纳证明中，我们使用了不同字母（n 和 k）以避免混淆这种区别，但这样做是不必要的，以后将使用同一个字母．在方便的时候，我们会将归纳步骤写成"当 $n>1$ 时，$P(n-1) \Rightarrow P(n)$"而不是"当 $k \in \mathbf{N}$ 时，$P(k) \Rightarrow P(k+1)$"．

可以用归纳法证明对于 $\{n \in \mathbf{Z}: n \geqslant n_0\}$，$P(n)$ 成立，只需在基础步骤中将 $P(1)$ 替换为 $P(n_0)$ 即可，这相当于将 $n-n_0+1$ 作为归纳参数．在我们要解决的问题中，任何整数值函数变量都可以作为归纳参数．

可以使用上述方法来证明关于多项式何时相等．函数 f 的**零点**是方程 $f(x) = 0$ 的解．回想一下，零多项式没有次数．

3.23 引理　若 f 为 d 次多项式，则当且仅当存在 $d-1$ 次多项式 h，使得 $f(x) = (x-a)h(x)$ 时，a 为 f 的零点．

证明　根据多项式的定义，有 $f(x) = \sum_{i=0}^{d} c_i x^i$，其中 d 为非负整数且 $c_d \neq 0$．如果条件 $f(x) = (x-a)h(x)$ 成立，则有 $f(a) = 0$．

下面只需假设 $f(a) = 0$ 并进行因式分解．由 $f(x) = c_0 + \sum_{i=1}^{d} c_i x^i$ 且 $f(a) = 0$，可知

$$f(x) = f(x) - f(a) = c_0 - c_0 + \sum_{i=1}^{d} c_i(x^i - a^i) = \sum_{i=1}^{d} c_i(x^i - a^i)$$

由引理 3.13 可知，对 $i \geqslant 1$，有

$$x^i - a^i = (x-a) h_i(x), \text{其中} h_i(x) = \sum_{j=1}^{i} x^{i-j} a^{j-1}$$

再由命题 3.12a，提取 $f(x) = \sum_{i=1}^{d} c_i(x^i - a^i)$ 每一项中的因式 $(x-a)$，可得

$$f(x) = (x-a)h(x), \text{其中} h(x) = \sum_{i=1}^{d} h_i(x)$$

由于每个 h_i 都为 $i-1$ 次多项式，故 h 为 $d-1$ 次多项式．证毕．　∎

3.24 定理　d 次多项式至多有 d 个零点．

证明　对 d 使用归纳法，设 f 为 d 次多项式．

基础步骤：若 $d = 0$，则对任意 x，有 $f(x) = c_0 \neq 0$，此时 f 没有零点．

归纳步骤：考虑 $d \geqslant 1$，若 f 无零点，则证毕．否则，设 a 为 f 的一个零点，由引理 3.23 知，$f(x) = (x-a)h(x)$，其中 h 为 $d-1$ 次多项式．

因为非零实数之积亦非零，故 f 的零点只可能是 $x-a$ 和 h 的零点．

令 $x-a = 0$ 得 $x = a$，故第一个因式有一个零点．又 h 为 $d-1$ 次式，故根据归纳假

设，知 h 至多有 $d-1$ 个零点．综上所述，f 至多有 d 个零点． ■

3.25 推论　两个实多项式相等，当且仅当它们的对应系数相等．

证明　设 f 和 g 为多项式，由于两者表达式的形式相同，因此如果它们对应项系数也相等，则对任意 $x \in \mathbb{R}, f(x) = g(x)$ 成立，所以 f 和 g 是两个相等的函数．

反之，设 f 和 g 为任意两个相等的实多项式，则对于任意 $x \in \mathbb{R}$，有 $f(x) = g(x)$．令 $h = f - g$．由于两个多项式之差是一个多项式（参见习题3.13），且对任意 $x \in \mathbb{R}$，有 $h(x) = 0$，故根据定理3.24可以得到：对任意 $d \geqslant 0$，h 无法包含 d 次项，故 h 必须是零多项式．由此可知，对任意的 i，f 和 g 中 x^i 的系数相等． ■

事实上，推论3.25的证明蕴含着更进一步的论断：若多项式 f 和 g 有多于 d 项相等，其中 d 是 f 和 g 的最高次数，则 f 和 g 是相等的多项式．

在归纳法的归纳步骤中，可以考察假设条件中参数值的任意一个取值实例，并找到一个参数值较小的应用于归纳假设．在对定理3.24的证明过程中，我们将 $x - a$ 提取出来，得到一个可以应用归纳假设的低次多项式．找到一个合适的小问题可能需要一些精力，但在下一个例子中，较小的实例可以通过一种有趣的方式获得，即剥离较大实例．

3.26 措施（握手问题）　假设在某个**握手派对**有 n 对夫妇参加，任何人都不与自己的配偶握手，且除了男主人之外的其他 $2n-1$ 个人相互握手．使用归纳法证明，对于任意人数的握手派对，女主人都握手 $n-1$ 次．

若任何人都不与自己的配偶握手，则每个人要与 0 到 $2n-2$ 个人握手，由于这 $2n-1$ 个数是独立的（整数），因此它们一定是 0 到 $2n-2$．下图描述了 $n \in \{1,2,3\}$ 的情况，每个圆圈表示一对夫妇（男女主人在最左边），当且仅当两人握手时，相应的两个点通过曲线相连．

  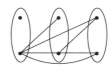

基础步骤：若 $n = 1$，则女主人握手次数为 0（等于 $n-1$），因为男女主人并不握手．

归纳步骤：设 $n > 1$，假设握手派对有 $n-1$ 对夫妇时，结论成立．设 P_i 表示与 i 个人握手的人（男主人除外），由于 P_{2n-2} 与除 1 人之外的所有人握手，则 P_0 必然是被省略的那个人，故 P_0 是 P_{2n-2} 的配偶．此外，这对夫妇不是男女主人，因为 $S = \{P_0, P_{2n-2}\}$ 中不包括男主人．所有不在 S 中的人都会与 S 中的 P_{2n-2} 握手．此时若删去 S 得到一个较小的派对，则只剩下 $n-1$ 对夫妇（包括男女主人），若仍然是所有人不与自己的配偶握手，则每个人都比在满员的派对中少握了一次手．因此，在较小的派对中，除了男主人之外的其他人都与不同数量的其他人握手．

通过删除集合 S，得到一个 $n-1$ 对夫妇的握手派对（删除 $n = 3$ 的图示中最右边的一对夫妇便可得出 $n = 2$ 的图示）．可由此应用归纳假设得出结论，除夫妇 S 外，女主人共与 $n-2$ 人握手．又因为在满员派对中她也和 P_{2n-2} 握手，故在整个聚会上她共与 $n-1$ 人握手． ■

上述证明过程中，不能为了获得较小的派对而抛弃任何一对夫妇，必须找到一对这样的夫妇 S，使得 S 外面的每个人都只和 S 中的一个人握手．只有这样，才能将归纳假设应用到较小的派对中，也只有这样，才能得到满足关于不同握手次数的假设.

如果从 n 对夫妇的握手派对开始，女主人和 $n-1$ 个人握手，再加上一对夫妇 S，S 中只有一个人和其他人握手，另一个不和任何人握手，那么也会出现类似的问题. 这样就构造了一个 $n+1$ 对夫妇的握手派对，女主人与 n 个人握手. 然而这并没有完成对归纳步骤的证明，因为没有证明所有 $n+1$ 对夫妇的握手派对都是根据这种方式产生的.

为避免上述难点，我们证明了在任何较大的派对中，P_0 一定是握手次数最多的人的配偶. 对于较大的归纳参数值，归纳步骤必须考虑每个实例（参见应用 11.46 之后的讨论）.

有时在基础步骤中不止要验证 $P(1)$，若证明 $P(n+1)$ 需要 $P(n-1)$ 和 $P(n)$，则必须同时验证 $P(1)$ 和 $P(2)$. 原因在于，由于不存在 $P(0)$，故归纳步骤的证明并不适用于证明 $P(2)$. 在下一个例子以及其他使用递推关系的证明中就会出现这种情况（参见习题 3.55～3.57 和第 12 章）.

3.27 措施（L-平铺问题） 某小孩有大量如下左边所示的 L 形瓷砖，有没有可能在不重叠瓷砖任何部分的情况下，将它们拼成如下右边所示一个更大的 L 形区域？

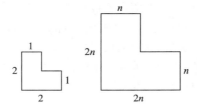

61

设大 L 块为 R_n，小 L 块为 L. 将一个区域分割成多个 L 就是 L-**平铺**. 需要证明，对任意 $n \in \mathbb{N}$，R_n 可以进行 L-平铺. 由于 R_1 就是 L 本身，故 R_1 可以 L-平铺.

为了能够使用归纳法进行证明，可以在 R_n 的外围边缘去掉一个单位宽度的条带区域，以此得到一个 R_n 中的副本 R_{n-1}. 但这样有个问题，由归纳假设知 R_{n-1} 是可以 L-平铺的，但当 $n \geqslant 3$ 时，由于外围长条无法进行 L-平铺，因此无法将这个结论推广到 R_n.

为修复这一缺陷，可以使用宽度为 2 的外部边缘条带，从 R_{n-2} 的 L-平铺得到 R_n 的 L-平铺. 又 R_1 可以 L-平铺，这就完成了对奇数 n 的证明，但要处理偶数的情况. 为此，还必须在此基础上处理 R_2. 可按下面方式显式地平铺 R_2，由此可得所有 $2 \times 3k$ 的矩形都可以 L-平铺.（对 R_2 的分解表明了一个简单的归纳证明，即 n 是 2 的幂时，R_n 可 L-平铺. 见习题 3.58.）

对归纳步骤，考察 R_n，其中 $n \geqslant 3$，将 R_n 分割成已知具有 L-平铺的区域即可. 由归纳假设知 R_{n-2} 可 L-平铺，要完成证明，只需证外层条带区域可 L-平铺即可. 为此，使用已知可 L-平铺的 R_2 副本和 $2 \times 3k$ 矩形副本.

由于 n，$n-1$ 和 $n-2$ 必有一个是 3 的倍数，故可选择用三种方式之一平铺外层. 要证明分割区域在每种情况下均有效，只需证明所用的每个矩形较长边的长度都是 3 的倍数.

为了使图像简洁，图中只列出了这些长度，短边都等于 2．这三种情况分别发生在 $n \geqslant 3$，$n \geqslant 4$ 和 $n \geqslant 5$ 的情形，此时矩形的长是 3 的非负倍数．验证这一点即可完成证明． ■

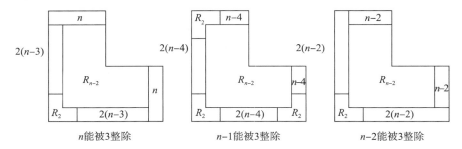

| n能被3整除 | $n-1$能被3整除 | $n-2$能被3整除 |

强归纳法

本节介绍关于归纳法的几种变体，它们是同一概念的不同替代用语．

有时证明归纳步骤中的 $P(k)$ 需要假设 $P(i)$ 对 k 之前的每一个 i 值都成立．通过在归纳假设中设立更多的假设条件（即假设 k 之前的全部 $P(i)$ 成立），我们弱化归纳步骤中对单条件命题的论证．这种做法也足以完成对命题的证明，通常称这种方法为强归纳法．

3.28 定理（强归纳法原理） 设 $\{P(n):n \in \mathbb{N}\}$ 为一组数学命题，若以下性质（a）和（b）成立，则对任意 $n \in \mathbb{N}$，$P(n)$ 为真．

a）$P(1)$ 为真．

b）当 $k \geqslant 2$，若对任意 $i < k$，有 $P(i)$ 为真，则 $P(k)$ 为真．

证明 对 $n \in \mathbb{N}$，设 $Q(n)$ 为命题：对任意的 i，$P(i)$ 为真，其中 $1 \leqslant i \leqslant n$. 我们对 n 使用归纳法：$Q(n)$ 为真蕴含所有的 $P(n)$ 为真．

基础步骤：由性质（a）可得 $Q(1)$ 为真．

归纳步骤：对 $k > 1$，假设 $Q(k-1)$ 为真，即对任意 $i < k$，$P(i)$ 为真．由性质（b）可知 $P(k)$ 为真，因此可由 $Q(k-1)$ 推出 $Q(k)$. 根据归纳法原理，对于任意的 n，$Q(n)$ 为真． ■

对 n 使用普通归纳法证明 $Q(n)$ 成立等价于对 n 使用强归纳法证明 $P(n)$ 成立，这再次说明了对（a）的证明是**基础步骤**，对（b）的证明是**归纳步骤**．通过设定基础步骤从 $P(0)$ 开始，可以使用强归纳法证明所有关于非负整数的命题．

3.29 措施（硬币移除问题） 假设一条细绳上排列一行无间隙的硬币且两端之外无其他硬币，用一个由 H（正面）和 T（背面）组成的字符串表示这行硬币．每当移除一个 H，留下一个空隙（用点标记），同时翻转剩下与之相邻的所有（至多两个）硬币．例如移除 HHT 中间的 H 便可得到 $T \cdot H$，接着移除 H 得到 $T \cdot \cdot$．除非移除末端的硬币，否则从字符串中移除一枚硬币都将会产生两个新的字符串．

从一个长度为 n 的字符串开始．经验证表明，当且仅当该字符串具有奇数个 H 时，才能清空一个字符串（移除所有硬币）．下面通过对 n 使用强归纳法证明这个结论．

基础步骤：可以清空长度为 1 的字符串，当且仅当其为 H.

归纳步骤：$k > 1$ 时，考虑长度为 k 的字符串 S. 由归纳假设知，当且仅当该字符串的权值为奇数时，它才可以被清空，其中权值表示字符串中 H 的数量.

首先假设 S 的权值为奇数，X 为其中最左端的 H，移除 X 且翻转与之相邻的硬币，则 X 之前的部分要么为空，要么只有 1 个 H（在它的右尾端）. X 之后部分的权值为偶数，如果它非空，上一步我们翻转了它的第一个元素，故此时其权值一定为奇数. 由此可知，剩下的每个字符串都比 S 短且权值为奇数. 根据归纳假设，剩下字符串每个都可以清空，故 S 可被清空.

如果 S 的权值为偶数，往证移除其中任意一个 H 都会产生一个较短且具有偶数权值的非空字符串. 对于 S 中的每个 H，对应其余 H 的数量都为奇数，故每个 H 的两边均为：一边有奇数个 H，另一边有偶数个 H. 具有奇数个 H 的一边非空，且翻转被移除 H 的相邻硬币将其权值变为偶数. 因此，移除每个 H 都将产生一个较短且具有偶数权值的非空字符串. 根据归纳假设，这样的字符串不能被清空，故 S 无法被清空. ■

可被清空　　　　　　　　不可被清空

$T\,T\,T\,H\,H\,T\,T\,H$　　　　　$T\,T\,H\,H\,T\,H\,T\,H$

$T\,T\,H\,\cdot\,T\,T\,H$　　　　　$T\,T\,H\,H\,\cdot\,H\,H$

在措施 3.29 中，移除一枚硬币会产生许多较短的字符串，它们都需要一个假设，因此使用强归纳法.

3.30 命题（良序性）　$\mathbb{N}$ 的每个非空子集都有一个最小元素.

证明　对任意的 $n \in \mathbb{N}$，设 $P(n)$ 为论断：$\mathbb{N}$ 中每个包含 n 的子集都有一个最小元素. 证明了这个论断就证明了原命题，因为每个非空的 S（$S \subseteq \mathbb{N}$）都包含某些 n，且 $P(n)$ 表明 S 有最小元素. 可对 n 使用强归纳法证明 $P(n)$.

基础步骤：因为 1 是最小自然数，故每个包含 1 的子集都有最小元素，$P(1)$ 为真.

归纳步骤：假设对任意 $i < k$，$P(i)$ 成立. 设 S 是一个包含 k 的 $\mathbb{N}$ 的子集. 若 S 没有小于 k 的元素，则 k 为其最小元素. 否则，S 包含一个小于 k 的元素 i，又根据归纳假设，$P(i)$ 表示 S 有一个最小元素，得到矛盾. 故 $P(k)$ 为真. ■

习题 3.64 要求从良序性出发证明归纳法的一般原理，从而证明三种归纳法是等价的. 下面介绍最后一种归纳法.

假设 $S \subset \mathbb{N}$ 且 $S \neq \mathbb{N}$，由良序性可知，S^c 有最小元素. 因此若存在某些 $n \in \mathbb{N}$ 使得 $P(n)$ 不成立，则必然存在一个最小的 n 使 $P(n)$ 不成立，这就引出了另一种归纳法，即**递降法**. 对任意的 $n \in \mathbb{N}$，可以通过如果证明 $P(n)$ 不成立，则 S 中没有最小元素的方式证明 $P(n)$ 成立. 为了做到这一点，通常假设存在 n 使得 $P(n)$ 不成立，接着证明存在 $k < n$，使得 $P(k)$ 为假. k 的存在表明 $n > 1$，由此证明了定理 3.28 中性质（b）的逆否命题.

下面通过两个证明实例具体介绍递降法.

3.31 定理　$\sqrt{2}$ 是无理数.

证明　若 $\sqrt{2}$ 是有理数，则存在 $m, n \in \mathbb{N}$，使得 $\sqrt{2} = m/n$. 将证明另一个等于 $\sqrt{2}$ 的分数，该分数的正分母更小，从而由递降法可知，$\sqrt{2}$ 没有自然数商的表示形式.

由于 $1 < \sqrt{2} < 2$，故有 $n < m < 2n$，于是 $0 < m - n < n$. 同时 $2n^2 = 2m^2$，下式计

算表明 $(2n-m)/(m-n)$ 也等于 $\sqrt{2}$.

$$\frac{2n-m}{m-n}=\frac{n(2n-m)}{n(m-n)}=\frac{2n^2-mn}{n(m-n)}=\frac{m^2-mn}{n(m-n)}=\frac{m(m-n)}{n(m-n)}=\frac{m}{n}$$

3.32 命题 任意自然数都可以表示成一个奇数与 2 的幂的积.

证明 若上述结论不成立, 则存在不具有这种表示形式的自然数 n.

若 n 为奇数, 则 n 无法被 2 整除, 那么 $1 \cdot n$ 即为这种表示且唯一. 如果 n 为偶数, 那么考虑 $n/2$, 通过调整 2 的幂, 使得每一个 $n/2$ 的表示都会产生这样的一个 n, 反之亦然. 若 n 为反例, 则 $n/2$ 也为反例, 然而已经证明反例根本不存在.

或者可以从命题 3.16 中推出命题 3.32. 因为 $n < 2^n$, 所以存在一个最大的 2 的幂整除 n, 设为 2^l. 用 n 除以一个较小的 2 的幂将余下一个偶数. 因此, 可将 n 表示为奇数乘上 2 的幂的唯一形式为 $2^l \cdot (n/2^l)$.

根据命题 3.32, 可以确定哪些自然数能表示成较小的连续自然数之和.

3.33 例题 (连续正整数之和) 对 $r \geqslant 1$, 可以将奇数 $n = 2r+1$ 写为 $r+(r+1)$, 若 n 为 2 倍的 $2r+1$, 则 n 可写成 $n = (r-1)+r+(r+1)+(r+2)$, $r-1 \geqslant 1$ 时恒成立, 且 $n = 2$ 时不成立. 若 $n = 6$, 则有 $r-1 = 0$, 将 0 省去则有 $6 = 1+2+3$.

若 $n = 4(2r+1)$, 则有

$$n = (r-3)+(r-2)+(r-1)+r+(r+1)+(r+2)+(r+3)+(r+4).$$

当 $r-3 \geqslant 1$ 时, 上式恒成立. 若 $r-3 = -1$, 则省去前三项 $(-1)+0+1$, 可将 n 写成 5 个连续整数之和. 若 $r-3 = 0$, 则省去 0.

由以上分析可得出如下一般证明过程, 用 11, 22, 44, 88 进行具体说明, 它们都是 2 的幂乘上奇数 11 ($11 = 2 \times 5+1$) 的积. 对于 $2^l \cdot 11$, 可用 2^l 与 t 来分解, 其中 $2^l+t = 11$. 故有 $11 = 5+6, 22 = 4+5+6+7, 44 = 2+3+\cdots+9, 88 = -2+(-1)+0+1+2+\cdots+13$. 最后一个表达式省去前五项, 则有 $88 = 3+4+\cdots+13$.

3.34 措施 (连续正整数之和) 证明自然数 n 可以表示成比它小的连续自然数之和, 当且仅当 n 不是 2 的幂.

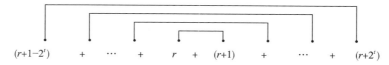

$$(r+1-2^l) \quad + \quad \cdots \quad + \quad r \quad + \quad (r+1) \quad + \quad \cdots \quad + \quad (r+2^l)$$

若 n 不是 2 的幂, 则由命题 3.32 可知, 存在整数 $t \geqslant 0, r > 0$ 使得 $n = 2^t(2r+1)$. 考虑以 r 结尾的 2^t 个数和以 $r+1$ 开始的 2^t 个数, 从中间对称地分组得到 2^t 对数字, 每对数的和都为 $2r+1$, 故总和为 n. 若 $r+1-2^t \leqslant 0$, 则这些数字不都是正数. 由于最中间的两个数是正数, 故正数项至少比非正数项多 2 个. 在本例中, 从 $r+1-2^t$ 到 $-(r+1-2^t)$ 的和为 0, 故省去它们将 n 表示为 (至少两个) 连续自然数之和.

反过来, 假设 n 是从 m 开始的 p 个连续自然数之和, 这可将 n 写成整数乘以一个大于 1 的奇数. 若 $p = 2$, 则 n 为奇数, 否则, 利用命题 3.7 对 $\sum_{i=0}^{p-1} i$ 求和, 有

$$n = \sum_{i=0}^{p-1}(m+i) = mp + \sum_{i=0}^{p-1}i = mp + \frac{p(p-1)}{2} = \frac{p(2m+p-1)}{2}$$

无论 p 为奇数还是偶数，$\{p, 2m+p-1\}$ 必有其中之一为偶数，且两者均大于 2. 故可将 n（$n = p(2m+p-1)/2$）表示为两个整数之积，至少有一个数为奇数且大于 1. 由此可得，n 不为 2 的幂.（这里 n 的表达式表明得到了与习题 1.47 相同的答案.） ■

解题方法

解决本章问题时可以考虑如何、何时使用归纳法，以及如何处理可能出现的困难.

（1）与第 1 章一样，这有助于使用已知事实来表达期望的结论，尤其是在证明归纳步骤的时候.

（2）并非所有涉及自然数的论断都需要使用归纳法.

（3）归纳法有多种变体. 当归纳步骤的证明使用 r 个之前的实例时，前 r 个实例需要在基础步骤中证明. 当归纳步骤需要任意 1 个之前的实例时，此时使用的是强归纳法.

使用归纳法

习题 3.14～3.17 中对求和公式等论断的归纳证明应为常规练习. 要使用归纳法证明这样一个公式，首先要验证公式对第一个实例是否成立，接着在归纳步骤中验证每个实例能否推出下一个实例也成立. 这就相当于在前一个实例基础加上一个新的求和项，将归纳假设应用于前一个实例，并对结果表达式进行变形由此得到所需公式. 命题 3.7 和命题 3.21 举例说明了这一点.

归纳法还适用于很多除求和公式之外的论断. 通常需要研究参数的几个较小取值才能找到规律，最终得到一种统一的方法，即对参数的一个取值使用该论断来证明下一个论断. 描述并解释一般情况下的推演过程就是对归纳步骤的证明. 可以从这个角度回顾措施 3.26.

当试图对一个并不恒成立的命题给出归纳证明时会发生什么情况呢？如果命题对于足够大的参数才有效，那么可以通过寻找一个合适的基础步骤来证明该命题对较大的 n 成立.

3.35 例题 试证明对任意的 $n \in \mathbb{N}$，$n^3 + 20 > n^2 + 15n$ 成立. 若 $n = 1$，则有 $21 > 16$，故 $n = 1$ 时不等式成立.

假设 $n = k$ 时，不等式成立，往证 $(k+1)^3 + 20 > (k+1)^2 + 15(k+1)$. 根据归纳假设 $k^3 + 20 > k^2 + 15k$，有

$$(k+1)^3 + 20 = (k^3 + 3k^2 + 3k + 1) + 20 = (3k^2 + 3k + 1) + (k^3 + 20)$$
$$> (3k^2 + 3k + 1) + (k^2 + 15k) = (k^2 + 2k + 1) + (15k + 15) + 3k^2 + k - 15$$

要证明最后的表达式大于或等于 $(k+1)^2 + 15(k+1)$，只需证明 $k(3k+1) \geqslant 15$，然而这需要 $k \geqslant 4$.

我们可以挽救一点，即当 $n = 4$ 时，有 $n^3 + 20 = 84 > 76 = n^2 + 15n$，故可以从 $n = 4$ 出发作为基础步骤. 现在只需证明归纳步骤在 $k \geqslant 4$ 时成立. 若 $k \geqslant 4$，则有 $k(3k+1) > 4 \times 9 > 15$，由此证明了对于 $k \geqslant 4$，$k \in \mathbb{N}$ 时，不等式成立.

当 $k = 1$ 时，对归纳步骤的证明是无效的，因此不能由 $n = 1$ 的情况得到 $n = 2$ 的情况. 实际上，不等式 $n^3 + 20 > n^2 + 15n$ 在 $n = 2$ 和 $n = 3$ 时也不成立. ■

3.36 例题 设 $n \in \mathbb{N}$，试问 $3^n > n^4$ 何时成立? 当 $n = 1$ 时，论断为真，但经验证可知，当 $n = 2$ 和 $n = 3$ 时论断为假. 尽管如此，我们还是要问，何时可由 $3^n > n^4$ 推出 $3^{n+1} > (n+1)^4$? 由归纳假设知，$3^{n+1} = 3 \cdot 3^n > 3n^4$. 要求 $3n^4 > (n+1)^4$ 成立，解得 $n > \dfrac{1}{3^{1/4} - 1} = 3.16$. 因此，当 $n \geqslant 4$ 时，可由 $3^n > n^4$ 推出 $3^{n+1} > (n+1)^4$.

由 $3^8 = 9^4$ 可得 $3^8 > 8^4$. 当 $n \geqslant 4$ 时，对归纳步骤的证明是有效的，因此，用 $n = 8$ 作为基础步骤便可得到一个归纳证明，即当 $n \geqslant 8$ 时，有 $3^n > n^4$. 在归纳步骤的证明过程中，必须针对较小的 n 进行单独证明，因为不等式可能对于较小的 n 不成立. 补上对较小值的验证即可完成解答，即该不等式在 $n = 1$ 或 $n \geqslant 8$ 时成立. ■

n:	1	2	3	4	5	6	7	8
3^n	3	9	27	81	243	729	2187	6561
n^4	1	16	81	256	625	1296	2401	4096

是否使用归纳法

有些公式很容易从已知公式中推导出来.

3.37 例题 设 $x \neq 1$ 且 $n \in \mathbb{N}$，试求 $b = \sum_{i=2}^{n} x^i$. 首先想到的就是所求的和式与已知的和式 $a = \sum_{i=0}^{n} x^i$ 很像，但和式 b 少了前两项. 故可用已知和式将所求的 b 表示出来，即有

$$b = a - 1 - x = \frac{x^{n+1} - 1}{x - 1} - 1 - x$$

■

有些习题需要用归纳法证明，其余的习题则可用已经通过归纳法证明得到的结论进行解决，如 $\sum_{i=1}^{n} i = n(n+1)/2$. 大部分习题都有几种解法. 例如，微积分可用来分析数值不等式，如例题 3.36 中的 $3^n > n^4$. 在注 3.10 中，可以用一种巧妙的方式将两个和式的加数两两组合，实现快速计算 $\sum_{i=1}^{n} i$ 的效果. 参见习题 3.39.

下一个例子，我们给出两种证明方法，在归纳证明方法中介绍一种变换所期望证明的不等式（不改变其有效性）以将其化简为已知真命题的技巧，第二种证明方法使用等量代换法.

3.38 例题 若 $n \in \mathbb{N}$ 且 $x, y \geqslant 0$，则 $\left(\dfrac{x+y}{2} \right)^n \leqslant \dfrac{x^n + y^n}{2}$.

第一种证明对 n 使用归纳法. 当 $n = 1$ 时，上式为等式，命题成立. 假设当 $n = k$ 时，对任意的 x, y，不等式成立. 我们所期望证明的表达式左边为 $\left(\dfrac{x+y}{2} \right)^{k+1}$，由归纳假设，将其用已知项写出，则有

$$\left(\frac{x+y}{2} \right)^{k+1} = \left(\frac{x+y}{2} \right)^k \frac{x+y}{2} \leqslant \left(\frac{x^k + y^k}{2} \right) \frac{x+y}{2} = \frac{x^{k+1} + y^{k+1} + x^k y + xy^k}{4}$$

要完成证明，只需要证明最后一个表达式小于或等于 $\frac{x^{k+1}+y^{k+1}}{2}$，即

$$\frac{x^{k+1}+y^{k+1}}{2} \geqslant \frac{x^{k+1}+y^{k+1}+x^k y+xy^k}{4}$$

上式两边乘以 4 并移项合并，即化简为 $0 \leqslant x^{k+1}-x^k y+y^{k+1}-y^k x$. 对该式右边进行因式分解即可化简得出所需表达式，即要证明 $0 \leqslant (x-y)(x^k-y^k)$. 这个不等式的证明式并不难，将 x 映射到 x^k 的函数是单调递增的，故 $(x-y)$ 和 (x^k-y^k) 具有相同的符号，不等式恒成立. 由于上述化简步骤均可逆，故命题得证.

代换证明法（等量代换法）. 直接证明 $\left(\frac{x+y}{2}\right)^n \leqslant \frac{x^n+y^n}{2}$. 为化简左边，令 $\frac{x+y}{2}=a$，$\frac{x-y}{2}=b$，不妨设 $x \geqslant y$，于是 a,b 均为非负，通过等量代换就产生了新的目标不等式，即

$$a^n \leqslant \frac{(a+b)^n+(a-b)^n}{2}$$

将右边分子展开，得到关于 a 和 b 的多项式，其中正系数项与对应负系数项相互抵消，从而不等式右边只剩下 $a^n/2+a^n/2$ 加上其他系数为正的项. 又因 a 和 b 均为非负，故目标不等式成立. ∎

什么时候用归纳法证明？这个问题很难回答. 归纳法虽然是证明包含 n 的公式适用于所有自然数的一种可行方法，但有时也会失效. 比如无法使用关于 n 的公式来表示关于 $n+1$ 的公式，或者干脆不可能使用归纳法进行证明，又或者计算比较复杂. 遇到这些情况时，请尝试使用其他方法.

举个例子，考虑求 $\sum_{i=0}^{n} n^i$ 的值. 参数 n 在和式与求和符号的索引中同时出现，用 $n+1$ 替换 n 会导致混乱. 因此，需要其他的方法来验证其值是否为 $\frac{n^{n+1}-1}{n-1}$（参见习题 3.37）.

学过微积分的人也可以考虑使用积分 $\int_0^{2\pi} \cos^{2n}(\theta)\,\mathrm{d}\theta$. 可以对较小的 n 进行显式地求值以猜想出公式，然后使用归纳法进行证明. 其实答案很难猜出，它是 $2\pi \frac{(2n)!}{(2^n \cdot n!)^2}$. 即使猜想到了正确的公式，也不清楚如何从前面的公式中拆出一个积分，并应用归纳假设来证明归纳步骤. 后续第 4 章和第 18 章的思想将允许我们通过相同的计算方法对所有的 n 同步估计这个积分（参见习题 18.15）.

强归纳法

强归纳法适用于任意大小的步长.

3.39 例题（尼姆博弈（特例）） 现有两堆数量相等的硬币，两名玩家交替进行取硬币操作，玩家 1 首先取币，每次操作从其中一堆硬币中取出不同数量的硬币，取到最后一枚硬币的玩家为胜利者.

用强归纳法不难证明玩家 2 将赢得游戏. 两个硬币堆都只有 1 枚硬币时，结论显然成

立，因为玩家 1 取走 1 枚，玩家 2 取走另外一枚，基础步骤证毕.

对于归纳步骤，设两堆的硬币数量都为 n，若玩家 1 取走一整堆，则玩家 2 取走另外一堆即可赢得游戏. 否则，若玩家 1 从其中一堆中取走 j（$1 \leqslant j \leqslant n-1$）枚硬币，玩家 2 也从另外一堆中取出 j 枚，接下来的游戏就相当于从各有 $n-j$ 枚硬币的两堆重新开始游戏，玩家 1 先行. 由归纳假设知，玩家 2 赢. 证毕！ ■

由于 j 是 1 到 $n-1$ 之间的任意数字，例 3.39 使用强归纳法，在第一轮后剩下一个任意的较小规模的同类游戏.

强归纳法和普通归纳法是紧密相关的，当一个关于 n 的命题涉及 2^k 时，对 n 使用强归纳法和对 k 使用普通归纳法都是可以证明的，习题 3.60 就是这样一个例子.

在措施 3.27 中，归纳步骤对 $P(n)$ 的证明用到了 $P(n-2)$. 当需要使用 r 个命题的实例来证明下一个论断时，必须在基础步骤中从验证 r 个实例的正确性开始. 这是普通归纳法与强归纳法的不同之处.

3.40 例题   设 $\langle a \rangle$ 为数列，满足 $a_1 = 2, a_2 = 8$，当 $n \geqslant 3$ 时，有 $a_n = 4(a_{n-1} - a_{n-2})$. 试求 a_n 的通项公式.

没有待证公式，可以试着猜想一个. 由 $\langle a \rangle$ 的定义可知，$a_3 = 24, a_4 = 64, a_5 = 160$. 注意到目前这几个数据都符合 $a_n = n \cdot 2^n$. 有了 a_n 的猜想公式就可以用归纳法试着证明它.

当 $n = 1$ 时，有 $a_1 = 2 = 1 \times 2^1$. 当 $n = 2$ 时，有 $a_2 = 8 = 2 \times 2^2$. 因此当 n 为 1 和 2 时，公式成立.

要在归纳步骤中证明目标公式在 $n \geqslant 3$ 时成立. 假设该公式在 $n-1$ 和 $n-2$ 时成立，用之前的项将 a_n 表示出来，则有

$$a_n = 4(a_{n-1} - a_{n-2}) = 4[(n-1) \cdot 2^{n-1} - (n-2) \cdot 2^{n-2}] = (2n-2) \cdot 2^n - (n-2) \cdot 2^n = n \cdot 2^n$$

该公式对 a_n 的有效性源自对 a_{n-1} 和 a_{n-2} 的有效性. 证毕！ ■

该证明必须在基础步骤中对 $n = 1$ 和 $n = 2$ 验证公式的正确性，否则在归纳步骤中对 $n \geqslant 3$ 的情形就什么都证明不了. 此外，尽管在猜想公式时用到了其他值，但这些值在证明中并未出现. 同样道理，这也适用于我们为理解归纳参数（命题）而研究的那些较小的实例.

归纳法可以很好地证明这类关于数列的论断（参见习题 3.55～3.57），但它无法得出数列的通项公式. 在第 12 章中我们将给出在没有公式的情况下求得公式的方法.

当要证明的命题是以否定的形式出现时，递降法特别有用. 一个最小的反例很容易证明某个问题为无解，因为如果用这个最小的解能获得一个更小的解，则可以得出矛盾，由此证明命题不成立（参见定理 3.31）. 费马命名了递降法，并用该方法证明了方程 $x^4 + y^4 = z^4$ 对正整数 x, y, z 无解.

数学交流

最后，再讨论一下如何准确地表达观点. 在归纳法证明中，尤其需要注意归纳步骤.

当用归纳法证明对任意 $n \in \mathbb{N}$，$P(n)$ 成立时，从已知条件开始证明是很有帮助的. 归纳步骤需要证明对任意 $k \in \mathbb{N}$，可由 $P(k)$ 推出 $P(k+1)$. 可以将其表述为"假设 $n = k$ 时，$P(n)$ 为真，证明当 $n = k+1$ 时，$P(n)$ 也为真"，但有些学生写成"证明 $n = k$ 意味着

$n = k+1$"，这就大错特错了.

上述归纳步骤中，$P(k)$ 是已知的，$P(k+1)$ 是待证明的，千万不要写成由 $P(k+1)$ 证明 $P(k)$. 当 $P(n)$ 是涉及 n 的公式时，如果从 $P(k+1)$ 开始通过变换得出 $P(k)$ 而不辅以任何文字说明，就会出现这样的错误. 若变换是可逆的，则可以通过证明推导过程可逆和目标公式 $P(k+1)$ 已被化简为 $P(k)$ 来纠正证明.

利用假定的公式 $P(k)$ 变形得到 $P(k+1)$ 可能效果会更好，但化简的过程或许会帮助我们找到证明的方法. 一个折中的方法是从公式 $P(k+1)$ 的一边开始变形，在合适的地方用上已知的 $P(k)$，以此得到另一边（参见命题 3.7、命题 3.12、命题 3.19 以及命题 3.21）.

习题

类似"确定""得出""构造"或者"表明"的用词都需要证明.

3.1（一）根据自然数 n 给出尽可能精简的语句 $P(n)$，使得 $P(1)$，$P(2)$，$\cdots$，$P(99)$ 全为真而 $P(100)$ 为假.

3.2（一）设 $P(n)$ 为依赖于自然数 n 的数学命题，$P(1)$ 为假. 若当 $P(n)$ 为假时，$P(n+1)$ 也为假. 证明：对任意 $k \in \mathbb{N}$，$P(k)$ 为假.（可以只用一行证明！）

3.3（一）设 $P(n)$ 为依赖于整数 n 的数学命题，$P(0)$ 为真. 假设只要 $P(n)$ 为真，则 $P(n+1)$ 和 $P(n-1)$ 也同时为真. 证明对任意 $k \in \mathbb{Z}$，有 $P(k)$ 为真. 71

3.4（一）设 $P(n)$ 为依赖于整数 n 的数学命题，$P(0)$ 为真. 假设只要 $P(n)$ 为真，则 $P(n+1)$ 和 $P(n-1)$ 至少有一个为真. 那么对哪些 $n \in \mathbb{Z}$，$P(n)$ 一定为真？

$*$　$*$　$*$　$*$　$*$　$*$　$*$　$*$　$*$　$*$

对于习题 3.5～习题 3.9，试确定命题为真或为假. 若为真，请证明；若为假，举出反例.

3.5 对于任意的 $n \in \mathbb{N}$，有 $\sum_{k=1}^{n} (2k+1) = n^2 + 2n$.

3.6 若对任意 $n \in \mathbb{N}$ 有 $P(2n)$ 为真，且 $P(n) \Rightarrow P(n+1)$，则对任意 $n \in \mathbb{N}$ 有 $P(n)$ 为真.

3.7 对于任意的 $n \in \mathbb{N}$，有 $2n - 8 < n^2 - 8n + 17$.

3.8 对于任意的 $n \in \mathbb{N}$，有 $2n - 18 < n^2 - 8n + 8$.

3.9 对于任意的 $n \in \mathbb{N}$，有 $\dfrac{2n - 18}{n^2 - 8n + 8} < 1$.

$*$　$*$　$*$　$*$　$*$　$*$　$*$　$*$　$*$　$*$

3.10（一）设 $n \in \mathbb{N}$ 且 $x_1, \cdots, x_{2n+1}$ 都为奇数. 证明 $\sum_{i=1}^{2n+1} x_i$ 和 $\prod_{i=1}^{2n+1} x_i$ 的值均为奇数.

3.11（一）对 n 使用归纳法证明，一个具有 n 个元素的集合共有 2^n 个子集.

3.12（一）对于任意给定的 $x \in \mathbb{R}, n \in \mathbb{N}$，试用归纳法证明 $\sum_{i=1}^{n} x = nx$.

3.13（一）试说明为什么两个多项式的和与差仍为多项式.

3.14（一）用求和符号表示下列每个和式，然后找出并证明它们的求和公式：

a) $3 + 7 + 11 + \cdots + (4n - 1)$.

b) $1+5+9+\cdots+(4n+1)$.

c) $-1+2-3+4-\cdots-(2n-1)+2n$.

d) $1-3+5-7+\cdots+(4n-3)-(4n-1)$.

3.15 对于任意的 $n \in \mathbb{N}$，证明 $\sum_{i=1}^{n}(-1)^i i^2 = (-1)^n \dfrac{n(n+1)}{2}$.

3.16 对于任意的 $n \in \mathbb{N}$，证明 $\sum_{i=1}^{n} i^3 = \left(\dfrac{n(n+1)}{2}\right)^2$.

3.17 对于任意的 $n \in \mathbb{N}$，证明 $\sum_{i=1}^{n} i(i+1) = \dfrac{n(n+1)(n+2)}{3}$.

3.18 对于任意的 $i \in \mathbb{N}$ 和给定的 $0 \leqslant a_i \leqslant b_i$，证明 $\prod_{i=1}^{n} a_i \leqslant \prod_{i=1}^{n} b_i$.

3.19 对于任意的 $k \in \mathbb{N}$，证明由 $x < y$ 可以得到 $x^{2k-1} < y^{2k-1}$.

3.20 试用求和符号写出引理 3.13 的证明.

3.21 试将 $\left(\sum_{i=1}^{n} x_i\right)^2$ 展开并用求和符号表示最后的结果.

3.22 (!) 对于任意的 $n \in \mathbb{N}$，证明 $\left|\sum_{i=1}^{n} a_i\right| \leqslant \sum_{i=1}^{n} |a_i|$.

3.23 设 a 为非 0 实数，指出下述证明"对任意非负整数 n，$a^n = 1$"的错误之处：

基础步骤：$a^0 = 1$.

归纳步骤：$a^{n+1} = a^n \cdot a^n / a^{n-1} = 1 \times 1 = 1$.

3.24 设 m 为自然数，指出下述命题中的错误，说明为什么并修改其中一个符号使命题成立：

"若 T 是由自然数组成的集合，满足 1) $m \in T$；2) 可由 $n \in T$ 推出 $n+1 \in T$，则有 $T = \{n \in \mathbb{N} : n \geqslant m\}$."

3.25 试证明自然数的和与积仍为自然数.（提示：参考定理 3.6 后面的讨论.）

3.26 设 $\langle a \rangle$ 数列，满足对于任意的 $n \in \mathbb{N}$，$a_1 = 1$ 且 $a_{n+1} = a_n + 3n(n+1)$. 证明对于任意的 $n \in \mathbb{N}$，$a_n = n^3 - n + 1$ 成立.

3.27 对于任意的 $n \in \mathbb{N}$，证明 $\sum_{i=1}^{n} \dfrac{1}{(3i-2)(3i+1)} = \dfrac{n}{3n+1}$.

3.28 对于任意的 $n \in \mathbb{N}$，找出并证明 $\sum_{i=1}^{n} \dfrac{1}{i(i+1)}$ 的公式.

3.29 对于任意的 $n \in \mathbb{N}$，找出并证明 $\sum_{i=1}^{n}(2i-1)$.

3.30 对于任意的 $n \in \mathbb{N}$，证明 $\sum_{i=1}^{n}(2i-1)^2 = \dfrac{n(2n-1)(2n+1)}{3}$.

3.31 对于任意的 $n \in \mathbb{N}$ 且 $n \geqslant 2$，找出并证明 $\prod_{i=2}^{n}\left(1 - \dfrac{1}{i^2}\right)$ 的公式.

3.32 对于任意的 $n \in \mathbb{N}$ 且 $n \geqslant 2$，找出并证明 $\prod_{i=2}^{n}\left(1 - \dfrac{(-1)^i}{i}\right)$ 的公式.

3.33 得出一个公式用于计算包含在区间 $[1, n]$ 内且为整数端点的闭区间个数（包括单点区间）.

3.34 现有 20 个盒子，每个盒子中装有 20 个球．假设每个球重 1 磅（1 磅＝0.453 592 37kg），但有一个盒子中的每个球均重 1 盎司或者每个球均轻 1 盎司．现有一个精度为盎司的秤（非平衡秤），选择一些球进行称重，说明如何通过一次称重找出这个异样的盒子，并确定其中的球是过重还是过轻．

3.35 设 q 为不等于 1 的实数，对 n 使用归纳法证明 $\sum_{i=0}^{n-1} q^i = (q^n - 1)/(q - 1)$．

3.36 试得出一个多项式 f，满足 $\sum_{i=2}^{n} x^i = f(x)/(x - 1)$．

3.37 设 $n \in \mathbb{N}$，试得出 $\sum_{i=1}^{n} n^i$ 的公式．（提示：不使用归纳法．）

3.38 从 0 开始，两名玩家交替将 1,2 或 3 加到一个总和上，第一个使得总和大于或等于 1 000 的玩家获胜．试证明第二名玩家有一种在任何情况下都不会输的策略．（提示：可以用归纳法证明一个更为一般的命题．）

3.39 (！) 设 S_n 为由 n 个圆点环组成的六边形排列，下图所示的为 $n \in \{1,2,3\}$ 的情况．设 a_n 为 S_n 中点的个数，试求 a_n 的通项公式以及 $\sum_{k=1}^{n} a_k$ 的求和公式（化简所有的和）．

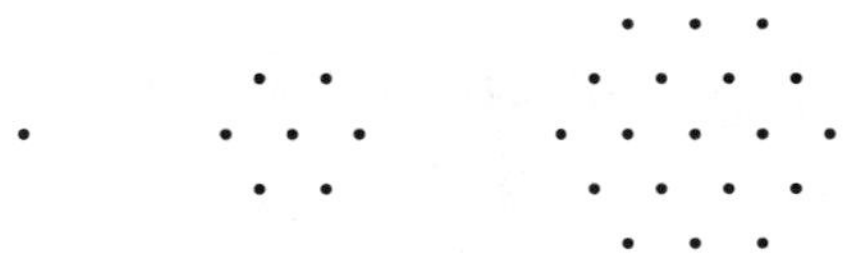

73

3.40 边长为 n 的立方体由 n^3 个边长为 1 的立方体组成，证明一个边长为 n 的立方体中包含的所有正整数边长立方体的个数为 $\frac{1}{4}n^2(n+1)^2$．

3.41 (！) 设 $f:\mathbb{R} \to \mathbb{R}$ 为一个函数，满足对任意的 $x,y \in \mathbb{R}$ 有 $f(x+y) = f(x) + f(y)$．
a) 证明 $f(0) = 0$．
b) 证明对任意的 $n \in \mathbb{N}$ 有 $f(n) = nf(1)$．

3.42 可将加法定义为从 $\mathbb{R} \times \mathbb{R}$ 到 $\mathbb{R}$ 的函数，即对数对求和．试对 n 使用归纳法，证明 n 个数的和与它们的相加次序无关．这也证明了对 n 个数的求和使用求和符号是没有问题的．

3.43 (！) 设 $f:\mathbb{R} \to \mathbb{R}$ 满足对任意的 $x,y \in \mathbb{R}$ 有 $f(xy) = xf(y) + yf(x)$，证明 $f(1) = 0$，且对任意 $n \in \mathbb{N}, u \in \mathbb{R}$ 有 $f(u^n) = nu^{n-1}f(u)$．

3.44 (！) 构造一个以自然数为元素的集合，使得该集合中每个元素都可以表示成若干个位数为 3 和个位数为 0 的非负整数之和．

3.45 (！) 构造一个以自然数为元素的集合，使得该集合中任意 n 个连续自然数之和能被 n 整除．

3.46 (一) 设 $f(n) = n^2 - 8n + 18$，试问对 $n \in \mathbb{N}$，何时有 $f(n) > f(n-1)$．

3.47 证明对任意 $n \in \mathbb{N}$，$5^n + 5 < 5^{n+1}$ 成立．

3.48 (!) 构造一个以正实数 x 为元素的集合,使得不等式 $x^n + x < x^{n+1}$ 对任意 $n \in \mathbb{N}$ 均成立.

3.49 分别确定满足下列不等式的自然数 n 组成的集合:

a) $3^n \geqslant 2^{n+1}$.   b) $3^{n+1} > n^4$.

c) $2^n \geqslant (n+1)^2$.   d) $n^3 + (n+1)^3 > (n+2)^3$.

3.50 设 f 是某个将 $\mathbb{Z}$ 映射到正实数集的函数,假设 $f(1) = 1$ 且 f 满足对 $x, y \in \mathbb{Z}$, $f(x-y) = f(x)/f(y)$ 成立. 对于任意 $n \in \mathbb{N}$ 求出 $f(n)$ 并用归纳法进行证明. 若 $f(1) = c$,重复上述证明.

3.51 构造三次多项式,使得大于或等于 3 且为自然数的多项式值构成集合 $\{1\} \bigcup \{n \in \mathbb{N}: n \geqslant 5\}$.

3.52 部分分式展开式   使用推论 3.25 得出常数 A, B, r, s,使得对任意 $x \in \mathbb{R} - \{r, s\}$ 成立

$$\frac{1}{x^2 + x - 6} = \frac{A}{x - r} + \frac{B}{x - s}$$

3.53 (!) 设 $f(x)$ 为 n 次多项式且已知 $f(0)$,$f(1)$,$\cdots$,$f(n)$,试描述构造 f 的过程并验证有效性. (提示:回顾定理 3.24 对 $f(x) - f(n) = (x-n)h(x)$ 的证明,其中 h 为 $n-1$ 次多项式.)

3.54 (!) 设 F 由 $f(x) = \sum_{i=0}^{n} c_i x^i$ 定义且有 $a_1, a_2, \cdots, a_n$ 这 n 个零点(根),满足对任意 i,$a_i \neq 0$. 试用 $c_0, \cdots, c_n$ 求出计算 $\sum_{i=1}^{n} (1/a_i)$ 的公式. (提示:先证明 $f(x) = c \prod (x - a_i)$,参见引理 3.23. 注:更一般的结论将在习题 17.40 中证明.)

3.55 设 $\langle a \rangle$ 为数列,满足 $a_1 = 1, a_2 = 2$,且当 $n \geqslant 3$ 时,$a_n = a_{n-1} + 2a_{n-2}$ 成立. 证明对任意 $n \in \mathbb{N}$,$a_n = 3 \times 2^{n-1} + 2 \times (-1)^n$ 成立.

3.56 设 $\langle a \rangle$ 为数列,满足 $n \geqslant 3$ 时,$a_n = 2a_{n-1} + 3a_{n-2}$ 成立:

a) 若给定 a_1, a_2 为奇数,证明对任意 $n \in \mathbb{N}$,a_n 为奇数.

b) 若给定 $a_1 = a_2 = 1$,证明对 $n \in \mathbb{N}$,$a_n = \frac{1}{2}(3^{n-1} - (-1)^n)$ 成立.

3.57 设 $\langle a \rangle$ 为数列,满足 $a_1 = a_2 = 1$ 且当 $n \geqslant 2$ 时,$a_n = \frac{1}{2}(a_{n-1} + 2/a_{n-2})$ 成立. 证明对任意 $n \in \mathbb{N}$,$1 \leqslant a_n \leqslant 2$.

3.58 (!) L-平铺   证明在以下情况下,R 可以 L-平铺:

a) R 是角上去掉一个方块的 $2^k \times 2^k$ 的棋盘.

b) R 是去掉其中任一方块的 $2^k \times 2^k$ 的棋盘.

3.59 (+) 试确定哪些矩形可以 L-平铺.

3.60 设有 n 个盒子排成一排,其中每个盒子中装有一个数且第 i 个盒子中装着第 i 小的数. 现给定一个数 x,想知道 x 是否在某个盒子里. 每次可以(迭代地)查看一个盒子中的数,然后确定下一个要查看的盒子.

a) 证明当 $n < 2^k$ 时,无论 x 是否在其中一个盒子里,都有一种方法使得至多查看 k

个盒子就可确定 x 是否存在其中.

　　b) 证明当 $n \geqslant 2^k$ 时，没有一种方法能够满足在查看至多 k 个盒子的情况下就可确定 x 是否存在其中.

3.61　（一）利用问题 3.4 中的规则，移除硬币 "$HTHTHHTHH$"，共需要多少步？

3.62　（!）12 月 31 日游戏　两名玩家交替说出日期. 在每一步，玩家可以增加月数或者该月的天数，但不可两者同时增加. 从 1 月 1 日开始，首先说出 12 月 31 日的玩家获胜. 根据规则，玩家 1 可以从 1 月中 1 号后的某一天或者 1 月后的某月 1 号开始. 例如，"1 月 5 号，3 月 5 号，3 月 15 号，4 月 15 号，4 月 25 号，11 月 25 号，11 月 30 号，12 月 30 号，12 月 31 号" 是玩家 1 获胜的一个实例. 试为玩家 1 设计一种获胜策略.（提示：可以使用强归纳法证明.）

3.63　从原点开始，两名玩家轮流在平面上移动一枚令牌. 当令牌在 (x, y) 时，玩家可以选择一个自然数 n 并将令牌移至 $(x+n, y)$ 或者 $(x, y+5n)$. 试证明玩家 2 可以一直将令牌移至直线 $y = 5x$ 上.

3.64　试从 N 的良序性出发，推导出归纳法原理.

3.65　（!）在完美推理村中，每位雇主都有一名学徒，至少有一名学徒是小偷. 为避免尴尬，村长发表了以下为真的声明："小镇上至少有一名学徒是小偷. 除了他/她的雇主，其他所有人都知道哪些人是小偷，但每位雇主都能够完美推理. 如果 n 天后你发现你的学徒是小偷，你将在那天下午去村里的广场上揭发你的学徒." 从那以后，村民们每天都会集会. 如果有 $k \geqslant 1$ 个学徒是小偷，那么他/她们何时才会被揭发？且他/她们的雇主如何推理得出自己的学徒是小偷呢？（提示：研究 k 的较小值，然后用归纳法来证明对任意 k 成立的规律.）

第 4 章　双射与基数

作为本章的开始，我们首先讨论如何实现对自然数的表示．第一个主要结论是使用任意基底 q 实现对十进制数值表示法的模拟，这种 q 基表示法唯一地命名了每个自然数，由此引入一一对应的概念．可以使用函数的性质研究这种对应关系，并引出集合基数的概念．

4.1 问题（称重问题）　天平有左右两个秤盘，可以将物品放在这两个秤盘上以判定它们的总重是否相等．假设有 5 个已知且重量为整数单位的砝码可供选择，那么怎样选择才能确保可以称出从 1 到 121 的所有整数重量？给定物品的重量为 $n \in [121]$，该如何选择已知重量的砝码对其进行称重？有没有可能使用这 5 个已知的砝码重量值称出更多种类的重量？　■

4.2 问题　开区间 $(0,1)$ 中的点集与实数集之间是否存在一一对应的关系？　■

自然数的表示

自然数 100 最原始的表示方法是用 100 个点组成的集合进行表示，但这种表示连数清它们都很困难．还可以把这些点排成 10×10 的正方形，但是又没有适当的几何方法能够方便地表示很大的自然数．

罗马数字可以实现对较大自然数进行合理的描述，但这种表示会使得算术运算变得非常困难．在罗马数字中，I，V，X，L，C，D，M 分别表示 1，5，10，50，100，500，1 000,其他数字则由这些符号组成的字符串进行表示，字符串的生成通过一套比较复杂的规则来完成，这套规则涉及相邻符号的加法和减法．例如，2 写作 II，44 写作 XLIV，88 写作 LXXXVIII 而 90 写作 XC．这种表示方法对于 2 的加法和乘法都会非常麻烦！

相比之下，我们所熟悉的十进制表示法则更便于算术运算而且能简洁地表示很大的数．自然数的十进制（以 10 为基底）表示法使用由 $\{0,1,\cdots,9\}$ 中数字组成的字符串进行表示，将数编码为 10 的幂的倍数之和．此外，化学家、物理学家以及天文学家经常需要用到极大的数，可以使用"科学计数法"来表示这些数，这是十进制表示法的一种变体，其中只记录有效数字和数量级（ 6.02×10^{23} 为 602 000 000 000 000 000 000 000 的科学计数法表示）．计算机科学家使用二进制（以 2 为基底），八进制（以 8 为基底）和十六进制（以 16 为基底）表示法，将字符串形式的数的编码表示成基底的幂的倍数之和．

选择何种表示方法比较适当取决于所需要解决的问题．以 q 为基底，即有 q 个基本符号，表示从 0 到 $q-1$ 之间的数．计算机使用二进制数字（"位"）是因为开关只有两种选择："开"或"关"．在求解重量问题（问题 4.1）时，可以使用 3 基表示法．

4.3 定义　设 q 为大于 1 的自然数，n 的 q 进制或者说 q 基表示就是一列整数 $a_m,\cdots,$

a_0，其中每个数都属于 $\{0,1,\cdots,q-1\}$，且 $a_m>0, n=\sum_{i=0}^{m}a_i q^i$. 为简明起见，可以用下标 (q) 表示基底为 q. 此外，以 2，3 和 10 为基底的表示法分别称为**二进制**，**三进制**和**十进制**表示法.

在定理 4.7 中，我们将证明每个自然数都有唯一的 q 基表示. 于是对自然数 n，可以将其写成"q 基表示"而不是"一种 q 基表示".

4.4 例题 按序排列的前十个自然数的三进制表示分别为 1，2，10，11，12，20，21，22，100，101，相应的四进制表示为分别为 1，2，3，10，11，12，13，20，21，22. ∎

4.5 例题 10 是表示数的常用基底，对于自然数 $354=3\times 10^2+5\times 10^1+4\times 10^0$，10 基表示的元素为 $a_2=3$，$a_1=5$，$a_0=4$. 还可以将其写成 $354=2\times 5^3+4\times 5^2+0\times 5^1+4\times 5^0$，简写为 $2404_{(5)}$. 需要注意的是，要将 q 的最高次幂系数写在最左边.

有不止一种方法能够找到数字 n 的 q 基表示. 一种方法是首先通过找到不大于 n 的 q 的最大幂来确定最大非 0 下标 m. 系数 a_m 是满足 $n-a_m\cdot q^m\geqslant 0$ 的 q^m 的最大倍数，接着对剩下的小于 q^m 的部分重复上述过程即可. 举个例子，5^4 大于 354，而 5^3 则不然，故以 5 为基底表示 354 即从 a_3 开始. 由于 354 可以减去 2 倍的 $5^3=125$ 而非负，故 5 基表示从 $a_3=2$ 开始，接着继续表示 104. 通过这个过程，可以得到 $354_{(10)}=2404_{(5)}$. 若用其他基底表示，则有 $354_{(10)}=11202_{(4)}=111010_{(3)}=101100010_{(2)}$. ∎

使用例题 4.5 中介绍的计算过程可以生成对每个自然数的 q 基表示（习题 4.14），这个过程比定理 4.7 中用来生成 q 基表示的过程要快得多（但定理 4.7 中使用的计算过程更为简单）.

4.6 定理 设 q 为大于 1 的自然数，则任意自然数都有不以 0 开头的唯一 q 基表示.

证明 首先对 n 使用归纳法，构造关于 n 的一个 q 基表示. 当 $n=1$ 时，显然有 $a_0=1$. 当 $n>1$ 时，假设 $n-1$ 有 q 基表示，将其表示为 $n-1=\sum_{j=0}^{m}a_j q^j$，且 $a_m\neq 0$.

若 $a_m=\cdots=a_0=q-1$，则对 $j\leqslant m$，通过 $a_{m+1}=1$ 且 $a_j=0$ 的方式表示 n. 这是可以做到的. 因为由几何级数的性质（推论 3.14）有

$$n-1=\sum_{j=0}^{m}(q-1)q^j=(q-1)\sum_{j=0}^{m}q^j=(q-1)\frac{q^{m+1}-1}{q-1}=q^{m+1}-1$$

故有 $n=q^{m+1}$.

否则，若表达式中存在某些系数小于 $q-1$，则可设 t 为满足 $a_t<q-1$ 的最小下标. 对于由字符串形式表示的数 $b_0,\cdots,b_m$，当 $j>t$ 时，令 $b_j=a_j$；当 $j<t$ 时，令 $b_t=a_t+1$ 且 $b_j=0$. 由于对任意 $j<t$（如果存在的话），上述几何级数对 $\sum_{j=0}^{m}b_j q^j=1+\sum_{j=0}^{m}a_j q^j$ 成立，故 $b_m,\cdots,b_0$ 即为 n 的一个 q 基表示.

下面使用递降法证明这种表示的唯一性. 假设 $a_r,\cdots,a_0$ 和 $b_s,\cdots,b_0$ 是关于 n 的两种不同 q 基表示，若 $r\neq s$，则根据对称性不妨设 $r>s$. 由此可知 $a_r,\cdots,a_0$ 所表示的数最小为 q^r，而由 $b_s,\cdots,b_0$ 表示的数最大仅是 $\sum_{j=0}^{r-1}(q-1)q^j=q^r-1$，因此这种情况不会出现.

故有 $r=s$. 由于 a_r,b_r 均为非 0，故可以将它们各自减 1 得到对较小数 $n-q^r$ 的 q 基表

示，因此不存在使得唯一性不成立的最小自然数 n.

基底 q 不仅提供了一种对自然数较为方便的表示方法，而且提供了一种计算体系. 和 10 基表示一样，可以在 q 基表示下直接进行计算，只是"进位"或"借位"的时候是 q 而不是 10 了. 比如，$42_{(5)} + 14_{(5)} = 111_{(5)}$. 定理 4.6 的证明就使用了以 q 为基进位的概念. 该定理还表明了一个常见的论断，即 $m > n$ 当且仅当它们在十进制表示中最高次序位置的数字不同，且 m 的最高次序位置的数大于 n 的最高次序位置的数.

可以使用三进制表示法实现对问题 4.1 的求解，使用归纳法并参考习题 4.15.

4.7 例题　为了理解称重问题，可以首先考察一个规模较小的类似问题. 若只有两个已知重量的砝码，最方便的方式是选择砝码重量为 $\{1,3\}$，此时可以将 1，3 放在对侧来称量 2，放在同侧来称量 4，单独使用来称量 1 或 3.

探索数学问题需要实验和深刻的思考. 通过实验可以发现，使用 3 个重量为 $\{1, 3, 9\}$ 的砝码可以称出从 1 到 13 的所有重量，且没有其他更好的选择. 这个发现表明选择将 3 的幂作为砝码重量是个不错的主意，有见地的思考则可以直接得出这个结论，因为对每个砝码，我们只有三个选择，即"放在左盘""放在右盘"和"不用它". 使用 3 的幂可以使我们能够充分利用这三种选择.

现考察有五个已知重量的砝码. 可用 $\{1,3,9,27,81\}$ 这五个砝码称出重量为 49 的物品 A（举个例子），只需将砝码 $\{9,27\}$ 和 A 放在一侧，将砝码 $\{1,3,81\}$ 放在另一侧即可. 下图表明本例题的问题如何通过使用措施 4.8 中介绍的一般化方法得到解决. 使用这 5 个砝码能称出的最大重量为 $1+3+9+27+81=121$，而且使用这些砝码可以称出 1 到 121 之间的任意整数重量. 此外，还会发现没有比这更好的选择.

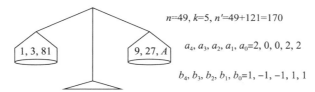

$n=49, k=5, n'=49+121=170$

$a_4, a_3, a_2, a_1, a_0 = 2, 0, 0, 2, 2$

$b_4, b_3, b_2, b_1, b_0 = 1, -1, -1, 1, 1$

4.8 措施（称重问题）　对于一个平衡秤，可以证明使用集合 $S_k = \{1, 3, \cdots, 3^{k-1}\}$ 中 k 个已知重量的砝码，可以称出从 1 到 $(3^k-1)/2$ 的所有重量且没有能称出更多重量的其他选择.

设 $f(k) = (3^k - 1)/2$. 首先证明对于 $1 \leqslant n \leqslant f(k)$，集合 S_k 能够称出物品 A 的重量为 n. 需要使用 S_k 中砝码使得没有 A 的一侧与 A 所在的一侧重量之差为 n. 将放在 A 对侧砝码的重量记作正，放在 A 同侧砝码的重量记作负，于是可以将 n 表示为 $\sum_{i=0}^{k-1} b_i 3^i$，其中 $b_i \in \{-1, 0, 1\}$. 可将 b_i 的取值 -1，0，1 分别解释为"与 A 在同侧""不放置"以及"与 A 在异侧"，由此将生成一个显式的配置来平衡 A.

可以使用数 $n' = n + f(k)$ 的三进制表示法帮助找出 b_0，$\cdots$，b_{k-1}. 等式 $n = \sum_{i=0}^{k-1} b_i 3^i$ 成立当且仅当等式 $n' = \sum_{i=0}^{k-1} (b_i + 1) 3^i$ 成立，因为由几何级数的性质可得 $(3^k - 1)/2 =$

78

$\sum_{i=0}^{k-1} 3^i$. 根据 $n \leqslant f(k)$，可以得到 $n' \leqslant 2f(k) = 3^k - 1$. 定理 4.6 保证了对每个 $a_i \in \{0,$ $1, 2\}$ 都有关于 n 的唯一表示形式，即 $n = \sum_{i=0}^{k-1} a_i 3^i$. 令 $b_i = a_i - 1$ 即可得到所需的 n 的重量.

还必须证明没有砝码的其他组合可以称出更多的重量值. 计算砝码组合可能的配置：每个砝码可以放在左边、放在右边或者不用它，故共有 3^k 种可能的配置. 所有砝码都不用的配置称不出任何非 0 的重量. 剩下的 $3^k - 1$ 种配置，每种配置所称出的重量与通过左右互换所称出的重量相同. 因此，至多只能称出 $(3^k - 1)/2$ 种 不同的重量. ∎

双射

对于给定的基底 q，定理 4.6 唯一地命名了每个自然数，该名称是由 $\{0, \cdots, q-1\}$ 中元素组成的序列，并且 0 只能排在最后一个非零项的后面. 令 S 是所有这些序列组成的集合，该定理在 S 和 $\mathbb{N}$ 之间建立了**一一对应关系**. 函数 $f: S \to \mathbb{N}$ 由 $f(\langle a \rangle) = \sum a_j q^j$ 定义，它为每个 $\langle a \rangle \in S$ 指定了一个自然数. 此外，每个自然数都被精确地映射到一个 $\langle a \rangle \in S$. 因此，这种映射将 S 的元素与 $\mathbb{N}$ 的元素匹配了起来，与 $n \in \mathbb{N}$ 匹配的序列即为 n 的 q 基表示.

一一对应具有很多种应用. 例如，可以使用下列方式实现对方程的一种解释：给定 $f: A \to B$，方程 $f(x) = b$ 对任意 $b \in B$ 有唯一解当且仅当 f 在 A 和 B 之间建立了一一对应关系.

下面通过构造 $\mathbb{N}$ 和 $\mathbb{Z}$ 之间的一一对应关系说明这个概念的微妙之处，尽管 $\mathbb{N}$ 只是 $\mathbb{Z}$ 的一个子集！

4.9 例题 （$\mathbb{N}$ 与 $\mathbb{Z}$ 之间的一一对应关系） 可以定义一个从 $\mathbb{N}$ 到 $\mathbb{Z}$ 的函数 $f(n)$，当 n 为奇数时，$f(n) = -(n+1)/2$；当 n 为偶数时，$f(n) = n/2$. 注意到 n 为奇数时 $f(n)$ 为负数，n 为偶数时 $f(n)$ 非负，因此 $f(n) = b$ 对 $b \in \mathbb{Z}$ 有唯一解，即 $b \geqslant 0$ 时，$n = 2b$；$b < 0$ 时，$n = -2b - 1$. ∎

下面使用函数将一一对应的概念严格化.

4.10 定义 若对任意 $b \in B$ 存在一个 $x \in A$ 使得 $f(x) = b$，则称函数 $f: A \to B$ 是一个**双射**.

4.11 例题 （配偶配对） 设 M 为某场派对上所有男士的集合，W 为女士集合. 若与会者完全由已婚夫妇组成，则可以通过令 $f(x)$ 为每个 x 的配偶的方式定义函数 $f: M \to W$. 对于每位女士 $w \in W$，都正好有一个 $x \in M$ 满足 $f(x) = w$. 故 f 是一个从 M 到 W 的双射. ∎

4.12 例题 （两个变量的线性方程） 对于任意给定的常数 a, b, c, d$\in \mathbb{R}$，设函数 $f: \mathbb{R}^2 \in \mathbb{R}^2$ 由 $f(x, y) = (ax + by, cx + dy)$ 定义. 定理 2.2 表明，当且仅当 $ad - bc \neq 0$ 时，对任意 $(r, s) \in \mathbb{R}^2$，方程 $ax + by = r$ 和 $cx + dy = s$ 有唯一解，即当且仅当 $ad - bc \neq 0$ 时，函数 f 为双射. ∎

在讨论双射 $f: A \to B$ 时，我们通常将 A 与 B 之间的一一对应关系说得非常不严格，这恰恰说明可以从另一方向来考察定义域和值域的成对元素，即 B 中每个元素都恰好是 A 中某个元素的象. 因此，为 B 中每个元素指定一个 A 中元素（使得 B 中元素是 A 中元素的

79
80

象）定义了一个从 B 到 A 的函数，用于将函数 f 的作用"恢复"到原来的样子.

4.13 定义   若 f 为从 A 到 B 的双射，则 f 的**逆**为函数 $g:B\to A$，满足对任意的 $b\in B$，$g(b)$ 为唯一满足 $f(x)=b$ 的 x，其中 $x\in A$. 通常将函数 g 记为 f^{-1}.

4.14 例题   集合 S 上的恒等函数是从 S 到 S 的双射，该函数的逆是其自身.

由 $f(x)=3x$ 定义的函数 $f:\mathbb{R}\to\mathbb{R}$ 是一个双射，该函数的逆由 $f^{-1}(b)=b/3$ 定义.

当 $ad-bc\neq 0$ 时，例题 4.12 中 f 的逆是表示从 (r,s) 到解 (x,y) 的函数. ■

4.15 注   若 f 为双射且 g 为 f 的逆，则 g 也为双射且 f 为 g 的逆. 这源于将双射作为两个集合的元素之间配对的解释，在一个方向上的映射为 f，在另一个方向上的映射则为 g，因此等式 $(f^{-1})^{-1}=f$ 成立. ■

4.16 例题   将摄氏温度转换为华氏温度的公式为 $f(x)=(9/5)x+32$，这定义了一个从 $\mathbb{R}$ 到 $\mathbb{R}$ 的双射. 其反函数由 $g(b)=(5/9)(b-32)$ 定义，从而有 $g(f(x))=x$，其中 $x\in\mathbb{R}$；$f(g(b))=b$，其中 $b\in\mathbb{R}$. 当 g 被应用到实际的物理温度时，其定义域为 $\{b\in\mathbb{R}:b\geqslant-273.15\}$.

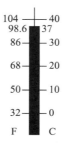

在解释物理度量时，需要格外小心从一种度量单位到另一种度量单位的转换. 众所周知，正常情况下人的体温为 98.6 华氏度，即 37 摄氏度. 首先用摄氏温标来讨论体温，也许"37 度"是精确到最接近整数的平均体温，因此，将"正常"华氏体温精确到 98.6 是不合适的. ■

证明 $f:A\to B$ 是一个双射意味着证明对于任意 $b\in B$，方程 $f(x)=b$ 在 A 中具有唯一解. 在求解方程过程中，用 b 来表示 x 即可得到计算 f^{-1} 的公式. 我们还必须针对 B 中每个元素检验该公式的有效性.

4.17 例题   对于由 $f(x)=5x-2|x|$ 定义的 $f:\mathbb{R}\to\mathbb{R}$，通过对任意给定的 $b\in\mathbb{R}$ 求解方程 $f(x)=b$，可以证明 f 是一个双射，并得到 f^{-1}. 注意到 $f(x)$ 与 x 的符号相同，这就使得我们在求解 $f^{-1}(b),b\in\mathbb{R}$ 时，可假设 x 与 b 同号.

当 $b\geqslant 0$ 时，方程即变为 $b=5x-2|x|=3x$，且 $x=b/3$ 为方程的唯一解. 当 $b<0$ 时，方程即变为 $b=5x-2|x|=5x+2x=7x$，且 $x=b/7$ 为方程的唯一解.

对任意 $b\in\mathbb{R}$，已证明 $f(x)=b$ 有唯一解，故 f 为双射. 其逆由 $f^{-1}(b)=\begin{cases}b/3,&b\geqslant 0\\ b/7,&b<0\end{cases}$ 定义. ■

双射将一个集合的元素转换为另一个集合的元素，且允许在任何场合中使用. 例如，

可以通过将元素 i 的存在或不存在记录为 n 元组 $m(S)$ 位置 i 上的 1 或 0 的方式实现对 $[n]$ 的子集 S 的编码. 一个所有项都为 $\{0,1\}$ 的 n 元组是一个**二进制 n 元组**，称 $m(S)$ 为 S 的**二进制编码**. 可以从二进制 n 元组中检索到唯一的 S，使得 $m(S) = b$，因此这种二进制编码其实是从 $[n]$ 的幂集到二进制 n 元组之间的一个双射.（回顾一下，T 的幂集是以 T 的所有子集为元素的集合.）

4.18 例题　对于给定标记为 $1, \cdots, n$ 的灯，可以通过打开相应的灯来指定 $[n]$ 的任意某个子集. 无论灯 i 是开还是关，它的二进制编码都记录在位置 i. 下面举例说明 $n = 3$ 时的对应关系. 一般地，关于 n 元集的双射可以将 $[n]$ 的某个子集看作是某个二进制 n 元组，反之亦然，从而能够将关于某个场合下的论断转换为关于另一个场合下的论断. ■

开着的灯:　　$\varnothing$　　　$\{1\}$　　$\{2\}$　　$\{3\}$　　$\{1,2\}$　$\{1,3\}$　$\{2,3\}$　$\{1,2,3\}$

象:　$(0,0,0)$ $(1,0,0)$ $(0,1,0)$ $(0,0,1)$ $(1,1,0)$ $(1,0,1)$ $(0,1,1)$ $(1,1,1)$

4.19 命题　二进制编码构造了从 $[n]$ 的幂集到二进制 n 元组集合的双射.

证明　设 $m(S)$ 为 S 的二进制编码，需证明对任意给定的一个二进制 n 元组，都存在一个 $[n]$ 的子集 S 满足 $m(S) = b$.

令 b 为任意一个二进制 n 元组，需要构造一个集合 S 满足 $n(S) = b$. 对每个 $i \in [n]$，若 $b_i = 1$，则令 $i \in S$；若 $b_i = 0$，令 $i \notin S$. 故有 $m(S) = b$.

我们其实还证明了对任意二进制 n 元组 b，满足 $m(S) = b$ 的解 S 至多只有一个. 下面来证明逆否命题：$[n]$ 的不同子集 T 和 S 具有不同的象. 由于 $S \neq T$，故 $i \in [n]$ 只属于 $\{S, T\}$ 两者之一. $\{m(S), m(T)\}$ 一个在位置 i 上为 1，另一个在位置 i 上为 0，故 $m(S)$ 和 $m(T)$ 不可能都等于 b. ■

二进制编码为证明有关子集的结论提供了有力的方法，也可以使用定理 4.6 中的双射将二进制元组解释为 0 到 $2^n - 1$ 之间整数的二进制表示.

单射与满射

函数为双射的条件是可以独立考虑的两个条件的组合，通常分别验证这两个条件来证明一个函数是双射.

4.20 定义　若对任意 $b \in B$，至多存在一个 $x \in A$ 满足 $f(x) = b$，则称函数 $f : A \rightarrow B$ 为**单射的**. 若对任意 $b \in B$，至少有一个 $x \in A$ 满足 $f(x) = b$，则函数 $f : A \rightarrow B$ 为**满射的**. 有时分别简称为**单射**和**满射**.

在命题 4.19 的证明过程中，我们首先证明了二进制编码为满射，接着又证明了它为单射.

4.21 注　（单射和满射的几何解释）　当且仅当每条水平线与其图像相交至多一次时，函数 $f : \mathbb{R} \rightarrow \mathbb{R}$ 是单射；当且仅当每条水平线与其图像相交至少一次时，函数 f 是满射. ■

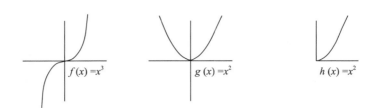

4.22 例题   画出函数 $f(x) = x^3$ 的图像，由注 4.21 知该公式定义了一个双射 $f\colon\mathbb{R}\to\mathbb{R}$. 应当注意 f 是单射，因为它是严格单调递增函数. 满射的证明需要实数立方根的存在性.

由 $g(x) = x^2$ 定义的函数 $g\colon\mathbb{R}\to\mathbb{R}$ 既非单射的也非满射的. 由于 $g(-1) = g(1)$，故它不是单射的. 又由于其象不包含负数，故 g 也不是满射的. 当 $P = \{x\in\mathbb{R}\colon x > 0\}$ 时，由 $h(x) = x^2$ 定义的函数 $h\colon P\to P$ 是一个双射，与这种规则构造的函数一样，其定义域和值域均为 $[0,1]$. ■

4.23 例题   考察由 $f(x) = 1/(1+x^2)$ 定义的函数 $f\colon\mathbb{R}\to\mathbb{R}$. 解出 $b = 1/(1+x^2)$ 中的 x，则有 $x = \pm\sqrt{(1/b)-1}$，由此可知当 $b \leqslant 0$ 或 $b > 1$ 时，方程均无解. 此时 b 的原象为空，故 f 不是满射的. 当 $0 < b \leqslant 1$ 时，至少有一个解. 对 $b\in(0,1)$，有两个解，故 f 不是单射.

设 $A = \{x\in\mathbb{R}\colon x\geqslant 0\}$ 且 $B = \{x\in\mathbb{R}\colon 0 < x \leqslant 1\}$. 若用公式 $g(x) = 1/(1+x^2)$ 定义一个函数 $g\colon A\to B$，则 g 为双射. 可以通过限制值域确保对任意 $b\in B$，$g(a) = b$ 解的存在性，通过限制定义域来确保解的唯一性. ■

4.24 注（单射与满射的图示）   在注 1.22 函数 $f\colon A\to B$ 的图示中，A 的每个元素都是其唯一箭头的尾部，这是由函数的定义决定的. 若 B 中每个元素都是至多一个箭头的头部，则函数 f 为单射，这意味着没有元素重叠. 若 B 中每个元素都是至少一个箭头的头部，则函数是满射的，意味着映射没有遗漏值域中的任何元素.

当且仅当 f 为双射时，翻转箭头可得到另外一个函数，即从 B 到 A 的函数 f^{-1}. ■

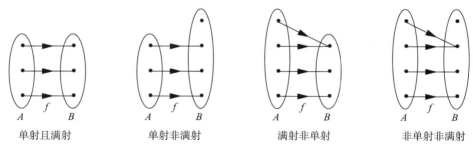

单射且满射   单射非满射   满射非单射   非单射非满射

单射的几何解释（注 4.21）表明所有严格单调递增实值函数都是单射.

4.25 命题   设 f 为定义在 $\mathbb{R}$ 上的实值函数. 若 f 为严格单调函数，则 f 是单射.

证明   在定义域中给定不同的 x 和 y，由对称性，不妨设 $x < y$. 若 f 递增，则 $f(x) > f(y)$；若 f 递减，则 $f(y) > f(x)$. 无论哪种情况，由 $x\neq y$ 都有 $f(x)\neq f(y)$，故 f 是单射. ■

4.26 例题 (求幂) 由 $f(x) = x^n$ 定义的函数 $f{:}\mathbb{R} \to \mathbb{R}$ 在 n 为奇数时严格单调递增, n 为偶数时, f 不是单射. 此时无论 $y = \pm x$, 均有 $x^n = y^n$. 习题 4.18 要求给出更详细的证明. ■

4.27 例题 下列方程的解是什么?
$$x^4 + x^3 y + x^2 y^2 + xy^3 + y^4 = 0 \qquad (*)$$
显然 $(x, y) = (0, 0)$ 为一组解, 下面证明该方程没有其他解. 首先考虑 $x = y$ 时解的情况, 在 (*) 中令 $x = y$, 则有 $5x^4 = 0$, 于是 $x = 0$. 接着考虑 $x \ne y$ 时的情况, 由引理 3.13 有
$$0 = (x^4 + x^3 y + x^2 x^2 + xy^3 + y^4) = x^5 - y^5$$
由于奇次幂 (函数) 是单射, 故方程在 $x \ne y$ 的情况下无解. ■

函数的复合

当一个函数的值域包含在另一个函数的定义域中时, 可以通过将第一个函数应用到第二个的方式构造一个新函数, 该函数将第一个函数的定义域映射到第二个函数的值域.

4.28 定义 设有函数 $f{:}A \to B$ 和 $g{:}B \to C$, 则 g 与 f 的**复合函数**是由 $h(x) = g(f(x))$, $x \in A$ 定义的函数 $h{:}A \to C$. 当 h 是 g 与 f 的复合函数时, 通常记为 $h = g \circ f$.

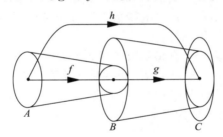

4.29 例题 若函数 $f{:}\mathbb{R} \to \mathbb{R}$ 和 $g{:}\mathbb{R} \to \mathbb{R}$ 分别由 $f(x) = x - 2$ 和 $g(x) = x^2 + 2x$ 定义, 则它们的复合函数 $g \circ f$ 由下式定义:
$$(g \circ f)(x) = g(f(x)) = (x - 2)^2 + (x - 2) = x^2 - 3x + 2$$
也就是说, $(f \circ g)(x) = f(g(x)) = x^2 + x - 2$. ■

函数的复合保留了我们在前面讨论的一些性质.

4.30 命题 两个单射的复合仍为单射. 两个满射的复合仍为满射. 两个双射的复合仍为双射. 若 f, g 为双射 (即 $g \circ f$ 为双射), 则有 $(g \circ f)^{-1} = f^{-1} \circ g^{-1}$ (逆复合公式). ■

证明 (参见习题 4.33.)

4.31 例题 由 $h(x) = mx + b$ 定义的函数 $h{:}\mathbb{R} \to \mathbb{R}$ 在 $m \ne 0$ 时为双射, 它的逆函数 l 由 $l(y) = (y - b)/m$ 定义. 设 f 为 "乘上 m" 且 g 为 "加上 b", 则有 $h = g \circ f$ 且 $l = f^{-1} \circ g^{-1}$. 由此解释了逆复合公式. ■

若 $f{:}A \to B$ 为双射且 $g = f^{-1}$, 则 $g \circ f$ 为 A 上的恒等函数, 且 $f \circ g$ 为 B 上的恒等函数. 习题 4.35~4.36 中问到当 $g \circ f$ 或 $f \circ g$ 为恒等函数时, f 是否一定为双射.

例题 4.29 表明 $g \circ f$ 无须与 $f \circ g$ 相等，从一个集合到它自身的函数的复合一般不满足交换律. 另一方面，复合总是相关联的，可以用 $h \circ g$ 组合 f 或用 h 组合 $g \circ f$ 来构建复合函数 $h \circ g \circ f$，这样必定会产生相同的函数，从而验证了去掉括号的正确性.

4.32 命题（复合的结合律）　对于任意给定的函数 $f : A \to B, g : B \to C$ 和 $h : C \to D$，$h \circ (g \circ f) = (h \circ g) \circ f$ 成立.

证明　上述两个复合函数的定义域均为 A，值域均为 D，因此只需证明它们对 A 中每个元素的函数值都是一致的. 对每个函数考察任意元素 $x \in A$，则有

$$(h \circ (g \circ f))(x) = h((g \circ f)(x)) = h(g(f(x)))$$
$$((h \circ g) \circ f)(x) = (h \circ g)(f(x)) = h(g(f(x))) \qquad ■$$

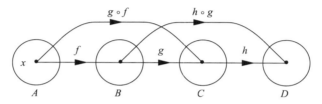

最后用几个例子来结束这一节，这些例子展示了从给定函数中获取新函数的几种方法. 这样的一个过程是一个函数：其值域和定义域本身就是函数的集合. 为避免混淆，通常用"算子"来描述在一组函数上定义的函数. 可以连续使用将一组函数映射到它自身的算子，这使得我们可以讨论算子的复合.

最简单的算子就是恒等算子，它将函数 f 映射到自身. 下面介绍一些其他算子.

4.33 例题（平移和缩放）　给定函数 $f : \mathbb{R} \to \mathbb{R}$，设 $T_a f : \mathbb{R} \to \mathbb{R}$ 为 $(T_a f)(x) = f(x+a)$ 定义的函数，"机器" T_a 以函数为输入并输出一个函数. 当 $a = 0$ 时，平移算子为恒等算子.

类似地，缩放算子 S_b 将 f 变为由 $(S_b f)(x) = f(bx)$ 定义的函数 $S_b f$. 当 $b = 1$ 时，该算子为恒等算子.

就函数 f 的图像而言，平移和缩放具有更自然合理的解释（习题 38）.　■

4.34 例题（和与积）　定义 1.25 中我们使用具有相同定义域的实值函数 f, g 定义了新函数，即和函数 $f + g$ 与积函数 fg. 可以从另一种角度进行理解，使用 $A(f, g) = f + g$ 和 $M(f, g) = fg$ 来定义算子 A 和 M，若 W 是所有具有此定义域实值函数组成的集合，则算子 A 和 M 是定义域为 $W \times W$ 且值域为 W 的函数.　■

4.35 例题　设 S 为单变量多项式组成的集合，对于由 $f(x) = \sum_{i=0}^{k} a_i x^i$ 定义的多项式 f，令 Df 表示在 x 处取值为 $\sum_{i=1}^{k} a_i i x^{i-1}$ 的多项式. 算子 D（微分算子）为函数 $D : S \to S$. 该算子是满射，其象是系数为 $\{a_k\}$ 的多项式，其中 x^0 项的系数为 0 且当 $k \geq 1$ 时，x^k 项的系数为 a_{k-1}/k. 算子 D 不是单射，由 $f(x) = x + 1$ 和 $g(x) = x + 2$ 定义的多项式 f, g 具有相同的象.

再定义一个算子 $J : S \to S$. 对于 $f(x) = \sum_{i=0}^{k} a_i x^i$，设 Jf 表示在 x 处取值为 $\sum_{i=0}^{k} a_i x^{i+1}/(i+1)$ 的多项式. 若 $Jf = Jg$，则可通过逐项系数比较得到 $f = g$，因此 J

是单射的. 然而，J 不是满射的，因为没有一个多项式 f 能够满足 Jf 为 0 次非零多项式.

也可以对算子进行复合运算. 对任意 $f \in S$，有 $D(J(f)) = f$，但当 $f(0) = 0$ 时，$J(D(f))$ 并不等于 f. 例如，若 $f(x) = x^2 + 3$，则 $J(D(f))$ 为由 $g(x) = x^2$ 定义的函数 g. ■

基数

通常我们会想知道一个集合到底有多大. 这句话的确切含义与双射相关，它的定义与我们的直觉相符，而且我们一直在有意识地使用. 对 $k \in \mathbb{N}$，有符号 $[k] = \{1, 2, \cdots, k\}$，且定义 $[0] = \varnothing$. 除此之外，还需要定义一些初步的概念.

4.36 定义　若对某些 $k \in \mathbb{N} \cup \{0\}$，存在从 A 到 $[k]$ 的双射，则集合 A 是**有限集**，否则集合 A 是**无限集**.

注意，通常将空集看作有限集.

4.37 命题　若存在双射 $f : [m] \to [n]$，则 $m = n$.

证明　（见习题 4.42.）■

4.38 推论　若 A 为有限集，则只对某个唯一自然数存在从 A 到 $[n]$ 的双射.

证明　根据有限性定义，这样的自然数是存在的. 假设存在双射 $g : A \to [m]$ 和 $H : A \to [n]$，则由命题 4.30 可知，两个双射的复合仍是双射，因此函数 $f = h \circ g^{-1}$ 是一个从 $[m]$ 到 $[n]$ 的双射. 再由命题 4.37 知，$m = n$. ■

4.39 定义　有限集 A 的**势**（即大小）是指满足从 A 到 $[n]$ 存在双射的唯一的 n，记作 $|A|$. 势为 n 的集合是具有 n 个元素的集合或者说是 **n 元集**.

4.40 注　（有限集的势）　列出势为 n 的集合 A 中的元素 $a_1, a_2, \cdots, a_n$ 等价于明确定义了从 $[n]$ 到 A 的双射.

势的符号与绝对值符号相同，集合的势函数度量的是从空集到 A 的离散距离，绝对值度量的是从 0 到一个数的线性距离. 由于势只适用于集合，绝对值只适用于数，所以可以根据上下文得知正在使用的符号表示的是势还是绝对值. ■

使用双射来定义势可以得到很多自然的结论.

4.41 推论　若 A 和 B 为不相交的集合，则有
$$|A \cup B| = |A| + |B|$$

证明　设 $m = |A|, n = |B|$. 对于给定的双射 $f : A \to [m], g : B \to [n]$，可用 $h(x) = f(x), x \in A$ 和 $h(x) = g(x) + m, x \in B$ 来定义 $h : A \cup B \to [m+n]$，在验证 h 为双射的过程中，也得出了要证的结论. ■

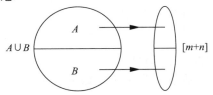

删除无限集的一个元素会产生另一个无限集，但删除非空有限集的一个元素将使其势减 1. 这就使得我们可以通过对势的归纳来证明关于有限集的论断.

4.42 推论 任意非空实有限集均有一个最大元素和一个最小元素.

证明 对集合的势使用归纳法. 若 $|A|=1$，则该唯一元素即为其最大元素和最小元素. 若 $|A|=2$，则较大的元素为最大元素，较小的元素为最小元素. 若 $|A|>2$，选择一个 $x\in A$，假设 $A-\{x\}$ 的最大元素为 M，最小元素为 L. 接着比较 x 和 M 即可找出最大元素，比较 x 和 L 即可找出最小元素. ■

在第 5 章中，我们将更深入地研究有限集的计数，同时还将考虑无限集. 当然，我们不会把 || 扩展到无限集，然而，我们可以利用双射对无限集进行比较.

4.43 定义 若存在从 A 到 $\mathbb{N}$ 的双射，则称无限集 A 是**可数无穷的（或者说可数的）**，否则称 A 是**不可数无穷的（或者说不可数的）**. 若存在从 A 到 B 的双射，则称集合 A 和 B 的**基数相同**.

有些作者允许将"可数的"的概念应用于有限集，但我们使用更常见的约定，即可数集与 $\mathbb{N}$ 的基数相同，因此是无穷的.

我们已知 $\mathbb{Z}$ 是可数的（例题 4.9），$\mathbb{Q}$ 也是可数的（习题 8.17），而 $\mathbb{R}$ 不可数（定理 13.27）.

当存在从 A 到 B 的某个子集的双射而不存在从 A 到 B 的双射时，可以认为 B 大于 A，因此无限集大于有限集. 由于 $\mathbb{N}$ 是 $\mathbb{R}$ 的子集，而 $\mathbb{R}$ 不可数，因此 $\mathbb{R}$ 大于 $\mathbb{N}$. 由于 $\mathbb{Z}$ 可数，虽然可以认为 $\mathbb{Z}$ 大于 $\mathbb{N}$，但它们的基数相同.

为证明集合 S 是可数的，可将 S 中元素排成一个序列，这样每个元素只出现一次. 由此指定了一个从 $\mathbb{N}$ 到 S 的双射. 通过这种方法，下面证明两个可数集的笛卡儿积也是可数的.

4.44 定理 集合 $\mathbb{N}\times\mathbb{N}$ 和 $\mathbb{N}$ 的基数相同（$\mathbb{N}\times\mathbb{N}$ 可数）.

证明 将有序对 $\{(i,j):i,j\in\mathbb{N}\}$ 看作平面上坐标为正整数的点. 可以通过画出连续对角线的方式按序列出这些有序对，它们以 $i+j$ 递增的顺序出现，且固定值 $i+j$ 的对以 j 递增的顺序出现，如下图所示. ■

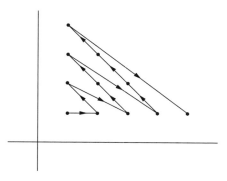

4.45 例题（$\mathbb{N}\times\mathbb{N}$ 到 $\mathbb{N}$ 的另一个双射） 用 $f(m,n)=2^{m-1}(2n-1)$ 定义 $f:\mathbb{N}\times\mathbb{N}\to\mathbb{N}$. 由命题 3.32 知，可将任意自然数表示为一个奇数乘上 2 的幂，因此 f 是满射. 再由命题

3.32 对唯一性的证明部分可知, f 也是单射. ■

我们看到, 一个无限集可以与一个包含它的子集合有相同的基数, 下面再举个例子.

4.46 措施（从 $(0,1)$ 到 $\mathbb{R}$ 的双射）　从一个集合到另一个集合存在双射表明这两个集合具有相同的基数. 考虑开区间 $(0,1)$ 和集合 $\mathbb{R}$, 通过减去 $1/2$ 可以将 $(0,1)$ 映射到以 0 为中心的区间. 接下来将该区间的前半部分拉伸到负实数集上, 将后半部分拉伸到正实数集上. 实现这种拉伸效果的函数图像应在 $x = 1/2$ 处穿过横轴, 当 x 趋于 1 时上升且没有边界, 当 x 趋于 0 时下降且没有边界.

我们构造了一个这样的函数, 它的单射性与满射性不需要借助集合直接就能验证, 即用如下式子定义 $f:(0,1) \to \mathbb{R}$:

$$f(x) = \begin{cases} \dfrac{x-(1/2)}{x}, & x \leqslant 1/2 \\[2mm] \dfrac{x-(1/2)}{1-x}, & x \geqslant 1/2 \end{cases}$$

由于 $x > 1/2$ 时, $f(x) > 0$ 且 $x < 1/2$ 时, $f(x) < 0$, 可以一次只考虑 $1/2$ 的一边. 若 $x, x' < 1/2$ 且有 $\dfrac{x-(1/2)}{x} = \dfrac{x'-(1/2)}{x'}$, 则化简可得 $x = x'$. 类似的计算也适用于 x, $x' > 1/2$ 的情形.

当 $y < 0$ 时, 可以找出一个 $x < 1/2$ 满足 $y = f(x)$. 由 $y = \dfrac{x-(1/2)}{x}$ 解得 $x = \dfrac{1}{2(1-y)}$. 由于 $1 - y > 1$, 故有 $x \in (0, 1/2)$. 类似地, 当 $y > 0$ 时, 利用 $y = \dfrac{x-(1/2)}{1-x}$ 解得 $x = \dfrac{y+(1/2)}{y+1}$. 由于 $y > 0$, 故有 $x \in (1/2, 1)$. ■

90

考察集合 A, B 和函数 $f:A \to B$, $g:B \to A$. 若 A, B 为有限集且 f, g 为单射, 则 f, g 也必为双射（习题 4.46）. 当 A, B 不是有限集时, 结论 f, g 为双射则不一定成立. 例如, 设 $A = (0,1)$, $B = [0,1]$, 且用 $f(x) = x$ 和 $g(x) = (x+1)/3$ 定义 $f:A \to B$ 和 $g:B \to A$, 则 f 和 g 均为单射且都不是双射. 然而, 单射 f, g 均存在意味着 A 和 B 的基数相同, 这给出了一种在不提供显式双射的情况下证明两个集合基数相同的方法.

4.47 定理（施罗德-伯恩斯坦定理）　若 $f:A \to B$, $g:B \to A$ 为单射, 则存在双射 $h:A \to B$, 且 A 和 B 基数相同.

证明（选学）　不妨将 A, B 看成是两个不相交的集合, 否则可对两个集合的公共元素再生成一份副本. 对 $A \cup B$ 中的每个元素 z, 若 $z \in A$, 将 $f(z)$ 定义为 z 的后继, 同样地, 若 $z \in B$, 将 $g(z)$ 定义为 z 的后继. z 的孩子是那些可以通过 z 的后继重复向后到达的元素. 若 w 为 z 的后继, 则称 z 为 w 的父亲（前身）. 由于 f 和 g 是单射的, $A \cup B$ 的每个元素都至多有一个父亲. z 的祖先是那些可以通过其父亲重复向前到达的元素.

z 的族包含了 z 及其祖先和孩子, 记作 $F(z)$. 可用这个族结构在 A, B 之间定义一一对应关系. 后续操作在 $A \cup B$ 上定义了一个函数 f', 下面用 f' 的图像描述来展示族的几种可能.

首先假设 z 就是 z 的一个孩子. 由于每个元素至多有一个父亲, 这种情况下 $F(z)$ 是有穷的 (重复的组合后继函数将导致一个涉及元素 z 的 "循环"). 在 A, B 之间交替应用 f' 可以使得 $F(z)$ 具有偶数的势. 在 $F(z)$ 中, 对每个 $x \in A$, 可以将 x 和 $f(x)$ 组成对, 由于 $F(z)$ 的势为偶数, 因此在 $F(z) \bigcap A$ 和 $F(z) \bigcap B$ 之间存在一一对应关系.

否则, $F(z)$ 是无穷的. 在这种情况下, z 的祖先的集合 $S(z)$ 可以是有穷或无穷的. 当 $S(z)$ 为有穷时, 它有一个没有父亲的根 ($F(z)$ 中的所有元素都具有相同的根). 若 $S(z)$ 在 B 中有一个根, 则对每个 $x \in A \bigcap F(z)$, 可以将 x 和它的父亲 $g^{-1}(x)$ 组成对, 由于 B 包含了这个根, 故 $g^{-1}(x)$ 存在. 当 $S(z)$ 为无穷时, 或者在 A 中具有一个根时, 可以将 x 和它的孩子 $f(x)$ 组成对.

由于每个元素都至多有一个父亲, 我们定义的配对是在 $F(z)$ 中 A 的元素和 B 的元素之间的一一对应关系. 由于族成对且不相交, 因此它也是 A, B 之间的一一对应关系. 更专业地说, 当 x 的族在 B 中有根时, 可以用 $h(x) = g^{-1}(x)$ 定义函数 $h: A \to B$, 否则 $h(x) = f(x)$, 函数 h 即为所需的双射. ∎

解题方法

函数及其性质是数学各个领域的基本工具. 虽然这些概念一开始看起来很抽象, 但它们是从比较熟悉的情况中产生的, 比如解方程. 这些练习强调对定义的理解和应用, 而不是微妙之处的见解或创造性. 下面列出一些有用的准则.

1) 用好定义.

2) 标准例题可以提供反例或证明.

3) 使用双射可以将难题转换成更方便理解的情形.

4) 集合的可数性相当于将其元素按序放置.

定义的作用

本章中的定义为求解一个问题必须做些什么指明了思路. 要证明一个函数是双射, 必须证明其值域中每个元素的原象是其定义域中某个唯一的元素, 单射和满射的概念将这个要求分成了两个部分. 尽管可以用图解或几何的方法实现对单射和双射的解释, 但我们仍然回归到定义, 用定义进行证明. 下表解释了单射、满射及其否定的含义. 给定 $f: A \to B$

且 $b \in B$，$I_f(b)$ 即表示 $\{x \in A : f(x) = b\}$（定义 1.35）.

对 $f : A \to B$ 是单射的证明表明 f 不能将 A 中两个元素映射到 B 中的单个元素，B 中的任意元素也至多是 f 下一个元素的象. 考虑 $x, y \in A$ 并证明"$f(x) = f(y)$ 意味着 $x = y$"或者它的逆否命题"$x \neq y$ 意味着 $f(x) \neq f(y)$". 要证明 f 不是单射，只需证明存在一对 $x, y \in A$，满足 $x \neq y$ 且 $f(x) = f(y)$.

若函数 $f : A \to B$ 的象等于值域，则 f 是满射. 对任意 $b \in B$，应证明存在 $x \in A$ 使得 $f(x) = b$. 通常需要构造这样的一个（用 b 表示的）原象，这意味着找到了 $f(x) = b$ 的一个解. 要证明 f 不是满射，只需证明存在 $b \in B$ 使得 $f(x) = b$ 无解即可，此时 b 不是 f 的任何自变量的象.

92

单射	非单射
$(\forall b \in B)[I_f(b)$ 至多有一个元素$]$	$(\exists b \in B)[I_f(b)$ 至少有两个元素$]$
$(\forall x, x' \in A)[x \neq x' \Rightarrow f(x) \neq f(x')]$	$(\exists x, x' \in A)[x \neq x'$ 且 $f(x) \neq f(x')]$
$(\forall x, x' \in A)[f(x) = f(x') \Rightarrow x = x']$	
满射	非满射
$(\forall b \in B)[I_f(b)$ 非空$]$	$(\exists b \in B)[I_f(b)$ 为空$]$
$(\forall b \in B)(\exists x \in A)[f(x) = b]$	$(\exists b \in B)(\forall x \in A)[f(x) \neq b]$

证明单射的最佳方法就是使用函数. 当 f 由公式定义时，可以很容易地通过变换由假设 $f(x) = f(y)$ 给定的方程得出 $x = y$，参考例子 $f(x) = mx + c$，其中 $m \neq 0$. 当 f 是用文字定义时，证明"$x \neq y$ 意味着 $f(x) \neq f(y)$"则更自然一些，就像命题 4.19 一样.

有些作者用"一对一"和"到……上"来表示单射和满射，为了避免"一对一函数"和"一一对应关系"的混淆，我们没有那样表示.

"满"表示"所有""全部"的意思，"满射"表示将定义域投射到整个值域上，例如由 $f(x, y) = x$ 定义的函数 $f : \mathbb{R}^2 \to \mathbb{R}$. 另一方面，"单射"表示将某物放置到另一物中，例如由 $g(x) = (x, 0)$ 定义的映射 $g : \mathbb{R} \to \mathbb{R}^2$. 这两个例子有助于区分单射和满射.

标准例题和图像的用处

本章中的许多习题都需要判定关于函数的论断是正确还是错误. 标准例题既有对正确论断的证明，也有错误论断的反例. 这些例子包括多项式、多项式的比值、绝对值和其他初等函数. 此外，注 4.24 中的示意图实际上指定了有限集上的函数.

接下来我们讨论了关于函数图像的使用. 画出函数图像可能就知道正在试图证明的性质，但是依赖于对图像视觉解释的论断还需要进行严格的证明. 例如，由 $f(x) = x^3$ 定义的函数 $f : \mathbb{R} \to \mathbb{R}$ 的满射性取决于实数能否开立方根. 为了方便，我们暂时接受这一点，但严谨的证明还需要第四部分中的方法.

类似地，说明 $x/(1 + x^2)$ 的值在 $x = 1$ 时为 $1/2$，当 x 变大时接近 0 并不能证明在 0 到 $1/2$ 间的每个值都达到了. 做出这个推论需要极限和连续的相关知识，而我们在第四部分才会接触这些知识. 因此必须借助定义，证明可以获得一个特定的 b 值用于表示解 x（参

93

双射变换

第一个双射例子给出了 q 基表示的数字体系，而且重要的是它比较灵巧地将自然数解释为列表．习题 4.17 中，关于尼姆博弈的二进制表示产生了意想不到的结果．

很多几何运算可以解释为双射，参见习题 4.20，习题 4.30 以及习题 4.38．熟悉微积分的读者可以较好地理解下面给出的双射在变量替换中的应用．

4.48 例题 由 $f(x) = e^x$ 定义的函数将 $\mathbb{R}$ 映射到 $\mathbb{R}$，它是严格递增函数，因而是单射，但不是满射．它的象是正实数集．通过将 e^x 的值域限制到正实数集，就可以得到双射．对数函数的逆函数是从正实数集到 $\mathbb{R}$ 的双射．由 $f(x) = \sin x$ 定义的从 $\mathbb{R}$ 到区间 $[-1,1]$ 的函数是满射的，但不是单射的．通过将 $\sin x$ 的定义域限制到 $[-\pi/2, \pi/2]$，就可以得到以 $[-1,1]$ 为值域的双射． ∎

4.49 例题（换元积分的极限） 微积分理论中经常通过换元的方式计算定积分．例如，对于定积分 $\int_0^2 (x^3+1)^5 3x^2 \,\mathrm{d}x$．设 $f(x) = x^3+1$，函数 f 是从区间 $[0,2]$ 到区间 $[1,9]$ 的双射．令 $y = f(x)$，即有 $\int_0^2 (x^3+1)^5 3x^2 \,\mathrm{d}x = \int_1^9 y^5 \,\mathrm{d}y = (1/6)(9^6-1)$．类似地，由于 $y = \sin x$ 定义了从 $\left[-\dfrac{\pi}{2}, \dfrac{\pi}{2}\right]$ 到 $[-1,1]$ 的双射，故有 $\int_{-\pi/2}^{\pi/2} \sin x \cos x \,\mathrm{d}x = \int_{-1}^1 y \,\mathrm{d}y = 0$．

通过 $y = g(x)$ 进行换元，要求 $g(x)$ 必须是 x 的积分区间到 y 的积分区间上的双射，因为随着变量 x 从 a 到 b，变量 y 则从 $g(a)$ 到 $g(b)$． ∎

无限集和可数性

如何证明集合是可数的呢？将 A 表示为 $\{a_1, a_2, \cdots\}$，实际上是指定了一个从 $\mathbb{N}$ 到 A 的双射．由于双射的逆函数仍然是双射，因此证明集合 A 是可数的等价于找出一个恰好包含 A 中每个元素一次的序列．例题 4.9 给出了在 $A = \mathbb{Z}$ 时的这样一个序列，它按以下顺序列出了 $f(n)$ 的值：0，1，-1，2，-2，3，-3，$\cdots$．证明此序列恰好能够列出每个整数一次，即可证明 $\mathbb{Z}$ 是可数的．

这是证明可数性的基本方法．要证明可数集的并集仍然是可数的（习题 4.44），只需构造一个恰好包含该并集中每个元素一次的序列即可．需要注意的是，不能先将第一个集合中的所有元素列出，这样永远也到不了第二个集合．该序列任意两项之间只有有限个项．一个任意大的有限集，无论有多大，它都不是无穷的．

94

习题

4.1 （一）设 $120\,102_{(3)}$ 和 $110\,222_{(3)}$ 为两个自然数的三进制表示．请使用三进制运算将其相加，并通过将十进制相加的结果转换成三进制来验证答案．

4.2 （一）$333_{(12)}$ 和 $3\,333_{(5)}$ 哪个数较大？

4.3 （一）已知 $(15)^2 = 225$，$(25)^2 = 625$，$(35)^2 = 1\,225$．对任意给定的 $n \in \mathbb{N}$，证明 $(n+5)^2 = n(n+1) + 25$，此处"$+$"表示 n 的十进制表示后的拼接数字，如 $1+1 = 11$，$1+5 = 15$．

4.4 （一）考虑一个温标尺度 T，在该温标尺度下水在 20 度时结冰，在 80 度时沸腾. 设有常数 a，b，当华氏温度为 x 时，T 温标下的温度为 $ax + b$. 则当 T 温标下为 50 度时，华氏温度为多少？（提示：解决此问题无须求出 a 和 b.）

4.5 （一）哪些集合 A 存在与 A 上的恒等函数不同的从 A 到 A 的双射？

4.6 （一）设 A 为一周中各天的集合，f 表示各天英文名称中字母的数量. 试问 f 是否定义了从 A 到 $\mathbb{N}$ 的单射？

4.7 （一）对于例题 1.37 中定义的 A，M，D 中每个函数，确定它们是单射还是满射.

4.8 （一）设 f 和 g 是由 $f(x) = x - 1$ 和 $g(x) = x^2 - 1$ 定义的多项式，试求 $f \circ g$ 和 $g \circ f$.

4.9 （一）试判断以下论断的正确性并进行证明.

"若 f 和 g 是从 $\mathbb{R}$ 到 $\mathbb{R}$ 的单调函数，则 $g \circ f$ 是单调函数."

4.10 （一）设 $f(x) = ax + b$，$g(x) = cx + d$，其中 a，b，c，d 为常数且 a，$c \neq 0$. 说明为何 f 和 g 是单射且是满射，并证明函数 $h = g \circ f - f \circ g$ 既非单射也非满射.

4.11 （一）说明为何乘 2 定义了从 $\mathbb{R}$ 到 $\mathbb{R}$ 而非从 $\mathbb{Z}$ 到 $\mathbb{Z}$ 的双射.

4.12 （一）试确定以下论断哪些是正确的，给出证明，并对错误的论断给出反例.

a）所有从 $\mathbb{R}$ 到 $\mathbb{R}$ 的递减函数都是满射.

b）所有从 $\mathbb{R}$ 到 $\mathbb{R}$ 的非递减函数都是单射.

c）所有从 $\mathbb{R}$ 到 $\mathbb{R}$ 的单射函数都是单调的.

d）所有从 $\mathbb{R}$ 到 $\mathbb{R}$ 的满射函数都无界.

e）所有从 $\mathbb{R}$ 到 $\mathbb{R}$ 的无界函数都是满射.

* * * * * * * * * * *

4.13 （!）设 n 为 1 到 999 之间的整数，将其写为 3 个数字 abc，其中 $n = 100a + 10b + c$. 设三数 $\alpha\beta\gamma$ 的逆为 $\gamma\beta\alpha$.

假设 $a \neq c$（任意一个可为 0），x 是 n 与其逆的差. 试证明 x 与其逆的和为 1 089.

95

4.14 试证明例题 4.5 中生成 q 基表示的方法适用于所有自然数.

4.15 （一）现有一个天平以及 k 个已知重量的砝码 1，3，$\cdots$，3^{k-1}（3 的幂的前 k 项）. 试对 k 使用归纳法，证明 $\{1, \cdots, (3^k - 1)/2\}$ 中任意未知重量都能被称出.

4.16 现有一个天平和正整数重量的砝码 $w_1 \leqslant \cdots \leqslant w_k$. 试证明使用这些砝码可以称出从 1 到 $\sum_{j=1}^{k} w_j$ 之间的所有重量（即问题 4.1）当且仅当对 $1 \leqslant j \leqslant k$，有 $w_j \leqslant 1 + 2\sum_{i=1}^{j-1} w_i$. 例如，利用 $\{1, 2, 7\}$ 可以称出 1 到 10 的所有重量，但 $\{1, 2, 8\}$ 则称不出 4.

4.17 （+）**尼姆博弈** 尼姆博弈中的某一步包含了一些成堆的硬币，两名玩家交替移除其中一堆的一部分，拿走最后一枚硬币的玩家获胜.

假设初始时各堆的硬币数分别为 n_1，$\cdots$，n_k，试证明当且仅当对任意的 j，n_1，$\cdots$，n_k 中偶数项二进制表示的第 j 位为 1 时，玩家 2 总能获胜. 例如，当初始各堆大小为 1，2，3 时，其二进制表示为 1，10，11，此时结论成立.

4.18 试证明正奇数次幂定义了一个严格递增函数，对任意给定的 $n \in \mathbb{Z}$，求出所有 $x^n = y^n$ 的解.（提示：分别考虑 $x < 0 < y$，$0 < x < y$ 以及 $x < y < 0$ 的情况.）

4.19 对 $k \in \mathbb{N}$，试找出所有有序对 (x,y)，使得 $\sum_{j=0}^{2k} x^{2k-j} y^j = 0$.（提示：将例题 4.27 一般化.）

4.20 设 $f : \mathbb{R}^2 \to \mathbb{R}^2$ 由 $f(x,y) = (ax - by, bx + ay)$ 定义，其中 a,b 满足 $a^2 + b^2 \neq 0$.
a）证明 f 为双射.
b）求出 f^{-1} 的公式.
c）给出 f 在 $a^2 + b^2 = 1$ 时的几何意义.（描述 f 对平面几何图像的影响.）

4.21 (!) 设 A，B 为 $[n]$ 的子集为元素的集合，A 的势为偶数，B 的势为奇数. 试构造一个从 A 到 B 的双射，使得 $|A| = |B|$.（$n = 3$ 时的双射如下所示.）

A	$\varnothing$	$\{2,3\}$	$\{1,3\}$	$\{1,2\}$
B	$\{3\}$	$\{2\}$	$\{1\}$	$\{1,2,3\}$

4.22 验证 $f(x) = \dfrac{2x-1}{2x(1-x)}$ 定义了从区间 $(0,1)$ 到 $\mathbb{R}$ 的双射.（提示：证明 f 是满射的时，可使用二次求根公式.）

4.23 试确定以下哪个公式定义了从 $\mathbb{R}$ 到 $\mathbb{R}$ 的单射，哪个定义了满射. 对未定义双射的，试找出一个非平凡区间 $S \subseteq \mathbb{R}$（即不止包含单个点的区间）. 使得该公式定义了从 S 到 S 的双射.
a）$f(x) = x^3 - x + 1$；   b）$f(x) = \cos(\pi x / 2)$.

4.24 设 f 和 g 为从 $\mathbb{Z}$ 到 $\mathbb{Z}$ 的满射，$h = fg$ 是它们的积（定义 1.25）. 试问 h 一定是满射吗？若是，证明之，否则给出反例.

4.25 试确定以下哪些公式定义了从 $\mathbb{N} \times \mathbb{N}$ 到 $\mathbb{N}$ 的满射.
a）$f(a,b) = a + b$.   d）$f(a,b) = b(a+1)(b+1)/2$.
b）$f(a,b) = ab$.   e）$f(a,b) = ab(a+b)/2$.
c）$f(a,b) = ab(b+1)/2$.

4.26 （一）给定 $f : \mathbb{R} \to \mathbb{R}$，设存在正常数 c，α，使得对任意的 $x, y \in \mathbb{R}$，有 $|f(x) - f(y)| \geq c|x - y|^\alpha$. 试证明 f 是单射.

4.27 设 $f : \mathbb{R} \to \mathbb{R}$ 为二次多项式，试证明 f 不是满射. 此外，请找出一个非单射的三次多项式并进行验证.

4.28 （十）试确定怎样的从 $\mathbb{R}$ 到 $\mathbb{R}$ 的三次多项式是单射.（提示：若使用微积分，问题将很简单. 为了避免使用微积分，先用几何分析将问题简化到 $x^3 + rx$ 的情况. 注：所有从 $\mathbb{R}$ 到 $\mathbb{R}$ 的三次多项式都是满射，但证明需要用到第四部分的方法.）

4.29 考虑由
$$f(x) = \frac{x}{1+x^2}, \quad g(x) = \frac{x^2}{1+x^2}, \quad h(x) = \frac{x^3}{1+x^2}$$
定义的三个将 $\mathbb{R}$ 映射到 $\mathbb{R}$ 的函数 f，g，h.
a）以上哪些函数是单射？
b）试证明 f，g 不是满射的.

    c) 画出以上三个函数的图像. (注：h 的图像表明 h 是满射，但证明需要用到第四部分的方法.)

4.30 (!) 给定实数 a, b, c, d, 设 $f:\mathbb{R}^2 \to \mathbb{R}^2$ 由 $f(x,y) = (ax+by, cx+dy)$ 定义. 试证明当且仅当 f 为满射时 f 是单射.

4.31 (!) 设 $f:A \to B$ 是双射，其中 A 和 B 均为 $\mathbb{R}$ 的子集，证明若 f 在 A 上递增，则 f^{-1} 在 B 上递增.

4.32 设 F 是一个域，由 $f(x) = -x$ 在 F 上定义 f, 由 $g(x) = x^{-1}$ 在 $F - \{0\}$ 上定义 g. 证明 f, g 分别是从 F 到 F 和从 $F - \{0\}$ 到 $F - \{0\}$ 的双射.

4.33 (!) 试证明以下关于函数复合的论断：

    a) 两个单射的复合仍为单射.

    b) 两个满射的复合仍为满射.

    c) 两个双射的复合仍为双射.

    d) 若 $f:A \to B$, $g:B \to C$ 为双射，则 $(g \circ f)^{-1} = f^{-1} \circ g^{-1}$. （提示：利用复合运算的结合律证明函数 $f^{-1} \circ g^{-1}$ 一定是函数 $g \circ f$ 的逆）

4.34 (!) 给定 $f:A \to B$, $g:B \to C$, 设 $h = g \circ f$. 试确定下列论断哪些是正确的. 若正确，证明之，否则给出反例：

    a) 若 h 为单射，则 f 为单射.

    b) 若 h 为单射，则 g 为单射.

    c) 若 h 为满射，则 f 为满射.

    d) 若 h 为满射，则 g 为满射.

4.35 (!) 对于 $f:A \to B$, $g:B \to A$, 证明以下命题或给出反例：

    a) 若对任意的 $y \in B$, $f(g(y)) = y$ 成立，试问 f 是双射吗？

    b) 若对任意的 $x \in A$ 有 $g(f(x)) = x$, 试问对任意的 $y \in B$, $f(g(y)) = y$ 是否成立？

97

4.36 对于 $f:A \to B$, $g:B \to A$, 证明若 $f \circ g$ 和 $g \circ f$ 均为恒等函数，则 f 为双射. 此外，请证明：

    a) 若 $f \circ g$ 是 B 上的恒等函数，则 f 是满射.

    b) 若 $g \circ f$ 是 A 上的恒等函数，则 f 是单射.

4.37 对于 $f:A \to A$, 证明若 $f \circ f$ 是单射，则 f 是单射.

4.38 给定 $f:\mathbb{R} \to \mathbb{R}$, 由 $(T_a f)(x) = f(x+a)$ 和 $(S_b f)(x) = f(bx)$ 分别定义函数 $T_a f$ 和 $S_b f$. 试确定如何通过修改 f 的图像得到 $T_a f$ 和 $S_b f$ 的图像. （提示：对于 $S_b f$, 分别考虑 $b > 0$, $b = 0$ 以及 $b < 0$ 的情况.）

4.39 设 $f:\mathbb{R} \to \mathbb{R}$ 由 $f(x) = a(x+b) - b$ 定义，请通过连续 n 次应用 f 求出函数 g 的表达式.

4.40 设 $f:A \to B$ 为双射，且 $g:B \to B$. 设 $h = f^{-1} \circ g \circ f$, 则有 $h:A \to A$. 试通过连续应用 n 次 h 推导出从 A 到 A 的函数的表达式，并用 f 和 g 表示.

4.41 设 $f:A \to A$ 且 $n \in \mathbb{N}$, $f^n = \begin{cases} f, & n = 1 \\ f \circ f^{n-1}, & n > 1 \end{cases}$, n, k 均为自然数且 $k < n$, 证明 $f^n = f^k \circ f^{n-k}$.

4.42 设 f 是从 $[m]$ 到 $[n]$ 的双射，证明 $m=n$．（提示：使用归纳法．）

4.43 设 B 为 A 的一个子集，f 为从 A 到 B 的双射，证明 A 为无限集．（提示：利用习题 4.42．）

4.44 （一）试证明推论 4.41 证明中使用的函数 h 为双射．

4.45 （!）设 f 为从有限集 A 到其自身的函数，试证明：

a）f 是单射当且仅当 f 是满射． b）A 为无限集时（a）不成立．

4.46 （!）给定有限集 A，B，对于函数 $f{:}A \to B$．

a）若 f 是单射，A，B 的势有何含义？ b）若 f 是满射，A，B 的势有何含义？

c）（不使用施罗德-伯恩斯坦定理）证明若 A，B 为有穷集且 $f{:}A \to B$，$g{:}B \to A$ 为双射，则 $|A|=|B|$ 且 f 和 g 均为双射．

4.47 证明对所有自然数集合、偶数集合与奇数集合的基数相同（它们都是可数的）．

4.48 定理 4.44 中对 $\mathbb{N} \times \mathbb{N}$ 的可数性证明指定了一个包含所有有序对 (i,j) 的序列，试用关于 i 和 j 的函数确定有序对 (i,j) 在序列中的位置．

4.49 （!）设 $A_1,A_2,\cdots$ 为一列集合，其中每个都可数．试证明该列所有集合的并集也可数．

4.50 设 $A=(0,1)$，$B=\{y \in \mathbb{R}:0 \leqslant y < 1\}$．分别用 $f(x)=x$ 和 $g(y)=(y+1)/2$ 定义 $f{:}A \to B$ 和 $g{:}B \to A$．对于 f 和 g，试求出定理 4.47 证明中所构造函数 h 的表达式．

4.51 （!）试构造从开区间 $(0,1)$ 到闭区间 $[0,1]$ 的双射．

第二部分 *Part 2*

数 的 性 质

第5章 组合推理

确定有限集合大小的技术在概率分析、计算机程序分析和许多其他领域都有应用. 本章研究关于计数问题的基本模型，包括计数问题自身的模型以及与函数性质有关的模型.

5.1 问题（整数幂的求和） 如果已知级数 $\sum_{i=0}^{n} i^k$ 的求和计数公式，可以用归纳法证明该公式的正确性. 但在缺少具体公式的情况下，我们该如何找到计算公式？ ■

5.2 问题（扑克牌的比较） 由一副牌中的五张牌组成一手牌. 为什么"三合一"比"双对"的排名高，又为什么"同花顺"比"普通顺子"排名高？ ■

5.3 问题（非负整数解） 假设纽约市的每个居民都有一个装着 100 枚硬币的硬币罐. 硬币有五种类型（1 美分、5 美分、10 美分、25 美分、50 美分）. 如果两罐硬币中每个类型的硬币数量都相同，则认为这两罐硬币是"等价的". 有没有可能不存在任何两个人拥有等价的硬币罐？ ■

5.4 问题（鼓手问题） 在一个聚会上有 n 对已婚夫妇. 每个女性都在和某个男性跳舞，但不一定是和她的配偶. 这个乐队有两个鼓手，他们轮流唱歌. 在每首歌之后，两名女性交换舞伴. 在最后一首歌里，每个女性都和她的丈夫跳舞. 如果只知道最初的舞伴和最初的鼓手，能否确定哪个鼓手在最后演奏？ ■

5.5 问题（换位排序） 给定一个按照某种次序排列的列表，该列表中的数为从 1 到 n 的自然数，需要进行多少次交换才能将这些数字排序为顺序 $1, 2, \cdots, n$？ ■

排列与组合

在本节中，我们计算由有限集合中对象的排列与组合所组成的集合. 这里将介绍阶乘函数和二项式系数，它们在数学的许多领域都有涉及.

许多问题都可以通过将其进行某种排列或组合的方式得到解决. 比较复杂的问题还可能需要好几个步骤才能完成. 这里介绍关于组合子问题的两个基本规则：加法法则和乘法法则.

5.6 定义 集合 A 的**划分**是集合 A 的若干不相交子集组成的集合，并且它们的并集等于 A. **求和法则**表明，如果 A 是有限集并且 $B_1, \cdots, B_m$ 是 A 的一个划分，则有 $|A| = \sum_{i=1}^{m} |B_i|$.

通过对 m 使用归纳法，可以得到作为推论 4.41 的加法法则（习题 5.15）. 乘法法则则稍微复杂一些. 通常可以使用分阶段构建集合元素来表示集合，这样在第 i 步中可选择的数量并不依赖于前面的选择，尽管实际可用的选择可能取决于前面的选择.

5.7 例题 每个工作日只能使用音乐练习室一小时的时间. 有多少种方式可以让三个

学生在一周内登记使用这个房间？第一个学生选择五天中的一天．第二个学生的选择取决于第一个学生做出的选择，但是仍然有四个选择．同样，第三个学生总是有三个选择．因此有 $5 \times 4 \times 3 = 60$ 种可能性．■

5.8 定义　设 T 是一个集合，其元素可以使用一个包含步骤 S_1，$\cdots$，S_k 的过程进行描述，这样不管步骤 S_1，$\cdots$，S_{i-1} 如何执行，步骤 S_i 都可以使用 r_i 种方式执行．**乘法法则**规定 $|T| = \prod_{i=1}^{k} r_i$．

与加法法则类似，乘法法则的证明可以通过对 k 使用归纳法获得证明（习题 5.16）．该法则最基本的应用是 $|A \times B| = |A| \cdot |B|$，可以确定有限集合笛卡儿积的大小．重复使用这个公式，可以得到一个有用的例题．

5.9 例题（q 进制 n 元组的元素个数为 q^n 个）　使用一组大小为 q 的集合表示长度为 n 的序列，例如 $\{0, 1, \cdots, q-1\}$．作为 q 元数组的表示形式，可以产生从 0 到 $q^n - 1$ 的所有数．因此，以这些数为元素组成的集合的大小为 q^n．

乘法法则不使用双射，直接对值进行计数．无论其他位置如何选择，每个位置都有 q 个选择．根据乘法法则，有 q^n 种方法生成一个 n 元数组．■

从集合 S 选择元素构造长度为 k 的序列，可以生成一个从 $[k]$ 到 S 的函数．允许使用重复元素生成从 $[k]$ 到 S 的所有函数．禁止函数使用重复元素会产生单射函数．不重复地列出所有元素会产生双射函数．

101

5.10 定义　有限集 S 的**置换**是 S 到其自身的双射．置换 $[n]$ 的**词形**是通过在 i 位置上写 i 的象得到的列表，记作 $n!$，读作"n 的阶乘"，用于表示 $\prod_{i=1}^{n} i = n(n-1)\cdots 1$．

使用置换词形可以实现对函数的一种简单表示，例如，由 $f(1) = 2, f(2) = 3$ 和 $f(3) = 1$ 定义的函数 $f:[3] \to [3]$ 是置换 231 的词形．通常用"置换"这个词同时表示函数和词形，一个由 S 个元素组成的 n 元组等价于一个从 $[n]$ 到 S 的函数．

在解决计数问题时，通常使用"排列"这个词来指代由来自给定集合元素组成的列表，并将置换的概念推广到元素不重复的情形．

5.11 定理　一个 n 元集有 $n!$ 种置换方式（不重复排列）．一般地，对大小为 n 的集合中的 k 个不同元素进行不重复排序有 $n(n-1)\cdots(n-k+1)$ 种方式．

证明　计数从 $[k]$ 到 S 的单射，其中 $n = |S|$．当 $k > n$ 时不能产生单射，这与上式一致．可以通过逐元素选择象来构造所有的单射，选择 i 的象就是选择对应列表中位置 i 上的元素．

有 n 种方法选择 1 的象．对于每一种方法，有 $n-1$ 种方法选择 2 的象．一般地，在选择了前 i 个象之后，必然会留下 $n-i$ 种方法来选择下一个象．由乘法法则可知，有 $\prod_{i=0}^{k-1}(n-i) = n!/(n-k)!$ 种排序方法．■

根据惯例，定义 $0! = 1$，所以在计数置换的时候一般公式将简写为 $n!$．这与从 $\varnothing$ 到 $\varnothing$ 只有一个双射是一致的．这说明了一个普遍惯例，空和（empty sum）值是加法单位元，空积值是乘法单位元．例如，可以定义 $x^0 = 1$．

我们已经计数了对 S 中 k 个不同元素的排列．现在进一步考虑从 S 中选择 k 个元素的组合，并且忽略元素选择的顺序．

5.12 定义   从 $[n]$ 中选择 k 个元素的**组合**作为 $[n]$ 的 k 元子集．这种组合的数目称为 "n 选 k" 的组合数，记作 $\binom{n}{k}$.

如果 $k < 0$ 或 $k > n$，则 $\binom{n}{k} = 0$，因为在这些情况下，没办法从 $[n]$ 中选择 k 个元素．当 $0 \leqslant k \leqslant n$ 时，可以得到一个简单的公式．

102

5.13 定理   对于整数 n，k，$0 \leqslant k \leqslant n$，$\binom{n}{k} = \dfrac{n!}{k!(n-k)!}$ 成立．

证明   可以把组合和排列联系起来．从 $[n]$ 中计数 k 个元素的排列数有两种方式．在定理 5.11 中通过对相应位置选择元素的方式得到 $n(n-1)\cdots(n-k+1)$ 种排序方式．

或者，可以先选择 k 元子集，然后按一定的顺序将该子集的元素写出．根据定义有 $\binom{n}{k}$ 种组合，由乘法法则知，可以产生 $\binom{n}{k}k!$ 种排列方式．

由于在每种情况下都要计数一组排列，故有 $n(n-1)\cdots(n-k+1) = \binom{n}{k}k!$．将等式两边同时除以 $k!$ 即得到证明．∎

我们经常用概率语言解释计数问题．我们将在第 9 章给出概率的正式定义．这里只考察具有 n 个等可能结果的随机试验，可将试验描述为从中随机选择某个结果．当事件 A 是结果集合的某个子集时，可以定义事件 A（或从 A 中得到结果）发生的**概率**为 $|A|/n$．

5.14 例题   标准骰子的六个面分别显示数字 1 到 6．抛掷两个六面骰子，会有 36 种等可能出现的结果．其中两个骰子总点数是 7 的结果有 6 个，因此抛掷到的点数为 7 的概率是 $1/6$．∎

5.15 例题   使用二进制 n 元数组表示抛硬币 n 次的试验结果，用 1 表示正面，用 0 表示反面．可以认为这 2^n 个结果是等概率出现的．出现正面数为偶数的概率是包含偶数个 1 的数组在整个数组列表中的比例．使用集合的二进制编码表示（命题 4.19），可知这个概率就是集合 $[n]$ 中基数为偶数的子集在所有子集中的比例．当 $n > 0$ 时，$[n]$ 的所有子集中有一半子集的基数为偶数（习题 4.21 或习题 4.27），由此可以得出出现正面数是偶数的概率为 $1/2$．∎

5.16 措施（扑克牌的比较）   一副标准的纸牌由 52 张牌组成，可将其分成 13 组，每组由点数相同、花色不同的 4 张牌组成．也可以将它们分成 4 套牌，每一套牌由相同花色、不同点数的 13 张牌组成．

从上述一副标准牌中随机选择 5 张牌，有 $\binom{52}{5} = 2\,598\,960$ 种可能的结果（手牌），我们认为对每张牌的选择是等概率的．某特定类型的概率是该类型的手牌组合数除以 $\binom{52}{5}$．在扑克牌游戏中，越稀有的组合类型排名越高．为了实现对不同类型手牌的排序，可以比较每种类型的手牌的数量.

三合一的意思是具有相同点数的三张牌和另外两张不同点数的牌. 满足这种情况的组合数共有 $\binom{13}{1}\binom{4}{3}\binom{12}{2}\binom{4}{1}\binom{4}{1} = 54\,912$ 种, 首先任意选择一组牌, 从中选择三张牌, 再从剩下的 12 组牌中选出另外两组牌, 并分别从中选出一张牌. 乘法法则表明, 每一步可选择的数目并不依赖于先前所做的选择.

103

双对是指含有两个不同的对子和一张与对子点数不同的单牌, 每个对子由具有相同点数的两张牌组成. 满足这种情况的组合数共有 $\binom{13}{2}\binom{4}{2}\binom{4}{2}\binom{44}{1} = 123\,552$ 种; 可以为每个对子挑选组, 从这些组中挑选牌, 并且从剩下的组中挑选最后一张牌. 计算结果表明, 三合一的可能性不到双对的一半, 因此三合一的排名更高.

同花顺由同一套牌中的 5 张牌组成, 满足这种情况的组合数共有 $4\binom{13}{5} = 5\,148$ 种. 顺子由连续五组中各一张牌组成; A 可以被认为是最低点数或最高点数. 顺子可以从 10 个可能的点数之一开始, 因此, 它有 $10 \times 4^5 = 10\,240$ 种组合方式. 因此同花顺就更少见. (我们在此计算了扑克牌是同花顺还是顺子的每一种可能——参见习题 5.23.) ■

由于 $\binom{n}{k}$ 可以作为系数出现在两项之和的 n 次幂展开式中, 故称为**二项式系数**.

5.17 定理 (二项式定理)

$$(x+y)^n = (x+y)(x+y)\cdots(x+y) = \sum_{k=0}^{n} \binom{n}{k} x^k y^{n-k}$$

证明 该证明说明了因子相乘的过程. 要在乘积中形成一项, 必须从每个因子中选择 x 或 y, 其中一些因子决定 x 的幂, 另外一些因子决定 y 的幂. 构成 x 的幂次可以是从 0 到 n 的任意某个整数 k, y 的幂次则是 $n-k$. 构成形如 $x^k y^{n-k}$ 项的个数是选择 k 个因子构成幂 x^k 的组合数, 对 k 求和就可以得到所有的二项式展开项. ■

二项式系数

下面讨论二项式系数的含义、性质和应用. 这些系数满足很多有用的恒等式. 我们首先可以看到, 很多命题可以使用多种方法证明.

5.18 引理 $\binom{n}{k} = \binom{n}{n-k}$.

证明 证明 1 (组合分析法): 根据定义, $[n]$ 有 $\binom{n}{k}$ 个大小为 k 的子集. 另一方面, 选择 k 个元素等价于忽略 $n-k$ 个元素, 被忽略的 $n-k$ 个元素有 $\binom{n}{n-k}$ 种组合方式.

证明 2 (双射): 左侧计算 $[n]$ 的 k 元子集, 右侧计算 $n-k$ 元子集. 可以用"互补"关系在这两个集合之间建立一个双射.

证明 3（运算）：通过计算公式 $\binom{n}{k}=\dfrac{n!}{k!(n-k)!}$（定理 5.13）可以发现，交换 k 与

104    $n-k$，公式不会发生任何改变. ■

在我们的证明技巧库中，计数是一种重要的论证武器. **组合证明**是指将公式解释为对有限集合大小的证明. **组合分析法**允许我们通过使用两种思路计数同一个集合大小的方式，来建立两个公式之间的等式. 注 3.10、例题 3.15 和推论 4.41 中使用了这个思想. 组合分析法与通过建立双射证明相等的方式有着密切的关系. 组合证明可能比直接的公式运算提供更多的信息和更深刻的理解，但是发现并使用这种证明可能需要一些技巧.

可以通过从集合中选择元素的方式或使用几个替代模型中的一个来实现有关二项式系数论断的组合证明. 在命题 4.19 中，我们构造了一个从 $[n]$ 的子集到二进制 n 元组集合的双射（"二进制编码"）. 在讨论 $[n]$ 的 k 元子集时，也可以使用对 k 个 1 进行计数的方式讨论二进制 n 元组. 还有另一种模型把这些组合解释为平面上的路径.

5.19 定义   平面中的**格路径**是通过单位长度向右或向上的步骤连接整数点的路径. 也就是说，它是一个关于有序整数对的列表，每走一步对一个坐标加 1. 路径的**长度**是总步数.

5.20 例题（格路径和二进制列表）   通常从原点开始走格路径. 因为每走一步就对一个坐标加 1，因此走的长度是终点坐标的和.

可以对路径进行如下编码，当第 i 步向右时，在位置 i 处记个 1，当第 i 步向上时，在位置 i 处记个 0. 在长度为 n 的路径中，最终位置由向右走的步数决定；如果向右走了 k 步，则到达点 $(k,n-k)$，相应的编码中含有 k 个 1.

(0, 0, 1)   (0, 1, 0)   (1, 0, 0)

更进一步，由于实际路径是由向右执行的那些步骤所决定的，因此路径可以由二进制 n 元组决定. 由此建立了到 $(k,n-k)$ 的格路径 与含有 k 个 1 的二进制 n 元组之间的一一对

105   应关系. 因此，到 $(k,n-k)$ 的格路径数为 $\binom{n}{k}$. 下图给出了到指定点的路径数. ■

1					
1	5				
1	4	10			
1	3	6	10		
1	2	3	4	5	
1	1	1	1	1	1

5.21 命题　对于非负整数 a,b，从原点到点 (a,b) 的格路径数为 $\binom{a+b}{a}$.

证明　将从原点到 (a,b) 的格路径组合理解为从 $[a+b]$ 中选择 a 个元素即可得证.　∎

格路径或块行走模型给出关于二项式系数的一种归纳法公式. 在不考虑使用组合证明方法的时候，可以使用归纳证明关于二项式系数的恒等式. 这种恒等式有时被称为帕斯卡公式，以纪念布莱斯-帕斯卡（1623－1662）. 自上而下排成的 n 行（从第 0 行开始）二项式系数组成的 n 行三角形矩阵称为**帕斯卡三角**，尽管中国数学家发现得更早（在中国称之为杨辉三角）.

$$
\begin{array}{ccccccccccc}
 & & & & & 1 & & & & & \\
 & & & & 1 & & 1 & & & & \\
 & & & 1 & & 2 & & 1 & & & \\
 & & 1 & & 3 & & 3 & & 1 & & \\
 & 1 & & 4 & & 6 & & 4 & & 1 & \\
1 & & 5 & & 10 & & 10 & & 5 & & 1
\end{array}
$$

5.22 引理（帕斯卡公式）　如果 $n \geqslant 1$，则有 $\binom{n}{k} = \binom{n-1}{k} + \binom{n-1}{k-1}$.

证明　下列证明方法使用相同的基本思想，只是在不同模型进行表达.

证明 1：根据命题 5.21，到达 $(k,n-k)$ 的格路径数为 $\binom{n}{k}$. 每条路径恰好从 $(k,n-k-1)$ 和 $(k-1,n-k)$ 中的一个点到达 $(k,n-k)$. 同样根据命题 5.21，$(k,n-k-1)$ 有 $\binom{n-1}{k}$ 条可选择路径，对于 $(k-1,n-k)$ 有 $\binom{n-1}{k-1}$ 条可选择路径.

证明 2：利用子集模型，计数 $[n]$ 中的 k 元集. 其中有 $\binom{n-1}{k}$ 个不包含 n 的集合，同时也有 $\binom{n-1}{k-1}$ 个包含 n 的集合.

证明 3：$(1+x)^n = (1+x)(1+x)^{n-1}$，使用二项式定理，展开 $(1+x)^n$ 和 $(1+x)^{n-1}$ 得到

106

$$
\sum_{k=0}^{n} \binom{n}{k} x^k = (1+x) \sum_{k=0}^{n-1} \binom{n-1}{k} x^k = \sum_{k=0}^{n-1} \binom{n-1}{k} x^k + \sum_{k=0}^{n-1} \binom{n-1}{k} x^{k+1}
$$

对上述最后一个和式改变下标得到 $\sum_{k=1}^{n} \binom{n-1}{k-1} x^k$. 由于 $\binom{n-1}{n} = \binom{n-1}{-1} = 0$，故可以将 $\binom{n-1}{n}$ 加到第一个和式，将 $\binom{n-1}{-1}$ 加到第二个和式，得到

$$
\sum_{k=0}^{n} \binom{n}{k} x^k = \sum_{k=0}^{n} \left[\binom{n-1}{k} + \binom{n-1}{k-1} \right] x^k
$$

根据推论 3.25，相应的系数一定相等.　∎

如果我们首先通过证明 1 或证明 2 推导出帕斯卡公式，那么就可以使用对 n 的归纳法证明关于 $\binom{n}{k}$ 的公式（习题 5.25）.

可以将 n 元组视为允许重复的排列，那么当允许重复选择时会发生什么呢？下一个定理便于我们解决问题 5.3.

5.23 定理   在允许重复的情况下，有 $\binom{n+k-1}{k-1}$ 种方式从 k 种类型中选择 n 个对象. 这等于不定方程 $x_1 + \cdots + x_k = n$ 非负整数解的个数.

证明   组合的确定取决于在每种类型中选择了多少个对象. 设 x_i 为在类型 i 中所选对象的数目. 由此建立了不定方程 $x_1 + \cdots + x_k = n$ 的非负整数解与组合之间的一种一一对应关系.

可以将这些解模型化为 n 个点和 $k-1$ 个垂直分隔线条的排列. 通过选择 x_1 个点并在最后标记一个竖形线条来表示选择了 x_1 个类型 1 的对象，然后继续下一个类型. 对每种类型都这样做，由此形成点和线条的排列. 下面演示当 $x_1 = 5, x_2 = 2, x_3 = 0$ 和 $x_4 = 3$ 时的结果. 因为要使 $x_1 + \cdots + x_k = n$ 成立，故有 n 个点和 $k-1$ 个线条.

$$\bullet \ \bullet \ \bullet \ \bullet \ \bullet \ | \ \bullet \ \bullet \ | \ | \ \bullet \ \bullet \ \bullet$$

对于给定的 n 个点和 $k-1$ 个线条的排列，可以通过逆过程得到 x_i；它等于第 i 组的点的个数. 由此在 $x_1 + \cdots + x_k = n$ 的非负整数解与 n 个点和 $k-1$ 个线条的排列之间建立了一一对应的关系. 可以将这些排列看成由在一个长度为 $n+k-1$ 的列表中选择线条的位置而确定，所以有 $\binom{n+k-1}{k-1}$ 种选择，从而得到了这个不定方程的解构造方法，也算出了从 k 个类型中选择 n 个对象的个数. ■

也可以将这个结果写成 $\binom{n+k-1}{n}$，因此必须注意区分类型的数量和需选择元素的数量，无论这些概念在实际应用中被命名为什么. 记住证明可能比记住公式更为可靠.

5.24 措施（非负整数解）   纽约市大约有 700 万居民. 假设每个居民的罐子里有 100 枚硬币. 如果两个罐子有相同数量的 1 美分、相同数量的 5 美分，以及相同数量的 10 美分、25 美分和 50 美分，则这两个罐子就是"等价的". 当 x_i 表示第 i 类硬币的数量时，所有互不等价的硬币罐数量为方程 $x_1 + x_2 + x_3 + x_4 + x_5 = 100$ 非负整数解的个数. 根据定理 5.23，该个数等于 $\binom{104}{4} = 4\ 598\ 126$. 因此，一定至少有两个人具有等价的硬币罐. ■

可重复组合也对应于数项之和的幂展开式中的项.

5.25 推论 $\left(\sum_{i=1}^{m} x_i\right)^d$ 的展开式有 $\binom{d+m-1}{m-1}$ 项.

证明   这些项对应于 $\sum_{i=1}^{m} d_i = d$ 的解. ■

5.26 例题（多项式展开中的单项式）   在 $(w + x + y + z)^3$ 的展开式中，每个单项式的次数都是 3. 忽略这些系数，可以列出下面的单项式. 根据推论 5.25，一共有

$\binom{3+4-1}{4-1} = 20$ 个. 在第 9 章中, 我们将给出计算系数的公式, 称为多项式系数.

w^3	w^2x	w^2y	w^2z	wxy
x^3	x^2w	x^2y	x^2z	wxz
y^3	y^2w	y^2x	y^2z	wyz
z^3	z^2w	z^2x	z^2y	xyz

引理 5.18 和帕斯卡公式等恒等式可以帮助解决有关二项式系数的问题. 它们还展示了组合证明技术. 下面再证明两个命题.

5.27 引理（主席的身份） $\quad k\binom{n}{k} = n\binom{n-1}{k-1}$.

证明 等式每一边都有一名指定的主席, 可以从由 n 个人组成的集体中选出一个 k 人委员会. 在等式左边, 先选出委员会, 然后从中选出主席; 在等式右边, 先选出主席, 然后由主席填写委员会的其他成员. ∎

求和公式的组合证明通常定义一个大小为总和的集合, 并将该集合划分为若干大小分别为求和项的子集, 这也是"组合分析法".

5.28 定理（求和恒等式） $\quad \sum_{i=0}^{n}\binom{i}{k} = \binom{n+1}{k+1}$.

证明 可将右边的表达式看成从 $n+1$ 元二进制数组中选择 $k+1$ 个数字 1 的计数. 这个 $n+1$ 元的数集被划分为若干不相交的子集, 使得每个子集最右边位置的数字为 1, 其余位置上的数字为 0. 最右边的 1 在位置 $i+1$ 上形成列表的方法数为 $\binom{i}{k}$. ∎

可以使用块行走方法完成这个证明, 即对以 $(k, n-k)$ 为终点且在每个高度上以向右为最后一步的路径进行计数. 习题 5.30 要求使用归纳法对此进行证明.

5.29 措施（整数幂的和） 幂和公式（问题 5.1）用归纳法很容易进行证明, 但很难猜测公式的具体表达式. 求和恒等式提供了一种自动生成公式和证明的方法. 注意到 $i = \binom{i}{1}$. 因此, 求和恒等式通过 $\sum_{i=0}^{n} i = \sum_{i=0}^{n}\binom{i}{1} = \binom{n+1}{2} = n(n+1)/2$ 证明了前 n 个自然数的求和公式. 对于平方, 可以使用二项式系数重写 i^2. 故有 $i^2 = 2\binom{i}{2} + i = 2\binom{i}{2} + \binom{i}{1}$,

$$\sum_{i=0}^{n} i^2 = 2\sum_{i=0}^{n}\binom{i}{2} + \sum_{i=0}^{n}\binom{i}{1} = 2\binom{n+1}{3} + \binom{n+1}{2} = \frac{n(n+1)(2n+1)}{6}$$

最后一步从公式 $\binom{n+1}{3}$ 和 $\binom{n+1}{2}$ 中提取公因式 $n(n+1)$, 对于任意多项式 f, 都

能得到 $\sum_{k=0}^{n} f(k)$.

这种方法消除了对幂和公式表达式的猜测，但是并非通过"粗加工"来得到准确的公式，因为必须将 i^k 写为 $\left\{ \binom{i}{j} : 0 \leqslant j \leqslant k \right\}$ 的形式应用到求和恒等式中．然而，对于所有 k，该方法表明 $\sum_{i=1}^{n} i^k$ 是 n 的 $k+1$ 次多项式．在定理 5.31 中，我们得到了前两项．微积分提供了另一种方法，参见例题 5.46 和习题 17.32.

5.30 注（二项式系数和多项式）   作为 n 的函数，二项式系数 $\binom{n}{k} = \frac{1}{k!} n(n-1) \cdots (n-k+1)$ 是一个 k 次多项式. n^k 的系数是 $\frac{1}{k!}$，n^{k-1} 的系数是 $\frac{1}{k!} \sum_{j=1}^{k-1}(-j) = \frac{-1}{k!} \binom{k}{2} = \frac{-1}{2(k-2)!}$.

当 n 较大时，后面项对多项式取值的贡献相对次要，通常只需知道多项式的首项或前两项．

在下一个证明中，我们使用 $O(n^k)$ 表示最多 k 次的非具体多项式，因此 $f(x) = 2x^k + O(x^{k-1})$ 表示 f 是一个 k 次多项式，且首项系数为 2.（大写符号"O"广泛地用于描述函数"增长的阶"，见习题 2.23.）

使用大写符号"O"可以将公式写为

$$k! \binom{n}{k} = n^k - \binom{k}{2} n^{k-1} + O(n^{k-2})$$

同样，从一个多项式 f 中减去一个低次多项式并不会改变首项．故当 f 为 k 次多项式，g 为 $k-1$ 次多项式时，有 $f(n) - g(n) = f(n) + O(n^{k-1})$.

5.31 定理   对于 $k \in \mathbb{N}$，$\sum_{i=1}^{n} i^k$ 的值是一个以 n 为变量的多项式，且首项为 $\frac{1}{k+1} n^{k+1}$，第二项为 $\frac{1}{2} n^k$.

证明（选学）   由注 5.30 知，存在这样的一个多项式 g，满足

$$k! \binom{i}{k} = i(i-1) \cdots (i-k+1) = i^k - \binom{k}{2} i^{k-1} + g(i)$$

g 的最高次数为 $k-2$，通过对 i^k 求解得到 $i^k = k! \binom{i}{k} + \binom{k}{2} i^{k-1} - g(i)$.

对 k 使用归纳法．当 $k=1$ 时，公式 $\sum_{i=1}^{n} i = \frac{1}{2} n^2 + \frac{1}{2} n$ 与上式相符．当 $k>1$ 时，有

$$\sum_{i=1}^{n} i^k = k! \sum_{i=1}^{n} \binom{i}{k} + \binom{k}{2} \sum_{i=1}^{n} i^{k-1} - \sum_{i=1}^{n} g(i)$$

根据归纳假设，$g(i)$ 中的 j 次项贡献了一个 $j+1$ 次多项式到 $\sum_{i=1}^{n} g(i)$．因此 $\sum_{i=1}^{n} g(i) = O(n^{k-1})$．同样，可由归纳假设得到 $\binom{k}{2} \sum_{i=1}^{n} i^{k-1} = \binom{k}{2} \frac{1}{k} n^k + O(n^{k-1})$．根据求和恒等式得到 $k! \sum_{i=1}^{n} \binom{i}{k} = k! \binom{n+1}{k+1}$.

可根据上述三个公式得到 $\sum_{i=1}^{n} i^k = k! \binom{n+1}{k+1} + \frac{k-1}{2} n^k + O(n^{k-1})$，使用引理 5.27 将

$\binom{n+1}{k+1}$ 替换为 $\frac{n+1}{k+1}\binom{n}{k}$，然后使用注 5.30 中的表达式替换 $\binom{n}{k}$，得到

$$\sum_{i=1}^{n} i^k = k!\frac{n+1}{k+1}\binom{n}{k} + \frac{k-1}{2}n^k + O(n^{k-1})$$

$$= k!\frac{1}{k+1}(n+1)\frac{1}{k!}\left[n^k - \binom{k}{2}n^{k-1}\right] + \frac{k-1}{2}n^k + O(n^{k-1})$$

$$= \frac{1}{k+1}n^{k+1} + \left\{\frac{1}{k+1}\left[1-\binom{k}{2}\right] + \frac{k-1}{2}\right\}n^k + O(n^{k-1})$$

为了完成归纳步骤，我们化简了 n^k 的系数：

$$\frac{1}{k+1}\left[1-\binom{k}{2}\right] + \frac{k-1}{2} = \frac{2-k(k-1)+(k+1)(k-1)}{2(k+1)} = \frac{2+k-1}{2(k+1)} = \frac{1}{2} \quad \blacksquare \qquad \boxed{110}$$

置换

集合 $[n]$ 上的置换既是对 $[n]$（词形）中所有元素的一种排列，也是一个从 $[n]$ 到 $[n]$ 的双射．问题 5.4 的解决涉及对词形更深入的研究．

5.32 定义 $[n]$ 的**恒等置换**是从 $[n]$ 到 $[n]$ 的恒等函数，它的词形是 $1\ 2\ \cdots\ n$．一个置换中两个元素的**对换**会改变它们在词形中的位置．

5.33 措施 在鼓手问题中，可以给这些夫妇们贴上 $1,\cdots,n$ 的标签，给出每次舞曲下跳舞人员的组合，对于每个 i 列出与第 i 个男性跳舞的女性的索引．这个列表就是对 $[n]$ 进行置换的词形．在最后一次舞蹈时，达到了恒等置换．

如在两首舞曲之间，两个女性交换了舞伴，则将她们在置换中的索引进行调换．鼓手们同样也进行了交替．如果第一个演奏的鼓手演奏最后一首歌，当且仅当进行了偶数次的对换，可以从原来的置换得到恒等置换．

为了讨论对换个数的奇偶性，可以为 $[n]$ 的每一个置换 f 定义一个数字 $P(f)$．当 f 的词形为 $x_1,\cdots,x_n$ 时，令 $P(f) = \prod_{j>i}(x_j - x_i)$．随着每次对换改变 $P(f)$ 的符号．对换 x_k 和 x_l 则在式中将 $x_l - x_k$ 替换为 $x_k - x_l$．同样，对于 $k<i<l$ 中的每一个 i，$x_l - x_i$ 与 $x_i - x_k$ 也改变了符号，但是这两个改变相互抵消了．其他因子不变，因此乘积改变了符号．

当 f^* 是恒等置换时，$P(f^*)$ 为正．对于初始置换 f_0，$P(f_0)$ 的计算没有用到任何实现 f^* 的对换信息．无论 f^* 是如何实现的，当且仅当实现 f^* 的对换数为偶数时，$P(f_0)$ 为正．因此，可以从初始情况中计算出，当且仅当 $P(f_0)$ 为正时第一个演奏舞曲的鼓手演奏最后一首． $\blacksquare$

对措施 5.33 的分析区分了置换的两种类型．当 $P(f)$ 为正时，$[n]$ 的置换 f 是**偶置换**；当 $P(f)$ 为负时，$[n]$ 的置换 f 是**奇置换**．这种分类在代数、矩阵理论和组合学中有重要的应用．当 $n=1$ 时，$[n]$ 只有一个偶置换，没有奇置换．对于 $n \geqslant 2$，有 $n!/2$ 个偶置换和 $n!/2$ 个奇置换（习题 5.52）．

每一个置换都可以通过使用对换将其转化为恒等置换．无论怎么对换，偶置换都需要

偶数次对换才能达到恒等置换，而奇置换则需要奇数次对换才能达到恒等置换．

问题 5.5 提问从已知置换得到恒等置换需要进行多少次对换，我们将在下一节中解决这个问题．在计算机科学中，使用指定的运算实现恒等置换的算法称为排序算法．在计算机领域，最初的排列是未知的，主要通过元素间的成对比较逐步完成排序．

函数有向图

可以将置换看作一个从集合到其自身的双射函数，这允许我们对置换进行复合运算．由于双射可逆，故置换的逆还是一个置换，它们的复合是恒等置换．由于将双射进行复合运算后会产生一个双射，所以两个关于 $[n]$ 的置换的复合运算得到的还是一个关于 $[n]$ 的置换．我们将以双射的形式对置换进行复合运算，但仍按它们的词形进行命名．

5.34 例题   设 f 为 $[4]$ 的置换 4123. 函数 $f \circ f$ 是置换 3 412. f 的逆是置换 2 341.

$[n]$ 的两个置换的复合结果通常取决于哪一个置换写在前面．设 g 和 h 分别为置换 132 和 213. 则 $h \circ g$ 是 231，而 $g \circ h$ 是 312. ∎

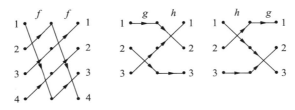

5.35 定义 $f : A \to A$ 的 n **次迭代**是由 f 的 n 次连续复合得到的函数 f^n.

准确地说，令 $f^1 = f$ 并且 $f^n = f \circ f^{n-1}$，$n > 1$. 由于复合运算满足结合律（命题 4.32），故只要 $0 \leqslant k \leqslant n$，就有 $f^k \circ f^{n-k}$（参见习题 4.41）.

5.36 例题（旋转 90 度）   设 $f : \mathbb{R}^2 \to \mathbb{R}^2$ 为使平面逆时针旋转 90 度的函数. f 的公式是 $f(x, y) = (-y, x)$. f 的第四次迭代是恒等函数. 当限制在四个点 $a = (1, 0)$，$b = (0, 1)$，$c = (-1, 0)$，$d = (0, -1)$ 时，函数 f 定义了一个置换，分别将 a，b，c，d 映射到 b，c，d，a. ∎

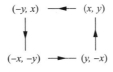

这为研究迭代提供了一种形象的方法．

5.37 定义   函数 $f : A \to A$ 的**函数有向图**由 A 的每个元素所对应的点组成，并且对于每一个 $x \in A$，有一个箭头从表示 x 的点指向表示 $f(x)$ 的点. 称这些点为**顶点**. 称一个顶点列表 $a_1, \cdots, a_k$ 是长度为 k 的**循环**，如果对于 $1 \leqslant i \leqslant k-1$ 从 a_i 到 a_{i+1} 有一个箭头并且从 a_k 到 a_1 有一个箭头. 长度为 1 的循环称为**自环**.

数学家通常使用"图"这个名词表示具有图形表示的各种结构，这个词来自希腊语，表示"图画"的意思．

与注 1.22 中图的概念不同，f 的函数有向图只是使用了 A 的一个副本．根据函数的定义，函数有向图中的每个顶点恰好是一个箭头的尾部．如果每个顶点最多是一个箭头的头部，那么该函数是单射；如果每个顶点至少是一个箭头的头部，则该函数是满射．一个从集合到其自身的函数有一个不动点，当且仅当该函数有向图有一个自环．

5.38 例题（硬币问题的函数有向图）　对于硬币问题（应用 1.14），我们在正整数的非递减集合上定义了一个函数，并证明了这个函数的不动点是形如 $12\cdots n$ 的列表．

由于该函数不会改变硬币的总数，所以我们可以在和为 n 的列表子集 S_n 上研究它．下面将演示 $n = 5$ 时的函数有向图．和为 5 的列表之间没有不动点，故函数有向图没有自环．它有一个长度为 3 的循环．■

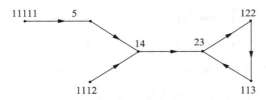

函数有向图使我们可以很容易地研究如果重复地将函数与其自身进行组合会有什么效果．在例题 5.38 中，我们总会得到长度为 3 的循环．

$[n]$ 置换 f 的**双行表**形式在顶行按顺序列出 $[n]$ 中的元素，在底行按顺序列出它上面的元素在该置换下的象．因此，这种矩阵列出了 $\{(x, f(x)) : x \in [n]\}$ 对．例如，$\begin{pmatrix} 1 & 2 & 3 & 4 \\ 4 & 3 & 2 & 1 \end{pmatrix}$ 是词形为 4　3　2　1 的置换的双行表形式．双行表形式的一个优点是可以描述集合的置换，而不是仅仅描述 $[n]$．

5.39 例题（置换的函数有向图）　考虑下列置换 $f:[9] \to [9]$，其双行表形式为

$$\begin{pmatrix} 1 & 2 & 3 & 4 & 5 & 6 & 7 & 8 & 9 \\ 3 & 6 & 1 & 4 & 2 & 5 & 8 & 9 & 7 \end{pmatrix}$$

下图左边使用了注 1.22 中的模型进行可视化表示，右边画出了函数有向图．在置换的函数有向图中，每个顶点都是一个箭头的尾部和一个箭头的头部，故这些箭头组成了循环．我们规范了循环置换的描述，列出了由迭代形成循环的元素．本例的循环是

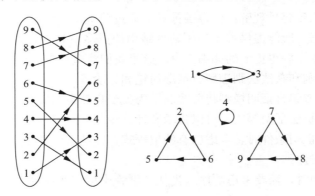

(789)(4)(265)(13).

置换的循环表示是分析置换结构的重要工具. 我们使用它来解决问题 5.5.

5.40 例题   考虑词形为 23416785 并且双行表形式为 $\begin{pmatrix} 1 & 2 & 3 & 4 & 5 & 6 & 7 & 8 \\ 2 & 3 & 4 & 1 & 7 & 6 & 8 & 5 \end{pmatrix}$ 的置换 f. 下面用实箭头显示函数有向图, 其循环表示为 (1234) (5678). 将词形中的 3 和 5 交换, 得到双行表形式为 $\begin{pmatrix} 1 & 2 & 3 & 4 & 5 & 6 & 7 & 8 \\ 2 & 5 & 4 & 1 & 6 & 7 & 8 & 3 \end{pmatrix}$ 的置换 f'. f' 的函数有向图由如下的虚箭头表示, 它的循环表示为 (12567834), 是一个单循环. 交换 3 和 5 又会将 f' 转换为 f.

5.41 措施 (排列置换 $[n]$ 的词形需 $n-k$ 次对换, 其中 k 为其循环表示中的循环数) 我们强调对换的原因是, 可以通过对换位于不同循环上的两个元素将这两个循环合并成一个循环, 并且可以通过对换位于同一循环上的两个元素将该循环分解成两个不同的循环. 当 $f(i) = x$ 且 $f(j) = y$ 时, 对换 x 和 y 得到 f', 其中 $f'(i) = y$ 并且 $f'(j) = x$; 其他情况 f 和 f' 同样满足. 如果 x 和 y 分别来自 f 中不同的循环 $x\cdots i$ 和 $y\cdots j$, 则可通过对换产生 f' 中的一个循环 $x\cdots iy\cdots j$, 且其他循环不变. 如果 x 和 y 来自 f 中的同一个循环 $\cdots ix\cdots jy\cdots$, 那么 f' 在这些元素上会有不同的循环 $x\cdots j$ 和 $y\cdots i$.

由以上分析可知, 如果对换的元素属于同一个循环, 则每次对换都会将循环数 $+1$, 否则将循环数 -1. 恒等置换由 n 个长度为 1 的自环组成. 因此, 一个具有 k 个循环的置换至少需要 $n-k$ 次对换才能达到恒等置换. 此外, 恒等置换可以在 $n-k$ 步中得到, 因为当循环数小于 n 时可以在一个循环中找到两个元素并将它们对换以增加循环数.

解题方法

组合证明通常比较容易理解, 但很难推导. 通过公式的归纳或代数运算往往更容易找到证明, 但组合证明一般能提供关于问题基本结构的更多信息. 在建立双射之后, 可以通过研究关于子集的象去获得更多的详细信息. 这里我们注重基本的技术.

1) 应用加法法则和乘法法则理解分情况讨论和分阶段讨论的区别.

2) 使用几何学或组合证明模型将公式表示为关于自然数的集合.

3) 使用组合分析法证明等式, 可以将求和计算转化为对集合子集划分的计数.

4) 当缺少组合证明条件时, 考虑已有的恒等式、归纳法或其他方法.

加法法则和乘法法则

在应用这些规则时, 需要考虑顺序. 当从一副牌中取三张牌并且从另外两副牌中各取一张牌时，按照 $4\binom{13}{3}3\binom{13}{1}2\binom{13}{1}$ 种顺序依次取牌，每手牌被计算了两次，因为最后两张牌取牌的顺序不重要.

并不是所有的计数问题都可以通过不断建立集合的方式得到解决. 虽然经典模型使用乘法法则，但执行特定步骤的方法数通常取决于前面步骤的执行方式. 当这种情况发生时，必须分情况讨论. 分情况讨论是加法法则的一个应用，我们希望可以在每个具体的情况中都使用乘法法则.

$\boxed{115}$

5.42 例题　用罗马字母标记一个正方形的四个角，可以有多少种方法使得相邻两个角之间的字母不相同？

可以尝试使用分阶段的方式进行标记. 标记左上角共有 26 种方法. 无论使用哪个字母，为了避免与已标记的左上角字母重复只能有 25 种方法可以标记右上角. 同样，在右下角只有 25 种选择. 对于左下角，我们必须同时避免与左上角和右下角重复标记，所以乘以 24 得到 $26\times25\times25\times24$ 种选择.

遗憾的是，如果左上角和右下角恰巧有相同的字母，那么在最后一步实际上有 25 种选择. 因此，简单的乘法法则是行不通的. 在前两步之后，有 24 种选择执行第三步，使前三个位置具有不同的字母，还有一种方法是使其与第一步的字母一致. 因此，正确的计算结果是 $26\times25\times24\times24 + 26\times25\times1\times25$. ■

情况和子情况可以变得非常复杂. 我们尽量利用对称性和乘法法则进行计数，以避免分情况进行讨论可能的情形.

将公式表示为集合的基数

像 k^n 这样关于自然数幂的表达式可以用关于 k 进制 n 元组的集合进行组合表示，或者在几何上使用点的 n 维网格模型进行表示.

5.43 例题　对于 $m^2 = m(m-1)+m$，在代数上考虑分配律. 在几何上，我们划分一个 $m\times m$ 的正方形；删除一行会留下一个 $m\times(m-1)$ 的矩形，对等式的两边计算点的个数. 总之，可以把 m^2 解释为 $[m]$ 中有序对 (i,j) 的个数，当 $i\neq j$ 时有 $m(m-1)$ 个，当 $i=j$ 时有 m 个. ■

可以使用置换实现对 $n!$ 的解释. 我们可以把 $\binom{n}{k}$ 解释为 $[n]$ 的 k 元子集、具有 k 个 1 的二进制 n 元组、从原点到 $(k,n-k)$ 的格路径等. 可以将两项的乘积解释为对有序对的计数或计数两阶段过程. 例如，在引理 5.27 中，我们将 $k\binom{n}{k}$ 解释为首先从 n 人的集体中形成 k 人规模的委员会，然后再从委员会中指定一个主席的方法数. $n!\binom{n}{k}$ 的值可以表示由 $[n]$ 的置换和置换中对其中 k 个位置指定为 1 组成的有序对个数.

可以通过将一组大小为 b 的集合分为 a 组大小相等的集合或一组基数为 a 的集合实现 a 整除 b 的组合证明. 这是使用多重计数推导关于 $\binom{n}{k}$ 的一些公式的本质思想.

116

5.44 例题（$k-1$ 整除 k^n-1）　我们已经通过几何级数得到一个代数证明：$k^n-1=$ $(k-1)\sum_{i=0}^{n-1}k^i$. 现在给出一种组合证明方法.

设 $B=\{0,1,\cdots,k-1\}$. 集合 B^n 的基数是 k^n，但是我们只想要一个基数为 k^n-1 的集合，故丢弃 n 元组中所有为 0 的元素以得到一个基数为 k^n-1 的集合 S. S 中的每个 n 元组都有一个最左边的非零值，设 A_i 由值为 i 的项组成.

当 $i\neq j$ 时，如果 $|A_i|=|A_j|$，那么可以将 S 划分为 $k-1$ 组大小相等的集合，这就证明了 $k-1$ 可以整除 $|S|=k^n-1$. 为了证明 $|A_i|=|A_j|$，可以定义一个从 A_i 到 A_j 的双射，通过从 i 到 j 改变 A_i 中每个 n 元组最左边的非零元素来实现. 下面给出了当 $(k,n)=(5,2)$ 时的集合 S，按类分组，其中列表示在该双射下对应的元素. ∎

$$
\begin{array}{llllllll}
A_1 & 01 & 10 & 11 & 12 & 13 & 14 \\
A_2 & 02 & 20 & 21 & 22 & 23 & 24 \\
A_3 & 03 & 30 & 31 & 32 & 33 & 34 \\
A_4 & 04 & 40 & 41 & 42 & 43 & 44
\end{array}
$$

组合分析法

组合分析法的一个常见例子是在双求和计算中交替改变求和顺序的技巧：$\sum_i\sum_j f(i,j)=\sum_j\sum_i f(i,j)$. 这里的和由有序对进行标识，可以选择按第一个索引或按第二个索引对各项进行分组计算.

主席的身份的证明（引理 5.27）基本上就是这种类型. 我们将 $k\binom{n}{k}$ 解释为一个由两个步骤形成的集合，首先选择一个子集再指定一个主席. 为了证明这个恒等式，我们通过按另一种顺序执行构造的两个步骤来对同一个集合进行计数，即首先指定主席.

求和公式的证明则更加精细. 告诉我们和式值的计数公式，或者通过计算小样例推测出公式. 通常我们定义一个基数为这个公式取值的集合. 证明的其余部分是找到一种方法，将这个集合切成小块，使这些小块的基数与公式中各项的取值相对应，见定理 5.28.

例如，在习题 5.41 中，和的值是 $\binom{n}{3}$，所以我们自然地考虑来自 $[n]$ 的三元组集合. 如何将这个集合切成小块使得在第 i 块中形成三元组的方法数为 $(i-1)(n-i)$？习题 5.40 与之类似但更简单一些. 对于习题 5.42，可以考虑从一组大小为 $m+n$ 的集合中选择 k 个元素，和式的形式使我们更容易地确定从第 i 块中选择 k 个元素的方法.

其他技术

除了组合论证，诸如归纳法、代数运算、多项式的性质甚至微积分等技术也可以起作用. 例如，我们已经组合地证明 $[n]$ 具有与偶数子集一样多的奇数子集，但使用归纳法也能够很容易地证明这一点.

117

前期组合论证结果也可能有帮助，可以使用恒等式进行等量代换以便能够简化计算.

5.45 例题　假设要计算 $\sum_{k=0}^n k\binom{n}{k}$，从主席的身份中，我们知道它等于 $n\sum_{k=0}^n\binom{n-1}{k-1}$.

在新的和中，非零项计算 $[n-1]$ 的子集，按大小分组．因此和为 $n2^{n-1}$．习题 5.39 要求给出一个直接的组合证明． ■

5.46 例题 使用微积分很快就能得出定理 5.31 中的第一项．可以使用面积来解释定积分（见第 17 章），由此得到 $\sum_{i=1}^{n-1} i^k \leqslant \int_0^n x^k \, dx \leqslant \sum_{i=1}^n i^k$．因为 $\int_0^n x^k \, dx = \dfrac{n^{k+1}}{k+1}$，故有 $\dfrac{n^{k+1}}{k+1} \leqslant \sum_{i=1}^n i^k \leqslant \dfrac{n^{k+1}}{k+1} + n^k$．这产生了首项且 $n^k/2$ 可能是下一项．习题 17.32 使用微积分实现证明． ■

习题

这些问题中 n 表示某个正整数．"计数"意思是"确定数目"，并给出求解过程．

5.1 （一）掷 n 个骰子，得到骰子点数之和为偶数的概率是多少？

5.2 （一）对于 2 到 12 之间的每个整数 k，求掷两个均匀骰子时点数之和为 k 的概率（见例 5.14）．

5.3 （一）许多游戏包括掷两个骰子，每一个骰子点数都是从 1 到 6．简单解释一下为什么两个骰子面向上的点数之和为 x 与 $14-x$ 是等可能的．

5.4 （一）单词由字母表中的一串字母组成．一个大小为 m 的字母表可以组成多少个长度为 l 的单词？每个字母最多使用一次可以组成多少个单词？

5.5 （一）给定 n 对已婚夫妇，有多少种方法可以组成一对不是夫妻的男女？

5.6 （一）已知 $|A| = |B| = n$，计数从 A 到 B 的双射．

5.7 （一）有多少种方法可以从一个标准的 52 张扑克牌中选出两张牌，使第一张牌是黑桃，而第二张牌不是 A？

5.8 （一）确定 $x^4 y^5$ 在 $(x+y)^9$ 展开式中的系数．

* * * * * * * * * *

5.9 计算一个随机的五张牌出现以下情况的概率．

a）至少三张同点数的牌．b）至少两张同点数的牌．

5.10 一枚质地均匀的硬币恰好被抛 $2n$ 次，计算恰好得到 n 个正面的概率．计算 $n=10$ 的公式．

5.11 下面的问题出现在加利福尼亚州 10 年级的考试中．"一个游戏包括两个方块，每个方块的面上有数字 1 到 6．掷两个方块后，从较大的数中减去较小的数，得到差值．如果一个玩家多次掷方块，那么最常见的差值是什么？可以通过绘制一个图表以及写下书面解释来向朋友解释．"

5.12 将一个均匀的六面骰子掷三次，计算点数之和等于 11 的概率．

5.13 将一个六面骰子掷四次．对于 $k \in \{0,1,2,3,4\}$，计算第 k 次时掷出 6 朝上的概率．通过验证这些概率之和为 1 来检验你的答案．

5.14 假设一个表盘有一个指针，它可能指向数字 1，2，$\cdots$，n，旋转表盘三次所指向数字之和为 n 的概率是多少？

118

5.15 （一）利用推论 4.41 证明：k 对不相交有限集的并集基数是它们的基数之和.

5.16 使用加法法则证明乘法法则.（提示：将集合 T 的元素表示为 k 元组后，对构成集合 T 的第 k 步的方法数进行归纳.）

5.17 假设 $n!+m!=k!$，其中 $n,m,k \in \mathbb{N}$，证明：$(n,m,k)=(1,1,2)$.

5.18 从一副 52 张牌的标准扑克牌的每种花色中抽出至少一张牌，共抽出 6 张牌组成一个集合，计数集合.

5.19 （!）有 999 999 个自然数小于 1 000 000. 对于 $1 \leqslant k \leqslant 6$，确定这些数字中有多少个在它们的十进制表示中有 k 个不同的数字. 前导零计数；将 111 视为 000111，并计算 $k=2$ 时的值.

5.20 （!）证明 $(n^5-5n^3+4n)/120$ 的值对所有 $n \in \mathbb{N}$ 是一个整数.

5.21 计数由 m 条水平线和 n 条竖直线所组成的矩形网格，在下面图形中，$m=4,n=5$.

5.22 设 p 是平面内的 n 边形，使得连接 p 的顶点对的每一段都在 p 内. 这些段是 p 的"对角线"，计数 p 的对角线.

5.23 根据二项式系数计数扑克游戏（五张牌），有

a）一对（两张牌具有相同点数，并且其他牌点数各不相同）.

b）满堂红（有两张的点数相同，另外三张牌点数相同）.

c）同花顺（同一花色的连续五张牌）.

5.24 （!）桥牌中的一手牌由标准 52 张牌中的 13 张组成. 它的分布是按照每个花色中牌的点数非递增顺序排列的列表. 因此 5 440 表示有五张牌具有相同花色，另外八张牌分为两组，每组由具有相同花色的四张牌组成，各组的花色均不相同. 列出这些分布，求出概率，并对这些分布进行排序. 直观地解释为什么 4 333 的排序如此之低.

5.25 用帕斯卡公式对 n 归纳证明 $\binom{n}{k}=\dfrac{n!}{k!(n-k)!}$，假设 $\binom{0}{0}=1$ 且当 $k<0$ 或 $k>n$ 时，$\binom{n}{k}=0$.

5.26 使用帕斯卡公式对 n 进行归纳证明二项式定理.

5.27 习题 4.21 系统地证明了 $[n]$ 具有奇数大小的子集与具有偶数大小的子集数量相同. 使用二项式定理给出另一个证明. 当 $n=0$ 时，结论是否仍然成立？

5.28 对于非负整数 $x_1,\cdots,x_k$，计数不等式 $x_1+\cdots+x_k \leqslant n$ 的解.

5.29 对于正整数 $x_1,\cdots,x_k$，计数不定方程 $x_1+\cdots+x_k=n$ 的解.

5.30 使用归纳法证明对于整数 $k,n \geqslant 0$，$\sum_{i=0}^{n}\binom{i}{k}=\binom{n+1}{k+1}$ 成立.

5.31 （!）计数把 $2n$ 个不同的人分成两组的方法.（$n=1$ 时答案为 1，$n=2$ 时答案为 3.）

5.32 使用组合分析法，给出组合恒等式 $n^2 = 2\binom{n}{2} + n$ 的证明.

5.33（立方和）

a）直接证明 $m^3 = 6\binom{m}{3} + 6\binom{m}{2} + m$.

b）使用（a）来证明 $\sum_{i=1}^{n} i^3 = \left(\frac{n(n+1)}{2}\right)^2$（不使用归纳法）.

c）使用组合分析法来证明（a）（提示：计数由 $[m]$ 构成的有序三元组）.

5.34 使用求和恒等式计数由单位立方体组合而成的所有 $n \times n \times n$ 的整数大小的立方体.

5.35 有 k^n 个参赛者参与田径比赛. 在每一轮比赛中，选手被分成 k 人一组. 每组的获胜者进入下一轮比赛.

a）据此给出另一个组合证明：$k-1$ 可以整除 $k^n - 1$.

b）整个田径赛有多少场比赛？

5.36 设 x 是大小为 $2n$ 的集合 A 中的某个元素. 在 A 的 n 元子集中，通过计数包含 x 的子集和不包含 x 的子集，证明 $\binom{2n}{n} = 2\binom{2n-1}{n-1}$.

5.37（!）使用组合分析法，证明 $\binom{n}{k}\binom{k}{j} = \binom{n}{j}\binom{n-j}{k-j}$.

＊　＊　＊　＊　＊　＊　＊　＊　＊　＊　＊

在习题 $5.38 \sim 5.45$ 中，通过组合分析法来证明每个求和公式.

5.38 $\sum_{k=1}^{n} 2^{k-1} = 2^n - 1$.

5.39 $\sum_{k=0}^{n} k\binom{n}{k} = n2^{n-1}$.

5.40 $\sum_{i=1}^{n-1} (i-1) = \binom{n}{2}$.

5.41（!）$\sum_{i=1}^{n} (i-1)(n-i) = \binom{n}{3}$.

120

5.42 $\sum_{i=0}^{k} \binom{m}{i}\binom{n}{k-i} = \binom{m+n}{k}$.

5.43 $\sum_{k=-m}^{n} \binom{m+k}{r}\binom{n-k}{s} = \binom{m+n+1}{r+s+1}$.

5.44 $\sum_{i=0}^{k} \binom{m+k-i-1}{k-i}\binom{n+i-1}{i} = \binom{m+n+k-1}{k}$.（提示：使用可重复组合.）

5.45 $\sum_{A \subseteq [n]} \sum_{B \subseteq [n]} |A \cap B| = n4^{n-1}$.（提示：考虑有序三元组 (x, A, B) 使得 $A, B \subseteq [n]$ 并且 $x \in A \cap B$；使用组合分析法.）

＊　＊　＊　＊　＊　＊　＊　＊　＊　＊　＊

5.46（+）估值 $\sum_{S \subseteq [n]} \prod_{i \in S} 1/i$.

5.47 (!) 考虑由 $f_m(n) = \sum_{k=0}^{m} \binom{n}{k}$ 定义的函数 $f_m : \mathbb{N} \to \mathbb{N}$. 证明当 $n \leqslant m$ 时, $f_m(n) = 2^n$, 找出一个 n, 使得 $f_m(n) \neq 2^n$. （提示：对子集计数.）

5.48 计数从 $[n]$ 中选择不同子集 $A_0, A_1, \cdots, A_n$ 满足 $A_0 \subset A_1 \subset \cdots \subset A_n$ 的方法. 如果允许元素重复会出现什么情况？

5.49 （一）确定下列 $[9]$ 的每个置换的奇偶性和逆置换.

a) 987654321.　　　　　　b) 135792468.　　　　　　c) 259148637.

5.50 现有三个有盖的箱子，分别装着苹果、橘子和苹果与橘子的混合. 这三个箱子原来有苹果、橘子和苹果/橘子的标签，但是标签被移动了，故所有的标签都是错的. 我们可以把手伸进一个箱子里，挑出一个水果（其他的都看不到）. 证明通过选择正确的样品箱，可以得到正确的箱标签，并解释这与置换的关系.

5.51 将问题 5.4 变为三个轮流唱歌的鼓手，证明此时最后的鼓手不能由初始置换确定.

5.52 对于 $n > 1$, 证明 $[n]$ 的偶置换数等于 $[n]$ 的奇置换数. （提示：建立一一对应关系.）

5.53 令 $s(f)$ 为将置换 f 转换为恒等置换所需的最小的对换次数. 在不考虑循环结构的情况下，给出一个最多使用 $n-1$ 次排序的直接置换过程. 证明置换 $n(n-1)\cdots 1$ 至少需要 $n/2$ 次对换实现排序.

5.54 设 $s^*(f)$ 为将置换 f 的相邻元素通过对换转换为恒等置换所需的最小次数，证明 $s^*(f)$ 对于 $[n]$ 的置换的最大值为 $\binom{n}{2}$, 并解释如何通过 f 求解 $s^*(f)$.

5.55 （+）设 A_n 为 $[n]$ 的置换组成的集合，设 B_n 为 n 元 $(b_1, \cdots, b_n)$ 组成的集合，且满足对于每个 $i \in [n]$, 有 $1 \leqslant b_i \leqslant i$. 构造一个从 A_n 到 B_n 的双射. （提示：对 n 使用归纳法，通过构造从 A_{n-1} 到 B_{n-1} 的双射来构造从 A_n 到 B_n 的双射. 下面表示 $n = 3$ 时的构造过程.）

$$
\begin{array}{c|ccc|ccc}
A_3 & 321 & 231 & 213 & 312 & 132 & 123 \\
B_3 & 111 & 112 & 113 & 121 & 122 & 123
\end{array}
$$

5.56 使用归纳法确定满足 $n! \geqslant 2^n$ 的正整数 n. 组合证明：对任意 n 有 $n! \geqslant 2^n - 1 - n$ 成立.

5.57 对于 $n \in \mathbb{N}$, 找到并证明公式 $\sum_{k=1}^{n} k \cdot k!$（注：有多种证明方法，包括定理 5.28 那样的组合证明法）.

5.58 $[4]$ 的置换有多少个不定点？$[5]$ 的置换有多少个不定点？

5.59 对于 $f : A \to A$ 并且 $n \in \mathbb{N}$, 当 $n > 1$ 时，将 f^n 定义为 $f^1 = f$ 并且 $f^n = f \circ f^{n-1}$, 设 n, k 为自然数且 $k < n$, 证明 $f^n = f^k \circ f^{n-k}$.

5.60 S_n 是和为 n 的非递减自然数组成的列表集合，令 $f : S_n \to S_n$ 是硬币问题（应用 1.14）中定义在 S_n 上操作的函数.

a) 绘制 $n = 6$ 时 f 的函数有向图.

b) 确定所有 n 的值，使得 f 是单射. 确定所有 n 的值，使得 f 是满射.

5.61 （＋）设 a，b 为非零实数，定义 $f: \mathbb{R} \to \mathbb{R}$ 为 $f(x) = 1/(ax + b)$，$x \neq -b/a$ 并且 $f(-b/a) = (-1/b) - (b/a)$. 确定有序对 (a, b) 的集合使得 f 的函数有向图有 3 个循环. 当 $f(x) = \dfrac{cx + d}{ax + b}$ 且 $ad \neq bc$ 时，求解上述问题.

5.62 整数 n 的划分是一个以正整数为首位非递增的列表，每个元素的各位之和为 n，例如，4 的划分是 4，31，22，211，1111. 列表中的元素称为划分的"部分".

a) 列出 6 的划分. b) 证明存在 k 个部分的 n 划分数等于最大部分为 k 位的 n 划分数. （提示：将各个部分视作由点组成的行.）

5.63 （＋）通过建立一个双射，证明将 n 分成不相同部分的划分数等于将 n 分成奇数部分的划分数. 例如，将 4 分成不相同部分的划分是 4 和 31，将 4 分成奇数部分的划分是 31 和 1111. （提示：考察命题 3.32.）

5.64 设 n 和 k 是自然数. 证明只有一种选择整数 $m_1, \cdots, m_k$ 的方式，满足

$$0 \leqslant m_1 < m_2 < \cdots < m_k \text{ 并且 } n = \binom{m_1}{1} + \binom{m_2}{2} + \cdots + \binom{m_k}{k}.$$

（提示：注意 $\binom{m}{k} = \sum_{i=1}^{k+1} \binom{m-i}{k+1-i}$. 注：这称为 n 的 k 定类表示，与 q 元素表示类似.）

5.65 （＋）这个问题的目的是确定多项式 p 的系数使其具有当 $n \in \mathbb{Z}$ 时，$p(n) \in \mathbb{Z}$ 的性质. 设 I 是具有这个性质的多项式的集合. 回想一下两个函数 p 与 q 的和 $p + q$，在集合 S 上的函数 h 为 $h(x) = p(x) + q(x)$. 类似标量的乘积 $n \cdot p$ 为函数 h，使得 $h(x) = n \cdot p(x)$.

a) 证明：如果 $p, q \in I$ 并且 $n \in \mathbb{Z}$，则有 $p + q \in I$ 并且 $n \cdot p \in I$.

b) 证明：$p_j \in I$，其中 $p_j(x) = \binom{x}{j}$ 并且对于 $\{n_j\} \subseteq \mathbb{Z}$，$\sum_{j=0}^{k} n_j \binom{x}{j} \in I$.

c) 设 f 为 k 次多项式，系数为有理数. 证明 f 可被表示为 $f(x) = \sum_{j=0}^{k} b_j \binom{x}{j}$，其中 b_j 是有理数. （提示：可以对多项式的次数进行归纳.）

d) 证明 $f \in I$，当且仅当 $f(x) = \sum_{j=0}^{k} b_j \binom{x}{j}$，其中 b_j 是整数. （提示：f 定义在整数集合 $\{0, \cdots, k\}$ 中，根据约定 $0! = 1$，注意到 $\binom{0}{0} = 1$.）

第6章 整 除 性

自古以来，人们就发现不是总能将 n 个物体分为 k 个等份；只有在 n 能被 k 整除的时候才可以．本章研究整数的整除性．

6.1 定义 如果 a，$b \in \mathbb{Z}$，$b \neq 0$，且对于某个整数 m 满足 $a = mb$，则称 a 能被 b **整除**，b 能**整除** a（写为 $b \mid a$）．通常将 b 称为 a 的**除数**或**因数**．**质数**是除了 1 和它本身以外不再有其他因数的大于 1 的自然数．

前几个质数是 2，3，5，7，11．我们将证明每个自然数都有唯一的质数因子分解．为了保证唯一性，必须声明数字 1 不是质数．我们还将学习线性方程的整数解并解决以下问题．

6.2 问题 不使用因式分解，怎样能找到两个大数的最大公约数？ ■

6.3 问题（飞镖板问题） 假设飞镖板上的区域值为 a 和 b，其中 a 和 b 是自然数，没有除 1 以外的公约数．不能通过对掷飞镖得分求和方式取到的最大整数 k 为多少？我们将寻找 k 使得 $ma + nb = k$ 对于非负整数 m，n 没有解，但 $ma + nb = j$，j 为大于 k 的整数时确实有解． ■

因子与因子分解

6.4 定义 当 a 和 b 没有大于 1 的公因数时，称它们为**互质**．当 m 和 n 是整数时，称 $ma + nb$ 是 a 和 b 的**整数组合**．

"互质"一词并没有"某些数是质数"的含义；它指"两个或多个数之间的一种互质关系"．下面第一个引理允许我们将 1 表示为互质整数的整数组合．

6.5 引理 如果 a 和 b 是互质的，则存在整数 m 和 n，满足 $ma + nb = 1$．

证明 当 $|a| = |b|$ 或 $b = 0$ 时，它们不是互质的，除非 $|a| = 1$，此时结论与 $(m, n) = (a, 0)$ 一致．故可假设 $|a| > |b|$．由于乘以 -1 不会改变公因数且 m，n 为可正或可负，故可假设 a 和 b 均为非负．对 $a + b$ 使用强归纳进行证明，目前已经证明了基础步骤，其中 $a + b = 1$．

根据归纳步骤，假设 $a + b \geqslant 2$．根据对称性，不妨设 $a > b$．我们已经考虑了 $b = 0$ 的情形．当 $b > 0$ 时，可以将把归纳假设应用到整数 b 和 $a - b$ 上．这些整数为正并且它们的和小于 $a + b$．它们也是互质的，因为 b 和 $a - b$ 的每一个公约数也是 b 和 a 的约数．

因此，可以将归纳假设应用于 b 和 $a-b$，得到整数 m'，n'，满足 $m'b+n'(a-b)=1$. 关键是将计算重写为 $n'a+(m'-n')b=1$. 令 $m=n'$ 且 $n=m'-n'$ 即可得到 $ma+nb=1$. ∎

6.6 命题 如果 a 和 b 互质且 a 整除 qb，则 a 整除 q.

证明 由于 a，b 互质，可由引理 6.5 提供整数 m，n，满足 $1=ma+nb$. 故有 $q=maq+nbq=mqa+nqb$. 因为 a 能够整除右边的各项，故 a 一定也整除它们的和 q. ∎

6.7 命题 如果一个质数 p 能整除 k 个整数的乘积，那么 p 至少能整除其中一个因子.

证明 对 k 使用归纳法，当 $k=1$ 时，命题显然成立. 对于 $k \geqslant 2$，令 b_1，$\cdots$，b_k 为乘积能被 p 整除的 k 个整数，令 $n=\prod_{i=1}^{k-1} b_i$，则 p 整除 nb_k. 如果 p 整除 b_k，那么命题成立.

否则，由于 p 是质数，p 和 b_k 互质. 根据命题 6.6 得出 p 整除 n. 将通过对 n 使用归纳假设可知 p 能整除 $\{b_1,\cdots,b_{k-1}\}$ 中的一个. ∎

124

6.8 定义 n 的**质因数分解**是将 n 表示为不同质数的幂的乘积；每个质数的指数是该质数在分解式中的**重数**. 通常把 n 的质因数分解写成 $n=\prod_{i=1}^{k} p_i^{e_i}$.

例如，1 200 的质因数分解为 $2^4 3^1 5^2$. 一个不能整除 n 的质数在 n 的每一个因式分解中重数为 0，下面的定理是关于因子分解的一个基本结论.

6.9 定理 （算术基本定理） 每一个正整数 n 都有一个质因数分解，且在不考虑因子排列顺序的情况下是唯一的.

证明 对 n 使用强归纳法. 对于 $n=1$，没有质数因子. 根据惯例，空集合中整数的乘积是乘法恒等式 1，故基础步骤成立.

对于归纳步骤，考虑 $n>1$ 的情形. 令大于 1 且能整除 n 的整数组成的集合为 S；则该集合为非空，因为 $n \in S$. 由自然数集的良序性可知 S 必有一个最小元素 p，而且可以断定 p 是质数；否则，就会存在一个能整除 n 且比 p 更小的质因数.

根据命题 6.7，p 出现在每一个乘积为 n 的质数（允许重复）列表中，因此，n 的每一个质因数分解都由 p 和 n/p 的质因数分解组成. 通过归纳假设，n/p 有一个唯一的质因数分解. 因此，n 具有唯一一个质因数分解，在 n/p 的唯一质因数分解中，将 1 加到 p 的重数上即可得到 n 的质因数分解. ∎

6.10 推论 如果 a，b 互质并且都能整除 n，则有 $ab \mid n$.

证明 （见习题 6.28.） ∎

当整数 a 和 b 不互质时，它们的公约数大于 1. 通常需要知道公约数的最大值.

6.11 定义 对于任意不同时为 0 的整数 a，b，它们的**最大公约数** $\gcd(a,b)$ 是同时能够整除 a 和 b 的最大自然数. 根据惯例规定 $\gcd(0,0)=0$.

如果 $d=\gcd(a,b) \neq 0$，则 a/d 和 b/d 互质. 这使我们能够描述 a 和 b 所有的整数组合.

6.12 定理 a 和 b 的整数组合集是 $\gcd(a,b)$ 的倍数集.

证明 设 $d=\gcd(a,b)$. a 与 b 的整数组合集为 $S=\{ra+sb:r,s \in \mathbb{Z}\}$. 设 T 表示 d 的倍数的集合.

首先证明 $S \subseteq T$，因为 d 能同时整除 a 和 b，所以存在整数 k 和 l，满足 $a=kd$，$b=ld$，

125

由分配律可得 $ma+nb=mkd+nld=(mk+nl)d$ ，故 d 也能整除 $ma+nb$. 因为这对于每个整数组合都成立，故有 $S\subseteq T$.

为了证明 $T\subseteq S$，可以把 d 的每个倍数表示为 a 和 b 的整数组合. 因为整数 a/d 和 b/d 互质，根据引理 6.5，存在整数 m，n 满足 $m(a/d)+n(b/d)=1$. 故有 $ma+nb=d$. 即对于 $k\in\mathbb{Z}$，有 $(mk)a+(nk)b=kd$. 故 $T\subseteq S$. ∎

欧几里得算法

对公约数的应用通常建立在已知最大公约数的基础上. 对于两个很大的数，其最大公约数并不是显而易见的，需要一个方法实现对它的计算. 我们还想知道如何构造满足 $ma+nb=d$ 的整数组合 m，n，其中 $d=\gcd(a,b)$. 有一个基于引理 6.5 证明思想的高效算法.（**算法**是执行计算或构造的过程.）

6.13 命题　如果 a，b，k 是整数，那么 $\gcd(a,b)=\gcd(a-kb,b)$ 成立.

证明　根据分配律，每一个能整除 a 和 b 的整数也一定能整除 $a-kb$. 同理，每一个能整除 $a-kb$ 和 b 的整数也一定能整除 a. 因此 d 是 a 和 b 的公约数当且仅当 d 是 $a-kb$ 和 b 的公约数，因此有 $\gcd(a,b)=\gcd(a-kb,b)$. ∎

当 $k=1$ 时，命题 6.13 允许用较大的数减去较小的数而不改变 gcd. 重复这样的做法将会得到 gcd. 如果一个数有 10 位，另一个数有 100 位，那么在求取 gcd 的过程中，必须要做很多减法. 正如命题 6.13 中"k"的作用，可以通过同时执行多次减法来加快这个过程. 找到正确的减法数正是除法的作用.

6.14 命题　如果 a 和 b 是整数且 $b\neq0$，那么存在唯一的整数对 k，r，满足 $a=kb+r$ 且 $0\leqslant r\leqslant|b|-1$.

证明　（见习题 16.）∎

在命题 6.14 中得到 k 和 r 的过程是**带余除法**. r 是 a 除以 b 的**余数**；当且仅当 a 能被 b 整除时，余数为 0. 为了表示 k，我们定义实数 x 的**向下取整**为 $\max\{z\in\mathbb{Z}:z\leqslant x\}$，记为 $\lfloor x\rfloor$. 当 a，$b>0$ 时，$k=\lfloor a/b\rfloor$. x 的**向上取整**为 $\min\{z\in\mathbb{Z}:z\geqslant x\}$，记为 $\lceil x\rceil$.

接下来，将描述一种计算最大公约数的算法. 该算法解决了问题 6.2. 习题 12.26 将考虑这个算法的效率. 习题 6.43 考虑类似的算法.

6.15 算法（欧几里得算法）

输入：一对不同时为 0 的非负整数.

输出：关于输入对的最大公约数.

初始化：将当前非负整数对设置为输入对.

迭代：如果当前对的一个元素为 0，那么将另一个元素作为输出，然后停止. 否则，将当前对的最大元素替换为被另一个元素作除法后的余数，并用此新元素对作为当前元素对.

注意，如果当前对是 (n,n)，则下一对是 $(n,0)$，算法输出 n 为 gcd 并停止.

我们必须证明欧几里得算法能够终止并正确地输出 gcd. 仔细跟踪除法中的商，可以将 $\gcd(a,b)$ 计算表示为 a 和 b 的整数组合. 该算法的每一步都将新值表示为旧值的整数组合，所以用初值表示终值是一系列的等量代换.

6.16 例题（欧几里得算法与整数组合）　当 (a,b) 是当前对时，新数是 $a=kb+r$ 的余数，可用当前对表示余数 $r=a-kb$. 最后进行回推，通过等量代换来消除减法，将最大公约数表示为初始输入值的整数组合. 将算法用于整数对 $(154,35)$，可分三步找到公约数 7.

$$
\begin{array}{ll}
(154,35) & 14=154-4\times35 \\
(35,14) & 7=35-2\times14 \\
(14,7) & 0=14-2\times7 \\
(7,0) &
\end{array}
$$

$$7=35-2\times14=35-2(154-4\times35)=-2\times154+9\times35$$ ■

6.17 定理　对于整数 a, b，其中 $a\geqslant b\geqslant0$ 且 $a\neq0$，可用欧几里得算法算出 $\gcd(a,b)$. 此外，对该算法的等量代换步骤进行逆向计算，可将 $\gcd(a,b)$ 表示为 $ma+nb$，其中 $m,n\in\mathbb{Z}$.

证明　可以对 b 使用强归纳法实现证明，b 是输入对中较小的项. 对于基础步骤，有 $b=0$. 此时输出为 a. 它等于 $\gcd(a,0)$，并且 $a=1\cdot a+0\cdot0$ 表示最大公约数为 a 和 b 的整数组合.

对于归纳步骤，我们有 $a\geqslant b\geqslant1$，假设在欧几里得算法的较小输入比 b 还小的时候，可以使用该算法正确地计算出 gcd. 第一步的结果是 (b,c)，且 $b>c\geqslant0$，存在 $k\in\mathbb{N}$，满足 $a=kb+c$. $c=a-kb$ 表示 c 是由 a 减去 b 的乘积获得. 根据命题 6.13，有 $\gcd(a,b)=\gcd(b,c)$. ⟨127⟩

接下来对输入 (b,c) 使用欧几里得算法的计算过程与前面相同. 因为 $b>c\geqslant0$，由归纳假设可知继续对 (b,c) 使用欧几里得算法直至得到输出 $(d,0)$，其中 $d=\gcd(b,c)=\gcd(a,b)$.

归纳假设还告诉我们，如例题 6.16 所示，可以通过反转等量代换的方式将 d 表示为 b 和 c 的整数组合. 设 $d=m'b+n'c$，其中 $m',n'\in\mathbb{Z}$. 由于 c 用 a 和 b 表示为 $c=a-kb$ 的形式，代入可得

$$d=m'b+n'c=m'b+n'(a-kb)=n'a+(m'-n'k)b$$

因此，设 $m=n'$ 且 $n=(m'-n'k)$ 所得最大公约数的表达式为 a 和 b 的整数组合. ■

欧几里得算法中每一步的替换操作是一个函数 $E:S\to S$，其中 S 是非负整数对 (a,b) 的集合，其中 $a\geqslant b\geqslant0$ 且 $a\neq0$. 欧几里得算法不断地变换 E，直到产生一个第二坐标为 0 的非负整数对. 因此，定理 6.17 保证了存在某个 $n\in\mathbb{N}$，$E^n(a,b)=(\gcd(a,b),0)$ 成立.

将 $\gcd(a,b)$ 表示为 a 和 b 的整数组合，可用于求解整数线性方程. 为了纪念丢番图（公元 3 世纪），我们把求整数解的方程称为**丢番图方程**.

6.18 例题（无解）　方程 $6x+15y=79$ 没有整数解. 因为满足方程的整数解需将 79 表示为 6 和 15 的整数组合. 所有这些组合都是 $\gcd(6,15)=3$ 的倍数，但 79 不是 3 的倍数. ■

在求出丢番图方程 $ax+by=c$ 的一个解后，就可以很容易地求出该方程的所有解. 我们举一个例子进行说明.

6.19 例题（对所有解的表示） $6x+15y=99$ 的整数解是什么？使用 S 来表示这个解集．由于 99 是 $3=\gcd(6,15)$ 的倍数，定理 6.12 保证了 3 为一个解．为了求出其余所有解，首先将方程除以 gcd，得到**简化方程** $2x+5y=33$，这样做不会改变解集．设 $x=-2$ 且 $y=1$，得到 1 是系数 2 和系数 5 的整数组合：$2\times(-2)+5\times(1)=1$. 如果我们没有看出 $2x+5y=1$ 的解，可以用欧几里得算法来生成一个．

将简化方程的解乘以 33 得到 S 中的解 $(x,y)=33\times(-2,1)=(-66,33)$. 可以通过增加 x 和减少 y 来得到其他解，反之亦然．由于必须同时增加 $2x$ 和减少 $5y$. 因此，这个数字必须是 2 和 5 的倍数．因为 2 和 5 是互质的，故可通过改变 x 乘以 5 且同时反向改变 y 乘以 2 的方式找到其他所有解．故有：$S=\{(-66+5k,33-2k):k\in\mathbb{Z}\}$.   ∎

飞镖板问题

我们对丢番图方程的求解允许出现负整数．当我们禁止出现负数解时会发生什么呢？飞镖板问题就是这样一个问题．为纪念詹姆斯・约瑟夫・西尔维斯特（1814—1897），通常将关于该问题解的结论称为**西尔维斯特定理**.

设 a,b,k 是正整数且 a 和 b 互质．我们用一个几何参数表示当 k 足够大时，$k=ma+nb$ 必须存在一个非负整数解 (m,n). 由于 a,b 是互质的，故方程 $k=ma+nb$ 存在整数解．可以通过将 b 加到 m 上且从 n 中减去 a 的方式实现从一个点移动到另一个点的效果．从平面上的点来看，解坐标 (m,n) 对应的点分布在一条直线上．当且仅当关于 k 的直线在第一象限有一个整数点时，关于 k 的方程有一个非负整数解．根据定义，第一象限是两个坐标均为非负的点集．

关于不同 k 值的直线是平行的；它们是由 $f(m,n)=ma+nb$ 所定义函数的水平集．下面画出 $(a,b)=(3,5)$ 且 $k\in\{1,2,4,7\}$ 的这些直线．这些 k 是正整数，不能表示为 a 和 b 的非负整数组合．这些点表示这些直线上最接近第一象限的整数点．随着 k 的增大，直线穿过第一象限的面积增大．由于整型点在每一行上的间距相同，故可使得 k 增大以保证有一个解．对于 a 和 b，我们需要求出 k 至少有多大才能保证存在非负整数解．

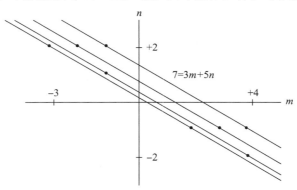

6.20 措施（飞镖板问题）   对于互质正整数 a 和 b，我们证明 $ab-a-b$ 是不能表示为

a 和 b 的非负整数组合的最大整数. 如果 $k = ma + nb$ 有一个非负整数解则称 k 是**可表示的**. 我们要证明 $ab - a - b$ 是不可表示的且每一个更大的数都是可表示的.

首先使用反证法证明 $ab - a - b$ 是不可表示的. 如果 $ab - a - b$ 是可表示的, 那么必存在非负整数 m, n 满足 $ab - a - b = ma + nb$, 即有 $ab = (m+1)a + (n+1)b$. 由于 a 和 b 互质, 这意味着 a 能整除 $n+1$ 且 b 能整除 $m+1$. 由于 $m, n \geqslant 0$, 故有 $n+1 \geqslant a$ 且 $m+1 \geqslant b$, 可由这些不等式产生矛盾:

$$ab = (m+1)a + (n+1)b \geqslant 2ab$$

接下来, 我们通过证明逆否命题: "k 不可表示 $\Rightarrow k \leqslant ab - a - b$" 来证明 "$k > ab - a - b \Rightarrow k$ 可表示". 假设 k 不可表示. 因为 $\gcd(a, b) = 1$, 故存在整数 r, s, 满足 $1 = ra + sb$. 将该方程乘以 k 得到 $k = (kr)a + (ks)b$; 这是方程 $k = ma + nb$ 的一个整数解, 但有一个系数是负的. 把 b 加到 m 上并且从 n 中减去 a, 就得到了方程 $k = ma + nb$ 的另一个整数解. 由于 k 不可表示, 所以在第一象限中没有整数解. 因此, 在第二象限中存在 (m', n') 和在第四象限中存在 $(m'+b, n'-a)$ 的连续整数解. 由于这些点是在这些象限中的整数解, 它们一定满足 $m' \leqslant -1$ 且 $n'-a \leqslant -1$. 由此可得

$$k = m'a + n'b \leqslant (-1)a + (a-1)b = ab - a - b$$
■

也可以直接证明比 $ab - a - b$ 大的数的可表示性. 考虑例子 $(a, b) = (3, 10)$ (习题 3.44). 通过验证连续整数, 可以证明 17 是不可表示的但是 18, 19, 20 是可表示的. 所有更大的数都是可表示的, 因为每个更大的数都比其中一个数大 3 倍.

关键的性质是一些数除以 a 后的余数为可表示的数. 我们接下来建立一个前提条件, 使得等距数有不同的余数. 由此得到飞镖板问题的另一个解法, 这将在第 7 章中使用.

6.21 定理　当 a, b 互质且 $x \in \mathbb{Z}$, 数 x, $x+b$, $\cdots$, $x+(a-1)b$ 除以 a 后有不同的余数.

证明　假设 $x + ib$ 和 $x + jb$ 除以 a 后的余数相同, 则存在整数 k, l, r, 满足 $0 \leqslant r \leqslant a-1$, $x + ib = ka + r$ 且 $x + jb = la + r$. 化简方程得到 $(i-j)b = (k-l)a$. 既然 a 能整除 $(k-l)a$, 那么 a 也一定能整除 $(i-j)b$. 由于 a 和 b 互质, 由命题 6.6 可知 a 必能整除 $i - j$, 由 i 和 j 是小于 a 的非负整数, 故有 $i = j$.
■

130

6.22 措施 (飞镖板问题的另一种证明)　我们证明了每一个大于 $ab - a - b$ 的整数都是可表示的. 如果这样一个数 x 除以 a 得到的余数与更小的可表示数 y 的相同, 那么 x 也是可表示的, 因为我们可以在 $ma + nb = y$ 中通过增加 a 的倍数的方式实现对 x 的表示.

由 $m = 0$ 和 n 的非负性可知, $T = \{0, b, 2b, \cdots, (a-1)b\}$ 中的数是可表示的. 根据定理 6.21, 这些数除以 a 后有不同的余数. 由于 $a < b$, 故有 $(a-2)b < ab - a - b$, 并且所有这些数除了 $(a-1)b$ 都小于 $ab - a - b$. 注意到 $(a-1)b - (ab - a - b) = a$, 故 $(a-1)b$ 是 $ab - a - b$ 的余数类后的第一个数字. 由此证明了每一个大于 $ab - a - b$ 的整数, 除以 a 后的余数与 T 中不大于它且可表示的数相同.
■

多项式的扩展知识（选学）

在本节中，我们把含有一个变量的多项式集合看作一个独立的数学系统. 这个集合有许多类似于整数的性质. 例如带余除法、欧几里得算法和唯一的质因式分解等.

设 $\mathbb{R}[x]$ 表示所有含有一个变量的实系数多项式组成的集合，$\mathbb{Z}[x]$ 表示由系数为整数的多项式组成的子集. 我们用一种自然的方式定义多项式的加法和乘法运算:

$$\sum_k a_k x^k + \sum_l b_l x^l = \sum_n (a_n + b_n) x^n$$

$$\sum_k a_k x^k \sum_l b_l x^l = \sum_n \Big(\sum_{k=0}^n a_k b_{n-k} \Big) x^n$$

因为两个多项式的和与乘积都是多项式，且加法和乘法运算在集合 $\mathbb{Z}$ 上满足封闭性，加法和乘法是 $\mathbb{R}[x]$ 和 $\mathbb{Z}[x]$ 上的二元运算（集合 S 上的二元运算是从 $S \times S$ 到 S 的函数). 常数多项式 0 和 1 分别是加法单位元和乘法单位元.

我们使用如 a，b，q，r 的字母表示多项式. 因为可以把它们当作 $\mathbb{R}[x]$ 中的元素，并且通常在多项式的表示法中省略变量 x. 根据推论 3.25，当且仅当 a 和 b 作为 $\mathbb{R}$ 上的函数相等时，a 和 b 在 $\mathbb{R}[x]$ 中有相同的象.

[131]

6.23 定理（多项式的带余除法） 如果 $a, b \in \mathbb{R}[x]$ 且 $b \neq 0$，则存在唯一的 $q, r \in \mathbb{R}[x]$ 满足 $a = qb + r$，其中 $r = 0$ 或者 $\deg(r) < \deg(b)$.

证明 对于每个 b，可以通过对多项式 a 的次数做强归纳证明 q, r 的存在性，令 $m = \deg(b)$，$n = \deg(a)$. 如果 $n < m$，则取 $q = 0$ 且 $r = a$ 时结论成立. 故当 $n < m$ 时，结论成立.

对于归纳步骤，考察一个 $n \geq m$ 次的多项式 a 并且假设结论适用于所有次数小于 n 的多项式. 设 a_n 和 b_m 为 a 和 b 的首项系数，令 $h(x) = \dfrac{a_n}{b_m} x^{n-m}$. 注意 $hb - a$ 没有 n 次项. 因此，$a = hb + c$ 成立，其中 $c = 0$ 或 $\deg(c) < n$. 如果 $c = 0$，则取 $q = h$ 且 $r = 0$ 时，结论成立. 否则，由强归纳假设有 $c = Qb + R$，其中 $\deg(R) < m$，故有

$$a = Qb + R + hb = (Q + h)b + R$$

令 $q = Q + h$ 且 $r = R$ 则可得证.

我们把唯一性的证明留给习题 6.58. ■

6.24 推论 如果 p 是一个多项式，则存在多项式 q 满足:
$$p(x) = (x - x_0)q(x) + p(x_0)$$

证明 对 $b(x) = x - x_0$ 应用带余除法. 余数必须是常数. 在 $x = x_0$ 处的取值决定了常数值. ■

定理 6.23 的表述和证明与 $\mathbb{Z}$ 上带余除法的证明是对应的. 最大公约数的结果也是如此.

6.25 定义 如果 $\mathbb{R}[x]$ 的非空子集 I 满足下面的性质，那么它就是一个**理想**.

a) 若 $p,q \in I$，则 $p+q \in I$. b) 若 $p \in I$ 且 $r \in \mathbb{R}[x]$，则 $rp \in I$.

对于任意给定的一个理想 I，如果存在 $g \in \mathbb{R}[x]$ 使得 $I = \{pg : p \in \mathbb{R}[x]\}$，则称理想 I 是一个**主理想**. 多项式 g 是 I 的**生成式**.

由性质 b) 可知每个理想都包含 0.

6.26 定理 $\mathbb{R}[x]$ 中的每一个理想都是主理想.

证明 如果 I 只包含 0 多项式，那么当 $g = 0$ 时，结论成立. 否则，设 b 为 I 中最小次数的非零多项式，a 是 I 中任意元素. 通过带余除法可以得到 $a = qb + r$. $r = 0$ 或者 r 的次数小于 b 的次数.

因为 a 和 qb 都属于 I，同时 $r = a - qb = a + (-q)b \in I$. 由于 b 是 I 中有最小次数的元素，且 $r \in I$，故 $\deg(r) < \deg(b)$ 是不可能的. 由此可得 $r = 0$，即有 $a = qb$.

因此，I 中的每一个元素都是 b 的倍数，根据理想的定义，b 的每一个倍数都在 I 中. 因此 I 包含所有 b 的倍数. ■

可将"理想"的概念扩展到更一般的数学系统，称为环和整环. 这些集合具有加法和乘法的运算性质，其性质类似于整数 $\mathbb{Z}$. 例如，在 $\mathbb{Z}$ 中，整数 a 和 b 的整数组合集被定义为理想，定理 6.12 表明这个理想是有生成元 $\gcd(a,b)$ 的主理想. 习题 6.55 与定理 6.26 中的 $\mathbb{Z}$ 类似，$\mathbb{Z}$ 中每一个理想都由单个整数的倍数组成.

给定 $d, a \in \mathbb{R}[x]$，如果存在某个多项式 q 使得 $dq = a$，那么就说 d 可以整除 a 或者说 d 是 a 的**除数**. a 和 b 的**最大公因式**是能被 a 和 b 的任意一个公因子整除的多项式.

6.27 定理 如果 a 和 b 是 $\mathbb{R}[x]$ 中的元素，那么 a 和 b 存在最大公因式 d，且存在多项式 s 和 t，满足 $d = as + bt$.

证明 对于多项式 s 和 t，由 $as + bt$ 产生的多项式集合 S 是一个理想. 定理 6.26 表明 S 由某个多项式 d 的所有倍数组成. 可以断定 $a, b \in S$，因为 $a = 1a + 0b$，$b = 0a + 1b$. 因此 a, b 都是 d 的倍数.

如果 q 可以整除 a 和 b，则根据 $d = as + bt$ 可知 q 也能整除 d，因此 d 是 a 和 b 的最大公因式. ■

在抽象代数中，如果证明了某整数域中每个理想都是主理想，则该整数域中每个元素都有一个唯一质因数分解. 正如现在所看到的，这种性质特别适用于 $\mathbb{R}[x]$.

6.28 定义 如果某个多项式 $u \in \mathbb{R}[x]$ 是一个非零常数，那么它就是一个**单元**. 对于某个多项式 $a \in \mathbb{R}[x]$，如果它可以表示为 $a = bc$ 且 b, c 都不是单元，则称 a 是**可约**的. 对于非常数 $a \in \mathbb{R}[x]$，如果 $a = bc$ 等价于 b 或 c 是单元，则称 a 是**不可约**的.

我们称一个非零常数为"单元"，因为它在 $\mathbb{R}[x]$ 中有一个乘法逆. 我们不认为单元是不可约的，正如我们不认为 1 是质数一样.

6.29 引理 如果一个不可约多项式 p 可以整除乘积 ab，那么 p 可以整除 a 或 b.

证明 如果 p 不能整除 a，那么 $\gcd(p,a) = 1$. 根据定理 6.23，$1 = sp + ta$ 成立，因此 $b = spb + tab$. 现在 p 整除等号右边这两个项，这也相当于整除 b. ■

6.30 定理 每个非常数 $a \in \mathbb{R}[x]$ 都可以写成不可约多项式的乘积. 因式分解的唯一性由因子的顺序和它们与单元的乘积所决定.

证明（概述） 如果 a 是不可约的，则可以直接得出存在性和唯一性. 如果 a 是可约的，则存在次数小于 a 的多项式 b，c，使得 $a = bc$. 然后，通过下降法或对次数做强归纳法，就可以得到存在性的严格证明. 接下来唯一性的证明通过强归纳法和引理 6.29 得到（参见习题 6.59）. ■

习题

6.1 （一）解释为什么下面这句话没有意义："令 n 是互质的."

6.2 （一）令 p 为质数，则哪些整数与 p 互质？

6.3 （一）确定哪些整数与 0 是互质的.

6.4 （一）假设 $\gcd(a, b) = 1$. 证明：$\gcd(na, nb) = n$.

6.5 （一）设 n 为自然数，欧几里得算法输入为 $(5n, 2n)$ 时产生的数对列表是什么？

6.6 （一）当输入是 $(n+1, n)$ 时，欧几里得算法需要多少步才能达到 $(1, 0)$？

6.7 （一）61 是 9 和 15 的整数组合吗？61 是 9 和 16 的整数组合吗？

6.8 （一）对于下面的每对整数，使用欧几里得算法计算它们的最大公约数，并将最大公约数表示为这两个数的整数组合.

　　a) 126 和 224. 　　　　　　　　b) 221 和 299.

6.9 （一）对于下面每个丢番图方程，如果有解的话，找出其所有解.

　　a) $17x + 13y = 200$. 　　　　c) $60x + 42y = 104$.

　　b) $21x + 15y = 93$. 　　　　　d) $588x + 231y = 63$.

6.10 （一）7 的前 10 倍以不同的数字结尾（以 10 为基底），但 8 的前 10 倍则没有这种现象. 解释这种差异.

$$* \quad * \quad * \quad * \quad * \quad * \quad * \quad * \quad * \quad * \quad *$$

美国硬币的面值有 1、5、10、25 和 50 五种，分别称为 1 美分、5 美分、10 美分、25 美分和 50 美分.

6.11 （一）某人拥有相同个数（非零）的各类美国硬币. 如果她拥有的硬币总和是 1 美元，试确定最小的非零数. 假设她没有 1 美分，求解同样的问题. 假设她既没有 1 美分也没有 5 美分，求解同样的问题.

6.12 （一）某停车计价器包含相同数量的 10 美分硬币和 25 美分硬币，总数是非零整数美元. 问硬币的最小数量是多少？

6.13 （一）某停车计价器可容纳 k 个 25 美分硬币、$2k$ 个 5 美分硬币和 $4k$ 个 10 美分硬币. 找到所有 k，使得当计价器满的时候，硬币的总币值是整数美元.

6.14 （一）假设一个停车计价器只接受 10 美分硬币和 25 美分硬币，并且 10 美分硬币的数量是 25 美分硬币的两倍. 如果硬币总币值是非零整数美元，那么美分硬币的最小数量是多少？

6.15 最少需要多少种美分硬币（币值可以重复）才能使得零钱币值取到 1 美分到 99 美分之间的任何值？是否只有一个最优解？如果要求硬币组合能够产生出任何想要的币值时，则最少需要多少种美国硬币？

* * * * * * * * *

6.16 对于 $a, b \in \mathbb{Z}$，证明恰好有一对 $k, r \in \mathbb{Z}$ 使得 $0 \leqslant r \leqslant |b| - 1$ 且 $a = kb + r$.

6.17 证明 $\gcd(a + b, a - b) = \gcd(2a, a - b) = \gcd(a + b, 2b)$.

6.18 假设 $\gcd(a, b) = 1$，那么能确定 $\gcd(a^2, b^2)$ 吗？是否能确定 $\gcd(a, 2b)$？

6.19 （!）设 n, k, j 为 $n > k > j$ 的自然数，证明：$\binom{n}{k}$ 和 $\binom{n}{j}$ 不是互质的。（提示：使用习题 5.37 把这些量联系起来。）

6.20 通过计数点的适当几何排列，证明：当 p 和 q 互质时，$2\sum_{i=1}^{q-1} \lfloor ip/q \rfloor = (p-1)(q-1)$ 成立。

6.21 对于 $x \in \mathbb{Z}$ 且 $k \in \mathbb{N}$，证明：$\lfloor -x \rfloor = \lceil -x \rceil$ 且 $\left\lceil \dfrac{x - k + 1}{k} \right\rceil = \left\lfloor \dfrac{x}{k} \right\rfloor$.

6.22 找到所有整数 k，使得 $k \geqslant 3$ 且 $k - 2$ 整除 $2k$.

6.23 确定 n 的值，使得 $\{n, n+2, n+4\}$ 都是质数。

6.24 证明对于每个正整数 n，3 能整除 $4^n - 1$. 证明对于每个正整数 n，6 能整除 $n^3 + 5n$.

6.25 假设 $\langle a \rangle$ 为序列：$a_1 = 1, a_2 = 1$ 且当 $n \geqslant 2$ 时 $a_{n+1} = a_n + 2a_{n-1}$ 成立。证明：当且仅当 n 能被 3 整除时 a_n 也能被 3 整除。

6.26 如果 $n \in \mathbb{N}$，证明 $(n-1)^3 + n^3 + (n+1)^3$ 能被 9 整除。

6.27 设 $f: \mathbb{N} \times \mathbb{N} \to \mathbb{N}$ 由 $f(x, y) = 3^{x-1}(3y - 1)$ 定义，证明 f 不是满射并解释与例题 4.45 的差异。

6.28 假设 $\gcd(a, b) = 1$，并且 $a \mid n, b \mid n$. 证明：$ab \mid n$.

6.29 自然数 a 和 b 的**最小公倍数**（lcm）是能被两者整除的最小自然数。证明：
$$\mathrm{lcm}(a, b) \cdot \gcd(a, b) = a \cdot b$$

6.30 （!）证明：$(2n)! / (2^n n!)$ 是奇数。

6.31 （!）设 a, b, c 为满足 $a^2 + b^2 = c^2$ 的整数。

　　a）在 $\{a, b\}$ 中至少有一个是偶数，这句话是正确的吗？

　　b）如果 c 能被 3 整除，证明 a 和 b 都能被 3 整除。

6.32 （!）熊的笼子里有两罐豆糖，一罐有 x 粒，另一罐有 y 粒。每个罐子都有一个杠杆。当一个罐子里至少有两粒豆子时，按下它的杠杆，就会从中给熊一个豆子，然后把一颗豆子移动到另一个罐子里，否则杠杆不起作用。找出关于 x, y 的充要条件，使得熊能够吃掉除一粒以外的所有豆糖。

6.33 假设 abc 是一个 3 位数的自然数（十进制）。证明 6 位数 $abcabc$ 至少有 3 个不同的质因子。

6.34 （!）用反证法证明质数集不是有限集。

6.35 （!）设 n 为正整数. 构造一组含有 n 个非质数的连续正整数集合. （提示：确定一个正整数 x，使得 x 能被 2 整除，$x+1$ 能被 3 整除，$x+2$ 能被 4 整除，等等.）

6.36 （!）质数和阶乘

a) 在 $k!$ 的因式分解中，将质数 p 的指数表示为有限和. 特别地，计算 $250!$ 中 5 的指数.

b) 如果 N 是 k 个连续自然数的乘积，则用（a）的答案证明 N 能被 $k!$ 整除.

c) 使用组合证明给出 b) 的另一个证明.

6.37 （!）设 p 是质数.

a) 证明：如果 $1 \leqslant k \leqslant p-1$，则 p 能够整除 $\binom{p}{k}$.

b) 证明 $n^p - n$ 对于每个 $n \in \mathbb{N}$ 能被 p 整除. （提示：使用二项式定理和 a) 进行归纳法证明.）

6.38 （!）设 x, y, k 为非负整数，k 不是 2 的幂. 证明：$x^k + y^k$ 不是质数. 进一步推导出结论：如果 $2^n + 1$ 是质数，则 n 是 2 的幂.

6.39 证明如果 $2^n - 1$ 是质数，那么 n 是质数. （提示：证明逆否命题：如果 n 不是质数，那么 $2^n - 1$ 不是质数. 注：形式为 $2^n - 1$ 的质数称为**梅森质数**，已知有 51 个这样的质数——参见 http://www.mersenne.org/primes/.）

6.40 （!）如果一个自然数等于除它自身之外的各个正因数之和，则称这个数为**完全数**；6 和 28 是前两个完全数. 证明如果 $2^n - 1$ 是质数，那么 $2^{n-1}(2^n - 1)$ 是完全数. （提示：列出因数并求和. 注：欧几里得猜想所有的完全数都有这种形式. 这个猜想尚未得到证明，我们目前仅知道偶完全数满足猜想.）

6.41 Pólya 关于质数无穷大的证明　设 $a_n = 2^{2^n} + 1$. 用归纳法证明，如果 $n < m$，则 a_n 能整除 $a_m - 2$. 由此可得出结论：如果 $n \neq m$，则 a_n 和 a_m 没有公因数. 可以使用这个结论证明有无穷多个质数. （这个方法也证明了至少有 $\log_2 \log_2 N$ 个质数小于 N.）

6.42 设 n 为整数，$f(n)$ 表示数字 n，$2n$，$3n$，$\cdots$，$10n$ 在以 10 为基数的表示中出现的作为最后一个数字的不同位数. 计算 $f(n)$.

6.43 设 a 和 b 是非负整数. 证明以下算法计算 $\gcd(a, b)$ 的正确性，根据下面规则，该算法的每一步都用一个新的数字对替换当前的数字对，或者报告输出.

1) 当有一个数为 0 或它们相等时，停止并将这对数的最大值作为输出.

2) 当两个数都非零且至少有一个是偶数时，将这两个数中第一个偶数除以 2.

3) 当两个数都是奇数时，用它们的差替换较大的数. （注：这个算法比欧几里得算法运算速度更快.）

6.44 例题 4.6 给出了一种计算自然数 n 的 q 基表示的方法. 证明下面的归纳过程也是可行的，并用它计算 729 以 5 为基底的表示式.

1) 如果 $1 \leqslant n \leqslant q-1$，则 n 的 q 基表示是 $a_0 = n$.

2) 如果 $n \geqslant q$，则令 $n = kq + r$，其中 $r \in \{0, \cdots, q-1\}$，且令 b_m，$\cdots$，b_0 是 k 的 q 基表示. 此时，n 的 q 基表示为 a_{m+1}，$\cdots$，a_0，其中 $a_0 = r$ 且对于 $i > 0$，$a_i = b_{i-1}$.

6.45 英国皇家财政部有 500 个 7 盎司砝码，500 个 11 盎司砝码，还有一个天平．一位特使带着一根金条，声称它重达 500 盎司．财政部能否确定这位特使是否在撒谎？如果能，如何判断？如果重量是 6 盎司和 9 盎司呢？

6.46 （一）找出方程 $70x + 28y = 518$ 的所有整数解．确定有多少个两个变量都为正的解．

6.47 求 $\frac{1}{60} = \frac{x}{5} + \frac{y}{12}$ 的所有整数解．

6.48 给出 $a, b, c \in \mathbb{Z}$，设 $d = \gcd(a, b)$，并假设 d 整除 c．证明 $ax + by = c$ 的整数解集为非空．用一个特定解和参数 a, b, d 表示所有解的集合．

6.49 罐子里有一些 1 美分、5 美分和 10 美分硬币．假设硬币的总价值（以美分为单位）为 s，硬币总数为 t．确定最小的 s 使得对于某个 t 有不止一种硬币组合．

6.50 一个"互惠"飞镖靶问题

a）是否存在自然数 m，n 满足 $7/17 = 1/m + 1/n$？

b）（+）令 p 为质数．对于某个 $k \in \mathbb{N}$，是否存在 m，$n \in \mathbb{N}$ 满足 $k/p = 1/m + 1/n$？

6.51 （+）椰子问题　五名疑神疑鬼的水手一整天都在收集椰子．由于精疲力竭，他们把分椰子的时间推迟到第二天早上．出于怀疑，每人都决定在晚上分一杯羹．第一个水手把这堆椰子分成五等份，剩下一个额外的椰子，他把椰子给了一只猴子．他拿走了一堆椰子，把剩下的放在一堆里．第二个水手后来也这样做了；猴子又得到了一个余下的椰子．第三、第四、第五个水手也这样做了；每次都有一个剩余的椰子给了猴子．第二天早上，他们把剩下的椰子平均分成五等份，每个水手得到一份．（每个人都知道有些椰子被人带走了，但没有人抱怨，因为每个人都不无辜！）原椰子堆中最小的可能椰子数是多少？（这个问题首次出现于 1926 年 10 月 9 日的《星期六晚报》．）

6.52 （+）邮票问题（特殊情形）　邮局想发行两种不同面值的邮票．邮票是每盎司一美分，每个信封可以放 s 张邮票．正确投寄一个一盎司的信封需要其中一个值为 1 的邮票．问题是选择另一个值 m 使 n 最大化，满足 $[n]$ 中所有重量的信封都能被正确邮寄． 137

a）证明 m 最多等于 $s + 1$．

b）证明对于满足 $2 \leqslant m \leqslant s + 1$ 的每个 m，只使用值 1 或 m 的 s 张邮票不能形成的最小整数值为 $m(s + 3 - m) - 1$．（提示：证明这个值比 m 的倍数小 1．）

c）使用 b）证明 m 的最佳选择是 $\lceil s/2 \rceil + 1$．（注：允许 d 个不同值的更一般问题还没有得到解决．）

6.53 （+）考虑标签为 $1, \cdots, 2n$ 的纸牌．这些牌被洗牌并分配给两个玩家 A 和 B，因此每个人得到 n 张牌．设 x 为已玩过牌的标签之和；初始情况下，$x = 0$．从 A 开始，两个玩家轮流玩牌．在每次游戏中，玩家将自己的一张牌加到 x 上．第一个使 x 能被 $2n + 1$ 整除的玩家获胜．证明对每一轮游戏，玩家 B 都有获胜的策略．（提示：证明 B 总能让 A 在下一步不可能获胜．）

6.54 （＋）设 S 为包含三个正整数的集合．如果 r,s 是集合的元素，并且 $r\leqslant s$，那么 r,s 可以被 $2r$ 和 $s-r$ 替换．证明包含三个正整数的每个集合 S 都可以通过这样的操作转换成一个包含 0 的集合．（提示：假设 $x\leqslant y\leqslant z$，使用适当数的二进制展开式证明若 (x,y,z) 可以取到，则 (x',y',z') 也可以取到，其中 $y'=y-\left\lfloor\dfrac{y}{x}\right\rfloor$．)

6.55 （＋）一个集合 $S\subseteq\mathbb{Z}$ 是 $\mathbb{Z}$ 中**理想**，如果 S 为非空，满足 1）如果 $a,b\in S$，则 $a+b\in S$ 且 2）如果 $a\in S$ 且 $n\in\mathbb{Z}$，则 $na\in S$．证明 $\mathbb{Z}$ 中每个理想是一个整数的倍数集合．（注：这强化了定理 6.12 的结论，表明 $\mathbb{Z}$ 中每个理想都是主理想——见定义 6.25．$\mathbb{R}[x]$ 的类似结果是定理 6.26．)

6.56 对于下列每对多项式计算最大公因式．

a) x^2 和 $3x^3+x+1$．

b) x^2+x 和 x^3+2x^2+2x+1．

c) x^3-3x-2 和 x^3-x-2x^2+2．

6.57 （一）验证 $\deg(p+q)\leqslant\max(\deg(p),\deg(q))$．严格不等式在什么情况下成立？

6.58 证明定理 6.23 中多项式 q,r 的唯一性．

6.59 用归纳法给出定理 6.30 的详细证明．

6.60 （!）通过先解决习题 6.50，然后模仿定理 6.30 的逻辑来重新证明定理 6.9．

6.61 （!）对于两个变量的多项式集合 $\mathbb{R}[x,y]$，验证有些理想不是主理想．

6.62 当 a 和 b 是 $\mathbb{R}[x]$ 中元素时，解答习题 6.18．

6.63 证明对于 $a,b\in\mathbb{R}[x]$，如果 $ab=1$，则 a 和 b 是常数．

6.64 在 $\mathbb{Z}[x]$ 中找到一个多项式，使得它的因子在 $\mathbb{R}[x]$ 中而不在 $\mathbb{Z}[x]$ 中．

6.65 考虑 $A,B,C\in\mathbb{R}$ 且 $A\neq0$．找到 A,B,C 的充要条件，使得 Ax^2+Bx+C 在 $\mathbb{R}[x]$ 中不可约．

第7章 模 算 术

在第6章中，我们研究了整除性．本章将研究除法的余数．在判断某个整数的奇偶性时，我们往往观察这个数除以2时的余数，当余数为1时，则该数为奇数，当余数为0时，则该数为偶数．奇偶性也是原子物理、计算机科学以及数学的基础．可以通过尝试2以外的除数来推广奇偶性，这就引出了一种新的算术概念及其应用．

7.1 问题 如何快速判断出某个二进制表示的自然数能否被3整除？ ■

7.2 问题 （中国余数问题） 中国古代的一位将军想统计他的士兵人数．当他的士兵被分成三个人数相等的队伍时，还剩下一个士兵；分成五个人数相等的队伍时，还剩下两个士兵；分成七个人数相等的队伍时，还剩下四个士兵．问满足以上条件的最少的士兵人数是多少？ ■

7.3 问题 （报纸问题） 某位数学教授把一张 x 美元和 y 美分的支票兑换成现金，但出纳员却不小心给该教授兑换了 y 美元和 x 美分．教授花50美分买了一份报纸后，剩下的钱是支票原价的两倍．问这张支票的原价是多少？如果报纸的价格改变，答案将如何改变？ ■

7.4 问题 （素性测试） 能否在不知道某个数的因数情况下证明该数不是质数？ ■

关系

对象间的比较是数学的基础．例如，可以通过比较两个数的大小，来比较两个实数；可以通过判断一个集合是否属于另一个集合，来比较两个集合；可以通过比较哪个点离原点更近，来比较平面上的点．

给定两个对象 s 和 t，它们不一定是同一类型，我们想判断它们是否满足给定的关系．用 S 来表示第一种类型的对象集合，用 T 表示第二种类型的对象集合，某些有序对 (s,t) 可能满足某种给定的关系，而有些则不满足这种关系．下面给出关系的精确定义．

7.5 定义 设 S 和 T 都是集合，S 和 T 之间的**关系**就是 $S \times T$ 的子集．同样，S 上的一个**关系**就是 $S \times S$ 的子集．

通常通过给定有序对的条件来定义关系 R，关系就是满足某种条件的有序对集合．

7.6 例题 假设 S 是学生集合，T 是教师集合．我们定义 S 和 T 之间的关系 R，让 R 是 $S \times T$ 中有序对 (x,y) 的集合，使得 x 在 y 的班级．S 或者 T 中的每个元素都有可能属于满足这种关系的多个有序对． ■

7.7 例题 若 $f : \mathbb{R} \to \mathbb{R}$，则 f 的图像也是 $\mathbb{R}$ 上的关系．它是有序对集合 $\{(x,y) \in \mathbb{R}^2 : y = f(x)\}$．$\mathbb{R}$ 中每个元素都是这样一对元素中的第一个坐标．

条件"$|x|=|y|$"和"$x^2+y^2\leqslant1$"也定义了$\mathbb{R}$上的关系，但这些关系不是函数的图像. ∎

7.8 例题 （奇偶性）　"具有相同奇偶性"这个条件在集合$\mathbb{Z}$上定义了一个关系. 若x，y都是偶数或都是奇数，则(x,y)满足该关系，否则它就不满足这个关系. ∎

奇偶关系满足我们如下定义的几个性质，它们产生了一种重要的关系.

7.9 定义　集合S上的关系R是**等价关系**，当且仅当对于所有不同的$x,y,z\in S$，R满足下列三个性质：

a）$(x,x)\in R$（**自反性**）.

b）若$(x,y)\in R$，则$(y,x)\in R$（**对称性**）.

c）若$(x,y)\in R$且$(y,z)\in R$，则$(x,z)\in R$（**传递性**）.

7.10 例题　对于任意一个集合S，**相等关系**$R=\{(x,x):x\in S\}$是集合S上的一个等价关系. 与等式的符号相似，当R是一个等价关系时，通常使用符号$x\sim y$代替$(x,y)\in R$表示这种关系.

假设S代表大学生集合，则条件"学生x和学生y一起上过课"不是集合S上的一个等价关系，因为它虽然满足自反性和对称性，但却不具备传递性. 例如学生x和学生y一起上过课，学生y和学生z一起上过课，但这并不意味着学生x和学生z一起上过课.

另一方面，"x和y在同一年出生"这个条件在集合S上确实定义了等价关系，因为该关系具备上述三个性质.

7.11 例题 （偏序关系）　由$R=\{(m,n)\in\mathbb{N}^2:m\mid n\}$定义的**整除关系**就不是一个等价关系，该关系虽然满足自反性和传递性，但是不满足对称性. 实际上，它满足**反对称性**，反对称性的定义为：若$(x,y)\in R$且$(y,x)\in R$，则$x=y$. 如果一个关系满足自反性和传递性以及反对称性，则称这个关系为**偏序关系**.

现通过另一个例子来说明偏序关系. 假设S是以集合X的子集为元素的集合，对于任意的A，B，$C\in S$，我们研究它们之间的**包含关系**. 首先显然有$A\subseteq A$，此为自反性. 若$A\subseteq B$且$B\subseteq A$，则$A=B$，此为反对称性. 若$A\subseteq B$且$B\subseteq C$，则$A\subseteq C$，此为传递性.

7.12 例题　给定一个函数$f:\mathbb{R}^2\to\mathbb{R}$，当$f(p)=f(q)$时，可以用$p\sim q$定义在$\mathbb{R}^2$上的一个关系. 此关系是一个等价关系. 两个点属于f的同一水平集当且仅当它们满足这个关系.

可用某区域的地形图来说明这一点. 假设$f(p)$是p点的海拔，f的同一水平集中的点具有相同的高度，在不同水平集上的点高度不同. 若一个徒步旅行者只在某一个水平集内行走，就不会有纵向的位移. 水平集将平面划分为多个子集，其中一个重要的度量依据就是常量，这就引出了一个普遍的定义.

7.13 定义　给定一个集合S上的等价关系，若$x\in S$，则所有与x等价的元素组成的集合就是包含x的一个**等价类**.

集合S上任何一个等价关系的所有等价类都构成了关于集合S的一个划分；元素x和元素y属于同一个等价类当且仅当(x,y)满足此关系. 反之亦然. 若A_1，$\cdots$，A_k是S的一个划分，那么条件"x 和 y 属于划分中的同一个集合"定义了 S 上的等价关系（习题 7.12）。

7.14 例题（置换中的循环）　假设 f 是有限集 A 上的一个置换。迭代 f 使我们可以将 A 的元素分组到 f 下的"循环"中（例题 5.39）。这些循环是 A 上的自然等价关系的等价类；当 y 可由 x 通过反复应用 f 得到时，有 $(x,y) \in R$。 ■

141

同余

在这一小节，我们研究一个与整除相关的等价关系，称为"同余"，由卡尔·弗里德里希·高斯（Karl Friedrich Gauss，1777—1855）提出。同余和模运算的概念是如此重要，以至于我们使用专门的术语和符号来表示它们。

7.15 定义（同余）　给定一个自然数 n，若 $x-y$ 能被 n 整除，那么称整数 x 和 y **模 n 同余**。记为 $x \equiv y \pmod{n}$，其中 n 是**模**。

7.16 定理　对于任意给定的 $n \in \mathbb{N}$，模 n 同余是 $\mathbb{Z}$ 上的等价关系。

证明　自反性：显然有 $x-x=0$，所以 $x-x$ 可被 n 整除，即 $x \equiv x \pmod{n}$。

对称性：假设 $x \equiv y \pmod{n}$，即 $n \mid (x-y)$，由于 $y-x = -(x-y)$，且 n 能整除 m 时，n 也一定能整除 $-m$。故有 $n \mid (y-x)$，即有 $y \equiv x \pmod{n}$。

传递性：若 $n \mid (x-y)$ 且 $n \mid (y-z)$，则存在整数 a 和 b，满足 $x-y = an$，$y-z = bn$。将这两个方程相加得到 $x-z = an+bn = (a+b)n$，显然有 $n \mid (x-z)$，故满足传递性。 ■

7.17 定义　称"模 n 同余"关系在 $\mathbb{Z}$ 上的等价类为模 n **余数类**或模 n **同余类**，可将同余类集合表示为 $\mathbb{Z}_n$ 或者 $\mathbb{Z}/n\mathbb{Z}$。

7.18 注（余数类）　可以证明模 n 余数类有 n 个；令 $0 \leqslant r < n$，$\mathbb{Z}_n$ 中的第 r 类为 $\{kn+r : k \in \mathbb{Z}\}$。例如当 $n = 10$ 时，则最后一位数即个位数决定余数类。

根据定义，当且仅当 $a-b$ 可以被 n 整除时，有 $a \equiv b \pmod{n}$。通过带余除法可以得到唯一的整数 k 和 r，使得 $a = kn+r$ 且 $0 \leqslant r < n$，这里的 r 是 a 被 n 除剩下的余数。若 $a = kn+r, b = ln+s$，它们的余数都是 $r, s \in \{0, \cdots, n-1\}$，则当且仅当 $r-s = 0$ 时，有 $n \mid (a-b)$。因此，当且仅当 a 和 b 对模 n 取余的余数相同时，有 $a \equiv b \pmod{n}$。这就证明了我们对同余类的表述是正确的。 ■

下面的引理表明同余关系的一个性质，该性质允许我们在同余类上定义运算。

7.19 引理　若 $a \equiv r \pmod{n}$ 且 $b \equiv s \pmod{n}$，则 $a+b \equiv r+s \pmod{n}$ 且 $a \cdot b \equiv r \cdot s \pmod{n}$。

证明　由于 $a \equiv r \pmod{n}$ 且 $b \equiv s \pmod{n}$，则存在整数 k、l 使得 $a = kn+r$，$b = ln+s$。将以上两个等式相加可得 $a+b = (k+l)n+(r+s)$，即 $a+b \equiv r+s \pmod{n}$。这两个等式相乘可得 $a \cdot b = kln^2 + (ks+lr)n + r \cdot s$，即 $a \cdot b \equiv r \cdot s \pmod{n}$。 ■

142

7.20 例题　已知 $79 \equiv 4 \pmod{5}$ 且 $23 \equiv 3 \pmod{5}$，将这两个同余类相乘，得到 $79 \cdot 23 \equiv 12 \pmod{5}$。由于 $12 \equiv 2 \pmod{5}$，所以 $79 \cdot 23 \equiv 2 \pmod{5}$。 ■

引理 7.19 使我们能够在同余类上定义运算. 两个同余类相加或相乘的结果本身就是一个同余类. 当模 n 给定时, 通常用 $\bar{a}$ 表示包含 a 的同余类.

7.21 定义 集合 S 上的**二元运算**是一个将 $S \times S$ 映射为 S 的函数. 在 $\mathbb{Z}_n$ 上, **加法**是由同余类 $\bar{a}$ 和 $\bar{b}$ 之和为包含整数 $a+b$ 的同余类所定义的二元运算. 在 $\mathbb{Z}_n$ 上, **乘法**是由同余类 a 和 b 之积为包含整数 $a \cdot b$ 的同余类所定义的二元运算. 符号表示为: $\bar{a}+\bar{b}=\overline{a+b}$, $\bar{a} \cdot \bar{b} = \overline{a \cdot b}$.

同余类之间的运算使用定义 7.21 中的等式进行定义, 等式右边的运算是已知的整数运算. 引理 7.19 已经定义了这些 $\mathbb{Z}_n$ 上的运算; 当我们从 $\bar{a}$ 类中选择整数 a_1, a_2, 从 $\bar{b}$ 类中选择整数 b_1, b_2, $a_1 + b_1$ 和 $a_2 + b_2$ 都在同余类中, $a_1 \cdot b_1$ 和 $a_2 \cdot b_2$ 也在同余类中. 我们可以从类中选择任意元素来执行运算, 计算结果总是相同的同余类.

因此, 通常在强调对象是同余类时才使用符号 $\bar{a}$. 表达式 $6+6 \equiv 5 \pmod 7$ 既是对于整数的描述, 也是对于同余类的描述. 正是由于能够在同余类上使用加法和乘法, 我们才使用 "类等" 符号 ($\equiv$) 表示同余关系.

7.22 例题 (二进制算术运算)   我们之前将自然数对模 2 取余, 得到的同余类为 "偶数" (余数为 0) 或者 "奇数" (余数为 1). 下图中关于对 2 取余的加法表表明, 两个具有相同奇偶性的整数之和为偶数, 两个奇偶性不同的整数之和为奇数. 下图中关于对 2 取余的乘法表表明, 两个整数都是奇数当且仅当它们的乘积一定是奇数. ∎

+	0	1		*	0	1
0	0	1		0	0	0
1	1	0		1	0	1

7.23 例题 (时钟算术)   时钟上的分钟数就是对 60 取余的运算. 例如一部 90 分钟的电影将在 15 分钟后开始, 那么它必然将在当前分钟数的 "15 分钟前" 结束, 这与当前时间本身无关, 就像是两个奇数的和必然是偶数, 与这两个奇数本身是多少无关一样. ∎

7.24 注 (模运算)   引理 7.19 适用于所有整数 r 和 s; 它们的取值不需要限定在 0 和 $n-1$ 之间. 所以在进行模 n 运算时, 我们可以用运算结果的同余类方便地表示结果自身. 我们可以将例题 7.20 的计算过程表示为

$$79 \cdot 23 \equiv 4 \cdot 3 \equiv 12 \equiv 2 \pmod 5$$

上式中 "mod 5" 说明了对于所有的 4 个式子, 它们都是模 5 运算的同一个等价类. ∎

7.25 例题 ("弃九验算法": 一个整数能被 9 整除, 当且仅当其十进制表示的每位数字之和能被 9 整除)   因为 10 对 9 取余的余数为 1, 所以 10 的每一个非负幂对 9 取余的余数都为 1. 因此有 $\sum_{n=0}^{\infty} a_n 10^n \equiv \sum_{n=0}^{\infty} a_n 1^n \equiv \sum_{n=0}^{\infty} a_n \pmod 9$. 这被称为 "弃九验算法", 在加法器发明之前, 这是职员加一栏数字的检查.

在检测 $\sum c_i$ 的计算结果时, 假设 s 是计算结果的每一位数字之和, b_i 为 c_i 的每一位数字之和. 如果计算正确, 那么 $\sum b_i$ 对 s 取余的余数一定为 9. 举个例子, 我们将 123, 456,

789 这三个数字相加，假设由于计算粗心，导致得到一个错误结果 1 268，1 268 的每一位之和为 17. 再将 123，456，789 这三个数字的每一位分别相加，得到 6，15，24，总和为 45. 然而 45 对 17 取余的余数是 11 而不是 9，所以算出的结果 1 268 一定是错误的. 实际上正确的结果应该是 1 368，而 1 368 的每一位之和为 18，45 对 18 取余的余数刚好为 9. ■

7. 26 措施（被 3 整除） 在二进制表示里，我们将 n 表示为 $\sum_0^m a_j 2^j$ ，其中 a_j 的取值为 0 或 1. n 能被 3 整除，当且仅当

$$0 \equiv \sum_{j=0}^m a_j 2^j \equiv \sum_{j=0}^m a_j (-1)^j (\bmod 3)$$

由于其中 a_j 的取值为 0 或 1，n 可以被 3 整除，当且仅当偶数位置为 1 的个数与奇数位置为 1 的个数之差是 3 的倍数.

举个例子，假设 n 的二进制表示为 1 010 101 111，按照从左到右的顺序，最左边的数在 0 位置，则偶数位置为 1 的个数为 5，奇数位置为 1 的个数为 2，两者之差为 3，是 3 的倍数，所以 n 可以被 3 整除. 实际上 n 的十进制数为 687，而 $687 = 3 \times 229$ ，n 确实能被 3 整除. ■

在模 n 运算中，同余类 $\overline{0}$ 是一个加法单位，而包含 $-x$ 的同余类是包含 x 的同类的加法逆. 同余类 $\overline{1}$ 是一个乘法单位元，但乘法逆并不总是存在. 下一个引理将尝试在乘法逆存在的情况下找到它们. 这也使得我们能够解决问题 7.2～7.4.

7. 27 引理 若 a 和 n 互质，则"乘 a"运算定义了一个从 $\mathbb{Z}_n - \{0\}$ 到自身的双射；也就是说，与 a 相乘会使得非零同余类发生置换.

144

证明 由于 a 和 n 互质，所以 $0, a, 2a, \cdots, (n-1)a$ 对模 n 求余时均会有不同的余数（定理 6.21），因为 0 对模 n 求余的余数为 0，所以其他余数都为非 0. 由于它们是各不相同的，所以列表定义了从 $\mathbb{Z}_n - \{0\}$ 到自身的映射. 由于这个集合是有限集，所以该映射是一个双射. ■

7. 28 推论 若 a 和 n 互质，那么 $ax \equiv 1 (\bmod n)$ 的解 x 存在，并且都属于同一个同余类. 在 $\mathbb{Z}_n$ 语言中，类 $\overline{x}$ 是 $\overline{a}$ 的**乘法逆**. ■

应用

我们首先运用推论 7.28 给出问题 7.2 的一个特殊解，然后通过证明一个定理，得到该问题的另一种解法.

7. 29 措施（中国余数问题） 该问题的目标是寻找一个整数 x ，要求此数满足对 3 求余的余数为 1，对 5 求余的余数为 2，对 7 求余的余数为 4. 根据第一个条件，可以假设 $x = 3n + 1$ ，n 为某个整数. 结合第二个条件又有 $3n + 1 \equiv 2 (\bmod 5)$ ，即 $3n \equiv 1 (\bmod 5)$. 由于 3 和 5 互质，所以只有将唯一的模 5 同余类作为解，所以 $n \equiv 2 (\bmod 5)$. 假设存在整数 m ，使得 $n = 5m + 2$ ，便可以得出 $x = 3(5m + 2) + 1 = 15m + 7$.

由第三个条件可知，$15m + 7 \equiv 4 (\bmod 7)$ ，由于 $15 \equiv 1 (\bmod 7)$ 且 $7 \equiv 0 (\bmod 7)$ ，可得 $m \equiv 4 (\bmod 7)$. 使得对于所有的 $k \in \mathbb{Z}$ 都有 $m = 7k + 4$. 因此 $x = 15(7k + 4) +$

$7 = 105k + 67$，显然满足条件的最小正数（士兵人数）为 67. ■

可以将这种方法与同余的归纳结合起来证明下面的定理. 我们给出关于该定理的一个简短的证明，根据这个证明可以得出另一种算法，并避免归纳法的使用.

7.30 定理（中国余数定理）   若 $\{n_i\}$ 是两两互质的 r 个自然数的集合，$\{a_i\}$ 是任意 r 个整数，则同余方程组 $x \equiv a_i (\bmod\, n_i)$ 有解，且在模 $N = \prod n_i$ 下的解是唯一的.

证明   若 x 和 x' 是解，则它们一定模 N 同余. 为了说明这一点，假设对每个 i 都有 $x \equiv x' \equiv a_i (\bmod\, n_i)$，所以 $n_i \mid (x - x')$. 由于每个 n_i 之间彼此互质，故由引理 6.10 知 $N \mid (x - x')$.

现在开始构造解. 对于任意给定的 i，令 $N_i = N/n_i$. 由于 n_i 与其他模互质，即 $\gcd(N_i, n_i) = 1$. 由推论 7.28 可知，存在唯一的模 n_i 同余类 $\overline{y_i}$，满足 $N_i y_i \equiv 1 (\bmod\, n_i)$. 令 $x = \sum_{j=1}^{r} a_j N_j y_j$，将等式对模 n_i 求余，由于 $n_i \mid N_j$ 在 $j \neq i$ 时为 0，故 $j \neq i$ 的项等于 0，只有 $j = i$ 的项保留下来. 由 $N_i y_i \equiv 1 (\bmod\, n_i)$ 可得 $x \equiv a_i N_i y_i \equiv a_i (\bmod\, n_i)$. 因此 x 满足所有同余式，为方程组的解. ■

7.31 例题   假设想找到一个数 x，使得 x 满足 $x \equiv 2(\bmod\, 5), x \equiv 4(\bmod\, 7), x \equiv 3(\bmod\, 9)$. 由题设条件及中国余数定理可知 $N = 315, N_1, N_2, N_3 = 63,\ 45,\ 35$.

i	a_i	n_i	N_i	$N_i \bmod\, n_i$	y_i
1	2	5	63	3	2
2	4	7	45	3	5
3	3	9	35	-1	-1

使用中国余数定理，可以假设 x 为 $2 \times 63 \times 2 + 4 \times 45 \times 5 + 3 \times 35 \times (-1) = 1\,047$.（使用此方法的手工计算应在此阶段检查错误.）所有与 $1\,047$ 模 315 同余的数都是解，显然所有解中的最小绝对值为 $1\,047 - 3 \times 315 = 102$. ■

当模不互质时，可能没有解，或许可以将问题修改后用中国余数定理解决（习题 7.35）.

问题 7.3 的解法使用了不同的等价关系.

7.32 措施（报纸问题）   在问题 7.3 中，x 美元和 y 美分的支票被兑换成了 y 美元和 x 美分，要注意的是 x 和 y 的值在 0 和 99 之间. 在减去报纸的 50 美分后剩下的钱是支票原价的两倍.

可以用方程 $100y + x - 50 = 2(100x + y)$ 表示上述条件，化简得 $98y - 199x = 50$. 这是一个丢番图方程，可以用例题 6.19 的方法求解. 经过一些计算，可以得到 $(x, y) = (-1\,650 + 98j, -3\,350 + 199j)$，其中 $j \in \mathbb{Z}$. 为使 $0 < x < 100$ 成立，可取 $j = 17$，得到 $(x, y) = (16, 33)$. 这个答案是正确的，因为 $33.16 - 0.50 = 2 \times 16.33$.

自然等价关系导致对所有可能的报纸价格采取统一的方法. 定义整数对 (r, s) 上的等价关系，(r, s) 表示 r 美元加 s 美分，如果它们表示相同金额的货币值，则该有序对等价. 因此若存在 $n \in \mathbb{Z}$ 使得 $(a, b) = (a' + n, b' - 100n)$ 成立，则 (a, b) 和 (a', b') 等价.

该问题表明 $(y, x - 50)$ 和 $(2x, 2y)$ 是等价的，它们都表示购买报纸后剩余的钱. 设

$y = 2x + n, x - 50 = 2y - 100n$，消去 y，得到 $3x + 50 = 98n$. 因为 $x \geqslant 0$，故有 $n \geqslant 0$. 由于 x 是整数，所以 $98n - 50$ 必能被 3 整除. 若选择 $n = 1$，则根据成立的等式，得到 $x = 16, y = 2x + 1 = 33$，与前文一致.

当报纸花费 k 美分时，可以得到等式 $3x + k = 98n$. 假设 $k = 75$，显然 n 只能是正数且能被 3 整除，但是 $n \geqslant 3$ 意味着 $x \geqslant (98 \times 3 - 75)/3 = 73$. 因为 $y = 2x + n$，得到 $y \geqslant 149$，这违背了问题的条件. 因此 $k = 75$ 时没有解. 实际上每种 n 的选择都会产生不同的 k 的解. 例如，当 $n = 99$ 时，原始支票价值是 0.99 美元. 若报纸价格改为 97.02 美元，参见习题 7.37. ■

146

费马小定理

设 p 为质数，a 为不能被 p 整除的非零整数. 由引理 7.27 可知，$f_a(x) = ax$ 定义的函数 $f_a: \mathbb{Z}_p \to \mathbb{Z}_p$ 是双射. 下面关于 $f_5: \mathbb{Z}_{13} \to \mathbb{Z}_{13}$ 的函数有向图中，除了 0 组成的回路，其他的回路都具有相同的长度.

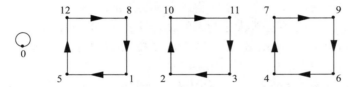

这个观察结果普遍成立，也是费马小定理许多证明的关键. 费马小定理由 Pierre de Fermat（1601～1665）证明，费马小定理为：当 p 为质数且 a 不是 p 的倍数时，$a^{p-1} \equiv 1(\bmod\ p)$ 成立. 习题 7.43 要求使用引理 7.27 和模运算进行证明. 习题 6.37 要求使用归纳法和二项式系数进行证明. 例题 9.38 给出了一个使用多项式系数的证明. 现在给出一个由莱昂哈德·欧拉（1707—1783）提出的证明[⊖].

7.33 定义　当 a 的某个幂对模 p 求余的余数为 1 时，a（在 $\mathbb{Z}_p$ 中）的**阶数**是使得 $a^k \equiv 1(\bmod\ p)$ 成立的最小值.

7.34 引理　设 p 为质数，令 $a \not\equiv 0(\bmod\ p)$，并对于 $x \in \mathbb{Z}_p$，令 $S_x = \{x, xa, xa^2, \cdots\}$. 则存在正整数 k，满足当 $x \neq 0$ 时，集合 S_x 恰好由 k 个元素组成.

证明　由于集合 $\mathbb{Z}_p$ 是有限集，所以 a 的正幂不可能都是不同的模 p 余数，必然会存在重复的余数. 若 $a^m \equiv a^n(\bmod\ p)$ 且 $m > n$，则 $a^{m-n} \equiv 1(\bmod\ p)$. 因此 a 的阶数是良好定义的，记作 k. 已知 $1, a, a^2, \cdots, a^{k-1}$ 互不重复，所以集合 S_1 元素列表存在重复. 我们有 $|S_1| = k$.

根据引理 7.27，乘以 x 将 $\mathbb{Z}_p - \{0\}$ 的元素进行置换. 因此 $x, xa, xa^2, \cdots, xa^{k-1}$ 互不重复. 由于 $xa^k \equiv x(\bmod\ p)$，因此集合 S_x 元素列表存在重复. 由此证明对任意 x 有 $|S_x| = k$. ■

147

⊖　关于这个定理的进一步阅读，见 Andre Weil, *Number Theory: An Approach through History*, Birkhäuser（Boston, 1984）.

关键思想是引理 7.34 中定义的集合是 $\mathbb{Z}_p$ 上等价关系的等价类. 由于乘以 a 在 $\mathbb{Z}_p$ 上定义了一个置换, 这些集合同时也是循环置换, 例题 7.14 提供了一种方法来得出此结论. 这里我们给出一个代数证明.

7.35 引理 假设 R 是由 $(x,y) \in R$ 定义的集合 $\mathbb{Z}_p$ 上的某个关系, 当且仅当对某个非负整数 j, $y \equiv xa^j (\bmod\ p)$ 成立, 则 R 是一个等价关系.

证明 由于 $x \equiv xa^0 (\bmod\ p)$, 故 R 满足自反性. 设 k 是 $\mathbb{Z}_p$ 中 a 的阶数, 当 $y \equiv xa^j (\bmod\ p)$ 时, 可以假设 $0 \leqslant j \leqslant k-1$. 若 $y \equiv xa^j (\bmod\ p)$, 则有 $x \equiv ya^{k-j} (\bmod\ p)$, 所以关系 R 满足对称性. 若 $y \equiv xa^r (\bmod\ p)$ 且 $z \equiv xa^s (\bmod\ p)$, 则有 $z \equiv xa^{r+s} (\bmod\ p)$, 因此关系 R 满足传递性. ■

7.36 定理 (费马小定理) 若 p 为质数且 a 不是 p 的倍数, 则有 $a^{p-1} \equiv 1 (\bmod\ p)$.

证明 设 k 是 $\mathbb{Z}_p$ 中 a 的阶数. 我们已知 $p-1$ 是 k 的倍数, 故有

$$a^{p-1} = a^{mk} = (a^k)^m \equiv 1^m \equiv 1 (\bmod\ p)$$

在引理 7.35 中定义的等价关系 R 中, 包含 0 的等价类为 $\{0\}$. 剩余类划分为 $\mathbb{Z}_p - \{0\}$. 包含 x 的等价类 S_x 由 x 乘以 a 的各幂次所得的全部类组成. 由引理 7.34 可知, S_x 的大小为 k. 因此关系 R 将 $\mathbb{Z}_p - \{0\}$ 划分为大小为 k 的集合且 $p-1$ 是 k 的倍数. ■

7.37 例题 已知 $5^4 \equiv 1 (\bmod\ 13)$, 4, 3, 2 模 13 余 1 的最小幂次分别为 $4^6, 3^3, 2^{12}$. 在每种情况下, 我们都能得到 $a^{12} \equiv 1 (\bmod\ 13)$. ■

7.38 例题 (费马小定理的应用) 使用费马小定理可以快速计算含幂大数的余数. 例如, 对质数 31 进行模运算:

$$11^{902} = 11^{30 \times 30 + 2} = (11^{30})^{30} \times 11^2 \equiv 1^{30} \times 121 \equiv -3 \equiv 28 (\bmod\ 31)$$ ■

7.39 推论 若 p 为质数且 $a \in \mathbb{Z}$, 则有 $a^p \equiv a (\bmod\ p)$. ■

费马小定理这一推论的逆否命题使我们在大多数情况下能够解决问题 7.4.

7.40 措施 (素性测试) 设 a 和 p 为整数. 推论 7.39 的逆否命题指出, 若 a^p 对模 p 求余不等于 a, 则 p 不是质数. 因此, 找到满足条件的 a 就能在不知道 p 的任何因数的情况下, 判断出 p 是否为质数.

举个例子, 假设我们想判断 341 是否为质数. 若选择 $a = 7$, 则计算更为简单. 因为 $7^3 = 343 \equiv 2\ (\bmod\ 341)$ 且 $2^{10} = 1\ 024 \equiv 1\ (\bmod\ 341)$, 则有

$$7^{341} = 7^{3 \times 113 + 2} \equiv 2^{113} 7^2 \equiv 2^{110+3} 7^2 \equiv 8 \times 49 \equiv 392 \equiv 51 (\bmod\ 341)$$

由于 $51 \not\equiv 7 (\bmod\ 341)$, 所以我们判断 341 不是质数.

即便没有像 $a = 7$ 这样合适的选择, 也可以应用这个方法, 但是需要做一些额外的工作. 实际上计算 a^{341} 的同余类并不需要 341 次乘法, 通过重复的平方运算, 就能计算出 $\{a^{2^k}\}$ 的同余类. 341 的二进制表示告诉我们把它们相乘可以算出 a^{341}. 假设 $a = 3$. 重复平方得到

$$3^2 = 9 \qquad 3^8 = 81^2 = 6\ 561 \equiv 82 (\bmod\ 341)$$
$$3^4 = 81 \qquad 3^{16} \equiv 82^2 \equiv 245 (\bmod\ 341)$$

341 的二进制表示为 101 010 101. 若把 3^n 的同余类相乘, 其中 $n = 1, 4, 16, 64, 256$, 就

能得到 3^{341} 的同余类.

　　模乘法在计算机上的计算速度很快. 若 n 不是质数, 那么随机选择一些 a 来计算 a^n 的同余类很可能得到 n 不是质数的证明, 但这并不总是成立. 有些数会使得 $a^n \equiv a(\bmod n)$ 对于任意的 a 都成立, 即便 n 不是质数. 例如数字 561, 它的质因数分解为 $3 \times 11 \times 17$. 这种数字被称为**卡迈克尔数**. 自然数 n 是卡迈克尔数, 当且仅当它具有以下两个性质: n 没有重复的质数因子; 当 p 是 n 的质因子时, $(p-1) \mid (n-1)$ 成立. 例如, 2, 10, 16 都能整除 560.

同余与群 (选学)

　　在本章的剩余部分, 将进一步讨论 $\mathbb{Z}_n$ 的算术性质. 我们已经给出了模 n 同余的加法和乘法, 这使得我们能够为 $\mathbb{Z}_n$ 中元素指定加法表和乘法表. 下面将在 $\mathbb{Z}_6$ 和 $\mathbb{Z}_7$ 上进行这些运算.

+	0 1 2 3 4 5
0	0 1 2 3 4 5
1	1 2 3 4 5 0
2	2 3 4 5 0 1
3	3 4 5 0 1 2
4	4 5 0 1 2 3
5	5 0 1 2 3 4

*	0 1 2 3 4 5
0	0 0 0 0 0 0
1	0 1 2 3 4 5
2	0 2 4 0 2 4
3	0 3 0 3 0 3
4	0 4 2 0 4 2
5	0 5 4 3 2 1

+	0 1 2 3 4 5 6
0	0 1 2 3 4 5 6
1	1 2 3 4 5 6 0
2	2 3 4 5 6 0 1
3	3 4 5 6 0 1 2
4	4 5 6 0 1 2 3
5	5 6 0 1 2 3 4
6	6 0 1 2 3 4 5

*	0 1 2 3 4 5 6
0	0 0 0 0 0 0 0
1	0 1 2 3 4 5 6
2	0 2 4 6 1 3 5
3	0 3 6 2 5 1 4
4	0 4 1 5 2 6 3
5	0 5 3 1 6 4 2
6	0 6 5 4 3 2 1

149

　　由于一个数与 n 的倍数相加不会改变该数所属的模 n 同余类, 所以类 0 是模 n 加法的**单位元**. 此外, 由于 $(n-i)+i \equiv n \equiv 0(\bmod n)$, 所以类 $n-i$ 即为 i 的**加法逆**. 我们之前已经证明两个同余类的和是一个同余类, 所以有 $(a+b)+c \equiv a+(b+c)(\bmod n)$. 这些性质使得集合 $\mathbb{Z}_p$ 成为模 p 加法上的 "群".

　　7.41 定义　群由集合 G 和 G 上的二元运算 $\circ$ 组成, 它满足下列性质:

　　1) 存在元素 $e \in G$, 满足对于任意 $x \in G$, $x \cdot e = x = e \cdot x$ 成立. (*e* 是群的**单位元**)

　　2) 对于任意的 $x \in G$, 都存在元素 $y \in G$ 使得 $x \cdot y = e = y \cdot x$. (*y* 是 *x* 的**逆**)

　　3) 对于任意的 x, y, $z \in G$, 都有 $(x \circ y) \circ z = x \circ (y \circ z)$. (**结合律**)

　　群的一个基本例子是 $[n]$ 的一组置换, 其中的二元运算是复合运算 (习题 7.49).

　　域 (定义 1.39) 的元素在加法运算下构成一个群. 域的非零元素在乘法运算下构成一个群. 当一个群的二元运算被写成 "+" 时, 我们将 x 的逆表示为 $-x$, 将 $y-x$ 表示为 $y+(-x)$, 并将单位元命名为 0. 在前文中已经对 $\mathbb{Z}_n$ 的模 n 加法完成了这些定义.

　　那么 $\mathbb{Z}_n - \{0\}$ 上的乘法呢? 我们知道 1 是乘法的单位元, 但是我们很快就遇到了麻烦. 当 n 是大于 1 的整数 a, b 的乘积时, 我们得出 $a \cdot b \equiv 0(\bmod n)$, 因此丢弃 0 就无法让其余元素在乘法运算下形成一个群 (见表 $\mathbb{Z}_6$).

　　当 p 为质数时, 由 $p \mid ab$ 可知 $p \mid a$ 或 $p \mid b$. 所以当 a 和 b 对模 p 求余的余数不等于 0

　　$\ominus$　二元运算的定义包括一个性质: 对于所有的 x, $y \in G$ 都满足 $x \cdot y \in G$. 这是 $\circ$ 下的**闭包**性质.

时，ab 对模 p 求余的余数也不等于 0，因此乘法是 $\mathbb{Z}_p - \{0\}$ 上的二元运算．群上的结合律遵循整数乘法的结合律，因为我们可以从这些同余类中选择任意整数进行计算．最后，下面证明了当 p 为质数时，$\mathbb{Z}_p - \{0\}$ 中存在乘法逆．定义 7.41 前面的表展示了 $\mathbb{Z}_7 - \{0\}$ 上乘法逆的运算；我们有 $6 \times 6 \equiv 1$，$5 \times 3 \equiv 1$，$4 \times 2 \equiv 1$，以及 $1 \times 1 \equiv 1$．

7.42 推论   当 p 为质数时，$\mathbb{Z}_p - \{0\}$ 是乘法上的一个群．

证明   我们已经证明了除了逆变换以外的所有需要的性质．考虑到 $a \not\equiv 0$．由于 a 和 p 互质，由推论 7.28 可知存在一些非零的类 $\bar{b}$，使得 $\bar{a}\bar{b} \equiv \bar{1}$．类 $\bar{b}$ 是期望的 $(\bar{a})^{-1}$．由于乘法模 p 是可交换的，所以 $\bar{b}\bar{a} \equiv \bar{1}$． ■

至此，我们已经完成了证明"$\mathbb{Z}_p$ 是一个域，当（且仅当）p 是质数"的所有细节．

那么一个数能否成为它自己的乘法逆呢？

7.43 引理   若 p 为质数且 $a \in \mathbb{N}$，则 $a^2 \equiv 1 (\bmod p)$ 当且仅当 $a \equiv 1 (\bmod p)$ 或 $a \equiv -1 (\bmod p)$．

证明   若 $a^2 \equiv 1$，则 p 能整除 $a^2 - 1$，即 $(a+1)(a-1)$．当质数能整除一个乘积时，质数必然能整除乘积中的一个因子（命题 6.7）．因此 p 能整除 $a+1$ 或 $a-1$，得到 $a \equiv -1 (\bmod p)$ 或 $a \equiv 1 (\bmod p)$．反之，若 a 在其中某个类中，则 p 能整除 $(a+1)(a-1)$，且 a^2 与 1 属于同一个同余类． ■

7.44 定理（威尔逊定理）   若 p 为质数，则有 $(p-1)! \equiv -1 (\bmod p)$．

证明   定理显然对 $p = 2$ 成立，因为 $1 \equiv -1 (\bmod 2)$．接下来考虑 $p > 2$ 的情形．对于满足 $1 \leqslant i \leqslant p-1$ 的任意 i，由引理 7.27 知在 $\lceil p-1 \rceil$ 中均存在一个 i' 使得 $ii' = 1$．再由引理 7.43 可知，从 2 到 $p-2$ 的数形成不相交的倒数对．故有 $\prod_{i=2}^{p-2} i \equiv 1 (\bmod p)$，且 $\prod_{i=2}^{p-1} i \equiv p-1 \equiv -1 (\bmod p)$． ■

威尔逊定理最初只是约翰·威尔逊（1741—1793）的猜想，1770 年，约瑟夫·路易斯·拉格朗日（1736—1813）首次给出了证明．

习题

7.1 （一）设 a，b，x，n 是正整数，下面的表述并不总是正确的："若 $ax \equiv bx (\bmod n)$，则 $a \equiv b (\bmod n)$．"请举出一个反例，并加上一个关于 x 和 n 的假设，使这个表述恒成立．

7.2 整数的最后一位（以 10 为基底）是否能决定该整数能被 5，2，3 整除？

7.3 假设某人在四月一日午夜入睡并每天睡 8 个小时，她总是在醒来后的 17 个小时后入睡．在四月份里，她在一天的每个小时都会起床吗？如果她总是在醒来 18 个小时后才入睡，会发生什么？请给出原因．

7.4 （一）证明若十进制表示的两个自然数的每位数字的重复数相同，则它们的差是 9 的倍数．

7.5 （一）10^n 对模 11 求余的同余类是什么？使用这个结果判断 654 321 对模 11 求余的

余数.

7.6 （!）求以 8 为基底展开 $9^{1\,000}$，$10^{1\,000}$，$11^{1\,000}$ 这三个数的最后一位（个位数）.

7.7 （一）将 $1^2, 2^2, \cdots, (m-1)^2$ 对模 m 求余，得到的余数按照顺序排序成列表，列表总是关于中心对称的，请给出证明.

151

7.8 （一）k 是一个奇数，证明 $k^2 - 1$ 可以被 8 整除.

7.9 （一）运用费马小定理找到一个 0 到 12 之间的数，使得它与 $2^{100} \pmod{13}$ 同余.

＊　＊　＊　＊　＊　＊　＊　＊　＊　＊　＊

7.10 将地球上的所有人作为一个集合，在这个集合上定义一个关系 R，若 x 和 y 来自同一个国家，则 (x, y) 满足关系 R. 判断 R 是否为等价关系.

7.11 判断下列关系 R 是否为集合 S 上的等价关系.
a）$S = \mathbb{N} - \{1\}$，$(x, y) \in R$ 当且仅当 $\gcd(x, y) > 1$.
b）$S = \mathbb{R}$，$(x, y) \in R$ 当且仅当存在 $n \in \mathbb{Z}$ 使得 $x = 2^n y$.

7.12 设 S 是不相交集合 $A_1, \cdots, A_k$ 的并集，R 是由 $(x, y) \in S \times S$ 组成的关系，满足 x，y 属于集合 $\{A_1, \cdots, A_k\}$ 中同一个元素. 证明 R 是 S 上的等价关系.

7.13 设 $\mathbf{P}$ 为 $[2n]$ 的幂集，R 是 $\mathbf{P}$ 上由 $(A, B) \in R$ 定义的关系，当且仅当 $A \bigcap [n] = B \bigcap [n]$. 判断 R 是否是等价关系. 当 $[n]$ 和 $[2n]$ 被推广到集合 C 和集合 S 且 $C \subseteq S$ 时，答案会如何改变？

7.14 给定函数 $f: \mathbb{R} \to \mathbb{R}$，设 $O(f)$ 为函数 g 的集合. 函数 g 满足：存在正常数 $c, a \in \mathbb{R}$，使得当 $x > a$ 时 $|g(x)| \leqslant c|f(x)|$ 成立（见习题 2.23）. 在将 $\mathbb{R}$ 映射到 $\mathbb{R}$ 的函数集合 S 上定义一个关系 R，当且仅当 $g - h \in O(f)$ 时，(g, h) 满足关系 R. 证明 R 是 S 上的等价关系.

7.15 下列论述讨论了由对称性和传递性推导出自反性的过程，找出其中的错误.
"R 是集合 S 上的关系，$x \in S$. 若 $(x, y) \in R$，则由对称性可知 $(y, x) \in R$，再由传递性以及 $(x, y) \in R$，$(y, x) \in R$ 可知 $(x, x) \in R$. "

7.16 （!）证明每年（包括闰年）至少有一个星期五在 13 号. 一年中最多有多少个星期五在 13 号？（提示：使用模算术简化分析过程.）

7.17 命题："对于任意的 $n \in \mathbb{N}$，$n^3 + 5n$ 都能被 6 整除. "请给出该命题的三种证明方法.
a）使用归纳法. b）使用模算术. c）使用 $n^3 + 5n$ 的二项式系数表达式.

7.18 设 p 是一个奇质数，找出 $2n^2 + n \equiv 0 \pmod{p}$ 的所有解.

7.19 （!）m，n，$p \in \mathbb{Z}$，假设 $m^2 + n^2 + p^2$ 能被 5 整除，证明集合 $\{m, n, p\}$ 中至少有一个元素能被 5 整除.

7.20 （一）使用模算术证明 $k^n - 1$ 能被 $k - 1$ 整除，其中 n，$k \in \mathbb{N}$，$k \geqslant 2$.

7.21 （!）如果 N 是 k 个连续自然数的乘积，用归纳法证明 N 能被 $k!$ 整除.

7.22 （+）证明有无穷多个形式为 $4n + 3$ 和 $6n + 5$ 的质数，其中 $n \in \mathbb{N}$.（提示：首先证明一个数的余子式模 4 余 -1 不能说明模 4 余 1，一个数的余子式模 6 余 -1 不能说明它模 6 余 3 或余 1. 注：狄利克雷证明了更一般的情形，若 a 和 b 互质，那么 $an + b$ 形式的质数有无穷多个. 但这超出了我们现有的知识.）

152

7.23 （!）若一个十进制数的每一位数字向前或向后读起来相同，则该数被称为**回文数**. 证明每个长度为偶数的回文整数都能被 11 整除. 更一般地，证明每一个以 k 进制表示的长度为偶数的回文整数都能被 $k+1$ 整除.

7.24 由 $f(x)=x^2$ 定义 $f: \mathbb{Z}_n \to \mathbb{Z}_n$，若 $n \in \mathbb{N}$，则当 n 取何值时 f 是单射?

7.25 （一）证明 10 的前六次幂属于模 7 不同的同余类. （注：高斯问，对于无穷多个 n，10 的幂是否能产生 $n-1$ 个不的模 n 同余类? 目前这仍是个谜. 模 5 和模 13 显然不满足要求，尽管它们是质数.）

7.26 设 n 是一个自然数，它的十进制表示是 6 位数字 $\{1,2,3,4,5,6\}$ 的置换. 令 $1 \leqslant i \leqslant 6$，由 n 的从左开始的前 i 位数字组成的数能否被 i 整除? 请给出所有满足条件的 n 的取值. 例如整数 123 456 不满足要求，因为它的从左开始的前 4 位组成的数 1 234 不能被 4 整除.

7.27 （+）设 n 是一个十进制自然数，假设 $1 \leqslant i \leqslant 10$，由 n 的从左开始的前 i 位数字组成的数能否被 i 整除? 请给出所有满足条件的 n 的取值. （提示：根据整除性对 n 施加约束条件；例如 n 的第 10 位必须是 0，然后第 5 位必须是 5，除法不是必需的.）

7.28 （!）7 的整除性检验

　　a）设 $a_k \cdots a_0$ 是 n 的十进制表示. 将 n 表示为 $\sum a_i 10^i$ 并将 10 的幂模 7，由此确定 n 能否被 7 整除. 我们在前文中已经讨论过这种方法，并用此方法判断一个数能否被 9 整除. 请应用此方法判断 535 801 能否被 7 整除.

　　b）给定一个正整数 n，令 $f(n)$ 为 n 的所有非个位数组成的数减去 n 的个位数的两倍所形成的整数. 例如若 $n=154$，则 $f(n)=15-2 \times 4=7$. 证明：$7 \mid n$ 当且仅当 $7 \mid f(n)$，并用该结论判断 7 能否整除 535 801. （提示：要证明 $7 \mid n$ 当且仅当 $7 \mid f(n)$，首先要证明 $7 \mid f(n)$ 当且仅当 $7 \mid [10/(n)]$.）

7.29 n 的整除性检验（习题 7.28 的拓展）给定一个正整数 n，令 $f(n)$ 为 n 的所有非个位数组成的数减去 n 的个位数的 j 倍所形成的整数（$j=2$ 时的情形类似于 7.28 中的例题）. 证明若 s 不能被 2 或 5 整除，且 $10j \equiv -1(\bmod s)$，则 n 能被 s 整除当且仅当 $f(n)$ 能被 s 整除. 描述被 17 和 19 整除时的情形，并说明它们如何应用在 323 上，其中 $323=17 \times 19$.

7.30 （!）质数和 3

　　a）证明十进制自然数 n 的每一位数字之和是 3 的倍数，当且仅当 n 是 3 的倍数.

　　b）证明当 $x+1$ 和 $x-1$ 是质数时，在只有一个例外的情况下 $6 \mid x$ 成立.

　　c）假设 $x+1$ 和 $x-1$ 是质数. 通过将一个数字与另一个数字连接起来，形成一个新的数字. 因此 $\{11,13\}$ 可以变成 1113 或 1311. 证明得到的数不是质数，只有一个例外.

153

7.31 （!）若存在 j，使得 $k \equiv j^2(\bmod n)$ 成立，则称 k 是一个模 n 平方. 假设 $n=m^2+1$ 对某些 $m \in \mathbb{N}$ 成立，证明：如果 k 是一个模 n 平方，那么 $-k$ 也是一个模 n 平方.

7.32 令 $n \in \mathbb{N}$，$a,b \in \mathbb{Z}$ 且 $d=\gcd(a,n)$. 对于模 n 算术. 证明不存在全等类 $\overline{x}$，满足全

等方程 $\overline{ax} = \overline{b}$ ，除非 d 能整除 b ，在这种情况下有 d 个解.

7.33 （!）1 500 名士兵抵达训练营，有几个士兵偷偷离开了营地. 教官把剩下的士兵分成 5 人 1 组，发现还剩下 1 个士兵. 分成 7 人 1 组，还剩下 3 个士兵，分成 11 人 1 组，还剩下 3 个士兵. 求逃兵的人数.

7.34 找出满足模 7 余 1、模 8 余 3、模 9 余 5 的所有的整数，并指出绝对值最小的解.

7.35 假设 $x \equiv 3 \pmod 6$ ，$x \equiv 4 \pmod 7$ 且 $x \equiv 5 \pmod 8$. 请解释为什么中国余数定理不适用于计算 x ，并将问题转化为可用中国余数定理解决的等价问题. 计算 x 的最小正解并简要说明为什么不存在更小的正解.

7.36 推导出满足模 a 余 x 、模 b 余 y 、模 c 余 z 的整数所满足的条件.

7.37 （十）仔细分析报纸问题（措施 7.32），当报纸价格为何值时问题有解？

7.38 我们把可分辨的珠子（编号从 1 到 n ）串在一根绳子上，做成一条项链. 若一条项链可以通过旋转或翻转，使它的外观与另一条项链一致，那么这两条项链就是不可分辨的. 证明项链的不可分辨性是一种等价关系，并给出珠子排列的等价类个数.（这些珠子是通过标签来区分的，所以不存在周期性问题.）

7.39 假设有 k 种羽毛，每种羽毛都有无穷多个. 现在有一顶帽子，帽子有 n 个角（n 为质数），要在这顶帽子的每个角上插上一根羽毛. 每一种羽毛的排列都可以旋转，但是与项链不同，帽子不能倒着戴. 若能通过旋转将一种羽毛的排列变得与另一种羽毛的排列一致，那么这两种羽毛的排列方式是不可分辨的. 证明：羽毛排列的不可分辨性关系是等价关系，并给出羽毛排列的等价类个数.

7.40 将一根棍子分成 n 等份，并用 k 种颜色的油漆给棍子的每一段上色. 棍子每个部分的颜色从反面来看是不可分辨的，因为当木棍被抛向空中时，它可能以任何一种方式着地. 这根棍子有多少种可分辨的颜色？

7.41 f 和 g 是 $\mathbb{Z}_n$ 到 $\mathbb{Z}_n$ 的映射，其中 $f(x) \equiv (x+a) \pmod n$ ，$g(x) \equiv ax \pmod n$.

a) 给出 f 的函数有向图的完整描述.

b) 分别为 $(n,a) = (19,4)$ 和 $(n,a) = (20,4)$ 绘制 g 的函数有向图. 描述有向图的一个性质：当 n 是质数时为真，当 n 不是质数时为假.

7.42 （一）对于所有的 $a \in \mathbb{Z}_{13} - \{0\}$ ，找到最小的 k 使得 $a^k \equiv 1 \pmod{13}$ ，并列出 $[12]$ 在乘以 a 的情况下的循环划分.

154

7.43 （!）根据定理 6.21，当 a 和 p 互质时 $\{a, 2a, \cdots, (p-l)a\}$ 对模 p 取余的余数不同. 用这个定理给出费马小定理的简短证明.

7.44 费马小定理表明，如果 p 是质数，则 p 能整除 $2^p - 2$. 费马推测这条定理反过来也是正确的，即当且仅当 p 是质数时，p 才能整除 $2^p - 2$ ，但他错了. 欧拉给出了 $p = 341$ 的反例. 请运用费马小定理证明 341 不是质数且能整除 $2^{341} - 2$ ，验证欧拉给出的反例.

7.45 设 m 为正整数. 给出一个具有整数系数和首项系数 1 的多项式 f ，满足对于所有 $x \in \mathbb{Z}$ ，$f(x) \equiv 0 \pmod m$ 都成立.（注：将其与推论 3.25 进行比较.）

7.46 (!) p 元组 x 的 **循环移位** 是在该元组的每个元素的索引上加一个常数（模 p）得到的 p 元组；将 x 移动 $p+i$ 个位置与将其移动 i 个位置得到的 p 元组相同. 若 p 元组 y 可由 x 循环移位得到，设 R 为 $[a]^p$ 上的关系，$a \in \mathbb{N}$（p 元组集合的项在 $\{1, \cdots, a\}$ 中.）

  a) 证明 R 是 $[a]^p$ 上的等价关系.

  b) 运用 a) 的结论以及引理 7.27 证明：当 p 为质数时，p 能整除 $a^p - a$.（提示：将集合 $a^p - a$ 划分成大小为 p 的子集）

  c) 运用 b) 的结论证明费马小定理.

7.47 设 p 是奇质数，证明 $2(p-3)! \equiv -1 \pmod{p}$.（提示：使用威尔逊定理，定理 7.44.）

7.48 （一）设 $p > 1$ 且 $(p-1)! \equiv -1 \pmod{p}$，证明 p 是质数.（注：这是威尔逊定理的逆命题.）

7.49 证明 $[n]$ 的置换集作为 $[n]$ 到 $[n]$ 的函数集合，在复合运算下形成一个群.

7.50 证明系数在 $\mathbb{Z}_p$ 中的 k 次多项式在加模 p 下形成一个群.

7.51 设 G 是二元运算 。上的群，证明对于任意的 $x \in G$ 都存在 y 使得 $y \circ x = 1$.

7.52 设 G 是二元运算 。上的群，由 $f_y(x) = y \circ x$ 定义 $f_y : G \to G$，证明 f_y 是双射.

7.53 (!) 设 G 是乘法上的有限群，乘法单位元为 1. 给定 $x \in G$，使得 $x^k = 1$ 成立的最小的 k 即为 x 的 **阶数**. 证明 x 的阶数能整除 $|G|$.

第8章 有　理　数

实数系统非零数的除法是已经定义好的．特别地，当 p 和 q 是整数且 $q \neq 0$ 时，商 p/q 是实数，这样的实数称为**有理数**；除有理数外的其他实数称为**无理数**．通常用 $\mathbb{Q}$ 表示有理数集合．通过将有理数与几何联系起来，我们将证明一些实数是无理数，并且介绍毕达哥拉斯三角．

8.1 问题（台球问题）　假设一个正方形台球桌有 $\{(0,0),(1,0),(1,1),(0,1)\}$ 四个角，球沿着斜率为 s 的直线离开原点．若球到达桌子的一个角，它就会停止移动（或从桌子上掉下来）．当它碰到除桌角外的其他边界时，它将继续在桌面上移动，但是移动轨迹直线的斜率要乘以 -1．问球最终能否到达桌子的某一角？当 $s = 3/5$ 时，答案是"能"．■

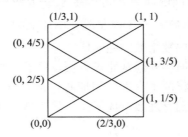

8.2 问题（毕达哥拉斯三角）　满足等式 $a^2 + b^2 = c^2$ 的整数解是什么？该等式的所有正数解实际上就是直角三角形的三条边长．■

8.3 问题（迭代求平均）　从集合 $\{0,1\}$ 开始，通过对集合内的两个数字求平均，可以找到哪些数？■

有理数与几何

常见的"分数"一词通常有许多不同（但相关的）的含义．为了阐明对有理数的理解，我们在本书中使用一个特定的含义．

8.4 定义　分数是由整数（**分子**）、除法符号和非零整数（**分母**）组成的表达式．对于整数 a 和 b，可以将分数写成 $\dfrac{a}{b}$ 或 a/b．

由于在实数系统中已经定义好了非零整数的除法，所以分数表示唯一的有理数，即除法的结果．此外，可以有多个分数表示同一个有理数，例如 $\dfrac{1}{2} = \dfrac{2}{4} = \dfrac{3}{6}$．

由于一个分数表示的有理数是唯一的，所以可以用等式和不等式来表示它们．将一对数字作为一个表达式或用于一个有理数的特殊表示时，我们使用"分数"这个词.

可以只用整数乘法作为基本准则判定两个分数是否表示相同的数.

8.5 注　当且仅当 $ad = bc$ 时，分数 $\dfrac{a}{b}$ 和 $\dfrac{c}{d}$ 表示相同的有理数.　■

注 8.5 将有理数表示为一组分数的集合. 从实数的角度看，有理数就是一个可以表示为两个整数之商的实数. 在附录 A 中，我们将从 $\mathbb{N}$ 中构造 $\mathbb{Q}$，但没有提到 $\mathbb{R}$，根据注 8.5 中给出的关系，我们可以将有理数定义为分数的等价类（关于等价关系的讨论详见第 7 章）.

在第 6 章中，我们证明了整数有唯一的质因数分解. 因此，可以把分数的分子和分母写成质数的乘积. 当它们有公因子时，可以消去它，得到同一个有理数不同的分式表示.

8.6 定义　若 a 和 b 没有大于 1 的公因子且 $b > 0$，则分数 a/b 是 **最简形式**.

8.7 注　某分数具有最简形式，当且仅当该分数的分母是对应有理数所有分数分母中的最小正数（习题 8.9）.　■

8.8 注（有理数经典"因数分解"）　有理数 x 的分数表示有唯一的最简形式 a/b. a 和 b 的质因数分解需要使用不同的质数，这产生了一个使用质数表示 x 的典范表示，即有 $x = a/b = \prod p_i^{e_i}$，其中指数 e_i 对于能整除 a 的质数为正，对于能整除 b 的质数为负. 典范表示同时也会最小化每个质数指数的绝对值.　■

157

将有理数表示为分数的最简形式通常比较方便，例子参见定理 2.3. 然而，最简形式并不总是最佳的表示形式. 例如将两个有理数相加时，首先应该将它们表示为具有相同分母的分数. 这就说明了为什么要把有理数看成是关于该有理数所有分数表示形式的集合.

下面给出有理数的几何解释.

8.9 例题（有理数的几何解释）　给定整数对 (a, b)，规定 a 和 b 不同时为 0. 令 $L(a, b) = \{(x, y) \in \mathbb{R}^2 : bx = ay\}$ 定义为穿过点 $(0, 0)$ 的直线. 当且仅当 $ad = bc$ 时，直线 $L(a, b)$ 和 $L(c, d)$ 完全重合. 观察到整数点 $(p, q) \in \mathbb{R}^2$ 位于直线 $L(p, q)$ 上.

由此在有理数和穿过原点及整数点的直线（垂直线除外）之间建立了一个双射，这个双射的逆赋值给 $L(a, b)$ 一个有理数 b/a，即该直线的斜率.　■

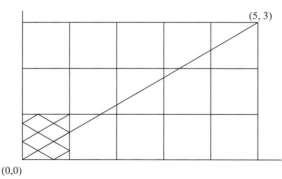

8.10 措施（台球问题）　球从原点开始，运动到边界发生碰撞后反弹；设 L 为斜率为

s 的直线，代表球初始运动的轨迹. 球运动的垂直方向在每次碰撞后发生变化，但球的移动速率的大小保持不变，球的水平运动也是如此.

因此，"到达一个拐角"就意味着该球在水平方向上移动了 m 整数倍的距离，在垂直方向上移动了 n 整数倍的距离，当且仅当 L 包含点 (m,n) 时才会发生这种情况. 球所经过的路径即为 $(0,0)$ 到 (m,n) 段的折叠. 则当且仅当 s 是有理数时直线 L 才包含这样一个点. （习题 8.16 给出了更强的表述.）■

158

用一个变量来描述构成平面上直线或曲线的一组点通常是很方便的. 集合中的点是有序对，可以将有序对中的每个坐标都表示为变量的函数. 上述变量被称为**参数**，而函数被称为该点集的**参数方程**.

直线的参数方程与其斜率密切相关. 下面的命题描述了表示直线上位置的参数为 t；(a,b) 指定了一条特定的直线. 对于不包含原点的直线，请参见习题 8.6.

8.11 命题 $\mathbb{R}^2$ 中每条经过原点且斜率为有理数的直线 L，都可以由一个整数对 (a,b) 指定（a 不为 0），使得 $(x,y) \in L$ 当且仅当 $(x,y) = (at,bt)$ 对于某个实数 t 成立.

证明 若 $(x,y) = (at,bt)$，则 $bx - ay = 0$. 因此，这些实数对所满足方程对应的直线一定穿过原点（见定义 2.1），且该直线的斜率为 b/a.

反过来，设直线 L 由 $Ax + By = 0$ 定义，且 A 和 B 不同时为 0. 若 $B = 0$，那么直线是垂直的，该直线的斜率不是有理数. 若 $B \neq 0$，则直线的斜率为 $-A/B$，假设它是有理数，则可以用整数 a,b 将 $-A/B$ 写成 b/a. 当且仅当 $bx - ay = 0$ 时，(x,y) 在直线 L 上，对于某个实数 t，等式 $(x,y) = (at,bt)$ 成立. ■

圆的参数方程更加微妙，之后它将帮助我们解决问题 8.2. **单位圆**可以用集合 $\{(x,y) \in \mathbb{R}^2 : x^2 + y^2 = 1\}$ 表示.

8.12 定理（单位元的参数方程） 若 $x \neq -1$，则 $x^2 + y^2 = 1$ 当且仅当实数 t 满足下式：

$$(x,y) = \left(\frac{1-t^2}{1+t^2}, \frac{2t}{1+t^2} \right)$$

此外，当且仅当 t 为有理数时，点 (x,y) 的坐标为有理数.

证明 对于 $t \in \mathbb{R}, \frac{1-t^2}{1+t^2} \neq -1$ 恒成立. 因此，若 (x,y) 有上述指定的形式，则 $x \neq -1$ 且

$$x^2 + y^2 = \frac{(1-t^2)^2}{(1+t^2)^2} + \frac{4t^2}{(1+t^2)^2} = \frac{1 + 2t^2 + t^4}{(1+t^2)^2} = 1$$

由此证明了当 $x \neq -1$ 时，$x^2 + y^2 = 1$ 是充分条件.

为证明逆命题，设 (x,y) 满足 $x \neq -1$ 和 $x^2 + y^2 = 1$. 考察包含点 $(-1,0)$ 和 (x,y) 的直线. 方程由 $y = t(x+1)$ 给出，其中 t 是斜率. 将它代入 $x^2 + y^2 = 1$ 中，得到 x 关于参数 t 的二次方程，即 $x^2 + t^2(x+1)^2 = 1$. 展开可得

$$(1+t^2)x^2 + 2t^2 x + t^2 - 1 = 0$$

159

上述方程的一个解是 $x = -1$，它被排除在所考察的点 (x,y) 之外. 由于解的乘积是 $\frac{t^2-1}{1+t^2}$

（见习题 1.20），故另一个解是 $x = \dfrac{1-t^2}{1+t^2}$. 代入 $y = t(x+1)$ 并化简得 $y = \dfrac{2t}{1+t^2}$. 因此 (x, y) 满足指定的参数方程.

对于最后一个论断，注意若 t 为有理数，则由参数方程可知 x 和 y 也是有理数. 反之，若 $x \neq -1$ 且 x, y 为有理数，则 $t = y/(x+1)$ 也是有理数. ■

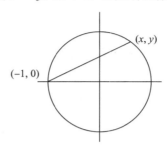

无理数

有理数集合 $\mathbb{Q}$ 构成有序域，但不满足完备性公理. 这部分解释了为什么一些常见的方程没有有理数解，例如 $x^2 = 2$. 本节将研究单变量整系数多项式有理零点的存在性. 在此之前，我们已经发现含有两个变量的特定方程 $bx + ay = 1$ 和 $x^2 + y^2 = 1$ 的有理数解.

以多项式 $x^2 - 2$ 为例. 我们之前在定理 3.31 中已经证明了 $\sqrt{2}$ 是无理数，这里给出另一种证明并推广这两种证明方法.

8.13 例题（$\sqrt{2}$ 的无理性）   已知方程 $x^2 = 2$ 没有有理数 x 作为解. 我们可以假设该方程存在一个有理数解 x，用 a/b 表示其最简形式的分数. 代入方程可得 $a^2 = 2b^2$，所以 a^2 是偶数. 由于奇数的平方是奇数，所以 a 必为偶数. 现在 a^2 能被 4 整除，因此 $2b^2$ 能被 4 整除，即 $2b^2$ 为偶数，则 b 也为偶数. 由此可得 a 和 b 都能被 2 整除，这与 a/b 为最简形式的假设矛盾. ■

这个论证可以用来证明质数不存在有理数平方根（习题 8.18），而且还可以得到更强的结论. 另一个略微不同的结论排除了所有自然数平方根的有理性（整数的平方除外）.

8.14 定理   若 k 不是整数的平方，则正整数 k 不存在有理平方根.

证明   使用反证法. 设 $\sqrt{k}$ 是有理数，由分数 m/n 表示，且 m/n 为最简形式. 若 m/n 不为整数，则存在整数 q 使得 $m/n - 1 < q < m/n$，即 $0 < m - nq < n$. 由于 $m - nq \neq 0$，可得

$$\frac{m}{n} = \frac{m(m-nq)}{n(m-nq)} = \frac{m^2 - mnq}{n(m-nq)} = \frac{n^2 k - mnq}{n(m-nq)} = \frac{nk - mq}{m - nq}$$

由于 $0 < m - nq < n$，所以能找到一个 m/n 的表达式，使得它的整数分母更小，这就与 m/n 为最简形式的假设相矛盾. 因此，若 k 的平方根是有理数，那么它一定是整数. ■

8.15 注   定理 8.14 的证明实际上是一个用递降法表述的归纳证明；我们证明了没有最小正数分母的反例. 通过归纳分母的最简表示，可以证明关于有理数的命题.

即使 $\mathbb{Q}$ 是可数的（习题 8.17），我们也不能对通常的顺序 "$\leqslant$" 使用归纳来证明关于非负有理数的结果．有一个起点（0），但是没有"下一个"有理数；当 x,y 是不同的有理数时，可以在它们之间找到另一个有理数，比如它们的平均值．

选择有理数的分母为最小正数的分式表示是**极端性**的一个例子．缺少更极端的例子有助于缩短证明过程；这就是下降法的工作原理．分数的最简形式的另一个极端描述来自于有理数的几何解释：若 $x = a/b$ 为最简形式，则 (b,a) 是例题 8.9 中与 x 相关的直线上最接近原点的第一个坐标为正的整数点．

定理 8.14 的证明没有使用整数的质因数分解，在习题 8.24 中得到推广．其他证明过程出现在习题 8.19 和习题 8.22 中．接下来，我们推广例题 8.13 中的表述用于表示整系数多项式的有理零点．

8.16 定理（有理零点定理）　令 $c_0,\cdots,c_n$ 为整数，其中 $n \geqslant 1$ 且 $c_0,c_n \neq 0$. 令 $f(x) = \sum_{i=0}^{n} c_i x^i$，其中 $x \in \mathbb{R}$. 若 r 为等式 $f(x) = 0$ 的一个有理数解，将其用最简分式 p/q 表示，则 p 必定能整除 c_0，q 必定能整除 c_n.

证明　令 $f(r) = 0$，将该等式两边同时乘上 q^n，得到 $\sum_{i=0}^{n} c_i p^i q^{n-i} = 0$. 将 $c_n p^n$ 这一项移动到另一边，则有

$$-c_n p^n = \sum_{i=0}^{n-1} c_i p^i q^{n-i} = q \sum_{i=0}^{n-1} c_i p^i q^{n-1-i}$$

161

由于 q 能整除等式的一边，所以 q 也能整除另一边．由于 q 和 p 互质（因为 p/q 是分数最简形式），由此得出 q 必定能整除 c_n.

若将 $c_0 p^n$ 移动到另一侧，则有

$$-c_0 q^n = \sum_{i=1}^{n} c_i p^i q^{n-i} = p \sum_{i=1}^{n} c_i p^{i-1} q^{n-i}$$

现在 p 可以整除等式两侧．这意味着 p 可以整除 c_0，因为 p 和 q 互质．■

8.17 例题（无理数解）　若等式 $x^3 - 6 = 0$ 有一个有理解 r，用最简分式 p/q 表示，那么 q 必须能整除 1，p 必须能整除 6. 唯一的可能是 $r = \pm 1, \pm 2, \pm 3, \pm 6$，显然这些都不符合等式．因此 6 的立方根是无理数．■

8.18 例题（二次方程的解）　由二次求根公式可知 $(-b \pm \sqrt{b^2 - 4ac})/2a$ 为 $ax^2 + bx + c = 0$ 的解．即使 a,b,c 是整数，解也可能是无理数．例如，$(1 + \sqrt{5})/2$ 是方程 $x^2 - x - 1 = 0$ 的一个解，解为无理数．由有理零点定理可知该方程唯一可能的有理解是 ± 1，但它们不满足方程．■

8.19 注（无理数的乘积可能是有理数）　由于每个非零实数都有一个倒数，所以每个无理数 x 都有一个倒数 $1/x$，使得 $x \cdot (1/x) = 1$. 例如 $(\sqrt{5} + 1)/2$ 的倒数为 $(\sqrt{5} - 1)/2$，因为它们的乘积是 1. 一般地，系数为有理数的二次方程的解乘积总是有理数（习题 8.3）.■

毕达哥拉斯三角

为什么要讨论 $x^2 = 2$ 没有有理解？我们相信数字 $\sqrt{2}$ 是两个物理量的比值．边长为 1 的正方形对角线的长度为 $\sqrt{2}$，它满足 $x^2 = 2$．在初等几何中，可以用直尺和圆规构造直角．故可构造一个直角三角形，其两条直角边为单位长度．根据勾股定理，第三条边的长度是 $\sqrt{2}$．

古人相信所有的数都是有理数，据说发现无理数的人因此被谋杀了（被淹死）．无理数是"疯狂"的吗？台球问题和十进制展开（见第 13 章）展示了无理数表现出的复杂行为，但是"无理"一词并非意味着疯狂．心理意义（缺乏理性）和数学意义（不是整数的比值）只有在"比例"和"理性"来自同一个希腊词根时才有关联．毕达哥拉斯学派在推理中只允许有理数．

8.20 定理（毕达哥拉斯定理）   若 a, b, c 是直角三角形三条边的长度，其中 c 是斜边的长度，则 $a^2 + b^2 = c^2$ 成立．

证明（概述）   我们假定已知直角、三角形、矩形和面积的概念．假定一个矩形的面积是该矩形相邻两条边长度的乘积，一个区域的面积是由线段切割形成的区域面积之和，并且相同区域的面积相同．因此，直角三角形的面积是其两条直角边乘积的一半，因为矩形的对角线把矩形分成两份面积相等的区域．

如下图所示，图中最外层四边形是一个正方形．考虑到对称性，所以外侧四个三角形全等．内层四边形也是正方形（参见习题 8.15），所以大正方形的面积等于小正方形的面积加上四个三角形的面积．得到 $(a+b)^2 = c^2 + 4(ab/2)$，化简得 $a^2 + b^2 = c^2$．■

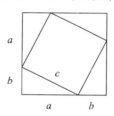

8.21 例题（毕达哥拉斯三角）   满足等式 $a^2 + b^2 = c^2$ 的整数解被称为**毕达哥拉斯三角**．最熟悉的例子是 $(a, b, c) = (3, 4, 5)$，它们的整数倍也同样满足此等式．其他满足等式但是没有公因子的解包括 $(5, 12, 13)$，$(8, 15, 17)$，$(7, 24, 25)$，$(20, 21, 29)$ 和 $(9, 40, 41)$．■

我们证明了所有毕达哥拉斯三角都可以用两个独立的整数生成．习题 8.29 给出了这个特性的另一种证明过程．

8.22 定理   毕达哥拉斯三角是形式为 $(2rs, r^2 - s^2, r^2 + s^2)$ 或 $(r^2 - s^2, 2rs, r^2 + s^2)$ 的三角形的整数倍，其中 r, s 是整数．

证明   由于 $(2rs)^2 + (r^2 - s^2)^2 = (r^2 + s^2)^2$，所以符合等式的三角形都是毕达哥拉斯三角．将这样一个三角形乘以 n，再将等式乘以 n^2，所以这些三元组的所有整数倍都满足

$a^2 + b^2 = c^2$.

还必须证明，每个毕达哥拉斯三角都可以用这种方法进行描述. 对于 $c \in \mathbb{N}$，我们想找出满足 $a^2 + b^2 = c^2$ 的整数解 (a,b). 令 $x = a/c$，$y = b/c$，由此可得 $x^2 + y^2 = 1$ 的有理解. 由定理 8.12 可知 $\left\{ \left(\dfrac{1-t^2}{1+t^2}, \dfrac{2t}{1+t^2} \right) : t \in \mathbb{Q} \right\}$ 是除 $(-1，0)$ 之外的一组有理解. 由于 t 是有理数，故可令 $t = s/r$ 为分数最简形式，化简得

$$(a,b,c) = \frac{c}{r^2 + s^2}(r^2 - s^2, 2rs, r^2 + s^2) \qquad (*)$$

令 $z = c/(r^2 + s^2)$. 当 z 是整数时，$(*)$ 表示期望的三角形.

当 z 不是整数时，我们首先证明 z 是某个整数的一半. 令 $z = m/n$ 为分数最简形式. 由于 a 和 c 是整数，$(*)$ 表示 n 能整除 $r^2 - s^2$ 和 $r^2 + s^2$. 因此 n 也能整除它们的和 $2r^2$ 以及它们的差 $2s^2$. 由于 $\gcd(r,s) = 1$，所以 $\gcd(r^2, s^2) = 1$（参见习题 8.19）. 为了能整除 $2r^2$ 和 $2s^2$，所以 n 必须能整除 2.

当 z 是整数的一半时，$r^2 + s^2$ 必须是偶数. 由于 $\gcd(r,s) = 1$，故 r 和 s 都是奇数. 现在 $R = (r+s)/2$ 和 $S = (r-s)/2$ 是整数. 还要注意 $r = R+S$ 和 $s = R-S$. 等量代换得到 $r^2 - s^2 = 4RS$，$2rs = 2(R^2 - S^2)$ 和 $r^2 + s^2 = 2(R^2 + S^2)$. 同样，我们有 (a,b,c) 作为一个整数乘以一个期望形式的三角形：

$$(a,b,c) = \frac{2c}{r^2 + s^2}(2RS, R^2 - S^2, R^2 + S^2) \qquad ∎$$

著名的**费马大定理**是，若 $n \geqslant 3$，则等式 $x^n + y^n = z^n$ 没有整数解. 17 世纪，费马在一本书的空白处写下了这段话，他声称自己已经知晓了精妙的证明过程，但是由于空白处太小所以写不下，证明过程直到他去世时都未告诉任何人. 350 年后，数学家安德鲁·怀尔斯于 1994 年才成功地证明了这个定理.

$\mathbb{Q}$ 的进一步性质（选学）

我们已经看到一些关于有理数证明的例子，它们用到分式化简和有理数算术运算的闭包. 下一个证明使用了另一种方法，类似于附录 A 中的构造方法；首先证明关于自然数的命题，然后是关于整数的命题，最后是关于有理数的命题.

8.23 定理　假设对于任意 $x,y \in \mathbb{Q}$，$f: \mathbb{Q} \to \mathbb{Q}$ 都满足 $f(x+y) = f(x) + f(y)$. 则对于任意的 $\omega, x \in \mathbb{Q}$ 都有 $f(\omega x) = \omega f(x)$.

证明　首先设 $\omega = 1$；这里的陈述很琐碎. 这为 $\omega \in \mathbb{N}$ 情况下的归纳法证明提供了基础步骤. 对于归纳步骤，设当 $\omega = n$ 时为真. 则有

$$f((n+1)x) = f(nx + x) = f(nx) + f(x) = nf(x) + f(x) = (n+1)f(x)$$

我们用了分配律、f 的定义性质、归纳假设，再次使用分配律. 为了证明 $\omega = 0$，只需要证明 $f(0) = 0$，可由 $f(0) = f(0+0) = f(0) + f(0) = 2f(0)$ 得到. 对于 $\omega = -1$，使用 $0 = f(0) = f(x-x) = f(x) + f(-x)$，这意味着 $f(-x) = -f(x)$. 现在可以证明 $\omega \in \mathbb{Z}$，$n \in \mathbb{N}$ 时，$f((-n)x) = f((-1)nx) = -f(nx) = -nf(x)$ 成立.

164

接下来设 ω 是整数 n 的倒数,则有 $f(x) = f(n(x/n)) = nf(x/n)$,从而有 $f(x/n) = (1/n)f(x)$. 注意,在每个阶段都证明了任意 $x \in \mathbb{Q}$ 的命题,所以这些步骤是合理的. 现在有了所有整数和自然数的倒数的表述,可以把 $\omega \in \mathbb{Q}$ 写成 a/b 的最简形式,并得出 $f((a/b)x) = af((1/b)x) = (a/b)f(x)$. ■

当 $\mathbb{Q}$ 被 $\mathbb{R}$ 代替时,定理 8.23 的表述是错误的. 结论遵循附加的假设,即 f 是连续的 (连续性在第 15 章讨论.)

8.24 定义   若某有理数可以表示为分母为 2 的幂的分数,则称它是一个**二元有理数**.

8.25 措施(迭代平均和二元有理数)   我们解决问题 8.3:通过迭代取集合中已有两个数的平均值(算术平均值),可以由集合 $\{0,1\}$ 生成哪些数?

由于两个有理数的平均值是有理数,因此只能出现区间 $[0,1]$ 内的有理数. 此外,唯一可能出现的数是二元有理数,因为 0 和 1 是二元有理数,两个二元有理数的平均值也是二元有理数.

为了完成求解,需证明区间 $[0,1]$ 中每个二元有理数都可以被生成. 除了 0 自身,每一个这样的有理数都可以表示成形如 $(2j+1)/2^k$ 的最简形式,其中 j,k 为非负整数. 通过对 k 归纳证明 $(2j+1)/2^k$ 是可取到的. 对于 $k=0$,唯一这样的数是 1. 对于归纳步骤,设 $k>0$,对于区间 $(0,1)$ 中的数 $x = (2j+1)/2^k$. x 是 $(2j)/2^k$ 和 $(2j+2)/2^k$ 的平均值,在区间 $[0,1]$ 中,它们分别等于 $j/2^{k-1}$ 和 $(j+1)/2^{k-1}$. 由于 $\{j,j+1\}$ 中有一个是偶数,所以这些分数中必有一个不是最简形式(分子是奇数乘以 2 的正指数次方). 通过约分消掉因子 2 后,我们把 x 表示为两个分母指数较小的二元有理数的平均值. 根据归纳假设,每一个都是可取到的,所以 x 同样可取到. ■

在第 13 章中,我们将考察实数在区间 $[0,1]$ 中的十进制和二进制展开式. 二元有理数就是一种二进制展开可终止的实数.

习题

8.1 (一) 设 x 是有理数,a,b,c 是无理数. 判断下列命题哪些是正确的. 若正确,请给出证明过程;若错误,请举出反例.

a) $x+a$ 是无理数.   b) xa 是无理数.

c) abc 是无理数.   d) $(x+a)(x+b)$ 是无理数.

8.2 (一) 设 f 是系数为有理数的多项式,证明存在一个系数为整数的多项式,其零点与 f 相同.

8.3 (一) 已知 $a,b,c \in \mathbb{Q}$ 且 $a \neq 0$. 设 $ax^2 + bx + c = 0$ 有两个解,证明这两个解的乘积是有理数.

8.4 (一) 解释为什么我们在例题 8.9 中设 a,b 不同时为 0.

8.5 (一) 求由 $f(t) = \left(\dfrac{1-t^2}{1+t^2}, \dfrac{2t}{1+t^2} \right)$ 所定义函数 $f: \mathbb{R} \to \mathbb{R}^2$ 的象.(提示:使用定理 8.12.)

8.6 （一）求斜率为 m 且穿过点 $(p,q) \in \mathbb{R}^2$ 的直线的参数方程.

8.7 （一）演示例题 8.21 中三角形是如何在毕达哥拉斯三角的参数化过程中出现的.

$$* \quad * \quad * \quad * \quad * \quad * \quad * \quad * \quad * \quad * \quad *$$

8.8 （!）如何不加分数　找出所有的 $(x,y) \in \mathbb{R}^2$，使其满足 $\dfrac{1}{x} + \dfrac{1}{y} = \dfrac{1}{x+y}$.

8.9 证明一个分数是最简形式，当且仅当该分数分母是相应有理数的所有分数表示中最小的正数分母.

8.10 （!）令 a/m 和 b/n 是最简形式的分数，它们分别表示某有理数. 证明当且仅当 m 和 n 互质时，$(an+bm)/(mn)$ 是最简形式.

8.11 令 x,y 是满足等式 $x/y = \sqrt{2}$ 的实数，化简 $(2y-x)/(x-y)$.

8.12 （!）设 a,b,c,d 为正整数且满足 $a/b < c/d$. 证明 $a/b < (a+c)/(b+d) < c/d$. 用测试分数或击球率来解释这一命题，并用直线斜率给出几何解释.

166

8.13 设 a,b,c,d 为正整数且满足 $a \leqslant c \leqslant d$ 和 $c/d \leqslant a/b$. 证明 $b - a \leqslant d - c$. 并验证若 $a \leqslant d < c$ 和 $c/d \leqslant a/b$，则该命题并不总是成立.

8.14 令 $S = \{(x,y) \in \mathbb{R}^2 : x^2 - y^2 = 1\}$. 求出 S 中 x 坐标为正数的点集所对应的参数方程，并画出该方程的图像.

8.15 在定理 8.20 的证明中，如何使用对称性进行证明？

8.16 （!）在台球问题（措施 8.10）中，对于正方形的每一个拐角，分别求出对应的斜率 s，使得台球恰好能碰到角后停止运动.

8.17 （!）证明有理数集是可数的.

8.18 （一）推广例题 8.13 中的证明，以证明每个质数的平方根是无理数（不使用有理数零点定理）.

8.19 （!）证明若 r 和 s 互质，则 r^2 和 s^2 也互质（参见习题 6.18）. 用这一结论证明一个整数的平方根是无理数，除非这个平方根是整数.

8.20 令 c 为整数，$f(x) = x^6 + cx^5 + 1$.
a) 证明当 $c = \pm 2$ 时，等式 $f(x) = 0$ 存在有理解.
b) 证明当 $c \neq \pm 2$ 时，等式 $f(x) = 0$ 不存在有理解.

8.21 令 $p(x) = 2x^3 + x^2 + x + 2$. 请找出 p 的所有有理零点，然后通过对 p 进行因子分解找出其余零点，最后画出 p 的图像来检查你的答案是否合理.

8.22 使用有理零点定理证明整数的第 k 个根不是有理数，除非它是整数.

8.23 设 $ax^2 + bx + c = 0$ 存在有理解，其中 a,b,c 为整数且 b 为奇数. 用二次求根公式证明 a 和 c 不可能同时为奇数. （注：这提供了定理 2.3 的另一个证明.）

8.24 （+）设 p 是系数为整数、首项系数为 1 的多项式. 不使用有理零点定理，证明若存在某个 $t \in \mathbb{Q}$ 使得 $p(t) = 0$ 成立，则 $t \in \mathbb{Z}$. （提示：模仿定理 8.14 的证明.）

8.25 （一）给出一个毕达哥拉斯三角递增排列的例子，对于整数 r,s 不能写成 $(r^2 - s^2, 2rs, r^2 + s^2)$ 形式. （注：根据定理 8.22，答案可以写成 $(2rs, r^2 - s^2, r^2 + s^2)$ 的形式，这说明两种形式都是必需的.）

8.26 使用毕达哥拉斯三角的参数化来证明每个大于 2 的整数都是不包含 0 的毕达哥拉斯三角中的参数.（提示：分 n 为偶数或奇数讨论，可能用到等式 $(k+1)^2 - k^2 = 2k+1$.）

8.27 （!）判断两个毕达哥拉斯三角的和（每个分量分别相加）何时为毕达哥拉斯三角.（这个简单的准则不需要公式.）

8.28 设 x 为从 $[20]$ 中随机选取的整数（每个数字被选取到的概率为 $1/20$），设 y 是另一个整数，也是用同样的方法随机选取的.

a) 计算 $x^2 + y^2$ 是某整数的平方的概率.

b)（+）计算 x 和 y 属于一个毕达哥拉斯三角的概率.

8.29 （+）**毕达哥拉斯三角特征的交替证明**   这道习题推进了另一种证明，即每一个毕达哥拉斯三角都具有定理 8.22 中描述的形式. 设 (a,b,c) 是毕达哥拉斯三角，且 a，b，c 没有公因子（因此 $\gcd(a,b) = \gcd(b,c) = \gcd(a,c) = 1$）.

a) 证明 a 和 b 中恰好有一个为偶数.

b) 假设 a 是 $\{a,b\}$ 中的偶数元素. 证明 $(c+b)/2$ 和 $(c-b)/2$ 互质，并且是整数的平方.

c) 对于给定的 b) 部分结果，令 $(c+b)/2 = z^2$，$(c-b)/2 = y^2$. 证明 $a = 2yz$，$b = z^2 - y^2$ 和 $c = z^2 + y^2$.

（注：定理 8.22 的证明强调几何和有理数的性质. 本题的证明强调可除性和质数性质.）

8.30 （+）**一般三次方程的解**   已知方程 $ax^3 + bx^2 + cx + d = 0$，其中 $a \neq 0$，$a, b, c, d \in \mathbb{R}$.

a) 确定常数 s, t，通过变量替换 $x = s(y+z)$ 将这个方程的求解简化为解方程 $y^3 + Ay + B = 0$，其中 A, B 是常数.

b) 确定一个常数 r，通过换元 $y = z + r/z$ 将其简化为关于 z^3 的二次方程.

c) 求出 z^3 的二次方程，并用它的解解出关于 x 的一般三次方程.（注：这种方法即使用来解简单的三次方程也较为冗长，因为即使所有的根都是实数，此方法也使用复数. 尽管如此，它确实提供了一种解法. 一般的五次或五次以上的多项式方程没有公式可解.）

8.31 令 $\mathbb{Q}^* = \mathbb{Q} - \{0\}$. 设 $f: \mathbb{Q}^* \to \mathbb{Q}$，且当 x，$y \in \mathbb{Q}^*$ 时 f 满足 $f(x+y) = f(x)f(y)/[f(x) + f(y)]$. 设 $c = f(1)$，请根据 c 计算出 $f(x)$，其中 $x \in \mathbb{Q}^*$.（提示：考虑函数 $g = 1/f$.）

8.32 （+）某人有一只指针分不清的表，在午夜到第二天中午时间内发生的暴力事件杀死了他并使他的表停了下来. 我们能否根据下列信息来确定此人的死亡时间？

a) 这块表的时针、分针和秒针的指向 . b) 这块表的时针和分针的指向.

第三部分 *Part 3*

离 散 数 学

第 9 章 概 率

我们给出概率的精确定义. 概率是用于分析日常事件和决策的重要工具. 我们介绍条件概率、独立性、随机变量和期望, 以及多项式系数的概念, 以便能够解决以下几个问题.

9.1 问题 (伯特兰选票问题)   假设候选人 A 和 B 在一次选举中获得的票数分别为 a 和 b, 且 $a \geqslant b$, 选票以随机顺序进行统计. 那么候选人 A 的选票不落后的概率是多少? ■

9.2 问题 (医学检测)   假设在一项新设的癌症检测中, 90% 癌症患者的检查结果呈现阳性, 而有 4% 的无癌症患者也被检测为阳性. 在所有接受检测的患者中, 实际患有癌症的患者仅占 2%. 假设随机挑选一位检测为阳性的病人, 患癌症的概率是多少? ■

9.3 问题 (伯努利试验)   具有固定成功概率的重复性试验被称为**伯努利试验**, 以雅各布·伯努利 (1654—1705) 的名字命名. 当进行 n 次成功概率为 p 的试验时, 且每次试验结果不会影响任何其他试验结果, 我们预期有 np 次成功. 我们该如何表达这个直觉? ■

9.4 问题 (收集优惠券)   某餐馆每餐送出五种类型优惠券中的一种, 每种概率相同. 顾客在领取所有类型优惠券后可免单一次. 一名顾客需要购买多少份餐之后才有机会免单? ■

9.5 问题 (完全打击)   某位棒球运动员在一局比赛中获得一垒安打、二垒安打、三垒安打和本垒打的概率分别是多少? 在措施 9.40 中, 我们用特定的连续打击来解答这个特殊问题. ■

概率空间

在第 5 章, 我们介绍了一个基本的概率模型来研究 n 个等可能结果的试验. 对于由可能结果组成的事件集合 A, 该事件发生的概率为 $|A|/n$.

9.6 例题   当投掷两个六面骰子时, 共有 36 种等可能结果. 这些结果中有六种是两个骰子数字相同的情况. 因此, 两骰子数字相同的概率是 1/6.

从标准扑克牌堆中摸取五张牌有 $\binom{52}{5}$ 种等可能结果. 对于特定类型的一手牌, 如 "满堂红" 或 "同花顺", 它的概率是满足要求的事件所占的比例. 在措施 5.16 中, 我们曾通过统计摸取到特定类型一手牌的次数来计算这些概率.

收集学生的论文后随机返回, 以论文返回时的置换作为事件结果进行一次试验, 其中所有置换情况发生的可能性是一样的. 论文都没有回到原作者手中的概率, 与论文返回置换没有不动点的概率是相等的. 我们将在第 10 章和第 12 章对此问题进行研究. ■

我们将概率的概念扩展到非等可能的情形. 设 $S = \{a_1, \cdots, a_n\}$ 是有限的事件集，将数字 p_i 看作结果 a_i 发生的概率. 对概率的直觉要求这些数为非负的且它们的总和为 1. 同样，对于表示为子集 $T \subseteq S$ 的事件，该事件发生的概率应该等于 $\sum_{a_i \in T} P_i$.

古典概型具有以上性质，可以将其以同样方式自然扩展到无限集事件的情形.

9.7 定义　有限**概率空间**由有限集 S 和定义 S 上关于子集（称为**事件**）的函数 P 组成，满足以下条件：

a) 若 $A \subseteq S$，则有 $0 \leqslant P(A) \leqslant 1$.

b) $P(S) = 1$.

c) 如果 A，B 是 S 的子集且 A，B 无交集，则有 $P(A \bigcup B) = P(A) + P(B)$.

假设集合 $B_1, \cdots, B_k$ 组成集合 A 的划分，这意味着 A 中任一基本元素必定属于这些集合中的某一个（见第 7 章）. 通过把（c）推广到 k，可以得到 $P(A) = \sum_{i=1}^{k} P(B_i)$. 特别地，如果 $k = |A|$ 且 B_i 仅包含 A 中的一个元素，则某事件发生的概率等于它所包含的基本结果发生概率的总和.

9.8 命题（基本性质）　如果事件 A 和 B 在概率空间 S 中的概率函数为 P，则有

a) $P(A^c) = 1 - P(A)$.

b) $P(\varnothing) = 0$.

c) $P(A \bigcup B) = P(A) + P(B) - P(A \bigcap B)$.

证明　a) $P(A) + P(A^c) = P(A \bigcup A^c) = P(S) = 1$.

b) 将 a) 的结论应用于 $A = S$ 的情形.

c) 在 Venn 图中，集合 $A \bigcap B$，$A - B$ 和 $B - A$ 组成 $A \bigcup B$. 因此 $P(A \bigcup B)$ 等于它们的概率之和. 因为 A 由无交集的 $A - B$ 和 $A \bigcap B$ 组成（类似地有 $B = (B - A) \bigcup (A \bigcap B)$），因此可以得到如下公式：

$$P(A \bigcup B) = [P(A) - P(A \bigcap B)] + [P(B) - P(A \bigcap B)] + P(A \bigcap B) \quad ■$$

9.9 例题　在掷两个骰子时，两个数不相同的概率为 $1 - (1/6) = 5/6$，记为事件 A. 骰子点数之和能被 4 整除的概率为 $1/4$，因为在 36 个等可能结果中满足这种情况的有 9 个，记该事件为 B. 则这两个事件至少有一个发生的概率并不是 $1/6 + 1/4$，而是

$$P(A \bigcup B) = P(A) + P(B) - P(A \bigcap B) = \frac{6}{36} + \frac{9}{36} - \frac{3}{36} = \frac{1}{3} \quad ■$$

下一个例子继续以计数技巧为主题介绍基本的离散概率以及补集性质的运用.

9.10 措施（伯特兰的选票问题）　来自约瑟夫·路易斯·弗朗索瓦·伯特兰（1822—1900）. 候选人 A 和 B 分别得到 a 张和 b 张选票，假设 $a \geqslant b$. 按照随机顺序统计选票，意味着投票箱中包含 $a + b$ 张投票，共有 $(a + b)!$ 种等可能的统计顺序. 此外，这也说明了某位候选人获得的第 i 张投票组成的序列是等可能的. 最终的比分是 (a, b) 的序列，例如 ABAABAB，由投 A 的选票在统计序列中的位置决定，这种位置分布共有 $\binom{a + b}{a}$ 种. 故最终比分为 (a, b) 的序列有 $\binom{a + b}{a}$ 种.

171

在这个问题中，使用两种模型得到 A 的选票不落后的概率是相同的. 考虑到这些模型共有 $(a+b)!$ 种结果，且改变某一候选人的选票之间的顺序并不影响他的总体选票是否落后，因此对于序列 ABAABAB 而言，有 $a!b!$ 种选票的结果是一样的. 因为每个序列与投票统计顺序相对应，所以每种序列出现的概率是相同的. 无论采用哪种模型，都可以统计出 A 不落后的序列数并除以 $\binom{a+b}{a}$.

172

再用选举情况来评价选票列表. 如果 A 总是不落后，则认为这次选举是好选举；否则就是差选举. 为得到最终得分记为 (a,b) 的好选举，我们统计差选举次数，并从总数中减去它们. 如果存在一个 k，使得得分达到 $(k,k+1)$，那么这次选举就是差选举. k 在 A 第一次落后时取得最小值. 随后修改投票情况，把每一个投 A 的改成投 B 的，投 B 的变成投 A 的. 现在 A 得到 $b-k-1$ 张额外选票，B 得到 $a-k$ 张额外选票，所以新生成的选举最终得分是 $(b-1,a+1)$.

因为 $a \geqslant b$，选举最终得分是 $(b-1,a+1)$，B 获胜. 于是，在这新生成的选举中，存在一个最小的 k 有当前比分为 $(k,k+1)$. 随后像之前一样交换选票以生成新的选举，这次选举的最终比分为 (a,b). 第二次修改与第一次正好相反，并在最终得分为 (a,b) 的差选举集和所有最终得分 $(b-1,a+1)$ 的选举集之间建立了双射. 于是可以计算出所有 $\binom{a+b}{a+1}$ 种差选举. 通过以下公式可以计算出好选举的概率：

$$\frac{\binom{a+b}{a}-\binom{a+b}{a+1}}{\binom{a+b}{a}} = 1 - \frac{b}{a+1} = \frac{a-b+1}{a+1} \qquad \blacksquare$$

9.11 注（格路径和 Catalan 数）　措施 9.10 中的参数转换是安托万·德西雷·安德烈（1840—1917）提出的. 在平面上连续标记投票数，可以得到一个最终标记点为 (a,b) 的格路径. 当且仅当候选人 A 在选举中不落后时，该路径永远不会出现在对角线上方. 可以将变换参数用格路径进行表示；通过 $(k,k+1)$ 后的路径反射到直线方程 $y=x+1$ 上，建立双射将坏选举映射到最终标记点为 $(b-1,a+1)$ 的格路径.

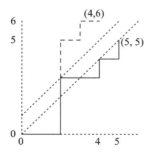

考虑 $a=b=n$ 的特殊情况，好路径有 $\dfrac{1}{n+1}\binom{2n}{n}$ 种. 这个数字被称为 **Catalan 数**，我们将看到这个数会为许多计数问题提供解决思路（习题 9.36～9.39，习题 12.4，习题

12.37~12.40).

在措施 9.10 中，我们十分幸运，对概率空间的两种定义得到了相同的结果．下一个例子同样来自伯特兰，开始提出需要注意的地方．这个例子有无数种结果．在这种情况下，不可能得出各个具体结果的概率．然而，只要我们将概率函数 P 定义在一个适当的 S 的子集上，就能够对概率空间的概念进行扩展．

9.12 例题（伯特兰悖论）　在单位圆上随机选择一根弦，它的长度超过 $\sqrt{3}$ 的概率是多少？答案取决于"随机"的含义．如图所示，当且仅当弦的中点在所有圆内接等边三角形的内部时，弦的长度超过 $\sqrt{3}$.

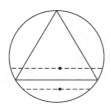

我们可以在中心放置一个"旋转器"，并旋转两次来选择圆周上的两个点作为弦的端点．在该模型中，弦长超过 $\sqrt{3}$ 的概率为 1/3.

或者，我们通过以等概率向等面积的圆投掷飞镖作为弦的中点．弦的中点唯一地确定弦．在这个模型中弦长超过 $\sqrt{3}$ 的概率是 1/4. 其他合理模型也可得到不同概率值（习题9.12).

条件概率

有人指出，概率论是数学领域中专家最容易出错的领域．原因可能是阐述和解决这些问题需要精准的描述，这类问题常常由于陈述不规范而引起误解．我们已经看到"随机"这种表述可能有不止一种解释．模棱两可的表述会对正确理解带来阻碍．

9.13 例题　史密斯夫妇有两个孩子且至少有一个是男孩，那么两个孩子都是男孩的概率是多少？考虑这个问题，正确的答案取决于如何理解"至少有一个是男孩"．我们假定把年龄大的孩子放在前面，这有四种等可能情况：男孩-男孩、男孩-女孩、女孩-男孩、女孩-女孩．于是这个至少有一个男孩的家庭有两个男孩的概率为 1/3. 换一个角度，说话者可能只遇到过年龄较大的孩子并注意到那是个男孩，然后说"至少有一个是男孩"．如果信息是这样产生的，那么答案是 1/2.

计算概率时，描述假定信息时必须谨慎．假定信息是对试验进行约束的条件，这就引出了条件概率的定义．

9.14 定义　设 A 和 B 是概率空间的两个事件．当 $P(B) \neq 0$ 时，定义 A 在 B 条件下的**条件概率**为 $\dfrac{P(A \bigcap B)}{P(B)}$，记为 $P(A \mid B)$.

A 在 B 条件下的条件概率是将概率空间限制在子集 B 内从而调整概率的结果．假设 B

发生，B 发生的概率应为 1，且这个事件的每个子集发生的概率都相应增大.

条件概率解释了例题 9.13 中模棱两可的问题. 可以通过说明 "（假定）至少有一个（孩子）是男孩" 来使用条件概率. 答案取决于给定的事件是 "第一个孩子是男孩" 还是 "两个孩子都不是女孩". 完成习题 9.8～9.11 前需要先理解条件概率.

9.15 定义　如果 $A \bigcap B = \varnothing$，那么事件 A 和 B **互斥**. 如果 $P(A \bigcap B) = P(A) \cdot P(B)$，那么事件 A 和 B **相互独立**.

如果 A 和 B 互斥，由概率空间的定义可知 $P(A \bigcup B) = P(A) + P(B)$. 独立性与条件概率有关. 当 A 与 B 独立且 $P(B) \neq 0$ 时，下列计算表明 B 是否发生不影响 A 发生的概率. 这表明了使用 "独立" 这个词的合理性.

$$P(A \mid B) = \frac{P(A \bigcap B)}{P(B)} = \frac{P(A)P(B)}{P(B)} = P(A)$$

9.16 例题（伯努利试验）　投掷硬币 n 次，每次投掷时正面朝上的概率为 p. 概率空间由 $\{H, T\}$ 中的 n 元组组成. 当 $i \neq j$ 时，分别对应第 i 次和第 j 次投掷为正面朝上的事件 H_i 和 H_j 相互独立. k 次正面朝上和 $n-k$ 次背面朝上的序列事件发生的概率是 $p^k (1-p)^{n-k}$.

长度为 n 的序列是样本空间的元素，可以将它们看成互斥的基本事件. "获得 k 次正面朝上" 的事件是指，满足 k 次正面朝上的序列事件组成的并集. 前者概率是后者概率的和. k 次正面朝上的序列事件有 $\binom{n}{k}$ 个，故 k 次正面朝上的概率为 $\binom{n}{k} p^k (1-p)^{n-k}$.　　■

下一个例子强调了 "各年级学生中数学专业学生比例" 与 "数学专业学生中各年级学生比例" 之间的区别. 可以用它推出条件概率的通用公式.

9.17 例题　假设某学校所有大学生都属于大一学生、大二学生、大三学生或大四学生中的一种. 根据各个年级数学专业学生的比例，我们能否确定数学专业学生中大四学生的比例？如果知道每年的学生人数，就可以确定了.

在这四个年级中，假设数学专业学生的比例是 1/3，1/4，1/5，1/6，四个年级的人数分别为 1 500，1 400，1 250，1 200. 现在可以在下表中计算人数. 数学专业的总人数是 1 300，因此，所有数学专业学生中大四学生的比例是 2/13.　　■

	大一	大二	大三	大四	总计
数学	500	350	250	200	1 300
其他	1 000	1 050	1 000	1 000	4 050
总计	1 500	1 400	1 250	1 200	5 350

可将例题 9.17 中的方法推广到涉及条件概率的一般情况. 想要得到事件 A 的条件概率（这个例题中的数学专业），但不知道 A 的概率. 另一方面，通过考虑概率空间的各个集合划分 $B_1, \cdots, B_k$（该例题对应的是四个年级），可以得知 A 的条件概率.

9.18 定理（贝叶斯公式）　设 $B_1, \cdots, B_k$ 为互斥事件，概率 $b_i = P(B_i)$ 已知且和为 1. 如果 A 是使得条件概率 $a_i = P(A \mid B_i)$ 为已知的事件，则有

$$P(B_i \mid A) = \frac{a_i b_i}{\sum_j a_j b_j}$$

证明 由条件概率的定义可知 $P(A \cap B_j) = P(A \mid B_j)P(B_j) = a_j b_j$. 随后计算

$$P(B_i \mid A) = \frac{P(B_i \cap A)}{P(A)} = \frac{P(A \cap B_i)}{\sum_j P(A \cap B_j)} = \frac{a_i b_i}{\sum_j a_j b_j} \qquad ■$$

9.19 措施 问题 9.2 描述了医学检验报告的典型情况. 为了计算条件概率, 需要检测为阳性且确实患有癌症的患者的比例. 记 "+" 和 "C" 为检测阳性和患癌症的事件, 求 $P(C \mid +)$. 可根据问题 9.2 的数据使用贝叶斯公式进行计算. 由于健康人群如此之大, 因此癌症患者且检测为阳性的概率非常小.

$$P(C \mid +) = \frac{P(+ \text{ and } C)}{P(+)} = \frac{P(+ \mid C)P(C)}{P(+ \mid C)P(C) + P(+ \mid \neg C)P(\neg C)}$$

176

根据已知数据, 可以得到 $P(C \mid +) = \dfrac{0.90 \times 0.02}{0.90 \times 0.02 + 0.04 \times 0.98} = \dfrac{0.018}{0.057\,2} \approx 0.315$. 这个结果是合理的. 在 100 人中, 大约有 4 人无癌症但被检测为阳性, 有 2 人有癌症且被检测为阳性, 故在大约 6 人检测为阳性的患者中, 约 1/3 的人实际患有癌症.

我们提供了另一个例题来说明必须谨慎进行有关比率和概率的表述.

9.20 例题 (辛普森悖论) 许多人认为, 如果 A 在每个类别中的表现都优于 B, 那么 A 的整体表现必须优于 B 的表现. 可用航空公司航班情况生成一个反例[一]. 通常称该现象为**辛普森悖论**.

目的地	阿拉斯加航空公司		美国西部航空公司	
	准时率%	航班数#	准时率%	航班数#
洛杉矶	88.9	559	85.6	811
凤凰城	94.8	233	92.1	5 255
圣地亚哥	91.4	232	85.5	448
旧金山	83.1	605	71.3	449
西雅图	85.8	2 146	76.7	262
总计	86.7	3 775	89.1	7 225

1987 年, 美国的航空公司必须报告在全国 30 个繁忙的机场中按时到达的航班所占的百分比. 阿拉斯加航空公司只为这些机场中的五个提供服务, 并且在每个机场的表现均优于美国西部航空公司, 但美国西部航空公司在这些机场的总体准时率更高.

原因是准时率取决于天气. 阿拉斯加航空公司主要服务于天气恶劣的西雅图; 美国西部航空公司服务于阳光明媚的菲尼克斯. 虽然阿拉斯加航空公司在相近条件下总是做得更好, 但美国西部的整体统计数据来自在温和条件下的服务, 而阿拉斯加大部分受到指责的

一 A. Barnett, How numbers can trick you, *Technology Review* (1994), 38—45.

是因天气影响的机场.

其他关于辛普森悖论的例题见习题 $9.19 \sim 9.20$.

随机变量与期望

我们经常将数字与实验的每个结果关联；这定义了概率空间的函数. 我们将其"预期"值视为其在许多试验中的平均值.

9.21 定义 设 S 是有限概率空间，**随机变量**为函数 $X: S \to \mathbb{R}$. 水平集 $I_x(k)$，即 S 中满足 X 取 k 的每个元素组成的子集，表示一个事件. 通常将这个事件的概率记为 $P(X = k)$. X 的**期望**或**期望值**记为 $E(X)$，等于 $\sum_k k \cdot P(X = k)$. 使用概率空间中的离散点进行表示，也可以写成 $E(X) = \sum_{a \in S} X(a) P(a)$.

9.22 例题（平均成绩） 从 n 名学生的班级中随机选取一名学生，每个学生被选中的概率为 $1/n$. 假设成绩为 A, B, C, D, F 的学生人数分别为 a, b, c, d, f，且满足 $a + b + c + d + f = n$. 设 X 是随机变量，其值是所选学生成绩的字母. 学生平均成绩为 $(4a + 3b + 2c + 1d + 0f)/n$，即为期望 $E(X)$.

9.23 措施（二项分布） 独立投掷硬币 n 次，每次投掷正面朝上的概率为 p. 设 X 是正面朝上的次数，这是一个可能值为 $0, \cdots, n$ 的随机变量. 正如例题 9.16 的计算方法，X 为 k 的概率是 $\binom{n}{k} p^k (1-p)^{n-k}$，因为 k 次正面朝上存在 $\binom{n}{k}$ 种序列，每个这样的序列发生的概率为 $p^k (1-p)^{n-k}$. 计算 X 的期望，可得

$$E(X) = \sum_{k=0}^{n} k \binom{n}{k} p^k (1-p)^{n-k} = \sum_{k=1}^{n} n \binom{n-1}{k-1} p^k (1-p)^{n-k}$$

$$= np \sum_{k=1}^{n} \binom{n-1}{k-1} p^{k-1} (1-p)^{(n-1)-(k-1)} = np \left[p + (1-p) \right]^{n-1} = np$$

其中删除了 $k = 0$ 的项（它等于 0），使用引理 5.27 提取因子 n 并应用二项式定理.

还有更简单的方法计算措施 9.23 中的 $E(X)$，即使用期望值的基本且直观的性质.

9.24 例题 纽约报摊每日销售的预期报纸数是每个报摊的预期销售数量的总和. 有两种方式计算一年的总销售额. 可以将每天的销售额相加，或者可以将每个报摊的销售额相加. 然后除以天数就可得到期望.

9.25 定理（期望的线性性） 设 X 和 $X_1, \cdots, X_n$ 是有限概率空间上的随机变量.

a) 若 $c \in \mathbb{R}$，则有 $E(cX) = cE(X)$.

b) $E(X_1 + \cdots + X_n) = E(X_1) + \cdots + E(X_n)$.

证明 a) 使用期望的定义和分配率可得：

$$E(cX) = \sum_{a \in S} cX(a) = c \sum_{a \in S} X(a) = cE(X)$$

b) 使用交换求和顺序进行计算：

$$E(X) = \sum_{a \in S} X(a) P(a) = \sum_{a \in S} \left[\sum_{i=1}^{n} X_i(a) \right] P(a) = \sum_{i=1}^{n} \left[\sum_{a \in S} X_i(a) P(a) \right] = \sum_{i=1}^{n} E(X_i) \quad \blacksquare$$

9.26 措施（重新审视二项分布）　当进行 n 次成功概率为 p 的试验时，可以用 X_i 表示第 i 次试验，$X_i = 1$ 表示成功，$X_i = 0$ 表示失败. 设 X 为成功次数，可得 $X = \sum X_i$. 记 X_i 期望为 p，因为 $E(X_i) = 1 \cdot p + 0 \cdot (1-p) = p$. 由期望的线性性知，$E(X) = \sum E(X_i) = np$. ■

措施 9.26 中的结论不要求在第 i 次试验中得到正面的事件 H_i 的独立性. 这个简化的计算比措施 9.23 的计算更加有效，因为措施 9.23 中样本点的概率的依赖于试验的独立性.

措施 9.26 中的随机变量 X_i 通常称为**指示变量**，因为它的值（0 或 1）指示是否发生了特定事件. 使用指示变量通常能够简化对期望的计算.

9.27 应用　假设 A，B 和 n 个其他人按随机顺序排队. 那么 A 和 B 之间的人数期望是多少？

如果第 i 个人站在 A 和 B 之间，则记 $X_i = 1$，否则记为 $X_i = 0$. 由此可得 A 和 B 之间的预期人数为 $E(X)$，其中 $X = \sum X_i$. 对每个 i，有 $E(X_i) = 1/3$，可得 $E(X) = \sum E(X_i) = n/3$. ■

假设正在进行相互独立且成功概率为 p 的伯努利试验，并在第一次获得成功时停止实验. 这属于无限概率空间. 设 X 为试验次数. 在这次事件中，X 取值为 k 的概率是 $p(1-p)^{k-1}$.

假设实验总会停止. 即一次成功都没有的概率是 0. 这与 $\sum_k p(1-p)^{k-1} = 1$ 一致.

179

9.28 定义　设 p 满足 $0 < p < 1$，X 在 $\mathbb{N}$ 中取值的随机变量且满足 $P(X = k) = p(1-p)^{k-1}$. 则称 X 是带参数 p 的**几何随机变量**.

和式 $\sum_k p(1-p)^{k-1}$ 包含无限多项. 第 14 章将讨论无限项求和的精确含义. 这里简单地讨论几何随机变量 X 的期望. 受定义 9.21 的启发，在这里用无穷级数定义 $E(X)$

$$E(X) = \sum_{k=0}^{\infty} kP(X = k) = \sum_{k=0}^{\infty} kp(1-p)^{k-1}$$

我们并不严格地使用第 14 章中无限级数的性质（例如分配律）来估算这个和. 这里的讨论假定了这个和有解，使用第 14 章中的方法可以证明这个假设.

9.29 命题　在成功概率为 p 的伯努利试验中，试验第一次成功的期望值是 $1/p$.

证明（概述）　对于参数为 p 的几何随机变量 X，其期望值是 $E(X)$. 根据题意，只需要证明 $\sum_{k=0}^{\infty} kp(1-p)^{k-1} = 1/p$ 成立.

对于 $(1 - 2x + x^2) \sum_{k=1}^{\infty} kx^{k-1}$. 可以通过整理关于 x 幂次的多项式得出结果. 对于 x^0，系数为 1. 对于 x^1，系数为 $-2 \times 1 + 1 \times 2 = 0$. 对于 $k \geq 2$，系数为 $1(k+1) - 2(k) + 1(k-1) = 0$. 除常数项外，其他项都可消去，因此结果为 1.

由 $(1-x)^2 \sum_{k=1}^{\infty} kx^{k-1} = 1$ 可得，$\sum_{k=1}^{\infty} kx^{k-1} = \dfrac{1}{(1-x)^2}$，当 $x \neq 1$ 时，设 $x = 1-p$ 并在两边同乘以 p 即可得证. ■

9.30 措施（收集优惠券）　　需要收集共 n 种优惠券. 第一种, 另一种, 然后是第三种, 从此类推.

设 X_k 是一个随机变量, 表示还差 k 种优惠券时获得下一种优惠券所需的用餐数. 下一餐获得新优惠券的概率是 k/n. 因此, 获得新优惠券的事件就是获得成功概率为 k/n 的伯努利试验中的第一次成功. 试验次数 X_k 为几何分布. 根据命题 9.29 有 $E(X_k) = n/k$.

获得所有优惠券所需的总餐数是 $X = \sum_{k=1}^{n} X_k$. 由期望的线性性可知, $E(X) = n \sum_{k=1}^{n} 1/k$. 例如, 当 $n = 5$ 时, 期望值为 11. ■

最后的期望应用是通过另一种方法来运用概率. 除了计算给定试验的概率, 也可以通过概率获取最佳选项.

在许多游戏中, 包括职业体育, 我们都有一系列选项. 可以在这些选项上定义一个概率空间, 为选项分配待定的概率. 假设有两个选项, 得分分别为 a 和 b. 如果选择这两个选项的概率分别为 x 和 $1-x$, 则预期得分是 $ax + b(1-x)$. 可以调整 x 来最大化预期得分. 当得分 a 和 b 的取值依赖于对手时, 得到最优解就有点困难了.

9.31 应用（奇偶手指游戏）　　这个游戏有 A 和 B 两个玩家. 每局游戏中, 每个玩家出示 1 根或 2 根手指. 四种结果的得分见下表. 每局根据出示手指总数进行结算: 当总数是偶数时, A 获胜; 当总数是奇数时, B 获胜.

	A 出 1 根手指	**A 出 2 根手指**
B 出 1 根手指	-2	$+3$
B 出 2 根手指	$+3$	-4

这似乎是一场公平的比赛, 但它实际上是对 B 有利. 假如 B 总是出示 1 根手指, 或者总是出示 2 根, 然后 A 可以利用这条信息来获胜. 因此 B 会以概率 x 出示 1 根并且以概率 $1-x$ 出示 2 根. 在每局比赛之前, B 可在心中预演并以 x 的概率确定要出示多少根手指. 玩家 A 可能知道策略 x, 但是 A 不知道 B 将在每局游戏中出示几根.

方案 1: 知道策略 x, A 可以计算两种选项下 B 的预期回报, 并仅出示期望较小的一列. 因此, x 使得 B 得到两列中的最小期望值. 分别是 $-2x + 3(1-x)$ 和 $3x - 4(1-x)$, 化简为 $3 - 5x$ 和 $7x - 4$. 玩家 B 调整 x 将最小值最大化. 由于它们的图形交叉, 当它们相等时, 最小值最大化; 由 $3 - 5x = 7x - 4$ 可得 $x = 7/12$. 令 $x = 7/12$, B 保证每场比赛的平均回报至少为 $1/12$.

另一方面, 玩家 A 可以将平均回报限制为 $1/12$. 当 A 以概率 y 出示第 1 列时, 对 B 的预期收益为 $\max\{-2y + 3(1-y), 3y - 4(1-y)\}$. 玩家 A 选择 y 来最小化回报. $y = 7/12$ 时取得最小值, 两个值均等于 $1/12$.

方案 2: 平等地对待玩家, B 使用策略 x 和 A 使用策略 y. B 的预期回报为
$$-2xy + 3y(1-x) + 3x(1-y) - 4(1-y)(1-x)$$
化简得 $7x - 4 + y(7 - 12x)$. 与方案 1 相同, 当 $x = 7/12$ 时, 算得 $1/12$. 如果 $x < 7/12$, A 在 $y = 0$ 时取得最好结果, 而期望值 $7x - 4$ 则小于 $1/12$. 如果 $x > 7/12$, 则 A 在 $y = 1$ 时

取得最好结果，使得回报为 $3-5x$，仍小于 1/12. 我们已经证明 $x=7/12$ 是 B 的最佳选择. 选择 $x=7/12$ 使得该值独立于 y. 这相当于在方案 1 中使列期望相等.

可以将期望写为 $7y-4+x(7-12y)$. 使用类似分析，$y=7/12$ 是玩家 A 的最佳选择.

181

多项式系数

很多涉及两个选项的计数问题可以自然地推广到关于 m 个选项的问题，其中 $m\in\mathbb{N}$. 在选票问题中，有 $\binom{a+b}{b}$ 种选举投票最终得分为 (a,b). 该如何将其推广到 m 个候选者且最终得分是 $(a_1,\cdots,a_m)$ 的情况呢？二项式系数 $\binom{n}{k}$ 可用于计算 n 元组，其中 k 个元表示某个数值而 $n-k$ 个元表示另一个数值. 它在 $(x+y)^n$ 的展开式中是 $x^k y^{n-k}$ 的系数. 可以将这些问题推广到 m 个候选者、m 个元素类型或 m 个变量的多项式中.

9.32 定义　假设 $k_1,\cdots,k_m$ 是非负整数且和为 n. **多项式系数**，记作 $\binom{n}{k_1,\cdots,k_m}$，是在一行中排列 m 种类型的 n 个对象的方法数，其中第 i 种类型有 k_i 个对象.

二项式系数计数两种类型对象的排列. 假设有三种类型的对象. 例如对象是 a，b，b，c，c，则把 a 在放入五个可能位置之一后，可以从剩下四个位置中选择两个 b 的位置，共有六种方法可以组成一个排列. 因此 $\binom{5}{1,2,2}=30$. 可以将这个方法进行推广，首先选择第一种类型对象的位置，然后选择第二种类型对象的位置，依此类推，最后可以得到公式 $\binom{n}{k_1,\cdots,k_m}=\binom{n}{k_1}\binom{n-k_1}{k_2}\binom{n-k_1-k_2}{k_3}\cdots$. 在定理 9.33 中，将对更简洁的公式进行直接论证.

9.33 定理　设 $k_1,\cdots,k_m$ 是非负整数且和为 n，则有

$$\binom{n}{k_1,\cdots,k_m}=\frac{n!}{k_1!\cdots k_m!}$$

证明　记 M 为每个 i 的第 i 种类型的 k_i 个元素的排序方法总数. 可以通过在 k_i 个第 i 种类型的元素上放置标签（例如，下标）的方式将这种排列变成不同对象的排列. 对于特定排列中的第 i 种元素，有 $k_i!$ 种放置标签的方法. 因此对于 n 个不同的元素共有 $M\prod_{i=1}^{m}k_i!$ 种排列方法. 再把元素看成互不相同的，n 个不同元素的排序方法数必须等于 $n!$，故可得 $M=n!/\prod_{i=1}^{m}k_i!$.

9.34 例题　转动一个平衡的六面骰子 21 次. 恰好得到一个 1，两个 2，以此类推，一直到六个 6 的概率是多少？答案是 $\binom{21}{1,2,3,4,5,6}(1/6)^{21}=0.000\,093\,596\,9$.

"多项式系数"这个术语来自具有多个变量的多项式展开式.

182

9.35 推论　数字 $\binom{n}{k_1,\cdots,k_m}$ 是 $(x_1+\cdots+x_m)^n$ 展开式中 $x_1^{k_1}\cdots x_m^{k_m}$ 的多项式系数.

证明　无论以何种方式将 k_i 个 x_i 组合成单项式，i 取 1 到 m，单项式 $x_1^{k_1}\cdots x_m^{k_m}$ 在 $(x_1+\cdots+x_m)^n$ 展开式中仅出现一次. 每个这样的排列对应展开式中的一项. 排列中第 j 个位置对应 $(x_1+\cdots+x_m)\cdots(x_1+\cdots+x_m)$ 中第 j 个因式中选择的项. ∎

9.36 例题（三项式展开式）
$$(x+y+z)^3 = x^3+y^3+z^3+3x^2y+3x^2z+3y^2z+3y^2x+3z^2x+3z^2y+6xyz \qquad ∎$$

9.37 推论　如果 p 是素数且对 $0\leqslant k_i<p$，$\sum_{i=1}^{m}k_i=p$ 成立，则 p 能整除 $\binom{p}{k_1,\cdots,k_m}$.

证明　因为多项系数是有限集的大小，定理 9.33 表明 $M=p!/\prod_{i=1}^{m}k_i!$ 为一个整数. 将其写成 $p!=M\prod_{i=1}^{m}k_i!$，由于左侧可以被 p 整除. 而右侧的阶乘没有 p 作为因子. 由于 p 是素数，因此 p 能整除 M. ∎

由推论 9.37 可以得出关于费马小定理的一种令人惊奇的简短证明，来自戈特弗里德·威廉·莱布尼茨（1646−1716）. 习题 6.37 需要使用二项式定理进行相关证明.

9.38 例题（费马小定理）　当 p 是素数且 a 是不能被 p 整除的整数时，为证明 $a^{p-1}\equiv 1\,(\mathrm{mod}\ p)$，可证 $a^p\equiv a\,(\mathrm{mod}\ p)$. 模运算允许假设 a 为正. a 可以表示为 $\sum_{i=1}^{a}1$，考虑 $(1+\cdots+1)^p$ 的展开式，用 $x_i=1$ 将其写成 $(x_1+\cdots+x_a)^p$. 根据推论 9.35，$x_1^{k_1}\cdots x_a^{k_a}$ 的系数为 $\binom{p}{k_1,\cdots,k_a}$. 对于每一项 x_i^p，其系数等于 1，除 x_i 外其他变量的指数为 0，总共有 a 项. 根据推论 9.37，所有其他系数都可被 p 整除. 故有 $a^p=(1+\cdots+1)^p\equiv a\,(\mathrm{mod}\ p)$. ∎

9.39 命题（多项式分布）　假设某个试验有 m 种可能的结果，其中 p_j 是第 j 个结果的概率且 $\sum_{j=1}^{m}p_j=1$. 如果进行 n 次独立试验，对于每个 j，第 j 种结果恰好发生 k_j 次的概率为 $\binom{n}{k_1,\cdots,k_m}p_1^{k_1}\cdots p_m^{k_m}$.

证明　n 次连续试验有 m^n 种可能结果的序列. 由于试验是相互独立的，因此在某一特定序列中，第 j 个结果恰好出现 k_j 次的概率是 $\prod_{j=1}^{m}p_j^{k_j}$. 同种序列的可能情况数量与在一行中分配同种结果的方式数（对于每个 j，类型 j 有 k_j 种方式）相同，等于多项式系数 $\binom{n}{k_1,\cdots,k_m}$. 不同的列表为互斥事件，因此概率等于同种序列的数量乘以每种序列的概率. ∎

9.40 措施（完全打击）　假定棒球运动员随机击球，意味着击球是独立试验. 一次击球为一垒安打概率是 0.15，二垒安打概率是 0.06，三垒安打概率是 0.02，本垒打的概率是 0.07，否则未击中. 这描述了一个好的击球手，其击球率为 0.300 和"击球平均得分"（每次击球的得分期望）为 0.610. "完全打击"意味着在单个游戏中至少获得每种类型的一击. 如果运动员在某局游戏中击球五次，那么这名运动员完全打击的概率是多少？

有五种可能情况. 每种命中一次，一个未击中，或者某种类型命中两次且另外三种命中一次. 使用多项分布来计算每个概率：

每种命中一次，一个未击中：$5!(0.15)(0.06)(0.02)(0.07)(0.70) = 0.001\ 058\ 4$

两个一垒安打：$(5!/2)(0.15)^2(0.06)(0.02)(0.07) = 0.000\ 113\ 4$

两个二垒安打：$(5!/2)(0.15)(0.06)^2(0.02)(0.07) = 0.000\ 045\ 36$

两个三垒安打：$(5!/2)(0.15)(0.06)(0.02)^2(0.07) = 0.000\ 015\ 12$

两个本垒打：$(5!/2)(0.15)(0.06)(0.02)(0.07)^2 = 0.000\ 052\ 92$

这些事件是互斥的，所以将概率相加得到所求答案为 $0.001\ 285\ 2$，大约是 $1/800$. 实际上，这高估了玩家在某局游戏中完全打击的概率（参见习题 9.31）. ∎

习题

习题 9.1～9.6 考察概率空间 S 中的事件 A 和 B. 在每个习题中，确定其陈述的真假. 如果为真，请给予证明；如果为假，则提供反例.

9.1 如果 $A \subset B$，那么 $P(A) \leqslant P(B)$.

9.2 如果 $P(A)$，$P(B)$ 为非零，且 $P(A \mid B) = P(B \mid A)$，那么 $P(A) = P(B)$.

9.3 如果 $P(A)$，$P(B)$ 为非零，且 $P(A \mid B) = P(B \mid A)$，那么事件 A 与事件 B 相互独立.

9.4 如果 $P(A) > 1/2$ 且 $P(B) > 1/2$，那么 $P(A \bigcup B) > 0$.

9.5 如果事件 A，B 相互独立，那么事件 A 和事件 B^c 相互独立.

9.6 如果事件 A，B 相互独立，那么事件 A^c 和事件 B^c 相互独立.

＊　＊　＊　＊　＊　＊　＊　＊　＊　＊　＊

9.7 确定事件与其补事件在什么情况下相互独立.

184

9.8 （一）某人经常去他最喜欢的餐馆. $1/2$ 的概率吃特定的面食，$1/2$ 的概率吃特定的鱼. 当他想吃特定面食时，有 $1/2$ 概率缺货. 当他想吃特定的鱼时，有 $1/2$ 概率缺货. 他想吃的菜缺货的概率为多少？请用概率中变量的方式描述这个问题.

9.9 三个容器中各有两块大理石：一个包含两块红色大理石，一个包含两块黑色大理石，一个包含一块红色和一块黑色. 随机选择一个容器（等可能），并随机选择里面的其中一块（等可能）. 鉴于所选大理石是黑色的，容器中的另一个也是黑色的概率为多少？

9.10 投掷两颗骰子，一个红色，一个绿色. 根据以下每个假设，骰子点数都是 6 的概率是多少？

　　a）红色骰子点数为 6.

　　b）至少有一个骰子点数为 6. 获得信息的方法是否会影响答案？

9.11 电视上某个著名游戏节目中，奖品被放置在三个门中某一个后面，每扇门后有奖品的概率为 $1/3$. 玩家选择一扇门. 主持人然后打开另外两扇门中一扇并说："正如你所看到的，奖品不在这扇门的后面. 你想保持你原来的猜测或改选剩下的那扇门？"

当玩家选错门时，主人打开另一扇错的门．当玩家选择了正确门时，主持人在两个错误的门中打开其中一扇，打开每个门的概率为 1/2．请证明玩家应该改变选择.

9.12 （＋）**伯特兰悖论** 在例题 9.12 中（单位圆中随机生成弦），令 p 为弦长超过 $\sqrt{3}$ 的概率.

　　a）假设弦的端点是由沿圆周旋转的两个点形成．证明 $p = 1/3$．（假设旋转点位置选定的概率与弧长成正比.）

　　b）假设弦的中点通过向圆投掷飞镖产生．证明 $p = 1/4$．（假设飞镖落在某个区域的概率与该区域的面积成正比.）

　　c）构想一个满足 $p = 1/2$ 的生成目标弦的概率模型.

9.13 某圆上有 n 个间距相等的点，随机选择三个点形成一个三角形．它们形成等边三角形的概率是多少？等腰三角形呢？边长不同的三角形呢？

9.14 在伯特兰选票问题（问题 9.1）中，假设结果是 (a,b) 且 $a > b$，投票按随机顺序统计．A 总是领先于 B 的概率是多少？在选举开始后的某个时刻，比分先后情况不再改变的概率是多少？

9.15 （＋）令 m 个 0 和 n 个 1 围绕某个圆以某种特定顺序放置．如果从圆周上某个 0 的位置出发的任意一段弧沿着顺时针延伸时包含 0 的位置总是多于 1 的位置，就认为该位置是好的．证明对于圆上元素任意排列都有 $m - n$ 个好的位置．并用此解决方案来解决伯特兰选票问题.

9.16 设 X_1, X_2, X_3 为随机变量，且满足 $P(X_i = j) = 1/n, (i,j) \in [3] \times [n]$．假设 $P(X_1 = a_1, X_2 = a_2, X_3 = a_3) = P(X_1 = a_1)P(X_2 = a_2)P(X_3 = a_3)$．在 $X_1 + X_2 \geqslant 4$ 的情况下，计算 $X_1 + X_2 + X_3 \leqslant 6$ 的概率.

9.17 某位网球运动员在比赛中胜出其四位对手的概率分别是 0.6，0.5，0.45，0.4．假设她与前两位对手各有 30 局比赛，与后两位对手各有 20 局比赛．如果她已赢得某局比赛，那么她战胜第 i 名对手的条件概率是多少？$i \in \{1,2,3,4\}$.

9.18 某班级中有一半的女生和三分之一的男生吸烟．同时，三分之二的学生为男生．请问吸烟者中有多少是女生？

9.19 在棒球中，"击球率"被定义为"命中次数/（击球次数）"得到的小数．对于两个运动员 A 和 B．假设他们在白天和晚上的表现如下：

	白天		晚上	
	A	B	A	B
命中次数	a	c	w	y
击球次数	b	d	x	z

找到 a，b，c，d，w，x，y，z 的值，满足在白天比赛和晚上比赛中，A 具有比 B 更高的击球率，但 B 的击球率总体更高.

9.20 （！）大学 H 和 Y 各有 100 位教授．构建一个模型，满足在"助理教授""副教授"

和"全职教授"这几个类别中，H 校女性的比例高于 Y 校，但 Y 校的女教授多于 H 校.

9.21 在保龄球运动中，当投球手第一球将所有瓶子击倒时，称为全中. 一局完美游戏包含 12 次连续全中. 假设在一次出手中全中的概率为 p. p 值为多少时能才能满足达到完美比赛的概率是 0.01？使用计算器估算答案.

9.22 假设 A,B 和 n 个其他人随机排成一排. 对于满足 $0 \leqslant k \leqslant n$ 的每个 k，求恰好有 k 个人站在 A 和 B 之间的概率. 并检验这些概率之和等于 1.

9.23 从 A 开始，玩家 A 和 B 交替快速旋转正面朝上概率为 p 的硬币. 第一个使得硬币正面朝上的玩家获胜. 设 A 获胜的概率为 x. 证明 x 是 p 的函数. 在均匀硬币的特殊情况下（$p = 0.5$）评估这个公式.（提示：使用条件概率来获得 x 的等式.）

9.24 对于某个具有指针的刻度转盘，该指针等可能地指向编号为 1，2，$\cdots$，n 且依次循环排列的 n 个区域中的一个. 当指向 k 时，赌徒赚得 2^k 美元.

　　a) 转盘每次旋转的预期收益是多少？

　　b) 假设赌徒有以下选择. 旋转之后，赌徒可以接受结果或翻转硬币来改变它. 如果硬币的正面朝上，则指针逆时针移动到某个区域点；如果是背面朝上，它会顺时针移动到某个区域点. 赌徒什么时候应该翻转硬币？最优策略下的预期收益是多少？

186

9.25 （＋）现有 n 个信封，其金额为 $a_1,\cdots,a_n$ 美元，其中 $a_1 \leqslant \cdots \leqslant a_n$. 赌徒打开两个相邻的信封，里面包含金额为 a_i 和 a_{i+1} 的概率为 p_i，$1 \leqslant i \leqslant n-1$. 他随机打开这两个信封中其中一封，并看看其有多少金额. 他可以确定接受该金额，或换成另一个信封. 假设他看到了 a_k 美元. 根据问题所给数据，判断他是否该更换信封.

9.26 假设 X 是一个只在 $[n]$ 中取值的随机变量. 证明 $E(X) = \sum_{k=1}^{n} P(X \geqslant k)$.

9.27 某酒鬼有 n 把钥匙，其中只有一个能开门. 他随机选一把钥匙. 在下列模型中，他在打开门时钥匙选择次数的期望值是多少？

　　a) 他随机选择钥匙（不拿开）直到某把钥匙能把门打开.

　　b) 在钥匙无法开门后，他拿开这把钥匙并再次随机选择一把钥匙进行尝试.

9.28 （！）假设将 n 双袜子放入洗衣机，每个袜子都有另一个凑成一双. 将袜子打乱放入洗衣机中，随机取出 k 个袜子. 计算返回成双袜子的期望双数.（提示：使用期望的线性性.）

9.29 假设 $2n$ 个人随机分配成对，每种组合为等可能. 如果这个集合由 n 个男人和 n 个女人组成，男女组合的期望对数是多少？

9.30 *MISSISSIPPI* 中的字母有多少种排序方式？

9.31 （给棒球爱好者的题目）解释一下为什么措施 9.40 中的计算高估了击球手在某场比赛中完全打击的概率.

9.32 （！）对于 $n = 0,1,2,3,4$，找到一个满足 $p(n) = 3^n$ 的多项式 p.（提示：将 3^n 表示为 $(1+1+1)^n$，并使用定理 9.33，令 $k_3 = n - k_1 - k_2$.）

9.33 某试验中，k 个变量组成的总次数为 n 的所有单项式都等可能产生（允许 0 作为指数）.

　　a）确定选择的单项式中，k 个变量都具有正指数的概率.

　　b）对于 $(n,k)=(10,4)$，求指数不同的概率.（这里允许 0 作为指数.）

9.34 现有六个骰子，投掷骰子后，六面中每个面朝上的概率均相同. 每个骰子有三个红色面，两个绿色面和一个蓝色面. 投了六个骰子. 给出有三个骰子红色面朝上，两个骰子绿色面朝上，一个骰子蓝色面朝上的概率表达式.（提示：可将答案化简为分母是 36 的分数.）

9.35 确定 $(x+xy+y)^{16}$ 展开式中 x^4y^{16} 的系数. 确定 $(x^2+xy+y^2)^6$ 展开式中 x^4y^8 的系数.

9.36 设 A 是从 $(0,0)$ 移动到 (n,n) 且不超过直线 $y=x$ 的格路径的集合，B 是非递减函数的 $f:[n]\to[n]$ 的集合，满足对于所有 i，$f(i)\leqslant i$ 成立. 试建立从 A 到 B 的双射.

9.37 设 a_n 表示长度为 $2n$ 且从未超过对角线的格路径数（这些路径在点 $(k,2n-k)$ 结束，且满足 $k>n$）. 证明 $a_n=\dbinom{2n}{n}$.

9.38 长度为 $2n$ 的**选票序列**是一个二进制 $2n$ 元组 $(b_1,\cdots,b_{2n})$，满足对于每个 i，$\{b_1,\cdots,b_i\}$ 中 1 的数量至少与 0 的数量一样多. 在措施 9.10 的描述中，这个选票序列相当于总得分为 (n,n) 的"好选举". 建立从长度为 $2n$ 的选票序列到下面各集合的双射.

　　a）$2n+1$ 元非负整数数组，数组中相邻元素差 1 且 $a_1=a_{2n+1}=0$.

　　b）由 $2n$ 个人组成 2 个长度为 n 的行排列，且每行和每列的身高递增.（例如 $\dbinom{1246}{3568}$ 就是这类排列，这些人身高增加次序从 1 到 $2n$.）

9.39 （十）在某圆周上放置 $2n$ 个点. 通过建立双射证明使用绘制非交叉弦来配对点的方式数，等于长度为 $2n$ 的选票列表的数量.

9.40 手指游戏（应用 9.31）

　　a）x 在区间 $[0,1]$ 中取哪个值能保证无论 A 做什么，B 的回报期望恒为正？

　　b）我们已经看到，当每个玩家以 7/12 的概率出示一个手指时，B 预期平均每场比赛赢得 1/12 美元. 通过这些策略，B 赢得游戏的概率有多大？

9.41 在每个玩家有两个选项的游戏中，$\begin{pmatrix} a & b \\ c & d \end{pmatrix}$ 记录了从 A（列玩家）到 B（行玩家）的选项. 确定 a,b,c,d 的条件，满足以 1/2 的概率使用每个选项对每个玩家来说都是最佳选择.

9.42 在每个玩家有两个选项的游戏中，$\begin{pmatrix} a & b \\ c & d \end{pmatrix}$ 记录了从 A（列玩家）到 B（行玩家）的选项. 根据 a,b,c,d 的取值，通过选择 $x\in[0,1]$ 并以 x 的概率使用第一行选项、以 $1-x$ 的概率选择第二行选项，以确定 B 可以获得的最大的总量.（提示：有几种情况取决于关于 a,b,c,d 的相对值.）

第 10 章　两个计数原理

本章将研究离散数学中的两种证明技巧，即鸽笼原理和容斥原理．我们把这两个原理放在一起考察是因为它们都很容易证明，却都需要一些聪明才智才能发现其中的巧妙应用．还可以通过实例对它们进行冗长的分析．

容斥原理用于解决计数问题．鸽笼原理是一种计数原理，某种程度而言它以集合基数为单位进行计数，但它的应用仅限于考察存在问题和极值问题，而不是枚举问题．

鸽笼原理

"在三个普通人中，其中必然至少有两人性别相同．"⊖鸽笼原理也称为"狄利克雷抽屉原理"，以纪念彼得·古斯塔夫·勒热纳·狄利克雷（1805－1859）．这意味着从一个含有 n 双鞋的壁橱中取出 $n+1$ 只鞋，一定能得到一双匹配的鞋，即它们不可能都取自不同的鞋．

我们已经在第 2 章中证明了鸽笼原理的一个版本：在任何一组实数中一定有一些数至少和平均值一样大．我们还使用原理的本质进行了讨论（参见习题 4.44、措施 5.24、定理 6.21 和引理 7.27）．原理本身是基本的，主要是在应用中能展现出其微妙之处．

10.1 定理（鸽笼原理）　将不止 kn 个对象归为 n 个类别，将会有超过 k 个对象被归到同一个类别中．

189

证明　使用逆否命题证明．假设没有任何类包含超过 k 个对象，那么对象的总数最多为 kn．这使用了在命题 3.12 中通过归纳证明得到的性质，即对 n 个不等式 $m_i \leqslant k$ 求和可以得到不等式 $\sum_{i=1}^{n} m_i \leqslant kn$．　■

在使用鸽笼原理时，必须确定对象应该起到什么作用以及类别应该起到什么作用．有时，鸽笼原理会以反证法的形式出现．

10.2 例题（模 p 乘法逆存在性）　如果 a 和 p 互质，则存在 $b \in \{1,\cdots,p-1\}$ 满足 $ab \equiv 1 \pmod{p}$．反之，$a, 2a, \cdots, (p-1)a$ 属于除 1 外的 $p-2$ 个非零同余类．由鸽笼原理可知，有两个属于同一类．假设 ia 和 ja 属于同一类，由 $ia \equiv ja \pmod{p}$ 可知 $p \mid (i-j)a$．因为 a 和 p 互质，则有 $p \mid (i-j)$（由命题 6.6），由此可知 $i=j$（因为它们都小于 p），得到矛盾．　■

10.3 例题（朋友群体）　假设"成为朋友"是对称关系．可以证明在任何一个 $|S| \geqslant 2$ 的人群集合 S 中，肯定有两个人在 S 中拥有相同数量的朋友．如果 $|S|=n$，则 S 中每个人在 S 中有 0 到 $n-1$ 个朋友．然而，我们不能使得一个人有 0 个朋友而另一个人有 $n-1$

⊖　这个结论归功于麻省理工学院的 D. J. Kleitman 教授．

个朋友，因为有 $n-1$ 个朋友的人是其他所有人的朋友．于是在 n 个人中最多有 $n-1$ 个不同的朋友数，并且一些对一定具有相同的总数． ■

10.4 例题（整点间的中点）　给定平面中的五个整点，两两连线的中点中必存在整点（**整点**是具有整数坐标的点）．

整点 (a,b) 和 (c,d) 连线的中点是 $\left(\dfrac{a+c}{2},\dfrac{b+d}{2}\right)$．当且仅当 a 和 c 具有相同的奇偶性（均为奇数或均为偶数）且 b 和 d 具有相同的奇偶性时，这是整数点．由此可将 x 和 y 坐标的奇偶性将整点分为四类：（奇数，奇数），（奇数，偶数），（偶数，奇数）和（偶数，偶数）．五个点中时，必有两个点在同一个类中，它们连线的中点是整点．仅有四个点时，可以在每个类中各取一个点以避免产生为整点的中点． ■

10.5 例题（强制整除对）　如果 S 是 $[2n]$ 中 $n+1$ 个数组成的集合，则 S 必然包含两个数，满足其中一个数能被另一个数整除．n 元集合 $\{n+1,n+2,\cdots,2n\}$ 是不存在这样的两个数的最大情形．为了使用鸽笼原理，可将 $[2n]$ 分成 n 类，满足对于同一类中的每对数字，其中一个能够整除另一个．回想一下，每个自然数都可以唯一地表示成一个奇数乘以 2 的次幂．对于每个 k，集合 $\{(2k-1)2^{j-1}:j\geqslant 1\}$ 具有所需的性质：集合中任取一对数，较小的数能整除较大的数．由于只有 n 个奇数小于 $2n$，由此得到了合适的分类数．显然，第 k 类由 $\{2^{j-1}(2k-1):j\in\mathbb{N}\}$ 中的元素组成，并且 $\{2^{j-1}(2k-1):j\in\mathbb{N}\}$ 最多只包含 $2n$ 个数． ■

上述例子通常称为极值问题：平面中最大的整点个数是多少，可使得两两连线的中点没有整点？$[2n]$ 的子集中最大尺寸是多少，满足没有元素可以整除另一个？鸽笼原理给出了最好情况下的一个临界点和一种结构．

在这类问题中，仅给出例子并证明满足条件的集合不能再添加任何元素是不够的，这不能排除使用其他方式构建更大集合的例子．例如，要构建一个避免例题 10.5 中的可整除对的最大集合，选择质数是比较合适的．当 $n=5$ 时，可以使用这种方式构建集合 $\{2,3,5,7\}$，此时我们无法在不创建可整除对的情况下添加 $[10]$ 中的任何元素．这并不能证明满足条件的集合最大基数为 4．实际上 $\{6,7,8,9,10\}$ 是一个更大的例子．为了解决这一极值问题，我们的证明必须表明所有可能的例子都要满足临界点．

10.6 例题（最长单调子列表）　考虑一个包含 n^2+1 个不清晰数字的列表．如果某些位置中的数字按顺序构成单调递增列表或单调递减列表，则这些位置的子集构成**单调子列表**．例如，在列表 $(3,2,1,6,5,4,9,8,7,10)$ 中，数字 $3,6,9,10$ 构成长度为 4 的递增子列表．Erdös 和 Szekeres 曾在 1935 年证明了所有由 n^2+1 个不同数字组成的列表都包含一个长度至少为 $n+1$ 的单调子列表．设有列表 $a_1,\cdots,a_{n^2+1}$．对于每一个 k，设 x_k 为以 a_k 结尾的递增子列表的最大长度，设 y_k 为以 a_k 结尾的递减子列表的最大长度．对于上述列表例题，这些参数值是

k	1	2	3	4	5	6	7	8	9	10
a_k	3	2	1	6	5	4	9	8	7	10
x_k	1	1	1	2	2	2	3	3	3	4
y_k	1	2	3	1	2	3	1	2	3	1

如果没有长度为 $n+1$ 的单调子列表，那么 x_k 和 y_k 永远不会超过 n，并且只有 n^2 个可能的对 (x_k, y_k)。由于 k 有 n^2+1 个取值，根据鸽笼原理，这意味着有两个对是相同的，即存在 $i < j$，满足 $(x_i, y_i) = (x_j, y_j)$。如果 $a_i < a_j$，则有 $x_j > x_i$；如果 $a_i > a_j$，则有 $y_j > y_i$。这一矛盾意味着其中一对必定含有超过 n 的数字。由于存在由 n^2 个不同数字组成且不含长度为 $n+1$ 的单调子列表的列表（习题 10.17），因此上述结果是最佳的. ■

191

10.7 例题（多米诺骨牌平铺问题） 某个包括六乘六，共 36 个正方形的棋盘，正好可以被 18 张由两个正方形组成的多米诺骨牌覆盖，成为一个由多米诺骨牌拼成的棋盘。可以证明该棋盘可以在某个相邻的行或列之间进行切割，而不需要切割任何多米诺骨牌。在下面的图中，该棋盘可以沿着中间的水平线切割。

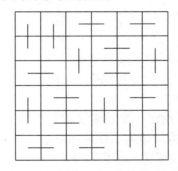

考虑棋盘。每个多米诺骨牌在两个相邻行之间或两个相邻列之间切割一条线。总共 18 个多米诺骨牌，可以切割 10 个线，因此每条线的平均切割数为 1.8。由于每组数字都包含一个最多为平均数的数字，因此某条线最多只能切一次。这还不足以证明我们的说法，因为它留下了每条线至少被切割一次的可能性。

为了完成证明，我们发现观察每条线都被偶数个多米诺骨牌切断；这意味着至多被一个多米诺骨牌切断的线根本不会被切断。显然：奇数个多米诺骨牌越过一条线会在线的另一侧留下奇数个正方形，将被不切割该线的多米诺骨牌覆盖，但每组多米诺骨牌都覆盖偶数个正方形. ■

10.8 例题（国际象棋选手问题） 一位国际象棋选手为参加冠军赛将进行为期 11 周的训练。她计划每天至少进行一局比赛，但总共最多打 132 局比赛。她无论如何安排赛程，总会在连续某几天中总共参加 22 局比赛。

可以考虑通过部分总和来研究连续几天的总局数。设 a_i 是在第 1 天到第 i 天进行的比赛总局数，并设 $a_0 = 0$。于是 $a_j - a_i$ 是从 $i+1$ 到 j 天的总局数。可以找出一个 i 和一个 j，使得 $a_i + 22 = a_j$。这表明可以转而考虑集合 $\{a_j : 1 \leqslant j \leqslant 77\}$ 和 $\{a_i + 22 : 0 \leqslant i \leqslant 76\}$。

由于每天至少有一局比赛，故 $\{a_i\}$ 中数字是不同的，$\{a_i+22\}$ 中数字也是如此．因此，当这 154 个取值中存在重复数字意味着结论获得证明．由于 $a_{77} \leqslant 132$ 而 $a_{76}+22 \leqslant 153$，在 $[153]$ 中取 154 个数字，必定存在某些数字重复．因为 $a_{76}+23$ 最大取值为 154，如果 $k \geqslant 23$，这就不足以证明存在连续某几天中正好进行 k 局比赛．∎

我们经常使用鸽笼原理来证明存在性结果，正如先前通过构建所需对象的例子来证明命题．鸽笼原理能对存在性命题进行非构造性证明；是一种可以避免样例分析的有效方法．

可以从例题中得出几个关于使用鸽笼原理的注．类别可能有不同的大小．部分和有助于解决涉及排序或总和的问题．最佳情形可以通过鸽笼原理中的类别和对象进行证明．最后，鸽笼原理可通过构造矛盾或使用其他技巧的方式与证明过程相结合．

容斥原理

用于解决基本计数问题的加法法则和乘法法则并不适用于含约束条件的计数问题，因为它们会导致大量的样例分析．相反，容斥原理可以快速地导出解决此类问题的公式．容斥原理基于有限集子集之间的包含关系．

10.9 问题（错乱） 一位教授从 n 名学生那里收集家庭作业，然后随机把它们交回学生打分．在这种情况下，"随机"意味着 $n!$ 个置换中的每一个都是等可能的．没有学生收到自己作业的置换称为错乱．随机置换是错乱的概率为多少？∎

10.10 问题（滚骰） 滚动一个六面体骰子，直到每一个数字 1 到 5 至少出现过一次．我们在前 n 轮成功的概率是多少？∎

10.11 问题（欧拉函数） 给定一个正整数 m，设 $\varphi(m)$ 为 $[m]$ 中与 m 互质的元素个数．函数 $\varphi:\mathbb{N} \to \mathbb{N}$ 称为欧拉函数．该怎么计算函数 $\varphi(m)$ 呢？∎

首先讨论质因数很少的欧拉函数．如前所述，当且仅当 $\gcd(m,r) \equiv 1$ 时，m 和 r 互质．如果 m 是质数 p 的幂，那么 $[m]$ 中除了 p 的倍数外的所有数，都与 m 互质．因为这有 m/p 个倍数，所以 $\varphi(m) = m - m/p$．

接下来假设 m 恰好有两个质因数的情况，记为 p 和 q．我们消除 $[m]$ 中共 m/p 个 p 的倍数和 m/q 个 q 的倍数，但这意味着消除了两次 pq 的所有倍数．把这些加回去纠正计算结果，得到 $\varphi(m) = m - m/p - m/q + m/pq$．

一般情况下，m 的质因数为 $P_1, \cdots, P_n$．最初包括 $[m]$ 中所有元素．排除每个质因数及其倍数后，会不止一次丢弃每个可被多个质因数整除的元素．当我们把能被两个质因数整除的元素集合囊括进来后，通常也会把能被其中两个以上因子整除的元素也包括进来．最终，这个囊括和排除的过程将得出每个元素的正确计算次数．

在给出欧拉函数的一般公式之前，我们先讨论使用容斥原理的一般条件．考虑在某个全集 U 中，要找出在 n 个子集 $A_1, \cdots, A_n$ 中没有出现的对象．每个子集都对应着一个约束条件．

在欧拉函数问题中，全集为 $[m]$，集合 A_i 是第 i 个质因数及其倍数组成的集合．在错乱问题中，全集 U 是 $[n]$ 所有置换的集合．为了找出那些错位的点，我们设 $A_i \subseteq U$ 是 i 在正确位置的置换集合，那么错乱正好就是没有出现在这些集合中的置换.

设 N_ϕ 表示 U 的 n 个指定子集 $A_1,\cdots,A_n$ 中没有出现的元素个数. 如果 $n=1$，那么 N_ϕ 计数 A_1 之外的元素，所以 $N_\phi=|U|-|A_1|$.

对于 $n=2$，考虑下面的 Venn 图. 我们不想计算 A_1 或 A_2 中的元素，所以把它们从总数中减去. $A_1 \bigcap A_2$ 的元素将会被减去两次，故需要把它们再加进去，得到 $N_\phi=|U|-|A_1|-|A_2|+|A_1 \bigcap A_2|$. 从 Venn 图中很明显能看出，$A_1 \bigcup A_2$ 外的每个元素净贡献为 1，$A_1 \bigcup A_2$ 内的每个元素净贡献为 0.（要计算至少属于其中一个集合的元素个数，公式是 $|A_1|+|A_2|-|A_1 \bigcap A_2|$. 研究过第 9 章的读者应该注意，在选择 U 的随机元素时，除以 $|U|$ 得到 $A_1 \bigcup A_2$ 的概率.）

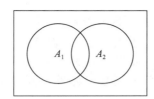

194

在推导出一般公式之前，先详细讨论一下 $n=3$ 的情况. 读者可以使用下面的 Venn 图来跟紧我们对"包含"和"互斥"的描述.

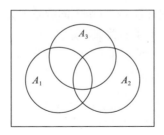

再次从 U 的整体开始. 要除去每个 $\{A_i\}$ 中的元素，可以从 $|U|$ 中减去 $|A_1|+|A_2|+|A_3|$. 任何属于多个集合的元素都被减去了多次，因此需要添加 $|A_1 \bigcap A_2|+|A_2 \bigcap A_3|+|A_1 \bigcap A_3|$ 来修正这个问题. 现在，不属于任何一个子集中的元素对计数贡献 1，正好属于某一个子集中的元素贡献 $1-1=0$，并且正好属于某两个子集中的元素贡献 $1-1-1+1=0$，但是所有属于三个子集中的元素贡献 $1-1-1-1+1+1+1=1$. 最后再减去 $|A_1 \bigcap A_2 \bigcap A_3|$ 进行修正. 因此，当存在三个集合时，N_ϕ 的容斥公式是 $|U|-(|A_1|+|A_2|+|A_3|)+(|A_1 \bigcap A_2|+|A_2 \bigcap A_3|+|A_1 \bigcap A_3|)-|A_1 \bigcap A_2 \bigcap A_3|$.

一般地，对于索引为 $1,\cdots,n$ 的每个子集 S，如果 $|S|$ 是奇数，则对 $|\bigcap_{i \in S} A_i|$ 做负向加权，如果 $|S|$ 是偶数，则对 $|\bigcap_{i \in S} A_i|$ 做正向加权. 当 $S=\varnothing$ 时计数结果为 $|U|$，因为所有元素都不包含在该集合中. 就像没有项的和是加法单位元 0，没有因子的乘积是乘法单位元 1 一样，没有集合的交集是"交集单位元"U.

10.12 定理（容斥原理）　给定一个集合 U 及其子集 $A_1,\cdots,A_n$，则不属于任何一个子集的元素个数 N_ϕ 由下面式子给出：

$$N_\phi = \sum_{S \subseteq [n]} (-1)^{|S|} \left| \bigcap_{i \in S} A_i \right|$$

证明　只需要证明不属于任何子集的每个元素对总数的贡献为 1，而所有其他元素的贡献为 0. 不属于任何一个集合中的元素 x 只出现在 $S = \varnothing$ 的情形，所以它的贡献是 1. 此外，设 $T \subseteq [n]$ 是下标为 i 的非空集使得 $x \in A_i$. 在公式中，元素 x 是通过在 T 的每个子集的项来计数的. 它对每个偶数大小的 $S \subseteq T$ 贡献 $+1$，对每个奇数大小的 $S \subseteq T$ 贡献 -1. 因此 x 的总贡献是 $\sum_{S \subseteq T} (-1)^{|S|} = \sum_{k=0}^{|T|} (-1)^k \binom{|T|}{k}$.

有很多方法可以证明这个和是 0. 可以把它当作 $\sum_{k=0}^{t} \binom{t}{k} y^k$ 的特殊情况，y 设为 -1. 根据二项式定理，求得和为 $(1+y)^t$. 且因为 $t > 0$，当 $y = -1$ 时，它等于 0.

可以使用双射给出另一种证明. 选择 $x \in T$，设 $A = \{R \subseteq T: |R|$ 是奇数$\}$ 和 $B = \{R \subseteq T: |R|$ 是偶数$\}$. 给定 $R \in A$，如果 $x \in R$，令 $f(R) = R - \{x\}$；如果 $x \notin R$，令 $f(R) = R \cup \{x\}$. $f(R)$ 的基数总为偶数. 此外，同样可以得到 f 的反函数，因此 f 是一个双射且 $|A| = |B|$.

容斥原理在下述情形十分有用：（1）可以将问题建模为计数某些集合 $A_1, \cdots, A_n$ 之外的元素，（2）数值 $|\bigcap_{i \in S} A_i|$ 易于计算.

10.13 措施（欧拉函数）　假设 m 有 n 个不同的质因数 $p_1, \cdots, p_n$. 在全集 $U = [m]$ 中，令集合 A_i 由 p_i 的倍数组成. 则与 m 互质的数都不是 $A_1, \cdots, A_n$ 中的元素. 为使用容斥公式，需要知道这些集合的交集大小. 对于 $S \subseteq [n]$ 元素所定义的集合的交集，有 $|\bigcap_{i \in S} A_i| = m / \prod_{i \in S} p_i$. 根据容斥原理，可以得到

$$\varphi(m) = N_\phi = \sum_{S \subseteq [n]} (-1)^{|S|} \left| \bigcap_{i \in S} A_i \right| = \sum_{S \subseteq [n]} (-1)^{|S|} \frac{m}{\prod_{i \in S} p_i}$$

例如，对于 $60 = 2^2 \times 3 \times 5$，有

$$\varphi(60) = 60 - \frac{60}{2} - \frac{60}{3} - \frac{60}{5} + \frac{60}{6} + \frac{60}{10} + \frac{60}{15} - \frac{60}{30} = 16$$

另一个关于 $\varphi(m)$ 公式的例子见习题 10. 30. ■

10.14 措施（错乱）　可以通过在位置 $1, \cdots, n$（表示学生）中写出关于 $1, \cdots, n$（表示论文）的数字来给问题 10.9 建模. 我们要计数没有 i 位于位置 i 的 $[n]$ 的置换数. 一个 i 位于 i 位置的实例是不动点；错乱是没有不动点的置换.

在由 $[n]$ 的全部置换组成的全集 U 中，令 A_i 为 i 不动点的置换集合. 因为错乱没有不动点，可得 $D_n = N_\phi$. 假设集合 $S \subseteq [n]$，其中 $|S| = k$. 置换位于由 S 索引的所有集合中，当且仅当它固定 $\{i: i \in S\}$. 它可以以任何方式置换其他元素（包括固定它们），故有 $|\bigcap_{i \in S} A_i| = (n-k)!$. 对于大小为 k 的 S 有 $\binom{n}{k}$ 种情况，可以用 $(-1)^{|S|}$ 来衡量这些项贡献，所以公式是

$$D_n = \sum_{k=0}^{n} (-1)^k \binom{n}{k}(n-k)! = n! \sum_{k=0}^{n} (-1)^k/k!$$

除以 $n!$ 得到 $\sum_{k=0}^{n} (-1)^k/k!$，表示发生错乱的概率．令人惊讶的是，概率几乎与 n 相互独立，并且随着 n 的增长趋于非零极限．交变和迅速收敛到 $1/e$，其中 $e = 2.718\ 28\cdots$（见第 14 章）．我们将在第 12 章进一步讨论错乱的性质． ∎

　　在错乱计算中，$\bigcap_{i \in S} A_i$ 的大小只与 $|S|$ 有关．这使得我们可以将所有关于集合 S 的项与 $|S| = k$ 联系起来．因子 $\binom{n}{k}$ 以乘以每个 $\bigcap_{-i \in S} A_i$ 的大小的形式出现，其中 $|S| = k$．我们最终得到 $n+1$ 项的和而不是 2^n 项的和．这种简化会经常发生．

　　从 k 元集 A 到 n 元集 B 有 n^k 个函数．在命题 5.11 中，我们曾经使用组合论证实现了对单射的计数．这里对应着按顺序列出 B 的 k 个不同元素并将它们赋值给 $a_1, \cdots, a_k$，有 $n!/(n-k)!$ 种方法可以做到这一点．现在使用互斥原理对满射函数进行计数．

　　10.15 例题（满射函数）　从 A 到 B 的函数有多少个为满射？集合 $B = \{b_1, \cdots, b_n\}$ 除去第 i 个元素所产生的函数集记为 A_i．给定一个下标的集合 $S \subseteq [n]$，$\bigcap_{i \in S} A_i$ 是一组函数集合，它除去了集合 B 中相应的 $|S|$ 个元素．因为可以不受限制地将 A 映射到其余元素上（可能会丢失更多的元素），所以这些函数有 $(n - |S|)^k$ 个．当我们将 $\binom{n}{j}$ 项与 $|S| = j$ 相结合时，对于每个 j，可以得到满射函数的个数为 $\sum_{j=0}^{n} (-1)^j \binom{n}{j}(n-j)^k$． ∎

　　10.16 措施（滚骰）　容斥原理既适用于有限概率空间中的事件，也适用于有限全集中的集合．当我们将全集的总概率标准化为 1 之后，可以通过计算特定事件之外的概率，来计算特定集合外的元素个数．

　　滚掷一个均匀六面体骰子 n 次，想知道在试验中值 $1,2,3,4,5$ 出现的概率．假设 A_i 表示 i 没有出现的事件，想要求得所有这些事件外的概率 $P(\varnothing)$．没有看到某个特定值出现的概率是 $(5/6)^n$．在 $\{A_i\}$ 中，k 个这样的事件发生的概率是 $[(6-k)/6]^n$，这意味着有 k 个值没有出现．由于对每个 k 值都有 $\binom{n}{k}$ 种选择，故由容斥公式可得

$$P(\varnothing) = 1 - 5\left(\frac{5}{6}\right)^n + 10\left(\frac{4}{6}\right)^n - 10\left(\frac{3}{6}\right)^n + 5\left(\frac{2}{6}\right)^n - \left(\frac{1}{6}\right)^n$$

　　对于 $n = 5, 10, 15, 20$，算得概率分别为 $0.015, 0.356, 0.698, 0.873$．当 $n = 12$ 时，概率开始大于 0.5． ∎

习题

　　前 23 个问题与鸽笼原理相关，其他问题与容斥原理相关．对使用容斥原理的大多数问题，必须对答案做相应的分析总结．

　　10.1（一）假设在美国职业棒球联盟的一次赛季比赛中，有 140 000 次击球和 35 000 个安

打. 下列哪个选项是正确的？

a）有些球员的命中率正好是 0.250.

b）有些球员的命中率至少为 0.250.

c）有些球员的命中率不超过 0.250.

10.2 每年选出三位教授组成申诉委员会. 这个系必须有多少名教授才能满足在 11 年内避免拥有相同的申诉委员会组成？

10.3 设 S 是 $\{1,2,\cdots,3n\}$ 的某个子集, 大小为 $2n+1$. 证明 S 一定包含三个连续的数. 可以通过展示一组大小为 $2n$ 且结论为假的集合进行证明.

10.4 设 S 由 $[2n]$ 中 $n+1$ 个数组成. 证明：S 中一定至少包含一对互质数. 展示一组大小为 n 集合且结论不成立的情形, 说明由 $n+1$ 个数组成的集合是 S 最好的情况.

10.5 （!）证明任意 7 个不同整数组成的集合中至少包含一对数, 满足它们的和或差是 10 的倍数.

10.6 设数字 1 到 10 以某次序出现在某个圆上. 证明：存在和至少为 17 的连续三个数.

10.7 （!）从 1 到 12 的数字从时钟表面脱落, 并以随机顺序放回去. 证明存在连续三个数的和至少为 20. 证明存在连续五个数的和至少为 33. 对于三个连续的数字, 使用更详细的分析来确认是否可能发生连续三个数的和都是 19 或 20 的情况.

10.8 （!）证明面积为 1 的正方形上每 5 个点组成的集合中, 至少有两个点的距离不超过 $\sqrt{2}/2$. 通过展示特定的五个点, 证明它们没有一对间距小于 $\sqrt{2}/2$, 由此说明这是最好的情况.（注意：第二部分发现的关于特定集合的情况并不能解决第一部分的问题.）

10.9 **鸽笼原理泛化** 设 $p_1,\cdots,p_n$ 为自然数. 确定最小值 n, 满足每种将 n 个对象分配到类别 $1,\cdots,k$ 中的方法中, 总是存在一些 i 使得类别 i 至少接收到 p_i 个对象.

10.10 在一块 400 码（1 码 $=0.914\,4$ 米）长的场地上, 对 10 个人中的每个人分别划出 100 码长作为足球场. 证明存在某个部分至少属于四块区域.（提示：包括每 100 码长的包含端点的区域.）

10.11 （!）x 的**小数部分**是它超过 $\lfloor x \rfloor$ 的大小. 对于 $x \in \mathbb{R}$ 和 $n \in \mathbb{N}$, 设 $S = \{x, 2x, \cdots, (n-1)x\}$.

a）证明如果 S 中的一对数的小数部分最多相差 $1/n$, 则 S 中的一些数在整数的 $1/n$ 范围内.

b）用 $\lfloor a \rfloor$ 部分证明 S 中某些数在整数的 $1/n$ 以内.

10.12 设集合 S 包含 n 个整数. 证明 S 具有一个元素和能被 n 整除的非空子集. 最好通过展示由 $n-1$ 个整数组成的集合, 使得该集合不存在元素和能被 n 整除的非空子集, 由此进行证明.

10.13 （+）考虑和为 k 的 n 个正整数组成的集合 S. 如果对于每个 $i \in [k]$, S 都有一个元素和为 i 的子集, 则称 S 是"满的". 证明当 $k \leqslant 2n-1$ 时, S 一定是满的. 通过展示某个 S（n 个数之和为 $2n$）, 说明这是最好的情况.

10.14　六个学生来上课. 证明在这六个人中一定有三个互相认识或者三个互不认识.

10.15　使用同余类确定 $[99]$ 的最大子集大小，使得其中没有两个数相差 3.

10.16　(!) 给定 $n,k \in \mathbb{N}$，使用同余类确定 $[n]$ 的最大子集大小，使得没有两个数相差 k.

10.17　(!) 为每个 n 构造一个由 n^2 个不同数字组成的列表，使得该列表不包含任何长度为 $n+1$ 的单调子列表（需要证明），由此验证 Erdős-Szekeres 结果是最好的.

10.18　考虑一场包含三个判断题的考试，每个学生都需要回答所有问题.

　　a) 多少个学生答题，才可以保证无论他们如何进行判断，都有两个学生的答案一样？

　　b) 多少个学生答题，才可以保证无论他们如何进行判断，都有两个学生至少两道题的答案一样？（注：a) 和 b) 两部分都需要证明上界和举出下界的例子.）

10.19　(!)（钥匙问题）　某私人俱乐部有 90 个房间和 100 名成员. 必须向成员提供钥匙，使得 90 名为一组，每组可以打开 90 个不同的房间. 每把钥匙只能打开一扇门. 管理人员想要最小化钥匙总数. 证明钥匙的最小数目是 990.（提示：考虑这样一种方案，90 人拥有一个钥匙，其余 10 人拥有所有 90 个房间的钥匙. 证明这是可行的，且没有钥匙更少的方案.）

10.20　(+) 将例题 10.8 推广到连续 d 天最多进行 b 场比赛的选手. 我们想知道，不管赛程如何安排，能否在连续的某段时间内刚好有 k 场比赛. 确定一个公式 $f(d,b)$，使得例题 10.8 中的参数成立，如果 $k < f(d,b)$，则答案是"真".

10.21　(+) 在例题 10.8 中，棋手在 77 天内最多有 132 局比赛. 证明如果 $k \leqslant 22$，肯定存在连续几天总共有 k 场比赛. 利用鸽笼原理和模 k 同余类证明：当 $k \in [23,24,25]$ 时，也恰好存在 k 的对应周期. 构建一个 77 天的比赛时间表，满足没有连续几天时间正好有 26 场比赛.

10.22　给定 $m \geqslant 2n$，设某个圆上有 m 个点，没有两个点在某直径的两端，所有 m 个点构成集合 S. 如果 $S-x$ 中少于 n 个点位于 x 轴顺时针方向的半圆上，则称 $x \in S$ 为"自由点". 证明 S 最多有 n 个自由点.（提示：将问题简化为 $m=2n$ 的情形.）

199

10.23　考虑平面上某个 $n \times n$ 点网格 $\{(i,j): 1 \leqslant i \leqslant n, 1 \leqslant j \leqslant n\}$. 每个点都是黑色或白色的. n 多大才能使得每个点不管如何着色，都存在四个角颜色相同的矩形？（注：答案需要对上界进行证明，对下界举出例子.）

10.24　有多少种方法可以把十个不同的人分在三个不同的房间里？有多少种方法可以把十个不同的人分在三个不同的房间里，且每个房间至少有一个人？

10.25　包含 $\{1,2,3\}$ 中至少一个元素的十进制 n 元组有多少个？

10.26　(!) 如果某个整数的十进制表示包含数字 $0,1,\cdots,9$ 中每个数字至少一个，那么称该整数是"满的". 对于这个问题，可以通过在前面添加 0，将位数较少的数字看作是 m 位数. 推导出 m 位满整数的求和公式.

10.27　桥牌的一手牌由 52 张标准牌中的 13 张牌组成. 则一手牌中每种花色的牌至少有一张牌的概率是多少？至少有一种花色缺失（为空）的一手牌的概率是多少？

10.28　小于 252 的自然数中有多少个与 252 互质？

10.29 小于 200 的自然数中有多少个在 $\{6,10,15\}$ 中没有除数？

10.30 (!) 设 $\phi(m)$ 为欧拉函数（$[m]$ 中与 m 互质的元素个数）. 假设 p,q 是不同的质数，证明 $\phi(pq) = \phi(p)\phi(q)$. 一般地，令 $P(m)$ 表示 m 的一组不同质因数，证明：

$$\phi(m) = m \prod_{p \in P(m)} \left(1 - \frac{1}{p}\right)$$

10.31 设 A_1，$\cdots$，A_n 是全集 U 的子集. 设 $T \subseteq [n]$ 是一组索引，且设 $N(T)$ 是 U 中属于索引集合 T 但不属于 A_1，$\cdots$，A_n 的元素个数. 通过定义一个新的全集，证明如下容斥公式的推广形式：

$$N(T) = \sum_{T \subseteq S \subseteq [n]} (-1)^{|S|-|T|} \, |\bigcap_{i \in S} A_i|$$

10.32 $[n]$ 的置换中没有奇数个不动点的情况有多少种？

10.33 (!) 一个数学系有 n 名教授和 $2n$ 门课程，每个教授每学期教授两门课程. 在秋季学期中，有多少种课程安排方法？在春季学期中，有多少种课程安排方法可以使得教授在春季和秋季都不会讲授相同的课程？如果所有课程安排都是等可能的，那么这个事件的概率是多少？

10.34 (!) 给定五种硬币（1 美分、5 美分、10 美分、25 美分、50 美分）. 选择 n 枚硬币，满足每种硬币都不会被选中超过 4 次的方法有多少种？（提示：用容斥原理和可重复组合）.

200

10.35 (!) 现有 n 个男孩和 n 个女孩. 使用容斥原理推导出公式，计算 $2n$ 个人两两组成实验伙伴且满足以下条件的组队方式数. （对答案进行分析总结.）

a) 对于每一个 i，第 i 高的男孩不能与第 i 高的女孩组队（允许同性组伴）.

b) 条件与 a) 相同，但每组必须是一男一女.

10.36 从 n 种字母中分别给定两个字母，有多少种置换满足没有两个连续字母相同？

10.37 (!) 安排 n 对已婚夫妇围坐在旋转木马座位上，没有人坐在他或她的配偶旁边的情况有多少种？（座位安排不计入转动.）

10.38 令 D_n 为 $[n]$ 没有不动点的置换数，E_n^k 为 $[n]$ 恰有 k 个不动点的置换数，对于 $0 \leq k \leq n$.

a) 通过 $\{D_j : 0 \leq j \leq n\}$ 推导出 E_n^k 的计算公式；

b) 通过 $\{D_j : 0 \leq j \leq n\}$ 推导出 $n!$ 的计算公式.

10.39 使用容斥原理证明当 $n > 0$ 时，$\sum_{k=0}^{n} (-1)^k \binom{n}{k} = 0$ 成立. 当 $n = 0$ 时等式是否也成立？

10.40 使用容斥原理证明 $\sum_{k=0}^{n} (-1)^k \binom{n}{k} 2^{n-k} = 1$.（不使用二项式定理.）

10.41 使用容斥原理和可重复组合证明下列公式：

$$\sum_{k=0}^{n} (-1)^k \binom{n}{k} \binom{n-k+r-1}{r} = \binom{r-1}{n-1}$$

201

第11章 图 论

图论中的"图"不同于函数的图像．通俗地说，图是由"顶点"和连接顶点的"边"组成的一种离散结构．例如，我们可以把人看作是顶点，如果两个人见过面，就用一条边把他们连接起来．图论有助于回答关于熟知度、化学键、电力网、运输网、二进制向量等以及下面所述的问题．涉及的相关技巧包括归纳法、奇偶性、极值法、组合分析法、鸽笼原理、容斥法，甚至飞镖板问题．

11.1 问题（哥尼斯堡桥问题） 有人说图论是 1736 年在哥尼斯堡诞生的．如下图所示，普雷格尔河穿过该城市，7 座桥将该城市的各个部分连接起来，市民想知道他们能否做到离开家，在恰好走过每一座桥后再回到家里．可以将该问题简化为对右边图形中的所有边的遍历，图中顶点表示陆地，曲线表示连接陆地的桥． ■

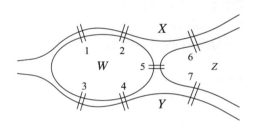 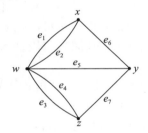

11.2 问题（婚姻问题） 设有 n 个女孩和 n 个男孩参加一个聚会，每个女孩都喜欢男孩中的某几个．在什么条件下才有可能建立一种男女配对，使得每个女孩都和她喜欢的男孩配对？ ■

11.3 问题（柏拉图立体问题） 一个柏拉图立体具有全等正多边形作为面，并且在每个角上有相同数量的边．如下所示的四面体、立方体和八面体是三个柏拉图立体，十二面体和二十面体是仅有的其余柏拉图立体．想一想为什么只有这五个柏拉图立体？ ■

 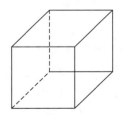

11.4 问题（艺术画廊问题） 现代艺术画廊的平面形状是一个简单多边形，也就是说是由若干顶点进行连接的曲线段围成的闭合区域．参观具有 n 个角的艺术画廊最多需要多少个固定防护装置？ ■

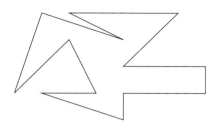

哥尼斯堡桥问题

为了建立哥尼斯堡桥问题的模型，可以使用集合 $V=\{w,x,y,z\}$ 表示陆地 W，X，Y，Z，使用集合 $E=\{e_1,e_2,e_3,e_4,e_5,e_6,e_7\}$ 表示这 7 个桥．可以通过关联每一个 $e_i \in E$ 和 V 的一对元素来实现对每座桥两端所关联陆地信息的编码．桥梁和陆地之间的关系使我们即使在正式定义"图"之前也能够解答关于问题 11.1 的具体问题．

11.5 措施（哥尼斯堡桥问题）   瑞士数学家莱昂哈德·欧拉（1707－1783）在 1736 年发现哥尼斯堡没有满足条件的遍历．从一座桥到另一座桥，每一次跨越都要经过一片陆地．每次我们经过一片陆地，都沿着一座桥走，然后沿着另一座桥离开．如果我们在同一个地方开始和结束，那么也可以把第一个出口和最后一个入口配对．因此，满足条件的遍历要求每个陆地上的桥梁数量均是偶数．该条件在哥尼斯堡桥的例子中并不满足，因此遍历不存在．∎

如果在问题 11.1 中，把桥 8 从 W 移动到 Y，桥 9 从 X 移动到 Z，那么在每个陆地上桥的数量都是偶数．现在 1，2，3，4，5，6，9，7，8 是所需形式的遍历．我们将证明，如果在每个陆地上有偶数座桥，并且能够从每座桥到达另一座桥，就足以实现可穿越性．我们首先介绍图的基本术语．

11.6 定义   图 G 是由一个有限顶点集 $V(G)$、一个有限边集 $E(G)$ 和一个函数 h_G 组成的三元组，该函数为每条边 $e \in E(G)$ 分配一个无序的顶点对．当 $h_G(e)=\{u,v\}$ 时，称 u 和 v 是 e 的**端点**，并且 e 与 u 和 v 相关联．如果函数 $h_G(e)$ 是单射，则图 G 是**简单图**．此时，通常写成 $e=uv$ 而不是 $h_G(e)=\{u,v\}$．

11.7 例题（哥尼斯堡图）   问题 11.1 中图 G 有顶点集 $\{w,x,y,z\}$ 和边集 $\{e_i : 1 \leqslant i \leqslant 7\}$．对于 $1 \leqslant i \leqslant 7$，$e_i$ 的端点分别为 $\{x,w\}$，$\{x,w\}$，$\{z,w\}$，$\{w,z\}$，$\{y,w\}$，$\{x,y\}$，$\{y,z\}$．这个图并不是简单图．$h_G(e_1)=h_G(e_2)$ 和 $h_G(e_3)=h_G(e_4)$．

图有更一般的模型．这里的图模型是有限的，不允许存在有向边或自环（端点相等的边）．但定义 5.37 允许存在这些可能性．本章只考虑定义 11.6 界定的图模型．∎

术语"顶点"和"边"来自于使用图形模拟三维实体．可以通过在平面上进行绘制的方式来实现图形的可视化．我们给每个顶点分配一个点，给每条边分配一条曲线，通过该曲线连通分配给它的顶点．可以将这种说法看成是关于绘制的一种有助于直观理解的非正式描述．我们将在定义 11.60 中给出关于绘制的更加精确的定义．

11.8 定义   顶点 $x \in V(G)$ 的**度** $d(x)$ 表示 G 与 x 所关联边的条数．图 G 的**子图**是图

H ，满足 $V(H) \subseteq V(g)$ 和 $E(H) \subseteq E(G)$ ，对于 $e \in E(H)$ 还需要满足 $h_H(e) = h_G(e)$. 当 H 是 G 的子图时，通常写作 $H \subseteq G$ ，读作 "G 包含 H".

11.9 例题 在问题 11.1 的图 G 中，w, x, y, z 的度分别为 5, 3, 3, 3. 我们已经注意到，可以通过添加两条不共享端点的边，使得所有顶点的度相等，也可以通过添加三条具有一个公共端点的边得到下图 H. G 是 H 的子图.

我们还得到图 G 的一个子图 F ，其各个顶点的度分别为 2, 1, 1, 0，并且是一个简单图. 图 F 说明了两对夫妇的握手问题（措施 3.26），以握手为边. ∎

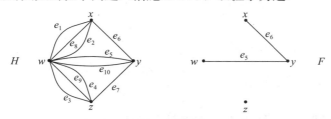

哥尼斯堡桥问题的完整解法使用顶点的度和精确的"遍历"概念. 虽然每座桥只能走一次，但是可能会不止一次地遍历陆地.

11.10 定义 图 G 的**路径**是序列 $v_0, e_1, v_1, e_2, \cdots, e_k, v_k$，该序列的元素在顶点和边之间交替，且满足（1）对于所有 i，$h_G(e_i) = v_{i-1} v_i$；（2）边 $e_1, \cdots, e_k$ 各不相同. 路径的**长度**是组成该路径边的数目. u, v-**路径**是第一个顶点为 u 和最后一个顶点为 v 的路径，称它们是路径的**端点**.

如果一条路径的端点相同或长度为 0，则该路径是**闭合**的. 如果图中的路径不是另一个较长路径的子路径，那么称该路径为**最大路径**. 如果某个图具有一条包含所有边的回路，则称该图是**欧拉图**⊖.

11.11 例题 在例题 11.9 的图 H 中，$w, e_1, x, e_6, y, e_7, z, e_4, w$ 是一条长度为 4 的回路. 它不是一条最大路径，因为可以在 y 和 e_7 之间插入 e_5, w, e_{10}, y 来扩展它. 注意，路径可以有重复顶点，但不能有重复边. 这个图是欧拉图. ∎

我们已经证明，如果一个图是欧拉图，则该图所有顶点的度必须是偶数. 同样必要的是，每条边都可以从另一条边到达，这意味着具有一条同时包含这两条边的路径. 欧拉指出，这些条件也是充分的，尽管直到 1871 年才有证明发表. 为了证明这一点，我们使用一个关于最大路径的引理.

11.12 引理 如果图 G 的每个顶点都有偶数度，那么图 G 中每个最大路径都是闭合的.

证明 由于路径通过一个边时贡献的度为 2，一个非闭合路径在每个端点使用奇数条边. 如果端点的度为偶数，则可以扩展非闭合路径. 故命题得证. ∎

11.13 定理 图 G 是欧拉图，当且仅当每个顶点的度都是偶数，且每条边之间都为可达.

证明 我们已经证明了必要性，下面证明充分性.

⊖ Euler 的发音如 oiler，因为它是一个像 Freud 一样的日耳曼名字，而不是像 Euclid 那样的希腊名字.

假设图 G 满足条件，设 T 为 G 中的最大路径. 根据引理 11.12 知，T 是闭合的. 如果 T 不包含所有的边 $E(G)$，则设 G' 为删除 $E(T)$ 后从 G 中得到的子图. 由于 G 的每条边之间都相互可达，所以图 G 中存在一条以图 T 的一条边为开始边的路径，并且包含图 G' 中一条边. 设 e 是这条路径上 G' 的第一条边，v 是它的端点.

因为 T 在每个顶点上都有偶数度，所以每个顶点在 G' 上也有偶数度. 让 T' 是 G' 中从 v 开始沿 e 的最大路径. 根据引理 11.12 知，T' 是闭合的，且终止于 v. 因此，可以结合 T' 获得一个正确包含 T 的路径. 这与 T 的最大性相矛盾，因此可以得出 T 已经包含 G 中所有边的结论. ■

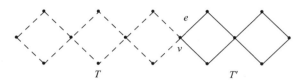

定理 11.13 的证明使用了极值性，选择最大路径. 选择极值例子是一种基本的证明技巧. 归纳证明通常等于表明一个命题没有最小的反例. 我们对定理 7.36 和措施 9.10 的证明表明了极值性的其他用途.

我们通过对顶点的度的进一步重要考察来结束本节. 首先，顶点的度和边数满足一个可用计数方式证明的简单方程.

11.14 定理（度和公式）   如果 G 是一个含有 m 条边的图，则 $m = \dfrac{1}{2} \sum_{v \in V(G)} d(v)$.

证明   将每条边的度相加两次，因为每条边有两个端点，且对每个端点的度都有贡献. ■

11.15 例题（d 维立方体 Q_d）   立方体 Q_d 是一个简单图，它具有 2^d 个顶点，这些顶点是 0 和 1 的 d 元组. 当且仅当它们恰好在一个坐标上不同时，Q_d 的两个顶点形成一条边. 由于二进制 d 元组的每个坐标都可以以一种特定的方式改变，所以每个顶点都有 d 度. 根据度和公式，Q_d 有 $d \cdot 2^{d-1}$ 条边. 我们在下面显示 Q_2 和 Q_3. ■

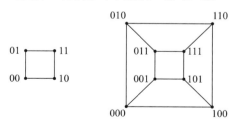

根据下面的推论，世界上遇到奇数个人的人数是偶数. 关于这个推论以及度和公式的应用出现在习题 11.6～11.8 和措施 11.68 与 11.69 中.

11.16 推论   每个度为奇数的图的顶点均为偶数个.

证明   根据度和公式，度的总和为偶数. 因此，总和中的奇数项必为偶数个. ■

图的同构

考虑四个城市〔纽约，芝加哥，旧金山，尚佩恩〕. 芝加哥和其他三个城市都有直飞航班，旧金山和纽约也有直飞航班，但尚佩恩与纽约或旧金山都没有直飞航班. 我们通过下面的图来表示这些信息，图中的顶点是四个城市，边表示直飞服务.

再考虑 4 个整数 {7,10,15,42}，我们定义一个以这些整数为顶点的图，当两个数的公因子大于 1 时，就在这两个数对应的顶点连上一条边.

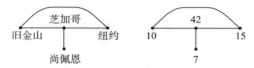

从图中可以看出，这两个图具有相同的结构. 但它们并不是同一个图，因为它们的顶点具有不同的名称. 为了将它们视为同一对象，我们在图集合中定义一种关系，证明这是一种等价关系，并观察到这两个图属于同一个等价类.

为了避免复杂，我们只对简单图定义这种关系. 在一个简单图中，我们通过每条边的端点进行命名，并将边集合视为一组顶点对.

11. 17 定义 从简单图 G 到简单图 H 的**同构映射**是一个双射 $f:V(G) \to V(H)$，满足当且仅当 $f(u)f(v) \in E(H)$ 时，$uv \in E(G)$ 成立. 如果 G 与 H 之间存在同构映射，则称 "G 与 H **同构**"，记作 $G \cong H$. 满足 G 与 H 同构的图对 (G,H) 组成的集合就是**同构关系**.

当 $G \cong H$ 时，同样有 $H \cong G$，所以我们可以说 G 和 H 是同构的. 形容词"同构的"只适用于成对的图形，"G 是同构的"和"一个同构图"的说法没有意义.

11. 18 例题 下面的两个 4 顶点图是同构的. 考虑从 1，2，3，4 分别映射到 a，d，b，c，这将把边 12，23，34 分别转换为 ad，db，be. 由于这些边是第二个图的边，顶点之间的双射是同构映射. 另一个同构映射将 1，2，3，4 分别映射到 c，b，d，a. ■

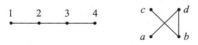

可以简洁地使用顶点集上的关系来描述简单图的同构.

11. 19 定义 称图 G 中的顶点 u 和 v **相邻**，如果它们分别是一条边的两个端点，亦称它们是**邻接点**. G（在 $V(G)$ 上定义）的**邻接关系**是一组有序对 (u,v)，满足 u 和 v 相邻.

邻接关系是对称的，并且每一个对称关系都是某个图的邻接关系. 在邻接语言中，当且仅当存在一个保持邻接关系的双射 $f:V(G) \to V(H)$ 时，简单图 G 与 H 同构.

11. 20 命题 同构关系是简单图集上的等价关系.

证明 $V(G)$ 上的恒等映射是 G 到自身的同构映射. 如果 $f:V(G) \to V(H)$ 是 G 到 H 的同构映射，则 f^{-1} 是 H 到 G 的同构映射. 如果 $f:V(F) \to V(G)$ 和 $g:V(G) \to V(H)$ 是同构映射，则 $g \circ f$ 是 $V(F)$ 到 $V(H)$ 的双射. 该双射保持了邻接关系，因此是 F 到 H 的同构映射. 因此同构关系满足自反性、对称性和传递性. ■

208

11.21 定义   图的**同构类**是图在同构关系下的等价类.

11.22 注（同构类）   关于图 G 结构的命题也适用于与 G 同构的每一个图. 一些作者使用"无标记图"而不是"图的同构类"的通俗表达. 在纸上绘制的图的顶点以其物理位置命名. 因此，绘制一个图来说明它的结构就是选择一个方便的同构类成员.

使用某个图表示它的同构类，就像使用分数表示有理数一样. 问一个给定的图是否"为" G 就是问该图是否与 G 同构. 同样，我们用短语" H 是 G 的一个子图"来表示 H 与 G 的一个子图同构. 从这个意义上说，二维立方体 Q_2 是三维立方体 Q_3 的子图（参见习题 11.10），尽管 Q_2 中用作顶点的二元组比 G_3 中用作顶点的三元组要短.   ■

一般通过给出一个双射 f 来证明两个图是同构的，并检查该双射是否保持邻接关系. 由于结构的性质由邻接关系决定，故可以通过找到一个对另一个不适用的结构性质来证明 G 和 H 不是同构的. 它们可能有不同的顶点度、不同的子图，等等. 结构上的差异证明了不存在保持邻接关系的顶点双射.

11.23 例题（测试同构）   从 G 到 H 的同构必须将每个顶点 $v \in V(G)$ 映射到 H 的顶点，H 的度数为 $d_G(v)$. 因此同构图的顶点度列表必须是相同的. 例如，顶点为 1，1，1，3 的图不能与顶点为 1，1，2，2 的图同构，尽管每个图都有 4 个顶点和 3 条边.

然而，两个图可能具有相同的顶点度列表，但并不是同构的. 在下面每个图中，每个顶点的度都是 3. 只有图 C 有三个成对相邻的顶点，所以它不能与其他任何一个图同构. 其余三个是成对同构的.

为了证明 $A \cong B$，我们可以验证，分别将 u，v，w，x，y，z 映射到 1，3，5，2，4，6 的双射是一个同构，分别将 u，v，w，x，y，z 映射到 6，4，2，1，3，5 得到另一个同构.

图 A 和图 D 具有相同的顶点集，但邻接关系不同. $xw \in E(A)$，但是 $xw \notin E(D)$. 因此它们是不同的图. 然而，它们是同构的，可以分别将 $V(A)$ 中的 u，v，w，x，y，z 映射到 $V(D)$ 中的 u，v，z，x，y，w，由此得到同构映射.   ■

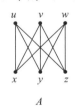
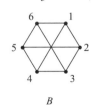

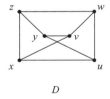

A B C D

209

当两个简单图有许多边，并且有相应的顶点度时，观察非相邻的顶点对可以更容易地判断两个图是否为同构.

11.24 定义   一个简单图 G 的**补图** $\overline{G}$ 是顶点集 $V(G)$ 和边集 $\{\{u,v\}:uv \notin E(G)\}$ 的图.

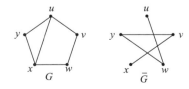

11.25 例题   两个图是同构的，当且仅当它们的补图也是同构的（习题 11.13）. 下面

两个图中每个顶点的度均为 5 ;在它们的补图中,顶点的度均为 2. 左边图的补图有两条长度为 4 的闭合路径. 另一个图的补图中没有长度为 4 的闭合路径. 因此,这两个图不是同构的. ■

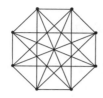

11. 26 例题 (图的计数)　在一个大小为 n 的集合中,不同的顶点对数目为 $\binom{n}{2}$. 每个顶点对可以形成边,也可以不形成边. 必须作出 $\binom{n}{2}$ 个选择来指定邻接关系. 因此,对于给定 n 个顶点的集合,它存在 2 的 $\binom{n}{2}$ 个简单图.

例如,对于一个由 4 个给定顶点组成的集合,一共有 64 个简单图. 它们只属于 11 个同构类,这些类的代表如下:每个图都是同列中另一个图的补图,其中只有一个和它的补图同构. ■

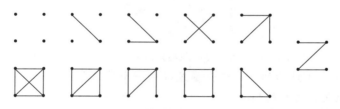

210

11. 27 注 (选学)　数学上的同构通常描述了"等价"数学结构之间的映射. 在集合 S 和集合 T 上定义的结构之间的同构是集合 S 和集合 T 之间的双射,它保留了结构的基本属性. 对于图,集合 S 和集合 T 是顶点集,其基本属性是邻接关系.

我们可以为一般图定义同构. 在图 G 中,无序对 $\{u,v\} \in V(G)$ 的**重数**是 G 中具有端点为 $\{u,v\}$ 的边的数量. 如果存在一个保持重数的双射 $f : V(G) \to V(H)$,则两个图 G,H **同构**.

这与我们之前对简单图的定义一致,因为当且仅当 $\{u,v\}$ 的重数为 1 时,uv 是简单图中的一条边. 用顶点集和重数来描述图会忽略边的名称,但包含了有关图结构的所有信息.

在定义 11.6 的表述中,同构需要两个双射 $f : V(G) \to V(H)$ 和 $\tilde{f} : E(G) \to E(H)$,使得对于所有 $v \in V(G)$ 和 $e \in E(G)$,当且仅当 $\tilde{f}(e)$ 与 $f(v)$ 相邻时,e 与 v 相邻. ■

连通性与树

对于本章中的大多数概念,简单图和一般图之间的区别并不重要. 现在,我们将注意力放在简单图上，将边集看作是一组无序的顶点对．

11.28 定义   通路是一个简单图，其顶点可以按顺序列出，因此当且仅当它们在顺序列表中连续时，两个顶点是相邻的．通路的**端点**是通路顶点列表中的第一个和最后一个顶点．一个 u,v-**通路**是一个端点为 u 和 v 的通路．

回路是一个简单图，其顶点可以放在一个圆周的不同点上，因此当且仅当它们连续出现在圆周上时，两个顶点相邻．

通路或回路的**长度**是它的边数．我们分别使用 P_n 和 C_n 来表示具有 n 个顶点的通路或回路的同构类的任何代表．

P_n 和 C_n 的定义是有意义的，因为有 n 个顶点的通路是成对同构的，就像有 n 个顶点的回路一样．例题 11.18 中的图是 P_4．我们将通路或回路（或路径）指定为一个简单图的子图，按顺序列出它的顶点，因为一个简单图（最多）有一条具有指定端点 v_{i-1} 和 v_i 的边．当我们说子图是一个回路时，我们不需要重复最后一个顶点．这与使用置换和函数有向图表示回路是一致的（参见定义 5.10 和定义 5.37）．

[211]

11.29 例题（通路和回路）   三维立方体 Q_3（例题 11.15）包含长度为 0 到 7 的子图和长度为 4、6 和 8 的回路的子图．下图 G 包含三个回路．每对 $s,t \in V(G)$ 都有一个 s,t-通路． ■

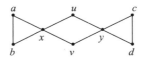

11.30 定义   如果对于所有的 $u,v \in V(G)$，G 中有一个 u,v-通路，则称图 G 是**连通**的（否则，称图 G 是**不连通**的）．G 的**分量**是 G 的一个连通子图，它不包含在任何其他连通子图中．**孤立顶点**是度为 0 的顶点．

11.31 例题   例题 11.29 的连通图只有一个分量．下图由三个分量构成，其中一个是孤立顶点．分量的顶点集是 $\{r\}$，$\{s, t, u, v, w\}$ 和 $\{x, y, z\}$．由两个非孤立顶点组成的子图是一个没有孤立顶点的非连通图． ■

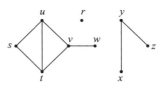

在研究图的通路时，如果 G 有一个 u,v-通路，通常说"u 连通到 v"或者"u 和 v 连通"．$V(G)$ 上的**连通关系**是满足 G 中存在 u,v-通路的有序对 (u,v) 的集合．为了强调说明 u 和 v 是相邻的，我们说"u 和 v 由一条边连通"，而不是"u 和 v 是连通的"．

11.32 例题 u,v-通路和 v,w-通路不一定能形成 u,w-通路．u,v-通路 u, x, y, v 和 v,w-通路 v, z, y, w 的串联是 u, x, y, v, z, y, w 的路径，这不是一条通路．然而，这条路径**包含** u,w-通路 u, x, y, w． ■

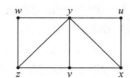

11.33 命题 如果 P 是 u,v- 通路，P' 是 v,w- 通路，那么 P 和 P' 一起包含 u,w- 通路.

证明 我们使用极值法. 至少有 P 的一个顶点出现在 P' 中，因为它们都包含 v. 设 x 是 P' 中出现的第一个 P 的顶点，沿着 P 从 u 到 x，然后 P' 从 x 到 w 得到一条 u,w-通路，因为在 x 之前没有 P 的顶点属于 P'. ■

11.34 命题 设 G 是一个图. $V(G)$ 上的连通关系是等价关系，且它的等价类是 G 分量的顶点集. 如果 G 有从一个顶点到其他所有顶点的通路，那么 G 是连通的.

证明 自反性：v 通过长度为 0 的通路与 v 连通. 对称性：如果 P 是 u,v- 通路，那么反转 P 得到 v,u- 通路. 传递性：这已在命题 11.33 中证明.

当且仅当两个顶点属于一条通路时，它们在同一个等价类中. 通路是一个连通的子图，因此出现在同一个分量中. 如果所有顶点都有到 v 的通路，那么命题 11.33 给出了连通所有顶点对的通路. ■

我们经常讨论删除边或顶点所得到的子图.

11.35 定义 删除边 e 得到的 G 的子图为 $G-e$，删除顶点 v 和与 v 关联所有边所获得的子图是 $G-v$，保留所有顶点但删除子图 H 的边得到的子图为 $G-E(H)$.

例如，如果 G 是一个长度为 n 的回路，其中 $e \in E(G)$ 和 $v \in V(G)$，那么 $G-e$ 是长度为 $n-1$ 的通路，$G-v$ 是长度为 $n-2$ 的通路.

11.36 引理 如果 e 是连通图 G 的一条边，则 $G-e$ 是连通的当且仅当 e 属于 G 的一条回路.

证明 假设 $e = xy \in E(G)$，并令 $G' = G-e$. 如果 $G-e$ 连通，则 x 和 y 属于 G' 的同一分量，所以 G' 包含一条 x,y- 通路，这样就与 e 在 G 中形成了一条回路.

反过来，假设 e 属于某个回路 C，选择 $u,v \in V(G)$. 因为连通性，G 有一个 u,v-通路 P. 如果 P 不包含 e，那么 P 在 G' 中也存在；如果 P 包含 e，根据对称性，假设在从 u 到 v 的过程中，P 在 y 之前到达 x，由于 G' 包含一个沿着 P 的 u,x- 通路、一个沿着 C 的 x,y- 通路和一个沿着 P 的 y,v- 通路，根据连通关系的传递性可知，$G-e$ 有一个 u,v- 通路. 由于 u,v 是从 $V(G)$ 中任意选取，故我们证明了 $G-e$ 是连通的. ■

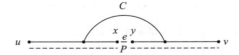

特定类型的**最大**对象是不包含在该类型中任何其他对象中的对象. 前面我们研究了图的最大路径，其分量是最大连通子图. 图的最大通路不能通过在任一端添加顶点来扩展通路. 每个最大长度的通路都是一个最大通路，但是最大通路不一定有最大长度：在例题 11.29 中，a,x,b 是一个没有最大长度的最大通路. 考虑最大通路可以简化证明.

11.37 引理　如果 G 的每个顶点的度至少为 2，那么 G 包含一个回路.

证明　由于 $V(G)$ 是有限的，我们可以选择最大通路 P. 令 v 为 P 的端点，由于 $d(v) \geqslant 2$，v 具有邻接点 u，且不是 P 上 v 的邻接点. 由于不能扩展 P 以从 v 到达新的顶点，因此顶点 u 已经属于 P，而且边 vu 用 P 的 u, v 部分完成了一个回路. ■

如果我们允许无限顶点集，这个命题就不成立了. 考虑 $V(G) = \mathbb{Z}$ 和 $E(G) = \{xy : y - x = 1\}$. 这个无限大的图不包含回路（它是在两个方向上无限延伸的单一"通路"），但是每个顶点的度都为 2.

··· ———•———•———•——— ···

一个具有 n 个顶点的图要连通需要多少条边？因为删除一个回路的边不能使图不连通（引理 11.36），所以最小连通图没有回路.

11.38 定义　**树**是没有回路的连通图. **叶顶点**是度为 1 的顶点. 图 G 的**生成树**是 G 的子图，它是包含 G 中所有顶点的树.

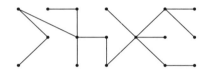

古斯塔夫·基尔霍夫（1824—1887）将生成树与他的电气网络研究联系起来. 每个连通图都有一个生成树. 从引理 11.36 可以得出：如果 G 是连通的，那么删除回路的边，直到没有回路为止，就会生成一个 G 的子图，这个子图是连通的，没有回路，并且包含 G 的所有顶点.

[214]

11.39 引理　每棵至少有两个顶点的树都有一个叶顶点，从树上删除一个叶顶点会生成一个顶点更少的树.

证明　设 G 是一个具有 n 个顶点的树，其中 $n \geqslant 2$. 根据引理 11.37 的逆否命题，无回路图的顶点的度小于 2. 因为 G 是连通的，并且有多个顶点，所以它没有度为 0 的顶点，因此它有一个叶顶点 x. 设 $G' = G - x$.

我们断定 G' 是一个有 $n-1$ 个顶点的树. 不能通过删除一个顶点来创建一个回路，所以只需要证明 G' 是连通的. 考虑到不同顶点 $u, v \in V(G')$，因为 G 是连通的，所以 G 中有一个 u, v - 通路 P. 由于通路上的内部顶点的度至少为 2，所以 P 不包含 x，因此 P 包含在 G' 中. ■

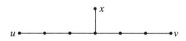

11.40 定理　每棵有 n 个顶点的树都有 $n-1$ 条边.

证明　对顶点 n 使用归纳法. 一个顶点为 1 的树没有边. 对于归纳步骤，考虑 $n > 1$，并假设有 $n-1$ 条顶点的树有 $n-2$ 个边. 如果 G 是一棵有 n 个顶点的树，那么根据引理 11.39，得到一个叶顶点 x 和一棵有 $n-1$ 个顶点的树 $G' = G - x$. 根据归纳假设，G' 有 $n-2$ 条边. 由于 x 只出现在一条边上，故 G 有 $n-1$ 条边. ■

因为删除一片叶子会生成一棵更小的树，所以每棵有 $n+1$ 个顶点的树都会从一些有 n

个顶点的树中产生，方法是向一个新顶点添加一条边．这允许我们通过"长出一片叶子"（从任意顶点）来写下一个关于树的归纳证明．此时所有较大的树都应该被考虑．

二分图

下一类图包括所有树和 d 维立方体．

11.41 定义　称集合 $S \subseteq V(G)$ 是图 G 中的一个**独立集合**，如果对于所有 $u, v \in S$（S 可能是空集），有 $uv \notin E(G)$．**二分图** G 是具有**二分类** X, Y 的图，其中 X, Y 是不相交的（可能是空集）独立集合且满足 $V(G) = X \bigcup Y$．此时，称 X 和 Y 为二分图 G 的**互补顶点子集**．

11.42 例题　d 维立方体 Q_d 是二分的．设 X 为顶点集合，其编码为二进制 d 元组并且 1 的个数为奇数．令 Y 由偶数个 1 组成．对于 Q_d 的每条边，其两个端点编码中 1 个数的奇偶性不同．因此 X 和 Y 均是独立集合．　■

215

11.43 命题　每棵树都是二分的．

证明　对顶点数量使用归纳法．一个顶点的树有一个二分类，其中一个为空集．对于归纳步骤，假设每棵具有 n 个顶点的树都是二分的，并且令 T 是一棵有 $n+1$ 个顶点的树，由引理 11.39 知，T 有一个叶顶点 x，满足 $T-x$ 是一个有 n 个顶点的树 T'．设 y 为 T 上 x 的邻接点，根据归纳假设，可以将 $V(T')$ 划分为两个独立子集 X 和 Y，其中 $y \in Y$．将 x 放在 X 中得到要求的 $V(T)$ 的二分类，因为 x 的唯一邻接点是在 Y 中．　■

不连通的二分图有不止一个二分类，但连通的二分图只有一个．二分类的部分或部分集本身不称为"子集"，就像体育联赛中的球队本身不称为"联赛"一样．

二分图有一个简单的结构特征，利用一个明显的必要条件，使得我们证明它也是充分的．

11.44 定理　一个图是二分图，当且仅当该图不包含奇数长度的回路．

证明　用"奇数边回路"表示"奇数长度的回路"．为了证明这个条件是必要的，考虑任意一个二分图 G．在这个二分图中，每条通路在二分图的两个子集之间交替．因此，只有在偶数步之后才会重新转向原始的子集（或原始顶点），特别地，G 没有奇数边回路．

为了证明充分性，考虑一个没有奇数边回路的图 G．我们证明每个连通分量 H 都是二分的．因为 H 是连通的，所以它有一个生成树 T．根据命题 11.43，T 是一个二分图，其中有一个二分类 X, Y．在 $uv \in E(H)$ 的条件下，如果 u 和 v 属于 T 中相同子集，那么 T 有一个 u, v-通路，因为 T 是连通的．这条通路的长度是偶数，因为它在 X 和 Y 之间交替．边 uv 将完成 G 中的奇数边回路，这与假设相矛盾．故 H 的每条边都连通 X 和 Y 上的顶点，T 的二分类就是 H 的二分类．　■

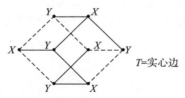

11.45 定义   完全图是一个简单图，其中每一对顶点都有一条边. 我们用 K_n 表示具有 n 个顶点（或其代表）的完全图的同构类.

11.46 应用（航线问题）   假设一个空中交通系统有 k 个航线和 n 个城市，两个城市之间的直航服务包括往返航班. 假设每对城市都有来自某家航空公司的直航服务，并且没有航空公司能够提供一个通过奇数个城市的回路. 作为 k 的函数，n 的最大值是多少?

答案是 2^k. 根据定理 11.44，每个航线的直航形成了一个二分图的边集，问题是要求最大的 n，满足用 k 个二分图得到 K_n 的所有边. 给定这样一个解：令 X_i，Y_i 是第 i 个子图 G_i 的一个划分. 可以假设 $X_i \bigcup Y_i$ 包含所有 n 个顶点，因为添加孤立顶点不会引入奇回路.

对于每个顶点 v，通过设置 $a_i = 0$，其中 $v \in X_i$ 和 $a_i = 1$，其中 $v \in Y_i$ 来定义一个二进制 k 元组 a. 只有 2^k 个二进制 k 元组. 如果有超过 2^k 个顶点，那么根据鸽笼原理可知有两个顶点接收相同的 k 元组. 因此，这两个顶点属于每个二分图中相同的子集，它们之间的边不属于任何一个子图. 这个矛盾意味着 $n \leqslant 2^k$.

相反，当 $n \leqslant 2^k$ 时，可以给 n 个顶点分配不同的二进制 k 元组. 设 $E(G_i)$ 由顶点（坐标为 0）与顶点（坐标为 1）之间的所有边组成，它构造了 k 个二分图. 由于不同的 k 元组在某些坐标上不同，每个边都属于某个 G_i，我们构造了 $G_1, \cdots, G_k$ 覆盖 K_n 的边（如下图所示，$k = 2$，$n = 4$），因此可以得到 $n = 2^k$. ■

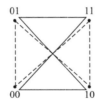

我们无法通过一个具有 2^k 个顶点且满足条件的结构不能接受另一个城市服务来证明应用 11.46 中的上界. 这一论点没有考虑 $2^k + 1$ 个城市的所有可能时间表. 它只考虑那些包含 2^k 个城市的特殊时间表. 我们必须考虑所有可能的时间表（见习题 11.33）.

下面考察婚姻问题（问题 11.2），首先提出一个显然的必要条件. 设 $X = \{x_1, \cdots, x_n\}$ 为女孩集合，令 A_i 为 x_i 喜欢的男孩集合. 给定 x_i，每个 i 对应一个伴侣需要 $|A_i| \geqslant 1$，当 $i \neq j$ 时，也需要 $|A_i \bigcup A_j| \geqslant 2$，因为两个女孩不能有相同的男孩作为伴侣. 一般地，对于每个包含 k 个女孩的集合，一个解要从她们所喜欢男孩集合的并集中选择 k 个不同的伴侣，这就要求对于每一组下标 $J \subseteq [n]$，$|\bigcup_{i \in J} A_i| \geqslant |J|$ 均成立.

这种条件称为**霍尔条件**，该条件也是充分的. 设男生集合为 $Y = \{y_1, \cdots, y_n\}$，可以用 $x_i y_i \in E(G)$ 当且仅当 $y_i \in A_i$ 的方式来形成一个二分图 G. 选择 n 个不同的男孩作为女孩伴侣对应从图 G 中选择 n 对不相交的边. 在下面的例子中，结果是 $\{x_1 y_1, x_2 y_3, x_3 y_4, x_4 y_2\}$.

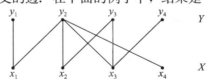

$$A_1 = \{y_1, y_2\}, A_2 = \{y_2, y_3\}, A_3 = \{y_2, y_3, y_4\}, A_4 = \{y_2\}$$

11.47 定义 图的一个**匹配**是一组不相邻边的端点对组成的集合；**完备匹配**是指关联图中每个顶点的匹配.

11.48 定理（霍尔定理） 对于给定的集合 A_1，$\cdots$，A_n，存在 n 个不同的元素 z_1，$\cdots$，z_n 满足 $z_i \in A_i$，当且仅当对于每个 $J \subseteq [n]$，$|\bigcup_{i \in J} A_i| \geqslant |J|$ 均成立.

证明 我们已经得到霍尔条件的必要性. 为了证明充分性，假设条件成立. 我们要证明相应的二分图具有一个完备匹配. 设 X, Y 是两个互补顶点子集，且当且仅当 $y_j \in A_i$，置 $x_i y_j \in E(G)$. 现用这个二分图重新表述霍尔条件. 给定一个集合 $S \subseteq X$，令 $J(S) = \{i: x_i \in S\}$，且令 $N(S) = \bigcup_{i \in J} (S) A_i$，因此 $N(S)$ 是 Y 中与 S 相邻的顶点的集合. 霍尔条件表明 $|N(S)| > |S|$ 对所有的 $S \subseteq X$ 均成立.

可以通过对 n 使用归纳法证明这个条件是充分的，当 $n = 1$ 时结论显然成立. 对于归纳步骤，当 $n > 1$ 时，假设霍尔条件对小于 n 的情形充分性成立. 如果对于每个非空的真子集 $S \subset X$，$|N(S)| > |S|$ 成立，那么可以为 A_1 中 x_1 选择任意的伴侣 y，并形成图 $G' = G - x_1 - y$. 由于每个 $S \subseteq (X - \{x_1\})$ 最多删除一个顶点 $N(S)$，因此图 G' 满足霍尔条件. 根据归纳假设，G' 具有一个完备匹配，它与 $x_1 y$ 结合形成了 G 的一个完备匹配.

因此，可以假设对于某些非空 $S \subset X$ 有 $|N(S)| = |S|$，对于所有的 $S' \subset S$，有 $N(S') \subseteq N(S)$. 由此可知，由 $S, N(S)$ 和它们之间的边组成的子图满足霍尔条件. 通过归纳假设，该子图具有完备匹配. 可以看出，通过删除 S 和 $N(S)$ 得到的图 G' 也具有完备匹配（见下图）.

设 $X' = X - S$ 且 $Y' = Y - N(S)$，则 X', Y' 是 G' 的互补顶点子集. 对于 $T \subseteq X'$，设 $N'(T)$ 为 Y' 中与 T 相邻的顶点组成的集合，故有 $N'(T) = N(T) - N(S)$. 通过归纳假设，可以得到对于所有的 $T \subseteq X'$，$|N'(T)| \geqslant |T|$ 成立. 注意到：T 和 S 是不相交的，$N'(T)$ 和 $N'(S)$ 也是不相交的. 由以上分析和下面这三个公式

$$N(T \cup S) = N'(T) \cup N(S), \quad |N(S)| = |S|, \quad |N(T \cup S)| \geqslant |T \cup S|$$

可以得到：$|N'(T)| = |N(T \cup S)| - |N(S)| \geqslant |T \cup S| - |S| = |T|$. ■

218

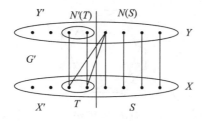

着色问题

可以使用图的着色来模拟有关避免冲突的问题.

11.49 问题（方案） 假设我们计划在参议院安排委员会会议. 每个委员会的会议需要一周内的某一段时间，但是如果有参议员同时属于两个委员会，就不能把这两个委员会

的会议分配在同一时间. 如何确定满足需要的最少的会议时间段数?

11.50 定义　图 G 的 k 着色是一个函数 $f:V(G)\rightarrow S$，其中 S 是 k 个元素的集合，称为**颜色**（颜色不需要全部使用）. 如果没有一对相邻的顶点涂上相同的颜色，则称 k 着色是正确的. G 的**色数**，记作 $\chi(G)$，是满足 G 具有正确着色的最小 k 值.

我们用希腊字母" χ "表示色数，因为它以希腊单词"颜色"开头.

11.51 例题（二分图、回路和完全图的着色）　没有两个涂上给定颜色的顶点是相邻的，所以 $\chi(G)$ 等于其并集为 $V(G)$ 的独立集合最小数目. 因此，当且仅当 G 是二分图时，G 是 2-可着色的.

219

奇数边回路的色数至少为 3，可以按如下方式进行分析. 如果 C_{2k+1} 是 2-可着色的，那么当我们沿着回路走下去时，这两种颜色将不得不交替. 由于顶点的数量是奇数，因此最终会得到两个相同颜色的相邻顶点. 将其中一种变为第三种颜色会产生三种颜色.

一个完全图的正确着色必须给每个顶点不同的颜色，而且只有这些不同的颜色就足够了. 因此，$\chi(K_n)=n$. 进一步，如果 $K_n\subseteq G$，则 $\chi(G)\geqslant n$. $\chi(G)$ 至少是其最大完全子图的色数，但奇数边回路表明等式不必成立.

寻找时间段来安排委员会会议是一个图着色问题. 为每个委员会引入一个顶点，如果有两个委员会至少有一个共同的成员，就在相应的两个顶点之间连一个边，因为这意味着他们不能有相同的时间段. 结果图的色数是所需时间段的数量.

这为调度问题提供了一个数学模型，但没有关于该数学模型的求解方案：因为还没有计算色数的一般步骤. 但我们可以针对一些特殊图计算出相应的色数. 为了证明 $\chi(G)=k$，可以提供 G 的一个适当的 k-着色（这证明 $\chi(G)\leqslant k$），并且证明 G 不是 $k-1$-可着色的（这证明 $\chi(G)\geqslant k$）. 接下来我们研究一类包含所有回路的图.

11.52 例题（广义回路着色）　把 n 个点放在一个圆周上. 对于 $k\leqslant\lceil n/2\rceil$，设 $G_{n,k}$ 为每个方向上相邻 $k-1$ 个最近点所得到的图. 图 $G_{n,1}$ 是一个独立集合，它是 1-可着色的. 图 $G_{n,2}$ 是普通回路 C_n，当 n 为偶数时，它的色数为 2，当 n 为奇数时，它的色数为 3. 下面的图 $G_{8,3}$ 包含 K_3，所以 $\chi(G_{8,3})\geqslant 3$. 事实上，$G_{8,3}$ 不是 3-可着色的.

11.53 定理　如果 $n\geqslant k(k-1)$，则广义回路 $G_{n,k}$ 的色数由下式给出：

$$\chi(G_{n,k})=\begin{cases}k, & k\text{ 能整除 }n\\ k+1, & k\text{ 不能整除 }n\end{cases}$$

220

证明　因为圆周上每 k 个连续点构成一个完全子图，我们知道 $\chi(G_{n,k})\geqslant k$. 如果 $G_{n,k}$ 有一个合适的 k-可着色方案，那么每组 k 个连续点必须有 k 种不同的颜色. 根据对称性，可以假设前 k 个标签的顺序是 $1,\cdots,k$. 由于下一个点与 $k-1$ 个最近的点相邻，所以它的

颜色必须与这 $k-1$ 个最近的点不同. 如果只使用 k 种颜色, 由于第 $k+1$ 个点必须有 1 种颜色, 当我们继续给顶点着色时, 颜色必须按 $[k]$ 的顺序重复循环. 由此可知, 能够获得一个正确着色当且仅当最后 k 个顶点在重新开始着色 1 之前有 1, $\cdots$, k 种颜色. 故 $\chi(G_{n,k}) = k$ 当且仅当 $k \mid n$.

为完成 $G_{n,k}$ 对 $n \geqslant k(k-1)$ 的计算, 只需证明 $G_{n,k}$ 是 $k+1$-可着色的. 如果可以把圆周围的点分割成连续的大小为 k 和 $k+1$ 的集合, 那么就可以使用颜色 1, $\cdots$, k 和 1, $\cdots$, $k+1$ 来完成正确的着色. 因此, 对于非负整数 m, l, 将 n 表示为 $mk+l(k+1)$ 就足够了. $a = k$ 和 $b = k+1$ 是互质数. 措施 6.20 (飞镖板问题) 保证了当 $n \geqslant ab-a-b+1$ 时存在一个解, 这里的意思是 $n \geqslant (k-1)k$.

或者可以给出 l 和 m 的显式公式. 由带余除法得到 $n = qk+r$, 其中 $0 \leqslant r < k$. 对于 $n \geqslant k(k-1)$, 可以得到 $q \geqslant k-1$, 令 $l = r \geqslant 0$ 且 $m = q-r \geqslant 0$. ■

当 $n < k(k-1)$ 时, 需要超过 $k+1$ 种颜色 (习题 11.42).

一般地, 计算 $\chi(G)$ 是困难的. 它是最小的正整数 k, 因此正确的 k 色图的数目不为零. 可以针对更为一般的情形考虑 k 色图的计数问题. 我们将证明 k 色图的数目是一个关于 k 的多项式. 我们对它的讨论使用了容斥原理, 并且是可选的.

11.54 定义 设 $\chi(G;k)$ 为对 G 进行正确 k 着色的方式数. 作为 k 的函数, 它是 G 的**色多项式**.

11.55 例题 (完备图的色多项式、它们的补图和树) 对于某些特殊图, 可以使用加法法则和乘法法则 (定义 5.6 和 5.8) 来计算色多项式, 从而计算出正确的配色方法. 当 G 是一个大小为 n 的独立集合时, 可以对顶点独立地选择颜色. 有 k 种颜色, 故有 $\chi(G;k) = k^n$. 对于完备图 K_n, 颜色必须是不同的. 为顶点 1 到 n 依次选择颜色, 得到 $\chi(K_n;k) = k(k-1)\cdots(k-n+1)$. 可以通过将颜色标签置换为不同的颜色来计算不同的 k 着色.

每棵树都是通过在一个旧顶点上迭代地添加一个带有一条边的新顶点产生的. 如果我们按照添加的顺序给顶点着色, 那么第一个顶点的颜色有 k 种方式可供选择. 随后, 有 $k-1$ 种方法为每个新顶点选择颜色, 无论到目前为止如何选择. 根据乘法法则, 具有 n 个顶点的树的色多项式为 $k(k-1)^{n-1}$. ■

接下来给出关于任意图色多项式的一个具体表达式. 它没有提供计算 $\chi(G)$ 的好算法, 因为边集的子集太多. 它将 $\chi(G;k)$ 表示为形如 k^c 与 $c \leqslant n$ 的项的整数组合, 其中 $n = |V(G)|$. 因此 $\chi(G;k)$ 是关于 k 的次数为 $|V(G)|$ 的多项式.

11.56 定理 设 $c(G)$ 为图 G 的分量个数. 给定 G 中边的集合 $S \subseteq E(G)$, 设 G 的子图 G_S 具有顶点集 $V(G)$ 和边集 S. G 的正确 k 着色的种类数 $\chi(G;k)$ 由下面式子给出:

$$\chi(G;k) = \sum_{S \subseteq E(G)} (-1)^{|S|} k^{c(G_S)}$$

证明 我们要计算 k 种不违反任何边的颜色, 如果两个端点的颜色相同, 则 "违反" 一条边. 这意味容斥. 定义 k 着色集的 $|E(G)|$ 个子集, 与边 e 对应的集合包含与违反边 e 的颜色. 对于容斥公式 (定理 10.12), 我们只需要证明 $k^{c(G_S)}$ 是 S 中违反边的 k 着色的个数. 要违反 S 中的所有边, 从 x 点出发沿着 S 中边的路径所到达的全部顶点必须与 x 的

221

颜色相同. 因此，处在一个分量 G_S 内的所有顶点必须有相同的颜色，其中我们可以选择 k 种方式. 各分量的选择是独立的. 根据乘法法则，有 $k^{c(G_S)}$ 种方法可以做出所有的选择. ∎

11.57 例题（色多项式）   当我们把定理 11.56 应用到一个有 n 个顶点和 m 条边的图上时，每个有 $0,1$ 或 2 条边的子集分别产生一个有 $n,n-1$ 或 $n-2$ 个分量的子图，所以容斥和的贡献总是以 $k^n - mk^{n-1} + \binom{m}{2}k^{n-2}$ 开始.

当 $|S| = 3$ 时，如果三条边构成一个三角形，则分量数为 $n-2$；否则就是 $n-3$. 下图有两个三角形，其余的 $\binom{5}{3} - 2 = 8$ 组三条边组成一个分量. 所有有四或五条边的子图只有一个分量. 因此，容斥计算式是

$$\chi(G;k) = k^4 - 5k^3 + 10k^2 - (2k^2 + 8k^1) + 5k - k = k^4 - 5k^3 + 8k^2 - 4k$$

通过特殊计数，还可以看出 $\chi(G;k) = k(k-l)(k-2)(k-2)$. 当 $k = 1$ 或 2 时，这里是 0，但是 $\chi(G;3) = 6$. ∎

[222]

可平面图

三个隐士 A,B,C 住在树林里，每户人家必须开辟通往三家公用事业公司（传统的天然气、水和电力）的道路. 我们能做到道路彼此不交叉吗？我们将发现做不到.

11.58 例题（四色问题）   在平面（或球面）上绘制的每幅地图的区域是否可以用四种颜色来着色，使相邻区域绘上不同的颜色？

可以为每个区域创建一个顶点，如果相应区域都有一个非零长度的边界，就用一条边将这两个顶点连接起来，此时这个关于地图 M 的问题就变成了关于曲线图 G 的问题. M 需要的颜色数目是 $\chi(G)$. 1852 年提出的著名"四色猜想"是，对于每张地图有四种颜色就够了. 1976 年，伊利诺伊大学的肯尼斯·阿佩尔和沃尔夫冈·哈肯在计算机的辅助下证明了这一点.

当我们把每个区域的顶点看作是"首都"，并从首都画一条到与相邻区域边界的中点的路线，这些路线组合成了没有交叉边的图 G. 下面图由虚线分隔五个区域. 得到的带有实心边的图 G 可以使用 3 种颜色. ∎

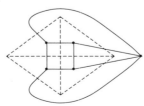

到目前为止，我们一直将边视为抽象的顶点对．当考虑曲线图的图示的几何性质时，可以把边看作平面上的曲线．我们假定平面上的区域和曲线具有一些直观的几何性质，但没有精确的定义．特别地，仅仅认为"从 $[0,1]$ 到 $\mathbb{R}^2$ 的连续函数"是这样一个函数：它的象用铅笔不从纸上抬起就可以画出来．

11.59 定义 在 $\mathbb{R}^2$ 中从 u 到 v 的曲线是连续函数 $f:[0,1]\to\mathbb{R}^2$ 的象，使得 $f(0)=u$ 并且 $f(1)=v$．如果 f 是单射的，则是**简单图**，但有个特例，如果在简单曲线中允许 $u=v$．则当 $u=v$ 时，曲线**闭合**．

11.60 定义 曲线图 G 的**图示**是 G 的同构图，表示为图 H，使得 H 的每个顶点都是 $\mathbb{R}^2$ 中的一个点且 H 的每条端点为 u，v 的边 e 是从 u 到 v 的一条简单曲线．在图示中，如果 e_1 和 e_2 在公共端点以外相交，则称这两条边**交叉**．图示没有交叉的图叫作**可平面图**，这样的图示叫作**平面图**． 223

平面图 $\hat{G}$ 是可平面图 G 的图示，是 G 的同构类的一种便捷的表示．

11.61 定义 集合 $R\subseteq\mathbb{R}^2$ 为**路径连通**，如果对于 $u,v\in R$，R 中包含一条端点为 u，v 的曲线．平面图 G 的**面** F 是 $\mathbb{R}^2$ 中不交叉的 G 的边或顶点的最大路径连通子集．如果 F 中有端点的某段与 e 相交而 G 中没有其他边，则边 e 在 F 的**边界中**．

11.62 例题 只有一个顶点而没有边的平面图有一个面．更通俗地说，每棵树的平面图 G 都有一个面．如果在 $\mathbb{R}^2$ 中的点 p,q 既不是顶点也不包含在 G 的边中，那么存在一条从 p 到 q 的曲线与 G 的边或顶点不相交（习题 11.44）．■

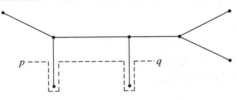

根据我们对平面几何的直观理解，可以给出下面定理，不过它的证明出奇地困难，故省略．我们只在定理 11.64 的证明中使用这个定理．

11.63 定理（若尔当曲线定理） $\mathbb{R}^2$ 中的每条简单闭曲线都把它的补图分成两个区域，即**内部**和**外部**．同理，每个与一个回路同构的平面图有两个面，一个是有界的，一个是无界的．

11.64 定理（欧拉公式） 若 G 为 v 个顶点、e 条边、f 个面的连通平面图，则 $v-e+f=2$．

证明 对 G 中的回路数使用（强）归纳法．如果 G 为连通且没有回路，那么 G 就是一棵树，故有 $f=1$（例题 11.62）．因为树的 $e=v-1$，所以 $v-e+f=2$ 成立．

否则，G 有一个包含边 e 的回路 C．因为 C 是一个回路，所以根据若尔当曲线定理，e 在 G 中两个面的边界上．在平面图 $G'=G-e$ 中，这些面合并（包括 e 空出的点）形成一个面． 224

由于 e 属于某个回路，故由引理 11.36 知 G' 为连通图．进一步断定 G' 的回路数比 G 的回路数要少，因为 G' 的每个回路都是 G 的回路，而 G 的回路 C 不是 G' 的回路．因此，我

们可以对 G' 使用归纳假设，若 v'，e'，f' 分别表示 G' 的顶点数、边数和面数，则有 $v'-e'+f'=2$. 由于 $v=v'$，$e=e'+1$ 且 $f=f'+1$，故有 $v-e+f=2$. ■

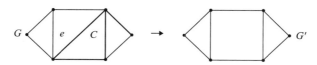

欧拉公式的论断和证明允许有多条边. 第一个应用给出了可平面图的一个必要条件.

完全二分图是一个简单的二分图，其中两个顶点是相邻的，当且仅当它们属于不同的二分集. 使用 $K_{r,s}$ 来表示这样一个图，它由大小为 r 和 s 的二分集组成. 例题 11.23 表示了 $K_{3,3}$ 的三幅图示. 我们将证明 K_5 和 $K_{3,3}$（"气-水-电"图）不是可平面图.

11.65 定理 每个具有 $n \geqslant 3$ 个顶点的简单可平面图最多有 $3n-6$ 条边，每个具有 $n \geqslant 3$ 个顶点且没有 3 顶点回路的简单可平面图最多有 $2n-4$ 条边.

证明 对于 $n=3$，通过检验可验证这两个表述都是正确的. 考虑某个具有 $n \geqslant 4$ 的极大简单平面图 G. 可以假设 G 是连通的，否则可以添加至少一条边. 如果可以处理 f，则可以使用欧拉公式来关联 v 和 e. 因为 G 是简单图，每个面在它的边界上至少有三条边，每条边最多位于两个面的边界上. 将这些面边界上的边数相加，就得到了不等式 $2e \geqslant 3f$. 把它代入 $n-e+f=2$，得到 $e \leqslant 3n-6$.

对于第二个论断，可以单独检查 $n=4$ 的图（见例题 11.26）. 如果 G 也没有 C_3 和 $n \geqslant 5$，那么 G 的每个面在其边界上至少有四条边. 此时不等式变成 $2e \geqslant 4f$，则有 $e \leqslant 2n-4$. ■

11.66 例题（K_5 和 $K_{3,3}$） 定理 11.65 表明 K_5 和 $K_{3,3}$ 不是可平面图. 对于 K_5，可以得到 $e = 10 > 9 = 3n-6$. 对于二分图 $K_{3,3}$，可以得到 $e = 9 > 8 = 2n-4$. 每个图能够在只有一条线段交叉的情况下绘制成功. ■

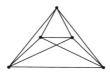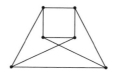

11.67 注（库拉托夫斯基定理） 例题 11.66 给出了可平面图表示中的比较简单部分. 用具有相同端点的路径替换一条边（并通过新的顶点）并不影响该图是否为可平面图. 因此，包含由路径替换边从 K_5 或 $K_{3,3}$ 获得的子图的图不能是可平面图. 库拉托夫斯基定理指出，一个图是可平面图，当且仅当该图不包含这样的子图. ■

接下来，我们将欧拉公式应用于柏拉图立体问题. 我们不严格地表述立体及其与可平面图之间的关系. 立体 S 在空间上以平面为界. 属于其中一个平面的 S 的边界部分是 S 的一个面. 相邻面的交点是 S 的边，边的公共端点是 S 的顶点. S 的顶点和边构成了一个图，称为 S 的框架.

为了画出平面上的框架，可以把 S 移到它在平面上的一个面上. 可以穿过另一个面，逐步把它的表面扩展到平面上，得到顶点、边和面之间具有与 S 相同相交关系的平面图.

它是 S 的框架的图示，S 中每个以 l 为边界的面都变成了 G 的一个面，G 的边界是一个长度为 l 的回路.

11.68 措施（柏拉图立体问题） 根据定义，一个柏拉图立体有一个框架，其中每个顶点有相同的 k 度，每个面有相同的长度 l. 物理性质需要满足 $k, l \geqslant 3$. 我们通过展示只有 5 个具有这些性质的可平面图来说明只有 5 个这样的实体.

考虑这样一个可平面上图的图示. 根据度和公式，$2e = vk$. 因为每条边都恰好属于两个面，所以有 $2e = fl$. 根据欧拉公式，有 $v - e + f = 2$. 把 v 和 f 代入欧拉公式，得到 $e\left(\dfrac{2}{k} - 1 + \dfrac{2}{l}\right) = 2$. 由于 e 和 2 为正，所以另一个因子也必须为正，故有 $(2/k) + (2/l) > 1$，因此得到 $2l + 2k > k_l$.

这个不等式等价于 $(k-2)(l-2) < 4$. 因为 $k, l \geqslant 3$，我们发现只有 5 对整数解. 一旦指定了顶点的度和回路长度，实际上就只有一种方法可以形成可平面图（我们省略了这方面的细节）. 因此，已知的柏拉图立体不超过五种. ■

k	l	$(k-2)(l-2)$	e	v	f	名称
3	3	1	6	4	4	四面体
3	4	2	12	8	6	立方体
4	3	2	12	6	8	八面体
3	5	3	30	20	12	十二面体
5	3	3	30	12	20	二十面体

226

欧拉公式可用于解决一些几何计数问题.

11.69 措施（圆域） 我们证明了当没有三个弦有公共交点时，圆上 n 个点之间的弦将其内部切成 $1 + \dbinom{n}{2} + \dbinom{n}{4}$ 个区域. 将圆上的 n 个点弦的交点作为顶点，得到了一个平面图 G. 因为每个弦的交叉由圆上的四个点决定，每四个点的集合决定一对交叉弦，G 有 $\dbinom{n}{4} + n$ 个顶点. 因为每个内部顶点的度为 4，圆上每个顶点的度为 $n+1$，所以根据度和公式可以得到 $|E(G)| = \dfrac{1}{2} \times 4 \dbinom{n}{4} + \dfrac{1}{2} n(n+1)$. 由欧拉公式得，面的数量是 $2 + e - v = 2 + \dbinom{n}{2} + \dbinom{n}{4}$. 减去 1 个无界面得到圆周内 $1 + \dbinom{n}{2} + \dbinom{n}{4}$ 个区域. ■

我们回到可平面图的着色问题. 四色定理的证明很难, 但是 6-可着色问题并不难 (习题 11.46). 此外, 也可以使用一个关于着色特殊可平面图的简单定理来解决艺术画廊问题.

11.70 定义   如果一个图的每个顶点都画在图所在平面中的无界面边界上, 则称该图是**外平面图**.

11.71 定理   每个外平面图都是三色的.

证明   对顶点的个数使用归纳法. 每个最多有 3 个顶点的图都是 3 色的, 对于 $n > 3$, 设 G 是一个平面图, 有 n 个顶点, 它们都在无界面上. G 的每个子图也是外平面图.

首先假设 G 有一个顶点 x, 使得 $G - x$ 不连通. 令 $G_1, \cdots, G_k$ 为 $G - x$ 的连通分量, G_i' 为 G 与 x 以及 x 到 $V(G_i)$ 的边的图. 每个 G_i' 都是外平面图, 顶点数比 G 少. 根据归纳假设, 每个 G_i' 都是 3 色图. 我们可以对颜色名称进行排列, 使得颜色在 x 处一致, 从而得到一个正确着色的 3 色图 G.

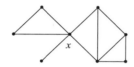 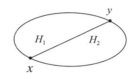

如果 G 没有这样的顶点, 则 G 的无界面以一个回路 C 为界 (画为一个简单的闭合曲线). 如果 C 是 G 的全部, 那么 G 是一个回路并且是 3-可着色的. 否则, C 有弦 xy. 设 H_1 是由 xy 形成的回路 D 和 C 上的 x, y-通路, 以及 D 上的所有弦组成的子图, 设 H_2 是用 C 上其他 x, y-通路以这种方式形成的子图, 根据归纳假设, H_1 和 H_2 都是 3-可着色的. 同样, 可以在这 3 种颜色中置换颜色的名称, 以使它们在 $\{x, y\}$ 上一致, 这就得到一个正确着色的 3 色图 G. ■

11.72 措施 (艺术画廊问题)   我们证明 $\lfloor n/3 \rfloor$ 的守卫足以看护任何有 n 面墙的画廊 (这是最好的情况——习题 11.49). 将画廊看作平面上的一个简单多边形. 通过在顶点之间添加弦, 可以得到一个外平面图, 其中每个有界面都是一个三角形. 根据定理 11.71, 这个图是三色图. 下面对问题 11.4 中的画廊进行三角测量并着色. ■

给定适当的 3 种颜色, 鸽笼原理意味着其中一种颜色最多用于 $\lfloor n/3 \rfloor$ 个顶点 (下例中的颜色 1). 我们可以断定, 放置在具有这种颜色顶点上的守卫可以监视整个画廊. 因为每个有界面都是一个三角形, 所以每个有界面在其顶点上涂上所有三种颜色, 因此至少受到一个顶点的保护. 这个守卫可以监视到整个三角形.

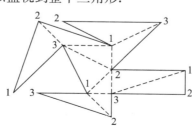

习题

11.1 设 G 为带有顶点集 $[12]$ 的图,其中顶点 u,v 相邻当且仅当 u,v 互为质数. 计算 G 的边.

11.2 设 G 为带有顶点集 $\mathbb{Z}_n$ 的图,其中顶点 u,v 满足邻接关系当且仅当 u,v 相差 6. 对于每个 $n \geqslant 1$,确定 G 的连通分量数.

11.3 证明或证伪:没有顶点数为偶数、边数为奇数的欧拉图.

11.4 (!) 设 G 为连通的非欧拉图,证明同时经过 G 的每条边的最小路径数恰好为奇数次顶点数的一半. (提示:通过添加边和/或顶点,将 G 转换为新的图 G'.) [228]

11.5 一个简单图的顶点能有彼此不同的度吗?

11.6 在一个由 11 支球队组成的两个分区的联赛中,是否有可能安排每支球队在本分区内打 7 场比赛,在另一个分区内打 4 场比赛?

11.7 (!) 设 G 为连通图,其中每个顶点的度都为偶数. 证明 G 没有被删除后留下不连通子图的边.

11.8 设 l, m, n 为非负整数且 $l+m=n$. 求 l, m, n 上的充要条件,使得存在一个连通的 n 顶点简单图,其中 l 个顶点为偶数,m 个顶点为奇数.

11.9 设 G 是一个简单图. 证明或证伪:

a) 删除最大度顶点不能提高平均度. b) 删除最小度顶点不能降低平均度.

11.10 描述 d-立方体 Q_d 的归纳结构,用它来证明 Q_d 有 $d \cdot 2^{d-1}$ 条边,并有一个包含所有顶点的回路(如果 $d \geqslant 2$).

11.11 在 d 维立方体中计算长度为 4 和 6 的回路. (提示:6 回路不止一种"类型".)

11.12 (一) 下列图哪些是同构的?

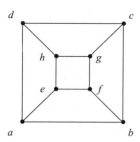 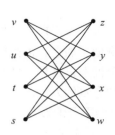 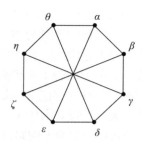

11.13 (一) 对于简单图 G 和 H,证明 $G \cong H$ 当且仅当 $\overline{G} \cong \overline{H}$.

11.14 n 的最小值是多少,使得两个 n 顶点的简单图具有相同的顶点度列表,且它们不是同构的? (提示:使用例题 11.26 中的列表.)

11.15 证明:每个顶点度都是 4 的 7 顶点简单图的同构类只有两个. (提示:考虑补图.)

11.16 设 G 是与其补图 $\overline{G}$ 同构的一个简单图. 证明 G 中的顶点数全等于 0 或 1 模 4.

11.17 （!）下面左图是**彼得森图**. 证明它们是同构的，因此都表示彼得森图.

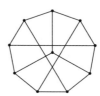

229

11.18 （!）证明恰有 $2^{\binom{n-1}{2}}$ 个顶点集是 $\{v_1,\cdots,v_n\}$ 的简单图，其中每个顶点的度都是偶数.（提示：用顶点集 $\{v_1,\cdots,v_n\}$）建立从这个集合到所有简单图集合的双射.）

11.19 （!）用简单图给出下列语句的组合证明.（提示：将每个量解释为一些关于图的计算.）

a) 如果 $n,k \in \mathbb{N}$ 且 $0 \leqslant k \leqslant n$，那么 $\binom{n}{2} = \binom{n}{2} + k(n-k) + \binom{n-k}{2}$.

b) 如果 $n_1,\cdots,n_k \in \mathbb{N}$ 且 $\sum_{i=1}^{k} n_i = n$，那么 $\sum_{i=1}^{k} \binom{n_i}{2} = \binom{n}{2}$.

11.20 （!）公共邻居 设 G 是一个具有 n 个顶点的简单图.

a) 设 x 和 y 是度至少为 $(n+k-2)/2$ 的非相邻顶点. 证明 x 和 y 至少有 k 个公共邻居.

b) 证明如果每个顶点的度至少为 $\lfloor n/2 \rfloor$，则 G 是连通的. 通过展示一个非连通的 n 个顶点图，其中每个顶点都至少有 $\lfloor n/2 \rfloor - 1$ 个邻接点，表明当 $n \geqslant 2$ 时，这个边界是可能的.

11.21 （!）证明一个图 G 是连通的当且仅当对于 $V(G)$ 的每个非空集划分 S,T，都有一条边 xy 满足 $x \in S$，$y \in T$.

11.22 考虑三个桶的容量为整数 $l > m > n$（单位：加仑，1 加仑 $=3.785\,41\text{dm}^3$）. 最初，最大的桶是满的. 我们需要测量 k 加仑，但是桶上没有标记，所以唯一能做的就是从一个桶中倒若干水到另一个桶里，这样，就可以知道每个桶里有多少水. 用图论来描述一种确定能否测量 k 加仑水的方法.

11.23 设 G 是一个图，其中每个顶点的度至少为 k，且 k 是一个至少为 2 的整数. 证明 G 有一个长度至少为 k 的路径和一个长度至少为 $k+1$ 的回路.（提示：考虑最大路径.）

11.24 设 k 为连通图 G 中路径的最大长度. 如果 P,Q 是 G 中长度为 k 的路径，证明 P 和 Q 有一个公共顶点.

11.25 （!）设 G 是一个简单图，有 n 个顶点，且没有 3 个顶点的回路. 证明 G 最多有 $n^2/4$ 条边.（提示：考虑由最大度顶点的邻接点和它们之间的边组成的子图.）

11.26 （!）证明每一个有 n 个顶点和 $n-k$ 条边的图至少有 k 个分量.

11.27 （!）设 G 是一个有 n 个顶点和 $n-1$ 条边的图. 证明当且仅当 G 没有回路时 G 是连通的.

（注：与定理 11.40 比较．）

11.28 （!）证明一个图 G 是树当且仅当对于所有的 $x \in V(G)$，G 中只有一个 xy -通路.

11.29 （一）证明每棵最大度为 k 的树至少有 k 片叶子.

11.30 证明一个有 n 个顶点的连通图恰好有一个回路当且仅当它恰好有 n 条边.

11.31 令 $d_1, \cdots, d_n$ 为 n 个自然数. 证明当且仅当 $\sum d_i = 2n - 2$ 时，存在一个具有 n 个顶点的树分别将这些自然数作为顶点度（提示：需要证明两个蕴含式，其中一个要用到归纳法. 注：并不是所有度之和为 $2n - 2$ 的 n 顶点图都是树．） [230]

11.32 （!）假设 T 是一棵含有 m 条边的树，G 是一个简单图，其中每个顶点的度数至少为 m. 证明 G 包含 T 为其子图. （提示：对 m 使用归纳法.）

11.33 对 k 使用归纳法证明：当且仅当 $n \leqslant 2^k$ 时，$E(K_n)$ 可以被 k 个二分图覆盖. （注：这里将重复使用应用 11.46（航线问题）的结果.）

11.34 设 G 是一个没有偶数长度回路的图，证明 G 的每条边最多出现一个回路中.

11.35 证明每棵树最多有一个完备匹配.

11.36 （!）设 G 是一个二分图，其中 X, Y 是二分类，其中 G 的每个顶点的度都为 k. a）证明 $|X| = |Y|$. b）证明 G 具有完备匹配.

11.37 （一）$K_{n,n}$ 包含多少个完备匹配? K_n 包含多少个长度为 $2n$ 的回路?

11.38 （一）具有 n 个顶点的**轮图**由一个具有 $n - 1$ 个顶点的回路和一个与该回路上所有顶点相邻的附加顶点组成，确定具有 n 个顶点的轮图的色数.

11.39 证明如果 G 没有两个不相交的奇回路，则 $\chi(G) \leqslant 5$.

11.40 （!）假设图 G 每个顶点的度都不超过 k，证明：$\chi(G) \leqslant k + 1$，并对于每个 k，构造一个图，满足顶点最大度为 k，色数为 $k + 1$.

11.41 给定平面上没有三条直线相交于一点的直线集合，并由此形成一个图 G，图 G 的顶点是直线的交点，边是连接交点的直线上的线段. 证明 $\chi(G) \leqslant 3$.

11.42 设 $G_{n,k}$ 为例题 11.52 中定义的广义回路. 利用鸽笼原理证明：当 $n = k(k - 1) - 1$ 时，有 $\chi(G_{n,k}) > k + 1$.

11.43 证明 $\chi(G; k)$ 的系数和为 0，除非 G 没有边.

11.44 不使用欧拉公式，证明一棵树的平面图只有一个面. （提示：对顶点数使用归纳法.）

11.45 （一）设 G 为一个至少有 11 个顶点的简单可平面图，证明 $\overline{G}$ 不是可平面图.

11.46 （!）证明每个简单可平面图都有一个至多 5 度的顶点，并以此证明每个可平面图都有至多 6 个色数.

11.47 设 G 是一个长度不小于 k 的 n 顶点简单可平面图，证明 G 最多有 $(n - 2)k/(k - 2)$ 条边，并以此证明彼得森图（习题 11.17）不是可平面图.

11.48 （!）用欧拉公式证明一个具有 n 个顶点的外平面图最多有 $2n - 3$ 条边.

11.49 （+）对于每个 n，构造一个具有 n 面墙的艺术画廊，以证明措施 11.72 中 $\lfloor n/3 \rfloor$ 的边界是最好的. （提示：使用三个顶点的组来构建"房间"，这样没有守卫可以看到一个以上的房间.） [231]

第 12 章　递 推 关 系

考虑将 n 个灯排成一排，并用 a_n 表示灯的开关状态. 可以将 a_n 看成是排在 a_{n-1} 项后面的项. 增加一盏灯时，新增的灯可能是开着的或关着的，会得到 $2a_{n-1}$ 个不同的序列，且所有长度为 n 的列表都以这种方式呈现. 故有 $a_n = 2a_{n-1}$. 由于 $a_1 = 2$，故可归纳得到 $a_n = 2^n$.

这里的讨论涉及二进制列表的两种计数方法. 使用计算公式可以将 a_n 准确地表达为 n 的函数，也可以由递推定义得到 a_n. 递推定义可能更容易得到结果，并可推导出计算公式.

我们将在本章通过分析组合问题得出关于序列的递推定义，还将引申出从递推定义推导公式的技巧. 特别是在一般情况下难以分析时，递推关系能够通过归纳方式分析问题.

12.1 问题（汉诺塔）　法国数学家爱德华·卢卡斯（Edouard Lucas，1842—1891）用三个柱子和七个不同大小且可套到柱子上的环出了一道难题. 传说僧侣的戒律中有 64 个大金盘构成类似的谜题. 开始时所有环在一个柱子上按尺寸顺序排列，任务是将环转移到另一柱子上，并满足两个条件：每次只能移动一个环，并且大环不能放在小环上面. 僧侣们认为，当任务完成时，世界将崩塌. 那么这需要多少步呢？ ■

12.2 问题（斐波那契数）　假设有 n 个空格用于停放车辆，可以使用占用一个空格的兔子车或占用两个空格的凯迪拉克来填充空间，则有多少种填补空间的方式？换句话说，有多少种仅含 1 和 2 的列表，且这些列表的和恰好为 n？这可以从很多自然现象中得到答案. ■

12.3 问题（三角网格中的三角形）　边长为 n 的等边三角形网格 T_n 中包含多少个三角形？下面用 $n = 3$ 的等边三角形网格图予以说明，该图中有九个边长为 1 的三角形，三个边长为 2 的三角形，一个边长为 3 的三角形，总共 13 个. ■

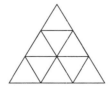

12.4 问题（多边形问题）　凸 n 边形的**三角划分**通过在顶点之间添加 $n-3$ 个非交叉

对角线将其切割成三角形．比如，三角形可分成 1 个三角形，四边形可分为 2 个三角形，五边形可分为 5 个三角形，六边形可分为 14 个三角形．那么凸 n 边形能分成多少个三角形？ ■

一般性质

如前所述，一个实数序列 $\langle a \rangle$ 是从 $\mathbb{N}$ 或 $\mathbb{N} \cup \{0\}$ 映射到 $\mathbb{R}$ 的函数，将第 n 个值记为 a_n，在本章中序号从 0 开始，可以通过 a_n 的公式或 a_n 的递推表达式得到序列 $\langle a \rangle$．

12.5 例题　由公式 $a_n = 3(-1)^n$ 定义的序列，可以递推地定义成 $a_0 = 3$，且对于 $n \geq 1$ 有 $a_n = -a_{n-1}$．使用归纳法容易证明两个定义产生的序列相同． ■

12.6 定义　如果将序列 $\langle a \rangle$ 表示为 a_n 由一组下标 n 和数值 $a_1, \cdots, a_n$ 构成的表达式计算得到，则称这种表示为**递推关系**或简称为**递推**．如果计算 a_n 的表达式仅取决于 n 和 $a_{n-k}, \cdots, a_{n-1}$（仅当 $n \geq k$），则称该递推称为 k **阶递推**．

例题 12.5 中的递推是一阶递推式．很多关于 k 阶递推表达式的命题都可以通过对下标使用归纳法获得证明． k 阶递推式不能用于计算下标小于 k 的项．因此，归纳步骤的论点在这里是无效的，并且在主要步骤中必须明确地考虑前 k 项．我们在措施 3.27 和习题 3.55～3.57 中看到了二阶递推的这种情况．证明中的归纳步骤使用前 k 个值进行归纳假设．

12.7 例题　假设对于 $n \geq 2$，$a_0 = 1$，$a_1 = 4$ 有 $a_n = 4a_{n-1} - 4a_{n-2}$，可以得到 $a_n = (n+1)2^n$．检验公式在 $n = 0$ 和 $n = 1$ 情况下是否成立，可得 $1 \times 2^0 = 1 = a_0$ 和 $2 \times 2^1 = 4 = a_1$．在归纳步骤中，要证明这个公式不仅在 n 不小于 2 时成立，对于 $n-1$ 和 $n-2$ 的情况也同样成立．通过对序列 $\langle a \rangle$ 的递推，可以计算出

$$a_n = 4a_{n-1} - 4a_{n-2} = 4n2^{n-1} - 4(n-1)2^{n-2} = 2n2^n - (n-1)2^n = (n+1)2^n$$

当 $n = 2$ 时，该计算公式的有效性取决于公式在 $n = 0$ 和 $n = 1$ 时均成立． ■

第一个常规例子描述了递推式唯一确定一个序列的情况．

12.8 命题　对于所有 $n \geq 0$，已知 $a_0, \cdots, a_{k-1}$ 的初始值，$\langle a \rangle$ 的 k 阶递推关系唯一决定 a_n．

证明　对 n 使用归纳法．

基础步骤：假设 $a_0, \cdots, a_{k-1}$ 的值已知．

归纳步骤（对于 $n \geq k$）：归纳假设 $a_{n-k}, \cdots, a_{n-1}$ 已经唯一确定，然后递推式根据这些值唯一地确定 a_n． ■

线性的概念在数学领域得到了广泛应用．如果 $x_1, \cdots, x_k$ 是对象且 $c_1, \cdots, c_k$ 是常数，那么 $\sum_{i=1}^{k} c_i x_i$ 是 $x_1, \cdots, x_k$ 与**系数** $c_1, \cdots, c_k$ 的**线性组合**．多项式是单项式的线性组合．第 6 章研究了整数与整数系数的线性组合，第 9 章中研究了随机变量线性组合的

期望.

这个概念推动了线性递推关系的定义. 我们希望满足线性递推关系的所有序列的线性组合也满足它. 我们使定义足够特殊, 以强调在本章中所研究的递推关系.

12.9 定义   如果存在函数 f 和 $h_1, \cdots, h_n$, 对于 $n \geq k$, $a_n = f(n) + \sum_{i=1}^{k} h_i(n) a_{n-i}$ 成立, 则称 $\langle a \rangle$ 的一个 k 阶递推关系是**线性的**. 表达式 $f(n)$ 是**非齐次项**. 如果对于所有 n, $f(n) = 0$ 成立, 那么该关系是**齐次的**.

12.10 引理（线性性）   如果 $\langle x \rangle$ 和 $\langle y \rangle$ 都满足 k 阶齐次线性递推关系, 并且 A 和 B 为常数, 则由 $z_n = A x_n + B y_n$ 定义的 $\langle z \rangle$ 也满足该递推关系.

证明   当 $n \geq k$ 时, $x_n = \sum_{i=1}^{k} h_i(n) x_{n-i}$ 和 $y_n = \sum_{i=1}^{k} h_i(n) y_{n-i}$ 成立. 将第一项乘以 A 而第二项乘以 B 然后相加, 就可以得到证明. ■

12.11 例题   递推关系 $a_n = 2 a_{n-1}$ 和 $b_n = 2 b_{n-1} + 1$ 是线性的. 当初始值为 $a_0 = s$ 和 $b_0 = t$, 使用归纳证明可得 $a_n = s 2^n$ 和 $b_n = (1 + t) 2^n - 1$. ■

一阶递推

我们从最简单的情况开始：一阶递推.

12.12 例题（将递推式化为求和公式）   当 $n \geq 1$ 时, 对于一阶线性递推式 $a_n = a_{n-1} + f(n)$. 我们"迭代"递推该表达式将 a_n 表示为总和, 可得

$$a_n = a_{n-1} + f(n) = a_{n-2} + f(n) + f(n-1) = \cdots = a_0 + \sum_{i=1}^{n} f(i)$$

当可以计算出总和时, 得到一个关于 a_n 的计算表达式. 由于例题中 $f(n) = n$. 已知 a_0, 可得对于 $n \geq 0$, 有 $a_n = a_0 + \sum_{i=1}^{k} f(i) = a_0 + (n = 1)n/2$. ■

下面考察两个导出一阶线性递推关系的组合问题. 使用递推关系解决问题有两个步骤：首先导出递推关系, 然后对递推关系进行求解获得计算公式.

12.13 例题（平面分块）   平面中放置有限条直线, 其中每对直线仅有一个交点, 没有三条直线相交于同一点, 称这种放置为直线的**配置**. 设数字 a_n 是由 n 条线配置形成的区域数. n 条线的所有配置是否产生相同的区域数无法直观得出, 下面将用 a_n 表示一个递推进行推导.

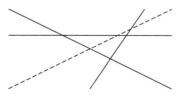

开始平面内没有直线, 故 $a_0 = 1$. 下面证明 $n \geq 1$ 时有 $a_n = a_{n-1} + n$. 设平面放置 n 条直线且 $n \geq 1$, L 为其中一条直线. 平面内还有其他 $n-1$ 条直线. 可以认为添加 L 会使区域数增加 n. L 与其他 $n-1$ 根直线的交点将 L 分成 n 个段, 每一段将区块分割成两块. 因

此，放置直线 L 会使区域数增加 n. 由于这适用于所有配置，因此对于 $n \geqslant 1$，有 $a_n = a_{n-1} + n$. 根据命题 12.8，得到以 $a_0 = 1$ 开始的唯一序列，因此 n 条直线的所有配置创建相同的区域数.

在例题 12.12 中我们讨论了这种递推. 由初始值 $a_0 = 1$ 可以得到 $a_n = 1 + (n+1)n/2$.　■

12.14 措施（汉诺塔）　考虑汉诺塔的 n 环问题. 设 a_n 是将堆移动到另一个柱子上所需移动的次数. 为了移动堆，必须移动底部环；为了移动底部环，必须首先将顶部 $n-1$ 个环移动到另一个柱子. 根据 a_{n-1} 的定义，这需要移动 a_{n-1} 次. 然后将底部环移动到空柱上，并且必须再解决将其他环放回顶部这一个较小的问题.

由此得到一个递推，对于 $n \geqslant 1$ 有 $a_n = 2a_{n-1} + 1$. 我们认为需要这么多步骤，而且这些步骤也足够了. 因为一开始没有环可以移动，可将初始值设为 $a_0 = 0$. 在例题 12.11 中，可以得到结果 $a_n = 2^n - 1$. 不用担心世界会崩溃：$2^{64} - 1$ 秒远比 10^{11} 年大得多.　■

到目前为止，我们已经得到了递推关系的表达式，并进行了归纳证明. 计算数列的几个项时会得出一个通用公式，但也可能会猜错.

12.15 例题（警示性评论）　考虑一个圆上的 n 个点，满足连接它们的任意三个线段不会相交于一点. 设 a_n 是这些线段将圆域切割的区域数. 对于 $n \geqslant 1$，序列前几项为 1，2，4，8，16，但是 $a_6 = 31$，因此递推公式不是 2 的幂（另见措施 11.69、习题 5.47 和习题 12.13）.　■

我们不能依靠猜测获得答案，所以要用系统的方法来求解这个递推问题. 不难发现 $a_n = a_{n-1} + f(n)$ 可以通过评估 $\sum_{i=1}^{k} f(i)$ 的方式来解决. 当 c 是常数且 f 是一个多项式时，也可以求解 $a_n = ca_{n-1} + f(n)$. 在汉诺塔中推导出的递推式就是这种形式.

236

12.16 定理　如果 $\langle a \rangle$ 满足对于 $n \geqslant 1$，$a_n = ca_{n-1} + f(n)$ 成立，其中 c 是常数且 f 是 d 阶多项式，那么存在常数 A 和多项式 p 使得 $a_n = Ac^n + p(n)$. 如果 $c \neq 1$，则 p 为 d 阶多项式. 如果 $c = 1$，则 p 为 $d+1$ 阶多项式. 多项式 p 与初始值无关，初始值决定 A 的取值.

证明　当 $c = 1$ 时，可得 $a_n = a_0 + \sum_{i=1}^{n} f(i)$，如例题 12.12 所示. 由定理 5.31 可知，当 f 为 d 阶多项式时，和的值是 n 的 $d+1$ 阶多项式.

当 $c \neq 1$ 时，由命题 12.8 可知，满足递推条件和初始值的序列只有一个. 因此，找到同样满足 $a_n = Ac^n + p(n)$ 的这种序列就可以了. 根据递推规则，有 $Ac^n + p(n) = c[Ac^{n-1} + p(n-1)] + f(n)$. 由于 Ac^n 左右抵消，A 可以取任意值，并且需要找到 p 满足 $p(n) = cp(n-1) + f(n)$. 根据推论 3.25，当且仅当 n 对应的幂次项系数相等时，该等式对所有 $n \in \mathbb{N}$ 成立. 给定 $p(n) = \sum_{k=0}^{d} b_k n^k$ 且 $f(n) = \sum_{k=0}^{d} c_k n^k$，由递推规则可得

$$\sum_{k=0}^{d} b_k n^k = c \sum_{k=0}^{d} b_k (n-1)^k + \sum_{k=0}^{d} c_k n^k$$

对于 $0 \leqslant k \leqslant d$，等式左右 n^k 的系数相等，则有

$$b_k = c \sum_{i=k}^{d} b_i \binom{i}{k} (-1)^{i-k} + c_k$$

当 $c \neq 1$ 时，可以把第 k 个等式中的 b_k 用 $b_{k+1}, \cdots, b_d$ 表示. 因此可以计算出 b_d，然后计算出 b_{d-1}，依此类推.

求解这些方程以确定 p 之后，可以创建一个满足初始值为 $a_0 = Ac^0 + p(0)$ 的序列. 由此可得 $A = a_0 - p(0)$. 现 $a_n = Ac^n + p(n)$ 满足递推式和初始值，故为所求序列公式.   ■

在证明过程中，关键点是当 $c \neq 1$ 时，通过求解方程组得到 $b_d, \cdots, b_0$. 解决方案的通用公式并不重要. 在实际应用中，可以简单地用问题的数据来求解线性方程组. 要求多项式满足方程，求未知多项式系数的过程称为**待定系数法**.

12.17 例题　假设 $n \geqslant 1, a_0 = 1$ 时有 $a_n = 2a_{n-1} + n^2 - 1$. 我们已经证明解的形式为 $a_n = A2^n + p(n)$，其中 p 是 2 阶多项式，可以写成 $p(n) = b_0 + b_1 n + b_2 n^2$ 的形式，并代入 a_n 的递推公式以确定系数.

$$A2^n + b_0 + b_1 n + b_2 n^2 = 2A2^{n-1} + 2b_0 + 2b_1(n-1) + 2b_2(n-1)^2 + n^2 - 1$$

可以使这个方程中 n 的相应幂次项系数相等（见推论 3.25）.

n 的指数	左边	右边
0	b_0	$2b_0 - 2b_1 + 2b_2 - 1$
1	b_1	$2b_1 - 4b_2$
2	b_2	$2b_2 + 1$

解得 $b_2 = -1, b_1 = -4, b_0 = -5$. 令 A 满足初始值，则有 $1 = A \cdot 2^0 + (-5)$，于是得到 $a_n = 6 \cdot 2^n - 5 - 4n - n^2$.   ■

读者可能会有疑问，为什么定理 12.16 中的多项式在 $c = 1$ 时有更高的次数.〈a〉递推公式使用 $d+3$ 个常数，分别指定 f 的 $d+1$ 个系数、一个常数 c 和一个初始值 a_0. 因此解应该包含 $d+3$ 个常数. 当 $c \neq 1$ 时，分别为 c, A 和 p 的 $d+1$ 个系数；当 $c = 1$ 时，p 中的常数项与系数 A 合并. 为了在 p 中有 $d+1$ 个独立系数，我们需要系数 $n, \cdots, n^{d+1}$.

本节给出的证明技巧会得到更为广泛的应用. 通常通过等量代换将递推公式简化为更简单的形式. 定理 12.16 的证明中引入一个 α_n 诠释了这种方法. 下面用另一个例子来结束本节.

12.18 推论　设 f 为 d 阶多项式. 对于 $n \geqslant 1$，递推公式 $a_n = ca_{n-1} + f(n)\beta^n$ 解的形式为 $Ac^n + p(n)\beta^n$，其中 p 为多项式. 如果 $c \neq \beta$，则 p 为 d 阶多项式；如果 $c = \beta$，则 p 为 $d+1$ 阶多项式. 多项式 p 与初始值无关，A 由初始值确定.

证明：　通过设置 $a_n = \beta^n b_n$ 来定义 b_n. 代入〈a〉的递推公式并消去 β^n，得到 $b_n = (c/\beta)b_{n-1} + f(n)$. 这个递推公式的形式如定理 12.16 所示. 我们取定理 12.16 给出的解，并乘以 β^n 即可得到 a_n 的公式. 我们把具体细节留给习题 12.14.   ■

二阶递推

我们在本节讨论二阶递推最著名的例子，然后给出一种求解方法.

12.19 例题 （斐波那契数列）　比萨的列奥纳多（1170？—1250）曾研究递推公式 $a_n = a_{n-1} + a_{n-2}$，名为斐波那契数列. **斐波那契数列** F_n 由初始值 $F_0 = F_1 = 1$ 的**斐波那契递推式** $F_n = F_{n-1} + F_{n-2}$ 所确定（许多作者使用初始值 $F_0 = 0, F_1 = 1$，这里只是将序列下标右移了一位）.

[238]

斐波那契序列出现在许多应用中，数学期刊《斐波那契季刊》专门刊载关于这类研究的相关文章. 斐波那契研究了兔子农场的模型，这里的兔子快速成熟并迅速繁殖. 假设每对两个月大的兔子每月生出一对兔子. 如果农场在最开始时间 0 时有一对兔子，那么在时间 1 也只有一对兔子，并且从时间 2 开始，两个月的兔子都开始分娩. 因此，在时间 n 的兔子对数是在时间 $n-1$ 的兔子对数加上新生兔子对数，即两个月前的对数. 因此，兔子对数满足递推公式 $F_n = F_{n-1} + F_{n-2}$，初始值为 $F_0 = F_1 = 1$. ∎

12.20 措施 （兔子车和凯迪拉克）　设有连续 n 个空格可用于停车. 我们想计算用占用一个空间的兔子车和占用两个空间的凯迪拉克填充空间有多少种方法，并记方法数为 a_n. 当 $n = 0$ 或 $n = 1$ 时仅有一种方法. 当 $n \geqslant 2$ 时，可以将分配情况分为两种类型：以兔子车结尾的情况和以凯迪拉克车结尾的情况. 根据序列定义，前者有 a_{n-1} 种方法，后者有 a_{n-2} 种方法. 由于已考虑所有可能情况，故有 $a_{n-1} + a_{n-2}$ 种方式填充 n 个空格. 因此，a_n 满足有相同初始值的斐波那契序列递推情况，故有 $a_n = F_n$. 在措施 12.23 中，我们得到 F_n 的显式公式. ∎

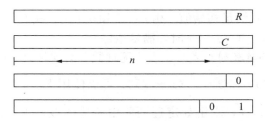

12.21 例题 （斐波那契模型）　在措施 12.20 中，我们得到一个斐波那契数列的典型组合模型：通过斐波那契数列 F_n 计算由 1 和 2 组成总和为 n 的（有序）序列.

斐波那契数列的另一个模型来自二进制 n 元组. 设 a_n 为元素 1 不连续排放的二进制 n 元组的个数. 长度为 0 的元组有 1 个，长度为 1 的元组有 2 个. 对于 $n > 1$，考虑列表的最后一项. 如果是 0，那么前 $n-1$ 个数字可以是 1 不连续排放的任意二进制 $n-1$ 元组；如果是 1，则第 $n-1$ 位置上必须为 0，但前 $n-2$ 位可以是 1 不连续排放的任意 $n-1$ 元组. 因此，构建如此 n 元组的方法数 a_n 满足递推公式 $a_n = a_{n-1} + a_{n-2}, n \geqslant 2$. 在初始条件为 $a_0 = 1$ 且 $a_1 = 2$ 的情况下，通过归纳法可以得到 $a_n = F_{n+1}$. ∎

[239]

1，2-链表的 n 求和模型产生关于斐波那契数列恒等式的组合证明，就像子集组合或块行走模型产生关于二项式系数恒等式的组合证明一样. 也可以直接用于解决计数问题.

例如，可以在这些 n 元组的集合与 1 和 2 组成和为 n 的列表之间建立双射，证明存在 F_{n+1} 个 1 不连续排放的二进制 n 元组（习题 12.20）.

我们想通过对斐波那契数列递推关系的求解得到准确的 F_n 显式计算公式. 更一般地，考察形式为 $a_n = c_1 a_{n-1} + c_2 a_{n-2}$ 的二阶线性递推关系.

12.22 定理　假设 $a_n = c_1 a_{n-1} + c_2 a_{n-2}$，$a_0 = s$ 且 $a_1 = t$. 如果等式 $x^2 - c_1 x - c_2 = 0$ 有不同的解 α, β，则存在常数 A, B 满足 $a_n = A\alpha^n + B\beta^n$. 如果 $x^2 - c_1 x - c_2 = (x-\alpha)^2$，则存在常数 A, B 满足 $a_n = A\alpha^n + Bn\alpha^n$. 在这两种情况下，常数都由初始值决定.

证明　首先假设 $x^2 - c_1 x - c_2 = 0$ 具有不同的解 α, β 对于 $\gamma \in \{\alpha, \beta\}$，可得 $\gamma^2 = c_1\gamma + c_2$. 对于 $n \geq 2$，可以乘以 γ^{n-2} 得到 $\gamma^n = c_1\gamma^{n-1} + c_2\gamma^{n-2}$. 因此由 $a_n = \alpha^n$ 和 $a_n = \beta^n$ 定义的序列满足递推公式. 通过线性性（引理 12.10）可知，$a_n = A\alpha^n + B\beta^n$ 也满足递推公式.

通过命题 12.8，可以证明能够找到 A, B 使得此公式满足初始值. 由于 $a_0 = s$ 且 $a_1 = t$，可令 $s = A + B$ 且 $t = \alpha A + \beta B$. 由于 $\alpha \neq \beta$，可得二元线性方程组解为 $A = \dfrac{t - \beta s}{\alpha - \beta}$ 和 $B = \dfrac{t - \alpha s}{\beta - \alpha}$.

现假设 $x^2 - c_1 x - c_2 = (x-\alpha)^2$，解出 a_n 的形式与上面一样. 对于 $n\alpha^n$，经过因式分解后观察可得 $c_1 = 2\alpha$ 和 $c_2 = -\alpha^2$，于是有 $c_1\alpha + 2c_2 = 0$，因此有

$$c_1(n-1)\alpha^{n-1} + c_2(n-2)\alpha^{n-2} = n(c_1\alpha + c_2)\alpha^{n-2} - (c_1\alpha + 2c_2)\alpha^{n-2}$$

由于 $c_1\alpha + c_2 = \alpha^2$，故第一项化为 $n\alpha^n$，因为 $c_1\alpha + 2c_2 = 0$，故第二项化为 0. 于是有 $c_1(n-1)\alpha^{n-1} + c_2(n-2)\alpha^{n-2} = n\alpha^n$，同时 $n\alpha^n$ 满足递推公式. 由线性性可知，同样 $a_n = A\alpha^n + Bn\alpha^n$ 成立.

找出 A, B 使这个公式满足初始值. 由 $n = 0$ 和 $n = 1$，我们得到两个条件 $s = A$ 和 $t = \alpha A + \alpha B$. 当 $A = s$ 和 $B = (t/\alpha) - s$ 时，满足条件.　∎

12.23 措施（斐波那契数列公式）　引入无理数分解递推公式的特征多项式 $x^2 - c_1 x - c_2$，根是 $\alpha = \dfrac{1}{2}(1 + \sqrt{5})$ 和 $\beta = \dfrac{1}{2}(1 - \sqrt{5})$. 可以使用 $F_0 = 1$ 和 $F_1 = 1$ 来确定一般式 $F_n = A\alpha^n + B\beta^n$ 中的 A, B，求解如定理证明中所述的线性方程. 得到的公式（见习题 12.25）为

$$F_n = \frac{1}{\sqrt{5}}\left(\frac{1+\sqrt{5}}{2}\right)^{n+1} - \frac{1}{\sqrt{5}}\left(\frac{1-\sqrt{5}}{2}\right)^{n+1}$$

由于递推公式生成一个整数序列，所以这个包含无理数的奇怪公式的值对于每个非负整数 n 都是整数.　∎

一般线性递推

结合定理 12.16 和定理 12.22 中的思想，可以导出 k 阶线性递推关系的求解方法. 为了确定 k 阶递推关系的序列 $\langle a \rangle$，必须用 k 个**初始值** $a_0, \cdots, a_{k-1}$. 由命题 12.8 可知，$n \geq k$ 的递推可由 k 个初始值唯一确定一个序列.

可以将 k 阶线性递推关系写成 $h_1(n)a_{n-1} - h_2(n)a_{n-2} - \cdots - h_k(n)a_{n-k} = f(n)$，对 $n \geqslant k$ 有效．在这里仅考虑系数为常数的情况，其中每个 h_i 都是常数．**特征方程法**是常数系数线性递推关系的求解方法．该方法拓展了 $k = 1$ 和 $k = 2$ 的情形．

12.24 定义　设 $a_n - c_1 a_{n-1} - c_2 a_{n-2} - \cdots - c_k a_{n-k} = f(n)$ 为 k 阶常系数线性递推关系．**其特征多项式**是由 $p(x) = x^n - \sum_{i=1}^{k} c_i x^{n-i}$ 决定的多项式 p，**其特征方程**为 $p(x) = 0$．

对于齐次方程的情形，可以从 2 阶的情况开始将其解展开．对于递推公式 $a_n = c_1 a_{n-1} + c_2 a_{n-2}$，其特征多项式由 $x^2 - c_1 x - c_2$ 确定．

12.25 定理　假设 $\langle a \rangle$ 满足具有常系数的 k 阶齐次线性递推关系．如果对于不同 $\alpha_1, \cdots, \alpha_r$ 的特征多项式因子分解式为 $p(x) = \prod_{i=1}^{r} (x - \alpha_i)^{d_i}$，那么递推方程的解是 $a_n = \sum_{i=1}^{r} q_i(n) \alpha_i^n$，其中每个 q_i 是 $d_i - 1$ 次多项式．这些多项式的 k 系数由初始值确定．

证明　（见习题 12.28．）　■

在满足初始条件之前，可以使用未知变量表示每个多项式 q_i 的系数，从而得到定理 12.25 中的解．该表达式是齐次递推关系的**通解**．当 $k = 2$ 时，通解形式为 $A\alpha^n + B\beta^n$ 或 $A\alpha^n + Bn\beta^n$．常数 A, B 是由初始值确定的 k 系数．

241

可以通过求解从初始条件获得的 k 个线性方程组来确定这些系数．对于 $0 \leqslant i \leqslant k-1$，表达式的值必须满足初始值 a_i．

求解特征方程也是求解非齐次关系的第一步．可以将其与非齐次关系的一个特定解 $\langle y \rangle$（忽略初始值）相结合，得到非齐次关系的一般解．

12.26 定理　若 $\langle y \rangle$ 满足系数为 $c_1, \cdots, c_k$ 和非齐次项 $f(n)$ 的 k 阶线性递推关系，则满足该递推关系的每个序列 $\langle a \rangle$ 为 $a_n = x_n + y_n$，其中 $\langle x \rangle$ 满足系数为 $c_1, \cdots, c_k$ 的齐次线性递推关系．

证明（概述）　对 x_n 和 y_n 的递推表达式求和表明，该形式的序列都满足递推关系．反之，满足递推的序列 $\langle a \rangle$ 由 k 个初始值确定．能够保证获得齐次关系的通解的系数，使得 $\langle x \rangle + \langle y \rangle$ 满足初始值 $a_0, \cdots, a_{n-1}$．　■

剩下的任务是找到一个特解 $\langle y \rangle$．当非齐次项为关于多项式 q 和常数 β 的 $q(n)\beta^n$ 时，可以使用定理 12.16 和推论 12.18 的方法产生形式为 $p(n)\beta^n$ 的特解，其中 p 是多项式．此外，p 与特征多项式根 β 的乘积的幂次超过 q 的幂次．当 $f(n) = f_1(n) + f_2(n)$ 时，可以分别找到非齐次项 $f_1(n)$ 和 $f_2(n)$ 的特解，然后对它们求和（习题 12.29）．这就是**叠加原理**．

我们应用这一技巧来解决问题 12.3．

12.27 措施（三角形网格中的三角形）　设 a_n 为边长为 n 的等边三角形 T_n 网格（边长为正数）中三角形的个数，下图是 $n = 3$ 的例子．注意到 $a_1 = 1, a_2 = 5$ 和 $a_3 = 13$，首先需要找到 $\langle a \rangle$ 的递推关系．

网格 T_n 包含三个相同的 T_{n-1} 副本. T_n 中除了接触到三条外边的三角形外，每个三角形 T 出现在其中一个小 T_{n-1} 副本中，除非它接触所有三个边. 设 $f(n)$ 是接触到三条外边的三角形的数量，总有一个正三角形接触三条外边（整条边），当 n 为偶数时有长度为 $n/2$ 的倒三角形接触三条外边. 因此，当 n 是奇数时 $f(n)=1$，当 n 是偶数时 $f(n)=2$. 我们可以写为 $f(n)=\frac{3}{2}+\frac{1}{2}(-1)^n$.

两个或三个 T_{n-1} 副本的交界区域是 T_{n-2} 或 T_{n-3} 的副本. 根据容斥原理（定理 10.12）和 $\langle a \rangle$ 的定义，三个 T_{n-1} 副本中任何一个都不包含的三角形数为 $a_n - 3a_{n-1} + 3a_{n-2} - a_{n-3}$. 这是 $f(n)$ 的另外一种计算方式，故可以得到

$$a_n - 3a_{n-1} + 3a_{n-2} - a_{n-3} = \frac{2}{3} + \frac{1}{2}(-1)^n, n \geqslant 3$$

初始值为 $a_1 = 0$，$a_2 = 1$，$a_3 = 5$.

1 是特征多项式 $x^3 - 3x^2 + 3x - 1 = (x-1)^3$ 的三重根，因此，这个非齐次递推表达式的通解是 n 的二次多项式. 为了求得特解，可以对非齐次项 $\frac{3}{2}$ 和 $\frac{1}{2}(-1)^n$ 的解求和.

由于 -1 不是特征根，因此对应于项 $\frac{1}{2}(-1)^n$ 的特解形式为 $A(-1)^n$. 递推关系满足 $A(-1)^n - 3A(-1)^{n-1} + 3A(-1)^{n-2} - 1A(-1)^{n-3} = \frac{1}{2}(-1)^n$，简化得 $A + 3A + 3A + A = \frac{1}{2}$，解得 $A = \frac{1}{16}$.

因为 1 是三重特征根，且非齐次项 $\frac{3}{2}$ 可以写成 1^n 乘上 0 次多项式，该项的解是三次多项式. 因为低次项由齐次项的解确定，只需要确定高次项的解. 设 $y_n = Bn^3$，可得

$$Bn^3 - 3B(n-1)^3 + 3B(n-2)^3 (-1)^B(n-3)^3 = \frac{3}{2}$$

可以消除左侧 n 的非零次幂系数. 根据常数项有 $3B - 24B + 27B = 3/2$，解得 $B = 1/4$. 现在确定通解中的系数以满足初始条件. 根据分析

$$a_n = C_0 + C_1 n + C_2 n^2 + \frac{1}{16}(-1)^n + \frac{1}{4}n^3$$

在 $n = 0$，1，2 处得到

$$0 = C_0 + \frac{1}{16}$$

$$1 = C_0 + C_1 + C_2 - \frac{1}{16} + \frac{1}{4}$$

$$5 = C_0 + 2C_1 + 4C_2 + \frac{1}{16} + 2$$

根据上述方程组解得 $C_0 = -\frac{1}{16}$，$C_1 = \frac{1}{4}$，$C_2 = \frac{5}{8}$，得到 a_n 的公式是

$$a_n = \frac{1}{16}\big[4n^3 + 10n^2 + 4n - 1 + (-1)^n\big]$$

■

当特征根已知且非齐次项为特定形式时，可通过直接归纳验证给定阶数的常系数线性递推关系的解. 从本质上讲，我们已经猜到了一个公式，并证实了它的有效性. 生成函数法将提供更为深入的解释，并适用于更一般的情况（参见应用 12.40）.

其他典型递推

我们从一个著名非线性递推关系开始. Catalan 数 $C_n = \frac{1}{n+1}\binom{2n}{n}$ 以 Eugène Charles Catalan（1814—1894）的名字命名. 1838 年，他发现 C_n 计算 $n+1$ 个因子的乘积可通过不满足结合律的二进制相乘实现（习题 12.37）. 欧拉在 1758 年求解问题 12.4 时遇到过它们. 我们在措施 9.10 中遇到了它们，即选票问题中良好选举的数目. 我们利用选票模型得到了一个关于 $\{C_n\}$ 的非线性递推，这不是固定次序的递推. C_n 值取决于所有 $C_0, \cdots, C_{n-1}$ 的值.

12.28 例题（选票问题） 到 (n,n) 的**选票路径**是长度为 $2n$ 且不超过对角线的格路径. 设 a_n 表示这些路径的数量，我们推导出 a_n 的递推式. 每个到 (n,n) 的选票路径都有一些第一次返回到对角线，假设它发生在 (k,k) 位置.

路径的第一部分向右移动，直到到达 $(k,k-1)$，然后向上移动，直到 $y=x-1$. 因此，路径可能的初始部分对应于长度为 $2(k-1)$ 的选票路径.

从 (k,k) 到 (n,n) 的路径部分是长度为 $2(n-k)$ 的选票路径的平移. 因此选票路径长度为 $2n$ 且第一次回到对角线 (k,k) 的数量是 $a_{k-1}a_{n-k}$. 对 k 的选项求和，得到 $n \geqslant 1$ 时的
$a_n = \sum_{k=1}^n a_{k-1}a_{n-k}$，初始值 $a_0 = 1$.

■

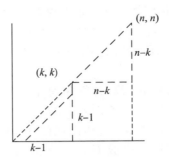

从措施 9.10 中，我们知道例题 12.28 中的 a_n 等于 Catalan 数 $C_n = \frac{1}{n+1}\binom{2n}{n}$. 接下来，我们证明问题 12.4 的解满足相同的递推关系，且初始值相同. 因此，它也一定是 Catalan 序列. 在习题 12.37～12.40 中，我们考虑了一些额外的计数问题，这些问题产生了同样的递推，从而产生了 Catalan 数.

12.29 措施（多边形问题） 令 a_n 表示具有 $n+2$ 个边的凸多边形三角剖分方法数，并

243
244

定义 $a_0 = 1$. 从 $n = 0$ 开始，序列开始于 1，1，2，5，14，…. 这与 Catalan 数一致.

对于一个具有 $n+2$ 条边、顶点顺序为 v_0，…，v_{n+1} 的凸多边形. 在每个三角剖分中，边 $v_{n+1}v_0$ 位于某个三角形上，令 v_k 是它的第三个角. 为完成三角剖分，必须对由 v_0，…，v_k 和由 v_k，…，v_{k+1} 形成的多边形进行三角剖分，这些多边形分别具有 $k+1$ 条边和 $n-k+2$ 条边.

这些较小的多边形可以分别以 a_{k-1} 和 a_{n-k} 种方式进行三角剖分. 在 $n \geqslant 1$ 且 $a_0 = 1$ 的条件下对 k 的选择求和得到 $\sum_{k=1}^{n} a_{k-1}a_{n-k}$. 因此 $\langle a \rangle$ 满足与 Catalan 序列相同的递推关系和初始值. 由此得出结论，有 $\frac{1}{n+1}\binom{2n}{n}$ 种方法可以对具有 $n+2$ 条边的凸多边形进行三角剖分. ■

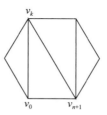

如果还没有具体的计算公式，怎么求解 Catalan 递推关系呢？我们将在下一节介绍一种计算技巧. 同时，我们讨论了另一个经典递推式，它可以用**等量代换法**进行求解. 我们从一个简单的例题开始. （本节其余部分为选学.）

12.30 例题　假设 $a_0 = 1$，当 $n \geqslant 1$ 时，$a_n = \left(1 - \frac{1}{n+1}\right)a_{n-1}$. 在递推式两边乘上 $n+1$ 得到 $(n+1)a_n = na_{n-1}$. 为简化这个递推式，我们建议用 $b_n = na_{n-1}$ 替换它. 于是新序列 $\langle b \rangle$ 满足当 $b_0 = (0+1)a_0 = 1$ 时，对 $n \geqslant 1$，$b_n = b_{n-1}$. 对于所有 $n \geqslant 0$，这个递推式的解是 $b_n = 1$. 当 $n \geqslant 0$ 时，把上述等量代换式换回来，得到 $a_n = b_n/(n+1) = 1/(n+1)$. ■

我们通过给出错乱问题（问题 10.9）的另一个解法来介绍等量代换和降阶技巧. 我们得到一个具有非常数系数的二阶线性递推关系（习题 12.34 得到该问题的另一个递推式.）

12.31 措施（错乱）　回想一下，D_n 计算没有不动点的 $[n]$ 的置换. 当 $D_1 = 0$ 和 $D_2 = 1$ 时，我们得到一个二阶递推式，它对 $n \geqslant 3$ 有效. 通过位置 $k \in [n-1]$ 对 $[n]$ 的错乱进行分类. 对于每个这样的 k，考察 k 是否出现在位置 n. 如果 k 出现在位置 n，那么就可以通过使其他 $n-2$ 个对象错乱来完成 D_{n-2} 方式的错乱. 故对于 k 的每个选择，都有 D_{n-2} 这种类型的错乱.

n		j
k		n

如果 k 没有出现在 n 的位置，那么 k 之外的某个元素 j 就会出现在那里，可以交换位置 n 和 k 的元素，以获得 $[n-1]$ 的错乱，并在末尾添加 n. 相反，如果 $[n-1]$ 的任意乱序 $(n-1)$ 在末尾加上 n，则可使用相同的交换使其恢复到原始的状态. 因此，对于每个 k 的

选择，这种类型（元素 n 在位置 k，元素 k 不在位置 n）的错乱数量是 D_{n-1}.

因为 k 的位置有 $n-1$ 种选择，故在 $n \geqslant 3$ 时，可以得到递推关系 $D_n = (n-1) \cdot (D_{n-1} + D_{n-2})$. 可以通过定义 $D_0 = 1$ 使得递推式对 $n = 2$ 也成立. 这是自然的，因为有一个没有元素的排列，它没有不动点.

为了实现对这个递推式的求解，可以使用逐次迭代法来简化它的表达形式，直到获得一个可以求解的递推式. 首先消去非线性因子 $n-1$. 设 $f_n = D_n/n!$. 注意，$f_0 = 1$，而 f_n 是随机置换为错乱的概率. 等量代换后得到的结果为

$$n! f_n = (n-1)(n-1)! f_{n-1} + (n-1)!/f_{n-2}$$

随后在等式两边除以 $n!$，得到 $f_n = \left(1 - \dfrac{1}{n}\right) f_{n-1} + \left(\dfrac{1}{n}\right) f_{n-2}$.

第二个等量代换降低递推式的阶数. 把 f_n 的递推式重写为

$$f_n - f_{n-1} = \left(-\dfrac{1}{n}\right)(f_{n-1} - f_{n-2})$$

在这样做之后，当 $n \geqslant 1$ 时，定义 $g_n = f_n - f_{n-1}$，并自然地获得递推式 $g_n = \left(-\dfrac{1}{n}\right) g_{n-1}$. 由于在 $n \geqslant 1$ 时定义了 g_n，并且 $g_1 = f_1 - f_0 = -1$，故可以通过迭代递推式，将 g_n 写成 $g_n = (-1)^{n-1} g_1/n! = (-1)^n/n!$.

最后一步是反转等量代换. 检索 f_n 时使用 $\sum_{k=1}^{n} g_k = \sum_{k=1}^{n} (f_k - f_{k-1}) = f_n - f_0$，这称为**可伸缩和**，因为所有中间项都消去了，或者像望远镜坍缩一样"坍缩"了. 由于 $f_0 = 1$，故可得到

$$f_n = f_0 + \sum_{k=1}^{n} g_k = 1 + \sum_{k=1}^{n} \frac{(-1)^k}{k!} = \sum_{k=0}^{n} \frac{(-1)^k}{k!}$$

由此可得：$D_n = n! \sum_{k=1}^{n} \dfrac{(-1)^k}{k!}$. ∎

246

生成函数（选学）

最后一种求解递推关系的方法采用了组合学和代数相结合的方法. 在将其应用于递推之前，我们先给出基本思想.

现关联一个序列 $\langle a \rangle$ 表达式 $a_0 x^0 + a_1 x^1 + \cdots$. 这里不把 x^n 当作一个数，它只是序列中 a_n 的一个位置保持符. 我们不把它称为"无穷级数"或求和，第 14 章及以后章节阐述了这种解释.

12.32 定义 **形式幂级数**是形如 $\sum_{n=0}^{\infty} a_n x^n$ 的表达式，其中 x 为形式变量而不是数. 形式幂级数 $\sum_{n=0}^{\infty} a_n x^n$ 是序列 $\langle a \rangle$ 的**生成函数**，两个形式幂级数 $\sum_{n=0}^{\infty} a_n x^n$ 与 $\sum_{n=0}^{\infty} b_n x^n$ 的和是形式幂级数，$a_n + b_n$ 为 x^n 的系数. 它们的**乘积**是 $\sum_{j=0}^{n} a_j b_{n-j}$ 为 x^n 的系数的形式幂级数.

根据上述定义，当且仅当两个形式幂级数的系数序列相同时，它们是相等的. 形式幂

级数的和与积的定义与我们对多项式乘法的经验是一致的，这些定义允许我们构建生成函数来解决计数问题. 我们希望当参数为 n 时，x^n 的系数为解的个数 a_n.

考虑 r 元集的子集. 当 $r = 1$ 时，有一种选择元素的方法，也有一种不选择元素的方法，所以生成函数是 $1 + x$. 为了构建固定 r 的生成函数，我们考虑了这些因素，因为需要为每个元素做出这样的选择. 对 x^n 系数的贡献对应于大小 n 的子集. 这在第 5 章中讨论过，因此 x^n 系数必须是 $\binom{r}{n}$，这个原则更普遍适用.

12.33 引理   现有集合 A，B，C 其中 $C = A \times B$. 对于 $n \in \mathbb{N} \cup \{0\}$，令 a_n，b_n，c_n 分别是 A，B，C 中 "大小" 为 n 的元素个数. 对于 $\alpha \in A$ 和 $\beta \in B$，如果每个 $\gamma = (\alpha, \beta)$ 的大小是 α 的大小与 β 的大小之和，则 $\langle c \rangle$ 的生成函数是 $\langle a \rangle$ 和 $\langle b \rangle$ 的生成函数的乘积.

证明   选择 $\gamma = (\alpha, \beta)$，其中 $\alpha \in A$ 且 $\beta \in B$. 如果 z 的大小为 n，则对于某些 k，α 和 β 的大小为 k 和 $n - k$. 具有大小为 k 的 A 中任何元素可以与具有大小为 $n - k$ 的 B 中任何元素配对，因为笛卡儿积中元素坐标为独立选择. 使用来自 A 的特定大小的子集互不相交，因此可以通过对 k 的可能进行求和，得到 $c_n = \sum_{k=0}^{n} a_k b_{n-k}$. 因此，生成函数满足乘积的定义. ∎

12.34 应用（可重复组合）   我们希望从 r 种类型中选择对象而不限制每种类型对象的数量，要求选择一种类型的数量与选择其他类型的数量无关. 因此，整个组合集是包含每个单独类型的组合集的 r-重笛卡儿积.

相应的生成函数是形式幂级数，其中 x^n 的系数是所选对象总数为 n 的组合数. 利用引理 12.33，该生成函数是 r 个生成函数的乘积，每种类型的对象对应一个生成函数. 当只有一种类型的对象时，有一种方法可以选择它的 n 个副本，因此生成函数是 $\sum_{n=0}^{\infty} x^n$. 由此得出结论，从 r 种对象中进行组合的生成函数是 $\left(\sum_{n=0}^{\infty} a_n x^n \right)^r$.

这里使用双射的方法证明已经在定理 5.23 中解决了这个问题. 我们知道选择 n 个对象的方法数是 $\binom{n+r-1}{r-1}$，并且根据定义，它等于生成函数中 x^n 的系数. 因此，我们给出了形式幂级数代数恒等式的组合证明：$\left(\sum_{n=0}^{\infty} x^n \right)^r = \sum_{n=0}^{\infty} \binom{n+r-1}{r-1} x^n$. ∎

形式幂级数 1（表达式 $1x^0 + 0x^1 + 0x^2 + \cdots$）是一个乘法单位元，因此可以研究乘法逆.

12.35 定理   对于 $r \in \mathbb{N}$，生成函数 $(1-x)^{-r}$ 的形式幂级数展开式为 $\sum_{n=0}^{\infty} \binom{n+r-1}{r-1} x^n$.

证明   将两个形式幂级数 $1 - x$ 和 $\sum_{n=0}^{\infty} x^n$ 相乘，可以得到 1. 因此将 $\sum_{n=0}^{\infty} x^n = (1-x)^{-1}$ 写为形式幂级数. 将级数提升到 r 次幂时，使用应用 12.34 的结论可得到 $\sum_{n=0}^{\infty} \binom{n+r-1}{r-1} x^n$.

特殊情况 $r = 1$ 是几何级数的形式和：$(1-x)^{-1} = \sum_{n=0}^{\infty} x^n$. 习题 12.48～12.57 中的生成函数与组合计算问题有关.

接下来讨论如何使用生成函数解决递推关系. $\langle a \rangle$ 的递推式导出了它的生成函数方程. 现通过解方程来显式地找到这个生成函数. 提取系数可以得到 a_n 的公式. 这种技巧既适用于线性递推，也适用于非线性递推. 我们通过概述斐波那契数列的另一种推导方法进行说明.

12.36 例题（斐波那契数的生成函数）   令 $F(x) = \sum_{n=0}^{\infty} F_n x^n$，我们将递推式乘以 x^n，然后对递推式有效时的 n 值求和. 得到

$$\sum_{n=2}^{\infty} F_n x^n = \sum_{n=2}^{\infty} F_{n-1} x^n + \sum_{n=2}^{\infty} F_{n-2} x^n$$

248

其中 $F_0 = F_1 = 1$，即有 $F(x) - 1 - x = x(F(x) - 1) + x^2 F(x)$，故有 $F(x) = 1/(1 - x - x^2)$.

分母因子为 $(1 - \alpha x)(1 - \beta x)$，其中 $\{\alpha, \beta\} = (1 \pm \sqrt{5})/2$. 通过部分分式得到常数 A, B（见习题 12.25）如下：

$$F(x) = \frac{A}{1 - \alpha x} + \frac{B}{1 - \beta x}$$

由几何级数（定理 12.35 中的 $r = 1$）的性质，有 $F_n = A\alpha^n + B\beta^n$，与之前得到的斐波那契数列公式相同. ∎

12.37 应用   我们概述用于求解常数系数 k 阶线性递推关系的**生成函数法**. 将递推式乘以 x^n，并对有效域（$n \geqslant k$）求和，得到序列 $\langle a \rangle$ 的生成函数 $A(x)$ 为两个多项式之比. 分母的系数是反向特征多项式的系数. 当且仅当 $(1 - \alpha x)$ 是 $A(x)$ 的分母多项式中因子时，我们将 $(x - \alpha)$ 作为特征多项式的因子，且具有相同的重数.

当特征多项式因子为 $p(x) = \prod_{i=1}^{r} (x - \alpha_i)^{d_i}$ 时，对于不同的 $\alpha_1, \cdots, \alpha_r$，$A(x)$ 的分母因子为 $\prod_{i=1}^{r} (1 - \alpha_i x)^{d_i}$. 利用部分分式，令 $A(x) = \sum_{i=1}^{r} q_i(x)/(1 - \alpha_i x)^{d_i}$，其中 q_i 是一个次数小于 d_i 的多项式，多项式 q_i 由 $\langle a \rangle$ 的初始值决定.

因为 $(1 - \alpha x)^{-d} = \sum_{n=0}^{\infty} \binom{n+r-1}{r-1} \alpha^n x^n$（定理 12.35），故得到了定理 12.26 中所述形式的 a_n 的一个公式. 显然，这个公式由生成函数展开而来.

此外，假设递推式的非齐次项是 β^n 乘以 n 中的 d 次多项式. 因为 $\sum_{n=0}^{\infty} \beta^n x^n = 1/(1 - \beta x)$，它把 $(1 - \beta x)$ 的 d 因子加到 $A(x)$ 的分母上，因此特解也会自动得到. ∎

最后，使用生成函数法求解 Catalan 递推式，再次得到 C_n 的表达式. 我们只给出粗略的步骤，把细节留给习题 12.47.

12.38 措施（Catalan 递推式的解）   对于 $n \geqslant 1$ 且 $C_0 = 1$，序列 $\langle C \rangle$ 满足 $C_n = \sum_{k=1}^{n} C_{k-1} C_{n-k}$. 设 $A(x) = \sum_{n=0}^{\infty} C_n x^n$ 是其生成函数. 将递推式乘以 x^n，对递推式的有

效区域 $n \geqslant 1$ 求和，得到

$$A(x) - C_0 = x \sum_{n=1}^{\infty} \sum_{l=0}^{n-1} C_l C_{n-1-l} x^{n-1} = x \sum_{m=0}^{\infty} \sum_{l=0}^{m} C_l C_{m-l} x^m = x \left[A(x) \right]^2$$

A 的结果方程是 $xA^2 - A + 1 = 0$. 利用二次求根公式，得到 $A(x) = (1 \pm (1-4x)^{1/2})/2x$. 使用二项式定理 $(1-4x)^{1/2} = \sum_{n=0}^{\infty} \binom{1/2}{n} (-4x)^n$ 的推广形式，可以得到 $A(x)$ 的系数公式. 扩展二项式系数 $\binom{u}{k}$ 定义为 $u(u-1)\cdots(u-n+1)/n!$ (见注 5.30). 此处令 $u = 1/2$.

在 $A(x)$ 的公式中，可以选择负的平方根，因为根据定义，$A(x)$ 中的 x^{-1} 的系数为 0，因此，$n \geqslant 1$ 的 Catalan 数是 $-(1-4x)^{1/2}/2x$ 中 x^n 的系数. 由此可得

$$C_n = -\frac{\binom{1/2}{n+1}(-4)^{n+1}}{2} = \frac{1}{n+1}\binom{2n}{n} \qquad \blacksquare$$

习题

"得出"需要证明，得出递推关系包括指定初始值. 只有在被要求时才求解这些递推.

在习题 12.1 ~ 12.5 中，求出给定递推关系和初始值的 a_n 的公式.

12.1 $a_n = 3a_{n-1} - 2$ 其中 $n \geqslant 1$ 且 $a_0 = 1$.

12.2 $a_n = a_{n-1} + 2a_{n-2}$ 其中 $n \geqslant 2$，且 $a_0 = 1$ 和 $a_1 = 8$.

12.3 $a_n = 2a_{n-1} + 3a_{n-2}$ 其中 $n \geqslant 2$，且 $a_0 = a_1 = 1$.

12.4 $a_n = 5a_{n-1} - 6a_{n-2}$ 其中 $n \geqslant 2$，且 $a_0 = 1$ 和 $a_1 = 3$.

12.5 $a_n = 3a_{n-1} - 1$ 其中 $n \geqslant 1$，且 $a_0 = 1$.

* * * * * * * * * * * *

12.6 假设 $\langle a \rangle$ 满足递推式 $a_n = -a_{n-1} + \lambda^n$. 确定 λ 的值，使得 $\langle a \rangle$ 可以无界.

12.7 设 $a_n = n^3$. 构造满足 $\langle a \rangle$ 的一阶常系数线性递推关系，是否存在满足 $\langle a \rangle$ 的齐次一阶常系数线性递推关系？为什么？

12.8 得出一个递推式来计算 $2n$ 个人的配对.

12.9 假设平面上有 n 个圆，它们两两相交且没有三个圆相交于一点. 得出所形成区域数的递推式，并求解这个递推式.

12.10 利用欧拉公式（定理 11.64）计算平面上 n 条直线的构型所决定的区域，其中没有三条直线相交于一点，也没有两条直线平行.（提示：添加一个包含所有交点的圆，并计数顶点和边.）

12.11 储蓄账户在每年年初存入 100 美元. 每年年底，银行都会存入该账户金额的 5% 作为利息. 设 a_n 为第 n 年支付利息后的账户金额，得出 a_n 的递推式并进行求解.

12.12 对于一笔 5 万美元的抵押贷款，利息每年按未付金额的 5% 计算，之后 5 000 美元的还款将在年底到期. 得出第 n 年末未偿付金额的递推式. 使用计算器，确定还清

贷款所需年数. 如果利率是 10% 而不是 5% 会怎样?

12.13 考虑例题 12.15 中定义的序列 $\langle a \rangle$，其中 a_n 是在一个圆上的 n 个点之间绘制所有 $\binom{n}{2}$ 条弦，且没有三条弦具有公共交集时圆内区域的个数.

    a) 得出 $n \geqslant 1$ 的递推关系 $a_n = a_{n-1} + f(n)$，其中 $f(n) = n - 2 + \sum_{i=1}^{n-1} (i-1) \cdot (n-1-i)$，$a_0 = 1$.

    b) 利用第 5 章中的方法，求解 a) 部分的递推式，并得出 a_n 的显式公式.

12.14 完成推论 12.18 的证明，解出递推式 $a_n = \alpha a_{n-1} + f(n) \beta^n$，其中 f 为多项式，β 为常数.

12.15 得出一个递推关系，在给定一次可以移动 $1, 2$ 或 3 格空间数的情况下，计算移动 n 格空间的方法数.

12.16 有三种类型的汽车，其中一种类型占用一个空格而另外两种类型占用两个空格，得出沿着具有 n 个空格的路缘石填充停车位方法数的递推关系.

12.17 得出使用 n 个相同多米诺骨牌平铺 $2 \times n$ 棋盘格的方法数递推关系（定义见例题 10.7）.

12.18 一个店主在柜台上每次放一枚硬币来换 n 美分的零钱，这样他就能一直记着总数. 1 美分、5 美分和 10 美分都可以买到. 设 a_n 是 n 美分的变化量. 例如，$a_6 = 3$，由列表 111111, 51 和 15 得到. 得出 a_n 的递推关系.

12.19 使用归纳法证明斐波那契数列满足下列条件.（对于所有关于斐波那契数列的问题，我们使用由 $F_0 = F_1 = 1$ 和 $F_n = F_{n-1} + F_{n-2}$ 为 $n \geqslant 2$ 定义的序列 $\{F_n\}$.）

    a) $\sum_{i=0}^{n} F_i^2 = F_n F_{n+1}$；b) $\sum_{i=0}^{n} F_{2i} = F_{2n+1}$；c) $\sum_{i=0}^{2n-1} (-1)^i F_{2n-i} = F_{2n-1}$.

12.20 在和为 n 的 $1, 2$-链表集合和长度为 $n-1$ 且元素 1 不连续排放的 $0, 1$-链表集合之间建立一个双射.

12.21 使用归纳法和组合论证法证明 $1 + \sum_{i=0}^{n} F_i = F_{n+2}$.

12.22 使用归纳法和组合论证法证明 $F_n = \sum_{i=0}^{n} \binom{n-i}{i}$.

12.23 从等式的两个方向证明 $F_{m+n} = F_m F_n + F_{m-1} F_{n-1}$（使用 1 和 2 的列表）. 对于每个 $k \in \mathbb{N}$，得到 F_{n-1} 整除 F_{kn-1} 的结论.

12.24 证明每个自然数都可以写成不同的数的和，这些数就是斐波那契数列.

12.25 （一）完成措施 12.23 中斐波那契数列公式的计算细节，同时完成例题 12.36 中斐波那契数列公式的计算细节.

12.26 斐波那契数列和欧几里得算法（算法 6.15）. 我们说当 $a_0 > a_1$ 时，(a_0, a_1) 应用欧几里得算法生成 $(a_0, a_1), (a_1, a_2), \cdots, (a_k, 0)$ 需要 k 步，其中 $a_0 > a_1 > \cdots > a_k > 0$. 例如 $(3, 2)$ 需要两步，$(5, 3)$ 需要三步. 对于 $k \geqslant 2$，证明当 (a_0, a_1) 采取 k 步时，$a_0 + a_1 \geqslant F_{k+2}$. 还要证明这是最可能的：对于每一个 $k \geqslant 2$，都有一对和为 F_{k+2} 的对，执行 k 个步骤.

12.27　（十）考虑值为 $1,\cdots,n$ 的一堆牌. 当第一张牌是 m 时，我们把前 m 张牌的顺序颠倒. 只有当值为 1 的牌位于顶部时，该过程才停止. 证明过程总是会停止的，不管卡片的初始顺序如何；证明当有 n 张牌时，完成这个过程最多只需要 F_n-1 步.（提示：使用归纳法证明，如果 k 张不同的卡片出现在过程的顶部，那么最多需要 F_k-1 步.）

12.28　证明定理 12.25，描述具有常系数 k 阶齐次线性递推关系的通解.

12.29　假设 $\langle b\rangle$ 和 $\langle d\rangle$ 分别为非齐次递推关系 $x_n=f(n)+\sum_{i=1}^{k}h_i(n)x_{n-i}$ 和 $x_n=g(n)+\sum_{i=1}^{k}h_i(n)x_{n-i}$ 的解，证明 $\langle b\rangle+\langle d\rangle$ 是递推式 $x_n=f(n)+g(n)+\sum_{i=1}^{k}h_i(n)x_{n-i}$ 的一个解.

12.30　假设 $\langle a\rangle$ 是 $x_n=c_1x_{n-1}+c_2x_{n-2}+c\alpha^n$ 的一个解，其中 $c_1,c_1,c,\alpha\in\mathbb{R}$. 证明 $\langle a\rangle$ 和 $C\alpha^n$ 是齐次三阶递推式 $x_n=(c_1+\alpha)x_{n-1}+(c_2-\alpha c_1)x_{n-2}-\alpha c_2x_{n-3}$ 的解.

12.31　假设当 $n>3$ 时，$a_n=a_{n-1}+a_{n-2}+a_{n-3}$. 证明当 $a_i=1$ 时，其中 $i\in\{1,2,3\}$，$a_n\leqslant 2^{n-2}$；当 $a_i=i$ 时，其中 $i\in\{1,2,3\}$，$a_n<2^n$.

12.32　求出 $n\geqslant 1$ 时递推式 $a_n=\dfrac{2}{3}\left(1+\dfrac{2}{3^n+1}\right)a_{n-1}$，其中 $a_0=1$.（提示：代入 $b_n=(3^n+1)a_n$.）

12.33　下列算法找出 n 个数字中的极值（最大值和最小值）. 如果 $n=2$，比较这两个数. 如果 $n>2$，（1）将数字分割成大小为 $\lfloor n/2\rfloor$ 和 $\lceil n/2\rceil$ 的集合；（2）归纳应用算法来确定每个子集中的极值；（3）使用得到的数字来计算原始集合中的极值. 设 a_n 是一组大小为 n 的子函数的个数，得出 a_n 的递推式，并用等量代换法得出当 n 为 2 的幂时 a_n 的公式.

12.34　考虑错乱问题的递推式 $D_n=(n-1)(D_{n-1}+D_{n-2})(D_0=1)$. 代入 $f_n=D_n-nD_{n-1}$ 得出一阶递推式 $D_n=nD_{n-1}+(-1)^n$，用这个式子和归纳法证明 $D_n=n!\sum_{k=0}^{n}(-1)^k/k!$.

12.35　设 B_n 为 n 个元素上等价关系的个数，这个数等于集合 $[n]$ 的分区数，证明当 $n\geqslant 1$ 时 $B_n=\sum_{k=1}^{n}\binom{n-1}{k-1}B_{n-k}$，初始值 $B_0=1$.（注：这些是**钟形数**.）

12.36　设 a_n 为集合 $\{x,y,z\}\subseteq\mathbb{N}$ 的个数，其中 x,y,z 是一个周长为 n 的三角形三边长. 得出 a_n 的递推关系（公式依赖于 n 的奇偶性）.

12.37　当使用非关联二进制操作为组合数字时，操作的顺序很重要. 有一种方法可以组合两个数字，三个数字的列表可以使用 $a(bc)$ 或 $(ab)c$ 组合. 四个数字有五种方式：$a(b(cd)),a((bc)d),(a(bc))d,((ab)c)d,(ab)(cd)$. 每一个这样的分组都是一个**括号**. 设 a_n 是 $n+1$ 个元素的有序列表的括号个数，递推地证明 a_n 等于 Catalan 数 C_n.

12.38　得出 $n+1$ 个不同元素的括号与凸 $n+2$-多边形三角测量之间的双射.（提示：考虑下图.）

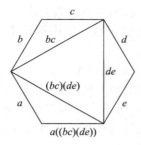

12.39 设 a_n 为通过非交叉弦将一个圆上的 $2n$ 个点配对的方法数，注意 $a_3 = 5$. 递推地证明 a_n 等于 Catalan 数 C_n.

12.40 硬币的排列建立在 n 个硬币上，每一枚不在底层的硬币都放在它下面的两枚硬币上，如下图所示．证明可以建立在一排 n 个硬币上的排列数是 Catalan 数 C_n.

12.41 令 f 是一个次数为 n 的多项式，f 的一阶差分为函数 $g = \Delta f$，由 $g(x) = f(x+1) - f(x)$ 定义．f 的 **k 阶差分**为函数 $g^{(k)}$，由 $g^{(0)} = f$ 和 $g^{(k)} = \Delta g^{(k-1)}$ 归纳定义．得出 f 的 n 阶差分表达式．

12.42 设 $s(n,k)$ 是从一个 n 元集合到一个 k 元集合的满射函数个数，用 $s(n-1,k)$ 和 $s(n-1, k-1)$ 推导出 $s(n,k)$ 的递推关系．不要忘记指定初始值．

12.43 设 G_n 为一个由路径上 n 个顶点加上这 n 个顶点的一个邻接点组成的图．设 a_n 是 G_n 中生成树的个数．

　　a) 证明当 $n \geqslant 2$ 时，有 $a_n = a_{n-1} + \sum_{i=0}^{n-1} a_i$ ，其中 $a_0 = a_1 = 1$.

　　b) 证明当 $n \geqslant 3$ 时，有 $a_n = 3a_{n-1} - a_{n-2}$.

12.44 设 G_n 为下图中 $2n$ 个顶点和 $3n-2$ 条边上的图，对于 $n \geqslant 1$. 证明 G_n 的色多项式为 $(k^2 - 3k + 3)^{n-1} k(k-1)$.

12.45 （赌徒的毁灭）　A、B 两人掷一枚均匀硬币进行赌博，直到其中一人破产．如果抛的是正面，那么 A 支付 B 1 美元，否则 B 支付 A 1 美元．设 A 以 r 美元开始，B 以 s 美元开始．设 $a_n(r,s)$ 为 a 在第 n 次投掷中破产的概率，得出 $a_n(r,s)$ 的递推关系．（有三个参数，注意初始值．）

12.46 整数 n 的**划分**是正整数的非递增列表，其和为 n. 设 $p_{n,k}$ 是包含 k 个部分的 n 的划分数量（如果把 5 划分为 3 个部分，则分别是 311 和 221 ，所以 $p_{5,3} = 2$）．证明在一般情况下 $p_{n,k} = p_{n-1,k-1} + p_{n-k,k}$ ，并指定初始值，使递推式能够确定 $p_{n,k}$ 的所有值．

12.47 在措施 12.38 中添加细节，使用生成函数方法完成对 Catalan 数的公式的推导.

12.48 直接构造斐波那契数列的生成函数，使用模型 F_n 是 1，2-链表的个数，它们的和是 n.

12.49 假设 $\langle a \rangle$ 满足具有初始值 a_0, a_1 的递推式 $a_n = c_1 a_{n-1} + c_2 a_{n-2}$，将 $\langle a \rangle$ 的生成函数表示为两个多项式的比值（特殊情况见例题 12.36）.

12.50 使用生成函数得出 12 个美国硬币（5 种类型）罐子数量的公式，每种类型的罐子数量在 2 到 6 个之间.（提示：让 a_n 为选择 n 个硬币而不是 13 个硬币的方法的数量，并得出序列 $\langle a \rangle$ 的生成函数.）

12.51 使用生成函数证明 $\sum_{k=0}^{n} \binom{n}{k}^2 = \binom{2n}{n}$.

12.52 使用生成函数求解习题 5.42～5.44.

12.53 假设 $b_n = \sum_{k=0}^{n} a_k$，$A(x)$ 是序列 $\langle a \rangle$ 的生成函数，得出 $\langle b \rangle$ 关于 $A(x)$ 的生成函数.

12.54 设 a_n 为选择 $r \in \mathbb{N}$ 的方法数，掷一个六面骰子 r 次得到的和为 n，得出 $\langle a \rangle$ 的生成函数表达式.

12.55 设 a_n 为对数 n 划分的数目，其中数 n 最多划分为 k 个部分（参见习题 12.46），得出 $\langle a \rangle$ 的生成函数表达式.

12.56 设 a_n 为使用不同部分的 n 个分区的数目（习题 12.46），b_n 为 n 个奇数部分的分区数. 导出 $\langle a \rangle$ 和 $\langle b \rangle$ 的生成函数表达式.

12.57 （+）通过建立一个双射证明 a_n 和 b_n 在习题 12.56 中定义的数相等.（提示：命题 3.32 指出每个自然数都有唯一的表达式，即奇数乘以 2 的幂.）

第四部分 *Part 4*

连续数学

第 13 章 实　　数

现在开始学习完备性公理及相关知识. 本章的主要目的是理解实数十进制展开式与序列收敛性之间的关系.

13.1 问题　我们在第 8 章证明了没有平方为 2 的有理数. 然而，我们认为在几何上应该有一个平方为 2 的实数. 怎么能证明这一点？ ■

13.2 问题　实数集合是可数的吗？ ■

完备性公理

完备性公理隐含在我们对实数的理解中. 回忆一下实数序列是从 $\mathbb{N}$ 到 $\mathbb{R}$ 的函数. 我们使用尖括号命名这样的函数，并使用下标表示其连续取值：$\langle x \rangle = \{x_1, x_2, \cdots\}$.

很容易生成平方接近 2 的数. 对于如下表达式 $\langle x \rangle = \left\{ \dfrac{1}{1}, \dfrac{14}{10}, \dfrac{141}{100}, \dfrac{1\,414}{1\,000}, \dfrac{14\,142}{10\,000}, \right.$ $\left. \dfrac{141\,421}{100\,000}, \cdots \right\}$. 小数展开式 $1.414\,21\cdots$ 以缩写的方式表示了相同的信息. $\langle x \rangle$ 中每一项都是有理数，越往后，项的平方就越接近 2. 并且这个序列是非递减的，每一项都小于 $15/10$. 因此，$3/2$ 是以这些项为集合的上界，诸如 $142/100$ 和 $1\,415/1\,000$ 这样的数也是该集合的上界. 我们认为最小的上界应该是一个平方为 2 的数，但怎么知道这样一个数是否存在呢？

我们将用完备性公理来证明平方为 2 的实数的存在性. 首先回顾一些关于界限的术语，然后重新表述这个公理.

255 ~ 256

13.3 定义　令 S 表示某个实数集合，如果对于所有的 $x \in S$，存在一个数 $\alpha \in \mathbb{R}$，满足 $x \leqslant \alpha$，那么 α 是集合 S 的一个**上界**. 如果 S 的所有上界均不小于 α，则称上界 α 是 S 的**最小上界**或**上确界**. 类似地，如果对于所有 $x \in S$，满足 $x \geqslant \alpha$，那么 α 是集合 S 的一个**下界**. 并且如果 S 的所有下界均不大于 α，则称下界 α 是 S 的**最大下界**或**下确界**. 当 S 存在上确界和下确界时，通常使用 $\sup(S)$ 和 $\inf(S)$ 来表示 S 的上确界和下确界.

13.4 公理 ($\mathbb{R}$ 的完备性公理)　对于 $\mathbb{R}$ 的每个非空子集，如果它有上界，则必有最小上界. ■

完备性公理有许多等价的版本. 如前所述，公理 13.4 表示**最小上界性质**，它等价于**最大下界性质**，表述为：对于 $\mathbb{R}$ 的每个非空子集，如果它有下界，则必有最大下界（习题 13.21）. 关于 $\mathbb{R}$ 的最大下界存在性与关于 $\mathbb{N}$ 的良序性比较类似.

13.5 注　由于对于任意两个不同实数的 α，β，必有 $\alpha < \beta$ 或者 $\alpha > \beta$，故一个集合不可能有多个上确界或下确界. 因此，我们说的是最小上界. ■

集合的最小上界并不一定是集合中的元素. 公理 13.4 中的"有"并不代表"包含".

13.6 例题（上确界和下确界）　令 $S = \{x \in \mathbb{R}: 0 < x < 1\}$，则 S 的下确界和上确界分别是 0 和 1，位于 $\mathbb{R}$ 中但并不属于集合 S. 集合 S 没有最大值. 一个集合 $T \subseteq \mathbb{R}$ 有最大值当且仅当 $\sup(T)$ 存在并且属于 T，此时 $\sup(T)$ 就是集合 T 的最大值. 同理可得，一个集合 $T \subseteq \mathbb{R}$ 有最小值当且仅当 $\inf(T)$ 存在并且属于 T，此时 $\inf(T)$ 就是集合 T 的最小值.

另一个例题，考虑 $S = \{x: x^3 - 3x^2 + 2x < 0\}$. 通过对函数 $y = x^3 - 3x^2 + 2x$ 因式分解或者绘制函数图像，我们发现 $S = (-\infty, 0) \bigcup (1, 2)$. 此时 $\sup(S) = 2$，但是 $\inf(S)$ 并不存在. ∎

13.7 措施（$\sqrt{2}$ 的存在性）　令 $S = \{x \in \mathbb{R}: x^2 < 2\}$. 因为平方函数保留了正实数的顺序，所以每个平方至少为 2 的正数都是 S 的上界. 因此 S 有一个上界，下面用完备性公理为 S 生成一个最小上界 α，并证明 $\alpha^2 = 2$.

当 $x^2 < 2$ 时，可以得到一个大于 x 的数，其平方小于 2，表明 x 不是上界，故有 $\alpha^2 \geqslant 2$. 当 $x^2 > 2$ 时，可以得到一个小于 x 的数，其平方大于 2，表明 x 不是下界，故有 $\alpha^2 \leqslant 2$. 综上所述，可知 $\alpha^2 = 2$.

当 $x^2 \neq 2$ 时，考察变量 x 和 $2/x$，它们相乘的结果为 2，所以它们的平方在 2 的两边，即一个小于 2，一个大于 2. 令 $y = \dfrac{1}{2}(x + 2/x)$ 为它们的算术平均值，那么 y 在 x 和 $2/x$ 之间. 此外，既然 $x \neq 2/x$，由 AGM 不等式（命题 1.4）可得 $y^2 > x(2/x) = 2$（见习题 13.13 的另外一种证明）. 由 $y^2 > 2$ 可得 $2 > 4/y^2 = (2/y)^2$. 故有

$$\left(\min\left\{x, \frac{2}{x}\right\}\right)^2 < \left(\frac{2}{y}\right)^2 < 2 < y^2 < \left(\max\left\{x, \frac{2}{x}\right\}\right)^2$$

因此，当 $x^2 > 2$ 时，可以选择 y；当 $x^2 < 2$ 时，可以选择 $2/y$，来获取满足需求的数. ∎

在下一节中，我们将给出另外一种关于平方为 2 的实数的存在性证明.

13.8 例题（有理数是"不完备的"）　令 $S = \{x \in \mathbb{Q}: x^2 < 2\}$. 根据措施 13.7 中的论证，实数 $\sup(S)$ 的平方为 2. 我们在第 8 章证明了没有这样的有理数，虽然 S 在 $\mathbb{Q}$ 中有界，但在 $\mathbb{Q}$ 中没有上确界. ∎

在附录 A 中，我们从已知的自然数开始构造实数. 我们定义了实数的加法、乘法和顺序，并证明了构造的结果是一个完全有序域. 所有关于 $\mathbb{R}$ 的结果都遵循完全有序域的公理；我们在这里假设实数域的存在性. 数学家利奥波德·克罗内克（1823－1891）在受到 $\mathbb{R}$ 构造的启发时说："上帝创造了整数，其余的都是人的工作."

阿基米德（公元前 287? —公元前 212）问，将单位长度的线段首尾相连是否会产生任意长的线段. 也就是说，自然数能否构成实数的无界集合？这似乎是显而易见的：由于每个自然数都被下一个自然数超过，所以没有最大的自然数，但这只证明了 $\mathbb{N}$ 在 $\mathbb{N}$ 中没有界. 有可能存在某个实数是 $\mathbb{N}$ 的上界吗？完备性公理表明不可能. 如果没有完备性公理，则存在有序域，$\mathbb{N}$ 在该域中是一个有界集（习题 13.40）.

13.9 定理（阿基米德性质）　对于任意给定的正实数 a, b，必然存在一个自然数 n，满足 $na > b$. 等价地说，不存在某个实数是集合 $\mathbb{N}$ 的上界.

证明   首先证明 $\mathbb{N}$ 在 $\mathbb{R}$ 中没有上界. 如果 $\mathbb{N}$ 有上界, 那么根据完备性公理, $\mathbb{N}$ 有一个最小上界 α. 因为 α 是最小上界, 所以 $\alpha-1$ 不是上界, 因此存在一个自然数 n, 使得 $n > \alpha-1$. 由算术性质知 $n+1 > \alpha$, 这与选择 α 作为上界相矛盾, 因此 $\mathbb{N}$ 没有上界. 特别地, b/a 不是一个上界, 所以存在 $n \in \mathbb{N}$ 使得 $n > b/a$, 因此 $na > b$. ∎

我们经常以下列方式使用阿基米德性质: 对于给定的一个实数 α, 可以选择一个自然数 N, 使得 $N > \alpha$.

极限与单调收敛

绝对值函数在本章的讨论中至关重要, 因为 $|x-L|$ 是 x 和 L 之间的**距离**. 对于一个正数 ε, 可以将 " $|x-L| < \varepsilon$ " 理解为 " x 和 L 之间的距离小于 ε ". 这个不等式 $|x-L| < \varepsilon$ 等价于下列两个不等式:

$$L-\varepsilon < x < L+\varepsilon$$

这个双重不等式决定了 x 的区间. 下面这张图可以帮助我们理解 "极限" 的定义.

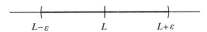

13.10 定义   如果对于任意给定的实数 $\varepsilon > 0$, 总存在某个 $N \in \mathbb{N}$ (由 ε 规定), 对于任意的自然数 $n \geqslant N$, 满足 $|a_n - L| < \varepsilon$, 则称实数序列 $\langle a \rangle$ 有**极限** $L \in \mathbb{R}$. 如果一个序列有极限, 那么该序列就是**收敛**的. 通常用 $a_n \to L$ 表示 " a_n 收敛于 (极限) L ".

我们有时候也把 $a_n \to L$ 写作 $\lim a_n = L$ 或者 $\lim_{n\to\infty} a_n = L$. 通常把后者读作 "当 n 趋近无穷大时, a_n 的极限是 L ". 短语 " n 趋近无穷大时" (写作 " $n \to \infty$ ") 表示我们研究当 n 变为任意大时的情况, 实数集 $\mathbb{R}$ 中没有 "无穷大" 的元素.

希腊字母 ε 表示某个任意的正数, 通常被认为是非常小的. 定义中 N 和 ε 的量词次序至关重要: N 的选择通常取决于 ε 的取值.

13.11 例题（收敛序列）   当使用极限定义证明序列收敛性时, 应根据 ε 适当地选择 N.

1) 令 $a_n = 3 + \dfrac{2}{n}$, 可以断定 $\langle a \rangle$ 收敛于 3. 任意给定 $\varepsilon > 0$, 需要一个 $N \in \mathbb{N}$ 且对于 $n \geqslant N$ 满足 $\dfrac{2}{n} < \varepsilon$. 由阿基米德性质可得, 因为 $N \in \mathbb{N}$, 所以 $N > \dfrac{2}{\varepsilon}$. 现在 $n \geqslant N$, 故有 $\dfrac{2}{n} \leqslant \dfrac{2}{N} < \varepsilon$, 所以 $|a_n - 3| < \varepsilon$, 这就证明了 $a_n \to 3$. 并不存在一个 N 值适用于所有的 ε.

2) 令 $a_n = c$, 每一个常数序列收敛, 这里 $a_n \to c$. 对于任意 $\varepsilon > 0$, 可以选择 $N = 1$, 此时对于 $n \geqslant N$ 满足 $|a_n - c| = 0 < \varepsilon$. ∎

一个收敛序列可以作为证明其他序列收敛的比较基础. 例如, 当 $\langle a \rangle$ 收敛于 0 时, 可以通过比较 $|b_n - L|$ 和 a_n 来证明 $b_n \to L$.

13.12 命题   如果对于任意的自然数 n, $a_n \to 0$ 且 $|b_n - L| \leqslant a_n$, 则有 $b_n \to L$.

证明　使用收敛的定义. 任意给定 $\varepsilon > 0$，由于序列 $\langle a \rangle$ 收敛于 0，所以存在 $N \in \mathbb{N}$ 且对于任意 $n \geq N$ 满足 $|a_n| < \varepsilon$. 因此，由 $n \geq N$ 可得 $|b_n - L| \leq a_n < \varepsilon$，此时根据 ε 选择的 N 表明 $\langle b \rangle$ 收敛于 L.　■

259

通常将"实数序列"简称为"序列". 一般认为序列是其项的集合（按顺序），但更准确地说，序列是一个从 $\mathbb{N}$ 到 $\mathbb{R}$ 的函数. 因此，可以说序列 $\langle a \rangle$ 的上确界，并写作 $\sup(a)$（下确界与此类似）.

对于任意给定的 $\varepsilon > 0$，当一个序列的图像"最终"保持在以 $y = L$ 定义的水平线为中心，宽度为 2ε 的范围内时，序列收敛到 L. 下列定义中精确地给出了"最终"的概念.

13.13 定义　对于任意的 $n \in \mathbb{N}$，令 $P(n)$ 表示一个数学命题. 我们说 $P(n)$ **对于足够大的 n 成立**，如果存在 $N \in \mathbb{N}$，当 $n \geq N$ 时，$P(n)$ 为真.

在这种表达语言中，符号 $a_n \to L$ 表示"对于任意 $\varepsilon > 0$，只要 n 足够大，就可以保证 a_n 的值在 L 的 ε 范围内". 标志"足够大的 n"开始的阈值 N 取决于 ε.

我们说极限是某个序列的极限，下一个引理将会证明这一点. 如果某个序列同时收敛到 L 和 M，那么它的元素最终会任意接近 L 和 M. 如果 L 和 M 不同，就不会有这种情况发生.

13.14 引理　每个收敛的数列具有唯一的极限.

证明　设 $a_n \to L$ 且 $a_n \to M$，但 $L \neq M$. 根据对称性，不妨设 $M > L$，令 $\varepsilon = (M-L)/2$. 根据收敛的定义，假定存在 $N_1, N_2 \in \mathbb{N}$ 使得 $n \geq N_1$ 时 $|a_n - L| < \varepsilon$，$n \geq N_2$ 时 $|a_n - M| < \varepsilon$. 令 $N = \max\{N_1, N_2\}$，则对于 $n \geq N$，$a_n < L + \varepsilon = M - \varepsilon < a_n$ 成立，这是自相矛盾的.　■

可以使用序列来描述下确界和上确界. 通常使用"S 中的序列"表示 S 的元素序列.

13.15 命题　如果 $S \subseteq \mathbb{R}$，那么 $\alpha = \sup(S)$ 当且仅当 α 是 S 的上界且 S 中存在序列收敛到 α.

证明　假设 $\alpha = \sup(S)$，因为 α 是 S 的最小上界，则 $\alpha - 1/n$ 不是 S 的上界，故对于每一个 n，存在 $a_n \in S$ 满足 $a_n > \alpha - 1/n$. 对于任意给定的 $\varepsilon > 0$，由定理 13.9 知，可以选择 $N \in \mathbb{N}$ 满足 $N > 1/\varepsilon$. 对于所有的 $n \geq N$，我们有

$$\alpha - \varepsilon < \alpha - 1/n < a_n \leq \alpha < \alpha + \varepsilon$$

此时，$|a_n - \alpha| < \varepsilon$，故有 $\langle a \rangle \to \alpha$.

260

反之，设 α 为 S 的上界，$\langle a \rangle$ 为 S 中收敛到 α 的序列，为证明 α 是最小上界，往证每个小于 α 的数都不是 S 的上界. 令 β 表示任意一个小于 α 的数，并设 $\varepsilon = \alpha - \beta$. 因为 $\langle a \rangle \to \alpha$，对于足够大的 n，我们有 $|a_n - \alpha| < \varepsilon$. 因为 $a_n > \alpha - \varepsilon = \beta$ 且 $a_n \in S$，由此可知 β 不是 S 的一个上界，因此 α 是 S 的最小上界.　■

当一个集合包含其上确界 α 时，该集合具有最大值. 此时，常数序列 $\alpha, \alpha, \alpha, \cdots$ 是 S 中收敛到 $\sup(S)$ 的序列.

13.16 定理 （单调收敛定理）   每个单调有界的实数序列都有一个极限：非递减有界序列收敛到其上确界，非递增有界序列收敛到其下确界.

证明   根据对称性，只需要考虑非递减情形. 因为 $\langle a \rangle$ 是有界的，故它有一个上界，令其为 L. 对于任意给定的 $\varepsilon > 0$，能够保证当 n 足够大时，a_n 在 L 的 ε 范围内.

因为 L 是 $\langle a \rangle$ 的最小上界，故 $L - \varepsilon$ 不是 $\langle a \rangle$ 的上界，由此存在 $N \in \mathbb{N}$ 使得 $a_N > L - \varepsilon$. 因为 $\langle a \rangle$ 为非递减且 L 是一个上界，由 $n \geqslant N$ 得

$$L - \varepsilon < a_N \leqslant a_n \leqslant L < L + \varepsilon$$

因此对于 $n \geqslant N$，$|L - a_n| < \varepsilon$ 成立，根据 ε 选择的 N 表明 $\langle a \rangle$ 收敛到其上确界.   ■

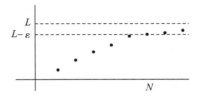

单调收敛定理无须直接验证极限定义即可得到收敛. 它将寻找极限化简为寻找一个下确界或上确界. 在大多数情况下，这几乎没有任何帮助. 例如，序列 $a_n = 1/n$ 递减有界，它的极限是存在的，但是证明 0 是下确界并不比证明 0 是极限容易.

尽管如此，定理 13.16 仍然具有其理论用途，适用于如果知道极限存在就可以容易找到该极限的问题（见第 14 章）. 我们在这里使用该定理证明 $\sqrt{2}$ 的存在，证明的思想将同样适用于所有实数十进制展开的情形.

[261]

我们寻求一个平方为 2 的正数 α. 因为 $1^2 < 2$ 且 $2^2 > 2$，故可以在区间 $[1, 2]$ 内开始寻找. 把这个区间分成等长的 10 个子区间. 小于 1.4 的数太小，大于 1.5 的数又太大，所以只关注区间 $[1.4, 1.5]$. 下一步，将关注区间 $[1.41, 1.42]$.

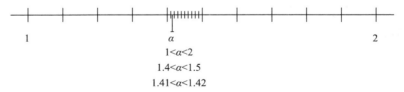

继续这个过程，生成一个不递减的下界序列和一个不递增的上界序列. 可以证明它们收敛于同一个实数，该实数的平方是 2. 精确执行这些步骤需要若干关于极限的一般结论.

13.17 引理   如果对于所有的 $n \in \mathbb{N}$，$a_n \to L$ 且 $a_n \leqslant M$，则有 $L \leqslant M$.

证明   如果 $L > M$，则令 $\varepsilon = L - M$. 因为 $a_n \to L$，故对于足够大的 n，$|a_n - L| < \varepsilon$ 成立. 对于这样的 n，我们有 $M = L - \varepsilon < a_n$，这与 $a_n \leqslant M$ 相矛盾.   ■

13.18 命题   如果 $\langle l \rangle$ 是非递减序列，$\langle r \rangle$ 是非递增序列，并且 $r_n - l_n \to 0$，则 $\langle l \rangle$ 和 $\langle r \rangle$ 收敛并且有相同的极限.

证明   首先使用反证法证明对于所有的 m，$l_m \leqslant r_m$. 如果不成立，即存在 $m \in \mathbb{N}$ 及 $\varepsilon > 0$，满足 $l_m - r_m \geqslant \varepsilon$. 但由单调性假设可知，对于 $n \geqslant m$，$l_n - r_n \geqslant l_m - r_m \geqslant \varepsilon$ 成立，这

与 $r_n - l_n \to 0$ 矛盾. 因此, 对于所有的 m, $l_m \leqslant r_m$ 成立.

这意味着更强的表述: 对于所有的 $m, n \in \mathbb{N}$, $l_m \leqslant r_n$. 如果 $m < n$, 则 $l_m \leqslant l_n \leqslant r_n$. 如果 $m > n$, 则 $l_m \leqslant r_m \leqslant r_n$.

现在 $l_m \leqslant r_1$ 和 $r_m \geqslant l_1$ 告诉我们 $\langle l \rangle$ 和 $\langle r \rangle$ 是有界的. 单调收敛定理表明 $\langle l \rangle$ 收敛于它的上确界, $\langle r \rangle$ 收敛于它的下确界. 令 $L = \lim l_n = \sup\{l_n\}$ 及 $R = \lim r_n = \inf\{r_n\}$. 由 $l_m \leqslant r_n$ 和引理 13.17 得 $L \leqslant r_n$. 类似地, 对下确界应用引理 13.17 有 $L \leqslant R$.

为了证明等式, 假设 $L < R$, 因为 $L = \sup\{l_n\}$ 及 $R = \inf\{r_n\}$, 故对于所有的 n, $l_n \leqslant L$ 和 $r_n \geqslant R$ 成立. 这表明对于所有的 n, 有 $r_n - l_n \geqslant R - L$, 这与 $r_n - l_n \to 0$ 相矛盾. ■

13.19 例题　没有单调性, 命题 13.18 就不成立. 例如, 当 $l_n = (-1)^n - 1/n$ 和 $r_n = (-1)^n + 1/n$ 时, 我们有 $l_n - r_n \to 0$, 但是这两个序列都不收敛. ■

当我们想用 $a_n \to L$ 证明 $b_n \to M$ 时, 可以利用相对于足够大的 n 而言, $|a_n - L|$ 足够小这一知识, 将 $|b_n - M|$ 表示成可以使之变小的量. 在下面的结论中, 我们通过减去和加上数 L 来引入量 $|a_n - L|$. 这种方法常常使我们能够引入可以使之变小的量, 然后对这些项进行适当的分组并应用三角不等式.

13.20 引理　如果 $a_n \to L$, 则 $a_n^2 \to L^2$.

证明　任意给定 $\varepsilon > 0$, 对于足够大的 n, 可以证明 $|a_n^2 - L^2| < \varepsilon$. 首先可得 $|a_n^2 - L^2| = |(a_n - L)(a_n + L)| = |a_n - L| \, |a_n + L|$. 当 n 足够大时, $|a_n - L|$ 可以变得足够小, 此时可以使得 $|a_n + L|$ 趋近于 $|2L|$.

特别地, 由 $a_n \to L$ 可得存在 $N_1 \in \mathbb{N}$ 及 $n \geqslant N_1$, 满足 $|a_n - L| < 1$. 引入量 $a_n - L$ 后, 使用三角不等式 (命题 1.3) 得

$$|a_n + L| = |a_n - L + 2L| \leqslant |a_n - L| + |2L| \leqslant |2L| + 1$$

当然也存在 N_2 及 $n \geqslant N_2$, 使得 $|a_n - L| < \varepsilon/(|2L| + 1)$. 令 $N = \max\{N_1, N_2\}$, 则对于所有的 $n \geqslant N$, 有

$$|a_n^2 - L^2| = |a_n - L| \, |a_n + L| < \frac{\varepsilon}{|2L| + 1}(|2L| + 1) = \varepsilon$$

■

13.21 引理　如果 $k \geqslant 2$, 则 $\dfrac{1}{k^n} \to 0$.

证明　因为 $k \geqslant 2$ 及 $n < 2^n$ (命题 3.16), 故有 $1/k^n \leqslant 1/2^n < 1/n$. 因此, 可由 $n > 1/\varepsilon$ 得到 $|1/k^n - 0| = 1/k^n < 1/n < \varepsilon$. ■

可以把这些引理结合起来证明所有正实数平方根的存在性.

13.22 措施　(使用序列证明对于所有 $x \geqslant 0$ 存在 $\sqrt{x}$)　令 l_n 为 $1/10^n$ 的最大倍数, 它的平方最大为 x ("倍数"意味着 $10^n l_n$ 是个整数). 根据阿基米德性质可以保证 l_n 的存在性. 因为每个 $1/10^{n-1}$ 的倍数也是 $1/10^n$ 的倍数, 故 $\langle l \rangle$ 是非递减的.

类似地, 令 r_n 为 $1/10^n$ 的最小倍数且它的平方超过 x, $\langle r \rangle$ 是非递增的. 此外, 有 $r_n - l_n = 1/10^n$, 由引理 13.21 知 $1/10^n$ 收敛于 0. 故由命题 13.18 知 $\langle l \rangle$ 和 $\langle r \rangle$ 收敛且收敛到同一极限 L.

下面往证 $L^2 = x$. 因为 $l_n \to L$，故由引理 13.20 可得 $l_n^2 \to L^2$. 因为 $l_n^2 \leqslant x$，故由引理 13.17 可得 $L^2 \leqslant x$. 类似地，可以得到 $r_n^2 \to L^2$ 及 $L^2 \geqslant x$. 综上所述，$L^2 = x$.　■

十进制展开与不可数

对于有理数的典范表示，可以将其写成分数的最简形式. 但如何表示实数呢？最熟悉的描述是十进制展开. 此外，使用十进制展开式可以证明 $\mathbb{R}$ 是不可数的.

可以将小数规范展开的生成过程进行一般化推广，无须额外的工作来生成关于任意基底 k 的实数典范表示. 因此，可以写出针对一般情形的定义和证明，十进制展开的特殊情况可以通过设置 $k = 10$ 得到.

我们在第 5 章得到每个正整数基于 k 的表示. 对于 $0 \leqslant j \leqslant m$，$0 \leqslant c_j \leqslant k-1$（$c_m \neq 0$），可以使用整数 $c_0, \cdots, c_m$ 将正整数 a 表示成 $\sum_{j=0}^{m} c_j k^j$. 此外，$c_0, \cdots, c_m$ 的序列是唯一确定的.

当 $a < 0$ 时，可以在 $-a$ 的展开式加上一个负号，所以可以把注意力集中在正数上. 一个正实数 a 的 k 进制展开式是由**整数部分** $\lfloor a \rfloor$ 的 k 进制展开式，加上**小数部分** $a - \lfloor a \rfloor$ 的 k 进制展开式得到. （这里 $\lfloor a \rfloor$ 表示小于或等于 a 的最大整数.）

因为我们单独处理整数部分，所以可以假设 $0 \leqslant a < 1$. a 的 k 进制展开式将 a 表示为 $1/k$ 的幂的和（k 的负幂），例如 $\sum_{j \geqslant 1} c_j / k^j$. 由于还不能对无穷多个项求和，所以将截断（$l_n = \sum_{j=1}^{n} c_j / k^j$）视为 a 的逼近序列. 当这个序列收敛到 a 时，可以得到一个关于它的 k 进制展开式.

可以使用措施 13.22 中序列 $\langle l \rangle$ 收敛到 $\sqrt{x}$ 的的方法得到 a 的标准 k 进制展开式. 我们把 $[0, 1]$ 分成 k 个相等的区间. 包含 a 的区间的下端点是第一个逼近值. 当我们将包含 a 的区间进一步细分为 k 个子区间时，包含 a 的子区间的下端点是第二个逼近值. 迭代这个过程就可以生成尽可能多的想要的展开式.

因为数学问题是收敛的，所以我们把重点放在 a 的逼近序列上. 可以同时生成系数序列. 在十进制情形，可以使用 $0. c_1 c_2 c_3 c_4 \cdots$ 表示 a 的展开，其中用熟悉缩写形式表示的 c_n 均为数. 如果 a 属于第 n 步细分的第 i 个区间，则令 $c_n = i-1$. 因为我们总是把它细分为 k 个区间，每个 c_n 都是 0 到 $k-1$ 之间的整数.

13.23 例题（2/7 的十进制展开和二进制展开）　小于 2/7 的 1/10 的前六次幂的最大倍数是 $\dfrac{2}{10}$，$\dfrac{28}{100}$，$\dfrac{285}{1\,000}$，$\dfrac{2\,857}{10\,000}$，$\dfrac{28\,571}{100\,000}$ 和 $\dfrac{285\,714}{1\,000\,000}$，展开式中的系数序列从 $0.285\,714$ 开始，并不断重复这个列表. 2/7 的十进制展开以 6 为周期. 习题 13.36 将讨论周期的长度.

小于 2/7 的 1/2 的前六次幂的最大倍数是 $\dfrac{0}{2}$，$\dfrac{1}{4}$，$\dfrac{2}{8}$，$\dfrac{4}{16}$，$\dfrac{9}{32}$ 和 $\dfrac{18}{64}$. 因为 $\dfrac{1}{4} > \dfrac{0}{2}$ 及 $\dfrac{9}{32} > \dfrac{4}{16}$，因此我们知道对应位置上的数字为 1. 因此 2/7 的二进制展开式从 $0.010\,010$ 开始，并以周期 3 重复.　■

为了生成实数 a 的十进制或 k 进制展开式，必须能够将 a 与有理数进行比较，以确定哪个更大. 例如，可以通过检验一个有理数的平方是否小于 2 来检验它是否小于 $\sqrt{2}$.

13.24 定义　设实数 α 的范围是 $0 \leqslant \alpha < 1$，k 为整数且 $k > 1$. 通过定义 $l_n \leqslant \alpha$ 且 l_n 是 k^{-n} 幂的最大倍数，可以用序列 $\langle l \rangle$ 表示典型的 **k 进制展开式**. 对于 $k = 2, 3, 10$，k 进制展开式分别表示**二进制**、**三进制**以及**十进制**展开式.

注释 "k 进制展开式" 这个术语同样适用于通过 $l_n - l_{n-1} = c_n/k^n$（依照惯例，$l_0 = 0$）定义的序列 $\langle c \rangle$. 因为 l_{n-1} 是 $1/k^{n-1}$ 的倍数，所以它也是 $1/k^n$ 的倍数，由此可得 c_n 是一个整数. 因为 $l_n = \sum_{j=1}^{n} c_j/k^j$，故序列 $\langle l \rangle$ 等价于知道序列 $\langle c \rangle$.

接下来证明任意实数均有 k 进制展开式. 该证明提供了一种迭代算法，当能够将实数与 $1/k$ 的幂进行比较时，该算法生成了展开式. 逼近值 $\langle l \rangle$ 正好是细分算法中所选区间的下端点.

13.25 定理　设 k 是一个大于等于 2 的自然数.

a) 每一个属于区间 $[0, 1)$ 的实数都有 k 进制展开式.

b) 每一个 k 进制展开式都表示一个属于 $[0, 1)$ 区间的实数.

证明　a) 设 $\langle l \rangle$ 为定义 13.24 中定义的逼近序列. l_n 的存在遵循阿基米德性质，存在一个足够大的 $1/k^n$ 的倍数超过 α.

由 l_n 的定义知：$l_n \leqslant \alpha < l_n + 1/k^n$. 令 $r_n = l_n + 1/k^n$，可得 $|l_n - r_n| = 1/k^n$. 由引理 13.21，我们有 $l_n - r_n \to 0$. 因为 $1/k^n$ 的倍数包含 $1/k^{n-1}$ 的倍数，故有 $l_n \geqslant l_{n-1}$ 及 $r_n \leqslant r_{n-1}$. 由命题 13.18 可知 $\langle l \rangle$ 和 $\langle r \rangle$ 收敛并且有相同的极限 L. 因为对于所有的 n，$l_n \leqslant \alpha < r_n$ 成立，根据引理 13.17（左右两边）可得 $L \leqslant \alpha \leqslant L$，因此 $\alpha = L$.

b) 给定一个整数序列 $\langle c \rangle$ 满足 $0 \leqslant c_n \leqslant k - 1$，令 $l_n = \sum_{j=1}^{n} c_i/k^i$. 因为 $l_n = l_{n-1} + c_n/k^n$，所以这个序列为非递减. 下一步，我们将证明对于所有的 n，$l_n \leqslant 1$. 使用几何级数求和公式（推论 3.14），可以得到

$$l_n \leqslant \sum_{j=1}^{n} \frac{k-1}{k^j} = \frac{k-1}{k} \sum_{j=1}^{n} \left(\frac{1}{k}\right)^{j-1} = \left(\frac{k-1}{k}\right)\left(\frac{\left(\frac{1}{k}\right)^n - 1}{\left(\frac{1}{k}\right) - 1}\right) = 1 - \frac{1}{k^n} < 1$$

根据单调收敛定理，可得 $L = \lim L_n$ 存在且 $L \leqslant 1$.　∎

因为 $l_n \to \alpha$，故可以接受用 α 的 k 进制展开式表示 α. 然而，仍然存在一个哲学问题："知道"一个数意味着什么？我们对整数和分数比较熟悉. 事实上，一个有理数的十进制展开最终会停止或不断重复，而这只发生在有理数的情形（参见习题 14.38）. 那么我们能在多大程度上理解像 $\sqrt{2}$ 和 π 这样的无理数呢？我们可以以任意高的精度计算它们的十进制展开式，但是没有人知道它们的全部展开式.（事实上，关于展开式中特定系数的认识，更多的是对数学实体的好奇心驱使.）像 $\sqrt{2}$ 和 π 这样数字的精确定义，涉及对于它们性质的描述，而不是依赖于它们的十进制展开.

13.26 注　有理数可以表示为分母上有 k 次幂的分数，它有两种 k 进制展开式. 例如，$1/2$ 在二进制中既等于 $0.100\,000\cdots$ 又等于 $0.011\,111\cdots$，就像 $0.999\,99\cdots$ 在十进制中等于

1 一样. 这是获得单个数字的多种 k 进制表示的唯一方法（习题 13.35）. 对于定义 13.24 中使用的算法：当存在一个以重复 $k-1$ 结尾的可选展开式时，该算法总是选择无穷多个 0 的展开式. ∎

我们已经证明了 $\mathbb{Q}$ 是可数的. 下面将证明从 $\mathbb{N}$ 到 $\mathbb{R}$ 不存在双射，因此 $\mathbb{R}$ 是不可数的（定义 4.43）. 由格奥尔格·康托尔（1845—1918）提出的证明是"康托对角论证法"的一个实例.

13.27 定理　（康托）实数集是不可数的.

证明　证明 $[0,1]$ 是不可数的就足够了（参见习题 13.7）. 如果不是不可数的话，那么就有一个从 $\mathbb{N}$ 到 $[0,1]$ 的双射. 设 $\langle x \rangle$ 是一个以某种顺序列出 $[0,1]$ 中所有数的序列. 通过考虑规范的十进制展开，我们将构建一个不在序列中的数字.

$$x_1 = c_{1,1}c_{1,2}c_{1,3}$$
$$x_2 = c_{2,1}c_{2,2}c_{2,3}$$
$$x_3 = c_{3,1}c_{3,2}c_{3,3}$$
$$\vdots$$

假设展开式按照上面的顺序出现，我们建立了一个规范的十进制展开式，它与序列中的每一个展开式都不一致. 如果 $c_{n,n} = 0$，则 $a_n = 1$；$c_{n,n} > 0$，则 $a_n = 0$. 现在 $\langle a \rangle$ 与 x_n 的展开式在位置 n 上不一致. 此外，由于 $\langle a \rangle$ 中没有 9，所以 $\langle a \rangle$ 不能作为序列中任何数字的替代展开. 因此，展开式 $\langle a \rangle$ 不能代表我们序列中的数字. 根据定理 13.25，$\langle a \rangle$ 是某个实数的典范展开式. 因此，我们的序列不包含对 $[0,1]$ 中所有实数的展开式. ∎

在这个证明中，使用 0 和 1 生成的序列 $\langle a \rangle$ 没有什么特别之处. 我们也可以把 9 换成 4，6 换成 2，其他的都换成 6. 我们要做的就是改变每个值，避免重复 9.

在 k 进制展开式中，只有有限多个非零项的实数集是可数的；事实上，这是 $\mathbb{Q}$ 的一个子集. 非零项的数量可以是"任意大"，但不是无限的. 在展开式中可能出现无穷多个数，这种可能性通常使得实数集不可数.

解题方法

需要对实数的技术层面多加关注；数学家花了几个世纪的时间来理解和发展其分析的基础. 记住一些指导方针可能会有所帮助.

1) 记住，定义和假设是你的朋友. 它们经常表明证明应该如何进行.

2) 涉及不等式的显而易见的论断往往可以用反证法进行证明.（例如，参见引理 13.17）.

3) 即使极限很难求得，单调收敛定理有时也可以证明极限的存在性.

4) 把实数的十进制展开式看成是以 10 为幂的和.

使用单调收敛定理可以很容易地证明极限的存在性，尽管可能很难找到极限的值. 该定理有两个假设：序列必须是单调的；且必须是有界的. 例如，在习题 13.30 中，x_1，x_2，x_3 分别表示 $\frac{1}{2}$，$\frac{7}{12}$，$\frac{74}{240}$，这个序列似乎在递增. 我们比较 x_n 和 x_{n+1} 来证明 $x_n < x_{n+1}$. 要

得到一个上界，并不需要证明最佳上界（这就是极限！），任何一个上界都可以. x_n 的表达式是 n 个项的和；需要表明每个项都足够小以证明存在一个界限.

  一般以 k 为基底的展开式很容易用十进制展开式进行类比来理解. 十进制数字 198.32 的真正含义是什么？它是以下展开式的缩写：
$$1 \times 10^2 + 9 \times 10^1 + 8 \times 10^0 + 3 \times 10^{-1} + 2 \times 10^{-2}$$
写成 $x = 198.32$ 更有效，但是我们必须记住这个符号的含义. 习题 13.14～13.18 通过使用不同的基底来加强这种理解；牢记 k 进制展开式的定义.

267

习题

13.1 （一）对 $n \in \mathbb{N}$，令 $x_n = n$ 及 $y_n = 1/n$. 分别确定序列 $\langle x \rangle$ 和 $\langle y \rangle$ 是否单调以及是否有界.

13.2 （一）考虑这句谚语"积少成多". 这在第 13 章描述了什么结论？

13.3 （一）给出下列错误陈述的一个反例，并加一个词改正它：
    "每个有界实数序列都收敛."

13.4 （一）下面的陈述是错误的. 通过改变两个符号来纠正它.
    "区间 (a,b) 包含它的下确界和上确界."

13.5 （一）假设序列 $\langle x \rangle$ 不收敛于零. 下列陈述是错误的. 通过改变"n"的量化值进行纠正.
    "对于所有的 n，存在一个 $\varepsilon > 0$，满足 $|x_n| > \varepsilon$."

13.6 找出下列论断的缺陷，该论断声称证明 0 和 1 之间的实数集为可数："我们以十进制展开形式列出区间 $(0,1)$ 之间的数，如下所示：
$$0.1, 0.2, 0.3, \cdots, 0.9, 0.01, \cdots, 0.09, 0.11, \cdots, 0.19, \cdots, 0.99, 0.001, \cdots, 0.009, 0.011, \cdots,$$
$$0.019, 0.021, \cdots,"$$
换句话说，首先列出最后一个非零位在十分位的数，然后列出最后一个非零位在百分位的数，依此类推.

13.7 （一）证明可数集的每个无限子集都是可数的. 证明每个包含不可数集合的集合都是不可数的. 如果 $[0,1]$ 是不可数的，则 $\mathbb{R}$ 为不可数.

    * * * * * * * * * * *

对于习题 13.8～13.12，判断这些论断是对的还是错的. 如果是对的，证明它；如果是错的，就提供一个反例.

13.8 如果 S 是有界实数集合，且 S 包含 $\sup(S)$ 和 $\inf(S)$，那么 S 是一个闭区间.

13.9 如果函数 f 是一个 $\mathbb{R} \to \mathbb{R}$ 的映射，且 $f(x) = \dfrac{2x-8}{x^2-8x+17}$，那么 f 的象的上确界是 1.

13.10 每个正无理数都是非递减有理数序列的极限.

13.11 假设序列 $\langle a \rangle$ 和序列 $\langle b \rangle$ 收敛.
  a）如果 $\lim a_n < \lim b_n$，则存在 $N \in \mathbb{N}$，当 $n \geqslant N$ 时有 $a_n < b_n$.

b) 如果 $\lim a_n \leqslant \lim b_n$，则存在 $N \in \mathbb{N}$，当 $n \geqslant N$ 时有 $a_n \leqslant b_n$.

13.12 如果 S 是有界实数集合且 $x_n \to \sup(S)$ 和 $y_n \to \inf(S)$，那么 $\lim(x_n + y_n) \in S$.

$$* \quad * \quad * \quad * \quad * \quad * \quad * \quad * \quad * \quad * \quad *$$

13.13 设 $x > 0$，$x^2 \neq 2$，令 $y = \dfrac{1}{2}(x + 2/x)$，证明 $y^2 > 2$.（提示：用平方表示 $y^2 - 2$. 措施 13.7 给出了不同的证明.）

268

13.14 (一) 计算 $1/10$ 的标准三进制展开式的前六个位置上的数字.

13.15 (一) 在十进制中，分数 $\dfrac{1}{2} = 0.5$，$\dfrac{1}{5} = 0.2$，$\dfrac{1}{10} = 0.1$ 是正整数的唯一倒数，其十进制展开式由一个数字后跟所有零组成. 在八进制和九进制中表示所有的这些分数.

13.16 设以 26 为基底，其中 26 个字母分别表示不同的值：$A = 0$，$B = 1$，$C = 2$，等等. 那么十进制数 BAD 在二十六进制中是多少呢？$0.MMMMMMMMMMMMM\cdots$ 又是多少呢？

13.17 对于某些自然数 n，令 $q = 2n + 1$，计算 $1/2$ 的 q 进制展开式.（设数字 n 是 0，1，$\cdots$，$q-1$.）

13.18 对于某些自然数 n，令 $q = 3n + 1$，计算 $1/3$ 的 q 进制展开式.（设数字 n 是 0，1，$\cdots$，$q-1$.）

13.19 设 f 是区间 I 上的有界函数，证明：
$$\sup(\{-f(x) : x \in I\}) = -\inf(\{f(x) : x \in I\}).$$

13.20 对于下面每个集合 S，求 S 中一个收敛到 $\sup(S)$ 的序列和一个收敛到 $\inf(S)$ 的序列.

a) $S = \{x \in \mathbb{R} : 0 \leqslant x < 1\}$. b) $S = \left\{\dfrac{2 + (-1)^n}{n} : n \in \mathbb{N}\right\}$.

13.21 (一) 证明当且仅当最大下界性质对 $\mathbb{R}$ 成立时，最小上界性质对 $\mathbb{R}$ 成立.

13.22 对于以下集合 S，确定 S 是否有界以及 $\sup(S)$ 和 $\inf(S)$ 是否存在，若存在求出其值.
a) $S = \{x : x^2 < 5x\}$；b) $S = \{x : 2x^2 < x^3 + x\}$；c) $S = \{x : 4x^2 > x^3 + x\}$

13.23 设 A 和 B 为 $\mathbb{R}$ 的非空子集，设 $C = \{x + y : x \in A, y \in B\}$. 证明：如果 A 和 B 有上界，则 C 有最小上界且 $\sup(C) = \sup(A) + \sup(B)$.（提示：使用命题 13.15.）

13.24 设 f, g 是 $\mathbb{R} \to \mathbb{R}$ 上的有界函数，满足对所有 x，$f(x) \leqslant g(x)$ 成立. 令 F 表示 f 的象，G 表示 g 的象. 给出满足以下条件的函数对，用函数图像表示：
a) $\sup(F) < \inf(G)$；b) $\sup(F) = \inf(G)$；c) $\sup(F) > \inf(G)$

13.25 使用极限定义证明 $\lim \sqrt{1 + n^{-1}} = 1$.

13.26 使用极限定义证明：如果 $\lim a_n = 1$，那么 $\lim\left[(1 + a_n)^{-1}\right] = \dfrac{1}{2}$.

13.27 (!) 令 $a_n = \sqrt{n^2 + n} - n$，计算 $\lim a_n$.（提示：用 a_n 先乘以再除以 $\sqrt{n^2 + n} + n$，对结果进行简化，再使用习题 13.25~13.26 中的方法.）

13.28 设对于所有 $n \in \mathbb{N}$，有 $x_n \to 0$，$|y_n| \leqslant 1$. 找出以下计算 $\lim(x_n y_n)$ 的错误所在，并给出 $\lim(x_n y_n) = 0$ 的有效证明：

$$\lim(x_n, y_n) = \lim(x_n)\lim(y_n) = 0 \cdot \lim(y_n) = 0$$

13.29 令 $x_n = (1+n)/(1+2n)$，使用单调收敛定理证明 $\lim_{n \to \infty} x_n$ 的存在性，并用极限定义证明 $\lim_{n \to \infty} x_n = 1/2$.

13.30 (!) 令 $x_n = \dfrac{1}{n+1} + \dfrac{1}{n+2} + \cdots + \dfrac{1}{2n}$，证明 $\lim_{n \to \infty} x_n$ 存在. （注：事实上，极限等于 $\ln 2$，但是这个习题不需要这个信息.）

13.31 (+) 证明 $x_n = (1+(1/n))^n$ 定义了一个有界单调序列. （提示：简化 x_{n+1}/x_n 的比值，并使用不等式 $(1-a)^n \geqslant 1 - na$ (推论 3.20)）.

13.32 区间套性质 设 $\{I_n\}$ 是某闭区间序列，长度为 d_n，且对于所有 $n, I_{n+1} \subseteq I_n$，$d_n \to 0$ 成立. 区间套性质表明，对于这样的序列，存在唯一确定的点属于每个 I_n. 证明下列命题：

a) 完备性公理蕴含区间套性质；b) 区间套性质蕴含完备性公理.

13.33 对于每个大于 1 的 k，计算 $1/2$ 的 k 进制展开式.

13.34 (!) 证明：任意两个无理数之间存在有理数，任意两个无理数之间也存在有理数.

13.35 (!) 证明：一个实数不止有一个 k 进制展开式当且仅当它可用 k 的幂作为分母表示为分数.

13.36 (!) 设 a 和 b 是自然数，用十进制展开式表示它们.

a) 证明 a 除以 b 的长除法得到 a/b 的十进制展开式.

b) 利用鸽笼原理和长除法证明 a/b 的十进制展开式的周期小于 b.

13.37 解释为什么定理 13.27 的方法不能证明 $\mathbb{Q}$ 为不可数. "正如定理 13.27 所示，我们列出了 $\mathbb{Q}$ 中的数的展开式，并为不在该展开式列表中的数 y 创建了一个展开式序列 $\langle a \rangle$. 这与 $\mathbb{Q}$ 为可数的假设相矛盾."

13.38 (!) 设 S 为 $\mathbb{N}$ 的子集，令 $T = \{x \in \mathbb{R} : 0 \leqslant x < 1\}$. 证明 S 和 T 有相同的基数.

13.39 (+) 证明 $\mathbb{R} \times \mathbb{R}$ 与 $\mathbb{R}$ 有相同的基数.

13.40 (+) $\mathbb{N}$ 是有界有序域 设 F 为 $a = \sum_{i \in \mathbb{Z}} a_i x^i$ 形式的一组表达式，其中对于每个 $a_i \in \mathbb{R}$，$\{i < 0 : a_i \neq 0\}$ 均为有限 （这里 x 是一个符号而不是具体的数）. 如果表达式中最小索引非零系数 a_k 为正，则元素 $a \in F$ 为正. 对于 $i \in \mathbb{Z}$，$a \in F$ 与 $b \in F$ 的和 $c \in F$ 由 $c_i = a_i + b_i$ 定义. 对于 $j \in \mathbb{Z}$，$a \in F$ 和 $b \in F$ 的乘积是由 $c_j = \sum_{i \in \mathbb{Z}} a_i b_{j-i}$ 定义的元素 $c \in F$.

a) 证明 F 的两个元素的和与乘积均是 F 中的一个元素.

b) 我们已经在 F 上定义了加法、乘法和阶乘，证明 F 是一个有序域.

c) 将每个实数 α 解释为 F 中某个元素 $a \in F$，对于除 $a_0 = \alpha$ 外的所有 i，有 $a_i = 0$. 这说明 $\mathbb{R}$ 是 F 的一个子集，证明 $\mathbb{N}$ 是 F 中的一个有界集合，由此得出 F 不满足阿基米德性质.

269

270

第 14 章　序列与级数

我们在第 13 章中定义了收敛序列,并用它们研究实数的十进制展开式. 十进制展开式将实数表示为无穷和或"级数",该方法的有效性表明发展序列理论是可行的.

当一个序列的值围绕一个极限值聚集时,该序列就会收敛,因此,收敛序列的值最终肯定会很相近. 本章的中心结论则是这个命题的逆命题:当这些项最终接近时,序列肯定会有一个极限. 这将促进对完备性公理的进一步深入理解.

在本章中,我们还将证明在后面章节中应用于微积分理论的相关结论. 我们给出无穷级数收敛的几个准则,并解决以理解无穷级数为主要目标的几个问题.

14.1 问题 (循环小数的"合理化")　为十进制展开式. $abcdedede\cdots$的数找到一个作为有理数的简单表达式,哪种十进制展开式能产生有理数? ■

14.2 问题 (网球问题)　设网球比赛中每一分都是独立的,且发球者以概率 p 赢得每一分. 第一个至少得到 4 分并至少比对手多得 2 分的玩家赢得比赛. 发球者获胜的概率是多少? ■

序列的收敛性

许多关于极限的证明都使用一种讨论测量误差时提出的论证方法. 由于在实验室中存在实验误差,对两个量 L, M 的测量值分别为 $L \pm 2$ 和 $M \pm 3$. 因为误差可能有相同的符号,所以用 $(L+M) \pm 5$ 表示它们的和. 为保证测量和的误差最大为 ε,通常在精度为 $\varepsilon/2$ 的范围内确定每个 L, M 的测量值. 根据两个给定误差来限定误差是一种称为 $\varepsilon/2$ **论证法**的标准方法.

我们从 $\varepsilon/2$ **论证法**的一个好例题开始.

14.3 引理　如果 $a_n \to L$ 及 $b_n - a_n \to 0$,则 $b_n \to L$.

证明　给定 $\varepsilon > 0$,当 n 足够大时,往证 $|b_n - L| < \varepsilon$. 为此,当 n 足够大时,将 $|b_n - L|$ 表示为两个非常小的项的和. 设存在 N_1 和 N_2,当 $n \geqslant N_1$ 时 $|a_n - L| < \varepsilon/2$ 成立,$n \geqslant N_2$ 时 $|a_n - b_n| < \varepsilon/2$ 成立.

令 $N = \max\{N_1, N_2\}$,则当 $n \geqslant N$ 时,(使用三角不等式,命题 1.3) 下式成立

$$|b_n - L| = |b_n - a_n + a_n - L| \leqslant |b_n - a_n| + |a_n - L| < \frac{\varepsilon}{2} + \frac{\varepsilon}{2} = \varepsilon$$ ■

在证明引理 14.3 的过程中,我们并没有假设 $\langle b \rangle$ 收敛. 当证明 $b_n \to L$ 时,仅仅假设 $b_n \to M$ 并得到一个矛盾是不够的,因为这忽略了 $\langle b \rangle$ 不收敛的可能性.

14.4 注 ($\varepsilon/2$ 论证法的形式)　在这些论证过程中,通常使用其他的假设来证明某些关于序列收敛性的命题. 在收敛定义中对 ε 的处理取决于是要证明收敛还是要使用收敛.

当证明 $b_n \to L$ 时，给定 ε 并且必须找到一个 $N \in \mathbb{N}$，满足当 $n \geqslant N$ 时，$|b_n - L| < \varepsilon$.

为此，可以使用其他量来表示 $|b_n - L|$，并且可以通过选择足够大的 n 使其变得任意小. 这需要用到另一个序列 $\langle a \rangle$ 的已知收敛性（如命题 13.12 或引理 14.3）. 当已知 $a_n \to M$ 时，对于每个正数 ε'，存在一个 $N' \in \mathbb{N}$，使得 $|a_n - M| < \varepsilon'$. 因此，可以将 ε' 作为我们所期望的值. 因为需要得出关于给定正数 ε 的结论，可以根据 ε 选择 ε'. 我们为每个误差分量选择 ε'，这样当 n 足够大时，$|b_n - L|$ 的误差分量之和小于 ε. 在引理 14.3 的证明中，$|b_n - L|$ 有两个误差分量，对于每个误差分量，可以选择 $\varepsilon' = \varepsilon/2$. 在某些论证中，误差分量更为复杂.

然后根据所有的结果 N' 构造 N. 必须保证当索引足够大时，可以满足每种情形. 当 N 是阈值的最大值时，每种情形都会发生. ∎

14.5 定理（极限和运算） 如果 $a_n \to L$，$b_n \to M$，则

272

a) $a_n + b_n \to L + M$.

b) $a_n b_n \to LM$（特殊情况：$ca_n \to cL$）.

c) $a_n / b_n \to L/M$（假设 $M \neq 0$ 且 b_n 恒不为 0）.

证明 （a） 给定 $\varepsilon > 0$，需要找到某个 N 使得 $n \geqslant N$ 时，$|a_n + b_n - (L + M)| < \varepsilon$. 因为 $a_n \to L$，$b_n \to M$，可以让 n 变得足够大，使得 $|a_n - L|$ 和 $|b_n - M|$ 足够小. 选择 N_1，$N_2 \in \mathbb{N}$，当 $n \geqslant N_1$ 时 $|a_n - L| < \varepsilon/2$，及当 $n \geqslant N_2$ 时 $|b_n - M| < \varepsilon/2$. 若 $N = \max\{N_1, N_2\}$，则当 $n \geqslant N$ 时有

$$|a_n + b_n - (L + M)| = |a_n - L + b_n - M| \leqslant |a_n - L| + |b_n - M| < \frac{\varepsilon}{2} + \frac{\varepsilon}{2} = \varepsilon$$

根据收敛性定义，我们证明了 $a_n + b_n \to L + M$.

（b） 可以根据 ε 寻找这样的一个 N，当 $n \geqslant N$ 时 $|a_n b_n - LM| < \varepsilon$ 成立. 可以重写 $a_n b_n - LM$，把它表示成能够通过 n 变大使之变小的量：$a_n b_n - LM = a_n(b_n - M) + (a_n - L)M$. 因为 $a_n \to L$，$b_n \to M$，可以选取 N_1 和 N_2，当 $n \geqslant N_1$ 时，$|a_n - L| < \dfrac{\varepsilon}{2(1 + |M|)}$（$|a_n| < \varepsilon + L$），当 $n \geqslant N_2$ 时，$|b_n - M| < \dfrac{\varepsilon}{2(1 + |L|)}$. 取 $N = \max\{N_1, N_2\}$，当 $n \geqslant N$ 时有

$$|a_n b_n - LM| = |a_n b_n - a_n M + a_n M - LM| = |a_n(b_n - M) + (a_n - L)M|$$
$$\leqslant |a_n||b_n - M| + |a_n - L||M|$$
$$< \frac{(\varepsilon + |L|) \cdot \varepsilon}{2(\varepsilon + |L|)} + \frac{\varepsilon \cdot |M|}{2(1 + |M|)} < \frac{\varepsilon}{2} + \frac{\varepsilon}{2} = \varepsilon$$

把 （c） 的证明留作习题 14.14. ∎

极限的下一个性质具有几何上的直观性. 该性质断定如果两个数都在 L 的 ε 范围内，那么它们之间的每个数也一定在 L 的 ε 范围内.

14.6 定理（夹逼定理） 设对所有的 n 有 $a_n \leqslant b_n \leqslant c_n$，若 $a_n \to L$，$c_n \to L$，则 $b_n \to L$.

证明 给定 $\varepsilon > 0$，需要寻找一个 N，当 $n \geqslant N$ 时有 $|b_n - L| < \varepsilon$. 因为 $a_n \to L$，$c_n \to L$，可以选取 N_1 和 N_2，当 $n \geqslant N_1$ 时，$|a_n - L| < \varepsilon$，当 $n \geqslant N_2$ 时，$|c_n - L| < \varepsilon$.

取 $N = \max\{N_1, N_2\}$ ，当 $n \geqslant N$ 时，有
$$L - \varepsilon < a_n \leqslant b_n \leqslant c_n < L + \varepsilon$$
由收敛性的定义可知 $b_n \to L$. ∎

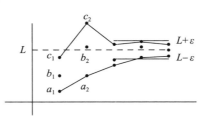

在定理 14.5a 中令 $L = M = 0$ ，此时可得收敛于 0 的两个序列的和收敛于 0. 要使乘积收敛于 0 ，则需要一个序列收敛于 0 且另一个序列有界.

14.7 命题 如果 $a_n \to 0$ ，$\langle b \rangle$ 有界，则 $a_n b_n \to 0$.

证明 对于 $\varepsilon > 0$ ，因为 $\langle b \rangle$ 为有界，故存在一个整数 M ，对于所有的 n 满足 $|b_n| \leqslant M$. 又因为 $a_n \to 0$ ，所以存在 N ，当 $n \geqslant N$ 时有 $|a_n| < \varepsilon/M$. 因此，当 $n \geqslant N$ 时，有 $|a_n b_n| < (\varepsilon/M)M = \varepsilon$. 因此，我们使用极限定义证明了 $a_n b_n \to 0$. ∎

虽然证明极限的基本方法涉及 ε 和不等式，但在很多情况下，巧妙的代数运算可以简化不等式的证明. 当序列 x_n 由 $x_n = a_{n+1} - a_n$ 定义时，会出现一类经典的例题. 由定理 14.5a 知当 $\lim a_n$ 存在时，$\lim x_n$ 也存在且肯定为 0. 反之，当 $\lim x_n$ 存在时，$\lim a_n$ 可能不存在.

14.8 例题 令 $x_n = \sqrt{n+1} - \sqrt{n}$ ，证明 $x_n \to 0$. 将 x_n 先乘以 $\sqrt{n+1} + \sqrt{n}$ ，再除以 $\sqrt{n+1} + \sqrt{n}$ ，得 $x_n = 1/(\sqrt{n+1} + \sqrt{n}) < n^{-1/2}$ ，故有 $|x_n - 0| < n^{-1/2}$. 因为 $n^{-1/2} \to 0$ ，由命题 13.12 可得 $x_n \to 0$. ∎

下面一种方法适用于很多情形. 给定一个包含收敛序列项的方程，使方程两边的指数趋于无穷大，就可以得到一个极限方程.

14.9 例题 （收敛到 $\sqrt{2}$ ，与措施 13.7 比较） 构造一个收敛到 $\sqrt{2}$ 的有理数序列. 我们知道当且仅当 $x = 2/x$ 时，$x^2 = 2$. 给定一个非 $\sqrt{2}$ 的正数 x_1 ，易知 $\{x_1, 2/x_1\}$ 中的一个大于 $\sqrt{2}$ ，另一个小于 $\sqrt{2}$ ，我们希望 $x_1, 2/x_1$ 的平均值比 x_1 更接近 $\sqrt{2}$. 给定 $x_1 > 0$ ，对于所有的 $n \geqslant 1$ ，通过令 $x_{n+1} = \frac{1}{2}(x_n + 2/x_n)$ 来定义 $\langle x \rangle$ 序列.

对于同一个序列，递归式的两边具有不同的名称. 如果 $\langle x \rangle$ 收敛，则有 $\lim x_{n+1} = \lim(x_n/2 + 1/x_n)$. 根据极限的运算性质，极限 L 必须满足 $L = L/2 + 1/L$ ，即要求满足 $L^2 = 2$. 如果 $x_n > 0$ ，那么 x_{n+1} 就是两个正数的平均数，同样也是正数，所以当 $x_1 > 0$ 时，唯一可能的极限就是 2 的正平方根. 对于每个正初始值的猜测，仍需证明序列确实有一个极限.

将递归式重写为 $x_{n+1} - x_n = \frac{1}{2}(-x_n + 2/x_n)$ ，当且仅当 $x_n > \sqrt{2}$ 时，$x_{n+1} < x_n$. 此外，因为 x_{n+1} 是 x_n 和 $2/x_n$ 的平均数，由均值不等式（命题 1.4）得 $x_{n+1} \geqslant \sqrt{2}$. 故在初始项

之后，$\langle x \rangle$ 中的项大于 $\sqrt{2}$ 并单调递减. 从 x_2 开始的序列满足单调收敛定理的条件，因此收敛. ■ 274

接下来的证明使用了类似于例题 14.9 中的方法. 首先需要确定 $\langle x \rangle$ 收敛，一旦知道 $\langle x \rangle$ 收敛于某个值 L，就找到了一个关于 L 的方程.

14.10 命题 如果序列 $\langle b \rangle$ 满足 $|b_{n+1}|/|b_n| \to x$，其中 $0 \leqslant x < 1$，那么 $b_n \to 0$. 特别地，当 $|t| < 1$ 时，$\lim_{n \to \infty} t^n = 0$.

证明 只要证明 $|b_n| \to 0$ 就足够了，可以假设对于所有的 n，$b_n > 0$. 因为 $b_{n+1}/b_n \to x$，可以在收敛的定义中，通过令 $\varepsilon = 1 - x$ 来获得一个 N，当 $n \geqslant N$ 时，$b_{n+1}/b_n < 1$. 因此，在 b_N 之后，序列 $\langle b \rangle$ 为正且单调递减，由单调收敛定理知它有一个极限 L.

因为 0 是序列 $\langle b \rangle$ 的下界，故有 $L \geqslant 0$. 如果 $L \neq 0$，则有 $x = \lim \dfrac{b_{n+1}}{b_n} = \dfrac{\lim b_{n+1}}{\lim b_n} = \dfrac{L}{L} = 1$. 这与假设 $x < 1$ 相矛盾，因此 $b_n \to 0$. ■

当一个序列收敛时，很自然地会期望对它的初始项求平均值，得到一个收敛到相同极限的序列. 证明这一点说明了另外一种方法，如果想让一个量变小，那么可以用能让它变小的量的和来限定它的边界.

14.11 命题 如果序列 $\langle a \rangle$ 收敛到 L，序列 $\langle b \rangle$ 由 $b_n = \dfrac{1}{n} \sum_{k=1}^{n} a_k$ 定义，则 $\langle b \rangle$ 也收敛到 L.

证明 对于 $\varepsilon > 0$，由 n 项三角不等式（习题 3.22）可得

$$|b_n - L| = \frac{1}{n} \left| \sum_{k=1}^{n} (a_k - L) \right| \leqslant \frac{1}{n} \sum_{k=1}^{n} |a_k - L|$$

因为 $a_n \to L$，故可以选择一个足够大的 N_1，当 $k \geqslant N_1$ 时，$|a_k - L| < \varepsilon/2$. 此外，因为 $a_n - L \to 0$，集合 $\{|a_k - L| : k \in \mathbb{N}\}$ 为有界，所以可以选择一个 M，对于所有的 k 均有 $|a_k - L| < M$. 选择 $N_2 > N_1 \varepsilon/(2M)$，当 $n \geqslant \max\{N_1, N_2\}$ 时，将边界 $|b_n - L|$ 分成两部分的和，则有

$$|b_n - L| \leqslant \frac{1}{n} \sum_{k=1}^{N_1} |a_k - L| + \frac{1}{n} \sum_{k=N_1+1}^{n} |a_k - L|$$

$$< \frac{1}{N_2} N_1 M + \frac{1}{n} (n - N_1) \frac{\varepsilon}{2} < \frac{\varepsilon}{2} + \frac{\varepsilon}{2} = \varepsilon$$

令 $N = \max\{N_1, N_2\}$，则当 $n \geqslant N$ 时，$|b_n - L| < \varepsilon$ 成立，故有 $b_n \to L$. ■ 275

柯西序列

我们可能只想知道一个序列是否收敛而不需要知道它的极限. 到目前为止，我们的判断标准是收敛的定义（要求知道极限值）和单调收敛定理（只适用于单调序列）. 我们将在本节中证明，对于每个 $\varepsilon > 0$，所有具有足够大下标的项都在彼此的 ε 范围之内.

14.12 定义 如果对于每个 $\varepsilon > 0$，存在 $N \in \mathbb{N}$（由 ε 决定），当 $n, m \geqslant N$ 时，

$|a_n - a_m| < \varepsilon$ ，则称序列 $\langle a \rangle$ 是**柯西序列**.

这个性质以奥古斯汀·柯西（1789—1857）的名字命名. 三角不等式告诉我们，如果两个数都在某个数 L 的 $\varepsilon/2$ 范围内，那么它们之间的距离最多为 ε. 这是下面证明的基础，是 $\varepsilon/2$ 论证法的一个特别清晰的例题.

14.13 命题　每个收敛序列都是柯西序列.

证明　设 $\langle a \rangle$ 是一个收敛序列. 为了证明 $\langle a \rangle$ 是柯西序列，对于每一个 $\varepsilon > 0$，需要选择一个 $N \in \mathbb{N}$，使得 a_N 之后的每项最多相差 ε. 令 $L = \lim a_n$，给定 $\varepsilon > 0$，可以对 $\varepsilon/2$ 使用序列 $\langle a \rangle$ 收敛的定义. 即当 $N \in \mathbb{N}$ 且 $n \geqslant N$ 时，有 $|a_n - L| < \varepsilon/2$. 如果选择 $n, m \geqslant N$，就可以得到想要的不等式

$$|a_m - a_n| = |a_m - L + L - a_n| \leqslant |a_m - L| + |L - a_n| < \varepsilon/2 + \varepsilon/2 = \varepsilon \qquad \blacksquare$$

命题 14.13 的逆命题是关于序列收敛的基本结论，称为**柯西收敛准则**. 它等价于以下意义上的完备性公理. 如果把柯西收敛准则作为一条公理，那么就可以把完备性公理作为一个定理推导出来. 这些都是一个精确数学公式的直观概念，即实数没有差距. 为了证明柯西收敛准则，我们需要使用一些方法.

14.14 引理　每个柯西序列都是有界的.

证明　令 $\langle a \rangle$ 为柯西序列. 在定义中，令 $\varepsilon = 1$，$N \in \mathbb{N}$，当 $n, m \geqslant N$ 时有 $|a_n - a_m| < 1$. 此时当 $n \geqslant N$ 时，有 $|a_n - a_{N+1}| < 1$，由此可得 $|a_n| < |a_{N+1}| + 1$. 令 $M = \max\{|a_{N+1}| + 1, |a_1|, |a_2|, \cdots |a_N|\}$，则对于所有的 $n \in \mathbb{N}$，$|a_n| < M$ 成立. 　$\blacksquare$

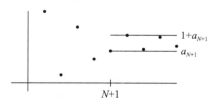

每个有界单调序列都是收敛的，但有界并不能保证收敛. 当 $a_n = (-1)^n + 1/n$ 时，这个序列不收敛，但是含有 n 的项组成了一个收敛子序列. 下面证明每个有界序列都有一个收敛子序列.

14.15 定义　序列 $\langle b \rangle$ 是序列 $\langle a \rangle$ 的**子序列**，如果该序列由 $b_k = a_{n_k}$ 得到，其中 $n_1 < n_2 < \cdots$ 是一个索引递增序列.

14.16 例题（子序列）　如果 $a_n = 2n - 1$，$n_k = k^2$，则 $b_k = 2k^2 - 1$. 　$\blacksquare$

n	1	2	3	4	5	6	7	8	9
a_n	1	3	5	7	9	11	13	15	17
k	1			2					3
b_k	1			7					17

可以把子序列理解为复合函数. 当 $\langle b \rangle$ 是 $\langle a \rangle$ 的子序列时，函数 $b : \mathbb{N} \to \mathbb{R}$ 是函数 $a : \mathbb{N} \to \mathbb{R}$ 与递增函数 $n : \mathbb{N} \to \mathbb{N}$ 的复合，用函数符号代替下标，可以得到 $b(k) = a(n(k))$.

下面的定理揭示了子序列的重要性．它对无限集使用了鸽笼原理．当两个集合的并集是无穷大时，其中至少有一个是无穷大．可将其用于通过重复等分区间得到的实数集．

14.17 定理　（波尔查诺–魏尔斯特拉斯定理）每个有界实数序列都有一个收敛子序列．

证明　令 $\langle x \rangle$ 是一个序列，其中对于所有的 $n \in \mathbb{N}$，有 $L < x_n < M$．通过令 $b_k = x_{n_k}$，可以构建一个收敛子序列 $\langle b \rangle$．选择满足 $a_k \leqslant b_k \leqslant c_k$ 条件的 b_k，其中序列 $\langle a \rangle$ 和序列 $\langle c \rangle$ 收敛到相同的极限 K，由夹逼定理知 $b_k \to K$．

设 $a_1 = L, c_1 = M$，可以迭代地构造序列 $\langle a \rangle$ 和序列 $\langle c \rangle$．在指定了 a_k 和 c_k 后，令 $z_k = (a_k + b_k)/2$ 表示它们区间的中点．如果区间的下半部分 $[a_k, z_k]$ 中有无穷多个 $\langle x \rangle$ 中的项，那么设 $a_{k+1} = a_k$，$c_{k+1} = z_k$．否则，令 $a_{k+1} = z_k$，$c_{k+1} = c_k$．

对于每个 $k \in \mathbb{N}$，可以断定 $[a_k, c_k]$ 中包含无穷多个序列 $\langle x \rangle$ 中的项，长度为 $(M-L)/2^{k-1}$．对 k 使用归纳法证明该论断．当 $k=1$ 时，区间 $[a_1, c_1]$ 包含序列 $\langle x \rangle$ 中的所有项，长度为 $M-L$．归纳步骤，设 $k \geqslant 1$ 时结论成立．区间 $[a_k, z_k]$ 和 $[z_k, c_k]$ 的长度均为区间 $[a_k, c_k]$ 长度的一半，故有 $c_{k+1} - a_{k+1} = (c_k - a_k)/2 = (M-L)/2^k$．此外，既然 $[a_k, c_k]$ 中包含了无穷多个 $\langle x \rangle$ 中的项（由归纳假设），那么肯定有无穷多个 $\langle x \rangle$ 中的项在区间 $[a_k, z_k]$ 或者区间 $[z_k, c_k]$ 中．

通过构造一个递增序列 $\langle a \rangle$ 和一个递减序列 $\langle c \rangle$，我们证明了 $c_k - a_k \to 0$．由命题 13.18 知这些序列收敛且具有相同的极限 K．只需要选择序列 $\langle x \rangle$ 的子序列 $\langle b \rangle$，使得 $b_k \in [a_k, c_k]$，并迭代地选择，就可得 $b_k = x_{n_k}$，其中 $\{n_k\}$ 是一个递增序列．

可以选择 $b_1 = x_1$，即 $n_1 = 1$．假设选择了 $\langle x \rangle$ 中下标为 $n_1, \cdots, n_{k-1}$ 的项，即 $\langle b \rangle$ 中的前 $k-1$ 项．因为 $[a_k, c_k]$ 包含了无穷多个 $\langle x \rangle$ 中的项，所以可以选择这样一个项，它的下标大于前面所选所有项的下标．设这个下标为 n_k．因为对于所有 k，$b_k = x_{n_k}$，由此我们构造了这样的一个序列 $\langle b \rangle$，对于所有的 k，满足 $a_k \leqslant b_k \leqslant c_k$，因此 $b_k \to K$．∎

这里使用的证明方法，通常称为**二分法**．即依次选择当前区间的上半部分或下半部分来继续搜索．将该方法应用于收敛序列，便可得到极限的二进制展开式．

14.18 例题　（用二分法进行二进制展开）　如果想要将实数 α 在区间 $[0,1]$ 上进行二进制展开．可以利用等分区间的方法，迭代生成 0 和 1 的序列．初始区间是 $[0,1]$，如果 α 小于 $1/2$，那么第一个数字是 0，否则就是 1．一般地，当 α 在第 n 个区间的上半部分时，第 n 位是 0，当 α 在下半部分时，第 n 位是 1．下一个区间通过将当前区间平分并选择包含 α 的那一半得到．∎

277

现在证明关于柯西序列的主要结论.

14.19 定理（柯西收敛准则） 实数序列当且仅当它是柯西序列时才会收敛.

证明 我们已经使用 $\varepsilon/2$ 论证法证明了一个收敛序列是一个柯西序列. 反之, 假设 $\langle a\rangle$ 是一个柯西序列, 那么根据引理 14.14 知 $\langle a\rangle$ 有界. 根据波尔查诺-魏尔斯特拉斯定理, $\langle a\rangle$ 具有一个 $b_k=a_{n_k}$ 的收敛子序列 $\langle b\rangle$.

令 $L=\lim b_k$, 往证 $a_n\to L$. 对于 $\varepsilon>0$, 因为 $\langle a\rangle$ 是一个柯西序列, 故可以选择一个 N_1, 当 $n,m\geqslant N_1$ 时有 $|a_n-a_m|<\varepsilon/2$. 因为 $b_k\to L$, 故可以选择一个 N_2, 当 $k\geqslant N_2$ 时有 $|b_k-L|<\varepsilon/2$. 令 $N=\max\{N_1,N_2\}$, 因为 $\{n_k\}$ 是一个随着下标递增的序列, 故有 $n_k\geqslant k$. 因此, 由 $k\geqslant N$ 得 $n_k\geqslant N$ 及

$$|a_k-L|=|a_k-b_k+b_k-L|\leqslant|a_k-a_{n_k}|+|b_k-L|<\varepsilon \qquad\blacksquare$$

我们将在下一节使用定理 14.19 来研究级数收敛的条件. 在第 16 章中, 我们将使用该定理来研究一系列关于函数的收敛性质.

无穷级数

我们已经讨论了如何计算各种有限和. 现在考虑对无限序列求和. 这通常是不可能的. 即使在可能的情况下, 该值也可能取决于求和项的顺序（习题 14.54）. 因此, 我们需要一个关于无穷级数和的精确定义.

14.20 定义 令 $\langle a\rangle$ 表示某个实数序列, 则形式表达式 $\sum_{k=1}^{\infty}a_k$ 是一个**无穷级数**. $s_n=\sum_{k=1}^{n}a_k$ 是这个级数的**第 n 部分和**. 当 $\lim_{n\to\infty}s_n$ 存在时, 无穷级数 $\sum_{k=1}^{\infty}a_k$ **收敛**, 否则该无穷级数**发散**. 当 $\sum_{k=1}^{\infty}a_k$ 收敛时, 若 $L=\lim s_n=\sum_{k=1}^{\infty}a_k$, 则称 L 为该无穷级数的**和**.

14.21 例题（序列与部分和） 令 $a_n=1/2^n$, 则 $s_n=\sum_{k=1}^{n}a_k=1-1/2^n$, 因此 $s_n\to 1$, $\sum_{k=1}^{\infty}1/2^n=1$.

另一个例题给出了当 $a_n=(-1)^{n+1}/n$ 时的若干项和部分和列表. 这是一个交错级数, 其中每项的绝对值递减至零. 如习题 14.52 所示, 每个这样的级数都收敛. 这个级数的和是 $0.693\,147$, 保留小数点后六位, 下表表明该级数收敛得很慢. $\qquad\blacksquare$

n	1	2	3	4	5	6	7	$\cdots$	99
a_n	1	-0.5	0.333	-0.25	0.2	-0.166	0.143	$\cdots$	$0.010\,101$
$\sum_{k=1}^{n}a_k$	1	0.5	0.833	0.583	0.783	0.617	0.760	$\cdots$	$0.698\,172$

14.22 命题（分配律） 如果 $\sum_{k=1}^{\infty}a_k$ 收敛且 $c\in\mathbb{R}$, 那么 $\sum_{k=1}^{\infty}ca_k$ 也收敛且等于 $c\sum_{k=1}^{\infty}a_k$.

证明 $\sum_{k=1}^{\infty} ca_k$ 的第 n 个部分和等于 cs_n，其中 s_n 是 $\sum_{k=1}^{\infty} a_k$ 的第 n 个部分和. 由定理 14.5 可得 $\lim cs_n = c\lim s_n$，得证. ∎

14.23 措施（循环小数的"有理化"）　令 x 为循环小数 $0.abcabcabcabc\cdots$. 根据十进制展开的定义，有 $x = (100a + 10b + c)/1\,000 + (100a + 10b + c)/1\,000\,000 + \cdots$. 因此，$1\,000x = 100a + 10b + c + x$，在这里使用命题 14.22，求解 x 可得 $x = (100a + 10b + c)/999$.（或者 $x = abc/999$.） ∎

可将该过程推广到有理化任何循环小数的十进制展开（习题 14.38）. 或者使用命题 14.22，得到 $x = (100a + 10b + c)\sum_{k=1}^{\infty}(1/1\,000)^k$，并通过对几何级数求和得到相同的结果.

14.24 定理（几何级数）　给定 $x \in \mathbb{R}$，如果 $|x| < 1$，那么**几何级数** $\sum_{k=0}^{\infty} x^k$ 收敛到 $\dfrac{1}{1-x}$，否则发散.

证明 当 $x \neq 1$ 时，部分和 $s_n = \sum_{k=0}^{n} x^k$ 等于 $(1 - x^{n+1})/(1-x)$（推论 3.14）. 现在使用极限的性质. 因为当 $|x| < 1$ 时 $x^{n+1} \to 0$，当 $x > 1$ 时，x^{n+1} 并不收敛，当 $|x| < 1$ 时序列的部分和（这就是级数 $\sum_{k=0}^{\infty} x^k$）收敛到 $1/(1-x)$，并且当 $|x| > 1$ 时，该序列部分和发散. 当 $x = 1$ 时，第 n 个部分和为 $n + 1$；当 $x = -1$ 时，部分和在 0 和 1 之间. 故当 $|x| = 1$ 时，级数发散. ∎

这里的几何级数索引从 0 开始，而不是 1. 当 $|x| < 1$ 时，级数 $\sum_{k=1}^{\infty} x^k$ 与级数 $\sum_{k=0}^{\infty} x^k$ 差 1. 因此，有 $\sum_{k=1}^{\infty} x^k = \dfrac{1}{1-x} - 1 = \dfrac{x}{1-x}$.

14.25 例题（乘数效应）　假设某社会中的典型个体花费了所有新收入或额外收入的一小部分，其中 $0 < t < 1$，经济学家称之为边际消费倾向. 几何级数的求和解释了经济学中的"乘数效应". 当一个典型个体收到额外的一美元工资时，他或她会花掉 t 美元. 当收到额外的 t 美元时，会花掉 t^2 美元，以此类推. 经济活动的总增长额为 $\sum_{k=0}^{\infty} t^k = 1/(1-t)$ 美元. 边际消费倾向越高，乘数效应就越大. ∎

14.26 措施（网球问题）　发球者以概率 p 赢得每一分，令 $q = 1 - p$. 首先，考虑如何让发球者以恰好 4 分获胜. 另一个玩家可能在发球者得到 4 分之前得到 0 分、1 分或 2 分，这些相互排斥可能性的总概率为 $p^4 + \binom{4}{1}p^4 q + \binom{5}{2}p^4 q^2$. 在比赛打成 3∶3 平后，发球者也可能获胜，发生这种情况的概率为 $\binom{6}{3}p^3 q^3$. 此时发球者在总分为 $2k + 2$ 分之后获胜的概率为 $(2pq)^k p^2$. 把所有 $k \geqslant 0$ 对应的概率相加可得几何级数 $p^2 \sum_{k=0}^{\infty}(2pq)^k = p^2/(1 - 2pq)$. 故总概率为：

$$p^4(1 + 4q + 10q^2) + \frac{20p^5 q^3}{1 - 2pq}$$

280

当 $p = 0.6$ 时，总概率为 0.736，当 $p = 0.7$ 时，总概率为 0.901. 表明很难打败发球者从而赢球.

得分相等且至少各得 3 分后获胜的概率 x 可以使用另一种方法进行计算. 发球者可以连续赢下 2 分，也可以交错地赢下 2 分，重复平局的情况. 因此 $x = p^2 + 2pqx$ 或者 $x = p^2/(1-2pq)$. 这与用分配律求和几何级数方法得到的结果是一样的. ■

许多学生在数学中混淆了"序列"和"级数"这两个词，可能是因为英语中"（一系列）级数"这个词的使用与数学中"序列"这个词的使用类似. 在英语中，我们通常用"一系列"表示**有限的事件列表**，例如"一系列"棒球比赛.

如果级数的部分和序列有极限，则级数收敛，否则它是发散的. 如果对于任意的 $M \in \mathbb{R}$，存在一个 $N \in \mathbb{N}$，使得当 $n \geqslant N$ 时 $s_n > M$，则称级数"发散到正无穷". 根据单调收敛定理，一个正的发散级数肯定发散到正无穷. 级数发散到负无穷的定义与之类似，只要把 $s_n > M$ 替换为 $s_n < M$ 就可以了. 级数可能以别的方式发散. 级数 $1 - 2 + 3 - 4 = \sum_{k=1}^{\infty} k(-1)^{k+1}$ 对正负两个符号都有任意大的部分和. 级数 $\sum_{k=1}^{\infty} (-1)^k$ 具有有限的部分和，但部分和的序列不收敛. 我们从收敛的一个必要条件开始.

14.27 引理　如果级数 $\sum_{k \geqslant 0} a_n$ 收敛，那么 $a_n \to 0$.

证明　令 $s_n = \sum_{k=1}^{n} a_k$，则 $a_n = s_n - s_{n-1}$. 因为级数收敛，所以序列 $\langle s \rangle$ 有极限 L，因此 $a_n \to L - L = 0$.

第二种证明方法. 如果序列 $\langle s \rangle$ 收敛，那么序列 $\langle s \rangle$ 是一个柯西序列，对于任意 $\varepsilon > 0$，当 n 足够大时，有 $|s_n - s_{n-1}| < \varepsilon$. 因为 $a_n = s_n - s_{n-1}$，故由收敛定义可得 $a_n \to 0$. ■

引理 14.27 的逆命题是错误的. 在下面例题中，序列中的项收敛到 0，但是由于收敛速度很慢，以至于级数发散. 全为正数的级数收敛性要求序列中的项能快速收敛到 0.

14.28 例题（调和级数）　考虑级数 $\sum_{k=1}^{\infty} 1/k$. 为了说明虽然 $1/k \to 0$，但 $\sum_{k=1}^{\infty} 1/k$ 仍发散，可以拿它和另外一个发散级数作比较，后者的项接近于 0. 令 $\langle c \rangle = \dfrac{1}{2}, \dfrac{1}{4}, \dfrac{1}{4}, \dfrac{1}{8}, \dfrac{1}{8}, \dfrac{1}{8}, \dfrac{1}{8}, \dfrac{1}{16}, \cdots$，这里 $1/2^j$ 重复 2^{j-1} 次，其中 $j \geqslant 1$. 因为对于每个 j 来说，所有 $1/2^j$ 项相加和为 $1/2$，对于每个 $M \in \mathbb{N}$，当 n 足够大时，部分和 $\sum_{k=1}^{n} c_k$ 大于 M，故 $\sum_{k=1}^{\infty} c_k$ 发散. 序列 $\langle c \rangle$ 中最后一个 $1/2^j$ 是第 $2^j - 1$ 项. 故有：对于每个 k，$1/k > c_k$ 成立. 对于每个 n，对 n 个不等式求和有 $\sum_{k=1}^{n} 1/k > \sum_{k=1}^{n} c_k$，所以 $\sum_{k=1}^{\infty} 1/k$ 也发散. ■

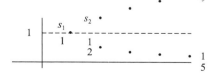

我们目前只能用级数收敛性定义来证明级数的收敛性. 而应用这个定义则需要找到一个关于 k 的部分和 $s_k = \sum_{n=1}^{k} a_n$ 的公式, 然后确定这个由部分和定义的序列是否收敛. 由于直接计算部分和极限的方法很少, 因此需要其他方法来判别级数的收敛性. 习题 14.29 说明了 "比较判别法", 应用这种方法有时可以很容易地解决有关收敛性问题.

14.29 命题 (比较判别法) 设对于所有的 n , $c_n \geqslant 0$ 成立. 如果对于所有的 $n \geqslant N$, $\sum_{n=1}^{\infty} c_n$ 收敛且 $|a_n| \leqslant c_n$, 那么 $\sum_{n=1}^{\infty} a_n$ 收敛. 如果对于所有的 n , $\sum_{n=1}^{\infty} c_n$ 收敛到无穷且 $a_n \geqslant c_n$, 那么 $\sum_{n=1}^{\infty} a_n$ 也收敛到无穷.

证明 令 $s_k = \sum_{n=1}^{k} a_n$, $S_k = \sum_{n=1}^{k} c_n$. 因为 $\sum_{n=1}^{\infty} c_n$ 收敛, 所以序列 $\langle S \rangle$ 是柯西序列, 往证序列 $\langle s \rangle$ 也是一个柯西序列. 给定 $\varepsilon > 0$, 选择一个 N , 使得 $m,n \geqslant N$ 时有 $|S_m - S_n| < \varepsilon$. 从而, 对于给定的 $m > n \geqslant N$, 我们有

$$|s_m - s_n| = \Big| \sum_{i=n+1}^{m} a_i \Big| \leqslant \sum_{i=n+1}^{m} |a_i| \leqslant \sum_{i=n+1}^{m} c_i = |S_m - S_n| < \varepsilon$$

因此序列 $\langle s \rangle$ 是一个柯西序列, 故收敛. 将第二个命题作为习题 14.49. ∎

14.30 推论 如果 $\sum |a_n|$ 收敛, 那么 $\sum a_n$ 收敛.

证明 将 $c_n = |a_m|$ 应用到比较判别法中. ∎

应用比较判别法证明收敛性, 需要与已知的收敛级数进行比较, 如几何级数. 根据几何级数的性质又可以得到判别收敛性的另外一种方法. 考虑一个全为正数的级数 $\sum_{k=1}^{\infty} a_k$, 令 $c_k = a_{k+1}/a_k$. 如果序列 $\langle a \rangle$ 是一个几何级数, 那么序列 $\langle c \rangle$ 是常数序列. 如果序列 $\langle c \rangle$ 不是常数序列并且有一个极限 ρ , 那么收敛准则相同: 如果 $\rho < 1$, 那么级数收敛, 如果 $\rho > 1$, 那么级数发散. 字母 "ρ" 表示 "比率". 当 $\rho = 1$ 时, 这个结论是不确定的, 但是习题 14.65 进行了改进 (拉比判别法), 使之有时也适用于 $\rho = 1$ 的情况.

14.31 定理 (比式判别法) 令 $\langle a \rangle$ 是一个序列, 满足 $|a_{k+1}/a_k| \to \rho$. 如果 $\rho < 1$, 则级数 $\sum_{k=1}^{\infty} a_k$ 收敛, 如果 $\rho > 1$, 则级数 $\sum_{k=1}^{\infty} a_k$ 发散.

证明 将 $\rho > 1$ 时的情形作为习题 14.56, 在这里仅仅分析 $\rho < 1$ 时的情形. 根据推论 14.30, 可以保证 $\sum_{k=1}^{\infty} |a_k|$ 的收敛性. 由于假设只涉及序列中项的绝对值, 故只需要考虑每个 a_k 都为正的情况. 令 $\langle s \rangle$ 表示部分和序列 $s_n = \sum_{n=1}^{k} a_k$, 往证序列 $\langle s \rangle$ 是一个柯西序列.

令 ε 为任意给定的正数, 在 ρ 和 1 之间选择一个 β. 因为 $a_{k+1}/a_k \to \rho$, 故可以选择一个 N_1 , 当 $k \geqslant N_1$ 时, 有 $a_{k+1}/a_k < \beta$. 特别地, 由上式可得对于所有 $k \geqslant N_1$, $j \geqslant 1$, 有 $a_{k+j} < a_k \beta^j$. 由于已证明 $a_{k+1}/a_k \to \rho < 1$, 所以 $a_k \to 0$ (命题 14.10). 因此, 同样存在 N_2 , 当 $k \geqslant N_2$ 时, $a_k < (1-\beta)\varepsilon$. 令 $N = \max \{N_1, N_2\}$, 对于给定的任意 $k, l \geqslant N$, $l \geqslant k$, 有

$$0 < s_l - s_k = \sum_{n=k+1}^{l} a_n = \sum_{j=1}^{l-k} (1-\beta)\varepsilon \beta^j < (1-\beta)\varepsilon \sum_{j=0}^{\infty} \beta^j = \varepsilon$$

因此部分和序列 $\langle s \rangle$ 是一个柯西序列，由定理 14.19 知它为收敛. ∎

比式判别法使我们能够使用级数定义指数函数. 将在第 17 章讨论它的重要性质.

14.32 例题（指数级数）   给定 $x \in \mathbb{R}$，**指数函数**定义为 $\exp(x) = \sum_{n=0}^{\infty} x^n/n!$. 对于每个 $x \in \mathbb{R}$，由比式判别法可知这个级数收敛，因为连续项的比值 $\left| \frac{x}{n+1} \right|$ 收敛于 0. ∎

这里给出的最后一种收敛性判别定理将应用在第 17 章中.

14.33 定理（根式判别法）   令序列 $\langle a \rangle$ 满足 $|a_n|^{1/n} \to \rho$. 如果 $\rho < 1$，则 $\sum_{k=1}^{\infty} a_k$ 收敛，如果 $\rho > 1$，则 $\sum_{k=1}^{\infty} a_k$ 发散.

证明   （见习题 14.68.） ∎

可以通过改进极限的概念，将根式判别法扩展到更多种类的级数上. 给定一个有界序列 $\langle b \rangle$，令 $L_m = \sup_{n > m} b_n$. 根据完备性公理，每个 L_m 都是可定义的. 每个连续的上确界都可以在更受限制的集合上获得，所以 $\{L_m\}$ 是一个下界为 $\inf\{b_n\}$ 的非递增序列. 由单调收敛定理可知 $\{L_m\}$ 收敛.

14.34 定义   有界序列 $\langle b \rangle$ 上确界的极限为 $L = \lim_{m \to \infty} \sup_{n > m} b_n$. 通常将其写作 $L = \limsup b_n$. 当序列 $\langle b \rangle$ 没有上界时，称 $\limsup b_n$ 是无限的.

14.35 例题   如果 $a_n = (-1)^n + 1/n$，则 $\lim a_n$ 不存在. 然而，$\sup_{n \geqslant 1} a_n = 3/2$，$\sup_{n \geqslant 3} a_n = 5/4$，$\sup_{n \geqslant 5} a_n = 7/6$ 等，一般地，$\sup_{n \geqslant 2k} = \sup_{n \geqslant 2k-1} = \dfrac{2k+1}{2k}$，因此 $\limsup a_n = 1$. ∎

通过观察可得，如果 $\lim b_n = \rho$，则 $\limsup b_n = \rho$. 更一般地，$\limsup b_n$ 是序列 $\langle b \rangle$ 的所有收敛子序列极限的上确界. 使用 $\limsup$ 扩展了级数收敛的根式判别法. 这个扩展将在第 17 章中用到.

14.36 定理（根式判别法） $\langle a \rangle$ 为某个序列，令 $L = \limsup |a_n|^{1/n}$，则当 $L < 1$ 时，$\sum_{k=1}^{\infty} a_k$ 收敛，当 $L > 1$（或 L 是无穷大）时 $\sum_{k=1}^{\infty} a_k$ 发散.

证明   这个证明类似于定理 14.33（见习题 14.69）. ∎

解题方法

第 13～18 章涉及基于极限和不等式的初步分析. 极限的概念最终取决于任意逼近某一事物的能力，而逼近是通过不等式实现的. 由于希腊字母 ε 的标准用法，通常称之为 ε 学. 第 14 章中几乎所有的定理和习题都遵循 ε 学. 接下来介绍一些相关的处理技巧和方法.

1）将 $|x-a|$ 理解为 x 和 a 之间的距离.

2）学习 ε 学的基本原理（如下所述）.

3）证明一个给定的极限等于 L 一般需要分两步进行. 首先证明极限存在. 然后，设定极限值，对定义关系式的两边取极限，得到极限方程.

4）理解无穷级数与其部分和序列之间的关系.

数学不等式 $|y-a| < \varepsilon$ 具有精确的几何意义. 可以认为 a 是一个给定的数，y 是一个

要测量的变量，ε 是一个精度级别. 不等式表明可以用 a 在精度 ε 范围内逼近 y.

14.37 例题　考虑这句话"温度 T 大约是 80 摄氏度". 对此的一种解释可能是 $|T-80|<5$，或者等价地，$75<T<85$. 也许 $|T-80|<2$ 这个估计更准确，不等式右边的值描述了测量的准确性. ■

$\lim y_n = L$ 的定义要求：对于每一个正的 ε 都有一个不等式. 给定 $\varepsilon>0$，我们必须能够在 ε 的精度范围内，用 L 逼近 y_n（对于所有足够大的 n）. 我们期望当 ε 更小时 n 可能会更大. 有很多方法可以证明这种不等式.

假设我们要证明某个量 w 很小（在某种意义上接近于零）. 我们可以将 w 写作 $w = w-v+v$，可得 $|w|\leqslant|w-v|+|v|$. 因此，为了证明 w 是小的，只要证明 $|w-v|$ 和 $|v|$ 都是小的就足够了. 这是分析证明的缩影.

利用 $|x-a|$ 将有助于解释 x 和 a 之间的距离，我们经常用到以下不等式

$$|x-z|\leqslant|x-y|+|y-z|$$

这是三角不等式的一个版本，该不等式表明，x 和 z 之间的距离不大于 x 和 y 之间的距离加上 y 和 z 之间的距离. 如果这两个距离可以变小，那么 x 和 z 之间的距离也可以变小.

ε 学基本原理

为了证明一个序列收敛于某个给定的极限，我们必须证明当下标足够大时，某个表达式可以变得足够小. 一般来说，我们希望用各种量来表示期望的数量，所有的这些量都可以按照需要而变得足够小.

一种普遍的方法是"为了证明 b 很小，证明 b 接近 a 并且 a 也是小的就足够了". 这用到不等式 $|b|\leqslant|b-a|+|a|$，并且右边的两项都是可以缩小的量. 有关例题参见定理 14.5.

第二种方法是"为了证明一个非负量很小，证明一个比它大的量很小就足够了". 这用到 $|a|\leqslant C|b|$ 且 $|b|$ 是可以变小的量. 当目标是证明一个给定的量很小时，通常会证明一个相对较大的量为很小. 这可能看起来很奇怪，但是当更大的量更容易理解，因此更容易界定时，它是有用的. 正弦函数就是一个很好的例题，第 17 章会给出它的形式化定义.

14.38 例题　求证 $\lim_{n\to\infty}\dfrac{\sin(n)}{n}=0$. 给定 $\varepsilon>0$，必须找到某个 N，当 $n\geqslant N$ 时，有 $\left|\dfrac{\sin(n)}{n}\right|<\varepsilon$. 因为对于所有的 n，$|\sin(n)|\leqslant1$，所以只需要界定 $1/n$ 即可. 我们选择某个 N，满足 $N>1/\varepsilon$，当 $n\geqslant N$ 时有

$$\left|\frac{\sin(n)}{n}\right|\leqslant\frac{1}{n}<\varepsilon$$

关键点是用 1 替换 $|\sin(n)|$，使这个量更大但更简单，并且仍然足够小. 这种强大的技巧将多次应用在本书剩余的章节中. ■

通过方程求极限

本章另一种方法对求极限很有用. 也许首先需要通过单调收敛定理证明极限的存在.

然后，找到极限存在条件下可能存在的值. 从这个角度出发考察习题 14.29～14.26. 例如，假设在习题 14.20 中，我们已经以某种方式确定了极限的存在，给它取个名字，叫作 L. 递归定义 $x_{n+1} = \sqrt{1+x_n}$ ，通过极限的算术性质得到 $L^2 = 1+L$. 至此，求解 L 就变得很容易了.

这种方法也可以用来表示序列或级数不收敛. 假设它收敛于数 L，那么便可以找到一个关于 L 的方程或不等式. 如果它没有解，那么极限就不存在. 下面我们给出一个在级数中使用该方法的例题.

无穷级数

无穷级数不过是其部分和的序列. 要理解这一点，请考虑区间 $[0,1]$ 中，一个数字的十进制展开 $0.a_1a_2a_3a_4\cdots$. 这个数值由级数 $\sum_{n=1}^{\infty} a_n 10^{-n}$ 的部分和序列 $0.a_1$，$0.a_1a_2$，$0.a_1a_2a_3$，$0.a_1a_2a_3a_4$，$\cdots$ 所决定. 该十进制展开只是一个无穷级数，这个展开式的有限部分是部分和.

关于无穷级数的很多问题均涉及确定一个给定级数为收敛还是发散. 这可能是一个微妙的问题，但教科书中的大多数问题都很容易通过标准判别法得到解决. 最有用的判别法是比式判别法，它表达了一种简单的直觉. 当正项级数快速地衰减到零时，该级数收敛. 如果 $|c_n|$ 快速衰减到零，足以使 $\sum |c_n|$ 收敛且 $|a_n| \leqslant |c_n|$，那么 $\sum a_n$ 也收敛，如命题 14.29 所示.

我们用反证法证明级数是发散的.

14.39 例题　假设对于所有的 $n \geqslant 1$，$0 < a_n \leqslant a_{2n} + a_{2n+1}$ 成立，我们证明 $\sum_{n=1}^{\infty} a_n$ 发

散. 首先假设该级数收敛到某个数 L，则有
$$L = a_1 + a_2 + a_3 + a_4 + a_5 + \cdots$$
又由于 $a_2 + a_3 \geqslant a_1$，$a_4 + a_5 \geqslant a_2$，$a_6 + a_7 \geqslant a_3$ 等，将这些代入第一个表达式中，得到
$$L \geqslant a_1 + a_1 + a_2 + a_3 + \cdots$$
一般地，将每对 $a_{2n} + a_{2n+1}$ 替换为 a_n 而不增加和，则有 $L \geqslant a_1 + L$，这与 $a_1 > 0$ 相矛盾.

现在用反证法更为正式地对上述结论进行证明. 设级数收敛于某个实数 L，由于所有项都为正，故可以在求和时对它们进行任意顺序的分组. 因为 $a_1 > 0$，故可得到矛盾式
$$L > \sum_{n=2}^{\infty} a_n = \sum_{k=1}^{\infty} (a_{2k} + a_{2k+1}) \geqslant \sum_{k=1}^{\infty} a_k = L$$
这个矛盾式表示该级数发散. ∎

最后讨论级数收敛性的另一种判别方法，该判别方法可用于解决微积分书上大多数这类问题. 当难以证明调用比较判别法所需的不等式时，通常可以调用习题 14.58 中比较判别法的极限形式.

这个判别法将比较判别法概括如下. 令 $\langle a \rangle$ 和 $\langle b \rangle$ 分别表示正项序列，假设 b_k/a_k 收敛到一个非零实数 L. 那么 $\sum_{k=1}^{\infty} b_k$ 收敛当且仅当 $\sum_{k=1}^{\infty} a_k$ 收敛. 这里概述一个可能的证明，假设 $\sum_{k=1}^{\infty} a_k$ 收敛. 首先使用 $b_k = La_k + e_k$ 表示"误差" e_k，易得 $e_k/a_k \to 0$，因此

e_k/a_k 为有界. 对 $\sum_{k=1}^{\infty} e_k$ 应用原始的比较判别法，通过观察易知 $\sum_{k=1}^{\infty} b_k$ 是两个收敛级数的和.

习题

14.1 （一）找到一个没有收敛子序列的无界序列和一个有收敛子序列的无界序列.

14.2 （一）对下列每个条件，给出一个无界序列 $\langle a \rangle$ 的例子，满足对于所有的 n 和指定的条件 $a_{n+1}-a_n > 0$ 都适用.
a) $\lim(a_{n+1}-a_n) = 0$；b) $\lim(a_{n+1}-a_n)$ 不存在；c) $\lim(a_{n+1}-a_n) = L$，其中 $L > 0$.

14.3 （一）给出序列 $\langle a \rangle$ 和 $\langle b \rangle$ 的例子，使得 $\lim a_n = 0$，$\lim b_n$ 不存在，且下列指定的条件均成立.
a) $\lim(a_n b_n) = 0$；b) $\lim(a_n b_n) = 1$；c) $\lim(a_n b_n)$ 不存在.

14.4 （一）设对于所有的 $n \in \mathbb{N}$，$x_{n+1} = \sqrt{1 + x_n{}^2}$ 成立，证明序列 $\langle x \rangle$ 不收敛.

14.5 （一）找一个错误命题的反例："对于所有的 n，有 $a_n < b_n$ 且 $\sum b_n$ 收敛，则 $\sum a_n$ 收敛."

14.6 （一）什么数的 k 进制展开式是 $0.111\cdots$？

14.7 （一）计算 $\sqrt{2}$ 的二进制展开式，保留前六位.

* * * * * * * * * *

对于习题 14.8～14.12，请判断这些命题是对还是错. 如果是对的，请证明；如果是错的，提供一个反例.

14.8 令 $\langle x \rangle$ 为一个实数序列.
a) 如果 $\langle x \rangle$ 无界，则 $\langle x \rangle$ 无极限；b) 如果 $\langle x \rangle$ 不是单调的，则 $\langle x \rangle$ 无极限.

14.9 假设 $x_n \to L$，则
a) 对于所有的 $\varepsilon > 0$，存在 $n \in \mathbb{N}$，使得 $|x_{n+1}-x_n| < \varepsilon$.
b) 存在一个 $n \in \mathbb{N}$，对于所有的 $\varepsilon > 0$，使得 $|x_{n+1}-x_n| < \varepsilon$.
c) 存在一个 $\varepsilon > 0$，对于所有的 $\in \mathbb{N}$，使得 $|x_{n+1}-x_n| < \varepsilon$.
d) 对于所有的 $n \in \mathbb{N}$，存在一个 $\varepsilon > 0$，使得 $|x_{n+1}-x_n| < \varepsilon$.

14.10 令 $\langle x \rangle$ 为一个实数序列.
a) 如果序列 $\langle x \rangle$ 收敛，那么存在 $n \in \mathbb{N}$，使得 $|x_{n+1}-x_n| < 1/2^n$.
b) 如果对于所有的 $n \in \mathbb{N}$，$|x_{n+1}-x_n| < 1/2^n$，那么序列 $\langle x \rangle$ 收敛.

14.11 a) $x_1 = 1$，若对于所有的 $n \geq 1$，有 $x_{n+1} = x_n + 1/n$，那么序列 $\langle x \rangle$ 为有界.
b) 如果对于所有的 $n \geq 1$，$y_1 = 1$ 且 $y_{n+1} = y_n + 1/n^2$，那么序列 $\langle y \rangle$ 为有界.

14.12 如果 $a_n \to 0$，$b_n \to 0$，则 $\sum a_n b_n$ 收敛.

* * * * * * * * * *

14.13 证明：如果序列 $\langle a \rangle$ 收敛，那么 $\langle a \rangle$ 的每个子序列都收敛并且有与 a 相同的极限.

287

14.14 设 $\langle a \rangle$ 和 $\langle b \rangle$ 为序列，对于所有的 n，$b_n \neq 0$. 证明：如果 $a_n \to L$，$b_n \to M \neq 0$，则 $a_n/b_n \to L/M$.（提示：首先证明对于所有的 n，当 $a_n = 1$ 时的情况.）

14.15 设对于所有的 $\varepsilon > 0$，$b \leqslant L + \varepsilon$ 成立. 证明：$b < L$.

14.16 令 $a_n = p(n)/q(n)$，其中 p 和 q 是多项式，q 的次数大于 p 的次数. 使用极限的有关性质证明 $a_n \to 0$.

14.17 (!) 令 $a_n = p(n)x^n$，其中 p 是一个关于 n 的多项式且 $|x| < 1$. 证明：$a_n \to 0$.（提示：考虑比式 a_{n+1}/a_n. 注：当 $|x| < 1$ 时，这个习题表明，x^n 趋近于零的速度如此之快，以至于与关于 n 的多项式相乘不会影响其极限. 因此指数的衰减速度快于多项式的增长速度.）

288

14.18 如果对于 $n > 1$，有 $a_1 = 1$ 且 $a_n = \sqrt{3a_{n-1} + 4}$，证明对于所有的 $n \in \mathbb{N}$，有 $a_n < 4$.

14.19 设对所有的 $n \geqslant 1$，有 $x_1 = 1$ 且 $2x_{n+1} = x_n + 3/x_n$，证明 $\lim_{n \to \infty} x_n$ 存在并计算极限.

14.20 设对所有的 $n \geqslant 1$，有 $x_1 > -1$ 且 $x_{n+1} = \sqrt{1 + x_n}$，证明 $\lim_{n \to \infty} x_n$ 存在且计算极限.

14.21 设 c 是一个大于 1 的实数，$\langle x \rangle$ 是一个序列，其中 $x_1 = c$，当 $n \geqslant 1$ 有 $x_{n+1} = x_n^2$. 证明序列 $\langle x \rangle$ 是无界的.

14.22 (!) 证明：当 c 是一个正实数时，$c^{1/n} \to 1$ 成立.

14.23 设 $x \in \mathbb{R}$，$f_1(x) = x$ 以及对于 $n \geqslant 1$，有 $f_{n+1}(x) = (f_n(x))^2/2$. 如果 $\lim_{n \to \infty} f_n(x)$ 存在，极限等于多少？对于不同的 x，序列 $\{f_n(x)\}$ 是严格递增的，还是常数项，还是严格递减的？利用这些信息根据 x 确定 $\lim_{n \to \infty} f_n(x)$ 是否存在.

14.24 设 $\langle x \rangle$ 是一个序列，满足递推式：$x_{n+1} = x_n^2 - 4x_n + 6$.

a）如果 $\lim_{n \to \infty} x_n$ 存在且等于 L，那么 L 会有哪些值？

b）x_n 随着 $n \to \infty$ 的变化取决于初始值 x_0. 对于每个 $x_0 \in \mathbb{R}$，描述其变化.（提示：画出由 x 和 $x_n^2 - 4x_n + 6$ 定义的函数图像并解释它，或者求得由 $y_n = x_n - 2$ 定义的序列 $\{y_n\}$ 递推式，并研究其变化.）

14.25 （+）（习题 14.24 的推广） 设对于 $n \geqslant 1$，序列 $\langle x \rangle$ 满足 $x_n = f(x_{n-1})$，其中 $f(x) = x^2 + Ax + B$. 确定 $\lim_{n \to \infty} x_n$ 可能的值. 由 x_0，A，B 确定 x_n 的极限情况.

14.26 设 $a_{n+2} = (\alpha + \beta)a_{n+1} - \alpha\beta a_n$，$\beta \neq \alpha$，$a_0 = a_1 = 1$，求当 $n \to \infty$ 时，a_{n+1}/a_n 的极限.

14.27 (!) 对于 $c > 0$，令 $x_n = (c^n + 1)^{1/n}$. 确定 $\lim_{n \to \infty} x_n$ 的情况. 更一般地，求 $\lim_{n \to \infty} (a^n + b^n)^{1/n}$.（提示：首先考虑 $c < 1$，然后使用夹逼定理.）

14.28 (!) 波尔查诺-魏尔斯特拉斯定理的另一种证明方法（定理 14.17）.

a）利用单调收敛定理证明具有单调子序列的有界序列具有收敛子序列.

b）证明每个有界序列都有一个单调子序列.（提示：在序列 $\langle a \rangle$ 中，如果 $a_m < a_n$ 且 $m > n$，那么将索引 n 叫作峰. 根据 $\langle a \rangle$ 是否有无穷多的峰，分两种情况考虑.）

14.29 序列 $\langle a \rangle$ 的**极限点**是 $\langle a \rangle$ 中某些子序列收敛到的数 L. 构造一个有无穷多个极限点的序列.

14.30 设 $\langle x \rangle$ 满足 $x_1 = 1$，当 $n \geqslant 1$ 时，有 $x_{n+1} = 1/(x_1 + \cdots + x_n)$. 证明 $\langle a \rangle$ 收敛并求极限.

14.31 （!）给定 $x_1 \geqslant 0$，当 $n \geqslant 0$ 时，有 $x_{n+1} = \dfrac{x_n + 2}{x_n + 1}$. 证明：$x_n \to \sqrt{2}$.（提示：序列不是单调的，但对所有 n，可能有 $| x_{n+1} - \sqrt{2} | < | x_n - \sqrt{2} |$，其中 $x_1 \neq \sqrt{2}$.）

14.32 （!）一列失控火车正以每小时 100 英里的速度冲向砖墙. 当距离墙两英里时，一只苍蝇开始以每小时 200 英里的速度在火车和墙之间来回飞行. 确定在相撞之前苍蝇飞行的距离.

289

14.33 （一）设 $\sum_{k=1}^{\infty} a_k$ 和 $\sum_{k=1}^{\infty} b_k$ 分别收敛到 A 和 B. 证明 $\sum_{k=1}^{\infty} (a_k + b_k)$ 收敛且极限值为 $A + B$.

14.34 求 $1/2$ 的三进制展开式. 求具有三进制展开式 $0.121\,212\cdots$ 的有理数.

14.35 a）哪个数 x 的十进制展开式为 $0.141\,414\cdots$ ？

　　 b）哪个数 y 的五进制展开式为 $0.141\,414\cdots$ ？

14.36 （!）考虑十进制展开式 $0.247\,247\,247\cdots$，把它写成有理数，其中分子分母均以 10 为基底. 考虑八进制展开式 $0.247\,247\,247\cdots$，把它写成有理数，其中分子分母均以 10 为基底.

14.37 用几何方法描述区间 $[0,1]$ 中一些数的集合，这些数的展开式永远不包含 1. 证明该集合为不可数.

14.38 （!）如果在某个初始部分之后，余数是某个有限长度的重复列表（包括当余数为 0 时，其重复列表为 "0"），那么称该 k 进制展开式为**最终周期性的**.

　　 a）证明有理数的每个 k 进制展开式都是最终周期性的.（提示：首先证明形如 j/s 这样的有理数，其中 $0 < j < s$. 然后使用这个结论和整数的 k 进制展开式来证明一般情形.）

　　 b）证明 a）部分的逆命题：如果 x 的 k 进制展开式是最终周期性的，那么 x 是有理数.

14.39 （一）确定 $\sum_{n=1}^{\infty} \dfrac{1}{10^{n!}}$ 是否为有理数.

14.40 几何级数的另一种方法. 令 $y = 1/(1-x)$，即 $y = 1 + xy$. 假设 $|x| < 1$ 且有一个 y 的初始猜测值 y_0. 由方程 $y = 1 + xy$ 给出两种算法.

　　 a）给定 y_0，定义序列 $\langle y \rangle$，其中对于 $n \geqslant 0$，有 $y_{n+1} = 1 + xy_n$. 证明 $\langle y \rangle$ 收敛到 $1/(1-x)$.

　　 b）给定 y_0，定义序列 $\langle y \rangle$，其中 $y_n = 1 + xy_{n+1}$，故有 $y_{n+1} = (y_n - 1)/x$. 为什么即使对于 $x \neq 0$，这个算法也失败呢？

14.41 假设要进行一系列的测量. 每次测量都有一些误差，但可以达到任何指定的精度. 如何保证总误差不超过 1 ？

14.42 （＋）零测度   对于某个集合 $S \in \mathbb{R}$，如果对于每个 $\varepsilon > 0$，有一个可计数的区间集合，其并集包含 S，并且其区间长度之和小于 ε，则称集合 S 的**测度为零**. 证明可数个零测度集合的并集也为零测度，由此得出有理数集合的测度也为零的结论.（提示：使用所谓的"终极" $\varepsilon/2$ 论证法，对于每个 n，考虑 $\varepsilon/2^n$.）

14.43 计算 $\sum_{n=1}^{\infty} \left(\dfrac{x}{x+1}\right)^n$. 这里需要对 x 做出什么限制？

14.44 计算 $\sum_{n=1}^{\infty} \dfrac{1}{n(n+1)}$. 用这个极限求 $\sum_{n=1}^{\infty} \dfrac{1}{n^2}$ 的上下界.（注：$\sum_{n=1}^{\infty} \dfrac{1}{n^2}$ 的精确值是 $\pi^2/6$.）

14.45 （！）当 $n \geqslant 1$ 时，某个级数的第 n 个部分和为 $1/n$. 求这个级数的第 n 项.

14.46 设 $b_k = c_k - c_{k-1}$，其中序列 $\langle c \rangle$ 满足 $c_0 = 1$，$\lim_{k \to \infty} c_k = 0$. 用级数定义求 $\sum_{k=1}^{\infty} b_k$.

14.47 （！）设 $\sum a_n^2$ 和 $\sum b_n^2$ 均收敛. 证明 $\sum a_n b_n$ 收敛.（提示：使用 AGM 不等式和比较判别法.）

14.48 改变网球问题（问题 14.2），使得获胜者是第一个达到 4 分的人. 发球者赢得游戏的概率是多少？

14.49 比较判别法判断发散   设 $\sum_{k=1}^{\infty} c_k$ 发散到 ∞，且对于所有的 k，有 $a_k \geqslant c_k$. 证明 $\sum_{k=1}^{\infty} a_k$ 发散到 ∞.

14.50 判断 $1 + \dfrac{1}{3} + \dfrac{1}{5} + \dfrac{1}{7} + \cdots$ 是否收敛.

14.51 （＋）证明 e 是无理数.（提示：若 e 是有理数，则存在自然数 n 满足 $n!\,\mathrm{e} = n! \sum_{k=n+1}^{\infty} 1/k!$ 是一个整数，这说明 $n! \sum_{k=n+1}^{\infty} 1/k!$ 是一个整数，可以由此构造矛盾.）

14.52 （！）交错级数的收敛
"如果 $\langle a \rangle$ 是一个收敛于 0 的序列，其中每项在符号正负交替，并且对于所有的 k，满足 $|a_{k+1}| \leqslant |a_k|$，那么级数 $\sum_{k=0}^{\infty} a_k$ 收敛." 用下面两种方法来证明上述命题：
a) 证明部分和构成一个柯西序列；b) 使用命题 13.18 和夹逼定理（定理 14.6）.

14.53 考虑 $\sum_{k=1}^{\infty} \dfrac{(-1)^{k+1}}{k} = 1 - \dfrac{1}{2} + \dfrac{1}{3} - \dfrac{1}{4} + \cdots$. 由习题 14.52 知，这个级数收敛.（收敛到 $\ln 2$，但这里不需要用到.）证明级数的和小于 $5/6$. 该级数中的项可以按照其他顺序求和. 证明 $1 + \dfrac{1}{3} - \dfrac{1}{2} + \dfrac{1}{5} + \dfrac{1}{7} - \dfrac{1}{4} + \dfrac{1}{9} + \dfrac{1}{11} - \dfrac{1}{6} + \cdots$ 的和大于 $5/6$（事实上，它的和大于 1）. 对这些项进行重新排序，以得到（有证据的！）一个总和超过 $3/2$ 的收敛级数.

14.54 设 $\sum a_k$ 收敛，$\sum |a_k|$ 发散，L 是一个实数. 证明可以通过对序列 $\langle a \rangle$ 中的项进行重新排序得到一个收敛到 L 的级数（黎曼）.

14.55 (!) 判断真假：如果 $a_k \to 0$，并且部分和序列有界，则 $\sum_{k=1}^{\infty} a_k$ 收敛．证明上述命题或提供一个反例．

14.56 比式判别法判别发散　设序列 $\langle a \rangle$ 满足 $|a_{k+1}/a_k| \to \rho$，其中 $\rho > 1$．证明 $\sum_{k=1}^{\infty} a_k$ 发散．

14.57 例题 12.33 找到了斐波那契数生成函数的公式 $f(x) = 1/(1-x-x^2)$．表明对于所有的 x，当满足 $|x|$ 小于 $1-x-x^2$ 的根的最小值时，级数 $\sum_{n=0}^{\infty} F_n x^n$ 收敛．假设是这样，使用比式判别法找到 $\lim F_{n+1}/F_n$．将这个极限与措施 12.25 中的斐波那契数列公式进行比较．

14.58 (!) 比较判别法的极限形式　令 $\langle a \rangle$ 和 $\langle b \rangle$ 都为正数项序列，设 b_k/a_k 收敛到一个非零实数 L．证明：$\sum_{k=1}^{\infty} b_k$ 收敛当且仅当 $\sum_{k=1}^{\infty} a_k$ 收敛．

14.59 (一) 设 $\langle a \rangle$ 是一个收敛的正数项序列，证明 $\sum_{k=1}^{\infty} \dfrac{1}{ka_k}$ 发散．

291

14.60 (一) 对于以下级数，使用习题 14.58 的方法判别它们的收敛性．

a) $\sum_{n=1}^{\infty} \dfrac{2n^2 + 15n + 2}{n^4 + 3n + 1}$；b) $\sum_{n=1}^{\infty} \dfrac{2n^2 + 15n + 2}{n^3 + 3n + 1}$；c) $\sum_{n=1}^{\infty} \dfrac{3 + 5n + n^2}{2^n}$．

14.61 (一) 设 p 是 d 次多项式，q 至少是 $d+2$ 次多项式．设对于 $x > 0$，$q(x) \neq 0$．证明 $\sum_{n=1}^{\infty} \dfrac{p(n)}{q(n)}$ 收敛．

14.62 (!) 使用比较判别法的极限形式和几何级数证明比式判别法的收敛性部分．

14.63 (!) 凝聚判别法

a) 设 $\langle a \rangle$ 为正项递减序列，证明 $\sum_{k=1}^{\infty} a_k$ 收敛当且仅当 $\sum_{j=0}^{\infty} 2^j a_{2^j}$ 收敛．（提示：比较下列级数．）

$$a_1 + a_2 + a_3 + a_4 + a_5 + a_6 + a_7 + a_8 + \cdots$$
$$a_1 + a_2 + a_2 + a_4 + a_4 + a_4 + a_4 + a_8 + \cdots$$
$$a_1 + a_1 + a_2 + a_2 + a_3 + a_3 + a_4 + a_4 + \cdots$$

b) 对于 $\rho \in \mathbb{R}$，使用 a) 部分结论证明当且仅当 $\rho > 1$ 时，$\sum_{k=1}^{\infty} k^{-\rho}$ 收敛．

14.64 设 $\langle a \rangle$ 和 $\langle b \rangle$ 为正项序列，当 k 足够大时，有 $\dfrac{b_{k+1}}{b_k} \leq \dfrac{a_{k+1}}{a_k}$．证明：若 $\sum_{k=1}^{\infty} a_k$ 收敛，则 $\sum_{k=1}^{\infty} b_k$ 收敛．

14.65 拉比判别法　当连续项的比值收敛到 1 时，用比式判别法判断级数收敛性是不确定的．如果收敛速度足够慢，这是可以克服的．设 p 是一个大于 1 的实数．

a) (+) 证明：若 $0 < x < 1$，则 $(1 - px) < (1 - x)^p$．

b) 使用 a) 和习题 14.64 中的结论，其中 $a_k = 1/k^p$．证明：如果对于足够大的 k，有 $b_{k+1}/b_k \leq 1 - px$，那么 $\sum_{k=1}^{\infty} b_k$ 收敛（假设对于所有的 k，$b_k > 0$）．

14.66 （＋）利用 $\sum_{k=1}^{\infty} 1/k$ 的发散性证明每个非零有理数都是不同整数的倒数的有限和. （这种表达称为**埃及分数**.）

14.67 使用二项式定理证明 $\exp(x+y) = \exp(x)\exp(y)$.

14.68 **根式判别法**　设 $\langle a \rangle$ 满足 $|a_n|^{1/n} \to \rho$.

a) 证明：若 $\rho < 1$，则 $\sum_{k=1}^{\infty} a_k$ 收敛；b) 证明：若 $\rho > 1$，则 $\sum_{k=1}^{\infty} a_k$ 发散.

14.69 **带有上极限的根式判别法**　设 $\langle a \rangle$ 为一个序列，$L = \limsup |a_n|^{1/n}$.

a) 证明：若 $L < 1$，则 $\sum_{k=1}^{\infty} a_k$ 收敛；b) 证明：若 $L > 1$，则 $\sum_{k=1}^{\infty} a_k$ 发散.

292

第 15 章 连 续 函 数

连续性是精确数学公式的一种直观表述. 在很多场合, 输入的微小变化会导致输出随之发生微小的变化. 在定义连续函数之前, 首先给出可以产生连续性概念的几个问题.

15.1 问题 (对径点问题) 对于一个导线圆. 如果温度从一点到另一点之间没有发生突变, 那么圆上一些直径的两端点处具有相同的温度. 为什么? ∎

15.2 问题 (珠宝窃贼问题) 两个珠宝窃贼偷了一条圆形项链. 这条项链有偶数颗钻石和偶数颗红宝石. 小偷想把项链拆开, 使得每种宝石都有一半. 因为链子是金子做的, 小偷不想剪成很多段. 那么无论宝石是怎样排列的, 都有办法将其分成两段, 使得每个窃贼所获取的那段包含的每类的宝石数恰为一半吗? ∎

15.3 例题 (蝴蝶效应) 如果一只蝴蝶在莫斯科拍打翅膀, 那么它产生的气流是否会影响纽约的天气情况? 多年来, 科学家们一直认为答案是否定的, 但最近研究表明答案并非如此. 物理现象取决于许多变量, 很有可能导致"混乱"现象⊖. 蝴蝶扇动翅膀在一个变量上产生一个小的变化, 由于其他变量的作用, 这个小的变化可能会在很远的地方产生重大的变化. 相关例子参见习题 15.17. ∎

极限与连续性

我们讨论函数 $f: I \rightarrow \mathbb{R}$ 的极限和连续性, 定义域 I 为 $\mathbb{R}$ 的子集. 它可能是一个开区间或者闭区间, 也可能是去掉某点的区间. 首先介绍当 x 趋近于 a 时, $f(x)$ 值极限的概念.

在计算这样一种极限时, 不用考虑 $x = a$ 时的值, 而是只考虑在 a 的邻域内函数的取值. a 的**邻域**是包含 a 点的开区间. 我们将 a 的邻域去掉 a 点后组成的集合定义为 a 的**去心邻域**. 例如, $\{x \in \mathbb{R}: |x-a| < \delta\}$ 是 a 的邻域, $\{x \in \mathbb{R}: 0 < |x-a| < \delta\}$ 是 a 的去心邻域.

15.4 定义 设 f 是在 a 的去心邻域上定义的函数, 如果对于任意 $\varepsilon > 0$, 存在 $\delta > 0$, 当 $0 < |x-a| < \delta$, 有 $|f(x)-L| < \varepsilon$, 则称 L 为 x 趋近于 a 时 $f(x)$ 的**极限**. 写作 $\lim_{x \to a} f(x) = L$ 或"当 $x \to a$ 时, $f(x) \to L$", 读作"当 x 趋近于 a 时, $f(x)$ 趋近于 L".

15.5 例题 (ε 和 δ 的作用) 如果当 $x \to a$ 时, $f(x) \to L$, 则可以让 x 充分接近 a 使得

⊖ J. Gleick, *Chaos: Making a New Science*, Viking Press (New York, 1987), Chapter 1.

$f(x)$ 尽可能地接近 L. 例如，对于 $\lim_{x \to 10} x^2 = 100$. 如果想要保证 x^2 在 100 的 $\varepsilon = 1$ 的范围内，那么我们可以选择 $\delta = 0.04$. 如果选择 $\delta = 0.05$ 将不成立，因为 $10.05^2 = 101.002\,5$.   ■

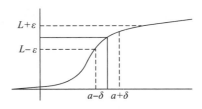

$\lim_{x \to a} f(x) = L$ 的定义表明对于任意给定的一个"公差"ε，存在一个实数 $\delta > 0$，使得对于在 a 的 δ 范围内（除 a 之外的）每个输入 x，都可以得到一个输出 $f(x)$ 满足 $|f(x) - L| < \varepsilon$. 将这个极限定义与序列极限定义相对比，可以发现 N 的作用和 δ 的作用是一样的.

$$(\forall \varepsilon > 0)(\exists \delta > 0)[(0 < |x - a| < \delta) \Rightarrow (|f(x) - L| < \varepsilon)]$$
$$(\forall \varepsilon > 0)(\exists N \in \mathbb{N})[(n > N) \Rightarrow (|a_n - L| < \varepsilon)]$$

同样考虑一下 $\lim_{x \to a} f(x) = L$ 不成立的含义. 在这种情况下，存在一些 $\varepsilon > 0$，令 $\varepsilon = \varepsilon^*$，对于任意的 $\delta > 0$（无论多小），在 a 的 δ 范围内总有一些 x，满足 $|f(x) - L| \geqslant \varepsilon^*$. 特别地，当 $\delta = 1/n$，可以找出一个 x_n 满足 $|x_n - a| < 1/n$ 但 $|f(x) - L| \geqslant \varepsilon^*$. 构建这种序列的能力会帮助提高反证法的思维能力.

15.6 例题   当 $x \neq 0$ 时，令 $f(x) = cx \sin \dfrac{1}{x}$，其中 c 为正常数. 正弦函数值以 ± 1 为界，故有 $|f(x)| \leqslant c|x|$. 在证明 $\lim_{x \to 0} f(x) = 0$ 时不考虑 $x = 0$ 的情形，f 在该点无定义. 任给 $\varepsilon > 0$，可选定 δ（与 ε 有关）为 ε/c. 当 $0 < |x - 0| < \delta$ 时，有 $|x| < \varepsilon/c$，故有 $|f(x) - 0| \leqslant c|x| < \varepsilon$.

从另一方面看，假设 $f(x)$ 被定义为 $\text{sign}(x)$，即当 $x > 0$ 时，$f(x) = 1$. 当 $x < 0$ 时，$f(x) = -1$. 这表明 $f(x)$ 在 0 点没有极限. 无论 L 取多少，没有一个 x 可以在 0 的去心邻域内，使得 $|f(x) - L| < 1$. 如果 $L \geqslant 0$，x 取负值时不成立；如果 $L \leqslant 0$，x 取正值时不成立.   ■

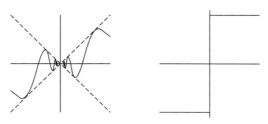

函数值极限定义和序列极限定义很相似. 的确可以使用序列来定义函数极限. 下面证明这两个定义是等价的. 从 n 到 $f(x_n)$ 的映射是 f 和序列 $\langle x \rangle$ 的复合，故可将其定义为序列 $\langle y \rangle$. 表达式 $f(x_n) \to L$ 即序列 $\langle y \rangle$ 收敛于 L.

15.7 定义　令函数 $f(x)$ 定义在 a 的去心邻域 S 上，当 x 趋近于 a 时，如果对于 S 中任意趋近于 a 的序列 $\langle x \rangle$，$f(x_n) \to L$ 都成立，则称函数 $f(x)$ 具有**序列极限** L.

15.8 定理　如果 $f(x)$ 定义在 a 的去心邻域，那么下列两个命题是等价的：

(A) $\lim_{x \to a} f(x) = L$. (B) 当 x 趋向于 a 时，$f(x)$ 有序列极限 L.

证明　首先证明 $A \Rightarrow B$. 设 $\lim_{x \to a} f(x) = L$. 为证明 $f(x)$ 有序列极限 L，我们在 S 中引入任意一个收敛于 a 的序列 $\langle x \rangle$ 来证明 $f(x_n)$ 收敛于 L. 任给 $\varepsilon > 0$，需要找到 $N \in \mathbb{N}$ 使得当 $n > N$，$|f(x_n) - L| < \varepsilon$ 成立. 根据 $\lim_{x \to a} f(x) = L$ 的定义，可知对于这个给定的正数 ε，存在正数 δ，当 $0 < |x - a| < \delta$ 时，有 $|f(x) - L| < \varepsilon$. 使用 $x_n \to a$ 的定义；对于 $\delta > 0$，可以找到 $N' \in \mathbb{N}$ 使得当 $n > N'$，有 $0 < |x_n - a| < \delta$. 如果令 $N = N'$，则当 $n > N$，有 $|f(x_n) - L| < \varepsilon$.

可以通过证明 $\neg A \Rightarrow \neg B$ 来证明 $B \Rightarrow A$. 如果 $\lim_{x \to a} f(x) = L$ 不成立，那么存在 $\varepsilon^* > 0$ 使得对于任意 $\delta > 0$，存在 x 满足 $0 < |x - a| < \delta$，但 $|f(x) - L| \geqslant \varepsilon^*$. 考虑 ε^* 和由 $\delta_n = 1/n$ 构造的序列 δ，则对于每个 n 都可以找到 x_n，使得当 $0 < |x_n - a| < 1/n$ 时，$|f(x_n) - L| \geqslant \varepsilon^*$ 成立. 这就构造出了一个序列 $\langle x \rangle$，使得 $x_n \to a$ 但是序列的值 $f(x_n)$ 不收敛于 L. 故当 x 趋近于 a 时 $f(x)$ 没有序列极限 L. ■

当需要证明由一些函数极限假设 H 得到函数极限的结论 C 时，我们同样使用 "ε" 表示序列的极限. 假设 H 和结论 C 有着相同的形式；假定 C 是 $(\forall \varepsilon)(\exists \delta)(\forall x) P(x)$，$H$ 是 $(\forall \varepsilon')(\exists \delta')(\forall x) Q(x)$. 证明结论 C 需要对每个正数 ε 进行论证. 因为已经认为假设 H 是成立的，所以当我们提出假设，需要找到一个合适的 δ' 满足所有的 ε'. 根据 ε 对 ε' 作出一个合理的选择. 我们在上述 $A \Rightarrow B$ 的证明过程中做了两次，在 H 上使用两种不同的命题. 由 ε' 产生了 δ'，并进而得到我们所需要的 δ.

两种极限概念的等价意味着函数值的极限与序列的极限基本上具有相同的性质. 令 "$\square$" 为 $\mathbb{R}$ 上的二进制运算符（定义 7.21）；例如加、减、乘、除（包括除以 0）. 给出函数 f 和 g，通过令 $(f \square g)(x) = f(x) \square g(x)$（如定义 1.25）得到 $f \square g$ 的定义.

15.9 引理　令 $\square$ 为一个二进制运算符，满足当 $b_n \to L$ 和 $c_n \to M$ 时，$b_n \square c_n \to L \square M$ 成立. 如果 f 和 g 满足 $\lim_{x \to a} f(x) = L$ 和 $\lim_{x \to a} g(x) = M$，则有 $\lim_{x \to a} (f \square g)(x) = L \square M$.

证明　根据 $\square$ 的定义，有 $(f \square g)(x_n) = f(x_n) \square g(x_n)$. 如果 $x_n \to a$，那么根据定理 15.8 可得 $f(x_n) \to L$ 和 $g(x_n) = M$. 由关于 "$\square$" 的假设可得 $(f \square g)(x_n) \to L \square M$. 根据定理 15.8，有 $\lim_{x \to a} (f \square g)(x) = L \square M$. ■

"$\lim_{x \to a} f(x)$" 的定义去掉了 $|x - a| = 0$ 的情形. 如果 f 在 a 点的值和在 a 点的极限相等，那么其函数图像在 $x = a$ 时便没有了 "断点"，我们称函数 f 在 a 点连续：

15.10 定义　对于定义在包含 a 点的开区间上的函数 f，如果 $\lim_{x \to a} f(x) = f(a)$，则称函数 f 在 a 点**连续**. 也就是说，如果对于任意 $\varepsilon > 0$，存在 $\delta > 0$，使得当 $|x - a| < \delta$，有 $|f(x) - f(a)| < \varepsilon$，那么称函数 f 在 a 点连续.

如果某函数在开区间 (c, d) 的每个点都连续，则称该函数**在开区间 (c, d) 连续**. 如果

某个函数在开区间 (c,d) 连续且对任意序列 $\langle x \rangle \in [c,d]$，由 $x_n \to c$ 可得 $f(x_n) \to f(c)$，由 $x_n \to d$ 可得 $f(x_n) \to f(d)$，则称这个函数在闭区间 $[c,d]$ 上连续.

15.11 注   对连续性定义的解释

（1）用邻域解释，定义 15.10 表明了当且仅当对于任意 $f(a)$ 的邻域 T，存在 a 的邻域 S 满足 $f(S) \subseteq T$，f 在 a 点连续.

（2）由定理 15.8 可以得出，f 在 a 点连续当且仅当 $x_n \to a$ 时有 $f(x_n) \to f(a)$.

（3）为证明 f 在 a 点连续，通常分别考察两个命题：$\lim_{x \to a} f(x)$ 存在，$f(a)$ 等于这个极限.

（4）闭区间上连续的定义看起来很复杂，但很容易理解. 开区间内的点要求不变. 对于每个端点，只需考虑从区间内收敛到该端点的序列.

（5）当 f 的定义域是 $\mathbb{R}$ 或者某个未指定的区间，f 在其上为连续，通常称之为"f 是连续的"或者"f 是连续函数". ■

15.12 推论   如果 f 和 g 在 x 点连续，那么 $f+g$ 和 fg 同样在 x 点连续. 如果 f 是连续的并且 $f(x) \neq 0$，那么 $1/f$ 也在 x 点连续. 每一个多项式在 $\mathbb{R}$ 上都是连续的. 当分母不为零时，两个多项式的比值是连续的.

证明   前两个命题直接来自引理 15.9. 多项式的证明作为习题 15.20. ■

我们用序列的夹逼定理（定理 14.6）来证明函数在某点连续的充分条件.

15.13 命题（连续性夹逼定理）   假定对区间 I 中所有 x 成立：$A(x) \leqslant f(x) \leqslant C(x)$. 对于任意 $\alpha \in$ 区间 I，如果 A 和 C 在 α 点连续且有 $A(\alpha) = C(\alpha)$，那么 f 在 α 点连续.

证明   设 $\langle x \rangle$ 是在 I 中收敛到 α 的任一序列. 由连续性的序列形式可知，序列 $A(x_n)$ 和 $C(x_n)$ 收敛于 $A(\alpha) = L = C(\alpha)$. 根据夹逼定理，$f(x_n)$ 收敛于 L. 由序列 $\langle x \rangle$ 的任意性知 f 在 α 点有序列极限 L. 此外，根据 $A(\alpha) = C(\alpha)$ 可以得到 $f(\alpha) = L$，因此 f 在 α 处连续. ■

15.14 例题   如果对于某正常数 m 和所有 x，$|f(x)| \leqslant m|x|$ 成立，那么 f 在 0 处连续. 此处 $A(x) = -mx$，$C(x) = mx$. ■

297

设函数 f 定义在 a 的邻域中，则它有两种不连续的形式. 一个是 $\lim_{x \to a} f(x)$ 存在但是不等于 $f(a)$. 这称之为"可去奇点"；可以通过改变 $f(a)$ 的值让 $f(x)$ 在 a 点连续. 另一个不连续的形式是 $\lim_{x \to a} f(x)$ 不存在.

15.15 例题（连续性失效）   设 $f(x) = 1/x, g(x) = \sin(1/x), h(x) = \text{sign}(x)$ 为 $x \neq 0$ 的函数. 当 x 趋向于 0 时，第一个函数是无界的，第二个函数剧烈振荡，第三个函数是"跳跃不连续". 这三个函数在 0 处都是不连续的. ■

可以使用极限的序列形式给出连续函数的复合仍是连续函数的一个简单证明.

15.16 定理（复合函数连续性）   如果 f 在 x 处连续，g 在 $f(x)$ 处连续，则复合函数 $h = g \circ f$ 在 x 处连续.

证明   只要证明如果 $\langle x \rangle$ 是收敛于 x 的任意序列，则 $z_n = h(x_n)$ 所定义的序列收敛于 $h(x)$. 因为 f 在 x 点连续，故序列 $y_n = f(x_n)$ 收敛于 $f(x)$. 因为 $y_n \to f(x)$ 且 g 在 $f(x)$ 处连续，故有 $z_n = h(x_n) = g(y_n) \to g(f(x))$. ■

连续性的应用

连续性定义中的 ε 和 δ 不仅仅具有理论意义. 为了避免误差超过 ε, δ 必须小到什么程度，这可能是一个工程问题.

15. 17 例题（构建一个矩形） 假设我们想包围一个 32 平方英尺的矩形区域. 现有一块 12 英尺长 1 英尺宽的木板. 将木板切成大约 4 英尺和 8 英尺的长度，将每块木板纵向切成两片，宽 6 英寸，然后组装成长方形. 为了使面积在 $\varepsilon = 32$ 的范围内，必须使木板的长度接近于 4 英尺和 8 英尺吗？

假设长片长度是 $8 + x$. 不计锯末损失，短片长度为 $4 - x$. 那么它的面积是 $(4 - x)(8 + x) = 32 - 4x - x^2$，我们想找到一个 x 使得 $|4x + x^2| < \varepsilon$. 当 $0 < \varepsilon < 4$ 时，需要 $-2 + 2\sqrt{1 - \varepsilon/4} < x < -2 + 2\sqrt{1 + \varepsilon/4}$（习题 15.15）. 当 $\varepsilon = 1$ 时，需要 $-0.268 < x < 0.236$（不对称！），所以选择 $\delta \leqslant 0.236$. 为了将面积控制在 32 平方英尺以内，必须将木板切割到所需长度的 0.236 英尺（约 3 英寸）以内. 注意，当我们的切割非常糟糕，短边和长边互换角色时，期望的误差不等式也适用于 $x = -4$ 附近的区间. ■ 298

对连续性定义更细致的使用使我们能够证明由几何直觉得到的几个重要命题. 其中一个命题是介值定理（定理 15.19），如下图所示. 当 f 在 $[a, b]$ 上连续且 $f(a) < 0 < f(b)$，那么 f 的图像一定穿过 a 和 b 之间的横坐标轴，使得方程 $f(x) = 0$ 得到一个解.

从几何推理中得出结论的有效性可能取决于图中不明显的 $\mathbb{R}$ 完备性公理的某些方面. 当定义域是 $\mathbb{Q}$ 时会有何变化. 设 $f : \mathbb{Q} \to \mathbb{R}$ 由 $f(x) = x^2 - 2$ 定义，如下图所示. 在 f 的定义域中没有 x 使得 $f(x) = 0$. 无论定义域是 $\mathbb{Q}$ 还是 $\mathbb{R}$，图像看起来都是一样的，但是介值定理对于定义在 $\mathbb{Q}$ 上的多项式是失效的.

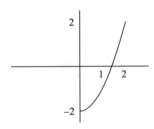

15. 18 引理 如果 f 在 a 的邻域上连续且 $f(a) \neq 0$，那么存在 $\delta > 0$，使得当 $|x - a| < \delta$ 时，有 $f(x) \neq 0$ 且和 $f(a)$ 符号相同.

证明 假设 $f(a) \neq 0$. 在连续性定义中令 $\varepsilon = |f(a)|$，那么存在 $\delta > 0$，使得当 $|x - a| < \delta$ 时，有 $|f(x) - f(a)| < |f(a)|$. 因此，对于 $a - \delta$ 和 $a + \delta$ 之间的每个 x，$f(a)$ 到 $f(x)$ 的距离小于 $f(a)$ 到 0 的距离. 因此 $f(x)$ 和 $f(a)$ 符号相同. ■

我们也可以证明其逆否命题. 如果 $f(x)$ 和 $f(a)$ 符号相反，则它们之间的垂直距离 $|f(x) - f(a)|$ 为 $|f(x)| + |f(a)|$，大于 $|f(a)|$.

15. 19 定理（介值定理） 如果 f 在 $[a, b]$ 上连续且 $f(a) < y < f(b)$，那么必有 $x \in$

(a,b) 满足 $f(x)=y$. 这个结论当 $f(a)>y>f(b)$ 时也成立.

证明 令 $S=\{x\in[a,b]:f(t)<y$ 对于所有 $t\in[a,x]\}$. 因为 $a\in S$，故 S 为非空集合. 同样，b 是 S 的一个上界. 由完备性公理可知 S 有一个最小上界 α. 令 $f(\alpha)=y$.

如果 $f(\alpha)\neq y$，则由引理 15.18 知，存在 δ 使得当 x 在 δ 到 α 的距离内时，$f(x)-y$ 与 $f(\alpha)-y$ 符号相同. 如果 $f(\alpha)<y$，那么 $f(x)-y$ 在 $\alpha\leqslant x<\alpha+\delta$ 时为负，且 α 不是 S 的上界. 如果 $f(\alpha)>y$，那么 $f(x)-y$ 在 $\alpha-\delta<x\leqslant\alpha$ 时为负，且 α 不是 S 的最小上界. 这两种情况都不可能发生，因此有 $f(\alpha)=y$.

对于 $f(\alpha)>y>f(b)$，参见习题 15.11. ∎

15.20 例题 令 $f(x)=x^5-12x-13$. 因为 f 是一个多项式，所以它是连续的. 因为 $f(2)=-5$，$f(2.8)=125.5$，由介值定理知存在 $x\in(2,2.8)$，满足 $f(x)=0$.

为得到更好的逼近值，考虑 $f(2.4)=37.8$. 这表示 x 在 2 到 2.4 之间，此时方程有解. 继续这个过程，$f(2.2)=12.1>0$，$f(2.1)=2.6>0$，但是 $f(2.05)=-1.39<0$. 因此，x 在 2.05 到 2.1 之间方程有解. 可以继续这个二分法的过程，以尽可能地逼近精确解. 直到最后取值为 2.067 916，精确到小数点后六位. ∎

二分法为介值定理提供了另一种证明. 假设 f 是连续的，且 $f(a_0)$ 和 $f(c_0)$ 符号不同. 通过使用它们的均值来不断代替 $\langle a_n,c_n\rangle$ 中的一个（除非能够找到一个精确的解），由此创建了两个有界单调序列 $\langle a\rangle$ 和 $\langle c\rangle$，使得 $f(a_n)<0$，$f(c_n)>0$，且 $\lim a_n=L=\lim c_n$. 因为 f 是连续的，所以有 $\lim f(a_n)=f(L)=\lim f(c_n)$. 因为 $f(a_n)<0$，故有 $f(L)=\lim f(a_n)\leqslant 0$；因为 $f(c_n)>0$，故有 $f(L)=\lim f(c_n)\geqslant 0$. 因此 $f(L)=0$. 这种方法收敛较慢；我们将在第 16 章讨论一种有些时候会更快的方法.

接下来考察一个连续函数 $f:[0,1]\to[0,1]$. 作图 f，得到 f 有一个不动点（$f(x)=x$），可以使用介值定理进行证明.

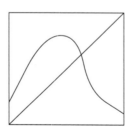

15.21 推论 如果 $f:[0,1]\to[0,1]$ 是连续的，那么 f 有一个不动点.

证明 当且仅当函数 $g(x)=x-f(x)$ 在 x^* 处为 0 时，函数 f 在 x^* 处为不动点. 如果 f 是连续的，那么 g 也是连续的，因为这是连续函数的差运算（见推论 15.12）. 因为对于所有的 x，$0\leqslant f(x)\leqslant 1$ 成立，故有 $g(0)\leqslant 0$，$g(1)\geqslant 0$. 如果 0 和 1 都不是不动点，那么由介值定理得出：必有一个 $x^*\in(0,1)$ 满足 $g(x^*)=0$. 那么 x^* 即为 f 的不动点. ∎

15.22 措施（对径点问题） 我们要证明对于围成圆周形状的导线，圆上一些直径的两个端点具有相同的温度. 当导线周长为 c 时，可以将温度表示为区间 $[0,c]$ 上的连续函数 f，其中 $f(0)=f(c)$. 当 $b-a$ 是 c 的整数倍时，可以通过设置 $f(b)=f(a)$ 将 f 的定

义域扩展到 $\mathbb{R}$. x 所在的直径的另一个端点处温度是 $f(x+c/2)$.

我们想要找到一个 x^* 使得 $f(x^*) = f(x^* + c/2)$. 令 $g(x) = f(x) - f(x+c/2)$. 如果 g 恒等于 0，那么温度是恒定的，因此结论成立. 否则，因为 $g(x+c/2) = -g(x)$，故函数 g 既有正值也有负值. 因为 g 是连续函数的差，所以 g 也是连续的. 将介值定理应用于 x 和 $x+c/2$ 之间的区间，得到一个数字 x^* 使得 $g(x^*) = 0$，因此 $f(x^*) = f(x^* + c/2)$. ∎

15.23 措施 （珠宝窃贼问题） 考虑一条圆形项链，上面按一定顺序排列着 $2k$ 颗钻石和 $2l$ 颗宝石. 我们要找到由 k 颗钻石和 l 颗宝石组成的 $k+l$ 颗连续珠宝. 这是一个离散问题，其解法与对径点问题的解法类似.

考虑第一个窃贼切分 $k+l$ 颗珠宝. 当逆时针移动切割的位置时，会获得一颗又一颗珠宝. 这可能会使钻石的数量保持不变，或者改变一个. 因为我们将总共获得 $k+l$ 颗珠宝，因此如果能得到 k 颗钻石就能得到 l 颗宝石；因此只需关注钻石的数量. 设 $f(i)$ 为 $k+l$ 颗珠宝中从第 i 颗珠宝开始的钻石数. 我们可以把它展开得到 $f(i+2k+2l) = f(i)$.

将起始点从 i 移动到 $i+k+l$，将第一个窃贼获得的一组珠宝转换为其补集作为第二组. 如果第一组钻石太多，那么第二组就太少. 因此 $f(i)-k$ 和 $f(i+k+l)-k$ 符号相反. 因为 f 是整数值，当它的参数变化 1 时，它的值最多变化 1，所以 $f(i)-k$ 不能在不为 0 的情况下改变符号. 这是介值定理的离散形式. ∎

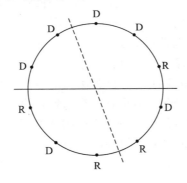

连续性与闭区间

接下来，我们将证明定义在有界闭区间上的连续函数是有界的（也就是说，该函数的象是有界集合）.

15.24 定理 如果 f 在 $[a,b]$ 上连续，那么 f 是有界的.

证明 设在 $[a,b]$ 上的连续函数 f 在 $[a,b]$ 上无界，那么对于任意 n，存在一个 x_n，使得 $|f(x_n)| > n$. 因为 $a \leq x_n \leq b$，所以序列 $\langle x \rangle$ 有界. 根据波尔查诺-魏尔斯特拉斯定理，序列 $\langle x \rangle$ 有一个收敛子序列 $\{x_{n_k} : k \in \mathbb{N}\}$. 令 c 为该序列的极限；由 $a \leq x_{n_k} \leq b$ 知 $a \leq c \leq b$.

因为 f 在 c 点连续且 $x_{n_k} \to c$，根据连续的序列形式可得 $\lim_{k \to \infty} f(x_{n_k}) = f(c)$. 因此

$\{f(x_{n_k}):k\in\mathbb{N}\}$ 是一个收敛序列. 另一方面, 因为存在序列 $\langle x\rangle$ 可以使得 $|f(x_{n_k})|>n_k$, 这表明 $\langle|f(x_{n_k})|\rangle$ 是无界的且 $f(x_{n_k})$ 不收敛. 得到矛盾, 故假设不成立, f 在 $[a,b]$ 上有界. ∎

15.25 例题 (闭区间的重要性)　令函数 $f(x)=1/x$, 该函数在开区间 $(0,1)$ 上是连续的, 但该函数是在该区间上无界. 上述证明哪儿错了吗? ∎

设 f 在 $[a,b]$ 上连续, 则 f 值是一个有界集合 S, 根据完备性公理, 它有一个上确界和一个下确界. 下面定理的假设条件保证了 f 达到了其上确界和下确界; 故 f 有最大值和最小值.

15.26 定理 (最大最小值定理)　如果 f 是 $[a,b]$ 上的连续函数, 则存在 $c_1,c_2\in[a,b]$, 使得对于所有 $x\in[a,b]$, $f(c_1)\leqslant f(x)\leqslant f(c_2)$ 成立.

证明　由定理 15.24 可知集合 $S=\{f(x):a\leqslant x\leqslant b\}$ 是有界的, 因此可以令 $\alpha=\inf(S)$, $\beta=\sup(S)$. 需证明对于一些 $x\in[a,b]$, 有 $\beta=f(x)$. 根据上确界的定义, 可以确保 S 中有一个序列 $\langle y\rangle$, 满足 $y_n\to\beta$ (见命题 13.15). 由于 y_n 属于 f 在区间 $[a,b]$ 上的象集合 S, 故存在 $x_n\in[a,b]$, 满足 $f(x_n)=y_n$. 因为对于每个 n, $a\leqslant x_n\leqslant b$, 故序列 $\langle x\rangle$ 为有界, 由波尔查诺-魏尔斯特拉斯定理知存在一个收敛子序列 $\{x_{n_k}:k\in\mathbb{N}\}$. 令 $c=\lim_{k\to\infty}x_{n_k}$; 因为 $a\leqslant x_n\leqslant b$, 所以有 $a\leqslant c\leqslant b$.

我们令 $f(c)=\beta$. 因为 $\lim_{k\to\infty}x_{n_k}=c$ 且 f 在 c 点连续, 所以有 $\lim_{k\to\infty}f(x_{n_k})=f(c)$. 由于该函数值序列是 $\langle y\rangle$ 的子序列, 且 $y_n\to\beta$. 收敛序列的每个子序列都收敛到相同的极限, 所以 $f(x_{n_k})$ 收敛到的值 $f(c)$ 也必须是 β.

最小值的证明类似上述过程, 也可以将关于最大值的论证应用于函数 $-f$. ∎

15.27 例题 (有界区间的重要性)　令函数 $f(x)=1/(1+x^2)$, 当 $x>0$ 时, $f(x)$ 是有界的, 因为它的值在 0 和 1 之间, 但是它没有达到它的下确界 0. ∎

接下来我们介绍一致连续性, 它是一个比连续性更强的性质. 对于闭区间和有界区间上的函数, 它们的性质是等价的, 我们将在第 17 章中用到该性质.

15.28 定义　某函数 f 在区间 I 上有定义, 如果对于任意 $\varepsilon>0$, 总有 $\delta>0$, 使得在区间 I 上的任意两点 x 和 y, 当满足 $|y-x|<\delta$ 时, $|f(y)-f(x)|<\varepsilon$ 恒成立, 则称该函数在区间 I 上**一致连续**.

这个性质比每一点的连续性更难满足, 因为需要对 δ 有更多的要求. 我们不仅要保证当 $|y-x|<\delta$ 时, $|f(y)-f(x)|<\varepsilon$, 还要让相同的 δ 作用于每一个 $x\in I$. 当 f 在 I 中每个 x 处都是连续时, 我们所选择的 δ, 使当 $|y-x|<\delta$, 有 $|f(y)-f(x)|<\varepsilon$. 这个 δ 可能同时取决于 ε 和 x. 定义的加强是按照量词的顺序进行的 (与例题 2.11 相比较):

逐点: $(\forall\varepsilon>0)(\forall x\in I)(\exists\delta>0)(|y-x|<\delta\Rightarrow|f(y)-f(x)|<\varepsilon)$

一致: $(\forall\varepsilon>0)(\exists\delta>0)(\forall x\in I)(|y-x|<\delta\Rightarrow|f(y)-f(x)|<\varepsilon)$

15.29 例题 (一致连续性与每一点的连续性)　函数 $f(x)=1/x$ 在开区间 $(0,1)$ 上连续, 但不是一致连续. 如果 $x<y$, 那么

$$|f(x)-f(y)|=(1/x)-(1/y)=(y-x)/xy<(y-x)/x^2$$

如果 $y-x$ 非常小，那么 $|f(x)-f(y)|$ 非常接近 $(y-x)/x^2$（f 的连续性）. 为了让 $|f(x)-f(y)|<\varepsilon$，需要找到比 $x^2\varepsilon$ 更小的 δ；令 $\delta=x^2\varepsilon/2$. 当 x 变小时，必须选择一个更小的 δ. 没有一个 δ 在整个区间内有效. ■

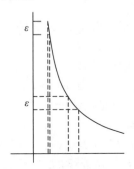

下面的命题结论有助于阐明一致连续性.

303

15.30 命题 如果函数 f 在 (a,b) 上一致连续且 $\langle x \rangle$ 是在 (a,b) 上收敛于 L 的序列，那么 $f(x_n)$ 收敛.

证明 我们证明 $f(x_n)$ 是一个柯西序列. 任意给定 $\varepsilon>0$，由 f 的一致连续性可知存在 $\delta>0$，使得当 $|x_n-x_m|<\delta$，有 $|f(x_n)-f(x_m)|<\varepsilon$. 由于收敛使 $\langle x \rangle$ 成为柯西序列，所以给定一个 $\delta>0$，存在 $N\in\mathbb{N}$，使得当 $n,m\geqslant N$ 时有 $|x_n-x_m|<\delta$. 由此可知，当 $n,m\geqslant N$ 时 $|f(x_n)-f(x_m)|<\varepsilon$ 成立. 因此 $f(x_n)$ 收敛. ■

15.31 例题 函数 f 连续不足以得出命题 15.30 的结论. 令 $x_n=1/n$，$f(x)=1/x$. 易知 f 在 $(0,1)$ 上连续且 $x_n\to 0$. 然而，$f(x_n)=n$ 并不收敛. ■

15.32 定理 如果 f 在 $[a,b]$ 上连续，那么 f 在 $[a,b]$ 上一致连续.

证明 通过证明逆否命题来完成证明. 假设 f 不是一致连续的. 下面使用波尔查诺-魏尔斯特拉斯定理和连续性的序列形式得出 f 不连续的结论.

根据对 f 在 $[a,b]$ 上一致连续性定义的否定，可得：

$(*)$：存在一个数 $\varepsilon^*>0$，使得对于任意的 $\delta>0$，存在 $x,y\in[a,b]$ 满足当 $|y-x|<\delta$，$|f(y)-f(x)|\geqslant\varepsilon^*$ 成立.

对于 $(*)$ 中的 ε^*，令 (y_n,x_n) 为 $\delta=1/n$ 时的结果. 因此当 $|y_n-x_n|<1/n$，有 $|f(y_n)-f(x_n)|\geqslant\varepsilon^*$. 注意，对于所有 n，$a\leqslant x_n\leqslant b$，因此 $\langle x \rangle$ 是有界的.

根据波尔查诺-魏尔斯特拉斯定理，$\langle x \rangle$ 有一个收敛子序列 $\{x_{n_k}:k\in\mathbb{N}\}$ 收敛于 $c\in[a,b]$. 因为 $y_n-x_n\to 0$，故有 $y_{n_k}\to c$. 现在有序列 $\{x_{n_k}\}$ 和 $\{y_{n_k}\}$ 收敛到 c，它们的象却相距很远（因为 $|f(x_{n_k})-f(y_{n_k})|\geqslant\varepsilon^*$）. 因此 f 是不连续的. ■

习题

对于习题 15.1～15.10，判断这些命题是对还是错. 如果是对的，给出证明；如果是错的，举出一个反例.

15.1（一）存在一个连续函数 $f:\mathbb{R}\to\mathbb{R}$，满足 $f(x)=(-1)^k$. 其中 $k\in\mathbb{Z}$.

15.2 （一）存在一个连续函数 $f:\mathbb{R} \to \mathbb{R}$，使得 $f(x) = 0$ 当且仅当 $x \in \mathbb{Z}$.

15.3 （一）如果函数 f 在 $\mathbb{R}$ 上连续，且当 $x \in \mathbb{Q}$ 时有 $f(x) = 0$，那么函数 f 是常函数.

15.4 （一）存在 $x > 1$，满足 $\dfrac{x^2 + 5}{3 + x^7} = 1$.

15.5 （一）函数 $f(x) = |x|^3$ 对于所有 $x \in \mathbb{R}$ 都是连续的.

15.6 如果 $f + f$ 和 fg 是连续的，那么 f 和 g 也是连续的.

15.7 设 f, g, h 在区间 $[a,b]$ 上连续. 如果 $f(a) < g(a) < h(a)$ 且 $f(b) > g(b) > h(b)$，那么存在 $c \in [a,b]$，满足 $f(c) = g(c) = h(c)$.

304

15.8 如果 $|f|$ 是连续的，那么 f 也是连续的.

15.9 （!）设函数 f,g 在 $\mathbb{R}$ 上连续.

　　a）如果对于任意 $x > 0$，有 $f(x) > g(x)$，那么 $f(0) > g(0)$.

　　b）对于任意 $x \in \mathbb{R}$，函数 f/g 是连续的.

　　c）如果对于任意 x，有 $0 < f(x) < g(x)$，则存在 $x \in \mathbb{R}$，使得 $f(x)/g(x)$ 是 f/g 的最大值.

　　d）如果对于任意 x，有 $f(x) \leqslant g(x)$ 且 g 恒不等于 0，那么 f/g 是有界的.

　　e）如果对于每个 x，$f(x)$ 都是有理数，那么 f 就是常函数.

15.10 a）如果函数 f 在 $\mathbb{R}$ 上连续，那么 f 有界.

　　　b）如果函数 f 在 $[0,1]$ 上连续，那么 f 有界.

　　　c）存在一个从 $\mathbb{R}$ 到 $\mathbb{R}$ 的函数，该函数只在一个点上连续.

　　　d）如果函数 f 在 $\mathbb{R}$ 上连续且有界，那么 f 可以取到最大值.

＊　＊　＊　＊　＊　＊　＊　＊　＊　＊　＊

15.11 （一）证明当假设 $f(a) < y < f(b)$ 被 $f(a) > y > f(b)$ 替换时，介值定理仍然成立.

15.12 构造一个函数 f，满足存在收敛到 0 的序列 $\langle a \rangle$ 和 $\langle b \rangle$，使得 $f(a_n)$ 收敛，但 $f(b_n)$ 无界. 是否存在这样的函数 f 在 0 处连续?

15.13 证明绝对值函数是连续的（使用 "$\varepsilon\text{-}\delta$"）.

15.14 设函数 $f(x) = 1/x$，且令 $a = 0.5$. 当 $|x - a| < \delta$，如果要保证 $|f(x) - f(a)| < 0.1$，那么 δ 能取多大?

15.15 （!）当 $f(x) = x^2 + 4x$ 时，有 $\lim_{x \to 0} f(x) = 0$. δ 必须要取多小才能使得当 $|x| < \delta$，有 $|f(x)| < \varepsilon$? 将 δ 表示为 ε 的函数. 假设 $\varepsilon < 4$.

15.16 （一）假设 $\lim_{x \to 0} f(x) = 0$. 证明对于任意 $n \in \mathbb{N}$，存在 x_n 使得 $|f(x_n)| < 1/n$.

15.17 令 $f(a,n) = (1+a)^n$，其中 a 和 n 是正数.

　　a）a 为常数时，当 $n \to \infty$ 时，$f(a,n)$ 的极限为多少? n 为常数时，当 $a \to 0$ 时，$f(a,n)$ 的极限为多少?

　　b）设 L 为实数且 $L \geqslant 1$. 证明存在一个序列 $\langle a \rangle$ 满足当 $n \to \infty$，有 $a_n \to 0$ 且 $f(a_n,n) \to L$. 换句话说，根据 a_n 趋近于 0 的速度，f 可以趋近于任何值.

15.18 （!）几乎不连续函数.

a) 令函数 $f:\mathbb{R}\to\mathbb{R}$ 定义为当 $x\in\mathbb{Q}$，$f(x)=0$，当 $x\notin\mathbb{Q}$，$f(x)=1$. 证明 f 在每个实数处都是不连续的.

b) 令函数 $g:\mathbb{R}\to\mathbb{R}$ 定义为当 $x\in\mathbb{Q}$，$g(x)=0$，当 $x\notin\mathbb{Q}$，$g(x)=cx$. 其中 c 是一个非零实数. 证明 g 在 0 点连续且在其他任何实数处都是不连续的.

15.19 （!）对于某个正常数 c 和任意的 x，如果 $|f(x)-f(a)|\leqslant c|x-a|$，那么 f 在 a 点连续. 用两种方法证明上述命题. 一种方法需要使用 ε,δ 语句，另一种方法使用连续性的一般结果.

15.20 证明每个多项式在 $\mathbb{R}$ 上都是连续的. 证明两个多项式之比在分母非零处是连续的.

15.21 （一）证明存在 $x\in[1,2]$ 满足 $x^5+2x+5=x^4+10$.

305

15.22 设函数 f 和 g 在 $[a,b]$ 上连续. 假设 $f(a)>g(a)$ 且 $f(b)<g(b)$. 证明存在 $c\in[a,b]$ 满足 $f(c)=g(c)$.

15.23 （!）设函数 f 和 g 在 $[a,b]$ 上连续. 设 $f(a)=(1/2)g(a)$ 且 $f(b)=2g(b)$. 举例说明不必存在 $c\in[a,b]$ 满足 $f(c)=g(c)$. 证明如果对于 $x\in[a,b]$，有 $g(x)\geqslant 0$，则必须存在这样的 c.

15.24 （!）证明每个奇次多项式至少有一个实数零点.

15.25 任意给定正实数 ε，证明对于任意的 $x,y\in\mathbb{R}$，有一个正实数 c（取决于 ε，而不是 x 或 y）满足 $|xy|\leqslant\varepsilon x^2+cy^2$.

15.26 用波尔查诺-魏尔斯特拉斯定理和连续性定义，写出 $[a,b]$ 上连续函数有下界的证明.

15.27 （一）证明 f 是连续函数当且仅当 $-f$ 是连续的. 用这个结论来证明如果 f 在 $[a,b]$ 上连续且 $f(a)>y>f(b)$，那么存在 $c\in(a,b)$ 使得 $f(c)=y$.

15.28 设 $P=\{x\in\mathbb{R}:x>0\}$. 令 $f:P\to P$ 连续且为单射函数.

a) 证明定义在 f 的象上的 f 的反函数是连续的.

b) 对于某个 $c\in P$，令 $x_1=c$，且当 $n\geqslant 1$ 时，令 $x_{n+1}=f\left(\sum_{j=1}^n x_j\right)$. 证明如果 $\langle x\rangle$ 收敛，那么极限为 0.（提示：证明 $\sum_{j=1}^n x_j$ 收敛.）

15.29 （!）令 $f_n(x)=(x^n+1)^{1/n}$ 定义在 $\{x\in\mathbb{R}:x\geqslant 0\}$ 上. 画出 f_1 和 f_2 的图像. 当 $x>0$ 时，计算 $g(x)=\lim_{n\to\infty}f_n(x)$ 并画出 g 的图像.

15.30 采用二分法计算 $\sqrt{10}$，使其精确到小数点后四位. 用这种方法解方程 $x^7-5x^3+10=0$，精确到小数点后两位.

15.31 找到下列命题的反例：如果 f 是两个变量的实值函数，并且下面给出的所有极限都存在，那么 $\lim_{y\to 0}\lim_{x\to 0}f(x,y)=\lim_{x\to 0}\lim_{y\to 0}f(x,y)$.（当求一个变量的极限时，把另一个变量当作常数进行计算.）

15.32 沿着圆形轨道有许多装有天然气的容器. 天然气的总量刚好足够一辆汽车绕轨道行驶一周. 证明有一个起点可以让汽车在没有耗尽天然气的情况下完成行程.

15.33 （+）令 n 是一个正整数，假设 f 在 $[0,1]$ 上连续且 $f(0)=f(1)$. 证明 f 的图像具有长度为 $1/n$ 的水平弦. 换句话说，证明存在 $x\in[0,(n-1)/n]$ 使得 $f(x+1/n)=$

$f(x)$.

（注：令人惊讶的是，对于任何不是整数倒数的 α，我们可以构造这样一个函数 f，它没有长度为 α 的水平弦.）

15.34 （!）设 f 在区间 I 上连续. 对于每个 $a \in I$，且 $\varepsilon > 0$，设 $m(a,\varepsilon) = \sup(\{\delta: |x-a| < \delta$ 蕴含 $|f(x)-f(a)| < \varepsilon\})$. $m(a,\varepsilon)$ 需要满足什么才能使得 f 在 I 上一致连续？

15.35 **具有常数倍的连续函数**

a）构造一个连续函数 $f: \mathbb{R} \to \mathbb{R}$，使得每个实数都恰好以三个数的象出现.

b）（+）令 $f: \mathbb{R} \to \mathbb{R}$ 是连续函数. 假设对于每个 $z \in \mathbb{R}$ 都以 k 个数的象出现，证明 k 一定是奇数.（提示：试着用 k 个偶数画出这样一个函数的图. 对于 k 个偶数，利用介值定理和最大最小值定理来产生一个矛盾，由此获得证明.）

306

第 16 章　微　　分

乔治·托马斯的著名微积分课本开篇写道："微积分是关于变化和运动的数学."[一]连续性和可微性的概念产生于对物理量如何随时间变化问题的研究. 前述关于极限知识准备工作使我们能够证明微分学的基本定理,并能够充分理解它们.

16.1 问题（线性逼近）　一个面积为 64 的正方形边长为 8. 根据连续性,面积为 65 的正方形的边长接近 8. 有没有一种简单的方法能够较精确地估算 $\sqrt{65}$? ■

16.2 问题（迭代求解方程）　在例题 15.20 中,我们使用二分法估计某个函数的零点. 有没有更快的算法呢?利用函数图像的切线,可以得到一个更好的估计. 那么这个过程什么时候收敛到方程的一个解呢? ■

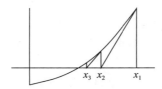

16.3 问题（曲率圆）　假设某个粒子在平面上沿着一条光滑曲线运动. 它在每个瞬间近似于沿圆周运动,最佳近似圆的圆心和半径随着粒子的运动而变化. 半径的倒数衡量的是运动的"曲率",怎么才能得到它呢? ■

16.4 问题　等式 $\lim_{n\to\infty}\lim_{x\to1}f_n(x)=\lim_{x\to1}\lim_{n\to\infty}f_n(x)$ 成立吗? ■

导数

导数是对变化率这个概念的一种精确表述. $(f(b)-f(a))/(b-a)$ 是当 x 从 a 变化到 b 时,$f(x)$ 变化的平均速率. 当 b 趋向于 a 时,这个比值趋向于 a 处的瞬时变化率. 一个熟悉的例子是里程表和速度表之间的关系. 里程表表示走过的距离;速度表表示速度,即行驶距离的瞬时变化率. 因此如果在 a 时行驶了 $f(a)$ 英里,在 b 时行驶了 $f(b)$ 英里,则 $(f(b)-f(a))/(b-a)$ 表示 a 到 b 时间间隔内的平均速度. 当 b 趋向于 a 时,这个比值的极限等于 a 时刻的速度.

导数也有一个简单的几何解释. 给定某个函数 f,点 $(a,f(a))$ 和 $(b,f(b))$ 连线的斜率 $m_{a,b}$ 是 $(f(b)-f(a))/(b-a)$. 当 $b\to a$ 时,这个斜率 $m_{a,b}$ 接近 f 的图像在点 $(a,f(a))$ 处的斜率.

（一）　G. Thomas, *Calculus and Analytic Geometry*, Addison-Wesley (Reading, 1968), 1.

16.5 定义   如果 $\lim_{h\to 0}\dfrac{f(x+h)-f(x)}{h}$ 存在，则称函数 f 在 x 点**可微**，并称该极限值是 f 在 x 点处的**导数**，记为 $f'(x)$ 或 $\dfrac{\mathrm{d}f}{\mathrm{d}x}(x)$. 通常称 $\dfrac{f(x+h)-f(x)}{h}$ 为**差商**.

16.6 定义   函数 f 在 x 点的**线性逼近**是一个图像经过点 $(x,f(x))$ 线性函数. **误差函数**是一个在 0 的某邻域中定义的函数 e，且满足 $\lim_{h\to 0}e(h)/h=0$.

函数 f 在 x 点的导数等于 f 在 $(x,f(x))$ 处的切线的斜率. 对于某个很小的 h，如果沿着这条切线从点 $(x,f(x))$ 移动到点 $(x+h,y)$，则希望 y 尽可能地接近 $f(x+h)$. 由此可得下面关于导数的另一种定义：函数 f 在 x 点的导数是 f 在 x 处一种唯一确定线性逼近的斜率，该线性逼近使得差分 $f(x+h)-f(x)-f'(x)h$ 定义了一个误差函数.

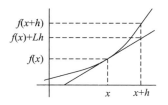

16.7 定义   如果函数 f 定义在 x 的某邻域内，存在 $L\in\mathbb{R}$ 使得由 $f(x+h)=f(x)+Lh+e_x(h)$ 定义的函数 e_x 是个误差函数，则称函数 f 在 $x\in\mathbb{R}$ 上**可微**. 此时，L 称为 f 在 x 点的**导数**，记为 $L=f'(x)$.

16.8 例题   如果 $f(x)=mx+b$，则有 $f(x+h)=f(x)+mh$，那么误差函数 e_x 等于零，且对所有的 x，$f'(x)=m$ 成立.   ■

16.9 引理   导数的两个定义是等价的.

证明   当 $h\neq 0$ 时，等式 $f(x+h)-f(x)-Lh=e(h)$ 和 $\dfrac{f(x+h)-f(x)}{h}=L+e(h)/h$ 等价，因此 $\lim_{h\to 0}e(h)/h=0$ 当且仅当 $\lim_{h\to 0}\dfrac{f(x+h)-f(x)}{h}=L$.   ■

定义 16.7 中误差函数 e_x 和 L 的值取决于 x. 我们把 x 的导数写成 $f'(x)$ 来强调对 x 的依赖关系.

16.10 例题   如果 $f(x)=x^n$，其中 $n\in\mathbb{N}$，那么 $f'(x)=nx^{n-1}$. 根据二项式定理可得，$(x+h)^n=\sum_{k=0}^{n}\binom{n}{k}x^{n-k}h^k$. 计算

$$\frac{f(x+h)-f(x)}{h}=\sum_{k=1}^{n}\binom{n}{k}x^{n-k}h^{k-1}=nx^{n-1}+hg_x(h)$$

其中 $g_x(h)$ 是 h 的多项式. 当 $h\to 0$ 时，$\dfrac{f(x+h)-f(x)}{h}\to nx^{n-1}$.

可以使用线性逼近做同样的计算. 通过二项式定理展开 $f(x+h)=(x+h)^n$，可以得到 $(x+h)^n=x^n+nx^{n-1}h+e_x(h)$，其中 $e_x(h)$ 是一个能被 h^2 整除的多项式，因此 $e_x(h)/h\to 0$. 因为 $e_x(h)=f(x+h)-f(x)-nx^{n-1}h$，故有 $f'(x)=nx^{n-1}$.   ■

16.11 例题   如果当 $x>0$ 时，有 $f(x)=\sqrt{x}$，则有 $f'(x)=1/(2\sqrt{x})$，计算

$$\frac{f(x+h)-f(x)}{h}=\frac{\sqrt{x+h}-\sqrt{x}}{h}=\frac{\sqrt{x+h}-\sqrt{x}}{h}\frac{\sqrt{x+h}+\sqrt{x}}{\sqrt{x+h}+\sqrt{x}}=\frac{x+h-x}{h\cdot(\sqrt{x+h}+\sqrt{x})}$$

化简并令 $h\to 0$，可得到导数 $1/(2\sqrt{x})$. ■

16.12 措施（平方根的线性逼近，问题 16.1） 根据例题 16.11 和定义 16.7，有 $\sqrt{x+h}=\sqrt{x}+\frac{1}{2\sqrt{x}}h+e(h)$. 当 $x=64,h=1$ 时，有 $\sqrt{65}\approx 8+\frac{1}{16}\times 1=8.0625$. 实际值是 8.06226，精确到小数点后五位. ■

16.13 注 有很多典型的近似计算方法使用导数线性逼近的定义. 例如，当 h 很小时，用 $1+h$ 近似 $1/(1-h)$，用 $1+\alpha h$ 近似 $(1+h)^{\alpha}$，用 h 近似 $\sin h$，用 $1+h$ 近似 e^{h}. 这需要知道 $1/(1-x)$，$(1+x)^{\alpha}$，$\sin x$ 和 e^{x} 在 $x=0$ 处的导数值，它们分别是 1，α，1，1.（在尚未给出 $\sin x$ 和 e^{x} 的定义之前，还不能计算最后两个导数值.） ■

为了给出求导公式的证明，我们讨论误差函数的性质.

16.14 引理 设 e,e_1,e_2 是误差函数.

a) 当 $h\to 0$ 时，有 $e(h)\to 0$.

b) e_1+e_2 是误差函数.

c) 如果 $c\in\mathbb{R}$，且 u 是定义在 0 的某邻域上的有界函数，那么 ce 和 ue 是误差函数.

证明 使用极限的基本性质进行求和运算和乘积运算（引理 15.9）. a) $e(h)=h\cdot[e(h)/h]\to 0\cdot 0=0$. b) $(e_1+e_2)(h)/h=e_1(h)/h+e_2(h)/h\to 0+0=0$. c) 当 $c\in\mathbb{R}$ 时，$ce(h)/h\to c\cdot 0=0$. 对于乘积 ue 的表述，设 c 是 $|u|$ 在 0 邻域的上界. 因为 $0\leqslant|u(h)e(h)/h|\leqslant c|e(h)/h|$，所以 ue 的结果满足夹逼定理. ■

16.15 引理 设 e 是误差函数.

a) 如果 $c\in\mathbb{R}$，那么 $\dfrac{1}{1+ch+e(h)}$ 等于 $1-ch$ 加上一个误差函数.

b) 如果 $s(h)\to 0$，那么当 $h\to 0$ 时，$e(s(h))/s(h)\to 0$.

证明 a) 计算差值

$$\frac{1}{1+ch+e(h)}-(1-ch)=\frac{1-(1-ch)(1+ch+e(h))}{1+ch+e(h)}=\frac{e(h)(ch-1)+c^2h^2}{1+ch+e(h)}$$

对上式除以 h，并令 $h\to 0$. 因为 $e(h)/h\to 0$，$1-ch\to 1$，$c^2h\to 0$，$1-ch+e(h)\to 1$，所以上式趋向于 0. 证毕.

b) 因为 e 是误差函数，故对于任意 $\varepsilon>0$，存在 $\delta>0$，满足当 $|t|<\delta$ 时，$|e(t)|\leqslant|t|\varepsilon$ 成立. 因此，当 $|s(h)|<\delta$ 时，有 $|e(s(h))|\leqslant|s(h)|\varepsilon$. 因为 $s(h)\to 0$，故可以找到 δ'，满足当 $|h|<\delta'$ 时，$|s(h)|<\delta$ 成立，故当 $|h|<\delta'$ 时，有 $|e(s(h))|<\varepsilon$. 由此可得 $e(s(h))/s(h)\to 0$. ■

16.16 定理 如果 f 和 g 在 x 处可微，且 c 是常数，那么 $f+g,cf,f\cdot g$ 和 $f/g\,(g(x)\neq 0)$ 在 x 处可微，且下列式子成立

a) $(f+g)'(x)=f'(x)+g'(x)$，

b) $(cf)'(x)=c\cdot f'(x)$，

c) $(fg)'(x) = f(x)g'(x) + f'(x)g(x)$（乘法法则），

d) $(f/g)'(x) = \dfrac{g(x)f'(x) - f(x)g'(x)}{[g(x)]^2}$（除法法则）.

证明 我们计算线性逼近的导数. 在计算过程中，x，$f(x)$，$g(x)$，$f'(x)$，$g'(x)$ 不会随着 h 的变化而变化. 在每种情况下，导数都是 h 的系数.

a) 由定义知 $(f+g)(x+h) = f(x+h) + g(x+h)$. 根据该定义和 f, g 的线性逼近，有

$$(f+g)(x+h) = f(x) + f'(x)h + e_1(h) + g(x) + g'(x)h + e_2(h)$$
$$= (f+g)(x) + (f'(x) + g'(x))h + (e_1 + e_2)(h)$$

由引理 16.14b 知 $e_1 + e_2$ 是一个误差函数，故提取 h 的系数可得 $(f+g)'(x) = f'(x) + g'(x)$.

b) 考虑 $(cf)(x+h) = c \cdot f(x+h)$，计算

$$(cf)(x+h) = c[f(x) + f'(x)h + e(h)] = cf(x) + cf'(x)h + ce(h)$$

由引理 16.14c，ce 是误差函数，因此 $(cf)'(x) = c \cdot f'(x)$.

c) 考虑 $(fg)(x+h) = f(x+h) \cdot g(x+h)$，计算

$$(fg)(x+h) = [f(x) + f'(x)h + e_1(h)] \cdot [g(x) + g'(x)h + e_2(h)]$$
$$= f(x)g(x) + [f'(x)g(x) + f(x)g'(x)]h + f'(x)g'(x)\,h^2$$
$$+ e_1(h)[g(x) + g'(x)h] + e_2(h)[f(x) + f'(x)h] + e_1(h)e_2(h)$$

由引理 16.14c 可知，最后四项中的每一项都分别定义了一个误差函数.

由引理 16.14b 可知，误差函数的和还是一个误差函数，故有 $(fg)'(x) = f(x)g'(x) + f'(x)g(x)$.

d) 公式 $(f/g)'(x)$ 来自 c)，其中 f 等于 1. 为得到 $1/g$ 的微分，计算

$$\frac{1}{g(x+h)} = \frac{1}{g(x) + g'(x)h + e(h)} = \frac{1}{g(x)}\, \frac{1}{1 + \dfrac{g'(x)h + e(h)}{g(x)}}$$

由引理 16.14c 可知，当 $c = 1/g(x)$，$e(h)\,/g(x)$ 是误差函数. 由引理 16.15a 知 $c = g'(x)\,/g(x)$，可把第二个因子写为 $1 - g'(x)\,h/g(x) + e_3(x)$，其中 e_3 是一个误差函数. 故有

$$\frac{1}{g(x+h)} = \frac{1}{g(x)}\left[1 - \frac{g'(x)}{g(x)}h + e_3(h)\right] = \frac{1}{g(x)} - \frac{g'(x)}{[g(x)]^2}h + e_4(h)$$

其中 e_4 是误差函数. 因此，$(1/g)'(x) = -g'(x)/[g(x)]^2$. ∎

16.17 推论 多项式函数处处可微，更一般地，两个多项式的比值在分母非零时处处可微.

证明 因为函数 x^n 可微的，故由定理 16.16 可知结论成立.

可微性是一个比连续性更强的条件.

16.18 定理 如果函数 f 在 x 处可微，那么 f 在 x 处连续.

证明 使用线性逼近法，令 $f(x+h) = f(x) + f'(x)h + e(h)$，其中 e 是误差函数. 因

为 $\lim_{h\to 0} e(h) = 0$（引理 16.14a），有 $\lim_{h\to 0} f(x) + f'(x)h + e(h) = f(x)$，故 f 在 x 处连续.

第二种证明方式：$f(x+h) - f(x) = \dfrac{f(x+h) - f(x)}{h} \cdot h \to f'(x) \cdot 0 = 0.$ ■ $\boxed{311}$

16.19 例题（连续但不可微） 绝对值函数是连续的，但在 0 点不可微. 差商是 $|h|/h$，当 $h \to 0$ 时差商极限不存在.

更一般地，如果 g 是有界函数但在 0 点不连续，则可将函数定义 f 为当 $x \neq 0$ 时，$f(x) = xg(x)$，且 $f(0) = 0$，那么函数 f 在 0 处连续但不可微. 差商 $g(h)$ 当 $h \to 0$ 时极限不存在. 在例题 16.74～16.75 中，我们将给出处处不可微的连续函数！ ■

下面给出在一点处可微的一个充分条件，该条件与连续函数的夹逼定理类似（命题 15.13）. 在某个点的领域内，当函数 f 被夹在两个在该点处具有相等函数值和相等导数值的可微函数之间时，f 在该点也一定存在导数（见例题 16.47）.

16.20 定理（可微性夹逼定理） 设 A 和 C 是在 x 处可微的函数，满足 $A(x) = C(x)$ 且 $A'(x) = C'(x) = L$. 若 $A(t) \leqslant f(t) \leqslant C(t)$，其中 t 在 x 的邻域内，则 f 在 x 处可微且 $f'(x) = L$.

证明 由上述假设可得 $A(x) = f(x) = C(x)$，故有 $A(x+h) - A(x) \leqslant f(x+h) - f(x) \leqslant C(x+h) - C(x)$. 使用误差函数，将上式变形为 $A'(x)h + e_1(h) \leqslant f(x+h) - f(x) \leqslant C'(x)h + e_2 h$，减去 Lh 可得 $e_1(h) \leqslant f(x+h) - f(x) - Lh \leqslant e_2 h$. 由于夹在两个误差函数之间的函数本身就是一个误差函数（习题 16.17），故 f 在 x 处可微，且导数为 L. ■

16.21 推论 如果对于任意 t，$|g(t) - g(x)| \leqslant c\,|t - x|^{1+\alpha}$ 成立，其中 c, α 是正常数，那么 g 在 x 点可微，且 $g'(x) = 0$.

证明 这是定理 16.20 的特殊情形，其中 $f(t) = g(t) - g(x)$，$A(t) = -c\,|t - x|^{1+\alpha}$，$C(t) = c\,|t - x|^{1+\alpha}$. ■

接下来考察复合函数的微分，得到一个有用的公式，称为"链式法则". 其思想很简单：如果 f 和 g 可微，那么 $g \circ f$ 也可微，其线性逼近是 g 和 f 的线性逼近的组合.

设 f 和 g 是线性函数. 如果 $f(x) = ax + b, g(x) = cx + d$，则有 $(g \circ f)(x) = c(ax+b) + d = acx + (bc + d)$. 复合函数也是线性函数，而且它的导数是 f 在 x 处的导数和 g 在 $f(x)$ 处的导数的乘积.

16.22 定理（链式法则） 如果 f 在 x 处可微，且 g 在 $f(x)$ 处可微，那么复合函数 $\varphi = g \circ f$ 在 x 处可微，且有 $\varphi'(x) = g'(f(x))f'(x)$. $\boxed{312}$

证明 设 $y = f(x)$，令 $L = f'(x), M = g'(y)$. 由 f 和 g 的可微性可得 $f(x+h) = f(x) + Lh + e_1(h), g(y+k) = g(y) + Mk + e_2(k)$，其中 e_1, e_2 为误差函数. 为证明 φ 在 x 处可微，需要找到一个实数 N，满足 $\varphi(x+h) = \varphi(x) + Nh + e(h)$，其中 $e(h)/h \to 0$.

因此，需要计算 $\varphi(x+h)$ 的值. 令 $K = Lh + e_1(h)$，则有
$$g(f(x+h)) = g(f(x) + Lh + e_1(h)) = g(f(x) + k)$$
$$= g(f(x)) + Mk + e_2(k)$$

$$= g(f(x)) + MLh + [Me_1(h) + e_2(Lh + e_1(h))]$$

令 $e(h) = Me_1(h) + e_2(Lh + e_1(h))$，如果能够证明 $e(h)/h \to 0$，则 $\varphi'(x)$ 存在且等于 $ML = g'(f(x))f'(x)$.

由引理 16.14，可知 $Me_1(h)$ 是一个误差函数. 由于误差函数的和仍然是误差函数，故证明 $e_2(Lh + e_1(h))/h \to 0$ 就意味着 e 是一个误差函数，并由此完成证明.

令 $s(h) = Lh + e_1(h)$. 当 $s(h) = 0$ 时，有 $e_2(s(h)) = 0$，否则写成 $\left|\dfrac{e_2(s(h))}{h}\right| = \left|\dfrac{e_2(s(h))}{s(h)}\right|\left|\dfrac{s(h)}{h}\right|$. 因为 $e_1(h)/h \to 0$，所以 $s(h)/h \to L$. 根据引理 16.15b，因为 $s(h) \to 0$ 且 e_2 是误差函数，所以 $e_2(s(h))/s(h) \to 0$. ∎

16.23 例题　给定 $m, n \in \mathbb{N}$，设 $f(x) = (x^n + 1)^m$，则有 $f'(x) = m(x^n + 1)^{m-1} nx^{n-1}$. ∎

16.24 命题　如果 f 可微且严格单调，则 f^{-1} 存在且可微，并有 $\dfrac{\mathrm{d}f^{-1}(y)}{\mathrm{d}y} = \dfrac{1}{f'(f^{-1}(y))}$.

证明（概述）　在证明 f^{-1} 为可微函数之后，可用链式法则对 $y = f(f^{-1}(y))$ 两边求导. 见习题 16.36. ∎

可将线性逼近的导数定义和链式法则的证明方法推广到多变量函数的情形. 微分的所有形式化计算法则（如乘法法则、除法原理等）都可以看成是一般链式法则的推论. 这种方法使得如定理 16.16 变成一个很平凡的结论.

导数的应用

微分学提供了一种求函数在某区间上最大值和最小值的方法. 由最大最小值定理可知，有界闭区间上的连续函数有其上确界和下确界，但这个证明既没有告知如何计算它们，也没有告知它们在哪里.

16.25 定义　如果对于 x 某邻域中任意 t，$f(t) \leqslant f(x)$ 成立，则称函数 f 在 x 处有**极大值**. 同样地，如果对于 x 某邻域中任意 t，$f(t) \geqslant f(x)$ 成立，则称函数 f 在 x 处有**极小值**. 极大值和极小值统称为**极值**，极大值或极小值出现的地方称为**极值点**.

下面定理给出了可微函数的极值在 x 处出现的必要条件（但不是充分条件）：在 x 处导数必须为 0. 为求出 f 在区间 $[a, b]$ 上的极值，我们只需检查区间端点和导数为 0 的点.

16.26 定理　如果 f 在 x 处可微且在 x 处有极值，那么 $f'(x) = 0$.

证明　不妨设极值是极大值. 故存在 $\delta > 0$，满足当 $|h| < \delta$ 时，$f(x + h) \leqslant f(x)$ 成立. 因为 f 在 x 处可微，故当 $h \to 0$ 时，差商 $[f(x + h) - f(x)]/h$ 的极限存在；当 $-\delta < h < 0$ 时，该比值为非负值；当 $0 < h < \delta$ 时，该比值为非正值. 因此极限 L 必须同时满足 $L \geqslant 0$ 和 $L \leqslant 0$，故有 $L = 0$.

如果在 x 处有极小值，则可用同样的方法把所有不等号方向反过来，或者把关于局部最大值的结果应用到可微函数 $-f$ 上. ∎

16.27 例题（围栏的最大面积） 某农民准备用 1 英尺（1 英尺＝0.304 8m）长的铁丝网把长方形栅栏的三面围起来，其余的一面靠墙，围栏离墙有 x 英尺. 如何选择 x 使得长方形的面积最大？

矩形的尺寸为 $x \times (a-2x)$，矩形的面积为 $f(x) = x(a-2x)$，其中 $0 \leqslant x \leqslant a/2$. 函数 f 在区间两端点处都等于 0. f 的导数是 $a-4x$，当 $x = a/4$ 时，f 的导数为 0. 当 $x = a/4$ 时取得最大面积 $a^2/8$，也可以在不使用微分的情况下最小化二次多项式（见习题 1.28）.

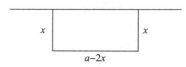

16.28 例题（必要但不充分） $f'(x) = 0$ 是 $f(x)$ 在 x 处有极值的必要条件，但不是充分条件. 如果 $f(x) = x^3$，那么 $f'(0) = 0$，但函数 f 在此处没有极值. ∎

可微函数在函数值相等的两个自变量之间一定有一个极值点. 如果函数在这个区间的某个地方有一个较大的值，那么它就有一个极大值，否则它就有一个极小值. 换句话说，"上升和下降一定会在某点出现转折." 下面的定理给出更精确的表述.

314

16.29 定理（罗尔定理） 如果函数 f 在开区间 (a,b) 可导，在闭区间 $[a,b]$ 连续，且 $f(a) = f(b)$，那么存在一个 $c \in (a,b)$ 满足 $f'(c) = 0$.

证明 如果 f 在 $[a,b]$ 上为常值函数，则对于任意 $x \in (a,b)$，满足 $f'(x) = 0$. 此时，罗尔定理成立. 如果对于任意 $x \in (a,b)$，有 $f(x) \leqslant f(a)$，那么可以考虑 $-f$. 因此，可以不妨假设存在 $x \in (a,b)$，满足 $f(x) > f(a)$.

因为 f 在 $[a,b]$ 上连续，故由最大最小值定理可知，f 在区间 $[a,b]$ 上有最大值，最大值不可能在 a 点或 b 点. 因为 $f(a) = f(b) < f(x)$，故在 c 点取到最大值，其中 $c \in (a,b)$，则 $f(c)$ 一定是极大值. 由极值的必要条件可知 $f'(c) = 0$. ∎

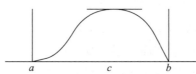

16.30 例题（连续的必要性） 在罗尔定理中，关于 $[a,b]$ 的连续性假设是必要的. 考虑这样一个函数 f，当 $0 \leqslant x < 1$ 时，$f(x) = x$，而 $f(1) = 0$，则 $f(0) = f(1) = 0$，且 f 在 $(0,1)$ 上可导，但是对于任意 $x \in (0,1)$，有 $f'(x) = 1$. ∎

可由罗尔定理导出中值定理. 当 $a \neq b$ 时，直线经过 (a,A) 和 (b,B) 的方程为 $y = \frac{b-x}{b-a}A + \frac{x-a}{b-a}B$. 当 $A = f(a), B = f(b)$ 时，该直线的斜率是 $m_{a,b} = \frac{f(b)-f(a)}{b-a}$.

16.31 定理（中值定理） 如果 f 在 (a,b) 上可导，在 $[a,b]$ 上连续，那么存在 $c \in (a,b)$，满足 $f'(c) = \frac{f(b)-f(a)}{b-a}$.

证明 用 f 减去一个线性函数，可以得到符合罗尔定理的函数. 令线性函数 $g(x) = \dfrac{b-x}{b-a}f(a) + \dfrac{x-a}{b-a}f(b)$ ，则有 $g(a) = f(a),g(b) = f(b)$. 令 $h(x) = f(x) - g(x)$ ，则有 $h(a) = h(b) = 0$ ，h 也在 (a,b) 上可导，在 $[a,b]$ 上连续，这是因为 h 是两个函数的差. 故由根据罗尔定理知，存在 $c \in (a,b)$ 满足 $h'(c) = 0$. 又因为 $h'(x) = f'(x) - g'(x) = f'(x) - \dfrac{f(b) - f(a)}{b-a}$ ，故有 $f'(x) = \dfrac{f(b) - f(a)}{b-a}$ ，证毕. ∎

315

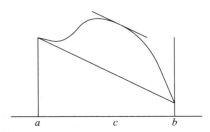

16.32 推论   如果 f 在开区间 I 上可微，且满足 $f' = 0$ ，那么 f 在 I 上是常值函数.

证明   如果在区间上存在两个数 a,b ，使得 f 取不同的值，那么根据中值定理可知，在 a,b 之间有某处导数为非零. ∎

我们使用两个例题来解释中值定理.

16.33 例题   每个进入宾夕法尼亚高速公路的司机都会收到一张卡片，上面注明了入口和时间，并在离开时将其返回. 某司机进入匹兹堡，四小时后在 300 英里（1 英里 ＝ 1.609 344km）外的费城下车. 他收到一张超速罚单！根据中值定理可知，当某个司机在四个小时内行驶了 300 英里时，必在途中某个时刻车速为 75 英里每小时. ∎

16.34 例题   设方程 $(x+y)^n = x^n + y^n$ ，其中 n 为大于 1 的整数. 当 x 或 y 为零时，这个方程成立. 还有其他解吗？二项式定理表明 x 和 y 不能具有相同符号的解，中值定理有助于分析更复杂的情况.

当 $y \neq 0$ 时，方程的解是函数 $f(x) = (x+y)^n - x^n - y^n$ 的零点. 显然，$f(0) = 0$ ，设当 $x^* \neq 0$ 时，$f(x^*) = 0$. 由中值定理可知，在 0 和 x^* 之间必存在 c ，满足 $f'(c) = 0$. 又因为 $f'(x) = n(x+y)^{n-1} - nx^{n-1}$ ，故由 $f'(c) = 0$ 可得 $(c+y)^{n-1} = c^{n-1}$.

当 n 为偶数时命题不成立，因为只有奇数次幂函数为单射. 当 n 是奇数时，需满足 $c+y = \pm c$ ，才能使得 $f'(c) = 0$（例题 4.26），这当且仅当 $c = -y/2$ 才成立. 当 n 是奇数时，f 在 $x = -y$ 时为 0，这是 f 的另一个零解. 如果 f 有第三个零点，则中值定理需要 f' 的第二个零点. ∎

柯西中值定理是中值定理的推广，我们可以根据柯西中值定理计算比值的极限.

16.35 定理（柯西中值定理）   如果 f 和 g 在 (a,b) 上可导，在 $[a,b]$ 上连续，那么存在 $c \in (a,b)$ 满足 $[f(b) - f(a)]g'(c) = [g(b) - g(a)]f'(c)$.

316

证明   在区间 $[a,b]$ 上定义函数

$$F(x) = [f(b) - f(a)] \cdot [g(x) - g(a)] - [g(b) - g(a)] \cdot [f(x) - f(a)]$$

因为 F 满足罗尔定理的假设条件，故根据罗尔定理可知，存在 $c \in (a,b)$ 使得 $F'(c) = 0$. 通过 F 对 x 求导，并计算 c 处的函数值即可得证. ∎

计算比值极限的方法称作洛必达法则，是以洛必达侯爵（1661—1704）的名字命名的. 约翰·伯努利（1667—1748）发现了该法则，并将其出售给了洛必达.

f/g 的极限是当 f 和 g 的极限都存在，且 g 的极限不为 0 时 f 和 g 的极限的比值. 当二者的极限都为 0 时，f/g 的极限可能仍然存在，我们可以使用导数来计算它. 有关 $g'(a) \neq 0$ 时的适用情况，请参见习题 16.38.

16.36 定理（洛必达法则 1） 假设 $\lim_{x \to a} f(x) = 0$ 且 $\lim_{x \to a} g(x) = 0$. 如果 f, g 在包含 a 的区间上可导且 $\lim_{x \to a} \dfrac{f'(x)}{g'(x)}$ 存在，那么 $\lim_{x \to a} \dfrac{f(x)}{g(x)} = \lim_{x \to a} \dfrac{f'(x)}{g'(x)}$.

证明 因为 f, g 在 a 点可导且连续，故 $f(0) = g(0) = 0$. 由 $L = \lim_{x \to a} \dfrac{f'(x)}{g'(x)}$ 的存在可推测 $g'(x) \neq 0$，其中 x 在 a 的去心邻域中. 可用极限的 ε—δ 定义证明 $\lim_{x \to a} \dfrac{f(x)}{g(x)} = L$.

任意给定 $\varepsilon > 0$，存在 $\delta > 0$，使得当 $0 < |x-a| < \delta$ 时，有 $|(f'/g')(x) - L| < \varepsilon$. 可由柯西中值定理得到 a 和 x 之间的某个数 c，满足

$$\frac{f(x)}{g(x)} = \frac{f(x) - f(a)}{g(x) - g(a)} = \frac{f'(c)}{g'(c)}$$

因为 $|c-a| < |x-a|$，故有 $|c-a| < \delta$，则有

$$\left| \frac{f(x)}{g(x)} - L \right| = \left| \frac{f'(c)}{g'(c)} - L \right| < \varepsilon$$

因此当 $0 < |x-a| < \delta$ 时，$|f/g(x) - L| < \varepsilon$ 成立，故极限是 L. ∎

16.37 例题 因为当 $x = 2$ 时分子分母都是 0，故有

$$\lim_{x \to 2} \frac{x^3 - 2x^2 + x - 2}{x^2 - 7x + 10} = \lim_{x \to 2} \frac{3x^2 - 4x + 1}{2x - 7} = -\frac{5}{3}$$ ∎

因为 ∞ 不是一个实数，故不能计算函数在自变量为无穷大处的取值，但可以研究函数在自变量"接近无穷大"时的情况.

16.38 定义 对于 $L \in \mathbb{R}$，如果对于任意 $\varepsilon > 0$，存在某个 $M > 0$，使得当 $x \geqslant M$ 时，有 $|f(x) - L| < \varepsilon$，则称 $\lim_{x \to \infty} f(x) = L$.

16.39 例题 $\lim_{x \to \infty} \dfrac{x}{1 + x^2} = 0$. 任意给定 $\varepsilon > 0$，可以令 $M = 1/\varepsilon$，当 $x \geqslant M$ 时，有 $|f(x) - 0| = \dfrac{x}{1 + x^2} < \dfrac{1}{x} \leqslant \dfrac{1}{M} = \varepsilon$. ∎

317

16.40 定义 当 $a \in \mathbb{R} \bigcup \{\infty\}$ 时，如果 $\lim_{x \to a} \dfrac{1}{f(x)} = 0$，则有 $\lim_{x \to a} f(x) = \infty$. 类似地，如果 $\lim \dfrac{1}{x_n} = 0$，则有 $\lim x_n = \infty$.

16.41 例题 $\lim_{x \to \infty} \dfrac{1 + x^2}{x} = \infty$（对比例题 16.39）. ∎

$\lim_{x\to\infty}$ 和 $\lim_{x\to a}$ 的原理相似. 为了保持相同的直观性和语言形式, 我们定义 ∞ 的**邻域**为区间 $(M,\infty)=\{x\in\mathbb{R}:x>M\}$.

另一个版本的洛必达法则适用于分子和分母上函数均趋于无穷的情形, 这个版本可以用与定理 16.36 证明类似的方式获得 (见习题 16.40).

16.42 定理 (洛必达法则 2)   对于 $a\in\mathbb{R}\bigcup\{\infty\}$, 设 $\lim_{x\to a}f(x)=\infty$, $\lim_{x\to a}g(x)=\infty$, 如果 f 和 g 在 a 的邻域内可导且 $\lim_{x\to a}\dfrac{f'(x)}{g'(x)}$ 存在, 则有 $\lim_{x\to a}\dfrac{f(x)}{g(x)}=\lim_{x\to a}\dfrac{f'(x)}{g'(x)}$. ■

牛顿法

我们回到对方程的学习. 函数 f 的零点是 $f(x)=0$ 的解, 艾萨克·牛顿 (1642—1727) 发明了一种算法, 经常用于产生一个收敛于可微函数 f 零点的序列 $\langle x\rangle$. 对于方程解的近似值 x_n, 由问题 16.2 可以看出, 在 x_n 处对函数 f 使用线性逼近可以进行更好的猜测. 设 l 为函数 f 在 $(x_n,f(x_n))$ 处的切线, 可根据 l 与 x 轴的交点得到下一个近似值 $x_{n+1}=x_n-\dfrac{f(x_n)}{f'(x_n)}$.

16.43 算法 (牛顿法)   给定某个初始近似值 x_0 作为可导函数 f 的零点, 牛顿法通过递归式 $x_{n+1}=x_n-\dfrac{f(x_n)}{f'(x_n)}(n\geqslant 0)$ 得到近似值序列. ■

16.44 命题   假设 f 可导, f' 连续. 如果序列 $\langle x\rangle$ 由 $x_{n+1}=x_n-\dfrac{f(x_n)}{f'(x_n)}(n\geqslant 0)$ 得到且 $x_n\to L$, 则有 $f(L)=0$.

证明   因为序列 $\langle x\rangle$ 收敛, 故有 $x_{n+1}-x_n\to 0$, 即有 $f(x_n)/f'(x_n)\to 0$. 因为 f 连续可微, 所以 $f'(x_n)\to f'(L)$, 从而有 $f(x_n)=\lim\dfrac{f(x_n)}{f'(x_n)}f'(x_n)=0\cdot f'(L)=0$. 又因为 f 可导且连续, 故有 $f(L)=\lim f(x_n)=0$. ■

318

当存在一些 n 使得 $f'(x_n)=0$ 时, 牛顿法会失效. 即使 $f'(x_n)$ 不为零, 这个过程也可能不收敛. 这可能很难判断哪个初始猜测值会产生收敛性, 而且在初始近似值 x_0 选择不当的情况下, 将不可能收敛到某些解. 现在讨论牛顿法有效的情形.

16.45 例题 (用牛顿法求实数的 p 次方根)   对于递归式 $x_{n+1}=\dfrac{1}{2}(x_n+2/x_n)$, 我们已在例题 14.9 中证明了如果 $x_0>0$, 则序列 $\langle x\rangle$ 收敛于 $\sqrt{2}$. 当将牛顿法应用于函数 $f(x)=x^2-2$ 时, 也会得到这种递归式.

正实数 a 的 p 次方根是函数 $f(x)=x^p-a$ 的零点. 因为 $f'(x)=px^{p-1}$, 根据牛顿法可以得到递归式 $x_{n+1}=(1-1/p)x_n+(1/p)(a/x_n^{p-1})$. 如果由此所得的序列收敛, 则由命题 16.44 可知, 序列的极限就是 a 的 p 次方根.

通过推广例题 14.9 (参见习题 16.56) 或应用定理 16.54, 可以证明极限的确存在. 此外, 该序列收敛到极限比二分法快得多, 见习题 16.48. ■

当 f' 不连续时，命题 16.44 的结论不成立（习题 16.57）．对于可微函数的研究经常需要一个更强的假设，即 f' 是连续的．下面内容需要一个更强的假设，即 f' 是可微的．

16.46 定义 如果 f' 存在且在开区间上连续，则称 f 在该区间上**连续可微**．当 f' 可微，可将其导数写成 f'' 并称 f 为**二阶可导**．对于 $k \geqslant 2$，如果 f 存在 k 阶导数，则 f 的 k 阶导数 $f^{(k)}$ 为 $f^{(k-1)}$ 的导数．如果对于每个 $k \in \mathbb{N}$，f 的 k 阶导数存在，则称 f 为**光滑**或**无穷可微**．

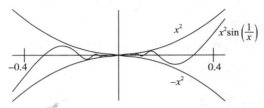

16.47 例题（可微但不是连续可微） 考虑这样一个函数 $f, f(0) = 0$，当 $x \neq 0$ 时 $f(x) = x^2 \sin(1/x)$．因为对于任意 y，有 $|\sin y| \leqslant 1$，所以当 $x \neq 0$ 时，有 $|f(x)| \leqslant x^2$．该不等式在 $x = 0$ 时依旧成立，因为 $f(0) = 0$．因此根据推论 16.21 可以得到 f 在 0 处可微且 $f'(0) = 0$．为计算 $x \neq 0$ 时的 $f'(x)$，可以使用链式法则和乘法法则．根据链式法则可以得出 $\sin(1/x)$ 的导数为 $-x^{-2}\cos(1/x)$，根据乘法法则可以得到 $f'(x) = 2x\sin(1/x) - \cos(1/x)$．因为 $\lim_{x \to 0} f'(x)$ 不存在，所以 f' 在 0 处不连续． ■

319

凸性与曲率

从几何方面的考察产生了一类适用于牛顿法的重要函数，包括例题 16.45 中的那些函数．

16.48 定义 若对区间 I 中任意 x, y, z，其中 $x < z < y$，都有点 $(z, f(z))$ 位于连接 $(x, f(x))$ 和 $(y, f(y))$ 的线段上或其下方，则称函数 f 在区间 I 上是**凸函数**．也就是说，对于所有 $t \in [0, 1]$，下面**凸性不等式**成立

$$f((1-t)x + ty) \leqslant (1-t)f(x) + tf(y)$$

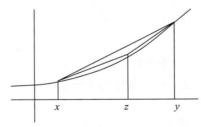

定义中两种表述的等价性可以通过令 $z = (1-t)x + ty$ 获得．表达式 $(1-t)x + ty$ 称为 x 和 y 的一个"凸组合"．凸组合是一个加权平均数，可以把凸性不等式解释为两个函数值的每一个加权平均值都大于以相应参数加权平均值为自变量处的函数值．为证明连续函数是凸函数，只需证明当 $t = 1/2$ 时，每对 x, y 的凸性不等式成立（习题 16.55）．凸性不等式对斜率有一个简单的解释．

16.49 引理　设 $f:[x,y]\to\mathbb{R}$. 若 $0<t<1$ 且 $z=(1-t)x+ty$，则下列不等式等价：

A) $f(z)\leqslant(1-t)f(x)+tf(y)$（凸性不等式）.

B) $m_{x,z}\leqslant m_{x,y}$.

C) $m_{x,y}\leqslant m_{z,y}$.

证明　(A) $\Leftrightarrow$ (B). 将 (A) 写成 $f(z)-f(x)\leqslant t[f(y)-f(x)]$. 因为 $t=(z-x)/(y-x)$，故有 $f(z)-f(x)\leqslant\dfrac{z-x}{y-x}[f(y)-f(x)]$. 因为 $z-x>0$，故除以它可得 $m_{x,z}\leqslant m_{x,y}$. 这些步骤均可逆.

(A) $\Leftrightarrow$ (C). 将 (A) 写成 $f(z)-f(y)\leqslant(1-t)[f(x)-f(y)]$. 因为 $1-t=(y-z)/(y-x)$，故有 $f(z)-f(y)\leqslant\dfrac{y-z}{y-x}[f(x)-f(y)]$. 将该不等式乘以 -1 再除以 $y-z$ 可得 $m_{z,y}\geqslant m_{x,y}$. 这些步骤均可逆.

凸性的几何定义没有提到微分，但引理 16.49 和中值定理的结合刻画了凸可微函数.

16.50 定理　可微函数 f 在区间 I 上是凸函数，当且仅当 f' 在 I 上不递减.

证明　设 f 是凸函数，并从区间 I 中选择两点 $x<y$. 对于所有 $z(x<z<y)$，由引理 16.49 可得 $m_{x,z}\leqslant m_{x,y}\leqslant m_{z,y}$. 令 z 在第一个不等式中减小到 x，可以得到 $f'(x)\leqslant m_{x,y}$；令 z 在第二个不等式中增大到 y，可以得到 $f'(y)\geqslant m_{x,y}$. 故有 $f'(x)\leqslant f'(y)$ 且 f' 在 I 不递减.

如果 f 在区间 I 上不是凸函数，则根据引理 16.49 可知，存在点 x,y,z，其中 $x<z<y$，满足 $m_{x,z}>m_{x,y}$ 且 $m_{x,y}>m_{z,y}$. 因为 f 可微，故由中值定理可知存在两点 c,d，其中 $x<c<z,z<d<y$，满足 $f'(c)=m_{x,z},f'(d)=m_{z,y}$. 故 $f'(c)>f'(d)$，即 f' 为不递减函数.

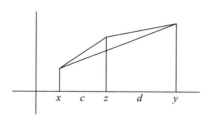

16.51 推论　如果函数 f 为二阶可微，则 f 是凸函数当且仅当 f'' 是非负函数.

证明　当 f 是二阶可微函数，每个条件都等价于 f' 不递减. 这里使用了定理 16.50 以及习题 16.32 对 f' 和 f'' 的结论.

16.52 例题（p 次方根）　假设 $f(x)=x^p-a$，则有 $f'(x)=px^{p-1}$（习题 17.29b 讨论了 p 不为整数的情形）. 如果 $p>0$ 且 $x>0$，则有 $f'(x)>0$，故当 $x>0$ 时函数 f 为单射. 如果 $p\geqslant1$，则 $f''(x)=p(p-1)x^{p-2}>0$，故当 $x>0$ 时 f 为凸函数. 我们将证明凸可微函数的牛顿法满足收敛性，因此，我们可以用牛顿法计算满足任意精度的 a 的唯一正 p 次方根.

16.53 引理　如果可微函数 f,g 在 a 点相等，且当 $x>a$ 时满足 $f'(x)>g'(x)>0$，

则当 $x>a$ 时，有 $f(x)>g(x)$.

证明　根据柯西中值定理可知，存在 $c\in(a,x)$，满足 $[f(x)-f(a)]g'(c)=[g(x)-g(a)]f'(c)$. 因为 $f'(c)>g'(c)>0$，故有 $f(x)-f(a)>g(x)-g(a)$. 因为 $f(a)=g(a)$，故有 $f(x)>g(x)$. ■

321

16.54 定理　假设 f 为凸可微函数且有一个零点. 如果 $f'(x_0)\neq 0$，那么牛顿法从 x_0 开始收敛到 f 的零点. 此外，f 的所有零点都可用该方法产生.

证明　考虑四个实数集合：

$$S=\{x:f(x)>0,f'(x)<0\}\qquad U=\{x:f(x)<0,f'(x)>0\}$$
$$T=\{x:f(x)<0,f'(x)<0\}\qquad V=\{x:f(x)>0,f'(x)>0\}$$

由定理 16.50 可知，f' 不递减. 因此 $S\cup T$ 中所有元素都小于 $U\cup V$ 中任意元素. 因为导数为正数的函数为递增，所以 U 中所有元素都小于 V 任意元素，同样地，S 中所有元素都小于 T 中任意元素. 因此，这四个集合按下图所示的顺序出现.

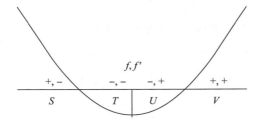

若 $x_0\in S\cup T$，则牛顿法收敛至函数 f 在 S 和 T 之间的零点，若 $x_0\in U\cup V$，则牛顿法收敛至函数 f 在 U 和 V 之间的零点. 由对称性可设 $x_0\in U\cup V$. 由上图可知，当 $x_0\in U$ 时，有 $x_1\in V$. 为证明这一点，令 g 为 f 在 x_0 处的线性逼近，并由引理 16.53 可得 $f(x_1)>g(x_1)=0$.

设 $x_n\in V$. f 存在零点的假设确保 V 有一个下界. 因为 f 和 f' 均为 V 上的正值函数，故有 $x_{n+1}<x_n$. 因为 $(x_{n+1},0)$ 在 $(x,f(x))$ 点的切线上，故有 $f(x_{n+1})>g(x_{n+1})=0$，即 $x_{n+1}\in V$.

由于序列保持在 V 中且单调下降，由单调收敛定理知它至少收敛于 V 中一个点. 由命题 16.44 可知，序列只能收敛到 f 的零点. 如果 $T\cup U$ 为非空且 f 有两个零点，那么可以使用在 $U\cup V$ 和在 $S\cup T$ 中的序列找到它们. ■

16.55 例题　对于函数 $f(x)=x^2-2$，当 $x_0>0$ 时，牛顿法收敛至 $\sqrt{2}$；当 $x_0<0$ 时，牛顿法收敛至 $-\sqrt{2}$. 当 $x_0=0$ 时，序列不存在. ■

现以对曲率的讨论来结束本节内容.

16.56 措施（曲率圆（选学））　设 g 是定义在包含 x_0 的开区间 I 上的二阶可微函数，平面上的子集 $\{(x,g(x)):x\in I\}$ 是一个曲线 γ. 我们确定点 (x_0,y_0) 在 γ 上的曲率半径.

322

曲率圆 C 是集合 $\{(x,y):(x-a)^2+(y-b)^2=r^2\}$，其中点 (a,b) 为圆心，r 为圆的半径. 为得到三个未知数 a,b,r，需要确定三条信息. 我们想让描述 C 的函数 y 在 x_0 处与 g，g'，g'' 一致. 因此需要

$$y(x_0) = g(x_0) \qquad （圆与 \gamma 相交于点 (x_0, y_0)）$$
$$y'(x_0) = g'(x_0) \qquad （圆在 (x_0, y_0) 处与 \gamma 相切）$$
$$y''(x_0) = g''(x_0) \qquad （圆在 (x_0, y_0) 处与 \gamma 有相同的曲率）$$

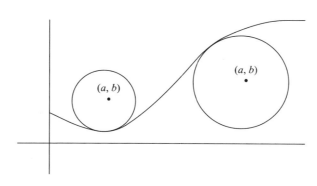

圆方程可以确定将（两个选项）y 隐含地作为以 x 为自变量的函数. 计算不需要一开始就做出这个选择. 将等式 $(x-a)^2 + (y-b)^2 = r^2$ 的两边对 x 求导，可以得到 $2(x-a) + 2(y-b)y'(x) = 0$，故有 $y'(x) = -\dfrac{x-a}{y-b}$. 用除法法则和链式法则对其求导可以得到

$$y''(x) = -\frac{(y-b) - (x-a)y'(x)}{(y-b)^2} = -\frac{(y-b)^2 + (x-a)^2}{(y-b)^3}$$

在 x_0 处对这些表达式求值，得到如下基于参数 a, b, r 表示的方程：

$$1）(x_0 - a)^2 + (y_0 - b)^2 = r^2$$

$$2）-\frac{x_0 - a}{y_0 - b} = g'(x_0)$$

$$3）-\frac{(y_0 - b)^2 + (x_0 - a)^2}{(y_0 - b)^3} = g''(x_0)$$

从（1）和（2）中可以得到 $1 + (g'(x_0))^2 = \dfrac{(y_0-b)^2 + (x_0-a)^2}{(y_0-b)^2} = \dfrac{r^2}{(y_0-b)^2}$. 将（3）式变形为 $g''(x_0) = -\dfrac{r^2}{(y_0-b)^3}$. 通过消去 $(y_0 - b)$，得到一个关于 r^2 的计算表达式：

$$r^2 = \left[\frac{r^2}{(y_0-b)^2}\right]^3 \left[-\frac{r^2}{(y_0-b)^3}\right]^{-2} = \frac{[1 + g'(x_0)^2]^3}{g''(x_0)^2}$$

323
当 $g''(x_0) \neq 0$ 时，曲率半径为 $r = \dfrac{[1 + g'(x_0)^2]^{3/2}}{|g''(x_0)|}$.

当 $g''(x_0) = 0$ 时，这个圆退化成一条直线（半径变成无穷大）. γ 在 $(x, g(x))$ 处的曲率定义为曲率半径的倒数. 这与我们的思维相反，即当图形更弯曲时，曲率应该更大.（一些作者通过测量与曲线相切的直线的变化率来定义曲率）. 因为 r 公式中的分子永远不为零，故曲率为良好定义的，当 $g''(x_0) = 0$ 时，曲率等于 0.

$g''(x_0) > 0$ 时，圆在曲线 γ 上方，且 $y - b$ 为 $r^2 - (x_0 - a)^2$ 的负平方根；$g''(x_0) < 0$ 时，$y - b$ 为 $r^2 - (x_0 - a)^2$ 的正平方根. 用 y^2 而不用 y 进行计算，可使我们能够同时考虑这两种情况. ■

函数级数

本章剩余部分将学习序列和级数，且它们中的每个项都是一个函数. 在证明了一系列有关函数级数收敛的基本定理之后，可以用这些级数构造连续但不可微函数的例子. 通过级数构造函数（如下面例题所述）在很多科学领域得到应用.

16.57 例题（幂级数和傅里叶级数） **幂级数**是形如 $\sum_{n=0}^{\infty} a_n (x - p)^n$ 的级数，可将其看作是函数 $f_n(x) = a_n (x - p)^n$ 的和，可能最重要的幂级数是指数函数 $\exp(x) = \sum_{n=0}^{\infty} \dfrac{x^n}{n!}$. 在第 14 章写这个级数时，我们认为 x 是不变的. 现在把和看成是 x 的函数，则幂级数的收敛性就变得相当容易理解.

傅里叶级数是以约瑟夫·傅里叶的名字命名，形如 $\sum_{n=0}^{\infty} (a_n \sin(nx) + b_n \cos(nx))$ 的级数. 对于傅里叶级数来说，其收敛性是一个很复杂的问题. 物理学家和工程师经常使用它，因为它可以通过波的叠加（和）形式来表示一般的函数. 傅里叶级数的收敛性是一个非常复杂的问题，本书不作讨论，但我们会介绍一个读者可能喜欢的简单例子. 思考 $\sum_{n=1}^{\infty} \dfrac{\sin(nx)}{n}$，画出前几个部分和，看看会发生什么. 这个级数收敛于什么函数？傅里叶级数和幂级数最好借助复数进行理解，我们将在第 18 章对此进行介绍. ■

首先定义关于函数序列收敛的两个概念，这些序列的极限本身就是函数. 使用符号 $\{f_n\}$ 而不是 $\langle f \rangle$ 来命名序列，以便使用 f 来命名极限函数. 逐点收敛意味着对于每个 x，$\lim_{n \to \infty} f_n(x) = f(x)$. 一致收敛则是一个更强的概念. 通过对两者定义的书写，可以表明它们之间唯一的区别是其中两个量词顺序的互换（与例题 2.11 相比）.

324

16.58 定义 设 $\{f_n\}$ 是定义在区间 I 上的一个函数序列. 如果对于任意 $\varepsilon > 0$ 和 $x \in I$，存在 $N \in \mathbb{N}$，使得当 $n \geqslant N$ 时，有 $|f_n(x) - f(x)| < \varepsilon$，则称序列 $\{f_n\}$ 在 I 上**逐点收敛**到 f. 如果对于任意的 $\varepsilon > 0$，存在 $N \in \mathbb{N}$，使得对于任意 $x \in I$，使得当 $n \geqslant N$ 时有 $|f_n(x) - f(x)| < \varepsilon$，则称序列 $\{f_n\}$ 在 I 上**一致收敛**到 f. 如果对于任意 $\varepsilon > 0$，存在 $N \in \mathbb{N}$，使得对于任意 $n, m \geqslant N$ 和 $x \in I$，有 $|f_n(x) - f_m(x)| < \varepsilon$，称序列 $\{f_n\}$ 在 I 上为**一致柯西**.

逐点：$(\forall \varepsilon > 0)(\forall x \in I)(\exists N \in \mathbb{N})(n \geqslant N \Rightarrow |f_n(x) - f(x)| < \varepsilon)$

一致：$(\forall \varepsilon > 0)(\exists N \in \mathbb{N})(\forall x \in I)(n \geqslant N \Rightarrow |f_n(x) - f(x)| < \varepsilon)$

16.59 注（测试一致收敛） 一致收敛要求证明许多序列（每个 x 对应一个）以"相同的速度"收敛. 要做到这一点，必须控制最坏的情况. 特别地，$\{f_n\}$ 在 I 上一致收敛到 f 当且仅当 n 趋于无穷大时，$\sup_{x \in I} |f_n(x) - f(x)|$ 收敛至 0. ■

当可以很容易地约束$\sup_{x \in I} |f_n(x) - f(x)|$时，如在下面例题和习题 16.71 中，这个注特别好用.

16.60 例题　我们对比定义在区间 $[0,1]$ 上的两个函数序列. 当 $0 \leqslant x \leqslant 1/n$ 时，令 $f_n(x) = x, g_n(x) = nx$，当 $1/n \leqslant x \leqslant 1$ 时，令 $f_n(x) = 0, g_n(x) = 0$. $\{f_n\}$ 和 $\{g_n\}$ 都逐点收敛至零函数. 因为 $\max_{x \in [0,1]} |f_n(x)| = 1/n$，所以序列 $\{f_n\}$ 一致收敛. 另一方面，$\max_{x \in [0,1]} |g_n(x)| = 1$，因此 $\{g_n\}$ 不是一致收敛. ■

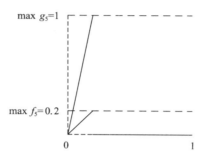

一致收敛要求的不仅仅是逐点收敛，因为根据 ε 选出来的某个自然数 N 必须同时满足所有的 $x \in I$. 同样地，一致柯西要求的不仅仅是每个序列 $f_n(x)$ 都是柯西序列，因为同一个自然数必须同时满足所有的 $x \in I$.

16.61 引理　设 $\{f_n\}$ 是在区间 I 上的有界函数序列，那么 $\{f_n\}$ 在 I 上一致收敛到某个函数当且仅当 $\{f_n\}$ 在 I 上一致柯西.

证明　设 $\{f_n\}$ 一致收敛到函数 f. 对于任意 $\varepsilon > 0$，根据一致收敛的定义，存在某个自然数 N 使得当 $n \geqslant N$ 且 $x \in I$ 时，有 $|f_n(x) - f(x)| < \varepsilon/2$. 选择 $n, m \geqslant N$，则 $\{f_n\}$ 为一致柯西，因为对于每个 $x \in I$，都有

$$|f_n(x) - f_m(x)| \leqslant |f_n(x) - f(x)| + |f(x) - f_m(x)| < \varepsilon/2 + \varepsilon/2 = \varepsilon$$　■

反过来，假设 $\{f_n\}$ 在 I 上为一致柯西. 对于每个 x，数 $f_n(x)$ 构成一个以 n 为索引的柯西序列. 根据柯西收敛准则，这个序列是有极限的，将该极限记为 $f(x)$. 由此在 $x \in I$ 上定义一个函数 f，往证 $\{f_n\}$ 一致收敛到 f. 对于任意 $\varepsilon > 0$，选择 ε' 使得 $0 < \varepsilon' < \varepsilon$. 根据一致柯西的定义，存在自然数 N，使得当 $n, m \geqslant N$ 且 $x \in I$ 时有 $|f_n(x) - f_m(x)| < \varepsilon'$. 保持 n 不变，令 $m \to \infty$，根据 f 的定义，绝对值函数的连续性和极限下不等式的保号性（引理 13.17），有

$$|f_n(x) - f(x)| = |f_n(x) - \lim_{m \to \infty} f_m(x)| = \lim_{m \to \infty} |f_n(x) - f_m(x)| \leqslant \varepsilon' < \varepsilon$$

这个不等式证明了 $\{f_n\}$ 在区间 I 上一致收敛到 f. ■

6.62 定义　设 $\{g_n\}$ 为区间 I 上的有界函数序列. 如果对每个 $x \in I$，级数 $\sum_{n=1}^{\infty} g_n(x)$ 收敛，则在 I 上定义了一个函数 $g(x) = \sum_{n=1}^{\infty} g_n(x)$，称函数级数 $\sum_{n=1}^{\infty} g_n$ **逐点收敛**到 g. 对于上述序列 $\{g_n\}$，令 $f_n = \sum_{k=1}^{n} g_k$，如果 $\{f_n\}$ 在 I 上一致收敛到 g，则称级数 $\sum_{n=1}^{\infty} g_n$ 在 I 上**一致收敛**到 g.

16.63 推论 （魏尔斯特拉斯 M 判别法） 设 $\{g_n\}$ 是在区间 I 上的有界函数序列，且对于 $x \in I$ ，有 $|g_n(x)| \leqslant M_n$. 如果 $\sum_{n=1}^{\infty} M_n$ 收敛，那么 $\sum_{n=1}^{\infty} g_n$ 在 I 上一致收敛.

证明 根据引理 16.61 可知，只需证明部分和序列 $\{f_n\}$ 一致柯西即可. 对于任意 $\varepsilon > 0$. 有 $f_n - f_m = \sum_{k=m+1}^{n} g_k$ ，故当 $x \in I$ 时，有

$$|f_n(x) - f_m(x)| = |\sum_{k=m+1}^{n} g_k(x)| \leqslant \sum_{k=m+1}^{n} |g_k(x)| \leqslant \sum_{k=m+1}^{n} M_k$$

最后一项等于 $s_n - s_m$ ，其中 $\langle s \rangle$ 是部分和序列. 因此可以选定 $N \in \mathbb{N}$ ，使得当 $n, m \geqslant N$ 时，有 $|s_n - s_m| < \varepsilon$. 再根据上述不等式可以得出当 $n, m \geqslant N$ 且 $x \in I$ 时，有 $|f_n(x) - f_m(x)| < \varepsilon$ ，因此 $\{f_n\}$ 一致收敛. ∎

我们使用 M_n 是因为 M_n "优化"了 g_n. 该推论为证明函数级数的一致收敛性提供了一种简便的方法.

16.64 例题 （M 判别法的应用） 令 $g_n(x) = x^n/n^2, M_n = 1/n^2$. 因为 $\sum_{n=1}^{\infty} 1/n^2$ 收敛 （习题 14.44 或习题 14.63）且 $|g_n(x)| \leqslant M_n$ ，所以 $\sum_{n=1}^{\infty} g_n$ 在 $[-1,1]$ 上一致收敛. ∎

下面介绍判断函数序列收敛极限连续性的一个充分条件.

16.65 定理 如果 $\{f_n\}$ 在区间 I 上连续且一致收敛到 f ，那么 f 在区间 I 上连续.

证明 对于任意给定的 $\varepsilon > 0$ ，由一致收敛的定义可知，存在某个自然数 N 使得当 $n \geqslant N$ 且 $x \in I$ 时有 $|f_n(x) - f(x)| < \varepsilon/3$. 对于每个 $a \in I$ ，往证 f 在 a 处连续. 当 $n \geqslant N$ 且 $x \in I$ 时，有

$$|f(x) - f(a)| \leqslant |f(x) - f_n(x)| + |f_n(x) - f_n(a)| + |f_n(a) - f(a)|$$
$$\leqslant \varepsilon/3 + |f_n(x) - f_n(a)| + \varepsilon/3$$

因为 f_n 是连续的，故可以选定一个 $\delta > 0$ ，使得当 $|x - a| < \delta$ 时，有 $|f_n(x) - f_n(a)| < \varepsilon/3$. 根据 ε 而选定的 δ ，当 $|x - a| < \delta$ 时，有 $|f(x) - f(a)| < \varepsilon$ ，因此 f 在 a 处连续. ∎

16.66 例题 定理 16.65 需要一致收敛的假设. 假设 $f_n(x) = x^n$ 为定义在区间 $[0,1]$ 上的函数. 定义这样一个函数 f ，当 $0 \leqslant x < 1$ 时 $f(x) = 0$ ，$f(1) = 1$. 序列 $\{f_n\}$ 逐点收敛到函数 f ，极限函数 f 不连续. ∎

16.67 推论 如果 $\{g_n\}$ 是区间 I 上的连续函数序列，且 $\sum_{n=1}^{\infty} g_n$ 一致收敛到 g ，则 g 在 I 上连续.

证明 n 个连续函数的和仍然为连续函数，故 $f_n = \sum_{k=1}^{n} g_k$ 连续，且适用于定理 16.65. ∎

16.68 推论 如果 $\{g_n\}$ 是一个连续有界函数序列，$|g_n(x)| \leqslant a_n$ 且满足 $\sum_{n=1}^{\infty} a_n$ 收敛，则 $g = \sum_{n=1}^{\infty} g_n$ 是一个连续函数.

证明 结合推论 16.63 和推论 16.67 可证. ∎

16.69 例题 定义函数 $g:\mathbb{R}\to\mathbb{R}$ 为 $g(x)=\sum_{n=1}^{\infty}\exp\left(-nx^2\right)/n^2$，此处每个 g_n 都是连续函数（指数函数的连续性见习题 16.62）. 对于所有的 n 和 x，有 $\exp(-nx^2)\leqslant 1$ 且 $\sum_{n=1}^{\infty}1/n^2$ 收敛，所以得出 g 在 $\mathbb{R}$ 上连续. ■

关于一致收敛的这些结果允许我们交换无穷级数的某些极限运算的次序.

16.70 推论 如果 $\{f_n\}$ 在 I 上连续且是一致收敛函数序列，且 $a\in I$，则有
$$\lim_{x\to a}\lim_{n\to\infty}f_n(x)=\lim_{n\to\infty}\lim_{x\to a}f_n(x)$$

证明 假设 $\{f_n\}$ 收敛到 f，则由定理 16.65 可知，f 是连续函数. 因此，$\lim_{x\to a}f(x)=f(a)=\lim_{n\to\infty}f_n(a)$. 因为每个 f_n 都是连续的，所以 $\lim_{n\to\infty}f_n(a)$ 等于 $\lim_{n\to\infty}\lim_{x\to a}f_n(x)$. 因为 $f_n\to f$，所以 $\lim_{x\to a}f(x)$ 等于 $\lim_{x\to a}\lim_{n\to\infty}f_n(x)$. ■

16.71 措施（极限交换失败问题 16.4） 若没有一致收敛，推论 16.70 便是错误的. 在 $[0,2]$ 上定义这样一个函数序列，当 $0\leqslant x\leqslant 1$ 时 $f_n(x)=x^n$，当 $1\leqslant x\leqslant 2$ 时 $f_n(x)=(2-x)^n$. 其中每个 f_n 都是连续的，但是（见习题 16.70）
$$\lim_{x\to 1}\lim_{n\to\infty}f_n(x)=0\neq 1=\lim_{n\to\infty}\lim_{x\to 1}f_n(x)$$
■

16.72 推论（交换极限与一致收敛的和） 设每个 g_n 在 I 上连续. 如果 $\sum_{n=1}^{\infty}g_n$ 在 I 上一致收敛，且 $a\in I$，则有
$$\lim_{x\to a}\sum_{n=1}^{\infty}g_n(x)=\sum_{n=1}^{\infty}g_n(a)=\sum_{n=1}^{\infty}\lim_{x\to a}g_n(x)$$

证明 根据推论 16.67，$\{g_n\}$ 收敛于函数 g，其中 g 在 I 上连续. 根据 g 的连续性可以得出 $\lim_{x\to a}g(x)=g(a)$，得证. ■

16.73 例题（极限交换失败） 考虑对下面无穷矩阵中的元素求和：

$$\begin{bmatrix} 0 & 1 & 0 & 0 & \cdots \\ -1 & 0 & 1 & 0 & \cdots \\ 0 & -1 & 0 & 1 & \cdots \\ 0 & 0 & -1 & 0 & \cdots \\ \vdots & \vdots & \vdots & \vdots & \ddots \end{bmatrix} \qquad a_{i,j}=\begin{cases}+1,\text{若 }j=i+1\\-1,\text{若 }j=i-1\\0,\text{其他}\end{cases}$$

这个无穷矩阵元素和的计算可以通过计算 $\sum_{i=1}^{k}\sum_{j=1}^{k}a_{i,j}$ 且令 k 趋近于无穷大的方式实现. 这相当于计算左上角的 $k\times k$ 矩阵. 对于每个 k，矩阵全部元素总和是 0，故极限为 0.

也可以将无穷矩阵的元素和看成是当 n,m 趋于无穷大时 $\sum_{i=1}^{m}\sum_{j=1}^{n}a_{i,j}$ 的极限. 当 $n>m$ 时，矩阵元素和为 1（列数多于行数），当 $n<m$ 时，矩阵元素和为 -1（行数多于列数）. 因此，$\lim_{m\to\infty}\lim_{n\to\infty}\sum_{i=1}^{m}\sum_{j=1}^{n}a_{i,j}=1$ 且 $\lim_{n\to\infty}\lim_{m\to\infty}\sum_{i=1}^{m}\sum_{j=1}^{n}a_{i,j}=-1$. 因此，该值取决于执行两个极限操作的顺序. ■

一致收敛有助于构造在区间上连续但处处不可微的函数，这里给出了两个经典的例子. 对于第一个我们只进行粗略的介绍.

16.74 例题（处处连续且处处不可微） 我们定义一个函数序列 $\{f_n\}$，每个函数从

$[0,1]$ 映射到 $[0,1]$. 以 $f_0(x)=x$ 作为函数序列的开端，通过考虑它们的图像来定义每个连续函数是最简单的方式. 为了得到 f_1，以函数平均高度的地方为中心翻转函数图像中间三分之一的线段，并将线段的端点连接到区间的端点，由此将函数图像分成三段. 为了根据 f_n 得到 f_{n+1}，对 f_n 图像中的每个分段执行上述操作即可. 这里画出了前两个步骤.

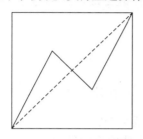

容易证明 $\{f_n\}$ 为一致柯西，并且逐点收敛到连续函数 f（习题 16.73）. 但要证明 f 处处不可微会困难得多. ∎

16.75 例题（处处连续且处处不可微） 任意给定 $x\in\mathbb{R}$，设 $d(x)$ 表示 x 到其最近整数的距离. 定义函数 $g(x)=\sum_{n=0}^{\infty}d(10^n x)/10^n$，证明 g 在 $\mathbb{R}$ 上处处连续但是处处不可微. 该函数由 Waerden（1903—1996）构造.

容易证明函数 g 的连续性. 因为 $d(x)=\inf_{n\in\mathbb{Z}}|x-n|$，且绝对值函数是连续的，所以函数 d 也是连续的，因此函数 $g_n(x)=d(10^n x)/10^n$ 是连续的. 因为对于所有的 x，有 $0\leqslant d(x)\leqslant\frac{1}{2}$，故对任意 x 有 $|g_n(x)|\leqslant\frac{1}{2}\cdot 10^{-n}$. 因为 $\sum_{n=0}^{\infty}\frac{1}{2}\cdot 10^{-n}=10/18$（几何级数），根据魏尔斯特拉斯 M 判别法可知，级数 $\sum_{n=0}^{\infty}g_n$ 在 $\mathbb{R}$ 上一致收敛. 由推论 16.67 可知函数 g 处处连续.

下面证明 g 处处不可微. 对于 $x\in\mathbb{R}$，设 $0.a_1 a_2 a_3\cdots$ 为其小数部分的十进制展开式. 定义如下序列 $\langle h\rangle$：当 a_m 不是 4 或 9 时，令 $h_m=10^{-m}$；当 a_m 等于 4 或 9 时，令 $h_m=-10^{-m}$. 这会让 $g(x+h_m)-g(x)$ 变得容易计算. 如果 a_m 不等于 4 或 9，那么对于每个 $10^n x+10^{n-m}$ 和 $10^n x$，将其向上或者向下移动到距离其最近的整数. 如果 a_m 等于 4 或 9，那么对 $10^n x-10^{n-m}$ 和 $10^n x$ 使用上述同样的方法进行处理. 对于每种情形，将 $d(10^n(x+h_m))$ 和 $d(10^n x)$ 进行对比（例如习题 16.74）.

为得到差商 $[g(x+h_m)-g(x)]/h_m$ 的计算公式，当 $\alpha_n\in\{0,1,2,3,4\}$ 时令 $\alpha_n=+1$，当 $\alpha_n\in\{5,6,7,8,9\}$ 时令 $\alpha_n=-1$，现在计算

$$\frac{d(10^n(x+h_m))-d(10^n x)}{h_m}=\begin{cases}\alpha_n 10^n,&\text{若 }n<m\\0,&\text{若 }n\geqslant m\end{cases}$$

由此可得

$$\frac{g(x+h_m)-g(x)}{h_m}=\sum_{n=0}^{\infty}\frac{d(10^n x+10^n h_m)-d(10^n x)}{10^n h_m}=\sum_{n=0}^{m-1}\alpha_n$$

g 的计算表达式中无穷和在差商中变成了有限和. 此外，h_m 的差商是 +1 和 -1 序列的前 m

项之和. 差商 $[g(x+h_m)-g(x)]/h_m$ 极限的存在等价于级数 $\sum_{n=0}^{\infty} \alpha_n$ 收敛. 一个级数收敛的必要条件是一般项趋近于 0, 这个必要条件在这里不满足, 因为每个 α_n 都等于 1 或 -1. 因此差商序列不收敛, 所以函数 g 在 x 处不可微.   ■

尽管难以详细描述连续但处处不可微的函数, 但更加严谨的考察表明"几乎所有"的连续函数都处处不可微.

习题

16.1 当 $x \neq 0$ 时, 计算 $\lim_{h\to 0} \frac{1}{h}\left(\frac{1}{(x+h)^2} - \frac{1}{x^2}\right)$. 在计算之前先思考一下!

330 **16.2** 当 f 和 g 是线性函数时, 链式法则是怎么定义的?

16.3 本章哪些内容可以表明在读取数值表时使用插值方法的合理性?

16.4 温度的变化在接近一天中最高点时是缓慢还是迅速? 这与本章内容有什么关系?

16.5 构造某个函数 f, 使得 f^2 处处可微, 但 f 处处不可微.

对于习题 16.6~16.9, 判断这些论断是正确还是错误. 若正确, 证明它; 若错误, 举一个反例. 除非另有说明, 否则所有函数的定义域和值域均为 $\mathbb{R}$.

16.6 存在某个函数 f, 满足对于任意 $x,h \in \mathbb{R}$, $f(x+h) = f(x) + h$ 成立.

16.7 存在某个函数 f, 满足对于任意 $x,h \in \mathbb{R}$, $f(x+h) = f(x) + h^2$ 成立.

16.8 存在某个可微函数 $f:\mathbb{R} \to \mathbb{R}$, 满足当 $x < 0$ 时, 有 $f'(x) = -1$; 当 $x > 0$ 时, 有 $f'(x) = 1$.

16.9 如果 $f+g$ 和 fg 都可微, 那么 f 和 g 可微. 对比习题 1.49 和习题 15.6.

$$* \quad * \quad * \quad * \quad * \quad * \quad * \quad * \quad * \quad * \quad *$$

16.10 设 $f(x) = \prod_{j=1}^{n}(x+a_j)$, 其中 $a_1, \cdots, a_n \in \mathbb{R}$, 计算 $f'(x)$.

16.11 利用差商推导微分的乘法法则. (提示: 在分子上加减一个适当的值.)

16.12 设函数 g 在 x 处可微且 $g(x) \neq 0$, 下面论证不能证明 $\dfrac{\mathrm{d}}{\mathrm{d}x} \dfrac{1}{g(x)} = \dfrac{-g'(x)}{(g(x))^2}$, 找出其中的问题.

因为 $1 = g(x) \cdot \dfrac{1}{g(x)}$, 根据乘法法则可以得到 $0 = \dfrac{g'(x)}{g(x)} + g(x) \dfrac{\mathrm{d}}{\mathrm{d}x} \dfrac{1}{g(x)}$, 因此 $\dfrac{\mathrm{d}}{\mathrm{d}x} \dfrac{1}{g(x)} = \dfrac{-g'(x)}{(g(x))^2}$.

16.13 设 f 和 g 在 x 处可微且 $g(x) \neq 0$, 用乘法法则和 $(1/g)'(x)$ 的公式证明除法原理
$$(f/g)'(x) = \frac{g(x)f'(x) - f(x)g'(x)}{[g(x)]^2}$$

16.14 (!) 用另外一种定义计算立方根函数的导数. (提示: 用因式分解 $a^3 - b^3 = (a-b)(a^2+ab+b^2)$ 简化立方根的差.)

16.15 下面数学归纳法不能证明 $(d/dx)x^n = nx^{n-1}$, 其中 n 为非负整数, 分析其中的错误并给出正确的证明.

基础步骤（$n=0$）：$\lim_{h \to 0}(1-1)/h=0$. 归纳步骤（$n>0$）：根据 $n-1$ 的归纳假设和微分的乘法法则，有

$$\frac{\mathrm{d}}{\mathrm{d}x}x^n = \frac{\mathrm{d}}{\mathrm{d}x}xx^{n-1} = x \cdot (n-1)x^{n-2} + 1 \cdot x^{n-1} = nx^{n-1}$$

331

16.16 设 $r=p/q$，其中 $p \in \mathbb{Z}$ 且 $q \in \mathbb{N}$，定义 x^r 为 $(x^p)^{1/q}$，计算当 $f(x)=x^r$ 时的 $f'(x)$.（提示：当 $r \in \mathbb{N}$ 时 $f'(x)$ 已经算出来了. 首先推导出 $p=1$ 的公式，然后推导出 $r \in \mathbb{Q}$ 的公式. 注：当 $r \in \mathbb{R}$ 时，同样的公式也适用于 f'，证明过程使用了指数函数的性质，见习题 17.29）.

16.17 假设 e_1 和 e_2 是误差函数，且对于所有在 0 的某邻域内的 h 有 $e_1(h) \leqslant e(h) \leqslant e_2(h)$，证明 e 是误差函数.

16.18（!）若 x 是有理数，令 $f(x)=x+x^2$；若 x 是无理数，令 $f(x)=x$. 证明 f 在 $x=0$ 处可微.

16.19（一）**在某一点可微的充分条件**

a) 假设对于所有的 x，有 $|f(x)| \leqslant x^2+x^4$，证明 $f'(0)$ 存在.

b) 设 $|f(x)| \leqslant g(x)$，其中对于任意 x，有 $g(x) \geqslant 0$ 且 $g'(0)=g(0)=0$，证明 $f'(0)$ 存在.

c) 假设 g 为有界函数，且对于任意 x，有 $f(x)=(x-a)^2 g(x)$，证明 $f'(a)$ 存在.

16.20 假设对于任意 $x,y \in \mathbb{R}$，有 $|f(x)-f(y)| \leqslant |g(x)-g(y)|$，且 g 在 a 处可微，$g'(a)=0$. 用差商证明 f 在 a 处是可微的，且 $f'(a)=0$.

16.21 设 f 可微且 $f(0)=0$. 令 $g(x)=f(x)/x$，其中 $x \neq 0$.

a) 如何定义 $g(0)$，使 g 在 0 处连续？

b) 如果定义 $g(0)$，满足其在 0 处连续，那么 g 在 0 处可微吗？给出证明或反例.

16.22（一）半径为 r 的球的体积是 $\frac{4}{3}\pi r^3$. 假设空气以每秒 36 立方英寸（1 英寸 = 0.025 4m）的速度从球中溢出，当球的半径是 6 英寸时，其半径下降得有多快？

16.23（一）什么实数减去它的平方得到的数最大？

16.24 设 $f(x)=ax^2+bx+c$，其中 $a>0$，计算 f 在 $\mathbb{R}$ 上的最小值. a,b,c 取什么条件是使得最小值为正的充要条件？

16.25 某公司为其新产品定价，以实现利润最大化. 市场分析表明，如果价格定为每加仑 x 美元，则每天将销售 $g(x)=1\,000/(5+x)$ 加仑. 为了刺激生产，政府也将支付公司（每天）50 美元乘以 $\sqrt{g(x)}$. 计算公司每日利润的最大值和最小值，以及产生这些值的价格.

16.26（!）设 $m_1,\cdots,m_k$ 均为非负实数，且和为 n.

a) 使用微积分和归纳法，证明 $\sum_{i<j} m_i m_j \leqslant \left(1-\frac{1}{k}\right)\frac{n^2}{2}$，且仅当 $m_1=\cdots=m_k$ 时等号成立.

b) 当 $m_1, \cdots, m_k$ 是整数时，证明当每个 m_i 是 $\lfloor n/k \rfloor$ 或 $\lceil n/k \rceil$ 时，$\sum_{i<j} m_i m_j$ 最大.

16.27 （！）证明区间 (a,b) 上两个可微函数具有相同导数，当且仅当它们相差某个常数.

16.28 根据柯西中值定理推导出中值定理.

16.29 （一）设 $f(x) = x^3$，$g(x) = x^2$，$a = 0$ 且 $b = 1$，根据柯西中值定理算出 c.

16.30 设 f 在区间 $[a,b]$ 上可微且 $f'(a) < y < f'(b)$，证明存在 $c \in (a,b)$ 使得 $f'(c) = y$.（注：这是函数 f' 的介值定理性质，不要求 f' 为连续.）

16.31 （！）设 f 为可微函数，且对任意 x，有 $f'(x) < 1$. 证明 f 至多存在一个不动点.（如果 $f(x) = x$，那么 x 为不动点.）

16.32 （一）设 f 为可微函数，证明 f' 在每点都为非负当且仅当 f 为单调不减函数.

16.33 设 f 可微且 $f'(0) > 0$，如果 f 在 0 的任何邻域内均不是单调函数，说明此时为什么 f' 必须在 0 处不连续. 构造这样一个函数 f.（提示：修改例题 16.19）.

16.34 设 f 为可微函数，且 f 和 f' 在 $\mathbb{R}$ 上始终大于 0，证明 $g = f/(1+f)$ 为有界递增函数.

16.35 设 f 在区间 $[a,b]$ 上可微且 $f(a) = f(b) = 0$. 若对任意 $x \in [a,b]$，$f'(x) \geq 0$，计算 f.

16.36 设 f 在区间 S 上单调可微.

a) 解释为什么 f 有反函数. b) 证明 f^{-1} 是可微函数且 $\dfrac{\mathrm{d}(f^{-1}(y))}{\mathrm{d}y} = \dfrac{1}{f'(f^{-1}(y))}$.

16.37 **算符**是一个函数，其定义域和值域是函数集合自身. 例如，微分是一组可微函数上的算符. 我们在这个集合上定义另一个算符 A，函数 f 在算符 A 下的象是函数 A_f，其在 x 处的值是 $\lim_{t \to 1} \dfrac{f(tx) - f(x)}{tf(x) - f(x)}$.（如果 $f(x) = 0$，那么 A_f 在 x 处无定义.）

a) 当 f 是连续可微函数时，使用洛必达法则计算 A_f.

b) 当 $f(x) = x^n$ 且 $f(x) = \mathrm{e}^x$ 时使用 a) 部分结论计算 $(A_f)(x)$.

c) 当 f' 不连续时，洛必达法则失效. 给出 a) 部分结论仍为正确的证明，使得即使 f' 不连续，结论仍然成立.（提示：用 $1+h$ 代替 t，当 $x \neq 0$ 时，使用 u 代替 hx.）

16.38 （！）**洛必达法则，弱形式** 设 f 和 g 在 a 的某邻域内可微，满足 $f(a) = g(a) = 0$ 且 $g'(a) \neq 0$. 使用导数定义作为线性逼近的方式证明 $\lim_{x \to a} \dfrac{f(x)}{g(x)} = \dfrac{f'(a)}{g'(a)}$.

16.39 （！）在本题中，所有极限都是指 $x \to a$，其中 $a \in \mathbb{R} \bigcup \{\infty\}$. 设 f 和 g 是可微函数. 假设 $\lim f(x) = \infty$，$g(x) = \infty$，且 $\lim f(x)/g(x) = L$，$\lim f'(x)/g'(x) = M$. 若 $L \neq 0$，证明 $L = M$.（提示：使用洛必达法则（定理 16.36）计算 $\lim_{x \to a} \dfrac{1/g(x)}{1/f(x)}$.）

16.40 （＋）使用柯西中值定理证明定理 16.42.

16.41 函数 $f: \mathbb{R} \to \mathbb{R}$ 的**第一个前向差分**是函数 $\Delta f(x) = f(x+1) - f(x)$，$f$ 的**第 k 个前向差分**是 $\Delta^k f(x) = \Delta^{k-1} f(x+1) - \Delta^{k-1} f(x)$.

a) 证明 $\Delta^k f(x) = \sum_{j=0}^{k} (-1)^j \binom{k}{j} f(x+j)$.

b) 当极限存在时，证明 $f^{(k)}(x) = \lim_{h \to 0} \frac{1}{h} \sum_{j=0}^{k} (-1)^j \binom{k}{j} f(x+jh)$.

333

16.42 设 f 光滑（定义 16.46），证明 f 至多为 k 次多项式，当且仅当对任意 x，有 $f^{(k+1)}(x) = 0$.

16.43 （+）设 f 是光滑的，满足 $f(0) = 0$，且 f 在 0 处有局部最小值. 如果对于一些自然数 j，有 $f^{(j)}(0) \neq 0$，令 k 为这些自然数中最小数，证明 k 是奇数. 给出一个光滑函数 f 使得 $f(x) = 0$，当且仅当对于任意 $j \in \mathbb{N}$，有 $x = 0$ 且 $f^{(j)}(0) = 0$.

16.44 设 f 和 g 是光滑的. 计算 $f \circ g$ 的第 k 阶导数，其中 $1 \leqslant k \leqslant 5$. 描述关于一般 k 的表达式形式.（注：f 求导 j 次后项的系数之和称为**斯特林数** $S(k,j)$，它等于将 k 个元素的集合划分为 j 个非空子集的数目.）

16.45 （一）设初始解为 1，使用牛顿法求出方程 $x^5 = 33$ 的解，并计算前四次迭代；再设初始解为 2，重复这个步骤.（使用计算器.）

16.46 求某个二次函数，其牛顿法迭代式为 $x_{n+1} = \frac{1}{2}(x_n - 1/x_n)$，使用函数图像解释当 $n \to \infty$ 时的迭代现象.

16.47 构造一个可微函数 f 和一个序列 $\langle x \rangle$，使得对于任意 n，当 $x_n \to 0$ 时，有 $f'(x_n) \to \infty$ 且 $f(x_n) = 1$，计算 $\lim [x_n - f(x_n)/f'(x_n)]$. 本题和命题 16.44 有什么关系？

16.48 （!）给定某个可微函数 f，当 $f'(x) \neq 0$ 时，设 $g(x) = x - \frac{f(x)}{f'(x)}$. 函数 g 是牛顿法中由 x_n 生成 x_{n+1} 的函数.

a) 证明 $g(x) = x$ 当且仅当 $f(x) = 0$.

b) 当 $f(x) = x^2 - 2$ 时，证明 $g(x) - \sqrt{2} = \frac{1}{2x}(x - \sqrt{2})^2$.

c) 用 b) 证明牛顿法用于初始值 $x_0 = 1$ 且函数 $x^2 - 2$ 时，x_5 的值在 $\sqrt{2}$ 的 2^{-31} 范围内.

d) 当 a 是 f 的零点，且对于某常数 c 和在 a 附近的 x，有 $| g(x) - a | \leqslant c | x - a |^2$，牛顿法的一般意义是什么？

16.49 （!）假设 f 和 g 是凸函数且 $c \in \mathbb{R}$，$f+g, c \cdot f, f \cdot g$ 这三个函数中哪个一定是凸函数？（给出证明或者反例.）

16.50 设 f 是区间 $[a,b]$ 上的凸函数，证明 f 在 $[a,b]$ 上的最大值是 $f(a)$ 或 $f(b)$.（注：凸函数不需要可微.）

16.51 设 f 二阶可微且 f'' 恒为非负. 对于给定的 $f(a) = A$ 和 $f(b) = B$，$f((a+b)/2)$ 最可能等于多少？边界函数是什么函数？

16.52 哪些奇数次多项式在 $\mathbb{R}$ 上是凸函数？

16.53 通过导出系数的充要条件表示在 $\mathbb{R}$ 上的凸四次多项式的特征.

[334]

16.54 设 Y 是一个只在 $\{y_1,\cdots,y_n\}$ 中取值的随机变量，对应的概率为 $p_1,\cdots,p_2$. 如果对于任意 i，有 $-1\leqslant y_i\leqslant 1$，并且 Y 的期望为 0，f 是凸函数，证明 $f(Y)$ 的期望不超过 $[f(1)+f(-1)]/2$.

16.55 （+）设 f 为连续函数且对于任意 $x,y\in\mathbb{R}$，有 $f(\dfrac{x+y}{2})\leqslant\dfrac{f(x)+f(y)}{2}$，证明 f 是凸函数. （提示：首先证明定义 16.48 中不等式在分数 t 的分母为 2 的幂时成立，然后使用函数 f 的连续性.）

16.56 （+）令 $x_0=a$，当 $n\geqslant 0$ 时定义一个序列 $\langle x\rangle$ 为 $x_{n+1}=(1-1/p)x_n+(1/p)(a/x_n^{p-1})$. 通过使用 x^p 的凸性作为 x 的某个函数，但不使用可微性和牛顿法，证明 $x_n\to a^{1/p}$.

16.57 （+）令多项式为 $f(x)=(x-a)(x-b)(x-c)(x-d)$，其中 $a<b<c<d$，求出初始值 x_0 的集合，使得牛顿法收敛至函数 f 的零点. （提示：仔细画出函数的图像，不成立的初始值 x_0 集合是一个不可数集.）

16.58 （—）设在区间 I 上，f_n 一致收敛到 f，g_n 一致收敛到 g. 证明 f_n+g_n 在 I 上一致收敛到 $f+g$. 求出序列 f_n 和 g_n 的实例使得每个都是逐点收敛但不一致收敛，而 f_n+g_n 一致收敛.

16.59 判断下列命题是正确还是错误，并给出证明.

a) 当 $x\in\mathbb{R}$ 时，$\sum_{n=0}^{\infty}\mathrm{e}^{-nx}/2^n$ 一致收敛. b) 当 $x\geqslant 0$ 时，$\sum_{n=0}^{\infty}\mathrm{e}^{-nx}/2^n$ 一致收敛.

16.60 令函数 $f_n:\mathbb{R}\to\mathbb{R}$ 为 $f_n(x)=n^2/(x^2+n^2)$ 且 $f=\lim f_n$，求 f. $\{f_n\}$ 一致收敛于 f 吗？

16.61 设 $f_n(x)=x^2/(x^2+n^2)$.

a) 证明 f_n 在 $\mathbb{R}$ 上处处逐点收敛于 0. b) 证明 f_n 在 $\mathbb{R}$ 上不是一致收敛于 0.

16.62 已知 $\exp(x)=\sum_{n=0}^{\infty}x^n/n!$，令 $g_n(x)=x^n/n!$

a) 证明 $\sum_{n=0}^{\infty}g_n$ 在任何有界区间 I 上一致收敛至 $\exp(x)$（因此 $\exp(x)$ 是连续的）.

b) 证明 $\exp(x+y)=\exp(x)\exp(y)$.

c) 计算 $\lim_{h\to 0}(\exp(h)-1)/h$. （注：这里不能使用洛必达法则，因为还不知道 $\exp(x)$ 是不是可微函数，必须用 $\exp(h)$ 的级数定义.）

d) 使用 b) 和 c) 证明 $(\mathrm{d}/\mathrm{d}x)(\exp(x))=\exp(x)$.

16.63 给定某个 $a>0$，定义函数 $f(x)=\exp(-ax^2)$，计算 f 在哪里是凸的，并画出 f 的图像.

16.64 （!）求出当 $|x|<1$ 时 $\sum_{n=0}^{\infty}n^2x^n$ 的显式公式. 使用几何级数的导数或应用 12.37 表示 $\sum_{n=0}^{\infty}q(n)x^n$，其中 q 是一个多项式. （提示：答案是含有 $1/(1-x)$ 的多项式.）

16.65 （+）考虑两种棒球运动员. 一个用概率 p 打单打，另一个用概率 $p/4$ 打本垒打，否则球员就会出局. 假设单打领先两个垒，比较由本垒打和单打组成的球队，每支球队每局期望得分为多少?

16.66 (!) 将 $\sum_{k=0}^{\infty} kx^k$ 表示为两个关于 x 的多项式的比值. 335

16.67 设 q 是一个多项式, 证明 $\sum_{k=0}^{\infty} q(k)x^k$ 是两个关于 x 的多项式的比值.

16.68 设 $0 < p < 1$, 且 X 是一个随机数, 满足对每个非负整数 n, Prob $(X = n) = p(1-p)^n$ 成立.

    a) X 的概率生成函数是 $\varphi(t) = \sum_{n=0}^{\infty}$ Prob $(X = n)t^n$, 通过求和计算找到 $\varphi(t)$ 的显式公式, 并使用该公式证明这些概率和为 1.

    b) 计算 $E(X)$.

    c) 求出一个简单的 Prob $(X \leqslant 20)$ 公式.

16.69 设 $y(x) = x^n$, 其中 $n \geqslant 2$.

    a) 求出 $(x, y(x))$ 处的曲率.

    b) 列出使得曲率的值在 x 最大的方程.

    c) 解 b) 中方程, 找出使曲线 $y(x) = x^3$ 曲率最大的 x 值.

16.70 (一) 验证措施 16.71 中的计算过程.

16.71 (!) 一致收敛的临界指数.

    a) 设 $f_n(x) = x^n(1-x)$. 证明 $f_n(x)$ 在 $[0,1]$ 上一致收敛于 0.

    b) 设 $f_n(x) = n^2 x^n(1-x)$. 证明 $f_n(x)$ 在 $[0,1]$ 上逐点收敛但不一致收敛于 0.

    c) 设 $f_n(x) = n^a x^n(1-x)$, 其中 $\alpha \geqslant 0$. 证明 $f_n(x)$ 在 $[0,1]$ 上一致收敛于 0 当且仅当 $\alpha < 1$ (假设 $(1-1/n)^n \to e^{-1}$).

16.72 设 g 是 $\mathbb{R}$ 上有界可微函数, $\lim_{x \to \infty} g'(x)$ 不存在. 设 $f_n(x) = \dfrac{1}{n} g(nx)$, 证明 f_n 在 $\mathbb{R}$ 上一致收敛但是 $f'(n)$ 不收敛.

16.73 证明例题 16.74 中定义的序列为一致柯西.

16.74 思考例题 16.75 中函数 g 处处不可微的证明, 在这两个条件下: $x = 0$ 和 $x = 0.149\,6$, 对于任意 m, 计算差商 $[g(x+h_m) - g(x)]/h_m$.

16.75 (十) 定义函数 $f: \mathbb{R} \to \mathbb{R}$ 为 $f(x) = \sum_{n=0}^{\infty} \dfrac{\sin(3^n x)}{2^n}$, 证明 f 在 $\mathbb{R}$ 上是连续函数且在 0 处不可微. (注: 实际上 f 处处不可微.)

16.76 给定某个 $\mathbb{R}$ 上连续但处处不可微函数, 使用它构造一个恰好在某一点可微的连续函数. 336

第17章 积　　分

积分是一种能够计算面积和体积的数学过程，类似于一种连续地求和．我们在本章给出积分理论及其与微分和无穷级数的关系．微积分基本定理表明积分是微分的逆过程．

我们用积分来定义对数函数，并将指数函数定义为它的逆函数．由这个定义产生的函数与例题 14.32 中由级数定义的函数相同．我们还用无穷级数定义三角函数．这引出了 π 的定义，并利用积分证明了单位圆的面积是 π．积分也出现在概率和期望讨论中，以及诸如功和质心之类的物理场合中，因为函数在集合上的平均值可以表示为一个积分．

17.1 问题（面积和极限）　令 $T_1, T_2, \cdots$ 表示某平面上三角形序列．设该三角形序列收敛于某个区域 T，则是否可以得出：$\mathrm{Area}(T) = \lim \mathrm{Area}(T_n)$？　　　■

17.2 问题（降雨量问题）　假设雨均匀地落在某个正方形区域内，那么落在其内切圆内雨滴的比例是多少？　　　■

17.3 问题（连续复利）　某人把 p 美元放入一个每年支付 $x\%$ 利息的储蓄账户中．如果每年复利一次，那么 m 年后的总金额是 $p(1+x)^m$；如果每年复利 n 次，那么 m 年后的总金额是 $p(1+x/n)^{nm}$．有效利润或收益率取决于复利为多久一次，例如，5% 利息（$x = 0.05$）的日复利为 5.13%，连续复利的利润为 $\lim_{n\to\infty}(1+x/n)^n - 1$．这个极限值是多少？　　　■

积分的定义

平面上一个区域的"面积"是什么意思？这个问题引出了深层次的数学问题，涉及几何和极限的微妙性质．正方形的面积定义为每条边长度的平方．使用平方，我们可以得到一个有界区域 R 的面积的上下界．

在平面上画一个精细的正方形网格．令 S_1 是完全包含在 R 中正方形的并集，令 S_2 为包含 R 所有点的正方形的并集．由于 R 是有界的，S_1 和 S_2 由有限多个大小相等的正方形组成．计算正方形的个数，然后乘以每个正方形的面积，可得 S_1 和 S_2 的面积．由于 $\mathrm{Area}(S_1) \leqslant \mathrm{Area}(S_2)$，故我们认为 R 的面积在它们之间．用更精细的网格可使 $\mathrm{Area}(S_1)$ 和 $\mathrm{Area}(S_2)$ 更为接近．

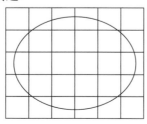
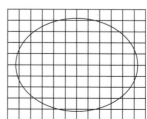

上面第一张图使用单位正方形，表明椭圆内面积满足 $8 \leqslant \text{Area}(R) \leqslant 26$. 更精细的网格显示 $13 \leqslant \text{Area}(R) \leqslant 23$. 令 U 为可以用网格得到的上界集合，L 为下界集合. 如果 $\sup L = \inf U = a$，则可以认为面积 $\text{Area}(R) = a$.

我们用上下界逼近的思想来定义积分. 令 f 为区间 $[a, b]$ 上的连续（因此有界）正值函数，R 为由 $\{(x, y) \in \mathbb{R}^2 : a \leqslant x \leqslant b \text{ 且 } 0 \leqslant y \leqslant f(x)\}$ 定义的区域.

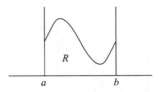

用矩形代替正方形获得 $\text{Area}(R)$ 上下界是一种有效的方法. 将区间 $[a, b]$ 分解成子区间来得到矩形的底边长，然后用这些子区间上的 f 值来确定矩形的高度.

17.4 定义　$[a, b]$ 的**分割**是 n 个子区间 $\{[x_{i-1}, x_i]\}$ 的集合，使得 $a = x_0 \leqslant \cdots \leqslant x_n = b$. 通常使用分割 P 的**断点** $x_0, \cdots, x_n$ 来指定分割 P. 如果 P 的每个断点也是 Q 的断点，则分割 Q 是分割 P 的一个**细化**. 两个分割的**最小共同细化**是以这两个分割断点集的并集作为断点集的分割.

17.5 定义　令 $f: [a, b] \to \mathbb{R}$ 为有界函数，P 是由 $x_0, \cdots, x_n$ 指定的 $[a, b]$ 的某个分割，令 $l_i = \inf\{f(x) : x \in [x_{i-1}, x_i]\}$，$u_i = \sup\{f(x) : x \in [x_{i-1}, x_i]\}$，则与 P 对应的 f 的**下和**是 $L(f, P) = \sum_{i=1}^{n}(x_i - x_{i-1})l_i$，**上和**是 $U(f, P) = \sum_{i=1}^{n}(x_i - x_{i-1})u_i$.

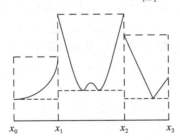

17.6 例题　$L(f, P) \leqslant U(f, P)$ 恒成立. 如上图所示，一个区间被划分为三个子区间. 区间 $[x_{i-1}, x_i]$ 上的虚线水平线位于轴线上方高度 u_i 处，点线水平线位于高度 l_i 处. 数 $(x_i - x_{i-1})u_i$ 是区间 $[x_{i-1}, x_i]$ 上的较高矩形的面积. 因此上和 $U(f, P)$ 是在 f 曲线所界定面积的上界. 类似地，$L(f, P)$ 是一个下界.　∎

对于函数 f 在集合 S 上取值的上确界和下确界，通常将其写作 $\inf_S f$ 和 $\sup_S f$.

17.7 注　如果 $S \subseteq T$，则有 $\inf_T f \leqslant \inf_S f \leqslant \sup_S f \leqslant \sup_T f$.

17.8 引理　令 $f: [a, b] \to \mathbb{R}$，P，Q，R 是 $[a, b]$ 的分割.

a) 如果 R 是 P 的细化，则有 $L(f, P) \leqslant L(f, R) \leqslant U(f, R) \leqslant U(f, P)$.

b) $L(f, P) \leqslant U(f, Q)$.

证明　对于 a)，可使用如下图所示的方式增加一个断点从 P 得到 R，然后使用注

17.7 的结论. 对于一般情形, 可以通过对添加断点数量使用归纳法进行证明.

b) 可由 a) 得到, 令 R 为 P 和 Q 的最小共同细化. 习题 17.8 要求给出这两部分的证明细节. ■

339

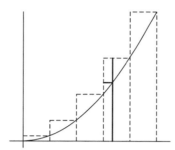

如果 f 是一个常值函数, 那么对于任意划分 P 都有 $L(f,P) = U(f,P)$. 否则, 存在 P 满足 $L(f,P) < U(f,P)$. 我们希望通过优化区间使这些数值更为接近. 被压缩在它们之间的量就是 f 在 $[a,b]$ 上的积分. 有三种等价方法可以使积分这个概念更加精确.

17.9 命题   给定某个在区间 $[a,b]$ 上定义的有界函数 f, 下面三个论断是等价的.

a) 对于任意 $\varepsilon > 0$, 存在 $[a,b]$ 的某个子区间 R, 满足 $L(f,R) - U(f,R) < \varepsilon$.

b) $\sup_P L(f,P) = \inf_Q U(f,Q)$.

c) 存在一个分割序列 $\{R_n\}$, 满足 $\lim_{n\to\infty} L(f,R_n) = \lim_{n\to\infty} U(f,R_n)$.

证明   由引理 17.8 可知, 对于 $[a,b]$ 的分割 P,Q 有 $L(f,P) \leqslant U(f,Q)$.

因此, 下和的集合以每个上和为上界, 上和的集合以每个下和为下界. 根据完备性公理, 存在 $l = \sup_P L(f,P)$, $u = \inf_Q U(f,Q)$, 且 $l \leqslant u$.

如果 a) 成立, 则对任意 n 都有某个划分 R_n 满足 $U(f,R_n) - L(f,R_n) < 1/n$. 因为 $L(f,R_n) \leqslant l \leqslant u \leqslant U(f,R_n)$, 故有 $|u-l| < 1/n$. 由 n 的任意性, l 必等于 u, 故 a) 蕴含 b).

假设 b) 成立. 根据 inf 和 sup 的基本性质 (命题 13.15), 存在划分 P_n 和 Q_n 满足 $l - L(f,P_n) < 1/(2n)$ 和 $U(f,Q_n) - u < 1/(2n)$. 由于 $l = u$, 将两不等式相加, 得到
$$U(f,Q_n) - L(f,P_n) < 1/n$$
令 R_n 是 P_n 和 Q_n 最小共同细化, 则由引理 17.8 可得
$$U(f,R_n) - L(f,R_n) \leqslant U(f,Q_n) - L(f,P_n) < 1/n$$
因此可由 b) 推出 c).

如果 c) 成立, 那么对于任意 $\varepsilon > 0$, 存在 n 使得 $U(f,R_n) - L(f,R_n) < \varepsilon$. 故 R_n 就是 a) 所需的划分 R. ■

17.10 定义   如果命题 17.9 中的等价条件成立, 则称 (有界) 函数 f 在 $[a,b]$ 上**可积**. 如果 f 可积, 则称 $\sup_P L(f,P)$ 和 $\inf_Q U(f,Q)$ 的共同值是 f 从 a 到 b 的**积分**, 记为

340

$\int_a^b f(x)\,\mathrm{d}x$ 或 $\int_a^b f$.

注   符号 "$\mathrm{d}x$" 的完整含义超出了本书的范围, 我们可以将其看作是指定的积分变

量. 也可以非正式地将 $\mathrm{d}x$ 当成是高度为 $f(x)$ 的无穷小矩形在 x 处的底边, 积分符号是一个变体的 "S", 表示无穷小区域 $f(x)\,\mathrm{d}x$ 的和. 与被加数进行类比, 通常称 f 为**被积函数**.

当被积函数 f 在 $[a,b]$ 上为非负时, 可以定义 f **曲线下的面积**为 $\displaystyle\int_a^b f(x)\,\mathrm{d}x$.

17. 11 注 令 f 在 $[a,b]$ 上可积.

a) 使用只包含一个间隔的分割, 可以得到

$$(b-a)\inf_{x\in[a,b]} f(x) \leqslant \int_a^b f \leqslant (b-a)\sup_{x\in[a,b]} f(x)$$

b) 当 P 是 $[a,b]$ 的一个分割时, 由上、下和的定义可得 $L(f,P)\leqslant\displaystyle\int_a^b f\leqslant U(f,P)$.

每个 $U(f,P)$ 和 $L(f,P)$ 都逼近积分, 并且将 $\displaystyle\int_a^b f$ 压缩在它们之间.

c) 如果 f 为非负, 那么 $\displaystyle\int_a^b f$ 也为非负, 因为对于每个分割 P, $L(f,P)\geqslant 0$ 都成立. ∎

对于连续函数或单调函数的积分, 可以用使得小区间大小均相等的分割. 类似的方法也适用于分段连续或分段单调函数 (在 $[a,b]$ 的某个划分的每个子区间上连续或单调).

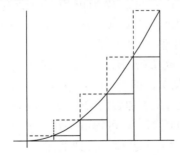

17. 12 例题 对于 $p\in\mathbb{N}$, 可以得到 $\displaystyle\int_0^1 x^p\,\mathrm{d}x = 1/(p+1)$, 令 P_n 是把 $[0,1]$ 分成 n 个相等小区间的分割. 上、下和分别为

$$U(f,P_n)=\sum_{i=1}^n \frac{1}{n}\left(\frac{i}{n}\right)^p = n^{-(p+1)}\sum_{i=1}^n i^p$$

$$L(f,P_n)=\sum_{i=1}^n \frac{1}{n}\left(\frac{i-1}{n}\right)^p = n^{-(p+1)}\sum_{i=0}^{n-1} i^p$$

根据定理 5.31, $\sum_{i=1}^n i^p$ 是一个最高次项为 $\dfrac{1}{p+1}n^{p+1}$ 的关于 n 的多项式. 将这个公式代入 $U(f,P_n)$ 中, 并计算 $n\to\infty$ 时的极限, 可以得到 $\lim U(f,P_n)=\dfrac{1}{p+1}$. 因为 $L(f,P_n)=U(f,P_n)-\dfrac{1}{n}$, 故有 $\lim L(f,P_n)=\dfrac{1}{p+1}$, 故两者极限相等, 所以积分是 $\dfrac{1}{p+1}$.

341

关于 $\displaystyle\int_a^b f(x)\,\mathrm{d}x$ 的定义 17.10 蕴含着假设 $a\leqslant b$ 且 $\displaystyle\int_a^a f(x)\,\mathrm{d}x=0$ 成立. 当 $a>b$ 时,

可以定义 $\int_a^b f(x)\,\mathrm{d}x = -\int_b^a f(x)\,\mathrm{d}x$，如果后者存在. 这表明当从右到左积分时，我们其实是在"擦除"曲线下的面积.

现在我们可以给出积分理论了. 首先，把"下确界"和"上确界"与"求和"联系起来.

17.13 引理　令 f 和 g 为 S 上有界实值函数，则有
$$\inf_S(f+g) \geqslant \inf_S f + \inf_S g, \quad \sup_S(f+g) \leqslant \sup_S f + \sup_S g$$

证明　令 $B = S \times S$，$A = \{(x,x) : x \in S\}$，由 $A \subseteq B$ 知 $\inf_A h \geqslant \inf_B h$，故有
$$\inf_S(f+g) \geqslant \inf_{(x,x)\in A}(f(x)+g(x)) \geqslant \inf_{(x,y)\in B}(f(x)+g(y)) = \inf_S f + \inf_S g$$
第一个不等式得证，可类似证明第二个不等式（习题 17.6）. ■

17.14 命题（积分的线性性）　如果 f,g 在 $[a,b]$ 上可积，$c \in \mathbb{R}$，那么 $f+g$ 和 cf 在 $[a,b]$ 上可积，且下式成立

a) $\int_a^b(f+g) = \int_a^b f + \int_a^b g$;

b) $\int_a^b cf = c\int_a^b f$.

证明　首先证明（a）. 由于 f 和 g 均为可积，由命题 17.9 可得 $[a,b]$ 的划分序列 $\{P_n\}$ 和 $\{Q_n\}$，满足 $\lim L(f,P_n) = \lim U(f,P_n)$，$\lim L(g,Q_n) = \lim U(g,Q_n)$，令 R_n 为 P_n 和 Q_n 的最小共同细化. 由引理 17.8 可得
$$L(f,P_n) \leqslant L(f,R_n) \leqslant U(f,R_n) \leqslant U(f,P_n)$$
因此 $\lim L(f,R_n) = \lim U(f,R_n)$，即有 $\lim L(g,R_n) = \lim U(g,R_n)$.

关键点是在 $L(f,R_n)+L(g,R_n)$ 和 $U(f,R_n)+U(g,R_n)$ 之间求 $f+g$ 的上和与下和. 对于 R_n 中每个子区间 J_i，由引理 17.13 可得 $\inf_{J_i} f + \inf_{J_i} g \leqslant \inf_{J_i}(f+g)$. 将该不等式两边乘以 J_i 的长度，并使用分配律对 i 求和，得到下面第一个不等式. 第三个不等式也可类似得到. 中间不等式总是成立的（例题 17.6），即有
$$L(f,R_n)+L(g,R_n) \leqslant L(f+g,R_n) \leqslant U(f+g,R_n) \leqslant U(f,R_n)+U(g,R_n)$$
这里最左和最右的表达式均收敛于 $\int_a^b f + \int_a^b g$，故夹在中间的项有相同的极限.

由命题 17.9 知 $f+g$ 为可积，且 $\int_a^b(f+g) = \int_a^b f + \int_a^b g$ 成立.

现就 $c \geqslant 0$ 的情形证明 b），把 $c=-1$ 的情形作为习题 17.9，$c<0$ 的情形可类似证明如下. 由于 f 可积，故存在某个序列 $\{P_n\}$ 满足 $L(f,P_n) \to \int_a^b f$，$U(f,P_n) \to \int_a^b f$. 因为 $c \geqslant 0$，故有 $\inf_J cf = c\inf_J f$，$\sup_J cf = c\sup_J f$，从而有 $L(cf,P_n) = cL(f,P_n) \to c\int_a^b f$，$U(cf,P_n) = cU(f,P_n) \to c\int_a^b f$. 由命题 17.9 知 cf 为可积，且有 $\int_a^b cf = c\int_a^b f$. ■

17.15 推论　令 f 和 g 在 $[a,b]$ 上可积. 如果 $f \leqslant g$，则有 $\int_a^b f \leqslant \int_a^b g$.

证明 将注 17.11c 应用于 $g-f$，并使用命题 17.14 的结论，即可得证.

17.16 命题 如果 f 在 $[a,b]$ 上可积且 $c\in[a,b]$，则有 $\int_a^b f=\int_a^c f+\int_c^b f$.

证明 因为 f 在 $[a,b]$ 上可积，所以 f 在 $[a,c]$ 和 $[c,b]$ 上也可积（习题 17.10），由此可得区间 $[a,c]$ 和 $[c,b]$ 的分割序列 P_n 和 Q_n 满足

$$\lim L(f,P_n)=\lim U(f,P_n)=\int_a^c f$$

$$\lim L(f,Q_n)=\lim U(f,Q_n)=\int_c^b f$$

令 R_n 是 $[a,b]$ 的分割，且其断点集是 P_n 和 Q_n 的断点集的并集，则有
$$L(f,R_n)=L(f,P_n)+L(f,Q_n)$$
$$U(f,R_n)=U(f,P_n)+U(f,Q_n)$$

因此，$L(f,R_n)$ 和 $U(f,R_n)$ 均收敛于 $\int_a^c f+\int_c^b f$. ∎

17.17 命题 如果 f 在 $[a,b]$ 上可积，则 $|f|$ 在 $[a,b]$ 上可积，且有
$$\left|\int_a^b f\right|\leqslant\int_a^b|f|\leqslant(b-a)\sup_{[a,b]}|f|$$

证明 给定 $\varepsilon>0$，需要找到 $[a,b]$ 的一个分割 P，满足 $U(|f|,P)-L(|f|,p)<\varepsilon$. 因为 f 为可积，故存在某个分割 P 使得 $U(f,P)-L(f,P)<\varepsilon$. 我们认为同一个划分 P 对 $|f|$ 产生了预期的不等式.

首先证明区间 I 上的不等式
$$\sup_I(|f|)-\inf_I(|f|)\leqslant\sup_I(f)-\inf_I(f) \tag{$*$}$$

如果 $\inf_I(f)\geqslant 0$，则在 I 上有 $|f|=f$，且（$*$）两边的式子相等. 如果 $\sup_I(f)\leqslant 0$，则在 I 上有 $|f|=-f$，且有恒等式 $\sup_I(-f)=-\inf_I(f)$（习题 13.19）. 根据
$$\sup_I(|f|)-\inf_I(|f|)=\sup_I(-f)-\inf_I(-f)=-\inf_I(f)+\sup_I(f)$$
可以得到在区间 I 上（$*$）的等式.

对于剩下的情形 $\inf_I(f)<0<\sup_I(f)$，则有
$$\sup_I(|f|)-\inf_I(|f|)<\sup_I(|f|)=\max\{\sup_I(f),-\inf_I(f)\}<\sup_I(f)-\inf_I(f)$$

划分 P 确定了长度为 c_j 的区间 I_j，由（$*$）式可知
$$U(|f|,P)-L(|f|,p)$$
$$=\sum c_j(\sup_{I_j}|f|-\inf_{I_j}|f|)\leqslant\sum c_j(\sup_{I_j}(f)-\inf_{I_j}(f))$$
$$=U(f,P)-L(f,P)<\varepsilon$$

因此可以得到 $|f|$ 在 I 上可积的结论.

界 $\int_a^b|f|\leqslant(b-a)\sup(|f|)$ 是注 17.11b 的一个实例. 由于 $f\leqslant|f|$ 和 $-f\leqslant|f|$，故不等式 $\left|\int_a^b f\right|\leqslant\int_a^b|f|$ 可由推论 17.15 得到. ∎

这些结果表明了使用积分来定义面积的合理性，它们产生了一些令人信服的关于面积的性质. 命题 17.14a 和命题 17.16 将一个区域的面积表示为组成该区域的两个子区域面积

的总和. 命题 17.14b 解释了面积在竖直尺度变化下的表现（当 $c<0$ 时方向也随之变化）. 关于面积在水平尺度变化下表现的陈述是换元公式（定理 17.24）的一个特例. 命题 17.17 将离散的三角不等式 $\left|\sum x_i\right|\leqslant\sum|x_i|$ 推广为积分（"连续和"）情形.

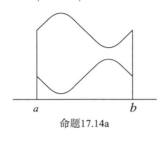
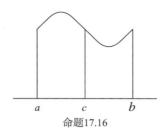

命题17.14a   命题17.16

并非所有的有界函数都是可积的. 例如，在有理数上为 1，非有理数上为 0 的函数在任何区间上都不可积（习题 17.11）. 下面证明每个连续函数均为可积，每个有界单调函数都是可积的，不管它是否连续（习题 17.14）.

17.18 定理   如果 f 在区间 $[a,b]$ 上连续，那么 f 在区间 $[a,b]$ 上可积.

证明   根据定理 15.24 和定理 15.32，每个在 $[a,b]$ 上连续的函数在 $[a,b]$ 上有界且一致连续. 任给 $\varepsilon>0$，需寻找一个划分 P 使得 $U(f,P)-L(f,P)<\varepsilon$. 由 $[a,b]$ 上的一致连续性可生成数 $\delta>0$，满足当 $t',t\in[a,b]$，$|t'-t|<\delta$ 时，$|f(t')-f(t)|<\dfrac{\varepsilon}{b-a}$ 成立. 对于 $n>(b-a)/\delta$，令 P 是把 $[a,b]$ 进行 n 等分为子区间 $J_1,\cdots,J_n$ 的分割. 因为每个子区间长度都是 $(b-a)/n$，所以 J_i 内元素之间的差小于 δ，故有 $\sup_{J_i}f-\inf_{J_i}f<\dfrac{\varepsilon}{b-a}$. 通过对每个 J_i 的贡献进行求和，可以得到 $U(f,P)-L(f,P)<\dfrac{b-a}{n}\sum_{i=1}^{n}\dfrac{\varepsilon}{b-a}=\varepsilon$. 故 P 满足 f 在 $[a,b]$ 上为可积的条件. ∎

更深入的分析需要考虑其他类型的积分. 根据 G. F. B. Riemann(1826—1866) 的说法，这里定义的是**黎曼积分**，此定义仅适用于有界区间和有界函数. "反常积分"有时可以克服这些限制.

17.19 定义   如果极限 $\lim_{b\to\infty}\int_a^b f(x)\mathrm{d}x$ 存在，则将 $\int_a^\infty f(x)\,\mathrm{d}x$ 定义为 $\lim_{b\to\infty}\int_a^b f(x)\mathrm{d}x$. 当 f 在 a 处无界时，将 $\int_a^b f(x)\mathrm{d}x$ 定义为 $\lim_{\varepsilon\to0}\int_{a+\varepsilon}^b f(x)\mathrm{d}x$，如果这个极限（通过正值 ε）存在的话. 这两种类型的积分都是**反常积分**.

无界区间反常积分的定义类似于使用部分和定义的无穷级数，数学中很多重要函数都可以表示为反常积分. 例如定义了指数函数之后，就可以证明 $n!=\displaystyle\int_0^\infty \mathrm{e}^{-x}x^n\mathrm{d}x$（习题 17.49）.

还可以考虑 $\alpha\in(-1,0)$ 时的 $\int_0^1 x^\alpha\mathrm{d}x$ 积分，被积函数在 0 处无界. 可使用初等微积分

计算 $\int_{\varepsilon}^{1} x^{a} \mathrm{d}x = \dfrac{1}{\alpha+1} - \dfrac{\varepsilon^{\alpha+1}}{\alpha+1}$. 随着 $\varepsilon \to 0$，这个积分值接近于 $1/(\alpha+1)$. 用这种方法评估 $\int_{\varepsilon}^{1} x^{a} \mathrm{d}x$ 就是下面将要学习的微积分基本定理.

微积分基本定理

微积分基本定理清晰地说明了微分和积分是互逆运算的含义，这是用导数逆运算求不定积分的基础. 从该基本定理出发，可以得到换元法和分部积分法等几种积分方法.

把 $\int_{a}^{x} f(t)\,\mathrm{d}t$ 看成是 x 的函数并称之为 $f(x)$，因此 $f(x)$ 是 f 从 a 到 x 的曲线下面积. 第一种形式的微积分基本定理表明，该面积在 x 处以 $f(x)$ 的速率进行变化. 故该积分的导数可以是某个连续函数. 我们在定理 17.22 中给出并证明了微积分基本定理的第二种形式，指出某连续的可微函数可以是其导数的积分.

$\boxed{345}$

17.20 定理（微积分基本定理） 令 f 在 $[a,b]$ 上可积，且对于 $a<x<b$ 有 $F(x) = \int_{a}^{x} f(t)\mathrm{d}t$. 如果 f 在 x 处连续，那么 F 在 x 处可微，且有 $F'(x) = f(x)$.

证明 因为 f 在 $[a,b]$ 上可积，故在 $[a,x]$ 上也可积（习题 17.10），由此可得 $f(x)$ 的定义域是 (a,b). 为证明 $F'(x) = f(x)$，我们往证 $F(x+h) = F(x) + hf(x) + e(h)$，其中 e 是误差函数. 使用命题 17.14a，可以得到

$$e(h) = F(x+h) - F(x) - hf(x) = \int_{x}^{x+h} f(t)\mathrm{d}t - hf(x)$$

因为 $f(x)$ 是关于 t 的常数，故有 $hf(x) = \int_{x}^{x+h} f(x)\mathrm{d}t$，因此 $e(h) = \int_{x}^{x+h} \big[f(t)-f(x)\big]\mathrm{d}t$.

为证明 e 是一个误差函数，需要证明 $e(h)/h \to 0$. 如果 $h>0$，则令 J 为区间 $[x, x+h]$，如果 $h<0$，则令 J 为 $[x+h,x]$，显然 J 的长度是 $|h|$. 使用命题 17.17，可以得到

$$\left| e(h)/h \right| = \frac{1}{|h|}\left| \int_{x}^{x+h} (f(t)-f(x))\mathrm{d}t \right| \leqslant \sup_{t \in J} \left| f(t) - f(x) \right|$$

由于 f 在 x 处连续，故当 $h \to 0$ 时，上式收敛于 0. ■

17.21 例题（连续的必要性） 在微积分基本定理中，我们不能忽略 f 在 x 处为连续的假设. 假设对于 $0<x<1$，$f(x)=1$，对于 $-1<x<0$，$f(x)=-1$，由此可得 f 在 $[-1,1]$ 上可积. 令 $F(x) = \int_{-1}^{x} f(t)\mathrm{d}t = |x|-1$，则 f 在 0 处不连续，并且 F 在 0 处不可微. ■

将 $[a,b]$ 上可积函数 f 的**平均值**定义为 $\dfrac{1}{b-a}\int_{a}^{b} f$. 定理 17.20 指出，当 $h \to 0$ 时函数 F 的斜率 $m_{x,x+h}$ 收敛到 $f(x)$. 证明方法与命题 14.11 类似，可用该命题研究一系列平均值的极限.

基本定理的第二种形式表明 F 的斜率 $m_{a,x}$ 等于 F' 在区间 $[a,x]$ 上的平均值.

17.22 定理   （微积分基本定理，第二形式）如果 F 在一个包含 $[a,b]$ 的开区间上连续可微，那么对于所有 $x \in [a,b]$ 有 $\int_a^x F'(t)\mathrm{d}t = F(x) - F(a)$.

证明   令 $G(x) = \int_a^x F'(t)\mathrm{d}t - (F(x) - F(a))$ ，这是良好定义的，因为 F' 为可积. 根据基本定理的第一种形式，G 可微，且对于所有 $x \in [a, b]$ 均有 $G'(x) = F'(x) - F'(x) = 0$. 由推论 16.32 知 G 是常数. 因为 $G(a) = 0$ ，故对所有 x 都有 $G(x) = 0$ ，所以积分等于 $F(x) - F(a)$. ■

346

微积分基本定理证明中定义的函数使我们能够通过找到一个导数为 f 的函数 F 来计算 $\int_a^x f$ 的值，从而避免了对上和与下和的使用. 为方便起见，通常将 $F(b) - F(a)$ 写成 $F(x)\mid_a^b$ ，读作"求 $f(x)$ 从 $x = a$ 到 $x = b$ 的值"，因为具有相同导数的函数相差一个常数，故有时引入一个额外常数 C ，不严格地说" $f(x)$ 的原函数是 $F(x) + C$". 符号 $F(x) + C$ 表示函数的**等价类**，如果两个函数相差一个常数，则它们是等价的. 当计算 $F(b) - F(a)$ 时，常数 C 就消去了.

17.23 例题   （回顾例题 17.12）   当 $p \neq -1$ 时，有 $\left(\dfrac{\mathrm{d}}{\mathrm{d}x}\right)\dfrac{x^{p+1}}{p+1} = x^p$. 根据微积分基本定理，有 $\int_0^1 x^p = \dfrac{x^{p+1}}{p+1}\mid_0^1 = \dfrac{1}{p+1} - 0 = \dfrac{1}{p+1}$. ■

例题 17.23 没有使用定理 5.31，而是精确地使用了例题 5.46 中提出的计算 $\sum_{i=1}^n i^k$ 首项的方法. 通过使用梯形代替矩形来估计积分给出的面积，也可以证明定理 5.31，见习题 17.32.

由微积分基本定理可以导出定积分的换元公式.

17.24 定理（换元法）   令 f 是 $[a,b]$ 上的连续函数，g 是从区间 $[a,b]$ 到区间 $[g(a), g(b)]$ 的连续可微双射. 则对于任意 $x \in [a,b]$ 有

$$\int_a^x f(g(z))g'(z)\mathrm{d}z = \int_{g(a)}^{g(x)} f(t)\mathrm{d}t$$

证明   等式两边都是 a 和 x 的函数. 固定 a ，把它们看作仅是 x 的函数. 由微积分基本定理知这两个函数均为可微（利用 $(f \circ g) \cdot g'$ 的连续性）. 可以通过证明它们具有相同导数，并且在 $x = a$ 处取值一致的方式证明两者相等（等式可由推论 16.32 得出）.

两个函数在 $x = a$ 处取值都是 0. 根据基本定理，左边函数的导数是 $f(g(x))\ g'(x)$. 再由链式法则，右边函数的导数也是 $f(g(x))g'(x)$. ■

347

将微分的乘法法则与微积分基本定理相结合，可以得到一种重要的积分技巧.

17.25 定理（分部积分）   如果 u 和 v 是连续可微的，则有

$$\int_a^b u \cdot v' = (uv)\mid_a^b - \int_a^b v \cdot u'$$

这里 $(uv)\mid_a^b = u(b)v(b) - u(a)v(a)$.

证明   令 $F = uv$. 根据乘法法则，$F' = u'v + uv'$ 是连续的. 根据微积分基本定理，有

$\int_a^b [u'v + uv'] = F(b) - F(a)$. 两边同时减去 $\int_a^b v \cdot u'$ 就完成了证明. ■

分部积分法对单调函数有很好的几何解释. 单调连续函数是从定义域到象的一个双射, 因此它存在反函数.

17.26 定理　如果 f 是单调递增函数, 反函数为 f^{-1}, 则有 $\int_a^b f(x)\mathrm{d}x = yf^{-1}(y)\mid_s^t -$
$\int_s^t f^{-1}(y)\mathrm{d}y$, 其中 $s = f(a)$, $t = f(b)$.

证明　如果有必要, 可以通过变换原点, 将计算归结为 a 和 s 均正的情形. 同样地, 不妨假定 $b \geqslant a$ 和 $t \geqslant s$ (习题 17.34). 往证 $\int_a^b f(x)\mathrm{d}x + \int_s^t f^{-1}(y)\mathrm{d}y = yf^{-1}(y)\mid_s^t$. 两边计算的是同样的面积, 如下图所示. 右边是两个矩形之间不同部分的面积, 左边计算的是由 f 的图像分开的两个部分的和.

如果 $xf'(x)$ 作为 x 的函数为可积, 那么也可以用分部积分和定理 17.24 证明这一点. 可以进行换元 $x = f^{-1}(y)$, 则有

$$\int_a^b f(x)\mathrm{d}x = xf(x)\mid_a^b - \int_a^b xf'(x)\mathrm{d}x = f^{-1}(y)y\mid_s^t - \int_s^t f^{-1}(y)\mathrm{d}y$$ ■

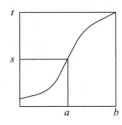

指数与对数

现在给出对数和指数函数的定义, 并使用微积分基本定理推出它们的基本性质.

17.27 定义　对于 $x > 0$, x 的**自然对数** (记作 $\ln x$) 等于 $\int_1^x \frac{1}{t}\mathrm{d}t$.

17.28 定理　自然对数是一个严格递增函数, 且具有性质 $\ln(xy) = \ln x + \ln y$.

证明　由于 $1/t$ 对 $t > 0$ 为连续, 故积分 $\int_1^x \frac{1}{t}\mathrm{d}t$ 作为 x 的函数是存在的. 由微积分基本定理可得, 它的导数是 $1/x$, 且取值恒为正, 因此自然对数是一个严格递增函数.

为证 $\ln(xy) = \ln x + \ln y$, 对固定的 y, 令 $g(x) = \ln(xy) - \ln x$, 并证明 g 为常数 $\ln y$. 首先证明 g 是常数, 往证对任意 x 都有 $g'(x) = 0$. 由微积分基本定理和链式法则有

$$g'(x) = \frac{1}{xy} \frac{\mathrm{d}}{\mathrm{d}x}(xy) - \frac{1}{x} = \frac{1}{xy} y - \frac{1}{x} = 0$$

故 g 为常数. 因为 $\ln 1 = 0$, 令 $x = 1$ 可得 $g(x) = \ln(xy) - \ln x = \ln y$. ■

性质 $\ln(xy) = \ln x + \ln y$ 表明，当 x 增大时，$\ln x$ 无上界，当 x 接近 0 时，$\ln x$ 无下界（习题 17.27）．由于自然对数为严格递增，故它是从正实数集到 $\mathbb{R}$ 的一个双射．可以使用对数函数的反函数给出指数函数一个简洁的定义．

17.29 定义　作为从 $\mathbb{R}$ 到正实数集合的一个双射，**指数函数**是对数函数的反函数．指数函数在 x 处的取值，记作 e^x，也可写成当 $y>0$ 时 $x = \ln y$．对于 $a>0$，定义 $a^x = e^{x \ln a}$．

我们称为 "e" 的数是满足等式 $\int_1^y \frac{1}{t}\,\mathrm{d}t = 1$ 的唯一 y 值．指数函数表示法由公式 $e^{a+b} = e^a e^b$ 得到，该公式遵循定理 17.28（参见习题 17.29）．

有很多应用问题涉及时间相关函数增长率与函数值成正比的情形，如复利计算，电路中电流分析和放射性衰变等问题．指数函数在这类问题中出现是因为它的导数是它本身．

17.30 推论　如果 $g(y) = e^y$，那么 $g'(y) = g(y)$．而且如果 $a>0$ 且 $h(y) = a^y$，则有 $h'(y) = a^y \ln a = h(y) \ln a$．

证明　函数 g 被定义为 $\ln$ 的逆函数，它是严格递增的．根据微积分基本定理，$(\mathrm{d}/\mathrm{d}x) \ln x = 1/x$．令 $f(x) = \ln x$，则有 $g = f^{-1}$．根据命题 16.24，g 为可微，$g'(y) = 1/f'(g(y)) = e^y$．第二个结论可由第一个结论和链式规则得到，使用 $a^y = e^{y \ln a}$ 即可得证．■

微分方程 $g'(x) = cg(x)$ 类似于递推式 $a_{n+1} - a_n = ca_n$，在每种情况下，函数值变化速度总是与函数值成正比．递推式有解 $a_n = A(1+c)^n$，其中 $A = a_0$（定理 12.16），微分方程有解 $g(x) = Ae^{cx} = A(e^c)^x$，其中 $A = g(0)$．可将这个类比推广到高阶常系数微分方程．对于常系数二阶微分方程 $g''(y) - (\alpha+\beta)g'(x) + \alpha\beta g(x) = 0$，当 $\alpha \neq \beta$ 时有解 $g(x) = A_1 e^{\alpha x} + A_2 e^{\beta x}$，在此需要两个初始条件来确定 A_1 和 A_2．这里不再讨论微分方程这个庞大的课题．

指数函数的一个简单应用是它在复利计算中的作用，这个应用需要对某个极限进行评估，有时该极限作为 e^x 的定义给出．

17.31 定理　对于 $x \in \mathbb{R}$，令 $a_n = (1+x/n)^n$，则有 $a_n \to e^x$．

证明　令 $t = 1/n$，考察 $(1+xt)^{1/t}$．当 $t \neq 0$ 时，这是关于 t 的一个连续函数．根据收敛序列定义，如果该函数在 $t \to 0$ 时极限存在，那么该极限一定是 $\lim_{n\to\infty} a_n$．令 $f(t) = \ln((1+xt)^{1/t}) = \frac{\ln(1+tx)}{t}$，使用洛必达法则（定理 16.36）计算 $\lim_{t\to 0} f(t) = \lim_{t\to 0} \frac{x}{1+tx} = x$，故有 $\ln a_n \to x$．因为指数函数是连续函数，故有 $a_n \to e^x$．■

17.32 措施（连续复利，问题 17.3）　在连续复利情况下，储蓄账户中的金额 p 以 $x\%$ 的利率增长，在一年后达到 $p \lim_{n\to\infty}(1+x/n)^n = pe^x$，故利润是 $e^x - 1$．对于较小的 x，利润大约为 $x + x^2/2$．■

细心的读者会记得，我们在例题 14.32 中使用级数定义了指数函数．在应用 17.52 中证明了这个函数与定义 17.29 中定义的指数函数是相同的．为做到这一点，我们导出一种允许逐项微分幂级数的机制．使用同样的方法可以得到三角函数正弦和余弦的定义与性质，我们在介绍逐项微分的技术细节之前对它们进行讨论．

三角函数与 π

基本常数 π 和正弦、余弦函数出现在数学和科学各处，π 是单位圆内部的面积，三角函数描述了斜边为 1 的直角三角形边和角之间的关系. 因为几何推理很难做到精确, 我们用级数来定义 π 和这些函数, 这就证明了 π 是单位圆的面积. 用几何推理严格地定义正弦函数和余弦函数是可能的, 这也使我们能够证明命题 17.34 以及用作定义的级数展开式. 我们使用的方法比较直接, 但不是基于几何直觉.

17.33 定义 在 $\mathbb{R}$ 上的**正弦函数**和**余弦函数**由函数级数 $\sin x = \sum_{n=0}^{\infty} \dfrac{(-1)^n}{(2n+1)!} x^{2n+1}$ 和 $\cos x = \sum_{n=0}^{\infty} \dfrac{(-1)^n}{(2n)!} x^{2n}$ 定义.

17.34 命题 正弦函数和余弦函数均在 $\mathbb{R}$ 上定义且可微, 其导数分别为 $(\mathrm{d}/\mathrm{d}x)\sin x = \cos x$, $(\mathrm{d}/\mathrm{d}x)\cos x = -\sin x$.

证明 这些函数对任意实数 x 均有定义, 因为由比式判别法给出的级数收敛半径为无穷大. 对于固定的实数 x, $\sin x$ 级数中连续项比值的绝对值是 $\dfrac{x^2}{(2n+3)(2n+2)}$, $\cos x$ 是 $\dfrac{x^2}{(2n+2)(2n+1)}$, 两者均收敛于 0. 为证明正弦函数和余弦函数的可微性, 可以将级数的微分与求和运算顺序进行交换, 以便逐项微分这个级数. 定理 17.51 允许我们这样做. 在逐项求导时, $\sin x$ 的级数成为 $\cos x$ 的级数, $\cos x$ 的级数成为 $-\sin x$ 的级数. ■

17.35 命题 对任意 $x \in \mathbb{R}$, 都有 $\sin^2 x + \cos^2 x = 1$.

证明 由级数的定义可以得到 $\sin 0 = 0$, $\cos 0 = 1$. 现在令 $f(x) = \sin^2 x + \cos^2 x$, 可用链式法则求得 $f'(x) = 2\sin x \cos x - 2\cos x \sin x = 0$. 根据推论 16.32, f 是常数, 所以对于任意 x 均有 $f(x) = f(0) = 1$. ■

17.36 推论 正弦函数和余弦函数都是有界函数, 且对于任意 x, $|\sin x| \leqslant 1$ 和 $|\cos x| \leqslant 1$ 成立.

证明 可直接根据命题 17.35 得证. ■

17.37 命题 存在某个点 $x_0 > 0$, 满足 $\cos x_0 = 0$.

证明 由于 $\cos 0 = 1 > 0$, 且可微性意味着连续性, 故可用介值定理证明存在某个正数 x, 使得 $\cos x < 0$. 事实上, 可以证明 $\cos 2$ 为负. 根据定义, $\cos 2 = 1 - \dfrac{2^2}{2} + \dfrac{2^4}{24} + \sum_{n=3}^{\infty} \dfrac{(-1)^n}{(2n)!} x^{2n}$. 前三项和为 $-1/3$, 我们把剩下的项成对考虑. 对 $n = 2k-1$ 和 $n = 2k$ 两项求和得

$$\frac{(-1)^{2k-1}}{(4k-2)!} 2^{4k-2} + \frac{(-1)^2 k}{(4k)!} 2^{4k} = -\frac{2^{4k-2}}{(4k-2)!} \left(1 - \frac{2^2}{4k(4k-1)}\right)$$

当 $k(4k-1) > 1$ 时, 这个值是负的, 因此, 剩下每对项均为负, 且 $\cos 2 < -1/3$. ■

因此集合 $S = \{x > 0: \cos x = 0\}$ 为非空. 因为 S 有下界 0, 所以它有一个非负下确界 α. 集合 S 包含一个收敛于 α 的序列 $\langle x \rangle$. 由于余弦函数是连续函数, 故有 $\cos \alpha = \cos(\lim x_n) = \lim(\cos x_n) = 0$. 因为 $\cos 0 = 1 \neq 0$, 所以 $\alpha > 0$.

17.38 定义 将数 π 定义为 2α, 其中 α 是使得 $\cos x$ 为 0 的最小正数解.

因为 cos 2<0，且已经证明 π<4．因此，我们很快就会得到 π 的更精确估计值．首先，我们把 π 与圆的面积联系起来．

17.39 引理 $\int_0^{\pi/2} \sin^2 x\mathrm{d}x = \int_0^{\pi/2} \cos^2 x\mathrm{d}x = \pi/4.$

证明   根据命题 17.35，有 $\int_0^{\pi/2} \sin^2 x\mathrm{d}x = \int_0^{\pi/2} (1-\cos^2 x)\mathrm{d}x = \dfrac{\pi}{2} - \int_0^{\pi/2} \cos^2 x\mathrm{d}x.$ 因此，两个目标积分之和是 π/2．

使用分部积分（定理 17.25），可得

$$\int_0^{\pi/2} \cos x(\cos x\mathrm{d}x) = \sin x\cos x\Big|_0^{\pi/2} + \int_0^{\pi/2} \sin^2 x\mathrm{d}x$$

因为 sin 0=0，cos π/2=0，所以第一项是 0．因此引理表述中的两个积分相等．因为它们的和是 π/2，所以每个都等于 π/4．

17.40 命题   将 x 映射到 $\sin x$ 和 $\cos x$ 的函数是从 $[0,\pi/2]$ 到 $[0,1]$ 的双射．

证明   根据 π 的定义，正弦函数在区间 $[0,\pi/2]$ 上单调增加，余弦函数在区间 $[0,\pi/2]$ 上单调减少，故它们是单射．由于在 $[0,\pi/2]$ 端点处的值是 0 和 1，由介值定理知它们是满射．∎

17.41 定理   半径为 1 的圆，面积是 π．

证明   考虑以原点为圆心的圆，将该圆定义为 $\{(u,v)\in\mathbb{R}^2 : u^2+v^2=1\}$．由对称性知该面积是第一象限四分之一圆面积的四倍．这是由坐标轴和曲线 $v=\sqrt{1-u^2}$ 围成的面积．因为 $\sin x$ 定义了一个从 $[0,\pi/2]$ 到 $[0,1]$ 的双射，故可令 $u=\sin x$，并使用换元公式（定理 17.24）和引理 17.39 计算 $\int_0^1 \sqrt{1-u^2}\,\mathrm{d}u = \int_0^{\pi/2} \cos^2 x\mathrm{d}x = \pi/4.$ ∎

17.42 措施（降雨量问题（问题 17.2））   如果雨均匀地落下，那么落在圆内雨量的比例就是圆面积与正方形面积的比值．由于正方形的边长是圆的半径的两倍，故根据我们对面积尺度因子的理解，无论半径是多少，这两个面积的比值都相同．当半径为 1 时，圆面积为 π，正方形面积为 4，因此答案是 π/4．

可以把这个结论解释为：π/4 是雨滴随机落在圆内的概率．这说明了积分和面积在概率计算中的作用．∎

π 值的计算已经精确到小数点后几百万位，小数点后十位是 3.141 592 653 5．可以使用这里的方法对 π 进行粗略的估计，首先考虑积分公式 $\pi = 4\int_0^1 \sqrt{1-x^2}\,\mathrm{d}x$，可以使用该积分的定义来近似 π．令 P 是把 $[0,1]$ 分成 100 个等份的划分，对于 $f(x)=\sqrt{1-x^2}$，有 $L(f,P)=(1/100^2)\sum_{k=1}^{100}(100^2-k^2)^{1/2}$ 和 $U(f,P)=(1/100^2)\sum_{k=0}^{99}(100^2-k^2)^{1/2}$．使用计算器，可以算得 $4L(f,P)=3.120\,42$，$4U(f,P)=3.160\,42$，收敛速度很慢．

也可以得到一个收敛到 π 的级数，利用换元 $x=\sin y/\cos y$，可得 $\int_0^1 (1+x^2)^{-1}\mathrm{d}x =$ $\int_0^{\pi/4}\mathrm{d}y = \pi/4.$ 由于 $|1/(1+x^2)|<1$，故对 $x>0$，可以用几何级数展开 $|1/(1+x^2)|$

的方式得到被积函数 $\sum_{n=0}^{\infty}(-x^2)^n$. 定理 17.43 证明了求和运算和积分运算的可交换性（应用于 f_n 等于级数的第 n 部分和）. 通过逐项积分，可以得到

$$\frac{\pi}{4}=\sum_{n=0}^{\infty}(-1)^n\int_0^1 x^{2n}\,\mathrm{d}x=1-\frac{1}{3}+\frac{1}{5}-\frac{1}{7}+\cdots$$

取前 100 项的和，再乘以 4 就可以得到近似值 3.151 49，与 π 相差大约 0.01，收敛速度也是比较缓慢.

一种更为几何的方法是在半径为 1 的圆周上刻画规则的 n 边形，并计算出它们的面积. 通过取极限为 $n\to\infty$ 得到圆的面积 π. 这种方法由毕达哥拉斯定理而来，收敛速度也很慢. 计算 π 小数展开式的方法有许多，有些方法的收敛速度快很多.

回到无穷级数

我们希望能够对幂级数进行逐项求导或积分. 根据定理 16.16 或命题 17.14a，可以使用有限和运算与微分或积分进行交换. 这些交换通常不适用于无穷和. 可以使用一致收敛性的方法得到一个一般性定理（定理 17.43 适用于积分，定理 17.45 适用于微分），给出可用于对积分或微分交换进行求和的条件，这些结果特别适用于收敛的幂级数.

17.43 定理　假设 $\{f_n\}$ 是区间 $[a,b]$ 上的连续函数序列. 对于 $x\in[a,b]$，$\{f_n\}$ 在 $[a,b]$ 上一致收敛于 f，则有 $\int_a^x f_n(t)\,\mathrm{d}t\to\int_a^x f(t)\,\mathrm{d}t$.

证明　根据定理 16.65，f 是连续函数，因此由定理 17.18 可知 f 可积. 往证 $\int_a^x f_n(t)\,\mathrm{d}t-\int_a^x f(t)\,\mathrm{d}t$ 收敛于 0. 对于 $\varepsilon>0$. 根据命题 17.14 和 17.17，有

$$\left|\int_a^x f_n(t)\,\mathrm{d}t-\int_a^x f(t)\,\mathrm{d}t\right|\leqslant\int_a^x|f_n(t)-f(t)|\,\mathrm{d}t$$

根据一致收敛性，可以选择 N，使得 $n\geqslant N$ 和 $t\in[a,b]$，有 $|f_n(t)-f(t)|<\varepsilon/(b-a)$. 因此由 $n\geqslant N$ 可以推出 $\int_a^x|f_n(t)-f(t)|\,\mathrm{d}t<\varepsilon$. ∎

17.44 措施（面积与极限）　如果没有一致收敛性假设，则定理 17.43 的结论不成立. 可以构造问题 17.1 的一个反例. 将区间 $[0,2]$ 上的 f_n 定义为

$$f_n(x)=\begin{cases}n^2 x, & \text{如果 } 0\leqslant x\leqslant 1/n\\ 2n-n^2 x, & \text{如果 } 1/n\leqslant x\leqslant 2/n\\ 0, & \text{如果 } 2/n\leqslant x\leqslant 1\end{cases}$$

下图为 f_2 的图像. f_n 图像下的区域是一个以 $2/n$ 为底边长的等腰三角形，高度为 n，因此面积为 1，从而 $\lim_{n\to\infty}\int_0^2 f_n(x)\,\mathrm{d}x=1$. 另一方面，在 $[0,2]$ 内 f_n 收敛于 0，因此 $\int_0^2\lim_{n\to\infty}f_n(x)\,\mathrm{d}x=0\neq1=\lim_{n\to\infty}\int_0^2 f_n(x)\,\mathrm{d}x$. ∎

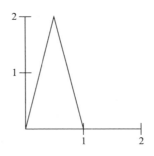

17.45 定理 令 $\{F_n\}$ 是区间 $[a,b]$ 上连续可微函数序列且 $F_n(a)$ 收敛. 如果序列 $\{F_n'\}$ 在 $[a,b]$ 上一致收敛于 f, 那么序列 $\{F_n\}$ 收敛于导数是 f 的连续可微函数 F.

证明 使用微积分基本定理, 可以得到 $F_n(x)-F_n(a)=\int_a^x F_n'(t)\mathrm{d}t$. 由于 F_n' 一致收敛, 由定理 16.65 可知极限函数 f 是连续的. 另外, 定理 17.43 还表明 $\int_a^x F_n'(t)\mathrm{d}t$ 收敛于 $\int_a^x f(t)\mathrm{d}t$, 根据假设, $F_n(a)$ 收敛于某个数 c, 可由 $F(x)=c+\int_a^x f(t)\mathrm{d}t$ 定义 F, 则有 $\lim_{n\to\infty}F_n(x)=F(x)$.

由于被积函数 f 为连续, 故由微积分基本定理, 可知 F 可微且 $F'=f$. 故 F 为连续可微. ∎

17.46 定理 对于任意幂级数 $\sum_{n=0}^{\infty}c_n x^n$, 都存在某个 $R\geqslant 0$, 使得级数当 $|x|<R$ 时收敛, 当 $|x|>R$ 时发散.

证明 令 $L=\limsup(|c_n|^{1/n})$. 注意 $\limsup(|c_n x^n|^{1/n})=L|x|$, 由根式判别法 (定理 14.36) 知, 当 $L|x|<1$ 时级数收敛, 当 $L|x|>1$ 时级数发散. 令 $R=1/L$ 即可得证 (当 $\limsup|a_n|^{1/n}=\infty$ 时, 令 $R=0$). ∎

17.47 定义 幂级数的**收敛半径**是由定理 17.46 给出的数 R.

17.48 例题 对于收敛半径为 R 的幂级数, 当 $|x|=R$ 时, 任何情况都有可能发生. 考虑下面三个级数:

$$\text{a) } \sum \frac{x^n}{n^2} \qquad \text{b) } \sum \frac{x^n}{n} \qquad \text{c) } \sum \frac{x^{2n}}{2n}$$

在以上三个级数中, $R=1$. 实例 a) 中级数在 $x=\pm 1$ 处收敛; 实例 b) 中级数在 $x=-1$ 处收敛, 在 $x=1$ 处有发散; 实例 c) 中级数在 $x=\pm 1$ 处发散. 习题 17.46 要求给出详细证明. ∎

17.49 命题 令 $\sum_{n=0}^{\infty}a_n x^n$ 是某个当 $x=R$ 时收敛的幂级数. 如果 $0<r<R$, 则级数在区间 $[-r,r]$ 上一致收敛.

证明 由引理 16.61 知部分和序列为一致柯西序列. 首先, 因为级数在 R 处收敛, 故存在某个常数 C, 使得对任意 n 都有 $|a_n R^n|\leqslant C$. 对于 $M<N$, 比较部分和 $s_N(x)$ 与 $s_M(x)$:

$$\Big|\sum_{n=0}^{N}a_nx^n-\sum_{n=0}^{M}a_nx^n\Big|=\Big|\sum_{n=M+1}^{N}a_nx^n\Big|\leqslant\sum_{n=M+1}^{N}|a_nx^n|$$

$$=\sum_{n=M+1}^{N}|a_nR^n|\Big|\frac{x}{R}\Big|^n\leqslant C\sum_{n=M+1}^{N}\Big|\frac{x}{R}\Big|^n\leqslant C\sum_{n=M+1}^{N}\Big(\frac{r}{R}\Big)^n$$

当 M 足够大时，最后一个表达式以 ε 为界，因为它是 $(r/R)^{M+1}$ 乘以一个收敛的几何级数. 因此，部分和序列是一致柯西序列. ∎

17.50 引理 $\limsup|a_n|^{1/n}=\limsup|na_n|^{1/(n-1)}$.

证明 可由极限 $\lim n^{1/(n-1)}=1$ 得到（参见习题 17.48）. ∎

17.51 定理 令 $\sum_{n=0}^{\infty}a_nx^n$ 是收敛半径为 R 的幂级数. 如果 $0<r<R$，那么在 $[-r,r]$ 上由 $F(x)=\sum_{n=0}^{\infty}a_nx^n$ 定义的函数 F 在 $(-r,r)$ 上可微，且满足 $F'(x)=\sum_{n=1}^{\infty}a_nnx^{n-1}$.

证明 由引理 17.50 和定理 14.36，级数 $\sum_{n=1}^{\infty}a_nnx^{n-1}$ 的收敛半径最小为 R. 由命题 17.49，级数在 $[-r,r]$ 上一致收敛. 已知 $f(x)$ 在 $x=r$ 处收敛，故由定理 17.45 即可得证. ∎

现在证明我们对指数函数的定义是一致的.

17.52 应用 由 $\exp(x)=\sum_{k=0}^{\infty}x^k/k!$ 定义的函数是自然对数的反函数.

证明 例题 14.32 已证明对于任意 x，$f(x)=\sum_{k=0}^{\infty}x^k/k!$ 均收敛. 因为 $(1/k!)kx^{k-1}=x^{k-1}/(k-1)!$，逐项微分得到的级数与原级数相同. 由定理 17.51 可知，f 可微且 $f'=f$.

接下来证明对于任意 x 都有 $f(x)>0$，该结论对 $x>0$ 成立是因为幂级数的系数均为正值. 因为 $f(0)=1$ 且 $\exp(a+b)=\exp(a)\exp(b)$（习题 14.67），故有 $1=f(0)=f(x-x)=f(x)f(-x)$. 因此，如果 $x<0$，那么有 $f(x)=1/f(-x)>0$.

为证明 f 是自然对数的反函数，先证明复合函数 $g=\ln\circ f$ 是恒等函数. 因为 f 恒为正，故 g 是良好定义的. 因为 f 可微，故 g 也可微，由链式法则可得 $g'(x)=(1/f(x))f'(x)=1$. 同样，$f(0)=1$ 意味着 $g(0)=0$. 根据微积分基本定理，对于任意 x 下式成立：

$$g(x)=\int_0^x g'(t)\mathrm{d}t=\int_0^x 1\mathrm{d}t=x$$

因此 g 是恒等函数，命题得证. ∎

习题

17.1 （一）令 $f(x)=\min\{x,2-x\}$，$g(x)=\max\{x,2-x\}$，计算 $\int_0^2 f(x)\mathrm{d}x$，$\int_0^2 g(x)\mathrm{d}x$.

17.2 （一）计算某个支付 6% 单利、6% 日复利和 6% 连续复利的银行账户收益.

17.3 （一）单利为 4% 的银行账户需要多少年才能让价值翻倍？如果利率是 $p\%$，需要多少年？

17.4 给出证明或反例："如果 f 在 $[0,1]$ 上有界且不是常数，那么对于区间上每个分割 P，$L(f,P)<U(f,P)$ 都成立."

17.5   给出证明或反例："如果 f 在 $[0,1]$ 上连续且不是常数，那么对于区间上每个分割 P，$L(f,P){<}U(f,P)$ 都成立."

17.6   令 f 和 g 是集合 S 上有界实值函数，证明 $\sup_S(f+g){\leqslant}\sup_S f+\sup_S g$. 给出一个两边不等的例子.

17.7   (一) 令 $f(x)=x^2$，P_n 是将 $[1,3]$ 分成 n 个等长子区间的分割. 用关于 n 的计算公式 $L(f,P_n)$ 和 $U(f,P_n)$ 验证它们有相同的极限. n 多大时才能保证 $U(f,P_n)$ 与 $\int_1^3 f(x)\mathrm{d}x$ 的差值小于 0.01？

17.8   考虑 $f:[a,b]\to\mathbb{R}$，对于 $[a,b]$ 的分割 P，Q，R，证明：

    a) 当 R 是 P 的细化时，有 $L(f,P){\leqslant}L(f,R){\leqslant}U(f,R){\leqslant}U(f,P)$. （提示：考虑 R 比 P 多一个断点的情形并进行归纳.）

    b) $L(f,P){\leqslant}U(f,Q)$. （提示：考虑一下它们最小共同细化.）

17.9   证明如果 f 在 $[a,b]$ 上可积，那么 $-f$ 在 $[a,b]$ 上可积，且 $\int_a^b(-f)=-\int_a^b f$. $\int_a^b(f-g)=\int_a^b f-\int_a^b g$ 成立的几何解释是什么？

17.10   令 f 在 $[a,b]$ 上可积，对于 $a<c<b$，证明 f 在 $[a,c]$ 和 $[c,b]$ 上可积.

17.11   定义 $f:[0,1]\to[0,1]$，如果 x 是有理数则 $f(x)=1$，如果 x 是无理数则 $f(x)=0$. 证明 f 不可积.

17.12   给出函数 f 的一个例子，使得 $|f|$ 在 $[0,1]$ 上可积，但 f 在 $[0,1]$ 上不可积.

17.13   (!) 积分中值定理   令 f 在 $[a,b]$ 上连续. 证明存在 $c\in[a,b]$ 使得 $f(c)=\dfrac{1}{b-a}\int_a^b f$.

    （提示：首先证明 $\int_a^b f=0$ 时的特殊情形. 考虑使用函数 $f-\dfrac{1}{b-a}\int_a^b f$ 将一般情形归结到这种情形.）

17.14   (!) 单调函数的积分   令 f 在区间 $[a,b]$ 上单调递增，令 P_n 是把 $[a,b]$ 划分为 n 个等长区间的分割，得到 $U(f,P_n)-L(f,P_n)$ 的表达式，用这个表达式证明 f 在 $[a,b]$ 上可积.

17.15   令 f 在区间 $[a,b]$ 上连续.

    a) 证明对于 $x\in[a,b]$，如果 $f(x)\geqslant 0$ 且在 $[a,b]$ 上 f 不恒为 0，则有 $\int_a^b f(x)\mathrm{d}x>0$.

    b) 证明对 $[a,b]$ 上任意连续函数 g，若 $\int_a^b f(t)g(t)\mathrm{d}t=0$，则对于 $a\leqslant x\leqslant b$，有 $f(x)=0$.

17.16   令 $g(x)=\int_0^x(1+t^2)^{-1}\mathrm{d}t+\int_0^{1/x}(1+t^2)^{-1}\mathrm{d}t$，证明 g 是常数. （注：我们已经证明 $\int_0^1(1+t^2)^{-1}\mathrm{d}t=\dfrac{\pi}{4}$，所以该常数一定是 $\dfrac{\pi}{2}$.）

17.17 设 $f: [0,1] \to [0,1]$ 是连续双射且 $f(0) = 1$，$f(1) = 0$，证明 $\int_0^1 f(x)\mathrm{d}x = \int_0^1 f^{-1}(y)\mathrm{d}y$.

17.18 用习题 17.17 证明 $\int_0^1 (1-x^a)^{1/b}\mathrm{d}x = \int_0^1 (1-x^b)^{1/a}\mathrm{d}x$. 当 a 和 b 是正整数时求积分值.

17.19 (!) 对于 $x > 0$，计算 $\lim_{h \to 0}\left(\dfrac{1}{h}\ln\left(\dfrac{x+h}{x}\right)\right)$.

17.20 (!) 将 $\dfrac{1}{n}\sum_{k=1}^n \ln(k/n)$ 作为一个关于 n 的函数进行计算. 将求和计算解释为反常积分的下和，并计算当 $n \to \infty$ 时的极限.

17.21 (!) 令 N 为正整数，$a_n = \sum_{j=n+1}^{(N+1)n}(1/j)$.

    a) 对于下和 $L(f,P)$，其中 $f(x) = 1/x$，P 是把 $[1, n+1]$ 分成 Nn 份的分割. 改变求和下标证明 $L(f,P) = a_n$.

    b) 计算 $\lim a_n$.

17.22 当 $x > 0$ 时，用 $\ln$ 的定义作为积分来证明 $\ln\left(\dfrac{x+1}{x}\right) > \dfrac{1}{x+1}$. （提示：对适当的积分使用下和.）

17.23 对于 $x > 0$，令 $f(x) = (1+1/x)^x$. 证明 f 为递增. （提示：求 $f'(x)$ 并使用习题 17.22.）

17.24 通过 $(\mathrm{d}/\mathrm{d}x)(\ln(fg))$ 来证明乘法法则 $(fg)' = f'g + fg'$.

17.25 （+）对于 $n \in \mathbb{N}$ 和 $b \geqslant 1$，证明 $\ln b \geqslant n(l - b^{-1/n})$. （提示：对积分使用下和.）

17.26 利用定理 17.26 求 $\ln x$ 和 $\tan^{-1} x$ 的不定积分.

17.27 利用性质 $\ln(xy) = \ln x + \ln y$ 来证明对数函数无上下界.

17.28 令 f 为连续函数并设 $f(x) = \int_0^x f(t)\,\mathrm{d}t + c$，求 f.

17.29 幂运算的性质

    a) 利用对数的性质证明 $\mathrm{e}^{x+y} = \mathrm{e}^x \mathrm{e}^y$.

    b) 对于 $\alpha > 0$，计算 $(\mathrm{d}/\mathrm{d}x)\,x^\alpha$. （提示：使用定义 17.29.）

    c) 给出 $(\mathrm{d}/\mathrm{d}x)\,a^x = a^x \ln a$ 的详细证明（推论 17.30）.

17.30 （+）对于 x，$a > 0$，求方程 $x^a = a^x$ 的所有解.

17.31 计算几何级数的部分和 $\sum_{k=0}^n \mathrm{e}^{kx}$. 通过对该公式两边同时微分 p 次的方式证明 $\sum_{k=0}^n k^p$ 是 $\left(\dfrac{\mathrm{d}}{\mathrm{d}x}\right)^p \dfrac{1-\mathrm{e}^{(n+1)x}}{1-\mathrm{e}^x}$ 在 $x = 0$ 处的值. （注：与定理 5.31 比较.）

17.32 （+）用梯形求 $\int_0^n x^k \mathrm{d}x$ 的上下界，并用该结论来证明定理 5.31.

17.33 (!) 通过 $f_n(x) = a\mathrm{e}^{-anx} - b\mathrm{e}^{-bnx}$ 定义一个函数序列 $\{f_n\}$，其中 a，b 是实常数且 $0 < a < b$. 计算 $\sum_{n=1}^\infty \int_0^\infty f_n(x)\mathrm{d}x$ 和 $\int_0^\infty \sum_{n=1}^\infty f_n(x)\mathrm{d}x$. （提示：它们不相等!）

17.34 令 $f: \mathbb{R} \to \mathbb{R}$ 是单调递增函数,并令 $0 \leqslant a \leqslant b$, $s = f(a)$, $t = f(b)$, $0 \leqslant s \leqslant t$. 定理 17.26 的证明表明

$$\int_a^b f(x)\,\mathrm{d}x = yf^{-1}(y)\Big|_s^t - \int_s^t f^{-1}(y)\,\mathrm{d}y$$

证明当条件 $0 \leqslant a \leqslant b$ 和 $0 \leqslant s \leqslant t$ 被削弱为 $a \leqslant b$ 和 $s \leqslant t$ 时,该公式仍然成立. 这就完成了定理 17.26 的证明. (提示:使用等量代换法将 a 和 s 变为正数.)

17.35 根据微积分基本定理, $\int_0^1 \mathrm{e}^x \mathrm{d}x = \mathrm{e} - 1$,下面步骤计算以该积分作为总和的极限.

a) 写出下和 $L(f, P_n)$, 其中 $f(x) = \mathrm{e}^x$, P_n 是将 $[0,1]$ 进行 n 等分的分割.

b) 用一个有限的几何级数求(a) 的和.

c) 直接验证 $\lim_{n \to \infty} L(f, P_n) = \mathrm{e} - 1$. (这用到了指数函数的哪个性质?)

17.36 (+) 计算 $\lim_{n \to \infty} \sum_{k=1}^n (n^2 + nk)^{-1/2}$.

17.37 (!) 计算 $\lim_{x \to 0} x \ln x$ 和 $\lim_{x \to \infty} \dfrac{\ln x}{x}$. (提示:使用洛必达法则.)

17.38 (+) 令 $\langle x \rangle$ 为 $n \geqslant 1$ 时由 $x_1 = \sqrt{2}$ 和 $x_{n+1} = (\sqrt{2})^{x_n}$ 定义的序列,证明 $\langle x \rangle$ 收敛,并计算极限.

17.39 (!) 对于 $x > 1$ 令 $f(x) = x/\ln x$, 求 f 的最小值. 使用此结论确定 π^e , e^π 哪个值更大.

17.40 (+) 设 $f(x) = u(x) \prod_{i=1}^n (x - a_i)$, 其中对任意 i 都有 $a_i \neq 0$, u 可微且恒不为 0 , 求出一个计算 $\sum (1/a_i)$ 的公式. (注:这是对习题 3.54 的概括.)

17.41 (+) 设 $h: \mathbb{R} \to \mathbb{R}$, 且对于任意 $n \in \mathbb{N}$ 和 $x \in \mathbb{R}$, $h(x^n) = h(x)$ 成立.

a) 证明如果 h 在 $x = 1$ 处连续,那么 h 是常数.

b) 证明如果没有这个假设,则 h 不一定是常数.

c) 假设对任意 $x > 0$ 和任意 $n \in \mathbb{N}$, $f(x^n) = nx^{n-1}f(x)$ 成立,假设 $\lim_{x \to 1} f(x)/\ln x$ 也存在,那么对 f 这意味着什么?

17.42 令 f 和 g 可微,计算 f^g 的导数.

17.43 AGM 不等式

a) 证明 $y^a z^{1-a} \leqslant ay + (1-a)z$ 对于任意正数 y, z 和 $0 \leqslant a \leqslant 1$ 均成立,确定什么时候等号成立.

b) 令 $x_1, \cdots, x_n$ 是一个由 n 个正实数组成的列表,证明 $(\sum_{i=1}^n x_i)/n \geqslant (\prod_{i=1}^n x_i)^{1/n}$, 当且仅当 $x_1 = \cdots = x_n$ 时相等. (提示: a) 可以通过对 n 的归纳给出证明.)

c) 令 $a_1, \cdots, a_n$ 是非负实数,求满足 $\sum x_i = 1$ 时, $\prod_{i=1}^n x_i^{a_i}$ 的最大值.

d) 使用 c) 为 b) 提供不同的证明.

17.44 使用 $\ln x$ 的无界性证明 $\sum_{n=1}^\infty 1/n$ 为发散.

17.45 (!) 对于 $0 < \varepsilon < 1$, 考虑 $\int_\varepsilon^1 \ln x \mathrm{d}x$.

a) 用定理 17.26 求这个积分的值.

b) 用 a) 中 $\varepsilon \to 0$ 时的极限来计算反常积分 $\int_0^1 \ln x \, dx$.

c) 用上和证明 $\lim_{n \to \infty} \frac{1}{n} \sum_{k=1}^{n} \ln(k/n)$ 等于 b) 的答案.

d) 重写 c) 的表达式，证明 $\lim_{n \to \infty} \frac{(n!)^{1/n}}{n} = \frac{1}{e}$. （注：这是斯特林公式的一个弱形式，可用于近似 $n!$. 斯特林公式表明 $n!$ 大约是 $n^n e^{-n} \sqrt{2\pi n}$.）

17.46 对于下面每个级数，确定其收敛半径 R，并确定当 $|x| = R$ 时级数的收敛情况.

a) $\sum \frac{x^n}{n^2}$ b) $\sum \frac{x^n}{n}$ c) $\sum \frac{x^{2n}}{2n}$ d) $\sum \frac{x^n n^n}{n!}$

17.47 （+） 令 f 在 $[a,b]$ 上连续，计算 $\lim_{n \to \infty} \left(\int_a^b |f|^n \right)^{1/n}$. （注：与习题 14.27 进行比较.）

17.48 令 $\langle a \rangle$ 是有界序列且 $\lim b_n = 1$，证明 $\limsup a_n b_n = \limsup a_n$.

17.49 （!）令 f 在 $[0, \infty)$ 上连续且非负.

a) 证明：如果 $\lim_{x \to \infty} \frac{f(x+1)}{f(x)}$ 存在且小于 1，则 $\int_0^\infty f(x) \, dx$ 存在.

b) 证明：如果 $\lim_{x \to \infty} (f(x))^{1/x}$ 存在且小于 1，则 $\int_0^\infty f(x) \, dx$ 存在.

c) 证明在 a) 和 b) 中，如果指定极限存在但超过 1，则积分不存在.

17.50 （!）令 x, y, t 为正实数.

a) 证明：$t^2 + t(x+y) + \left(\frac{x+y}{2} \right)^2 \geqslant t^2 + t(x+y) + xy \geqslant t^2 + 2t\sqrt{xy} + xy$.

b) 在对 a) 中的表达式取倒数之后，用 t 从 0 到 ∞ 的积分证明：
$$\frac{x+y}{2} \geqslant \frac{x-y}{\ln x - \ln y} \geqslant \sqrt{xy}$$

c) 对于 $u \in \mathbb{R}$，使用 b) 中方法证明：$\frac{1}{2}(e^u + e^{-u}) \geqslant \frac{1}{2u}(e^u - e^{-u}) \geqslant 1$.

d) 直接用幂级数证明 c) 的结论.

17.51 对于 $n \in \mathbb{N}$，用分部积分公式证明：$n! = \int_0^\infty e^{-x} x^n \, dx$.

17.52 对于 $y > 0$，函数 Γ 由 $\Gamma(y) = \int_0^\infty e^{-x} x^{y-1} \, dx$ 定义，将阶乘扩展到实参数，有 $\Gamma(n+1) = n!$.

a) 证明：定义 $\Gamma(y)$ 的反常积分在 $y \geqslant 1$ 时收敛. （提示：使用习题 17.49a）

b) （+）当 $0 < y < 1$ 时，积分 $\Gamma(y)$ 在端点 0 处的定义也为反常积分，证明该反常积分收敛.

c) 证明：$\Gamma(y+1) = y\Gamma(y)$.

d) 给定 $\Gamma\left(\frac{1}{2}\right) = \sqrt{\pi}$，求 $\int_0^\infty e^{-x^2} \, dx$.

e) （++）证明：$\Gamma\left(\frac{1}{2}\right) = \int_0^\infty e^{-x} x^{-1/2} \, dx = \sqrt{\pi}$.

第18章 复　　数

　　复数系统通过允许求解方程 $t^2 = -1$ 实现对实数系统的扩展，由此产生的数系具有很多现代科学和纯数学意想不到的有用的性质．代数基本定理是一个很好的应用，它表明任意复系数非常数多项式都有根，可以通过将收敛的思想推广到复数的方式对此进行证明．

复数的性质

　　当用通俗的欧几里得距离公式定义点之间的距离时，笛卡儿平面 $\mathbb{R}^2$ 其实就变成了欧几里得平面．在几何学和物理学中，把点看成向量是很有用的，但我们在这里不这么做．相反，我们在 $\mathbb{R}^2$ 上定义算术运算，使其成为一个名为 $\mathbb{C}$ 的域．对于我们称之为复数的 $\mathbb{C}$ 中的元素，它的大小就是从原点到该复数所在点的欧几里得距离．现在我们给出加法和乘法的定义，使 $\mathbb{R}^2$ 变成一个存在元素 i 满足 $i^2 = -1$ 的域．

　　18.1 定义　复数 z 是实数有序对，记为 $z = (x, y)$ 或 $z = x + iy$，把 i 当作一个正式符号．复数 $z = (x, y)$ 和 $w = (a, b)$ 的和与乘积分别为 $z + w = (x + a, y + b)$ 和 $zw = (xa - yb, xb + ya)$．将这种复数运算的集合记为 $\mathbb{C}$．

　　这里乘法的定义用有序对表示，当我们写作 $z = x + iy$ 和 $w = a + ib$ 时，可用分配律展开乘积，并在最后令 $i^2 = -1$．

　　18.2 例题　$(1 + i)^2 = (1 + i)(1 + i) = 1 + 2i + i^2 = 2i$．　■

　　18.3 命题　在求和与求积运算中，$\mathbb{C}$ 是一个域．加法的单位元素是 $0 + 0i$，乘法的单位元素是 $1 + 0i$，$z \neq 0 + 0i$ 的乘法逆是 $(x - iy)/(x^2 + y^2)$．

　　证明　（见习题 18.1 ～ 18.3.）　■

　　z^{-1} 计算公式中的表达式 $x - iy$ 和 $x^2 + y^2$ 在复分析中起着重要的作用．

　　18.4 定义　给定 $z = x + iy$，z 的**共轭**是复数 $\bar{z} = x - iy$．$z = x + iy$ 的**大小**或**绝对值**是 $|z| = \sqrt{x^2 + y^2} = \sqrt{z\bar{z}}$，也就是从 (x, y) 到原点的距离．对于复数 $z = x + iy$，称 x 为**实部**，y 为**虚部**，分别记为 $x = \mathrm{Re}(z)$，$y = \mathrm{Im}(z)$．

　　18.5 注　当 $\mathrm{Im}(z) = y = 0$ 时，加法和乘法就简化为实数的加法和乘法，因此可以把 $x + i0$ 和 $x \in \mathbb{R}$ 等同起来．从这种意义上说，域 $\mathbb{R}$ 包含在域 $\mathbb{C}$ 中．

　　进一步考察 $|x + i0|$ 等于实数 x 的普通绝对值 $|x|$，可知复数的大小将绝对值的概念从 $\mathbb{R}$ 扩展到 $\mathbb{C}$，还有 $|\bar{z}| = |z|$．可通过共轭复数把 z 的乘法逆写成 $z^{-1} = \bar{z}/|z|^2$．　■

　　三角不等式也适用于复数．

　　18.6 命题（三角不等式）　对于 $z, w \in \mathbb{C}$ 有 $|z + w| \leqslant |z| + |w|$．而且，当且仅当其中一个数是另一个数的非负实倍数时，等式成立．

证明　当 $w=0$ 时不等式显然成立. 否则, 往证 $|z+w|^2 \leqslant (|z|+|w|)^2$, 并通过对其取正的平方根获得证明. 将平方展开并化简, 可得不等式等价于 $\text{Re}(z\overline{w}) \leqslant |z||\overline{w}|$ (习题 18.5).

对于任意实数 t, 计算

$$0 \leqslant |z+tw|^2 = |z|^2 + 2t\text{Re}(z\overline{w}) + t^2|w|^2$$

现取 $t = -Re(z\overline{w})/|w|^2$, 并代入上式得

$$0 \leqslant |z|^2 - \frac{2(\text{Re}(z\overline{w}))^2}{|w|^2} + \frac{(\text{Re}(z\overline{w}))^2}{|w|^4}|w|^2 = |z|^2 - \frac{(\text{Re}(z\overline{w}))^2}{|w|^2}$$

两边同乘以 $|w|^2$ 得 $0 \leqslant |z|^2|w|^2 - (Re(z\overline{w}))^2$, 不等式得证.

我们把相等的情况留给习题 18.11.　　■

362

在定义了复数序列和级数的收敛性之后, 也可以把三角不等式推广到无穷和的情形. 用绝对值表示的极限和收敛的定义在 $\mathbb{C}$ 和 $\mathbb{R}$ 中相同.

18.7 定义　假设 $\langle z \rangle$ 是一个复数序列. 如果对于任意正实数 ε, 存在 $N \in \mathbb{N}$, 使得 $n \geqslant N$ 时有 $|z_n - L| < \varepsilon$, 则称 $\langle z \rangle$ **收敛于** L 或者 **有极限** L (写成 $z_n \to L$ 或者 $\lim(z_n) = L$). 复数的 **柯西序列** 是这样的序列: 对于任意正实数 ε, 存在 $N \in \mathbb{N}$, 满足当 $n, m \geqslant N$ 时, 有 $|z_n - z_m| < \varepsilon$.

柯西收敛准则 (当且仅当序列为柯西序列时收敛) 在 $\mathbb{C}$ 和 $\mathbb{R}$ 中都成立. 这种扩展来自于 $\mathbb{R}$ 中相应的结果, 注意当且仅当 $\text{Re}(z_n) \to \text{Re}(L)$, $\text{Im}(z_n) \to \text{Im}(L)$ 时 $z_n \to L$ 成立 (习题 18.10). 可以将此方法应用于级数的收敛性研究.

18.8 定义　若复数级数 $\sum_{n=0}^{\infty} w_n$ 的部分和序列收敛, 则级数 **收敛**; 如果 $\sum_{n=0}^{\infty} |w_n|$ 收敛, 则级数 $\sum_{n=0}^{\infty} w_n$ **绝对收敛**.

绝对收敛意味着收敛 (如推论 14.30 所示).

18.9 命题　如果 $\langle z \rangle$ 是一个复数序列且 $\sum_{n=0}^{\infty} |z_n|$ 收敛, 那么 $\sum_{n=0}^{\infty} z_n$ 收敛, 且有 $\left| \sum_{n=0}^{\infty} z_n \right| \leqslant \sum_{n=0}^{\infty} |z_n|$.

证明　因为对于任意 N, 都有 $\left| \sum_{n=0}^{N} z_n \right| \leqslant \sum_{n=0}^{N} |z_n|$, 因此如果 $\sum_{n=0}^{\infty} z_n$ 收敛, 则不等式也成立. 当 $\sum_{n=0}^{N} |z_n|$ 收敛时, 它的部分和序列是一个柯西序列, 因此存在 N', 使得当 $N > M \geqslant N'$ 时 $\sum_{n=M+1}^{N} |z_n| < \varepsilon$, 即

$$\left| \sum_{n=0}^{N} z_n - \sum_{n=0}^{M} z_n \right| = \left| \sum_{n=M+1}^{N} z_n \right| \leqslant \sum_{n=M+1}^{N} |z_n| < \varepsilon$$

因此 $\sum_{n=0}^{\infty} z_n$ 的部分和构成一个柯西序列, 故级数收敛.　　■

幂级数的收敛性判别方法也适用于复数情形.

18.10 命题　(比式判别法)　设 $f(z) = \sum_{n=0}^{\infty} a_n z^n$ 为复幂级数, 且 $|a_{n+1}/a_n|$ 收敛到 L, 那么对于任意的 z, 当 $L|z| < 1$ 时 $f(z)$ 绝对收敛. 当 $L = 0$ 时, 对于任意的 z, $f(z)$ 都收敛.

363

证明   实级数 $\sum_{n=0}^{\infty}|a_n z^n|$ 的比式判别法（定理 14.31）考虑了比值 $\frac{|a_{n+1}z^{n+1}|}{|a_n z^n|} = \frac{|a_{n+1}|}{|a_n|}|z|$. 根据假设，它的极限 ρ 是 $L|z|$. 当 $\rho<1$ 时，$f(z)$ 绝对收敛. ■

也可以用比式判别法判断级数是否发散. 级数 $g(z)$ 在 $|z|>1/L$ 时发散，但当 $|z|=1/L$ 时敛散性不确定（对比例题 17.48）.

对于实数，我们把指数函数定义为对数函数的反函数. 我们还导出了一个指数函数为收敛的幂级数公式. 这里用幂级数把指数函数推广到 $\mathbb{C}$.

18.11 定义   对于任意 $z\in\mathbb{C}$，指数函数的值定义为 $\mathrm{e}^z = \sum_{n=0}^{\infty} z^n/n!$.

可以应用比式判别法证明指数函数是良好定义的. 由于连续项的比值是 $|z|/(n+1)$，它趋于 0，所以级数对任意 z 都收敛. 也可以将熟悉的性质 $\mathrm{e}^z \mathrm{e}^w = \mathrm{e}^{z+w}$ 推广到 $\mathbb{C}$（习题 18.12a）. 这些结果允许我们定义正弦函数和余弦函数. 对于 $\theta\in\mathbb{R}$，$\mathrm{e}^{i\theta}$ 形式的复数大小为 1，形成以 $(0,0)$ 为中心的单位圆（习题 18.14）. 定义 $\cos\theta = \mathrm{Re}(\mathrm{e}^{i\theta})$，$\sin\theta = \mathrm{Im}(\mathrm{e}^{i\theta})$，则有 $\mathrm{e}^{i\theta} = \cos\theta + i\sin\theta$. 正弦和余弦的级数展开式由级数 e^z 给出：

$$\sin\theta = \theta - \frac{\theta^3}{3!} + \frac{\theta^5}{5!} - \cdots; \quad \cos\theta = 1 - \frac{\theta^2}{2!} + \frac{\theta^4}{4!} - \cdots$$

18.12 例题   令 $a_n\sin(nx) + b_n\cos(nx) = \mathrm{Im}((a_n + ib_n)\mathrm{e}^{inx})$，可以将傅里叶级数 $\sum_{n=0}^{\infty}(a_n\sin(nx) + b_n\cos(nx))$ 表示为复数幂级数的虚部. ■

当把复数 z 看成向量时，可以把 (x,y) 表示为 $|z|$ 乘以 (x,y) 方向上的单位向量. 由此可得 z 的极坐标表示 $z=|z|\mathrm{e}^{i\theta}$，其中实数 θ 称为 z 的**辐角**. 因为对于任意 $n\in\mathbb{Z}$ 都有 $\mathrm{e}^{i(\theta+2n\pi)} = \mathrm{e}^{i\theta}$，故可以假设 $0\leqslant\theta\leqslant 2\pi$. 在求复数根时，我们必须考虑辐角的所有可能选择.

18.13 引理   如果 z 是一个非零复数，m 是一个正整数，那么 $w^m = z$ 对于 $0\leqslant k\leqslant m-1$，$w=|z|^{1/m}\mathrm{e}^{i(\theta+2k\pi)/m}$ 有 m 个解. 在 $\mathbb{C}$ 的几何表示中，它们在以原点为中心的圆周上等距.

证明   （见习题 18.16.） ■

极限与收敛性

可以通过定义开集和闭集来讨论 $\mathbb{C}$ 的"拓扑".

18.14 定义   对于任意给定的 $w\in\mathbb{C}$，w 周围以 ε 为半径的**开球** $B_\varepsilon(w)$ 定义为 $\{z\in\mathbb{C}:|z-w|<\varepsilon\}$. S 是 $\mathbb{C}$ 的某个子集，如果对于任意 $w\in\mathbb{C}$ 都存在 $\varepsilon>0$，使得 $B_\varepsilon(w)\subset S$，则 S 是**开集**. 如果 $\mathbb{C}-S$ 是开集，则 $\mathbb{C}$ 的子集 S 是**闭集**.

开球是一个开集. 这些定义同样适用于实数，只需将开区间替换定义中的开球. 闭集可以用收敛序列进行描述.

18.15 定理 $\mathbb{C}$ 的子集 S 是闭集当且仅当对于 S 中每个收敛序列，该序列极限也属于 S.

证明   假设 S 是闭集，$\langle z\rangle$ 是 S 收敛到 L 的序列. 如果 $L\notin S$，那么根据闭集定义，存在某个开球 $B_\varepsilon(w)$ 完全在 S 的外面. 这表明对于任意 z_n 都有 $|z_n - L|>\varepsilon$，与收敛到 L 的定义相矛盾，因此 $L\in S$.

反过来，假设 S 中所有收敛序列的极限也属于 S. 如果 S 不是闭集，那么 S 的补集不是开集，这表明存在某个 $L \in \mathbb{C} - S$ 使得 L 周围没有开球包含在 $\mathbb{C} - S$ 中. 特别地，对于任意 $n \in \mathbb{N}$, 开球 $B_{1/n}(L)$ 包含 S 中的一个点. 可以通过 $z_n \in B_{1/n}(L) \bigcap S$ 这个条件在 S 中构造一个序列，使得这个序列收敛到 L, 但 $L \notin S$. 由这个矛盾可知 S 一定是闭集. ■

18.16 定义　假设 S 是 $\mathbb{C}$ 的某个子集，如果存在正实数 M, 使得对于任意 $z \in S$ 都有 $|z| \leqslant M$, 则称 S 为**有界**. 如果 S 中的每个序列 $\langle z \rangle$ 都有一个子序列 $\langle z_{n_k} \rangle$ 收敛到属于 S 的极限，则称 S 是**紧集**. 对于 $a, b, c, d \in \mathbb{R}$, 称 $\mathbb{C}$ 中的**闭矩形**为集合 $\{z = x + \mathrm{i}y : a \leqslant x \leqslant b, \ c \leqslant y \leqslant d\}$.

18.17 定理　$\mathbb{C}$ 中每个闭矩形都是紧集.

证明　（概述）这个证明与波尔查诺-魏尔斯特拉斯定理（定理 14.17）相似. 给定 $\langle z \rangle$, 可以通过在每个步骤将矩形划分为四个子矩形来提取一个收敛子矩形（习题 18.22），并对无穷多的 n 选择一个包含 z_n 的子矩形. ■

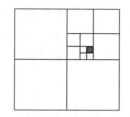

18.18 定理　$\mathbb{C}$ 中紧集的闭子集也是紧集.

证明　设 $T \subseteq S$, 且 T 和 S 分别是闭集和紧集. 设 $\langle z \rangle$ 是 T 中的某个序列，由于 $T \subseteq S$ 且 S 是紧集，故 $\langle z \rangle$ 存在极限属于 S 的收敛子序列 $\langle z_{n_k} \rangle$. 由 T 为闭集知该极限也在 T 中，故 T 是紧集. ■

18.19 定理　$\mathbb{C}$ 的某个子集是紧集当且仅当它是闭集且有界.

证明　设 S 是闭集且有界，由 S 有界可知它是闭矩形的子集. 由前两个定理知 S 为紧集.

用反证法证明逆命题. 设 S 是紧集，如果 S 不是闭集，那么 S 包含某个极限 L 不在 S 中的收敛序列 $\langle z \rangle$, $\langle z \rangle$ 的每个子序列也收敛于 L. 由于 $L \notin S$, 这违反了 S 是紧集的定义.

如果 S 是无界的，那么可以通过设 z_n 是 S 的某个大于 n 的元素来定义 $\langle z \rangle$. 它没有收敛子序列，这又违反了紧集的定义. ■

复变函数的极限和连续性定义与实变函数的极限和连续性定义非常相似.

18.20 定义　围绕 p 的开球上的复值函数 f 在 p 处为**连续**的，定义为对于任意 $\varepsilon > 0$ 都存在 $\delta > 0$, 使得 $|z - p| < \delta$ 时有 $|f(z) - f(p)| < \varepsilon$. 换句话说，对于任意 $\varepsilon > 0$ 都存在 $\delta > 0$, 使得 $f(B_\delta(p)) \subseteq B_\varepsilon(f(p))$.

18.21 命题　假设 $f : \mathbb{C} \to \mathbb{C}$, 下面四个命题等价：

a) f 是连续的.

b) 对于任意开集 T，$I_f(T)$ 都是开的.

c) 对于任意闭集 T，$I_f(T)$ 都是闭的.

d) 对于任意序列 $\langle z \rangle$，当 $z_n \to w$ 时有 $f(z_n) \to f(w)$.

证明　（见习题 18.24.）　∎

由于区间 $[0, r]$ 在 $\mathbb{R}$ 中是封闭的，所以当 f 是某个从 $\mathbb{C}$ 到 $\mathbb{R}$ 的连续函数时，集合 $\{z \in \mathbb{C} : |f(z)| \leqslant r\}$ 是封闭的.

18.22 定理　设 f 是某个实值函数，它在 $\mathbb{C}$ 的一个紧子集 S 上定义且是连续的，那么 S 包含 f 在 S 上达到最大值和最小值的元素.

证明　首先证明 f 有界. 否则，对于任意 $n \in \mathbb{N}$，可以找到 z_n 使得 $|f(z_n)| > n$. 由于 S 是紧集，故 $\langle z \rangle$ 有一个收敛的子序列 $\{z_{n_k}\}$. 根据命题 18.21（D）可知，$f(z_{n_k})$ 为收敛. 这与 $|f(z_{n_k})| > n_k$ 矛盾.

现模拟最大最小值定理（定理 15.26）的证明方法进行. 由于 f 是有界实数，集合 $f(S)$ 的上确界为 β，设 $\langle y \rangle$ 是 $f(S)$ 中某个收敛于 β 的序列，$\langle z \rangle$ 是某个使得 $f(z_n) = y_n$ 的序列，根据紧集的性质，$\langle z \rangle$ 有一个收敛子序列 $\{z_{n_k}\}$，设 $w = \lim z_{n_k}$，因为 S 是闭集，所以 $w \in S$. 因为 f 为连续，所以有 $f(w) = \beta$. 最小值的证明与之类似（习题 18.25）.　∎

代数基本定理

为了证明代数基本定理，我们需要考虑无穷极限.

18.23 定义　如果对于任意 $\varepsilon > 0$ 都存在 $\delta > 0$，使得 $0 < |z - w| < \delta$ 时有 $|f(z) - L| < \varepsilon$，则称函数 $f(z)$ 在 $z \to w$ 时存在极限 L，并记为 $\lim_{z \to w} f(z) = L$. 当 $\langle z \rangle$ 是某个非零复数序列时，如果 $|z_n|^{-1} \to 0$，则记为 $z_n \to \infty$. 如果对于任意 $\varepsilon > 0$ 都存在 $\delta > 0$，使得 $|z| > 1/\delta$ 时有 $|f(z)| > 1/\varepsilon$，则记为 "$z \to \infty$ 时 $f(z) \to \infty$".

非常数复多项式是由 $p(z) = \sum_{j=0}^{k} a_j z_j$ 定义的函数 $p : \mathbb{C} \to \mathbb{C}$，其中系数 $a_0, \cdots, a_k$ 为复数，$k \geqslant 1$ 且 $a_k \neq 0$，称 k 为 p 的**次数**. 如果 $p(z) = 0$，则称 z 是 p 的一个**零点**.

18.24 引理　如果 p 是一个非常数复多项式，那么当 $z \to \infty$ 时有 $p(z) \to \infty$.

证明　k 次多项式最多有 k 个零点，因为任何一个以 α 为零点的多项式都可以表示为 $(z - \alpha)$ 乘以一个较低次的多项式.（引理 3.23 的证明在这种情况下仍然有效.）由于零点的集合是有限集，故可以选择一个 M，使得对于 $|z| > M$ 有 $p(z) \neq 0$.

令 $w = 1/z$. 往证 $\lim_{w \to 0} 1/[p(w^{-1})] = 0$. 对于 $|w| < 1/M$，该函数为良好定义的. 计算

$$\frac{1}{p(w^{-1})} = \frac{1}{\sum_{j=0}^{k} a_j w^{-j}} = \frac{w^k}{\sum_{j=0}^{k} a_j w^{k-j}} = \frac{w^k}{\sum_{j=0}^{k} a_{k-j} w^j} = \frac{w^k}{a_k + \sum_{j=1}^{k} a_{k-j} w^j}$$

当 $w \to 0$ 时，分子趋于 0，分母趋于 $a_k \neq 0$，故有 $1/[p(w^{-1})] \to 0$.　∎

为了证明代数基本定理，我们找到一个使 $|p(z)|$ 尽可能小的 z，紧性保证了任何闭球上 $|p|$ 最小值都存在. 引理 18.24 表明，在半径较大的闭球外，$|p|$ 较大. 这些思

想使我们能够把求任意多项式零点的问题简化为求复数 r 次方根的问题.

18.25 定理（代数基本定理）　$\mathbb{C}$ 中的任意非常数复多项式都有一个零点.

证明　假设 p 是一个非常数复多项式. 根据引理 18.24, 存在这样一个 M, 使得 $|z|>M$ 时有 $|p(z)|>|p(0)|$. 设 $S_M=\{z\in\mathbb{C}:|z|\leqslant M\}$. 由于 S_M 是闭有界集, 所以它是紧的（定理 18.19）. 由于 p 和绝对值函数是连续的, 所以它们的复合 $|p|$ 也是连续的. 根据定理 18.22, $|p|$ 在 S_M 上取到最小值. 因此存在 z', 对于 $|z|\leqslant M$ 有 $|p(z')|\leqslant|p(z)|$, 对于 $|z|>M$ 有 $|p(z')|\leqslant|p(0)|<|p(z)|$. 因此 $|p(z')|$ 是所有 $\mathbb{C}$ 上 $|p|$ 的最小值.

现用反证法证明 $p(z')=0$. 如果 $p(z')\neq 0$, 那么定义

$$h(w)=\frac{p(z'+w)}{p(z')}$$

注意到对任意 $w\in\mathbb{C}$, 都有 $|h(w)|\geqslant 1$. 此外, 由于 z' 是常数, h 是 w 的多项式且 $h(0)=1$, 故有 $h(w)=1+\sum_{j=1}^{n}d_jw^j$. 设 r 为 $d_r\neq 0$ 时的最小下标.

现在可以将 $h(w)$ 写成 $h(w)=1+d_rw^r+g(w)$, 其中 $\lim_{w\to 0}\frac{g(w)}{w^r}=0$. 根据极限定义可得, 存在一个 $\delta>0$, 使得当 $0<|w|<\delta$ 时, 有 $\frac{|g(w)|}{|w^r|}<\frac{1}{2}|d_r|$.

选择一个正数 α, 使得 $\alpha<\delta^r|d_r|$. 根据引理 18.13, 可以找到某个 $\zeta\in\mathbb{C}$ 满足 $d_r\zeta^r=-\alpha$. 则有 $|\zeta|<\delta$, 因为 $|\zeta|^r=|\frac{\alpha}{d_r}|<\frac{\delta^r|d_r|}{|d_r|}=\delta^r$. 根据 $|\zeta|<\delta$ 可得 $|g(\zeta)|\leqslant\frac{1}{2}|d_r|$ $|\zeta|^r=\frac{1}{2}\alpha$. 根据 $d_r\zeta^r=-\alpha$ 可得 $h(\zeta)=1-\alpha+g(\zeta)$. 根据三角不等式可得

$$|h(\zeta)|\leqslant 1-\alpha+|g(\zeta)|<1-\alpha+\frac{1}{2}\alpha<1$$

因为对于任意 $w\in\mathbb{C}$, 都有 $|h(w)|\geqslant 1$, 这与上面的不等式矛盾. 故有 $p(z')=0$. ∎

18.26 推论　每个 n 次非常数复多项式都可以表示为如下线性因子的乘积：

$$p(z)=c\prod_{j=1}^{n}(z-\alpha_i)$$

其中 c 为非零常数, 每个 α_i 都是 $\mathbb{C}$ 中 p 的根. ∎

贯穿全书的一个主题是方程的解. 在给定数系中没有方程的解, 在较大的数系中则可能有解. 我们从自然数开始介绍, 然后介绍 $x+n=0$ 的整数解, $mx+n=0$ 的有理数解, $x^2-2=0$ 的实数解, 最后介绍 $x^2+1=0$ 的复数解. 在 $\mathbb{C}$ 中, 我们可以求出所有多项式的根. 基于这个原因, 通常将复数域称为 $\mathbb{R}$ 的**代数闭包**.

习题

18.1　（一）证明：$\mathbb{C}$ 对于加法是一个群, 具有单位元 $(0,0)$.

18.2　（一）复数的乘法

　　a）证明：$(1,0)$ 是乘法的单位元.

b) 证明：如果 $a^2 + b^2 \neq 0$，那么 $\left(\dfrac{a}{a^2+b^2}, \dfrac{-b}{a^2+b^2} \right) \cdot (a,b) = (1,0)$. （注：这等价

于证明 $z^{-1} = \bar{z} / |z|^2$.）

c) 证明：$\mathbb{C} - \{0\}$ 是乘法下的一个群.

18.3 （一）证明复数的加法和乘法满足结合律、交换律和分配律.

18.4 用实数 x 和 y 确定 $x^2 + y^2 = 0$ 的所有解；用复数 z 和 w 确定 $z^2 + w^2 = 0$ 的所有解.

18.5 对于复数 z 和 w，证明：$|zw| = |z||w|$，$|z+w|^2 = |z|^2 + |w|^2 + 2\mathrm{Re}(z\bar{w})$.

18.6 假设 w_1 和 w_2 是 $\mathbb{C}$ 中不同的点，给出集合 $\{z : |z - w_1| = |z - w_2|\}$ 的几何描述.

18.7 对于任意 $z, w \in \mathbb{C}$，证明下列共轭复数的性质：

a) $\overline{zw} = \bar{z}\,\bar{w}$ b) $\overline{z+w} = \bar{z} + \bar{w}$ c) $|\bar{z}| = |z|$

18.8 （一）设 $z = (x,y) \in \mathbb{C}$，证明：$x = (z + \bar{z})/2$，$y = (z - \bar{z})/2i$.

18.9 （一）用 $re^{i\theta}$ 和 $x + iy$ 的形式表示 1 的立方根.

18.10 证明 $\langle z \rangle$ 收敛于 A，当且仅当 $\mathrm{Re}(z_n) \to \mathrm{Re}(A)$ 和 $\mathrm{Im}(z_n) \to \mathrm{Im}(A)$ 同时成立. 用这个方法证明当且仅当 $\langle z \rangle$ 是柯西序列时它才收敛.

18.11 （!）已知 $z, w \in \mathbb{C}$，求当 $|z+w| = |z| + |w|$ 时 z, w 的值，用这个结论求解习题 8.27.

18.12 （!）三角函数和指数函数

a) 对于任意 $z, w \in \mathbb{C}$，证明 $e^z e^w = e^{z+w}$. （提示：使用幂级数.）

b) 根据 a) 和公式 $e^{i\theta} = \cos\theta + i\sin\theta$ 证明 $\cos(n\theta)$ 和 $\sin(n\theta)$ 是以 $\cos\theta$ 和 $\sin\theta$ 为变量的多项式.

c) 证明三角恒等式 $\cos(3\theta) = 4\cos^3\theta - 3\cos\theta$，并求一个计算 $\sin(3\theta)$ 的类似公式.

18.13 证明共轭函数是连续函数，应用共轭函数的连续性证明 $\exp(\bar{z}) = \overline{\exp(z)}$.

18.14 使用习题 18.12 的结论证明：对于任意 $\theta \in \mathbb{R}$ 和 $e^{2\pi i} = 1$ 都有 $|e^{i\theta}| = 1$.

18.15 根据习题 18.12 给出的 $\cos\theta = \mathrm{Re}(e^{i\theta})$，$\sin\theta = \mathrm{Im}(e^{i\theta})$.

a) 使用 $e^{i\theta}$ 和 $e^{-i\theta}$ 来表示 $\cos\theta$ 和 $\sin\theta$.

b) （!）对 $n \in \mathbb{N}$，使用 a) 的结论和二项式定理计算 $\displaystyle\int_0^{2\pi} (\cos\theta)^{2n}\,d\theta$ 和 $\displaystyle\int_0^{2\pi} (\sin\theta)^{2n}\,d\theta$.

c) （+）设 n 和 m 为非负整数，计算 $\displaystyle\int_0^{2\pi} (\cos\theta)^{2n}(\sin\theta)^2\,d\theta$.

18.16 设 z 是某个非零复数，m 是某个正整数，证明 $w^m = z$ 有 m 个不同的解，对于 $0 \leqslant k \leqslant m-1$，有 $w = |z|^{1/m} e^{i(\theta + 2k\pi)/m}$. 写出 $m = 8$ 和 $z = 256i$ 时的解.

18.17 根据 $f(z) = iz$ 定义函数 $f : \mathbb{C} \to \mathbb{C}$，给出 f 的函数有向图.

18.18 对于 $z \in \mathbb{C}$ 和 $z \neq 1$，证明 $\sum_{k=0}^{n-1} z^k = (1 - z^n)/(1 - z)$. 当 z 为 1 的 n 次方根时，给出这个结果的几何解释.

18.19 （!）令 $z^n = 1$，化简 $\prod_{k=0}^{n-1} z^k$.

18.20 证明 1 的 n 次方根组成的集合在乘法下形成一个与 $\mathbb{Z}_n$ "同构" 的群.

18.21 对于 $a_0 = 2$，$a_1 = 4$ 和递推式 $a_n = -a_{n-2}$，用特征方程（定理 12.22）求 a_n 的表达式.

18.22 补充定理 18.17 的证明细节，即证明 $\mathbb{C}$ 中的每个闭矩形都是紧的.

18.23 给定 $w \in \mathbb{C}$ 和 $r \in \mathbb{R}$，证明集合 $\{z \in \mathbb{C} : |z - w| < r\}$ 是闭集.

18.24 假设 $f : \mathbb{C} \to \mathbb{C}$，证明下列命题等价：

a) f 是连续的.

b) 对于任意开集 T，$I_f(T)$ 都是开的.

c) 对于任意闭集 T，$I_f(T)$ 都是闭的.

d) 对于任意序列 $\langle z \rangle$，$z_n \to w$ 等价于 $f(z_n) \to f(w)$.

18.25 假设 f 是一个实值函数，它在 $\mathbb{C}$ 的某个紧子集 S 上定义并连续，证明 S 包含一个能使 f 取到最小值的元素.（注：这就完成了定理 18.22 的证明.）

18.26 证明在 $\mathbb{C}$ 上每个多项式都是连续的，绝对值函数是连续的，连续函数的复合也是连续的. 证明当 p 是复多项式时，$|p|$ 是连续的.

18.27 （比式判别法）令 $\sum_{n=0}^{\infty} a_n z^n$ 是一个复幂级数，设 $L = \limsup |a_n|^{1/n}$，证明 $\sum_{n=0}^{\infty} a_n z^n$ 在 $|z| < 1/L$ 时绝对收敛，在 $|z| > 1/L$ 时发散.

18.28 用 $f(t) = (1 + it)^2 / (1 + t^2)$ 定义 $f : \mathbb{R} \to \mathbb{C}$，证明 f 的象可由单位圆减去在点 -1 得到，并且 $\lim_{t \to \pm\infty} f(t) = -1$. 如果 θ 满足 $f(t) = e^{i\theta}$，写出 t 和 θ 之间的三角关系. 这个问题和毕达哥拉斯三元数有什么关系？

18.29 （+）设 $2r + 1$ 是一个奇正整数，w 是方程 $w^{2r+1} = 1$ 的复数根，且当 n 是某个小于 $2r + 1$ 的自然数时 $w^n \neq 1$. 求出由

$$g(x, y) = 1 - \prod_{j=0}^{2r} (1 - w^j x - w^{2j} y)$$

所定义多项式 g 中非零系数的计算公式（用有理数乘以二项式系数来表示）.

370

附录 A 从 ℕ 到 ℝ

　　把数学建立在基本集合理论的基础上是可能的，但是从自然数开始会更令人满意．从自然数集合 ℕ 出发，首先构造整数（ℤ），然后构造有理数（ℚ），最后构造出实数（ℝ）．我们在每一步都要定义算术运算和所需算术性质的概要证明．更多详情请登录 http://www.math.uiuc.edu/~west/mt.

　　我们从自然数、集合和函数的基本概念开始，这些基本概念包括如第 1 章、第 4 章和第 7 章所讨论的集合运算、双射、组合和等价关系．

　　我们在假设中引入 ℕ 的良序性，从而可以使用归纳法定义和研究 ℕ 的算术运算．我们定义自然数的加法和乘法，并简述如何验证结合律、交换律、分配律以及其他基本性质．

　　为了构造 ℤ，我们考虑自然数对．如果 $a+d=b+c$，则通过 $(a,b)\sim(c,d)$ 定义 ℕ × ℕ 上的等价关系 ～．每个由此产生的等价类都是由具有相同"差"的对组成，整数是这些等价类．包含 $(0,b)$ 的类在包含在 ℤ 内的 ℕ 的副本中扮演自然数 b 的角色．我们在这些等价类上定义算术运算，并说明为什么它们的性质与预期一致．

　　可以在 ℤ 范围内做加法、减法和乘法，但一般不能做除法．我们构造有理数集合 ℚ，以允许做除 0 以外的除法．为此，可以考虑整数对，其中第二个不是零．如果 $ad=bc$，则通过 $(a,b)\sim(c,d)$ 定义一个 ℤ × (ℤ − {0}) 上的关系 ～，这是一个等价关系．每个由此产生的等价类由具有相同"比值"的对组成，有理数就是这些等价类．包含 $(x,1)$ 的类在包含在 ℚ 内的 ℤ 的副本中扮演整数 x 的角色．我们定义算术运算，并简述如何证明它们的性质与预期一致．特别地，我们给出了 ℤ 的算术性质，并得出 ℚ 是有序域的结论．

　　我们观察到 ℚ 不包含我们认为存在的量，比如 $\sqrt{2}$．为了弥补这一缺陷，可以通过引入极限过程将 ℚ"补全"到 ℝ 中．考虑 ℚ 中元素组成的柯西序列集合 S．如果 $\langle a\rangle - \langle b\rangle$ 收敛于 0，则通过 $\langle a\rangle \sim \langle b\rangle$ 定义 S 上的关系 ～．我们证明了这是一个等价关系，并将 ℝ 定义为等价类的集合．包含所有项都等于 q 的序列的类，在包含在 ℝ 中的 ℚ 的副本中扮演有理数 q 的角色．我们利用序列的算术定义了 ℝ 中元素的算术，并证明了所构造结构满足完全有序域的所有性质．

　　不难发现，在每个构式（从 ℕ 到 ℤ，从 ℤ 到 ℚ，从 ℚ 到 ℝ）中，较早的系统都以一种自然的方式包含在新系统中．因此，初始集合 ℕ 可以看作是 ℝ 的一个子集．在将 ℕ 投射到 ℝ 的过程中，自然数 1 变成了 ℝ 中的乘法单位元，连续的自然数变成了通过在乘法单位元上连续加 1 得到的实数．由此推出，ℕ 作为 ℝ 的子集的定义（定义 3.5）产生了与 ℝ 相同的子集，它表示我们从这里开始构造 ℝ.

此外，我们在本附录的末尾说明了，实际上只存在唯一一个完全有序域. 因此，我们的工作是一致的. 如果从 ℕ 开始，用这些性质构造集合 ℝ，那么从一个叫 ℝ 的满足定义 1.39～1.41 的集合开始推导的数学运算仍然有效.

自然数

我们想用自然数作为起点. 假设 ℕ 是一个具有一些额外但熟悉的结构组成的集合. 在 ℕ 上有一个关系 $<$，以及由此产生的关系 $>$，$\leqslant$，$\geqslant$. 对于 ℕ 上的关系 $<$，假设以下性质.

A.1 公理

a)（三分法）对于 m，$n \in \mathbb{N}$，$\{n = m, n < m, m < n\}$ 中有且只有一个成立.

b)（传递性）如果 l，m，$n \in \mathbb{N}$，且满足 $l < m$ 和 $m < n$，则有 $l < n$. ∎

下面介绍良序性和后继函数，以允许我们使用归纳参数. 良序性保证了 ℕ 自身有一个最小元素，我们称之为 1.

A.2 公理 （良序性）ℕ 的每个非空子集都有一个最小元素. ∎

372

A.3 定义 后继函数 $\sigma : \mathbb{N} \to \mathbb{N}$ 定义为 $\sigma(n)$ 是集合 $\{k \in \mathbb{N} : k > \mathbb{N}\}$ 中最小元素.

ℕ 的最后一个公理是用后继函数表示的. 将 ℕ 作为一种具有我们所期望的性质集合，由此完善了我们对 ℕ 的形式化定义.

A.4 公理 σ 的象为 $\mathbb{N} - \{1\}$. ∎

A.5 引理 函数 σ 为单射，并且对于所有 $n \in \mathbb{N}$ 都满足 $\sigma(n) > n$.

证明 单射可由 σ 的定义和良序性推出，第二个断言可由 σ 的定义得到. ∎

由公理 A.1 可知，σ 是 ℕ 到 $\mathbb{N} - \{1\}$ 上的双射. 结合公理 A.2 可推出 $\mathbb{N} = \{1, \sigma(1), \sigma(\sigma(1)), \cdots\}$. 我们根据这个顺序给出自然数的常用名称 1，2，3…

根据公理 A.2～A.4 可得到归纳法原理（习题 3.64）. 我们可以使用归纳法原理定义加法和乘法运算并证明它们的基本性质. 由这些定义可知，两个自然数的和与积也是自然数.

后继函数 σ 定义了"加 1"运算. 给定任意自然数 n，我们定义"$n + 1$"为自然数 $\sigma(n)$（另一个名称）. 可以多次叠加使用 σ 来定义任意自然数的相加.

A.6 定义 加上 k 的运算为函数为 $a_k : \mathbb{N} \to \mathbb{N}$. 当 $k = 1$ 时，令 $a_1(n) = \sigma(n)$. 对于任意给定的 a_k，令 $a_{k+1}(n) = \sigma(a_k(n))$. **加法**是 ℕ 上的二元运算. 对于任意 $n, k \in \mathbb{N}$，和表示自然数 $a_k(n)$，记为 $n + k$.

A.7 命题 自然数的加法满足结合律和交换律.

证明 可以对 c 使用归纳法实现对结合律 $a + (b + c) = (a + b) + c$ 的证明. 接下来分两步证明交换律 $n + m = m + n$. 先对 n 使用归纳法证明 $n + 1 = 1 + n$，然后对于任意的 $n \in \mathbb{N}$ 在 m 上使用归纳法证明 $n + m = m + n$. ∎

A.8 定义 乘以 k 的运算为函数 $m_k : \mathbb{N} \to \mathbb{N}$. 对于 $k = 1$，令 $m_1(n) = n$. 对于任意给

定的函数 m_k ，令 $m_{k+1}(n) = m_k(n) + n$. **乘法**是 $\mathbb{N}$ 上的二元运算. 对于 $n, k \in \mathbb{N}$ ，**乘积**表示自然数 $m_k(n)$ ，记为 $k \cdot n$ 或 kn .

　　按照惯例，在没有括号限定运算次序的情况下，表达式里乘法总是优先于加法进行运算. 例如：$ab + c$ 表示 $(ab) + c$.

　　A. 9 命题　分配律 $a(b + c) = ab + ac$ 在 $\mathbb{N}$ 上恒成立.

　　证明　对 a 使用归纳法即可得证. ■

　　A. 10 命题　自然数的乘法满足结合律和交换律.

　　证明　可对 a 使用归纳法证明结合律 $a(bc) = (ab)c$. 再对 n 使用归纳法证明 $n \cdot 1 = 1 \cdot n$ ，对于任意给定的 n ，可在 m 上使用归纳法推出交换律 $nm = mn$. ■

　　由函数的性质可以得到关于自然数等式的消去律.

　　A. 11 命题　对于任意 $k \in \mathbb{N}$ ，加 k 和乘 k 运算都是 $\mathbb{N}$ 到 $\mathbb{N}$ 的单射函数. 此外，若 a，b，$c \in \mathbb{N}$ ，则有 $a + c = b + c \Rightarrow a = b$ 且 $ca = cb \Rightarrow a = b$.

　　证明　由于单射函数的复合仍然是单射的（命题 4.30），因此第一个结论得证，因为 σ 和恒等函数都是单射，故可由第一个结论推出第二个结论. ■

　　我们通过证明有限集的大小是一个良好定义的概念来结束对自然数的讨论. 根据定义 4.36 的表述，如果非空集合 S 对某个自然数 n 存在一个双射 $f : S \to \{1, \cdots, n\}$ ，则该非空集合为有限集. 下面的结论如推论 4.38 所述，表明集合的大小是一个良好定义的概念.

　　A. 12 命题　若存在双射 $f : [m] \to [n]$ ，则有 $m = n$.

　　证明　设 $P(n)$ 为要证的命题. 可对 n 使用归纳法证明 $P(n)$ 对所有 $n \in \mathbb{N} \bigcup \{0\}$ 成立. 归纳步骤的主要想法是从 $[n]$ 中去除 n 和从 $[m]$ 中去除 $f^{-1}(n)$ ，再根据双射的基本性质可得 $m - 1 = n - 1$. ■

整数

　　给定自然数，我们可以用多种方法来定义整数集 $\mathbb{Z}$. 可以把 $\mathbb{Z}$ 定义为一组符号，设 0 为不在 $\mathbb{N}$ 中的符号，设 $-\mathbb{N}$ 表示符号集合 $\{-m : m \in \mathbb{N}\}$ ，由此可以得到定义 $\mathbb{Z} = \mathbb{N} \bigcup (-\mathbb{N}) \bigcup \{0\}$. 这样将 $\mathbb{Z}$ 定义为一个集合，但是很难验证这个集合是否满足算术的一般运算性质.

　　事实上，我们可以使用等价关系来定义 $\mathbb{Z}$ ，如果 $a + b = b + c$ ，可以在 $\mathbb{N} \times \mathbb{N}$ 上通过 $(a, b) \sim (c, d)$ 来定义关系 $\sim$.

　　A. 13 命题　关系 $\sim$ 是 $\mathbb{N} \times \mathbb{N}$ 上的等价关系.

　　证明　可以使用包括命题 A. 11 在内 $\mathbb{N}$ 的算术运算性质来验证 $\sim$ 符合等价关系的定义. ■

　　将包含 (a, b) 的等价类记为 $[(a, b)]$. 我们想用负数来表示差值，可以从几何上把 $(4, 0)$ 看作是从 4 到 0 的"负"距离. 于是 $\{(4, 0), (5, 1), (6, 2), \cdots\}$ 就是一个类，可以称之为"-4". 这种方法使我们能够将 $\mathbb{N}$ 的算术性质扩展到 $\mathbb{Z}$.

　　A. 14 定义　$\mathbb{Z}$ 上加法与乘法定义为

$$[(a,b)]+[(c,d)]=[(a+c,b+d)]$$
$$[(a,b)]\cdot[(c,d)]=[(ad+bc,ac+bd)]$$

上述表达式中，左边的运算是要定义的算术运算；右边的运算则是 $\mathbb{N}$ 中的算术运算.

A. 15 定理（$\mathbb{Z}$ 的算术性质）

a) 加法和乘法为良好定义.

b) 加法和乘法分别有单位元素 $[(n,n)]$ 和 $[(n,n+1)]$.

c) 加法和乘法均满足交换律和结合律.

d) 满足乘法对加法的分配律.

e) 每个元素 $[(a,b)]$ 均有一个加法逆 $[(b,a)]$.

证明 利用定义 A. 14 和 $\mathbb{N}$ 的已知算术性质容易证明上述性质. ■

我们使用 $[(a,b)]-[(c,d)]=[(a,b)]+[(d,c)]$ 定义减法运算. 将 $\mathbb{N}$ 看作是 $\mathbb{Z}$ 的子集并用类 $[(0,n)]$ 标识 n. 由于 $[(0,a)]+[(0,b)]=[(0,a+b)]$ 且 $[(0,a)]\cdot[(0,b)]=[(0,ab)]$，因此这些运算反映了 $\mathbb{N}$ 上的对应运算.

给定 $n\in\mathbb{N}$，把 $[(n,0)]$ 表示为 $-n$，把 $[(n,n)]$ 表示为 0，$[(n,n+1)]$ 表示为 1. 由定理 A. 15e 可知，这就将 $-n$ 定义为 n 的加法逆. 可用负号做减法，这就可以很自然地将 $[(a,b)]$ 写成 $b-a$. 此时算术和顺序运算都与我们的期望相一致了，而且我们还引入了减法和负数.

A. 16 命题 设 $a,b\in\mathbb{N}$，$-b,a,b$ 在 $\mathbb{Z}$ 上定义如上，则有 $a-b=a+(-b)$ 且 $-(-b)=b$.

证明 首先，$a+(-b)=[(0,a)]+[(b,0)]=[(b,a)]=a-b$. 而且 $[(0,b)]$ 的加法逆的加法逆为 $[(0,b)]$. ■

由以上分析可知 $\{[(0,n)]:n\in\mathbb{N}\}$ 是 $\mathbb{Z}$ 的一个正集（参见定义 1.40）；加法和乘法下的元素归属关系满足封闭性，且满足三分性.

375

有理数

下面讨论如何从 $\mathbb{Z}$ 构造 $\mathbb{Q}$. 首先注意到从 $\mathbb{N}$ 构造 $\mathbb{Z}$ 的等价关系的定义方式和从 $\mathbb{Z}$ 构造 $\mathbb{Q}$ 的等价关系的定义方式之间的相似性. 对第一种情况，若 $a+d=b+c$ 则 $(a,b)\sim(c,d)$，对第二种情况，若 $ad=bc$ 则 $(a,b)\sim(c,d)$. 两者相似之处在于，它们都是为了引入逆变换而设计.

A. 17 引理 设 $F=\mathbb{Z}\times(\mathbb{Z}-\{0\})$，且令"$\sim$"为 F 上的关系，$(a,b)\sim(c,d)$ 当且仅当 $ad=bc$. 则"$\sim$"为 F 上的一种等价关系.

证明 必须证明其满足自反性、对称性和传递性.

自反性：由于 $ab=ba$，故有 $(a,b)\sim(a,b)$.

对称性：若 $(a,b)\sim(c,d)$，则由定义有 $ad=bc$，等价于 $cb=da$，再由定义有 $(c,d)\sim(a,b)$.

传递性：设 $(a,b)\sim(c,d)$ 且 $(c,d)\sim(e,f)$，即 $ad=bc$ 且 $cf=de$. 要证 $(a,b)\sim$

(e,f)，只需证 $af=be$．将两个已知等式相乘则有 $adcf=bcde$．由于 $d\neq0$，消去则有 $acf=bce$．若 $c\neq0$，则消去 c 可得 $af=be$．若 $c=0$，则 $ad=bc$ 且 $cf=de$，表明 $a=e=0$，故有 $af=be$． ∎

A.18 定义 有理数集是 $F=\mathbb{Z}\times(\mathbb{Z}-\{0\})$ 在上述定义关系"～"下的等价类集合，记为 $\mathbb{Q}$．通常用 $\dfrac{m}{n}$ 或 m/n 来表示有理数，它是包含数对 (m,n) 的等价类．用 $\dfrac{a}{b}=\dfrac{c}{d}$ 来表示 (a,b) 和 (c,d) 属于同一个等价类．

要把有理数作为数（处理），必须首先定义加法、乘法、加法和乘法单位元以及 $\mathbb{Q}$ 的正集．然后用已知的整数运算来确定这些项．就像第 1 章中一样，接着就可以将减法定义为 $x-y=x+(-y)$，将大小顺序定义为当 $y-x$ 为正时，$x<y$．

A.19 定义 有理数 0 和 1 分别为 $\dfrac{0}{1}$ 和 $\dfrac{1}{1}$．对于 $\dfrac{a}{b},\dfrac{c}{d}\in\mathbb{Q}$，它们的**和**与**积**分别为

$$\frac{a}{b}+\frac{c}{d}=\frac{ad+bc}{bd};\frac{a}{b}\cdot\frac{c}{d}=\frac{ac}{bd}$$

若 $ab>0$，则称有理数 $\dfrac{a}{b}$ 为正．

A.20 定理 根据定义 A.19，有理数的集合 $\mathbb{Q}$ 构成有序域．

证明 证明过程包括两个主要部分，它们都依赖于整数运算．首先证明 $\mathbb{Q}$ 中的运算已经被良好定义．然后证明它们使得 $\mathbb{Q}$ 为有序域．我们在这里仅给出满足序公理的证明，把满足域公理的证明留作习题 A.6．当证明了运算已经被良好定义后（与从类中选择的表示形式无关），我们选择了 $\dfrac{a}{b}=\dfrac{a'}{b'}$ 和 $\dfrac{c}{d}=\dfrac{c'}{d'}$．

加法已被良好定义：$\dfrac{a}{b}+\dfrac{c}{d}=\dfrac{a'}{b'}+\dfrac{c'}{d'}$．由有理数的加法定义可得 $\dfrac{ad+bc}{bd}=\dfrac{a'd'+b'c'}{b'd'}$．由等价关系的定义可知，等价的条件为 $(ad+bc)b'd'=bd(a'd'+b'c')$．运用整数运算的性质，可将条件变为 $(ab'-ba')dd'=bb'(cd'-dc')$．这个等式由 $ab'-ba'=cd'-dc'=0$ 推出，可由 $(a,b)\sim(a',b')$ 和 $(c,d)\sim(c',d')$ 得到．

乘法已被良好定义：$\dfrac{a}{b}\cdot\dfrac{c}{d}=\dfrac{a'}{b'}\cdot\dfrac{c'}{d'}$．由有理数的乘法定义可得 $\dfrac{ac}{bd}=\dfrac{a'c'}{b'd'}$．由 $ab'=ba'$ 和 $cd'=dc'$ 可知等式等价于 $acb'd'=bda'c'$，可由 $ab'=ba'$ 和 $cd'=dc'$ 得到．

正集已被良好定义：当且仅当 $\dfrac{a'}{b'}>0$ 时有 $\dfrac{a}{b}>0$．这是成立的，因为由 $ab'=ba'$ 可知 ab 和 $a'b'$ 有相同的符号．

正集在加法下是封闭的：由 $\dfrac{a}{b}>0$ 和 $\dfrac{c}{d}>0$ 可得 $ab>0$ 和 $cd>0$．因此 $(ad+bc)bd>0$ 对于任意的 a，b，c，d 都成立，故可得 $\dfrac{a}{b}+\dfrac{c}{d}>0$．

正集在乘法下是封闭的：由 $\dfrac{a}{b}>0$ 和 $\dfrac{c}{d}>0$ 可得 $ab>0$ 和 $cd>0$．因此 $(ac)(bd)=$

$abcd > 0$，故可得 $\dfrac{a}{b} \cdot \dfrac{c}{d} > 0$．

三分性成立：对任意非零类 $\dfrac{a}{b}$，有 $-\dfrac{a}{b} = \dfrac{-a}{b}$．正集的封闭性表明它只包含 $\dfrac{a}{b}$ 和

$-\dfrac{a}{b}$ 中的一个． ∎

由 $f(m) = m/1$ 定义的函数 f 是从 $\mathbb{Z}$ 到 $\mathbb{Q}$ 的一个映射，它保留了整数的所有算术性质．因此，可以将具有 $m/1$ 形式代表的有理数理解为整数．

实数

我们用数学家所谓的"完备性"由 $\mathbb{Q}$ 构造 $\mathbb{R}$．我们想要柯西序列存在极限．若某个有理数序列是柯西序列，但在 $\mathbb{Q}$ 中不收敛，则认为它在 $\mathbb{R}$ 中有一个极限．由于不同的序列可能接近相同的值，所以需要考虑这样的序列对是否等价．因此实数就是有理数柯西序列的等价类．我们证明了这些等价类集合构成了一个完全有序域，其中的细节留给读者．

为了完成这个证明过程，必须定义作为 $\mathbb{R}$ 中元素的对象 $\alpha, \beta, \gamma, \cdots$．还必须指定元素 **0** 和 **1**，并在 $\mathbb{R}$ 上定义加法和乘法运算．必须证明这些运算满足定义 1.39 中的代数性质（下面的步骤 5，6，7）．必须确定 $\mathbb{R}$ 中元素为正的子集，并证明该子集满足定义 1.40（下面的步骤 4 和 8）中正集的公理．最后，必须证明该系统满足完备性．

A. 21 必要的步骤

步骤 1）定义 $\mathbb{R}$．

步骤 2）定义 **0** 和 **1**．

步骤 3）定义加法和乘法．为每个 α 定义一个加法逆 $-\alpha$，为每个 $\beta \neq \mathbf{0}$ 定义一个乘法逆 β^{-1}．

步骤 4）定义一个被称为正集的子集 P，并验证三分性．

步骤 5）证明下列加法运算律．

$$\alpha + \mathbf{0} = \alpha \qquad\qquad (\alpha + \beta) + \gamma = \alpha + (\beta + \gamma)$$

$$\alpha + -\alpha = \mathbf{0} \qquad\qquad \alpha + \beta = \beta + \alpha$$

步骤 6）证明下列乘法运算律．

$$\alpha \mathbf{1} = \alpha \qquad\qquad (\alpha\beta)\gamma = \alpha(\beta\gamma)$$

$$\alpha\alpha^{-1} = \mathbf{1} \text{ 若 } \alpha \neq 0 \qquad\qquad \alpha\beta = \beta\alpha$$

步骤 7）证明分配律 $(\alpha + \beta)\gamma = \alpha\gamma + \beta\gamma$．

步骤 8）证明加法和乘法运算的保序性：若 $\alpha, \beta > \mathbf{0}$，则 $\alpha + \beta > \mathbf{0}$ 且 $\alpha\beta > \mathbf{0}$．

步骤 9）证明每个有界非空子集 $T \subset \mathbb{R}$ 都有一个最小上界． ∎

假设有理数及其性质已知，又有 $|x| = \max\{x, -x\}$．注意，较大自然数的倒数是较小的正有理数，在收敛的定义中，它们取代了实数 ε．

别忘记有理数序列是一个函数 $a : \mathbb{N} \to \mathbb{Q}$，且用 $\langle a \rangle$ 表示一个序列．

A. 22 定义 若对于任意 $k \in \mathbb{N}$，都存在某个 N，使得由 $n, m \geqslant N$ 有 $|a_n - a_m| < 1/k$，

则序列 $\langle a \rangle$ 是一个**柯西序列**. 若对于任意 $k \in \mathbb{N}$，都存在 $N \in \mathbb{N}$ 使得由 $n \geqslant N$ 有 $|a_n - L| < 1/k$，则序列 $\langle a \rangle$ **收敛**于 $L \in \mathbb{Q}$.

A.23 引理   若 $a_n \to L$，则 $\langle a \rangle$ 是柯西序列.

证明   参考命题 14.13 中的证明，将 ε 替换为 $1/k$. ■

令 S 表示有理数柯西序列的集合，下面把 S 分成等价类来定义 $\mathbb{R}$. 容易证明下列论断.

A.24 命题   有理数柯西序列集 S 在加法、乘法和标量乘法下满足封闭性，即有：

a) 如果 $\langle a \rangle \in S$ 和 $\langle b \rangle \in S$，则有 $\langle a+b \rangle \in S$.

b) 如果 $\langle a \rangle \in S$ 和 $\langle b \rangle \in S$，则有 $\langle ab \rangle \in S$.

c) 如果 $\langle a \rangle \in S$ 和 $c \in \mathbb{Q}$，则有 $\langle ca \rangle \in S$. ■

A.25 引理   如果柯西序列 $\langle a \rangle \in S$ 存在收敛子序列，那么 $\langle a \rangle$ 也收敛且有相同的极限. ■

我们定义了有理数序列收敛到有理数极限，特别是收敛到零. 当 $\langle a-b \rangle$ 收敛到有理数 0 时，记为 $\langle a \rangle \sim \langle b \rangle$. 设 **0** 表示由所有收敛于 0 的序列组成的 S 的子集. 下面给出它的一些性质：

A.26 引理   设 $\langle a \rangle, \langle b \rangle, \langle c \rangle$ 是柯西序列.

a) 如果 $\langle a \rangle$ 和 $\langle b \rangle$ 收敛于 0，则 $\langle a+b \rangle$ 收敛于 0.

b) 如果 $\langle a \rangle$ 收敛于 0，那么 $\langle ca \rangle$ 收敛于 0.

证明   类似于定理 14.5 中的证明，将 ε 替换为 $1/k$. ■

使用符号 **0**，上述结论就变成了 "$\langle a \rangle, \langle b \rangle \in$ **0** 意味着 $\langle a+b \rangle \in$ **0**" 和 "$\langle a \rangle, \in$ **0**，$\langle c \rangle \in S$ 意味着 $\langle ca \rangle \in$ **0**". 在代数中，环是同时具有加法和乘法且满足适当公理的集合. 一个元素在加法和乘法下满足封闭性环的子集为**理想**. 故 **0** 是有理数柯西序列环 S 的一个理想.

A.27 推论   关系 $\sim$ 是 S 上的等价关系. ■

A.28 注   这里的方法与模算术方法相呼应. 我们通过考虑等价类来定义整数模 p. 当两个整数的差是 p 的倍数时，它们是等价的（模 p）. p 的倍数组成的集合是 $\mathbb{Z}$ 中的一个理想，就像 **0** 是 S 中的一个理想一样. 所以对两种情况考虑对模理想取等价类. 正如当两个整数的差是 p 的倍数时，它们为模 p 同余，所以当它们的差收敛于 0 时，两个柯西序列表示相同的实数.

实数集 $\mathbb{R}$ 定义为集合 S 在关系 $\sim$ 下等价类的集合. 这就完成了步骤 1.

类 **0** 由 S 中所有收敛于 0 的元素组成. 将 **0** 作为 $\mathbb{R}$ 中加法运算的单位元 **0**，令 **1** 表示 S 中所有收敛于有理数 1 的元素组成的集合，且为 $\mathbb{R}$ 中乘法运算的单位元. 这就完成了步骤 2.

接下来定义正实数.

A.29 定义   实数 α 为**正**，当且仅当对于每个序列 $\langle a \rangle \in \alpha$，存在 $k, N \in \mathbb{N}$，当 $n \geqslant N$ 时，$a_n > 1/k$ 成立. 如果 $-\alpha$ 是正数，则实数 α 为**负**，其中 $-\alpha = \langle \langle -a \rangle : a \in \alpha \rangle$.

换句话说，如果某个序列属于一个正等价类，那么它的项最终为正并且与 0 之间有确定的界. 三分性的证明需要下列引理.

A. 30 引理　对于任何一个有理数柯西序列，以下条件之一成立：

a) 这些项最终为正且与 0 之间有确定的界；b) 这些项最终为负且与 0 之间有确定的界；c) 序列收敛于 0.

证明　对于给定的序列，两个条件不能同时成立. 因此，只要证明 a) 和 b) 为假从而序列必收敛于零. 为此，找到一个收敛于 0 的子序列并使用引理 A. 25. ■

若 α 为实数，我们强调 α 是一组序列. 我们声称 α 中所有序列都满足引理 A. 30 中的相同性质. 如果 $\langle a \rangle$ 和 $\langle b \rangle$ 是 α 中元素，则 $\langle a - b \rangle$ 收敛于 0. 如果引理 A. 30 a 适用于 $\langle a \rangle$，那么它也适用于 $\langle b \rangle$，因为 $\langle b \rangle$ 的项最终任意地接近于 $\langle a \rangle$ 的项. 同样地，如果引理 A. 30 b 适用于 $\langle a \rangle$，那么它也适用于 $\langle b \rangle$. 最后，如果引理 A. 30 c 适用于 $\langle a \rangle$，则根据等价关系定义，它也适用于 $\langle b \rangle$.

这些分析证实了这种说法. 如果引理 A. 30 a 适用于每个 $\langle a \rangle \in \alpha$，则定义 $\alpha > 0$，即 α 为正. 类似地，如果引理 A. 30 b 适用于每个 $\langle a \rangle \in \alpha$，定义则 $\alpha < 0$，即 α 为负. 如果两者都不适用，则 $\alpha = 0$. 这证明了步骤 4 中的三分性.

下面定义代数运算. 当 $\langle a \rangle$ 是 S 中的某个元素时，我们将所有与 $\langle a \rangle$ 等价的元素组成的集合（包含 $\langle a \rangle$ 的等价类）记为 $[\langle a \rangle]$.

A. 31 定义　设 $\langle a \rangle$，$\langle b \rangle$ 分别为实数 α, β 中包含的序列. α 和 β 的**和**与**乘积**由下式定义：

$$\alpha + \beta = [\langle a + b \rangle]; \alpha \cdot \beta = [\langle ab \rangle]$$

为了使定义有效，必须表明运算结果不依赖于我们从类中选择的元素.

A. 32 引理　ℝ 中的加法和乘法为良好定义的.

证明　选择 α 中的两个元素 $\langle a \rangle$，$\langle a' \rangle$ 和 β 中的两个元素 $\langle b \rangle$，$\langle b' \rangle$，证明 $\langle a + b \rangle - \langle a' + b' \rangle$ 和 $\langle ab \rangle - \langle a'b' \rangle$ 收敛于 0 即可. ■

现在已经定义了 0，1，正，负，和，积. 为了定义加法逆，令 $-\beta = [\langle -b \rangle]$，其中 $\langle b \rangle$ 是 β 中任意元素. 这个定义是有效的：如果 $\langle b \rangle, \langle b' \rangle \in \beta$，那么 $[\langle -b' \rangle] = [\langle -b \rangle]$，因为 $-\langle b \rangle - \langle -b' \rangle = \langle b' - b \rangle$ 收敛于 0.

要定义非零实数的倒数，我们需要一个初步的观察. 设 β 是一个非零实数. 由引理 A. 30 可知每个 β 中的序列最终都与 0 之间有明确的界. 因此，可以从 β 的某些元素中省略有限多个项，得到一个所有项均为非零的代表 $\langle b \rangle$. 对于这样的序列 $\langle b \rangle$，定义 $\langle b^{-1} \rangle$ 是一个第 n 项为 b_n^{-1} 的序列. 使用这个代表 $\langle b \rangle$，定义 $\beta^{-1} = [\langle b^{-1} \rangle] = \{c : \langle c \rangle \sim \langle b^{-1} \rangle\}$. 这个定义同样有效.

现已经通过步骤 4 完成所有事项. 步骤 5～8 中的运算律可类似证明，留给读者.

A. 33 引理　ℝ 中的加法运算满足交换律. ■

A. 34 引理　ℝ 中满足分配律，且满足步骤 5～9 中所有其他性质. ■

可以把有理数 A 看成是实数 α，方法如下. 设 $\alpha = [\langle a \rangle]$，其中 $\langle a \rangle$ 是一个常数序列，对于任意 n 有 $a_n = A$. 因此，写出有理数和实数之间的不等式是有意义的. 此外，ℚ 和 ℝ 的加法单位元和乘法单位元是对应的.

最后证明完备性. 如果存在某个实数 β，满足当 $\alpha \in T$ 时有 $\alpha \leqslant \beta$，则非空子集 $T \subset ℝ$

380

为有界集. 在上界加一个正数会得到另一个上界, 因此, 每一个有上界的集合都有一个有理数上界. 类似地, 每个非空集合都存在不是该集合上界的有理数.

A.35 定理　实数系统 ℝ 满足完备性.

证明　设 T 是一个有上界的非空实数集合. 设 a_1 是有理数但不是 T 的上界, b_1 是有理数且是 T 的上界. 注意 $a_1 < b_1$. 令 $c_1 = \dfrac{a_1 + b_1}{2}$, 注意到 c_1 是这两个数的平均值. 因此有 $a_1 < c_1 < b_1$ 且 c_1 是有理数.

归纳定义 $\langle a \rangle$, $\langle b \rangle$, $\langle c \rangle$. 给定 a_n, b_n, 令 c_n 为 a_n 和 b_n 的平均数. 如果 c_n 不是 S 的上界, 则令 $a_{n+1} = c_n, b_{n+1} = b_n$; 如果 c_n 是 S 的上界, 那么令 $b_{n+1} = c_n, a_{n+1} = a_n$. 由此定义了三个有理数序列, 可以看到对每个 n, $a_n < c_n < b_n$ 都成立. 这三个序列具有相同的极限, 因此它们都定义了相同的实数 $[\langle c \rangle]$, 显然它是 T 的最小上界. ∎

现在已经构造了实数并证明了它们形成一个完全有序域. 这里只有一个完全有序域, 从这个意义上说, 可以用实数来标记任何完全有序域 **F** 中的元素, 这样 **F** 就像 ℝ 一样.

A.36 定理　如果 **F** 是一个完全有序域, 那么存在唯一的双射函数 $f: ℝ \to \mathbf{F}$, 该映射保持加法、乘法和序运算.

证明　设 **F** 是一个有序域. 为表示 **F** 中元素与 ℝ 中元素的不同, 在这里用粗体表示 **F** 中元素. 因此 **0** 和 **1** 表示 **F** 中加法和乘法单位元. 下面定义一个保持算术和序运算的双射 $f: ℝ \to \mathbf{F}$. 分阶段定义 f, 首先在 **0** 和 ℕ 上定义它, 然后将其扩展到 ℤ 和 ℚ, 然后使用完备性公理将其扩展到 ℝ.

令 $f(0) = \mathbf{0}, f(1) = \mathbf{1}, f(n) = \mathbf{1} + \mathbf{1} + \cdots + \mathbf{1}$, 即 $f(n)$ 是 **F** 中的 n 个 **1** 相加. 利用 **F** 中加法和乘法逆的存在性, 通过定义 $f(-n) = -f(n)$ 将 f 扩展到负整数, 然后通过定义 $f(m/n) = \dfrac{f(m)}{f(n)}$ 将 f 扩展到有理数. (这个除法是在 **F** 中取的) 然后证明 f 在 ℚ 上保持偏序关系.

接下来在无理数上定义 f. 给定 $x \in ℝ$, 令 S 表示小于 x 的有理数集, 且令 $S' = \{f(y): y \in S\}$. 因为 f 在 ℚ 上保持序关系, 集合 S' 在 **F** 的上界被一些大于 x 的有理数的象所确定. 因为 S' 在 **F** 有上界且 **F** 是完备的, 所以 S' 在 **F** 有上确界. 设 **x** 是 S' 在 **F** 的上确界, 令 $f(x) = \mathbf{x}$. 此时双射 f 保持加法、乘法和正数. 可以看到 **F** 与 ℝ 完全一样, $x \in ℝ$ 扮演的角色由在 **F** 中对应的粗体 $f(x) = \mathbf{x}$ 所充当. ∎

习题

A.1　当 $a + d = b + c$ 时令 $(a, b) \sim (c, d)$, 在这种关系下构造 $ℕ \cup (-ℕ) \cup \{0\}$ 与 $ℕ \times ℕ$ 等价类集合之间的双射.

A.2　写出自然数幂的归纳定义, 并证明当 $x, m, n \in ℕ, x^{m+n} = x^m x^n$.

A.3　通过验证 ℤ 中乘法为良好定义的, 有单位元 $[(n, n+1)]$ 且满足交换律、结合律, 完成定理 A.15 的证明.

A.4　用归纳法和乘法定义证明两个非零整数的乘积为非零. 用这个结论和分配律证明一

个非零整数的乘法是一个从 $\mathbb{Z}$ 到 $\mathbb{Z}$ 的单射函数.

A.5 证明与自然数相乘是从 $\mathbb{Z}$ 到 $\mathbb{Z}$ 的保序函数($x>y$ 表示 $f(x)>f(y)$),并以此证明与非零整数相乘是从 $\mathbb{Z}$ 到 $\mathbb{Z}$ 的单射函数.

A.6 通过验证有理加法和乘法的域公理证明 $\mathbb{Q}$ 是一个有序域. 所需论证应简化为关于整数的论证,然后用整数运算性质证明它们. 不使用除法,但可从等式两边消去非零整数.

A.7 通过对 $n \in \mathbb{N}, a_1 = 2$ 且 $a_{n+1} = \dfrac{1}{2}\left(a_n + \dfrac{2}{a_n}\right)$ 定义 $\langle a \rangle$,证明 $\langle a \rangle$ 是一个有理数柯西序列. 证明 $\langle a \rangle$ 在 $\mathbb{Q}$ 中没有极限. 这说明了引理 A.23 中的什么性质?

A.8 证明有理数柯西序列集 S 在加法、乘法和标量乘法下满足封闭性.

A.9 证明若某有理数柯西序列 $\langle a \rangle$ 有一个收敛子序列,则 $\langle a \rangle$ 也收敛且有相同的极限.

A.10 证明实数的乘法满足交换律,实数的加法和乘法满足结合律.

A.11 证明 $\mathbf{0}$ 是实数加法的单位元,$\mathbf{1}$ 是实数乘法的单位元. 给定 $\alpha \in \mathbb{R}$ 且 $\alpha \neq 0$,证明 $\alpha + (-\alpha) = 0$ 且 $\alpha \cdot \alpha^{-1} = 1$. 证明 $\mathbf{0} < \mathbf{1}$.

A.12 证明正实数的和与积均为正.

A.13 证明 S 中任何收敛序列上界的极限是 S 的上界.

A.14 设存在某个常数 $M > 0$,满足 $|a_{n+1} - a_n| \leqslant M/2^n$. 证明 $\langle a \rangle$ 是一个柯西序列. (提示:通过伸缩求和来估计 $|a_m - a_n|$,并使用 $\sum_{k=0}^{\infty} 1/2^k$ 的收敛性.)

A.15 证明定理 A.36 中构造的函数 f 在 $\mathbb{Q}$ 上是保序的.

A.16 证明定理 A.36 中构造的函数 f 为双射,并保持 $\mathbb{R}$ 上加法和乘法的正值性.

A.17 使用完全有序域的公理(定义 1.31~1.41)证明它后面的(部分)定理(命题 1.43~1.46).

附录 B　部分习题提示

1.8　这两部分学生人数不一定相同.

1.18　由该条件列出一个一元二次方程，求解之.

1.19　注意结合古巴比伦问题.

1.20　当 x 为解时，$(x-r)(x-s)=0$.

1.22　思考每个杯子里液体总量和每种类型的液体体积.

1.24　思考为什么没有"失踪"的美元！

1.25　考虑把 36 分解成三个正整数乘积的所有不同的方法. 题目中排除了所有其他可能性，只剩下最后一种可能性.

1.26　对搬运工可能的不同年龄采用与习题 1.25 类似的推理方法，直到得出适合该情形的解.

1.27　对不等式两边同时平方并化简.

1.28　对于 b) 部分，作适当的等量代换.

1.29　对 $x+y+z$ 适当分组并展开平方.

1.32~34　什么时候满足不等式？

1.35　当 x,y 同号时，左右两边同时乘以 xy 可以得到一个等价的不等式.

1.37　若 $a\neq 0$，则函数图像是一条抛物线. 将抛物线放在不同的高度，开口向上，开口向下都有哪些可能性.

1.39　关于 x 的因式有多少个必须为负才能满足该不等式？

1.42　注意考虑到闰年.

1.45　请阅读关于良好定义的论述.

1.49　对 e) 部分，证明 f^2+g^2 有界.

1.52　画出 $x+y$ 和 xy 的一些水平集.

2.12　考虑每个月的额外电话费用.

2.13　设 x,y,z 分别表示这三个年龄. 使用关于 x,y,z 表示每条信息，然后解出方程并检验结果.

2.14　对于 b) 部分，解出方程.

2.16　在 a) 部分中，为什么 $g(x)$ 和 $h(x)$ 只有唯一解？

2.18　如何计算 A^2-B^2？

2.19　有不止一种解释.

2.23　注意量词的否定.

2.24~25　参考例题 2.11.

2.26　在一种情况下，同一个 δ 必须适用于任意的 a；在另一种情况下，δ 可以依赖于 a.

2.28　注意量词.

2.30　元音意味着奇数，同样地，不是奇数意味着不是元音.

2.32　尝试分情况讨论.

2.33　前面小孩必须使用其他小孩无法立即做出判断的信息. 思考一下，如果前面两个小孩戴两顶红帽子，或者两顶黑帽子，或者两种颜色各一顶帽子，那么另一个小孩会看到什么.

2.34　先化简方程.

2.38　利用奇数和偶数的定义.

2.40　在这两种情况下分别数一数有缺陷的棋盘上每种颜色的方块. 注意，T 形可以以黑色正方形为中心，也可以以白色正方形为中心.

2.47　" x 是奇数" 表示可以对某个 n 写成 $x = 2n+1$；" x^2-1 能被 8 整除" 表示可以对某个 m 写成 $x^2-1 = 8m$. 注意 $n(n+1)$ 一定是偶数. 对于 b) 可以使用逆否证法.

2.48　注意量词的作用范围.

2.50　将 Venn 图的表示转换为集合关系的详细表述.

2.54　是否有可能达到每个圆中有奇数个白令牌这样的状态？

3.6　$P(1)$ 一定为真吗？

3.9　注意本题和习题 3.8 的区别.

3.10　使用归纳法进行严谨的证明.

3.14　实施归纳法或者将给定的和与已知和联系起来.

3.15~17　在归纳步骤的代数计算中，尽早提取出所需的因子.

3.19　当指数是偶数时，要记住是哪里出错了.

3.20　将索引变换到某个和中以便合并项.

3.26　使用归纳法和用 a_n 表示的 a_{n+1}.

3.28　使用部分分式重写分数.

3.30　使用较小的值猜出公式. 当用 $n+1$ 替换 n 时，确保用 $2(i+1)-1 = 2i+1$ 替换 $2i-1$.

3.31~32　试着用较小的值猜出公式.

3.33　试着与已熟知的和联系起来.

3.34　试着在每个盒子里称不同数量的球.

3.36　变换几何级数得出所需的公式.

3.37　应用几何级数.

3.38 当目标是 4 的倍数时，谁会赢？

3.40 使用措施 3.22 中的方法.

3.43 对 n 使用归纳法时，单独考虑 $u=0$ 的情形.

3.47 对 n 和不等式 $1<5$ 使用归纳法.

3.48 使用 $n=1$ 的情况得出一个必要条件.

3.52 找出 r 和 s，接着用待定系数法.

3.54 试用 $n=1$，2，3 的例子猜出公式.

3.55~57 归纳步骤用到了这个论断的两个早期实例.

3.58 对 k 使用归纳法.

3.59 使用归纳法. 需单独处理其中 5×9 矩形的情形.

3.60 对 k 使用归纳法. a)部分中，必须找到第一个好地方来观察并证明它有效. b)部分中，必须证明每个第一个所观察地方都失败了.

3.62 说出"12 月 30 日"的人会赢. 从后向前推导来确定获胜日期. 使用强归纳法进行证明.

4.3 用 n 表示这两个选项.

4.4 50 是 20 和 80 的均值.

4.5 什么情况下两个元素可以互换？

4.6 将 f 的值列出来.

4.7 就水平集而言，单射和满射有何含义？

4.8 参见例题 4.29.

4.10 首先求出 h 的公式.

4.12 紧贴定义.

4.13 化简为 $a>c$，用 a,b,c 来计算结果.

4.14 使用强归纳法.

4.15 如何使用归纳假设来获得所有期望值的权重？

4.16 对于必要性，证明当 $w_j>1+2\sum_{i=1}^{j-1}w_i$ 时，无法称出重量 $\left(\sum_{i=1}^{k}w_i\right)-1-2\sum_{i=1}^{j-1}w_i$.

4.17 使用强归纳法. 证明若条件不成立，则玩家 1 可以移动一步使其成立.

4.20 对 c) 部分，将点 $(p,q)\in\mathbb{R}^2$ 视为从 $(0,0)$ 到 (p,q) 的箭头，接着找出 $f(x,y)$ 在点 (x,y) 处的箭头尾部.

4.21 关注 $[n]$ 中某个元素. 用它修改 A 的元素以得到 B 的元素，证明所得函数为双射.

4.24 当 $f=g$ 时会发生什么？

4.26 从 $f(x)=f(y)$ 开始并使用不等式.

4.28 常数项无关紧要. 用 $Ax+B$ 替换 x 以得到 A 和 B 的适当值，从而消去二次项.

4.30 考虑两种情况，它们取决于 $ad-bc$ 是否等于 0.

4.32 证明 f 和 g 都为单射和满射.

4.34　请思考注 1.22 和定义 4.28 中的图.

4.35　在 a) 部分中，如果 A 的元素多于 B 会发生什么？

4.36　单射和满射的定义表明必须验证什么？

4.37　假设 $f(a) = f(b)$，再次应用 f.

4.39~40　使用归纳法进行严谨的证明.

4.41　对 n 使用归纳法.

4.49　模仿证明 $\mathbb{N} \times \mathbb{N}$ 是可数的. 注意，这些集合不必是不相交的. 还要注意证明 $A_1, \cdots, A_k$ 的可数性，通过对 k 的归纳不能解决这个问题.

4.51　首先确定哪些元素将被映射到 0 和 1.

5.7　第二张牌的选择方式数可能取决于第一张牌的选择.

5.8　不要把它乘出来！

5.9　也许要进行分情况讨论. 对于 b) 部分，有多种方法.

5.12　计数得到 11 的方法.

5.14　可通过计算和或更直接的方法来实现. 理想的结果是有序三元组 (x_1, x_2, x_3) 且和为 n.

5.15　对 k 使用归纳法.

5.17　在不失一般性的前提下假设 $n \leqslant m < k$，消去公因数.

5.19　在挑出 k 位数后，计数使用所有 k 位数形成的六元组. 可能存在特殊情况.

5.20　证明这个比例在某些集合中是成立的. 归纳法适用，可整除性也适用.

5.21　是什么决定了网格中的矩形？

5.22　可以通过计数每个附加点所增加的交叉对，并使用习题 5.40 和定理 5.28 来实现. 对于更直接的证明，是什么决定了一对交叉对角？

5.23　使用乘法法则. 在第 a) 和 b) 部分中，选择花色，然后选择花色中的牌.

5.26　在求和符号中，证明需要改变求和的顺序来适当地合并项.

5.27　证明当 $n > 0$ 时，正计数偶数子集和负计数奇数子集得到 0.

5.28~29　考虑定理 5.23.

5.30　使用帕斯卡公式.

5.32　在一个 $n \times n$ 的点的正方形中有 n^2 个点.

5.35　每场比赛有多少个失败者？

5.37　成立有小组委员会的委员会.

5.38　考虑不全为零的二进制列表.

5.39　右边公式的计算结果是什么？将这个集合拆分成与左边的项相对应的子集.

5.40　将 $[n]$ 中的元素对分成组. 第 i 组的大小为 $i - 1$.

5.41　将 $[n]$ 中的元素分成三元组. 第 i 组的大小为 $(i-1)(n-i)$.

5.42　将右侧计数过的集合元素拆分成组. 应定义第 k 组使其大小是 k 的总和中的项.

5.43　根据第 $r+1$ 个位置从一行 $m+n+1$ 个位置中选择的 $r+s+1$ 个位置分组.

5.44 按左侧公式的项可重复组合适当的元素形成子集.

5.46 使用归纳法或巧妙展开 n 个因子的乘积.

5.48 用 $[n]$ 的元素来解释子集的排列.

5.50 答案需要所有标签信息都是错的.

5.51 找到一种置换方式,使对于最后一个鼓手不同的到达终点的方式导致不同的答案.

5.55 根据归纳假设,B_n 元素的前 $n-1$ 项产生 $[n-1]$ 的置换. 使用最后一项合并元素 n.

5.56 求出第一个 n 可以作为归纳证明的基础步骤,单独考虑更小的值.

5.57 通过考虑小的 n 值来猜出公式. 组合证明类似于求和恒等式的组合证明.

5.58 一个置换的有向图上没有不动点的条件是什么? 计算满足这个条件的有向图.

5.59 对 n 使用归纳法.

5.61 计算 $f(f(f(x)))$ 并令它等于 x. 注意不要除以 0,也不要与 3-循环中的点与不动点混淆.

5.62 对于 b) 部分,证明点的行与列互换可定义适当的双射.

5.63 要定义双射,请考虑一种自然的(且可逆的)方法,将使用多个奇数大小部分分区转换为多个不同大小的部分分区.

6.9 与例题 6.19 作对比.

6.11~12 设 x 为每种类型的硬币数量. 确定将每种情况下硬币数量表示成 x 的函数. 使用"互质"的概念.

6.13~14 模仿习题 6.11 的求解过程.

6.16 使用减法和归纳法.

6.17 说明每个数对都有相同的公约数的集合.

6.19 使用命题 6.6 求解.

6.20 在矩形中,右边是点数. 把它分成左边公式形式的类.

6.21 依据向下取整和向上取整的定义.

6.23 考虑被 3 整除.

6.24 使用归纳法或分情况讨论.

6.25 使用归纳法并注意基的选择.

6.26 结合归纳法和分情况讨论.

6.27 去掉 3 的幂将会如何?

6.28~29 考虑质因数分解法.

6.30 使用归纳法或消去公因数或提供一种组合方法来说明这对一组奇数大小的数计数.

6.31 在 a) 中,当 a 和 b 均为奇数时,c 必须满足什么条件? 在 b) 中需要考虑多种情况.

6.32 尝试用小示例来猜出结果,然后使用归纳法进行证明. 当考虑使用整除性来表示结果时,证明就非常容易了.

6.33　找出 $abcabc$ 的特定除数.

6.34　设 S 为所有质数的（有限）集合，构造一个不能被 S 中任何元素整除的数.

6.35　如果 $x+i-2$ 能被 i 整除，那么其他的数能被 i 整除吗？

6.36　在 a）中，计数每个质数 p 的指数结果. 在 b）中，证明任意 k 个连续数字的乘积结果至少有这么大.

6.38　根据 $x^{2r+1}-y^{2r+1}$ 的分解，给出一个显式分解.

6.42　注意到 $f(n)$ 只依赖于 n 的最后一位数字.

6.43～44　运用强归纳法.

6.45　考虑丢番图方程. 记住每种类型只有 500 个砝码.

6.47　先通分，然后用一个通解表示所有的解.

6.50　对于 b）部分，根据 k,m,n 中因数 p 的取值考虑多种情况.

6.51　设 $x-4$ 为最开始的椰子数量，按照规则划分并求出 x.

6.52　假设能够邮寄 k，那么在什么条件下也可以邮寄 $k+1$？

6.53　注意 $\sum_{i=1}^{2n} i = n(2n+1)$.

6.54　这个用 x 表示 y 的表达式怎样才能得到一个比最小值更小的三元组？

6.56　使用多项式长除法.

6.61　找出多项式集合 p 使得 $p(0,0)=0$.

6.63　思考多项式的次数并求证其逆否命题.

389

7.3　考虑余数.

7.4　把每个数写成 10 次幂的和的形式，10^k 对模 9 求余的同余类是多少？

7.6～7　选择一个适当的等价类代表进行运算.

7.8　计算对模 8 求余的结果.

7.9　$2^{12}(\bmod 13)$ 的同余类是什么？

7.10～15　根据定义.

7.16　闰年可以单独考虑. 对模 7 求余，其中星期五等于 6 对模 7 求余. 考虑每个月第 13 天的值.

7.19　列出平方数对模 5 求余的结果.

7.20　观察 $k\equiv 1(\bmod k-1)$ 的结果.

7.23　10^k 对模 11 求余的同余类是多少？

7.24　x 何时与 $-x$ 不同余？

7.25　选择合适的同余类来简化计算.

7.28～30　使用模算术.

7.31　首先观察 -1 是平方数对模 m^2+1 取余的结果.

7.32　考虑对模 d 求余的余数.

7.33～7.34　运用中国余数定理.

7.36　注意，a，b，c 可能有公因子.

7.38～7.39　每个等价类有多大?

7.40　将着色组分为大小为 1 和 2 的等价类.

7.41　注意，这些运算置换了同余类的顺序.

7.42　函数有向图使我们很容易看到划分情况.

7.43　将 $\{a,2a,\cdots,(p-1)a\}$ 全部相乘.

7.44　由于 341 不是质数，费马小定理不能直接用于 341. 注意，$341 = 11 \cdot 31$.

7.45　运用费马小定理.

7.47　运用 $(p-1)! = (p-1)(p-2)(p-3)!$.

7.51　设 $y \circ x = 1 = z \circ x$ 并运用逆运算的存在性.

7.53　模仿引理 7.34～7.35 的证明过程.

8.2　清除 $f(x) = 0$ 上的分母.

8.8　清除分数，简化并与例题 4.27 进行比较. 或者将 $1/(x+y)$ 和 $1/x+1/y$ 与 $1/x$ 进行比较，考虑 y 的符号.

8.10　根据定义，证明当且仅当 m 和 n 有公共质因数时，$an+bm$ 和 mn 有公共质因数.

8.11　将分子分母同时除以 y，结果很简单.

8.14　再次设 $y = t(x+1)$，注意哪些 t 值是有效的.

8.16　考虑奇偶性.

8.17　运用 $\mathbb{N}$ 到 $\mathbb{N} \times \mathbb{N}$ 的双射.

8.20～21　运用有理零点定理.

8.22　考虑方程 $x^k - n = 0$，仿照例题 8.15 的思路.

8.27　与习题 1.30 进行比较. 还有一种用平面上的圆进行解释的几何方法.

8.28　列出成功的配对.

8.31　做一个等量代换，这样定理 8.23 就适用了.

9.5～6　运用 $P(B^c) = 1 - P(B)$ 和独立性的定义进行证明.

9.7　运用独立性的定义，但要细心.

9.9　答案不是 $1/2$.

9.11　假定某事件发生，计算奖品分别在每个剩余门后面的条件概率.

9.12　概率空间中，与事件"和弦的长度超过 $\sqrt{3}$"对应的部分.

9.14　可以使用波特兰选票问题的参数转换.

9.15　对于 a) 部分，对 n 使用归纳法. 对于 b) 部分，在这些放置安排（当 $m = n+1$ 时）与投票顺序之间建立一一对应的关系.

9.17～18　使用贝叶斯公式.

9.23　假设 A 在第一轮未获胜，那么 A 最终获胜的概率是多少?

9.24~25   更换的预期收益可以通过条件概率或进行更直接的特殊论证.

9.26   证明概率空间的每个元素在等式两边的计算结果相同.

9.28   有几种方法可以将所需的随机变量表示为取值仅为 0 和 1 的随机变量之和.

9.29   使用期望的线性性.

9.33   由于单项式产生的可能性相同, 因此不涉及多项式系数. 将单项式与可重复组合相对应.

9.35   不要将相乘展开!

9.36   考虑路径中每个水平台阶的高度.

9.37   将解应用于波特兰选票问题.

9.39   从圆上的一点开始. 遍历圆, 以 $2n$ 个点的每个记录 0 或 1 的方式从每个非交叉配对中产生一个投票列表. 证明该函数为双射.

10.2 n 名教授有多少种委员会组合?

10.4   将 $[2n]$ 拆分为 n 类, 以使每类中的数字两两互质.

10.5   以 10 为模取余. 如果没有两个数同余, 则用和取余进行分类.

10.6   考虑三个连续数字的平均值.

10.8   将正方形划分为多个区域, 以使同一区域中有两个点具有所需的性质.

10.10   请注意, 每个 100 码的段都包含端点. 如果在前 100 码或最后 100 码中没有任何点被使用四次, 会发生什么?

10.12   使用部分和.

10.13   证明 S 中的最大值在 2 和 $(k+1)/2$ 之间, 并进行归纳证明.

10.14   从某个学生的熟人出发考虑.

10.19   证明逆否命题.

10.24~37   定义一个全集及其适当的子集 $A_1, \cdots, A_m$, 使得所需集合是全集中所有 $A_1, \cdots, A_m$ 之外的元素构成的集合. 然后通过容斥原理得出答案.

10.39~41   设计一个全集和几个集合, 使得能够通过容斥原理计数这几个集合外的元素, 得到这几个集合并集的项. $k = 1$ 时, 所得项反映每个对应集合的大小.

11.5   当有 n 个顶点时, 0 和 $n-1$ 能否同时作为顶点的度出现?

11.6   考虑一个对赛程建模的图的适当子图.

11.7   考虑 $G-e$ 中的顶点度.

11.10   用两个 $d-1$ 维立方体的副本构造 d 维立方体, 以便于对 Q_d 进行归纳证明.

11.11   首先显示一个 4 回路的顶点在除了两个坐标系之外的所有坐标系中一致, 一个 6 回路的顶点在除了三个坐标系之外的所有坐标系中一致.

11.16   求 G 的边数与顶点数的关系式.

11.17   彼得森图可以被描述为以 $\{1,2,3,4,5\}$ 中 2 元子集为顶点的图, 当且仅当作为顶点的两个 2 元子集的交集为空时, 这两个顶点相邻.

11.18 通过删除 v_n 可以在较小的顶点集上得到一个图，该图如何才能翻转呢？

11.19 一个有 n 个顶点的完全图有 $\binom{n}{2}$ 条边.

11.20 对于 a) 部分，考虑 x 和 y 的邻域，并对集合应用恰当的恒等式.

11.22 定义一个图对可能的位置和移动进行建模. 达到理想配置的条件是什么？

11.24 当 P 和 Q 没有公共顶点时，得出一个更长的通路.

11.25 当最大度为 k 时，证明 G 最多有 $k(n-k)$ 条边.

11.26 对 $n-k$ 使用归纳法，或者使用树的性质.

11.27 使用归纳法或将引理 11.36 和定理 11.40 应用于适当的子图.

11.28 证明：如果有两条 x,y-通路，则它们的并集包含一个回路.

11.30 使用树的性质.

11.32 首先表明 G 包含删除 T 的叶子得到的树 T'.

11.33 对于 $n > 2^k$，观察到每个顶点划分成的两个集合中都有一个多于 2^{k-1} 个顶点. 基于这个结论并使用归纳法证明上界.

11.34 如果一条边在两个回路中出现，则该图有三条连接其端点的通路.

11.35 使用归纳法或反证法.

11.36 对于 a) 部分，对边计数. 对于 b) 部分，证明霍尔条件成立.

11.39 证明逆否命题.

11.40 对于第一部分，按一定顺序为顶点着色，始终使用未出现在邻点上的索引最少的颜色.

11.41 使用几何确定的顺序给顶点上色.

11.42 每种颜色可以使用多少次？

11.43 如何计算多项式系数的和？当用一个色多项式做这个时，它说了什么？

11.45 考虑边的数量.

11.46 最小顶点的度最多为平均顶点的度.

11.47 在定理 11.65 中使用欧拉公式.

11.48 表明无界面的边界长度至少为 n.

11.49 把"房间"想象成走廊上的壁龛.

12.1 答案显而易见. 用归纳法证明.

12.2~5 使用特征方程法.

12.8 根据 X 的伙伴来划分配对.

12.9 最后一个圆增加了多少个区域？

12.13 对于 a) 部分，将区域数量的增加与新顶点所涉及的弦的交叉点联系起来.

12.15~18 比较兔子车和凯迪拉克.

12.20 将 1, 2-列表编码为不带连续 1 的 0, 1-列表，并说明它定义了双射.

12.21 使用 1, 2-列表模型求对 n 和.

12.22 使用和 n 为组合问题对 $1,2$-列表的确定进行建模.

12.23 当一个长度为 $m+n$ 的停车场被填满时，前 m 个车位被填满，最后 n 个车位也被填满.

12.24 使用强归纳法.

12.27 假设 α 是上面 k 张牌中出现在顶部的最大一张的名字. 说明直到 α 出现在顶部之前的翻转次数与在最多 $k-2$ 张牌出现在顶部的一堆中翻转的次数相同.

12.33 为求解 n 为 2 的幂次时的递推式，令 $b_k = a_{2^k}$，其中 $k>0$.

12.35 关注元素 $n \in [n]$.

12.36 每条边的长度减去 1 会发生什么？

393

12.39 根据 X 的伙伴来划分配对.

12.40 将这些安排与选票列表联系起来，或将它们适当地分组，以便适用 Catalan 递推式.

12.42 如何将元素 n 添加到一个 $[n-1]$ 的划分中，从而得到一个包含 k 个块的 $[n]$ 的划分？

12.43 对于 a) 部分，将生成树划分为适当的子集. b) 部分可以用 a) 部分求解，也可以用直接进行求解.

12.44 色数多项式计数与 G_n 有关. 求这个多项式的递推式.

12.46 将每个划分视为一个点数组，第 i 行中的点数是第 i 个最大部分的大小. 将这些排列分成两组，并按所需的大小进行排列.

12.48 为了形成一个 $1,2$-列表，可以选择一些长度，然后决定这个长度列表中的每个项是 1 还是 2. 用一个生成函数对它进行建模使得 x^n 的系数是这样做的方法数目并得到 n 的和.

12.52 把每个和表示成生成函数的乘积的系数.

12.53 和是两个生成函数乘积的系数.

12.55~56 使用允许的选项构建生成函数以用于每个尺寸的部分.

12.57 将 n 分成奇数个重复的部分，用自然的方法消除重复，使得被 n 分成不同的部分. 解释如何将原始划分从一个划分还原为奇数部分，并将其还原为不同的部分.

13.6 这种方法能列出无理数吗？

13.9 将条件重写为不等式 $f(x) \leqslant 1$.

13.13 用 x 计算 $y^2 - 2$.

13.14 $\dfrac{1}{10} = 0\,\dfrac{1}{3} + 0\,\dfrac{1}{9} + 2\,\dfrac{1}{27} + \cdots$.

13.16 对于第二部分，首先计算出 $0.111\,1\cdots$ 是什么.

13.21 给定一个集合 S，考虑集合 $\{x : -x \in S\}$.

13.22 首先对每个集合进行简单的描述.

13.23 注意：$\sup A$ 不需要在 A 中，$\sup B$ 也不需要在 B 中.

13.25   首先显示 $\sqrt{1+n^{-1}}-1<n^{-1}$.

13.26   首先简化 $(1+a_n)^{-1}-1/2$.

13.28 $\lim y_n$ 是否需要存在?

13.29   对于第一部分,直接验证递减性质. 下面的有界性很容易.

13.30   应用单调收敛定理.

13.38   把一个数字在 T 中的二进制展开式与 N 的子集联系起来.

13.39   使用十进制展开式或二进制展开式.

13.40   比较 n 和 x^{-1} .

14.7   试着直接对二进制展开式平方并与 2 比较. 例如在二进制展开式中 $(1.0)^2=1_{(2)}<2_{(10)}$,而 $(1.1)^2=10.01_{(2)}>2_{(10)}$.

14.12   试着令 $a_n=b_n=1/\sqrt{n}$.

14.13   使用收敛和子序列的定义.

14.14   为了证明 $\dfrac{1}{b_n}$ 收敛于 $\dfrac{1}{M}$,记 $\left|\dfrac{1}{b_n}-\dfrac{1}{M}\right|=|M-b_n|\dfrac{1}{|b_n||M|}$,在 n 足够大的情况下,对分母取一个合适的常数.

14.15   使用反证法或者逆否命题.

14.18   使用归纳法.

14.19   这和例题 14.9 类似.

14.21   如果序列 $\langle x\rangle$ 有界,将会发生什么?

14.24   若 $y_n=x_n-2$ 且 $y_n\to L$,则 $x_n\to L+2$.

14.25   转化为降低到 $f(x)=x^2+c$ 的情形. 把抛物线和直线 $y=x$ 画在同一图上. 迭代函数.

14.29   无限次地使用无限集中的每个值构建序列.

14.30   如果极限不等于 0 ,那么对于 $\sum x_j$ 情况如何?

14.32   想想这只苍蝇飞了多长时间!(避免对级数求和.)

14.33   使用部分和与 $\varepsilon/2$ 论证法.

14.39   考虑习题 14.38. 十进制展开式最终会重复吗?

14.44   对于第一部分,将 $\dfrac{1}{n(n+1)}$ 写作 $\dfrac{1}{n}-\dfrac{1}{n+1}$ 来获得一个裂项级数. 然后使用不等式 $\dfrac{1}{(n+1)^2}<\dfrac{1}{n(n+1)}<\dfrac{1}{(n)^2}$.

14.45   连续部分和的区别是什么?

14.46   精确计算部分和.

14.50   和 $\sum\dfrac{1}{2n}$ 作比较.

14.54   首先加上足够多的正项超过 L ,然后加上足够多的负项小于 L ,然后继续这个过程.

14.55　这种说法是错误的. 考虑 $a_k = \pm(1/k)$ 来选择合适的符号.

14.58　阅读第 14 章末尾的方法.

14.59　使用比较判别法的极限形式.

14.60　对于 a) 部分，令 $a_n = n^{-2}$ 并使用比较判别法的极限形式.

14.61　使用比较判别法的极限形式，取 $a_n = n^{-p}$ 作为适当的 p.

14.64　部分和因子 b_1. 把 $\dfrac{b_{k+1}}{b_1}$ 写成 $\dfrac{b_{j+1}}{b_j}$ 的乘积. 使用假设来获得 $\{a_j\}$ 对应表达式的界限.

14.66　首先把它化为一个小的正有理数 x，然后研究在减去一个小于 x 的整数的最大倒数后分子会发生什么.

14.68~69　（最后）与适当的几何级数进行比较.

15.4　使用介值定理.

15.6　思考 $f = -g$ 的例子.

395

15.8　当 $|f|$ 为常数时有何变化?

15.12　对第一部分，令 $a_n = 1/(2n+1), b_n = 1/(2n)$ 并画出 f 的大致图像.

15.13　通过对两边求平方来推导不等式 $||x| - |a|| \leqslant |x - a|$.

15.14　画例题 15.5 中的一个图像，其中 $a = 0.5$，$f(x) = 1/x$.

15.16　在收敛序列的定义中设 $\varepsilon = 1/n$.

15.18　对于 a) 部分，证明 $\varepsilon = 1$ 使得 $\varepsilon - \delta$ 定义不成立. b) 部分当 $a \neq 0$ 时类似. 对 $a = 0$，使用 $\varepsilon - \delta$ 定义证明.

15.21　使用介值定理求两边的差.

15.22　使用介值定理求函数 $f - g$.

15.24　研究 x 在正无穷和负无穷附近函数值有何变化，并使用介值定理.

15.25　从 $0 \leqslant (ax - by)^2$ 开始并合理地选择 a,b.

15.29　分别考虑 $x < 1$ 和 $x > 1$ 时的情况. 对于第二部分，将其化简为第一部分.

15.33　将 $f(1) - f(0)$ 写成裂项求和.

15.34　一种方法是在 $f(x) = 1/x$ 的特殊情况下求 $m(a,\varepsilon)$ 并思考答案.

15.35　先画出 $k = 3$ 时的这样一个函数，以便于理解.

16.1　思考导数的定义.

16.3　思考关于导数的线性逼近的解释.

16.5　使 f^2 为常数.

16.7　使用线性逼近计算 $f'(x)$.

16.8　与习题 16.30 进行对比.

16.10　一种方法是研究较小的 n 值来猜测一般公式，然后通过对 n 进行归纳来证明它.

16.11　使用 $\varepsilon/2$ 论证法和导数的定义.

16.14   分子分母同时乘以适当的常数.

16.18   使用差商定义证明导数是 1.

16.19   使用差商定义证明极限一定是 0.

16.22   思考 V 和 r 作为时间的函数并使用链式法则.

16.23   求函数 $f(x) = x - x^2$ 的最大值.

16.26   对于 a) 部分, 对 m_k 的每个可能值应用归纳假设, 然后选择最佳 m_k; 对于 b) 部分, 思考一个由 $\sum_{i<j} m_i m_j$ 组成的集合, $\{m_i\}$ 的一个小变化, 在不改变 $\sum m_i$ 的情况下, 如何影响这个集合的大小?

16.27   对两个函数的差求导.

16.28   使用 $g(x) = x$.

396

16.30   设 $g_y(x) = f(x) - yx$. 证明 g_y 有最小值. 当 $(g_y)'(x) = 0$ 时函数值为多少?

16.31   假设 f 有两个不动点, 利用中值定理证明假设不成立.

16.33   思考递增和递减.

16.35 f' 可以在某个地方为正而在另一个地方为负吗?

16.36   利用链式法则对恒等式 $(f^{-1} \circ f)(x) = x$ 求导.

16.44   使用链式法则和乘法法则来计算高阶导数.

16.50   如果 $c \in (a, b)$, 那么 $(c, f(x))$ 不能高于连接 $(a, f(a))$ 和 $(b, f(b))$ 的线段.

16.52   什么时候 p'' 处处非负?

16.53   计算 p''.

16.60   在得到极限 $f(x)$ 之后, 计算 $|f_n(x) - f(x)|$ 并化简它. 这能小于独立于 x 的 ε 吗?

16.61   对于 b) 部分, 思考 $f_n(n)$.

16.63   用二阶导数检验凸性.

16.64   从 $\sum x^n = 1/(1-x)$ 开始并求导两次, 然后使用 $n^2 = n(n-1) + n$.

16.65   使用习题 16.64 的方法对表示所需运行次数的级数求和.

16.66   对有限几何级数求和公式两边进行求导.

16.67   推广习题 16.66.

16.71   对于 b) 部分, 用微积分求出 $f_n(x)$ 关于 n 的最大值.

16.75   思考 $\dfrac{f(0 + h_m) - f(0)}{h_m}$, 找到合适的 $\{h_m\}$ 使得 $h_m \to 0$.

16.76   注意如果 g 是有界的, 那么 $(x-a)^2 g(x)$ 在 a 处是可微的.

17.1   图 f 和 g.

17.11   证明上和与下和一定相差 1.

17.12   使用习题 17.11 中的思想, 使得 $|f|$ 为常数.

17.14   上下和之差的公式简化了!

17.15   对于 a), 如果 $f(t) \neq 0$, 那么对于 t 附近的 x, $f(x) \neq 0$. 由此得到一个划分, 其

中下和是严格正的. 对于 b), 选择 $g = f$.

17.16 利用微积分基本定理和链式法则求出 $g'(x)$.

17.19 联想 $(d/dx)(\ln x)$ 的定义.

17.22 在 $t = x$ 和 $t = x + 1$ 之间 $1/t$ 图像下的面积是多少?

17.24 $(d/dx)(\ln h) = h'/h$.

17.25 选择断点位于 $x^{k/n}$ 处的划分.

17.28 利用微积分基本定理得到一个微分方程.

17.31 照问题说的做, 别多做!

17.33 将无穷和与反常积分写作极限.

17.36 将求和表示为定积分的上和或下和.

17.38 使用第 14 章中的技巧和函数 $\ln(x)/x$ 的性质. 对于第二部分, 记住 $\ln$ 是一个递增函数.

17.40 计算 $(d/dx)(\ln f)$.

17.42 一种方法是令 $h = f^g$, 在微分之前取对数.

17.44 对于大 N 考虑 $\int_1^N (1/x)\,dx$ 的上和.

17.47 当 f 不恒等于 0 时, 化简为 $\max |f| = 1$. 然后分别考虑 $|f|$ 接近 1 和不接近 1 的区域.

17.49 这个证明与级数的证明是类似的.

17.50 对于 a), 使用 AGM 不等式. 对于 b), 使用微积分的技巧来进行积分. 对于 c), 将 b) 的结果代入.

17.52 对于 c), 使用分部积分法. 对于 d), 令 $y = x^2$ 并作变量替换. 对于 e), 如果有两个变量参与计算, 使用平方的积分且作适当地换元.

18.5 把两边都平方, 使第一部分容易些.

18.6 考虑距离.

18.8 记 $\bar{z} = x - iy$. 计算 $z + \bar{z}$ 和 $z - \bar{z}$.

18.11 两边取平方, 使用习题 18.5 的方法.

18.15 对于 a), 在 $e^{i\theta} = \cos\theta + i\sin\theta$ 中使用习题 18.8 中的方法. 对于 b) 和 c), 将 a) 的结果代入积分, 展开, 观察大多数项的积分为 0.

18.17 迭代 f 数次.

18.18 用归纳法证明. 把复数看成矢量或者力来做第二部分.

18.19 通过对指数求和得到结果, 分别考虑奇偶情况.

18.23 用开集的定义证明补集是开集.

18.27 证明过程与实际情况相似.

18.28 将 $f(t)$ 的实部和虚部与定理 8.22 中的公式进行比较.

18.29 只有 $x^{2r+1-2s} y^s$ 和 y^{2r+1} 这样的单项式系数是非零的. 且这些系数是正整数.

附录 C 推荐阅读

1. *The Second Scientific American Book of Mathematical Puzzles and Diversions*, by Martin Gardner, Simon and Schuster, New York, 1961.

2. *Number Theory*, by Andre Weil (with the collaboration of Maxwell Rosenlicht), Springer-Verlag, 1979.

3. *Number Theory：An Approach through History*, *from Hammurapi to Legendre*, by Andre Weil, Birkhauser, 1983.

4. *Galois Theory*, by Harold Edwards, Springer-Verlag, 1984.

5. *Introduction to Probability Theory*, by Paul Hoel, Sidney Port, and Charles Stone, Houghton-Mifflin, 1971.

6. *Aspects of Combinatorics*, by Victor Bryant, Cambridge, 1993.

7. *Applied Combinatorics* (third edition), by Alan Tucker, Wiley, 1995.

8. *Combinatorics：Topics, Techniques, and Algorithms*, by Peter Cameron, Cambridge, 1994.

9. *Introduction to Graph Theory*, by Douglas West, Prentice Hall, 1996.

10. *Calculus*, by Michael Spivak, Publish or Perish Inc., 1980.

11. *Introduction to Analysis*, by Michael Schramm, Prentice Hall, 1996.

12. *Analysis：An Introduction to Proof*, by Steven Lay, Prentice Hall, 1986.

13. *Introduction to Analysis*, by M. Rosenlicht, Scott-Foresman, 1968.

14. *Complex Variables*, N. Levinson and R. Redheffer, McGraw-Hill, 1970.

15. *Complex Variables*, by Stephen Fisher, Wadsworth-Brooks/Cole, 1990.

16. *The Emperor's New Mind*, by Roger Penrose, Penguin Books, 1989.

有很多有激发性的问题以某种形式出现在像［1］这样的休闲数学书籍中. 我们推荐的［2］在仅仅 70 页的完美的课堂笔记中描述了基本数论、同余和群的卓越发展. 韦尔的数论［3］的历史方法在更高的层次上考虑了更多的主题. 爱德华兹的学术著作［4］讨论了用于解决多项式方程的数学. 它包括历史讨论和一些原始文献.

对于对概率感兴趣的读者来说,［5］是一个不错的选择. 它涵盖了离散密度函数（组合概率）和连续密度函数. 它包括本书许多章节的进一步内容, 是学习统计学的起点.

离散数学领域的许多书都同时涉及排列组合学和图论:［6］和［7］是特别易读的例子. 在更高的层次上,［8］有更广泛的离散主题, 包括组合设计. 而［9］则更为广泛的探索图论.

许多书在不同的层次上涵盖基本的实分析和微积分理论. 也许 [10] 是有史以来最好的微积分书. 它几乎包含本书的所有分析, 加上计算微积分的所有技巧和一流的习题集. 有两本关于基本实分析的书值得我们注意, 分别是 [11] 和 [12]. 一些分析书籍 (如 [13]) 也讨论了多元函数理论. 在众多关于多元微积分的书籍中, 我们没有给出具体的推荐. 学生读什么应该取决于以前的课程、对应用的兴趣和其他因素.

复变理论在科学和其他数学分支中都有许多应用. [14] 这本书对单复变函数理论做了一个漂亮而完整的论述. 它首先定义了复数, 并能被读过本书的人理解. 另一本书是 [15], 它包含了许多复数变量在工程和科学中的应用.

数学家和物理学家写的书很少能引起公众的注意. 彭罗斯的书 [16] 有趣地描述了计算机是否能够思考和感受情感. 它包含了丰富的数学和物理知识, 受过教育的人可以很容易读懂. 彭罗斯提出了一个令人信服的观点, 即复数为现代物理学提供了最好的语言. | 400 |

附录 D　符号列表

这里列出了本书中最常用的符号和约定. 注意，很多数学符号在不同的语境中有不同的含义.

关系与位置符号

$+,-,\cdot,/$　算术运算

$\sqrt{}$　平方根

x^y　乘方

$<,\leqslant,>,\geqslant$　数值序关系

$=,\neq$　等于，不等于

$\equiv(\bmod n)$　同余（模 n）

$\neg,\wedge,\vee$　联结词（非，与，或）

$\exists,\forall$　存在量词，全称量词

$\Leftrightarrow$　逻辑等价

$\Rightarrow$　蕴含

$\rightarrow$　极限

∞　无穷大

$\in,\notin$　属于，不属于

$\varnothing$　空集

$\subseteq,\subset,\supseteq,\supset$　集合包含关系

$\cup,\cap$　并集，交集

$\lceil\ \rceil$　向上取整

$\lfloor\ \rfloor$　向下取整

$|S|$　有限集 S 的大小

$|x|$　x 的绝对值

S^c　集合 S 的补集

$\overline{G}$　图 G 的补图

$\sim$　等价关系

$\overline{a}$　a 的等价类

$\overline{z}$　复数 z 的共轭

$\langle a\rangle$　序列

$\{x:P(x)\}$　集合描述

$[k]$　$\{1,2,\cdots,k\}$

$k\text{-}集$　大小为 k 的集合

$[a,b]$　闭区间 $\{x\in\mathbb{R}:a\leqslant x\leqslant b\}$

(a,b)　开区间 $\{x\in\mathbb{R}:a<x<b\}$

(a,b)　有序对

A^n　集合 A 中元素组成的 n 元组集合

a_n　列表 a 或序列 a 中的第 n 项

$a\mid b$　a 整除 b

$n!$　n 的阶乘

$f:A\rightarrow B$　集合 A 到集合 B 的函数 f

$f\circ g$　复合函数

$\displaystyle\int_a^b$　从 a 到 b 的积分

$X\times Y$　集合的笛卡儿积

$A-B$　集合的差集

$G-v,G-e$　移除顶点或边

$\dbinom{n}{k}$　二项式系数

$\dbinom{n}{k_1\cdots k_t}$　多项式系数

罗马字母的使用

$\langle a\rangle,\langle b\rangle$　序列

A,B　集合

$\mathbb{C}$　复数集

C_n n 个顶点的完全图

C_n Catalan 数

cos   余弦函数

df/dx 对 x 求导

$d(v)$ 顶点 x 的度

D_n 错乱数

e $\exp(1)$，自然对数的底

e 图中的边

e 误差函数

$E(G)$ 图 G 的边集

$E(X)$ 随机变量的期望

exp   指数函数

f, g, h 函数

F, G, H 图

F_n 斐波那契数

f', f'' f 的一阶，二阶导数

gcd   最大公约数

I, J 实数集上的区间

I_f f 的原象

i, j, k, l, m, n 整数

i 复数 $\sqrt{-1}$

inf   下确界

K_n n 个顶点的完全图

$K_{m,n}$ 完全二分图

lcm   最小公倍数

ln   对数函数

$L(f, p)$ 下和

L, M 极限或边界

max   最大值

min   最小值

$\mathbb{N}$ 自然数集

$N(x), N(s)$ 图中的邻域

p, q 多项式

P, Q, R 逻辑命题

P, Q, R 区间的划分

P_n n 个顶点的路径

$\mathbb{Q}$ 有理数集

Q_n n 维超立方体

$\mathbb{R}$ 实数集

R 关系

sup   上确界

sin   正弦函数

S, T 集合

T 树

u, v, w 顶点

uv, xy 边

U 全集

$U(f, p)$ 上和

$V(G)$ 图 G 的顶点集

v, e, f   顶点，边，面的个数

X, Y 集合

X, Y 随机变量

x, y, z 实数

x, y, z 顶点

z, w 复数

$\mathbb{Z}$ 整数集

$\mathbb{Z}_n$ 对 n 取余的同余类集

希腊字母的使用

α, β, γ 实数

$\Gamma(y)$ y 的伽马函数

ε, δ （小）正数

θ 角

π 单位圆面积

$\prod$ 积

σ, τ 置换

$\sum$ 求和

$\varphi(n)$ 欧拉函数

$\chi(G)$ 色数

$\chi(G; k)$ 色多项式

索　引

索引中的页码为英文原书页码，与书中页边标注的页码一致.

　　斜体的页码表示定义. 粗体的页码表示重要结果的证明或者概念的主要处理，这也可能包括一个定义.